中国农业标准经典收藏系列

最新中国农业行业标准

第一辑

2

农业标准出版研究中心　编

中国农业出版社

目　　录

NY/T 868—2004　沙田柚 …… 1083
NY/T 869—2004　沙糖橘 …… 1091
NY/T 870—2004　鲜芦荟 …… 1099
NY/T 871—2004　哈密大枣 …… 1105
NY/T 872—2004　芽菜 …… 1113
NY/T 873—2004　菠萝汁 …… 1119
NY/T 874—2004　胡萝卜汁 …… 1125
NY/T 875—2004　食用木薯淀粉 …… 1133
NY/T 876—2004　红掌　切花 …… 1139
NY/T 877—2004　非洲菊　种苗 …… 1147
NY/T 878—2004　兰花（春剑兰）生产技术规程 …… 1157
NY/T 879—2004　长绒棉生产技术规程 …… 1165
NY/T 880—2004　芒果栽培技术规程 …… 1173
NY/T 881—2004　库尔勒香梨生产技术规程 …… 1185
NY 882—2004　硅酸盐细菌菌种 …… 1193
NY/T 883—2004　农用微生物菌剂生产技术规程 …… 1207
NY 884—2004　生物有机肥 …… 1217
NY 885—2004　农用微生物产品标识要求 …… 1223
NY 886—2004　农林保水剂 …… 1229
NY/T 887—2004　液体肥料密度的测定 …… 1237
NY/T 888—2004　肥料中铬含量的测定 …… 1241
NY/T 889—2004　土壤速效钾和缓效钾含量的测定 …… 1247
NY/T 890—2004　土壤有效态锌、锰、铁、铜含量的测定二乙三胺五乙酸（DTPA）浸提法 …… 1253
NY/T 891—2004　绿色食品　大麦 …… 1261
NY/T 892—2004　绿色食品　燕麦 …… 1269
NY/T 893—2004　绿色食品　粟米 …… 1277
NY/T 894—2004　绿色食品　荞麦 …… 1285
NY/T 895—2004　绿色食品　高粱 …… 1291
NY/T 896—2004　绿色食品　产品抽样准则 …… 1299
NY/T 897—2004　绿色食品　黄酒 …… 1307
NY/T 898—2004　绿色食品　含乳饮料 …… 1315
NY/T 899—2004　绿色食品　冷冻饮品 …… 1323
*NY/T 900—2004　绿色食品　发酵调味品 …… 1333
NY/T 901—2004　绿色食品　香辛料 …… 1341
NY/T 902—2004　绿色食品　瓜子 …… 1349

NY/T 903—2004　肉用仔鸡、产蛋鸡浓缩饲料和微量元素预混合饲料 …… 1357
NY/T 904—2004　马鼻疽控制技术规范 …… 1365
NY/T 905—2004　鸡马立克氏病强毒感染诊断技术 …… 1369
NY/T 906—2004　牛瘟诊断技术 …… 1375
NY/T 907—2004　动物布氏杆菌病控制技术规范 …… 1395
NY/T 908—2004　羊干酪性淋巴结炎诊断技术 …… 1401
NY/T 909—2004　生猪屠宰检疫规范 …… 1409
NY/T 910—2004　饲料中盐酸氯苯胍的测定　高效液相色谱法 …… 1417
NY/T 911—2004　饲料添加剂　B-葡聚糖酶活力的测定　分光光度法 …… 1423
NY/T 912—2004　饲料添加剂　纤维素酶活力的测定　分光光度法 …… 1431
NY/T 913—2004　饲料级　混合油 …… 1439
NY/T 914—2004　饲料中氢化可的松的测定　高效液相色谱法 …… 1445
NY/T 915—2004　饲料用水解羽毛粉 …… 1451
NY/T 916—2004　饲料添加剂　吡啶甲酸铬 …… 1459
NY/T 917—2004　饲料级　磷酸脲 …… 1465
NY/T 918—2004　饲料中雌二醇的测定　高效液相色谱法 …… 1471
NY/T 919—2004　饲料中苯并（a）芘的测定　高效液相色谱法 …… 1475
NY/T 920—2004　饲料级　富马酸 …… 1481
NY/T 921—2004　热带水果形态和结构学术语 …… 1489
NY/T 922—2004　咖啡栽培技术规程 …… 1501
NY/T 923—2004　浓缩天然胶乳　薄膜制品专用氨保存离心胶乳 …… 1511
NY/T 924—2004　浓缩天然胶乳　氨保存离心胶乳生产工艺规程 …… 1517
NY/T 925—2004　天然生胶　胶乳标准橡胶（SCR5）生产工艺规程 …… 1529
NY/T 926—2004　天然橡胶初加工机械　撕粒机 …… 1537
NY/T 927—2004　天然橡胶初加工机械　碎胶机 …… 1545
NY/T 928—2004　天然生胶　恒粘橡胶生产工艺规程 …… 1553
NY 5119—2004　无公害食品　饮用菊花 …… 1561
NY 5200—2004　无公害食品　鲜食玉米 …… 1567
*NY 5201—2004　无公害食品　樱桃 …… 1571
*NY 5202—2004　无公害食品　芸豆 …… 1577
*NY 5203—2004　无公害食品　绿豆 …… 1583
NY/T 5204—2004　无公害食品　绿豆生产技术规程 …… 1589
*NY 5205—2004　无公害食品　红小豆 …… 1595
NY/T 5206—2004　无公害食品　红小豆生产技术规程 …… 1601
*NY 5207—2004　无公害食品　豌豆 …… 1607
NY/T 5208—2004　无公害食品　豌豆生产技术规程 …… 1613
NY 5209—2004　无公害食品　青蚕豆 …… 1619
NY/T 5210—2004　无公害食品　青蚕豆生产技术规程 …… 1625
NY 5211—2004　无公害食品　绿化型芽苗菜 …… 1631
NY/T 5212—2004　无公害食品　绿化型芽苗菜生产技术规程 …… 1637
*NY 5213—2004　无公害食品　普通白菜 …… 1643
NY/T 5214—2004　无公害食品　普通白菜生产技术规程 …… 1649
NY 5215—2004　无公害食品　芥蓝 …… 1655

NY/T 5216—2004　无公害食品　芥蓝生产技术规程 …… 1661
*NY 5217—2004　无公害食品　茼蒿 …… 1667
NY/T 5218—2004　无公害食品　茼蒿生产技术规程 …… 1673
*NY 5219—2004　无公害食品　西葫芦 …… 1679
NY/T 5220—2004　无公害食品　西葫芦生产技术规程 …… 1685
*NY 5221—2004　无公害食品　马铃薯 …… 1693
NY/T 5222—2004　无公害食品　马铃薯生产技术规程 …… 1699
*NY 5223—2004　无公害食品　洋葱 …… 1707
NY/T 5224—2004　无公害食品　洋葱生产技术规程 …… 1713
*NY 5225—2004　无公害食品　生姜 …… 1721
NY/T 5226—2004　无公害食品　生姜生产技术规程 …… 1727
*NY 5227—2004　无公害食品　大蒜 …… 1733
NY 5228—2004　无公害食品　大蒜生产技术规程 …… 1739
NY 5229—2004　无公害食品　辣椒干 …… 1745
*NY 5230—2004　无公害食品　芦笋 …… 1751
NY/T 5231—2004　无公害食品　芦笋生产技术规程 …… 1757
NY 5232—2004　无公害食品　竹笋干 …… 1763
NY/T 5233—2004　无公害食品　竹笋干加工技术规程 …… 1769
*NY 5234—2004　无公害食品　小型萝卜 …… 1775
NY/T 5235—2004　无公害食品　小型萝卜生产技术规程 …… 1781
*NY 5236—2004　无公害食品　叶用莴苣 …… 1787
NY/T 5237—2004　无公害食品　叶用莴苣生产技术规程 …… 1793
*NY 5238—2004　无公害食品　莲藕 …… 1799
NY/T 5239—2004　无公害食品　莲藕生产技术规程 …… 1805
*NY 5240—2004　无公害食品　杏 …… 1813
NY 5241—2004　无公害食品　柿 …… 1819
NY 5242—2004　无公害食品　石榴 …… 1825
*NY 5243—2004　无公害食品　李子 …… 1831
NY 5244—2004　无公害食品　茶叶 …… 1837
NY/T 5245—2004　无公害食品　茉莉花茶加工技术规程 …… 1843
NY 5246—2004　无公害食品　鸡腿菇 …… 1849
NY 5247—2004　无公害食品　茶树菇 …… 1855
NY 5248—2004　无公害食品　枸杞 …… 1861
NY/T 5249—2004　无公害食品　枸杞生产技术规程 …… 1867
*NY 5250—2004　无公害食品　番木瓜 …… 1877
*NY 5251—2004　无公害食品　芋头 …… 1883
NY 5252—2004　无公害食品　冬枣 …… 1889
*NY 5253—2004　无公害食品　四棱豆 …… 1895
NY/T 5254—2004　无公害食品　四棱豆生产技术规程 …… 1901
NY 5255—2004　无公害食品　火龙果 …… 1909
NY/T 5256—2004　无公害食品　火龙果生产技术规程 …… 1913
*NY 5257—2004　无公害食品　红毛丹 …… 1919
NY/T 5258—2004　无公害食品　红毛丹生产技术规程 …… 1925

* NY 5259—2004　无公害食品　鲜鸭蛋 …… 1933
NY 5260—2004　无公害食品　蛋鸭饲养兽医防疫准则 …… 1939
* NY/T 5261—2004　无公害食品　蛋鸭饲养管理技术规范 …… 1943
* NY 5262—2004　无公害食品　鸭肉 …… 1951
NY 5263—2004　无公害食品　肉鸭饲养兽医防疫准则 …… 1957
* NY/T 5264—2004　无公害食品　肉鸭饲养管理技术规范 …… 1961
* NY 5265—2004　无公害食品　鹅肉 …… 1969
NY 5266—2004　无公害食品　鹅饲养兽医防疫准则 …… 1977
* NY/T 5267—2004　无公害食品　鹅饲养管理技术规范 …… 1981
NY 5268—2004　无公害食品　毛肚 …… 1989
* NY 5269—2004　无公害食品　鸽肉 …… 1997
* NY 5270—2004　无公害食品　鹌鹑蛋 …… 2005
NY 5271—2004　无公害食品　驴肉 …… 2011
* NY 5272—2004　无公害食品　鲈鱼 …… 2017
NY/T 5273—2004　无公害食品　鲈鱼养殖技术规范 …… 2023
* NY 5274—2004　无公害食品　牙鲆 …… 2031
NY/T 5275—2004　无公害食品　牙鲆养殖技术规范 …… 2037
* NY 5276—2004　无公害食品　锯缘青蟹 …… 2045
NY/T 5277—2004　无公害食品　锯缘青蟹养殖技术规范 …… 2051
NY 5278—2004　无公害食品　团头鲂 …… 2059
NY/T 5279—2004　无公害食品　团头鲂养殖技术规范 …… 2065
* NY 5280—2004　无公害食品　鲤鱼 …… 2071
NY/T 5281—2004　无公害食品　鲤鱼养殖技术规范 …… 2077
* NY 5282—2004　无公害食品　裙带菜 …… 2085
NY/T 5283—2004　无公害食品　裙带菜养殖技术规范 …… 2089
* NY 5284—2004　无公害食品　青虾 …… 2097
NY/T 5285—2004　无公害食品　青虾养殖技术规范 …… 2103
NY 5286—2004　无公害食品　斑点叉尾鮰 …… 2111
NY/T 5287—2004　无公害食品　斑点叉尾鮰养殖技术规范 …… 2117
* NY 5288—2004　无公害食品　菲律宾蛤仔 …… 2127
NY/T 5289—2004　无公害食品　菲律宾蛤仔养殖技术规范 …… 2133
NY/T 5290—2004　无公害食品　欧洲鳗鲡精养池塘养殖技术规范 …… 2143
NY 5291—2004　无公害食品　咸鱼 …… 2153
* NY 5292—2004　无公害食品　鲫鱼 …… 2159
NY/T 5293—2004　无公害食品　鲫鱼养殖技术规范 …… 2165
NY 5294—2004　无公害食品　设施蔬菜产地环境条件 …… 2173
NY/T 5295—2004　无公害食品　产地环境评价准则 …… 2179
NY/T 5296—2004　无公害食品　皮蛋加工技术规程 …… 2185
NY/T 5297—2004　无公害食品　咸蛋加工技术规程 …… 2193
NY/T 5298—2004　无公害食品　乳粉加工技术规范 …… 2199

ICS 67.080.10
B 31

中华人民共和国农业行业标准

NY/T 868—2004

沙　田　柚

Shatian pomelo

2005-01-04 发布　　　　2005-02-01 实施

中华人民共和国农业部　发布

前　言

本标准由中华人民共和国农业部提出并归口。

本标准起草单位:广西壮族自治区农业厅、广西壮族自治区柑橘研究所。

本标准主要起草人:陈腾土、麦楚均、区善汉、陈贵峰。

沙　田　柚

1　范围

本标准规定了沙田柚鲜果的定义、要求、试验方法、检验规则、保鲜与贮藏、包装与标志、运输。

本标准适用于沙田柚鲜果。

2　规范性引用文件

下列文件中的条款通过本标准的引用而成为本标准的条款。凡是注日期的引用文件，其随后所有的修改单(不包括勘误的内容)或修订版均不适用于本标准，然而，鼓励根据本标准达成协议的各方研究是否可使用这些文件的最新版本。凡是不注日期的引用文件，其最新版本适用于本标准。

GB/T 5009.11　食品中总砷的测定方法

GB/T 5009.12　食品中铅的测定方法

GB/T 5009.17　食品中汞的测定方法

GB/T 5009.20　食品中敌敌畏、乐果、喹硫磷的测定方法

GB/T 5009.38　蔬菜、水果卫生标准的分析方法

GB/T 8210　出口柑橘鲜果检验方法

GB/T 8855　新鲜水果和蔬菜的取样方法

GB/T 10547　柑橘贮藏

GB/T 12947　鲜柑橘

GB/T 13607　苹果、柑橘包装

GB/T 14875　食品中辛硫磷农药残留的测定方法

GB/T 14877　食品中氨基甲酸酯类农药残留的测定方法

GB/T 14929.6　大米和柑橘中喹硫磷残留量测定方法

GB/T 17331　食品中有机磷和氨基甲酸酯类农药多种残留的测定

GB/T 17332　食品中有机氯和拟除虫菊酯类农药多种残留的测定

GB/T 17333　食品中除虫脲残留的测定

3　术语和定义

3.1

外观　appearance quality

果实的形状、大小、色泽、果皮的洁净度及其新鲜饱满程度。

3.2

果形指数　index of fruit shape

果实纵径与横径之比值。

3.3

果实纵径　fruit length

果实最宽处纵剖面的直径，以毫米(mm)计算。

3.4

果实横径　fruit breadth

果实横剖面的最大处的直径，以毫米(mm)计算。

3.5

色泽　colour and lustre

果皮颜色及其着色程度。着色良好，果皮呈黄色或淡黄绿色，着色面积达90%以上。着色较好，果皮呈淡黄色或淡黄绿色，着色面积达80%以上。

3.6

果面　fruit surface

果实表面。果面光滑指果皮细滑，不干缩，手触摸感平滑。果面尚光滑指果皮不干缩，手触摸感较粗糙。果面清洁指果皮受泥尘、药迹等污染的面积不超过该果果皮面积的5%。果面较清洁指果皮受泥尘、药迹等污染的面积不超过该果果皮面积的10%。

3.7

病虫斑　spot of disease and insect

危害果实的病虫害造成的病斑和虫斑。无严重病虫斑指没有检疫性病虫害及由锈壁虱、煤烟病、介壳虫等非检疫性病虫害引起的明显的病虫斑。

3.8

机械伤　mechanical damnification

外界力量对果实造成的伤害，如刺伤、压伤和擦伤等。

3.9

旧伤痕　past scar

果皮上已愈合的各种伤疤痕。

3.10

新鲜饱满　fresh satiation

果皮油胞饱满，无萎缩现象，果蒂保持固有绿色。

3.11

果面缺陷　fruit surface blemish

具有病虫、伤痕、药迹等附着物的果实。

4 要求

4.1 基本要求

果实成熟，适时采收。着色程度、品质、风味等指标符合各等级果实的最低要求。

4.2 等级

外观及等级划分规格见表1。

表1　沙田柚果实外观及等级规格指标

项　目	指　标					
	一 等 品			二 等 品		
	特级	一级	二级	特级	一级	二级
单果质量，g	≥1 300	1 100～1 299	900～1 099	≥1 300	1 100～1 299	900～1 099
果形	果实的形状。果形端正指果实呈梨形或近梨形，果顶中心微凹，有印环，似古铜钱状，俗称“金钱底”，无畸形			果形尚端正指果实呈梨形或近梨形，果顶中心微凹，常有印环，或放射沟纹，无畸形		

表1（续）

项目	指标					
	一等品			二等品		
	特级	一级	二级	特级	一级	二级
色泽	着色良好			着色较好		
果面	果面光滑，新鲜饱满，果面清洁			果面尚光滑，新鲜饱满，较清洁		
缺陷	无机械伤。无影响外观的旧伤痕及病虫斑，其分布面积合并计算不超过单个果皮总面积的8%，无腐烂果			无新的机械伤。无影响外观的旧伤痕及病虫斑，其分布面积合并计算不超过单个果皮总面积的15%，无腐烂果		
果形指数	≥1.1					
风味	清甜、质脆化渣、无异味					

4.3 **理化指标**

应符合表2规定。

表2 沙田柚果实品质理化指标要求

项目	指标
可溶性固形物，%	≥11.0
可滴定酸，%	≤0.5
固酸比	≥22
可食率，%	≥40.0

4.4 **卫生指标**

应符合表3规定。

表3 卫生指标

单位为毫克每千克

通用名	指标
砷（以As计）	≤0.5
铅（以Pb计）	≤0.2
汞（以Hg计）	≤0.01
甲基硫菌灵（thiophanatemethl）	≤10.0
毒死蜱（chlorpyrifos）	≤1.0
杀扑磷（methidathion）	≤2.0
氯氟氰菊酯（cyhalothrin）	≤0.2
氯氰菊酯（cypermethrin）	≤2.0
溴氰菊酯（deltamerthrin）	≤0.1
氰戊菊酯（fenvalerate）	≤2.0
敌敌畏（dichlorvos）	≤0.2
乐果（dimethoate）	≤2.0

表 3 (续)

通用名	指标
喹硫磷(quinalphos)	≤0.5
除虫脲(diflubenzuron)	≤1.0
辛硫磷(phoxim)	≤0.05
抗芽威(pirimicarb)	≤0.5
注:根据《中华人民共和国农药管理条例》,剧毒和高毒农药不得在果树生产中使用。	

4.5 容许度

4.5.1 大小差异

串级果以个数计算,同一级果实中含邻级果的个数不超过10%。

4.5.2 净质量

产地站台交接,每件净质量不低于标示重量的1%。

4.5.3 腐烂果

起运点不应有腐烂果。

4.5.4 果面缺陷

按果实个数计特级果不超过2%,一、二级果不超过5%。

5 试验方法

5.1 感官检测

按GB/T 8210规定执行。

5.2 理化指标检测

按GB/T 8210规定执行。

5.3 卫生指标

5.3.1 砷

按GB/T 5009.11规定执行。

5.3.2 铅

按GB/T 5009.12规定执行。

5.3.3 汞

按GB/T 5009.17规定执行。

5.3.4 敌敌畏、乐果、喹硫磷的测定

按GB/T 5009.20规定执行。

5.3.5 甲基硫菌灵的测定

按GB/T 5009.38规定执行。

5.3.6 毒死蜱、杀扑磷的测定

按GB/T 17331规定执行。

5.3.7 氯氟氰菊酯、氯氰菊酯、溴氰菊酯、氰戊菊酯的测定

按GB/T 17332规定执行。

5.3.8 除虫脲的测定

按GB/T 17333规定执行。

5.3.9 辛硫磷的测定

按 GB/T 14875 规定执行。

5.3.10 抗芽威的测定

按 GB/T 14877 规定执行。

6 检验规则

6.1 组批规则

同一生产单位、同等级、同一包装日期的果实作为一个检验批次。

6.2 抽样方法

按 GB/T 8855 规定执行。

6.3 检验分类

6.3.1 型式检验

型式检验是对产品进行全面考核，即对本标准规定的全部要求（指标）进行检验。有下列情形之一者应进行型式检验：

a） 有关行政主管部门提出型式检验要求；

b） 前后两次抽样检验结果差异较大；

c） 人为或自然因素使生产环境发生较大变化。

6.3.2 交收检验

每批产品交收前，生产单位都应进行交收检验，其内容包括感官、净含量、包装、标志的检验。检验合格并附合格证的产品方可交收。

6.4 判定规则

a） 感官要求的总不合格品百分率不超过 7%，理化指标不合格项不超过二项，且安全卫生指标均为合格，则该批产品判为合格。

b） 感官要求的总不合格品的百分率超过 7%，或理化指标不合格项超过二项，或安全卫生指标有一项不合格，则该批产品判为不合格。

c） 卫生安全指标出现不合格时，允许另取一份样品复检，若仍不合格，则判该项指标不合格；若复检合格，则需再取一份样品作第二次复检，以第二次复检结果为准。

7 保鲜与贮藏

保鲜与贮藏

单果袋包装保鲜。常温贮藏方法按 GB/T 10547 标准执行。

8 包装与标志

8.1 包装材料

用单果袋、瓦楞纸箱、塑料编织袋包装。包装材料必须安全、卫生、光滑、洁净、无毒无异味。

8.2 包装方法

8.2.1 贮藏包装

宜用薄膜袋单果包装或用薄膜大堆覆盖，以减少失重，防止皮皱。单果袋大小依果实级别而定，一般厚度为 0.02 mm 聚乙烯薄膜袋，规格主要为 40 cm×30 cm、35 cm×25 cm。

8.2.2 销售包装

宜采用双瓦楞纸板制成坚固而耐压的长方形纸箱，箱侧设通气孔若干个，按等级标准分级装入相应纸箱内，用粘胶纸封口。也可用塑料编织袋或网袋包装销售，还可用小规格纸箱包装。

8.3 标志

按 GB/T 13607 规定执行。

9 运输

9.1 运输要求

要求快捷，运输的设备应有防日晒、雨淋、通风等设施，防污染。

9.2 运输工具

装运车辆、船舱必须清洁、干燥、无毒无异味。

ICS 67.080.10
B 31

中华人民共和国农业行业标准

NY/T 869—2004

沙　糖　橘

Shatang tangering

2005-01-04 发布　　2005-02-01 实施

中华人民共和国农业部 发布

前　言

本标准由中华人民共和国农业部提出并归口。

本标准由广东省四会市华贡农科集团公司负责起草，华南农业大学、四会市农业局和四会市生产力促进中心参加起草。

本标准主要起草人：黄超文、胡卓炎、潘文力、石木标、卓举明、张桂新。

沙　糖　橘

1　范围

本标准规定了沙糖橘的定义，质量要求，试验方法、检验规则，以及包装、标志、运输和贮藏。

本标准适用于沙糖橘鲜果。

2　规范性引用文件

下列文件中的条款通过本标准的引用而成为本标准的条款。凡是注日期的引用文件，其随后所有的修改单（不包括勘误的内容）或修订版均不适用于本标准，然而，鼓励根据本标准达成协议的各方研究是否可使用这些文件的最新版本。凡是不注日期的引用文件，其最新版本适用于本标准。

GB 191—2000　包装储运图示标志

GB 6543—86　瓦楞纸箱

GB 8855　新鲜水果和蔬菜的取样方法

GB 10547　柑橘储藏

GB 14875　食品中辛硫磷农药残留量的测定方法

GB/T 5009.11　食品中总砷的测定方法

GB/T 5009.12　食品中铅的测定方法

GB/T 5009.17　食品中汞的测定方法

GB/T 5009.20　食品中有机磷农药残留量的测定方法

GB/T 5009.38　蔬菜、水果卫生标准的分析方法

GB/T 8210　出口柑橘鲜果检验方法

GB/T 13607　苹果、柑橘包装

GB/T 14877　食品中氨基甲酸酯类农药残留量的测定方法

GB/T 17331　食品中有机磷和氨基甲酸酯类农药多种残留的测定方法

GB/T 17332　食品中氯和拟除虫菊酯类农药

GB/T 17333　食品中除虫脲残留的测定

NY 5014　无公害食品　柑橘

SN 0520—96　出口粮谷中烯菌灵残留量检验方法

SN 0606—96　出口乳及乳制品中噻菌灵残留量检验方法

3　术语和定义

下列术语和定义适用于本标准：

3.1

果蒂完整　calyx entirety

果实采收后，留在果实上的果蒂具有平整的果梗和萼片。

指采摘果实时，用果剪齐果蒂处剪平齐。

3.2

腐烂果　decay fruit

遭受病原菌的侵染，细胞的中胶层被病原菌分泌的酶所分解，导致细胞分离、组织崩溃，部分或全部丧失食用价值的果实。

3.3

缺陷果　defect fruit

果实在生长发育、采摘和采后过程中受物理、化学或生物作用，造成外观质量或内在品质上存在缺陷的果实。

3.4

裂果　dehiscent fruit

果面皮层出现开裂的果实。

3.5

日灼伤　sun scald

果实受烈日照射后果皮被灼伤后形成的干疤。

3.6

网纹　sparse vermiculated mottle

分布在果实表面的网状纹痕。

3.7

深疤　deep scar

果皮上凹陷较深且大、已木栓化的疤痕。

3.8

煤烟菌迹　sooty mould pollution

煤烟病菌覆盖在果面形成的一层似煤烟的黑色物。

3.9

成熟度　ripe degree

指果实发育到可供食用的程度。

3.10

水肿　watery breakbown

果皮色淡饱胀，果有异味，是贮藏生理性病害。

3.11

枯水　granu lamion

果实贮藏时发生皮发泡，皮肉分离，汁胞失水干枯的生理性病害。

3.12

冻伤　freezing injury

不适宜的低温使果实产生汁胞枯水的受冻伤现象。

4 要求

4.1 分级标准按表 1、表 2 执行。

表 1　果品理化指标

项　目	一　级	二　级	三　级
可溶性固形物≥，%	12.0	11.0	10.0
柠檬酸≤，%	0.35	0.40	0.50
固酸比≥	34	27	20
可食率≥，%	75	70	65

表 2 果品感官质量指标

项 目	一 级	二 级	三 级
果形	扁圆形、果顶微凹、果底平、形状一致	扁圆形、果顶微凹、果底平、形状较一致	扁圆形、果顶微凹、果底平、果形尚端正、无明显畸形
果蒂	果蒂完整、鲜绿色	95%的果实果蒂完整	90%的果实果蒂完整
色泽	橘红色	淡橘红色	浅橘红色
果面	果面洁净、油胞稍凸、密度中等、果皮光滑;无裂口、无深疤、无硬疤;网纹、锈螨危害斑、青斑、溃疡病斑、煤烟菌迹、药迹、蚧点及其他附着物的数量,单果斑点不超过 2 个,每个斑点直径不超过 2 mm	果面洁净、油胞稍凸、密度中等、果皮光滑;无深疤、硬疤、裂口;痕斑、网纹、枝叶磨伤、砂皮、青斑、油斑病斑、煤烟病菌迹、药迹、蚧点及其他附着物的数量,单果斑点不超过 4 个,每个斑点直径不超过 3 mm	果面洁净、油胞稍凸、密度中等、果皮光滑;无深疤、硬疤、裂口;痕斑、网纹、枝叶磨伤、砂皮、青斑、油斑病斑、煤烟病菌迹、药迹、蚧点及其他附着物的数量,单果斑点不超过 6 个,每个斑点直径不超过 3 mm
果实横径,mm	45～50	40～45 50～55	35～40 55～60

4.2 级内果基本条件

4.2.1 有机械伤和虫伤以及腐烂果、枯水、褐斑、水肿、冻伤、日灼等病变和其他呈腐烂的病果不得入级内。

4.2.2 级内果不得有植物检疫病虫害。

4.3 安全卫生指标

应符合表 3 的规定。

表 3 柑橘鲜果安全卫生指标

单位为毫克每千克

项目名称	指 标
多菌灵(carbendazim)	≤0.5
抑霉唑(imazalil)	≤5.0
噻菌灵(thiabendazole)	果肉≤0.4,全果≤10
甲基托布津(thiophanatemethyl)	≤10.0
砷(以 As 计)	≤0.5
铅(以 Pb 计)	≤0.2
汞(以 Hg 计)	≤0.01
毒死蜱(chlorpyrifos)	≤1.0
杀扑磷(methidathion)	≤2.0
氯氟氰菊酯(cyhalothrin)	≤0.2
氯氰菊酯(cypermethrin)	≤2.0
溴氰菊酯(deltamerthrin)	≤0.1
氰戊菊酯(fenvalerate)	≤2.0
敌敌畏(dichlorvos)	≤0.2
乐果(dimethoate)	≤2.0

表3（续）

项目名称	指　标
喹硫磷(quinalphos)	≤0.5
除虫脲(diflubenzuron)	≤1.0
辛硫磷(phoxim)	≤0.05
抗蚜威(pirimicarb)	≤0.5
注1:禁止使用的农药和植物生长调节剂在橘果中不得检出; 注2:未标测样的为全果指标。	

4.4 容许度

4.4.1 重量差异

产地站台交接,每件净重不低于标示重量的1%。

4.4.2 大小差异

邻级果以个数计算,一级果不得超过3%,二级果不得超过5%,三级果不得超过8%。不得有隔级果。

4.4.3 腐烂果

腐烂果起运点不允许有,到达目的地不超过3%,碰伤、压伤、冻伤果不超过1%。

4.4.4 缺陷果

按重量一级不超过本标准规定1%,二级、三级不得超过3%。

5 试验方法

5.1 感官指标检测

5.1.1 果形

按GB/T 8210标准执行。

5.1.2 果面

按GB/T 8210标准执行。

5.2 果实理化指标检测

5.2.1 可溶性固形物

按GB/T 8210标准执行。

5.2.2 柠檬酸含量

按GB/T 8210标准执行。

5.2.3 固酸比计算

按GB/T 8210标准执行。

5.2.4 可食率

按GB/T 8210标准执行。

5.2.5 果实大小

果实横径用分级板或分级圈手工检测,也可用机械横径检测;果重用称重法检测。

5.3 卫生指标检测

5.3.1 砷

按GB/T 5009.11规定执行。

5.3.2 铅

按 GB/T 5009.12 规定执行。

5.3.3 汞

按 GB/T 5009.17 规定执行。

5.3.4 抑霉唑

参照 SN 0520—96 规定执行。

5.3.5 噻菌灵的测定

参照 SN 0606—96 规定执行。

5.3.6 多菌灵、甲基托布津的测定

按 GB/T 5009.38 规定执行。

5.3.7 毒死蜱、杀扑磷的测定

按 GB/T 17331 规定执行。

5.3.8 氯氟氰菊酯、氯氰菊酯、溴氰菊酯、氰戊菊酯的测定

按 GB/T 17332 规定执行。

5.3.9 敌敌畏、乐果、喹硫磷的测定

按 GB/T 5009.20 规定执行。

5.3.10 除虫脲的测定

按 GB/T 17333 规定执行。

5.3.11 辛硫磷的测定

按 GB 14875 规定执行。

5.3.12 抗蚜威的测定

按 GB/T 14877 规定执行。

6 检验规则

6.1 组批规则

按 GB 8855 规定执行。

6.2 抽样方法

按 GB 8855 规定执行。

6.3 检验期限

货到产地站台 24 h 以内检验，货到目的地 48 h 以内检验。

7 包装与标志

7.1 包装

有包装的产品按 GB/T 13607 规定。

7.1.1 瓦楞纸箱

瓦楞纸箱按 GB 6543—86 执行。

7.1.2 净重

按需分大、中、小箱称重，大箱净重不超过 20 kg。

7.2 标志

按照 GB 191—2000 规定。

8 运输与贮藏

8.1 运输

8.1.1 运输要求

要求便捷,轻装轻卸,空气流通,严禁日晒雨淋、受潮、虫蛀、鼠咬。

8.1.2 运输工具

装运舱应清洁、干燥、无异味。远运需具控温设施、防冻伤。

8.2 贮藏

8.2.1 常温贮存

按 GB/T 10547 规定执行。

8.2.2 冷库贮存

经预冷后,达到温度 8℃左右,保持库内温度 5℃～8℃和相对湿度 85%～90%下贮藏。

ICS 67.080.10
B 31

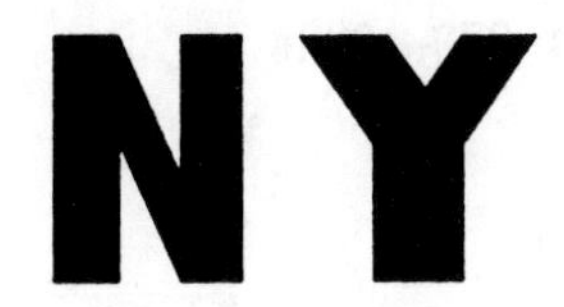

中华人民共和国农业行业标准

NY/T 870—2004

鲜　芦　荟

Aloe

2005-01-04 发布　　2005-02-01 实施

中华人民共和国农业部　发布

前　言

本标准由中华人民共和国农业部提出并归口。

本标准起草单位:农业部热带农产品质量监督检验测试中心、农业部食品质量监督检验测试中心(湛江)。

本标准主要起草人:吴莉宇、袁宏球、彭黎旭、江俊、刘洪升、谢德芳、徐志、彭政。

鲜　芦　荟

1 范围

本标准规定了鲜芦荟的要求、试验方法、检验规则、标志、标签、包装、运输和贮存。

本标准适用于加工食品、化妆品库拉索鲜芦荟(*Aloe vera* L.)的质量评定和贸易。

2 规范性引用文件

下列文件中的条款通过本标准的引用而成为本标准的条款。凡是注日期的引用文件,其随后所有的修改单(不包括勘误的内容)或修订版均不适用于本标准,然而,鼓励根据本标准达成协议的各方研究是否可使用这些文件的最新版本。凡是不注日期的引用文件,其最新版本适用于本标准。

GB/T 5009.11　食品中总砷及无机砷的测定

GB/T 5009.12　食品中铅的测定

GB/T 5009.15　食品中镉的测定

GB/T 5009.17　食品中总汞及有机汞的测定

GB/T 5009.18　食品中氟的测定

GB/T 5009.105　黄瓜中百菌清残留量的测定

GB/T 5009.123　食物中铬的测定

GB/T 5009.188　蔬菜、水果中甲基托布津、多菌灵的测定

3 术语和定义

下列术语和定义适用于本标准。

3.1

鲜芦荟　aloe

达到采收期,采摘后不经过处理或仅经过清洗处理,用于加工的芦荟叶片。

3.2

斑点　spot

芦荟叶片表皮以及周围组织坏死形成的黑色瘢痕。

3.3

叶尖枯萎　witheied leaf apex

芦荟叶片顶尖部的枯萎。

3.4

开裂　lobe

芦荟叶片表皮的裂口或者叶片断裂。

3.5

叶片厚度　leaf thick

芦荟叶片横向切断最厚处的厚度。

4 要求

4.1 基本要求

腐烂叶片数不应超过叶片总片数的 1%；开裂叶片数不应超过叶片总片数的 2%。

4.2 分级要求

鲜芦荟分级要求见表 1。

表 1 鲜芦荟分级要求

等级	项目		
	单片质量 g	最大叶片厚度 cm	其他要求
优等	≥650	≥3.0	叶尖枯萎长度不大于 1.5 cm； 单片叶片斑点（直径≥0.5 cm 或面积≥0.2 cm^2）数不多于 5 个，斑点总面积小于 2 cm^2
一等	≥500	≥2.5	
二等	≥400	≥2.0	叶尖枯萎长度不大于 3 cm； 单片叶片斑点（直径≥0.5 cm 或面积≥0.2 cm^2）数不多于 10 个，斑点总面积小于 6 cm^2

4.3 容许度

4.3.1 优等品

允许有不超过 5%质量的芦荟叶片不符合优等要求但应符合一等要求，且叶片间最大质量差不大于 200 g。

4.3.2 一等品

允许有不超过 8%质量的芦荟叶片不符合一等要求但应符合二等要求，且叶片间最大质量差不大于 150 g。

4.3.3 二等品

允许有不超过 8%质量的芦荟叶片不符合二等要求，且叶片间最大质量差不大于 120 g。

4.4 理化指标

鲜芦荟理化指标应符合表 2 的规定。

表 2 鲜芦荟理化指标

项目	指标		
	食用	药用	化妆品
芦荟素，mg/kg	≤50	—	
总固形物，%	≥0.95		
多糖，mg/kg	≥1 000		

4.5 卫生指标

鲜芦荟卫生指标应符合表 3 的规定。

表 3 鲜芦荟卫生指标

单位为毫克每千克

项目	指标		
	食用	药用	化妆品用
铅（以 Pb 计）	≤0.2		≤30
汞（以 Hg 计）	≤0.01		≤1

表 3 （续）

项目	指标		
	食用	药用	化妆品用
砷(以 As 计)	≤0.5		≤10
镉(以 Cd 计)	≤0.05		—
铬(以 Cr 计)	≤0.5		—
氟(以 F 计)	≤1.0		—
多菌灵(carbendazim)	≤0.5		≤0.5
百菌清(chlorothalonil)	≤1.0		≤1.0

5 试验方法

5.1 感官检测

腐烂芦荟和开裂芦荟:目测观察。

5.2 理化检测

5.2.1 叶尖枯萎长度

用直尺测量,精确到小数点后一位。

5.2.2 叶片厚度

用直尺测量横向切断截面最大厚度,精确到小数点后一位。

5.2.3 单片叶质量

称量,精确到整数位。

5.2.4 斑点面积

用割补法将斑点切割成规则几何图形,直尺测量并计算斑点面积。

5.2.5 总固形物

按 QB/T 2489—2000 中 6.6 规定执行。

5.2.6 多糖

按 QB/T 2489—2000 中 6.10 规定执行。

5.2.7 芦荟素

按 QB/T 2489—2000 中 6.11 规定执行。

5.2.8 容许度

将芦荟叶片按等级要求检出不合格叶片,容许度按公式(1)计算:

$$X=\frac{m_1}{m_2}\times 100 \qquad (1)$$

式中:

X——不合格叶片百分比,单位为质量百分数(%);

m_1——不合格叶片质量,单位为克(g);

m_2——全部取样叶片质量,单位为克(g)。

计算结果精确到小数点后一位。

5.3 卫生检测

5.3.1 铅的测定

按 GB/T 5009.12 规定执行。

5.3.2 汞的测定

按 GB/T 5009.17 规定执行。

5.3.3 砷的测定

按 GB/T 5009.11 规定执行。

5.3.4 镉的测定

按 GB/T 5009.15 规定执行。

5.3.5 氟的测定

按 GB/T 5009.18 规定执行。

5.3.6 铬的测定

按 GB/T 5009.123 规定执行。

5.3.7 多菌灵的测定

按 GB/T 5009.188 规定执行。

5.3.8 百菌清的测定

按 GB/T 5009.105 规定执行。

6 检验规则

6.1 组批

同一产地、同一等级、同一收获时间的鲜芦荟为一批次。

6.2 抽样

每一批次同一等级的产品抽取样品质量不少于 15 kg，其他按照国家有关规定执行。

6.3 判定规则

6.3.1 经检验符合本标准要求的产品，按第 4 章相应的等级分别定为优等品、一等品、二等品。

6.3.2 基本要求、理化指标、卫生指标检验结果中一项指标不合格，按本标准判定为不合格产品。

6.4 复验

若贸易双方对检验结果有异议时，可加倍抽样进行复验。复验以一次为限，结论以复验结果为准。

基本要求、卫生指标检验结果不合格，不进行复验。

7 标志、标签

注明名称、品种、数量、收获时间、生产单位及产地等。

散装芦荟有随货清单，清单注明名称、品种、数量、收获时间、生产单位及产地等。

8 包装、贮存与运输

8.1 包装

按品种不同分开包装或散装，包装物或散装场地应透气良好、无毒、无异味。

8.2 运输

运输工具应清洁、通风良好、有防晒、防雨、防压设施。

运输过程中不应与有毒、有异味的物品混运。

8.3 贮存

贮存场所应清洁、通风良好、有防晒防雨设施。

贮藏时间应以保证质量为准则，一般不宜超过 2 d。

ICS 67.080.10
B 31

中华人民共和国农业行业标准

NY/T 871—2004

哈 密 大 枣

Hami big jujubes

2005-01-04 发布　　　　2005-02-01 实施

中华人民共和国农业部 发布

前 言

本标准由中华人民共和国农业部提出并归口。

本标准起草单位:新疆生产建设兵团农业建设第十三师。

本标准主要起草人:马世杰、苏胜强、游玺剑、李永泉、崔永峰、龚安家、沈自云、杜育林、袁青锋。

哈 密 大 枣

1 范围

本标准规定了哈密大枣的术语和定义、要求、试验方法、检验规则、标志、包装、运输和贮存。

本标准适用于鲜食哈密大枣和干制品。

2 规范性引用文件

下列文件中的条款通过本标准的引用而成为本标准的条款。凡是注日期的引用文件，其随后所有的修改单(不包括勘误的内容)或修订版均不适用于本标准，然而，鼓励根据本标准达成协议的各方研究是否可使用这些文件的最新版本。凡是不注日期的引用文件，其最新版本适用于本标准。

GB/T 5009.3 食品中水分的测定

GB/T 5009.11 食品中总砷及无机砷的测定

GB/T 5009.12 食品中铅的测定

GB/T 5009.17 食品中总汞及有机汞的测定

GB 7788 食品标签通用标准

GB/T 8855 新鲜水果和蔬菜的取样

GB/T 12295 水果、蔬菜制品 可溶性固形物含量的测定——折射仪法(ISO 2173:1978,NEQ)

3 术语和定义

下列术语和定义适用于本标准。

3.1

整齐度 tidy degree

果实在形状、大小、色泽等方面的一致程度。

3.2

腐烂果 putrefied fruit

有较明显的微生物寄生痕迹，并带有霉味、酒味和腐味的果实。

3.3

浆头 syrup head

在生长期或干制过程中因受雨水影响，枣的两头或局部未达到适当的干燥，色泽发暗的果实。

3.4

油头 paint head

在干制过程中翻动不匀，果实上有的部分受热过高，使外皮变黑，色泽加深的果实。

3.5

破头 break head

生长期间自然裂果或机械挤压，造成枣果皮出现长达果长 1/10 以上的破裂口，但破裂不变色、不霉烂的果实。

3.6

干条果 dry and thin fruit

未完全成熟的枣干制后颜色偏淡、果形干瘦、果肉不饱满、含糖量低的果实。

3.7

虫蛀枣　moth-eaten of jujube

生长期或干枣在贮存期受到害虫蛀食的果实。

3.8

病果　disease fruit

带有明显或较明显病害特征的果实。

3.9

验收容许度　check before acceptance to allow degree

针对分级中可能出现的疏忽，在对质量等级进行验收时，规定的低于本质量等级的允许限度，在允许限度内出现的质量问题不影响质量等级的确定。

3.10

等外果　the fruit of the grade excluding

品质低于二级品规定的指标及容许度的果实。

4　要求

4.1　鲜枣

4.1.1　外观质量

外观质量应符合表1的规定。

表1　等级质量外观指标

项　　目	特　　级	一　　级	二　　级
果形	饱满，椭圆或近圆		
果面	表皮光滑光亮		
色泽	紫红色		
整齐度	整齐	整齐	比较整齐
缺陷果实	无		
注：缺陷果实指腐烂果、浆头、油头、破头、干条果、虫蛀枣、病果。			

4.1.2　理化指标

理化指标应符合表2的规定。

表2　理化指标

项　　目	特　　级	一　　级	二　　级
单果质量　g，　≥	22	16	12
可食率　%，　≥	95		
可溶性固形物　%，　≥	39	36	33

4.2　干枣

4.2.1　外观质量　外观质量应符合表3的规定。

表3　等级质量外观指标

项　　目	特　　级	一　　级	二　　级
果形	饱满，椭圆或近圆		
果面	光滑无明显皱纹	皱纹浅	皱纹浅
色泽	紫红色		
整齐度	整齐	比较整齐	比较整齐
缺陷果实	无		

4.2.2 理化指标

理化指标应符合表4的规定。

表4 理化指标

项目		特级	一级	二级
单果质量 g,	≥	12	9	7
含水率 %,	≤	15		
可食率 %,	≥	93		
可溶性固形物 %,	≥	80		

4.3 卫生指标

卫生指标应符合表5规定。

表5 卫生指标

单位为毫克每千克

项目	指标
汞(以 Hg 计)	≤0.01
砷(以 As 计)	≤0.5
铅(以 Pb 计)	≤0.2
注:根据《中华人民共和国农药管理条例》,剧毒和高毒农药不得在水果生产中使用。	

5 试验方法

5.1 外观检测

5.1.1 果形、果面、色泽、缺陷果实

从抽样中随机取样枣100枚,采用感官评定。

5.1.2 整齐度

采用感量0.1g的天平测定样枣100枚。

整齐——单果的质量与其平均值偏差小于10%,形状和色泽一致;

比较整齐——单果的重量与其平均值偏差小于20%,形状和色泽较为一致;

不整齐——单果的重量与其平均值偏差大于20%,形状和色泽不一致。

5.2 理化指标检测

5.2.1 单果质量

采用感量1g的天平测定样枣100枚,取其平均质量。

5.2.2 含水率

按GB/T 5009.3规定执行。

5.2.3 可食率

取样枣50枚,采用感量1g的天平测定。首先称取样本的质量,然后称取去核后样本的质量,按式(1)计算,计算结果保留整数。

$$X=\frac{m_1}{m}\times 100 \qquad (1)$$

式中:

X ——可食率,%;

m_1 ——样枣去核后的质量,单位为克(g);

m ——样枣质量,单位为克(g)。

5.2.4 可溶性固形物含量

按 GB/T 12295 执行。

5.3 卫生指标检验

5.3.1 汞

按 GB/T 5009.17 执行。

5.3.2 砷

按 GB/T 5009.11 执行。

5.3.3 铅

按 GB/T 5009.12 执行。

6 检验规则

6.1 检验分类

6.1.1 型式检验

型式检验是对产品进行全面考核,即对本标准规定的全部要求(指标)进行检验。有下列情况之一者应进行型式检验。

a) 因人为或自然条件使生产环境发生较大变化;

b) 前后两次抽样检验结果差异较大;

c) 国家质量监督机构或行业主管部门提出型式检验要求。

6.1.2 交收检验

每批产品交收前,生产单位都应进行交收检验,交收检验内容包括外观、标志及包装,检验合格并附合格证的产品方可交收。

6.2 组批规则

同一等级、同一产地和同一批销售的果实作为一个检验批次。

6.3 抽样

按 GB/T 8855 规定进行。

6.4 验收容许度

一个检验批次的样品容许不符合等级质量的数量(以质量计)见表 6。

表 6 各等级不符合质量指标要求的容许范围

项目	容许度		
	特级	一级	二级
外观质量:			
缺陷果实率, % ≤	3	5	5
其中:腐烂果	0	0	0
虫蛀枣	0	0	0
干条果	0	1	2
理化指标:			
小果率, % ≤	2	4	6
含水率(干枣)	标准值+3%	标准值+3%	标准值+3%
可溶性固形物含量	标准值−2%	标准值−2%	标准值−2%

6.5 判定准则

6.5.1 凡是符合本标准规定的要求，则判定为合格产品。各等级不符合要求产品的容许度见表6，但应达到下一等级的要求。二级不允许有腐烂果和虫蛀枣。

6.5.2 卫生指标有一项不合格或农药残留量超标，则该批次产品不合格。

6.5.3 复检

按本标准检验，理化指标如有一项检验不合格，应另取一份样品复检，若仍不合格，则判定该批产品不合格；若复检合格，则应再取一份样品作第二次复检，以第二次复检结果为准。

外观指标和卫生指标不进行复检。

7 标志

按GB 7788的规定，包装上应有下列标志

a) 品名；

b) 等级；

c) 净含量；

d) 产地；

e) 企业名称；

f) 地址；

g) 生产者姓名或代码；

h) 商品标志；

i) 执行标准；

j) 生产日期。

8 包装、运输、贮存

8.1 包装

8.1.1 采用结构坚固、耐挤压、无异味和符合卫生标准的塑料制品箱或袋、纸箱包装，箱内平滑无尖锐突起。

8.1.2 采摘后装果运输前应注意防雨，果实表面有水不应装箱。

8.1.3 每一件包装应装同一等级的果实，不应混级包装。

8.1.4 同一批货物各件包装的净含重应一致，果品净含量与标识相符。

8.2 运输

8.2.1 运输时要注意防雨防潮。不应与有毒、有害、有腐蚀性、有异味以及不洁物混合装运。

8.2.2 运输工具应保持清洁、卫生、无污染。

8.3 贮存

暂时贮存应于干燥、阴凉、通风、清洁、卫生处，不应与有毒、有害、有腐蚀性、有异味以及不洁物混。鲜枣长期贮存应置于保鲜库中，贮存温度应控制在－1℃～3℃之间，相对湿度应控制在90％～95％之间。干枣的长期贮存应置干燥的环境之中。

ICS 67.080.20
X 26

中华人民共和国农业行业标准

NY/T 872—2004

芽　　菜

Pickled mustard vein

2005-01-04 发布　　　　2005-02-01 实施

中华人民共和国农业部　发布

前　言

本标准由中华人民共和国农业部提出并归口。

本标准起草单位:农业部食品质量监督检验测试中心(成都)、四川宜宾碎米芽菜有限公司。

本标准主要起草人:韩梅、胡述楫、李治中、欧阳华学。

芽　　菜

1　范围

本标准规定了芽菜产品的术语和定义、要求、试验方法、检验规则、标志、标签、包装、运输和贮存。

本标准适用于白芽菜和芽菜成品。

2　规范性引用文件

下列文件中的条款通过本标准的引用而成为本标准的条款。凡是注日期的引用文件，其随后所有的修改单(不包括勘误的内容)或修订版均不适用于本标准，然而，鼓励根据本标准达成协议的各方研究是否可使用这些文件的最新版本。凡是不注日期的引用文件，其最新版本适用于本标准。

GB/T 191　包装储运图示标志

GB 2760　食品添加剂使用卫生标准

GB/T 4789.3　食品卫生微生物学检验　大肠菌群测定

GB/T 4789.4　食品卫生微生物学检验　沙门氏菌检验

GB/T 4789.5　食品卫生微生物学检验　志贺氏菌检验

GB/T 4789.10　食品卫生微生物学检验　金黄色葡萄球菌检验

GB/T 5009.3　食品中水分的测定

GB/T 5009.11　食品中总砷及无机砷的测定

GB/T 5009.12　食品中铅的测定

GB/T 5009.29　食品中山梨酸、苯甲酸的测定

GB/T 5009.33　食品中亚硝酸盐与硝酸盐含量的测定

GB/T 5009.54　酱腌菜卫生标准的分析方法

GB/T 6194　水果、蔬菜可溶性糖测定法

GB 7718　食品标签通用标准

国家质量技术监督局(1995)43号令《定量包装商品计量监督规定》

3　术语和定义

下列术语和定义适用于本标准。

3.1

芽菜　Pickled mustard vein

芽菜包括白芽菜和芽菜成品。白芽菜是以特定的叶用芥菜为原料，经划条、盐腌而成；芽菜成品是以白芽菜为原料，经加糖、腌渍等工艺加工而成。

3.2

老茎　old stem

指芽菜条上所带的粗纤维老茎皮。

4　要求

4.1　原料应符合无公害蔬菜要求。

4.2　感官要求

芽菜感官要求应符合表1的规定。

表1 芽菜感官要求

项目		指标		
		优级品	一级品	合格品
白芽菜	色泽及外观	黄绿色润泽发亮,老茎、菜叶含量≤1%	黄绿色亮度较好,老茎、菜叶含量≤3%	黄绿色有亮度,老茎、菜叶含量≤5%
白芽菜	滋味与气味	腌制发酵香味浓郁,无生涩味、无异味、无沙感	有腌制发酵香味,无生涩味、无异味、无沙感	有腌制发酵香味,略有生涩味,无异味
白芽菜	杂质	无肉眼可见外来杂质		
芽菜成品	色泽及外观	金褐色,润泽发亮	棕褐色,亮度较好	黑褐色,有亮度
芽菜成品	滋味与气味	咸甜适宜,菜质嫩脆,具有本品固有之香味,糖香突出,香味浓郁	咸甜较适宜,菜质嫩脆,具有本品固有之香味	咸甜尚适宜,具有本品固有之香味
芽菜成品	杂质	无肉眼可见外来杂质		

4.3 理化指标

芽菜理化指标应符合表2的规定。

表2 芽菜理化指标

项目	指标			
	白芽菜	芽菜成品		
		优级品	一级品	合格品
水分,%	≤80	≤75		
食盐(以氯化钠计),%	≤14	≤13		
总糖(以葡萄糖计),%	—	≥5	≥3	≥1

4.4 卫生指标

芽菜卫生指标应符合表3的规定。

表3 芽菜卫生指标

项目		指标
砷(以As计),mg/kg	≤	0.5
铅(以Pb计),mg/kg	≤	1
亚硝酸盐(以$NaNO_2$计),mg/kg	≤	20
苯甲酸,g/kg	≤	0.5
山梨酸,g/kg	≤	0.5
其他食品添加剂		按GB 2760规定
大肠菌群,MPN/100 g		
散装	≤	90
瓶(袋)装	≤	30
致病菌(沙门氏菌、志贺氏菌、金黄色葡萄球菌)		不得检出

4.5 净含量

定量包装产品应符合国家质量技术监督局《定量包装商品计量监督规定》之规定。

5 试验方法

5.1 感官检验

5.1.1 色泽及外观、滋味与气味、杂质

以感官检验为准，通过眼观、口尝、鼻嗅的方法进行检验。

5.1.2 老茎、菜叶含量

采用下列公式：

$$X(\%)=\frac{m_1}{m_2}\times 100 \qquad (1)$$

式中：

X ——老茎、菜叶含量，单位为百分率(%)；

m_1 ——老茎、菜叶的质量，单位为千克(kg)；

m_2 ——芽菜的总质量，单位为千克(kg)。

5.2 理化检验

5.2.1 水分的测定

按 GB/T 5009.3 规定执行。

5.2.2 食盐的测定

按 GB/T 5009.54 规定执行。

5.2.3 总糖的测定

按 GB/T 6194 规定执行。

5.3 卫生检验

5.3.1 砷

按 GB/T 5009.11 规定执行。

5.3.2 铅

按 GB/T 5009.12 规定执行。

5.3.3 亚硝酸盐

按 GB/T 5009.33 规定执行。

5.3.4 山梨酸、苯甲酸

按 GB/T 5009.29 规定执行。

5.3.5 微生物学检验

5.3.5.1 大肠菌群的测定

按 GB/T 4789.3 规定执行。

5.3.5.2 致病菌的测定

按 GB/T 4789.4、GB/T 4789.5、GB/T 4789.10 规定执行。

5.4 定量包装计量检验

按国家质量技术监督局(1995)43 号令《定量包装商品计量监督规定》执行。

6 检验规则

6.1 组批

以同一生产班次、同一生产线生产的同品种、同规格的产品为一组批。

6.2 抽样

6.2.1 抽样要具有代表性，应根据批号或在全批产品的不同部位按规定随机取样。

6.2.2 同一批号取件数，250 g 以上的包装不得少于 6 个，250 g 以下的包装不得少于 10 个。

6.3 检验分类

6.3.1 型式检验

型式检验是对产品进行全面考核，即对标准规定的除标准 4.1 外全部要求进行检验。有下列情形之一时需进行型式检验：

a) 主要原料、配方或工艺发生较大变化时；

b) 国家或行业抽查需要时；

c) 前后两次抽样检验结果差异较大时；

d) 因人为或自然因素使生产环境发生较大变化时。

6.3.2 出厂检验

出厂检验适用于产品出厂上市前的产品质量认定。出厂检验项目为感官要求、理化指标中的水分、总糖（以葡萄糖计）、食盐（以氯化钠计），卫生指标中的微生物指标。

6.4 判定规则

6.4.1 出厂检验所有项目检验合格，则判该批产品合格。

6.4.2 型式检验所有项目检验合格时，判定该批产品合格。其中理化、卫生指标不合格时允许复验一次，复验合格时，判定该批产品合格。

6.4.3 微生物指标不合格时不予复验。

7 标志、标签

7.1 标志

产品标志应符合 GB/T 191 的规定。

7.2 标签

按 GB 7718 规定执行。

8 包装、运输和贮存

8.1 包装

白芽菜一般为散装，所用容器应无毒、无害、无污染、无异味；芽菜成品一般采用铝箔复合袋、塑料袋包装，散装芽菜成品宜用陶坛装。包装材料应符合食品卫生要求。

8.2 运输

不应与有毒、有害、有异味的物品混合运输，并应有防雨、防晒措施。

8.3 贮存

在贮存过程中，应有防雨、防晒措施，保证场地清洁、干燥、通风良好。不应与有毒、有害、有异味的货物共同堆放、混装存放。

ICS 67.080.10
X 24

中华人民共和国农业行业标准

NY/T 873—2004

菠 萝 汁

Pineapple juice

2005-01-04 发布

2005-02-01 实施

中华人民共和国农业部 发布

前　言

本标准对应于 Codex Stan 85—1981《菠萝汁(采用物理方法保存)》,与 Codex Stan 85—1981 的一致性程度为非等效。

本标准与 Codex Stan 85—1981 的主要差异是:在技术内容上增加产品感官、理化和卫生的部分要求,以及相应的试验方法。

本标准中“3.4”、“3.5”为强制性条款。

本标准由中华人民共和国农业部农垦局提出并归口。

本标准起草单位:农业部食品质量监督检验测试中心(湛江)。

本标准主要起草人:黄和、叶英、李海婴。

菠　萝　汁

1　范围

本标准规定了菠萝汁要求、试验方法、检验规则、标签、标志、包装、运输和贮存。

本标准适用于以新鲜(或经冷藏)、成熟适度的菠萝果肉或其皮肉、果芯为原料,制成的果汁。

2　规范性引用文件

下列文件中的条款通过本标准的引用而成为本标准的条款。凡是注日期的引用文件,其随后所有的修改单(不包括勘误的内容)或修订版均不适用于本标准,然而,鼓励根据本标准达成协议的各方研究是否可使用这些文件的最新版本。凡是不注日期的引用文件,其最新版本适用于本标准。

GB 191　包装储运图示标志

GB 2760　食品添加剂使用卫生标准

GB/T 4789.2　食品卫生微生物学检验　菌落总数测定

GB/T 4789.3　食品卫生微生物学检验　大肠菌群测定

GB/T 4789.4　食品卫生微生物学检验　沙门氏菌检验

GB/T 4789.5　食品卫生微生物学检验　志贺氏菌检验

GB/T 4789.10　食品卫生微生物学检验　金黄色葡萄球菌检验

GB/T 4789.11　食品卫生微生物学检验　溶血性链球菌检验

GB/T 4789.26　食品卫生微生物学检验　罐头食品商业无菌的检验

GB/T 5009.11　食品中总砷及无机砷的测定

GB/T 5009.12　食品中铅的测定

GB/T 5009.13　食品中铜的测定

GB/T 5009.14　食品中锌的测定

GB/T 5009.16　食品中锡的测定

GB/T 5009.29　食品中山梨酸、苯甲酸的测定

GB/T 5009.34　食品中亚硫酸盐的测定

GB 7718　食品标签通用标准

GB/T 10790　软饮料的检验规则、标志、包装、运输、贮存

GB/T 10791　软饮料原辅材料的要求

GB/T 12143.1　软饮料中可溶性固形物的测定　折光计法

GB/T 12286　水果、蔬菜及制品　铁含量的测定　1,10-菲啰啉光度法

GB/T 12456　食品中总酸的测定方法

JJF 1070　定量包装商品净含量计量检验规则

国家技术监督局43号令《定量包装商品计量监督规定》

3　要求

3.1　原料

3.1.1　**菠萝**:果实新鲜,成熟适度,风味正常,无病虫害和腐烂。

3.1.2　加工用水及其他辅料应符合GB/T 10791的规定。

3.2　感官要求

菠萝汁的感官要求应符合表1的规定。

表1 菠萝汁感官要求

项 目	要 求
色泽	果汁呈淡黄色或浅黄色,有光泽,均匀一致
滋味与气味	具有菠萝汁应有的滋味和芳香,酸甜适口,无异味
组织形态	混浊度均匀一致,久置后允许有微量果肉沉淀
杂质	无肉眼可见外来杂质
注:缺陷包括异味和杂质。	

3.3 理化指标

菠萝汁的理化指标应符合表2的规定。

表2 菠萝汁理化指标

单位为百分率

项 目	指 标
可溶性固形物(折光法,20℃)	≥10
总酸(以柠檬酸计)	≥0.4

3.4 卫生指标

3.4.1 菠萝汁的卫生指标应符合表3的规定。

表3 菠萝汁卫生指标

项 目	指 标
砷(以As计),mg/kg	≤0.2
铅(以Pb计),mg/kg	≤0.3
铜(以Cu计),mg/kg	≤5
锌(以Zn计),mg/kg	≤5
铁(以Fe计),mg/kg	≤15
锡(以Sn计),mg/kg	≤250
铜锌铁总量,mg/kg	≤20
二氧化硫,mg/kg	≤10
山梨酸钾,g/kg	≤0.5
苯甲酸钠,g/kg	≤1.0
菌落总数,cfu/mL	≤100
大肠菌群,MPN/100 mL	≤3
致病菌(系指肠道致病菌及致病性球菌)	不得检出
注:糖精钠、日落黄、柠檬黄不得使用。	

3.4.2 罐装菠萝汁应符合商业无菌要求。

3.5 净含量及负偏差

净含量及负偏差按《定量包装商品计量监督规定》规定执行。

4 试验方法

4.1 感官要求检测

4.1.1 色泽、组织形态和杂质

将被检样品摇匀后取100 mL倒入200 mL烧杯中，置明亮处观察其色泽、组织形态。静置0.5 h以上，观察有无可见杂质及沉淀。

4.1.2 滋味和气味

每种包装规格随机抽取2～3个样品作试样，样品容器开启后，立即闻其气味，品其滋味，检查有无异味。

4.2 理化指标检测

4.2.1 可溶性固形物

按GB/T 12143.1规定执行。

4.2.2 总酸

按GB/T 12456规定执行。

4.2.3 净含量及负偏差

按JJF 1070规定执行。

4.3 卫生指标检测

4.3.1 砷

按GB/T 5009.11规定执行。

4.3.2 铅

按GB/T 5009.12规定执行。

4.3.3 铜

按GB/T 5009.13规定执行。

4.3.4 锌

按GB/T 5009.14规定执行。

4.3.5 锡

按GB/T 5009.16规定执行。

4.3.6 铁

按GB/T 12286规定执行。

4.3.7 二氧化硫

按GB/T 5009.34规定执行。

4.3.8 山梨酸(钾)、苯甲酸(钠)

按GB/T 5009.29规定执行。

4.3.9 菌落总数

按GB/T 4789.2规定执行。

4.3.10 大肠菌群

按GB/T 4789.3规定执行。

4.3.11 致病菌

按GB/T 4789.4、GB/T 4789.5、GB/T 4789.10及GB/T 4789.11规定执行。

4.3.12 商业无菌

按GB/T 4789.26规定执行。

5 检验规则

5.1 组批

同一生产日期、同一生产线生产的包装完好的产品为一组批。

5.2 抽样方法

在成品库同一组批产品中随机抽取至少1.5 L样品供出厂检验，或至少4 L样品供型式检验。每批样品不应少于6个零售包装。

5.3 出厂检验

每组批产品出厂前应按本标准对感官、可溶性固形物、总酸、微生物、净含量及负偏差等项目进行检验，检验合格后签发合格证，方可出厂。

5.4 型式检验

型式检验的项目应包括本标准规定的全部项目。

出现下列情况之一者，应进行型式检验。

a) 新产品定型鉴定时；
b) 原材料、设备或工艺有较大改变，可能影响产品质量时；
c) 停产半年以上，又恢复生产时；
d) 出厂检验结果与上次型式检验有较大差异时；
e) 国家质量监督机构或主管部门提出型式检验要求时。

5.5 判定

若感官要求中的缺陷、卫生指标有一项不符合本标准要求，则判定该批产品为不合格产品，并且不进行复验。

5.6 复验

若理化指标、净含量负偏差不符合本标准要求时，可从该批中抽取两倍样品，对不合格项目进行复验一次。若复验结果仍有指标不符合本标准要求，则判定该批产品为不合格产品。

6 标签、标志

按GB 7718执行。运输包装应注明：产品名称、规格、数量、厂名、厂址、生产日期、保质期、标准编号等。包装储运图示标志应符合GB 191规定。

7 包装、运输和贮存

7.1 包装

7.1.1 包装材料和容器按GB/T 10790执行。

7.1.2 销售包装要求外表清洁、无变形损伤，标签内容的字迹和图形清晰整洁、端正，容器密封完好，无泄漏。

7.2 运输

运输工具应清洁、干燥。搬运时应轻拿轻放，并有防雨防晒设施。不应与有毒有害或有腐蚀、有异味物品混运。

7.3 贮存

贮存库房应清洁干燥、通风。箱体堆放距墙、离地10 cm以上。不应与有毒、有害或有腐蚀、有异味物品混存。

7.4 保质期

在7.3贮存条件下，保质期按有关规定执行。

ICS 67.080.20
X 26

中华人民共和国农业行业标准

NY/T 874—2004

胡 萝 卜 汁

Carrot juice

2005-01-04 发布　　2005-02-01 实施

中华人民共和国农业部 发布

前　　言

本标准由中华人民共和国农业部提出并归口。

本标准起草单位：神内新疆食品研究开发中心、新疆生产建设兵团食品科学研究所、农业部食品质量监督检测中心（石河子）。

本标准主要起草人：程卫东、买生、何高朝、刘卫东、刘霞、李琳、李新、高志强。

胡 萝 卜 汁

1 范围

本标准规定了胡萝卜汁的要求、试验方法、检验规则、标签、标志、包装、运输和贮存。

本标准适用于以新鲜胡萝卜加工以及用胡萝卜原浆或浓缩汁调配的胡萝卜汁产品。

2 规范性引用文件

下列文件中的条款通过本标准的引用而成为本标准的条款。凡是注日期的引用文件，其随后所有的修改单(不包括勘误的内容)或修订版均不适用于本标准，然而，鼓励根据本标准达成协议的各方研究是否可使用这些文件的最新版本。凡是不注日期的引用文件，其最新版本适用于本标准。

GB 191 包装储运图示标志

GB 2760 食品添加剂使用卫生标准

GB 4789.2 食品卫生微生物学检验 细菌总数测定

GB 4789.3 食品卫生微生物学检验 大肠菌群测定

GB 4789.4 食品卫生微生物学检验 沙门氏菌检验

GB 4789.5 食品卫生微生物学检验 志贺氏菌检验

GB 4789.10 食品卫生微生物学检验 葡萄球菌检验

GB 4789.11 食品卫生微生物学检验 溶血性链球菌检验

GB 4789.15 食品卫生微生物学检验 霉菌和酵母计数

GB/T 5009.11 食品中总砷及无机砷的测定

GB/T 5009.12 食品中铅的测定

GB/T 5009.13 食品中铜的测定

GB/T 5009.83 食品中胡萝卜素的测定

GB 7718 食品标签通用标准

GB 10789 软饮料的分类

GB/T 10790 软饮料的检验规则、标志、包装、运输、贮存

GB/T 10791 软饮料原辅材料的要求

GB/T 12143.1 软饮料中可溶性固形物的测定方法 折光计法

GB/T 12456 食品中总酸的测定方法

NY/T 493 胡萝卜

国家质量技术监督局令第43号《定量包装商品计量监督规定》

3 产品分类

3.1 按组织状态分为：

果肉型：主要原料以胡萝卜肉质根或者胡萝卜果肉浆加工而成。

浊汁型：主要原料以胡萝卜榨汁或者胡萝卜浓缩汁加工而成。

3.2 按添加糖体分为：

普通型：主要添加糖体为白砂糖、果葡糖浆、葡萄糖和果糖等。

低聚糖型：主要添加糖体为低聚糖。

3.3 复合型:主要原料中添加其他蔬菜或水果加工而成。

3.4 发酵型:以乳酸发酵等生物技术加工而成。

4 要求

4.1 原辅材料

4.1.1 胡萝卜:应符合 NY/T 493 中橙红或红色果的规定。

4.1.2 胡萝卜果肉浆、浓缩汁:应符合加工要求。

4.1.3 其他原辅材料:应符合 GB/T 10791 的规定。

4.2 感官

感官应符合表1的规定。

表1 胡萝卜汁感官指标

项目	要求	
	果肉型	浊汁型
色泽	汁液呈橙红色,混合胡萝卜汁具有与其他水果或蔬菜混合后的色泽,有光泽	
香气与滋味	具有新鲜胡萝卜应有的香气和滋味,混合胡萝卜汁应具有与其他水果或蔬菜混合的香气与滋味,发酵型胡萝卜汁应具有乳酸发酵特有的香气与滋味,酸甜适口	
外观	均匀浑浊的汁液,久置后允许有少量果肉沉淀,振摇后应具有均匀浑浊状态,黏稠适度	均匀浑浊的汁液,允许有少量悬浮肉质,摇动后呈花纹状流动,久置后微有沉淀
其他杂质	无肉眼可见的外来杂质	

4.3 净含量

单件定量包装商品的净含量偏差应符合《定量包装商品计量监督规定》,同批产品的平均净含量不应低于标签上标明的净含量。

4.4 理化指标

4.4.1 可溶性固形物、总酸和β-胡萝卜素

可溶性固形物、总酸和β-胡萝卜素含量应符合表2的规定。

表2 胡萝卜汁理化指标

项目	指标	
可溶性固形物,%(20℃时折光计法) ≥	普通型	低聚糖型
	8	6
总酸(以1分子水的柠檬酸计),g/L ≤	3	
β-胡萝卜素(以原果肉计),mg/L ≥	20	

4.4.2 食品添加剂

食品添加剂应符合 GB 2760 的规定。若产品标签上未标识,则不得检出。

4.5 卫生指标

应符合表3的规定。

表3 胡萝卜汁卫生指标

项目	指标
砷(以As计),mg/L ≤	0.2
铅(以Pb计),mg/L ≤	0.3
铜(以Cu计),mg/L ≤	5.0
菌落总数,cfu/mL ≤	100
大肠菌群,MPN/100 mL ≤	3
致病菌(系指肠道致病菌和致病性球菌)	不得检出
霉菌、酵母菌,cfu/mL ≤	20

5 试验方法

5.1 感官检测

5.1.1 色泽、外观及杂质

摇匀后开启样品的包装,取50 mL被测样品倒入100 mL洁净透明的烧杯中,置明亮处,观察其色泽、组织形态及杂质。

5.1.2 香气与滋味

摇匀后开启样品的包装,取50 mL被测样品倒入100 mL洁净透明的烧杯中,在室温(20℃左右)立即嗅其香气,品其滋味,检验有无异常气味和异常滋味。

5.1.3 净含量检查

在(20±2)℃条件下,将样液沿容器壁缓慢倒入相应体积的量筒中,1 min后读取泡沫下体积数。2 L以上可采用称量法。

5.2 理化指标

5.2.1 可溶性固形物

按GB/T 12143.1的规定执行。

5.2.2 总酸

按GB/T 12456的规定执行。

5.2.3 β-胡萝卜素

按GB/T 5009.83的规定执行。

5.3 卫生指标

5.3.1 砷

按GB/T 5009.11的规定执行。

5.3.2 铅

按GB/T 5009.12的规定执行。

5.3.3 铜

按GB/T 5009.13的规定执行。

5.3.4 菌落总数

按GB 4789.2的规定执行。

5.3.5 大肠菌群

按GB 4789.3的规定执行。

5.3.6 致病菌

按GB 4789.4、GB 4789.5、GB 4789.10、GB 4789.11的规定执行。

5.3.7 霉菌、酵母菌

按GB 4789.15的规定执行。

6 检验规则

6.1 组批

同一品种、同一规格、同一生产线、同一班次、配料相同的产品为一批。

6.2 出厂检验

6.2.1 由生产厂检验部门按本标准逐批检验。检验合格后，在包装箱内(外)附有合格证的产品方可出厂。

6.2.2 **出厂检验项目：**感官要求、净含量、可溶性固形物、总酸、菌落总数、大肠菌群为每批必检项目，其他项目做不定期抽检。

6.3 型式检验

型式检验每季度或一个生产周期进行一次。有下列情况之一时亦应进行：

——更改主要原辅材料或更改关键工艺时；

——长期停产后，恢复生产；

——国家质量监督机构提出进行型式检验要求时。

型式检验项目包括本标准技术要求全部项目。

6.4 抽样方法和数量

6.4.1 抽样方法

随机抽取规定数量的包装箱(内含小包装产品)，逐件打开。

6.4.2 抽样数量

6.4.2.1 **出厂检验：**每批随机抽样15瓶(罐、盒)。其中6瓶(罐、盒)用于感官要求、净含量、可溶性固形物和总酸检验，3瓶(罐、盒)用于菌落总数、大肠菌群检验，其余6瓶(罐、盒)留样备用。

6.4.2.2 **型式检验：**从任意一批产品中，随机抽样18瓶(罐、盒)。其中9瓶(罐、盒)用于感官要求、净含量、理化指标检验，3瓶(罐、盒)用于卫生指标检验，其余6瓶(罐、盒)留样备用。

6.5 判定规则

6.5.1 出厂检验项目全部符合本标准，判定为合格品。如有1项或1项以上不符合本标准，需加倍抽样复验不符合项目；复验后仍不符合本标准时，判定整批产品为不合格品。菌落总数或大肠菌群不符合本标准时，判定为不合格品。

6.5.2 型式检验项目全部符合本标准，判定为合格品。如有1项(净含量除外)或1项以上不符合本标准，判定整批产品为不合格品。净含量有1瓶(罐、盒)负偏差超过允许负偏差，或平均净含量低于标签标明的净含量时，需加倍抽样复验；如复验后仍不符合本标准，判定整批产品为不合格品。

7 标签、标志

7.1 标签

7.1.1 产品应符合GB 7718规定的同时，还应符合下列特殊要求：

7.1.1.1 **产品名称：**若原料中添加有其他蔬菜或水果，产品名称应为“胡萝卜××复合汁”，其中“×”是产品中使用的蔬菜或水果的名称。若配料使用的糖体使产品以其为特征，则应在食品名称上加以注明，如“低糖型胡萝卜汁”或“低聚糖型胡萝卜汁”；若为乳酸发酵产品，则名称应注明“乳酸发酵型胡萝卜汁”

或在标签上注明“乳酸发酵产品”。

7.1.1.2 **配料表**:由胡萝卜浆(浓缩汁)制成或产品中添加有胡萝卜浆(浓缩汁)的胡萝卜汁产品,其成分表中应注明“由胡萝卜浆(浓缩汁)制成”或“胡萝卜浆(浓缩汁)调制”、“调配型胡萝卜汁”。如果没有在成分表中列出配料,则应在标签上注明“由胡萝卜浆(浓缩汁)制成”、“调配型胡萝卜汁”或“由胡萝卜浆(浓缩汁)调制”。

7.1.1.3 **原浆(汁)含量**:在配料表中没有标示含量时,应在标签上标明含量。

7.1.2 只有胡萝卜或配料中存在的蔬菜和水果可以以图片的形式出现在商标上。

7.2 标志

7.2.1 包装箱上应标明产品名称、制造者(或经销者)的名称和地址,还应标明单件定量包装的净含量及每箱数量。

7.2.2 非零售包装的胡萝卜汁,产品的名称、生产厂或制造商的名称和地址应标注在外包装箱上。同时本标准7.1.1项要求的信息也应在外包装箱上或包装内的随附资料中说明。如果产品的注册标识可用包装内的随附资料清楚鉴别,则生产厂或制造商的名称、地址可用这个注册标识代替。

7.2.3 包装箱上的储运图示应符合GB 191的规定。

8 包装、运输和贮存

8.1 包装

包装材料应符合GB/T 10790—1989第5章的规定。

8.2 运输和贮存

运输、贮存应符合GB/T 10790—1989第6章的规定。不应接近热源,并防止冰冻。

8.3 保质期

符合8.2规定时,产品保质期为:金属罐装和玻璃瓶装12个月;纸塑铝复合软包装8个月;塑料瓶装6个月。

ICS 67.180
X 11

中华人民共和国农业行业标准

NY/T 875—2004

食用木薯淀粉

Edible cassava starch

2005-01-04 发布 2005-02-01 实施

中华人民共和国农业部 发布

前　言

本标准由中华人民共和国农业部提出并归口。

本标准起草单位:农业部热带农产品质量监督检验测试中心、农业部食品质量监督检验测试中心(湛江)。

本标准主要起草人:贺利民、仇厚援、章程辉、李开绵、冯信平、黄和、陈利梅。

食用木薯淀粉

1 范围

本标准规定了食用木薯淀粉的要求、试验方法、检验规则、标志、包装、运输和贮存。

本标准适用于以木薯为原料用湿磨法制成的可食用淀粉。

2 规范性引用文件

下列文件中的条款通过本标准的引用而成为本标准的条款,凡是注明日期的引用文件,其随后所有的修改单(不包括勘误的内容)或修订版均不适用于本标准,然而,鼓励根据本标准达成协议的各方研究是否可使用这些文件和最新版本。凡是不注日期的引用文件,其最新版本适用于本标准。

GB 191 包装储运图示标志

GB/T 4789.2 食品微生物学检验 菌落总数测定

GB/T 4789.4 食品微生物学检验 沙门氏菌检验

GB/T 4789.5 食品微生物学检验 志贺氏菌检验

GB/T 4789.10 食品微生物学检验 金黄色葡萄球菌检验

GB/T 4789.11 食品微生物学检验 溶血性链球菌检验

GB/T 5009.11 食品中总砷及无机砷的测定

GB/T 5009.12 食品中铅的测定

GB 7718 食品标签通用标准

GB/T 12086 淀粉灰分测定方法

GB/T 12087 淀粉水分测定方法

GB/T 12095 淀粉斑点测定方法

GB/T 12096 淀粉细度测定方法

GB/T 12097 淀粉白度测定方法

GB/T 12309 工业玉米淀粉

3 要求

3.1 基本要求

3.1.1 安全且适于人们消费。

3.1.2 无异味、臭味和活的昆虫。

3.1.3 不得含有对人类健康有危害的污物(动物源杂质,包括死昆虫)。

3.2 感官要求

食用木薯淀粉感官要求见表1。

表1 感官要求

项目	指标		
	优级	一级	二级
色泽	白色粉末,具有光泽	白色粉末	白色或微带浅黄色阴影的粉末
气味	具有木薯淀粉固有的特殊气味,无异味		

3.3 理化指标

食用木薯淀粉理化指标见表 2。

表 2 理化指标

项目		指标		
		优级	一级	二级
灰分(干基),%	⩽	0.20	0.30	0.40
水分,%	⩽	14.0	14.0	15.0
酸度	⩽	14.0	18.0	20.0
斑点,个/cm^2	⩽	3.0	6.0	8.0
细度,%	⩾	99.8	99.5	99.0
白度,%	⩾	92.0	88.0	84.0

3.4 卫生指标

食用木薯淀粉卫生指标见表 3。

表 3 卫生指标

项目		指标		
		优级	一级	二级
砷(以 As 计),mg/kg	⩽	0.5		
铅(以 Pb 计),mg/kg	⩽	1.0		
二氧化硫,%	⩽	0.004		
氢氰酸,mg/kg	⩽	10		
黄曲霉毒素 B_1,μg/kg	⩽	5		
菌落总数,个/g	⩽	3 000		
霉菌,个/g	⩽	100		
致病菌(系指肠道致病菌及致病性球菌)	⩽	不得检出		

4 试验方法

4.1 感官

4.1.1 色泽

在明暗适度的光线下,用肉眼观察样品的颜色,然后在较强烈阳光下观察其光泽。

4.1.2 气味

取淀粉样品 20 g,放入 100 mL 磨口瓶中,加入 50℃的温水 50 mL,加盖,振摇 30 s,倾出上清液,嗅其气味。

4.2 理化

4.2.1 灰分

按照 GB/T 12086 规定执行。

4.2.2 水分

按照 GB/T 12087 规定执行。

4.2.3 酸度

按照 GB/T 12309 规定执行。

4.2.4 斑点

按照 GB/T 12095 规定执行。

4.2.5 细度

按照 GB/T 12096 规定执行。

4.2.6 白度

按照 GB/T 12097 规定执行。

4.3 卫生

4.3.1 砷

按照 GB/T 5009.11 规定执行。

4.3.2 铅

按照 GB/T 5009.12 规定执行。

4.3.3 二氧化硫

按照 GB/T 12309 规定执行。

4.3.4 氢氰酸

按照 GB/T 5009.36 规定执行。

4.3.5 黄曲霉毒素 B_1

按照 GB/T 5009.22 规定执行。

4.3.6 菌落总数

按照 GB/T 4789.2 规定执行。

4.3.7 霉菌

按照 GB/T 4789.15 规定执行。

4.3.8 致病菌

按照 GB/T 4789.4、GB/T 4789.5、GB/T 4789.10、GB/T 4789.11 规定执行。

5 检验规则

5.1 组批规则

同一批原料、同一生产日期、同一生产线生产的包装完好的同一品种、同一规格产品为一组批。

5.2 抽样方法

在成品出库同一组批产品中随机抽取 3 kg 样品供出厂检验;5 kg 样品供型式检验。

5.3 出厂检验

5.3.1 每组批产品出厂前应由生产厂的技术检验部门按本标准检验合格,签发合格证,方可出厂。

5.3.2 出厂检验项目包括基本要求、感官要求、理化要求及微生物。

5.4 型式检验

5.4.1 型式检验的项目应包括本标准规定的全部项目。

5.4.2 出现下列情况之一时,应进行型式检验。

1) 新产品定型鉴定时;

2) 原材料、设备或工艺有较大改变,可能影响产品质量时;

3) 停产半年以上,重新开始生产时;

4) 一定周期内进行一次检验;

5) 出厂检验结果与上次型式检验有较大差异时;

6) 国家质量监督机构或主管部门提出型式检验要求时。

5.5 判定及复验规则

理化指标不符合本标准要求时，可从该批产品中抽取2倍样品，对不合格项目进行一次复验，若复验结果仍有指标不符合标准要求，则判定该批产品判为不合格品；若卫生指标、基本要求和感官指标有一项指标不符合本标准要求，则判定该批产品为不合格品，并且不得复验。

6 包装、标志、标签、运输、贮存

包装、标志、运输和贮存按照GB 191规定执行，标签按照GB 7718规定执行。

ICS 65.020
B 61

中华人民共和国农业行业标准

NY/T 876—2004

红掌　切花

Anthurium　Cut flowers

2005-01-04 发布　　2005-02-01 实施

中华人民共和国农业部　发布

前　言

本标准的附录 A 为资料性附录。

本标准由中华人民共和国农业部提出。

本标准由农业部热带作物及制品标准化委员会归口。

本标准起草单位:中国热带农业科学院热带园艺研究所。

本标准主要起草人:尹俊梅、王祝年、赖齐贤、欧文军、王奇志、郑玉。

红掌　切花

1　范围

本标准规定了红掌(*Anthurium andraeanum*)切花的要求、试验方法、检验规则、包装、标志、标签、运输和储藏。

本标准适用于红掌切花。

2　规范性引用文件

下列文件中的条款通过本标准的引用而成为本标准的条款。凡是注日期的引用文件,其随后所有的修改单(不包括勘误的内容)或修订版均不适用于本标准,然而,鼓励根据本标准达成协议的各方研究是否可使用这些文件的最新版本。凡是不注日期的引用文件,其最新版本适用于本标准。

GB 191　包装储运图示标志

3　术语和定义

下列术语和定义适用于本标准。

3.1

切花整体感　whole display

佛焰苞、肉穗花序、花葶的整体观感,包括是否完整、清洁、新鲜、匀称等。

3.2

缺陷　bug

由于病虫害、药害、冷害、机械损害等对佛焰苞、肉穗花序、花葶等部位造成的伤害或畸形、变色等不正常的感观表现。

3.3

药害　chemical damage

由于施用药物对佛焰苞、肉穗花序、花葶等部位造成的污染或伤害,形成药斑或穿孔。

3.4

冷害　chilling injury

由于低温对佛焰苞、肉穗花序、花葶等部位造成的伤害,使受害部位变为褐色。

3.5

佛焰苞　spathe

指一枚整个包住肉穗花序的具鞘大苞片。

3.6

肉穗花序　spadix

一种由许多无柄的小花,排列在一个无限伸长的、肥厚的主轴上的肉质穗状花序,一般与一个佛焰苞结合在一起。

3.7

花葶　scape

由基部抽生出来无叶、无节的花茎,或无叶的总花梗。

4 要求

红掌切花产品分为一级、二级、三级三个级别，各级别的质量指标应符合表1的规定。

表1 红掌切花分级指标

项目	级别		
	一 级	二 级	三 级
整体感	品种纯正，整体感极好，无缺陷	品种纯正，整体感好，基本无缺陷	品种纯正，整体感较好，有轻微缺陷
佛焰苞	佛焰苞片形大、完整，颜色鲜亮、光洁，无杂色斑点 苞片横径：≥12 cm	佛焰苞片形较大、完整，颜色鲜亮，无杂色斑点 苞片横径：≥10 cm	佛焰苞片形小、较完整，苞片基本无杂色斑点 苞片横径：≥7 cm
肉穗花序	肉穗花序鲜亮完好	肉穗花序鲜亮完好	肉穗花序鲜亮较完好
花葶	挺直、坚实有韧性，粗壮，粗细均匀 长度：≥40 cm	挺直、坚实有韧性，粗细较均匀 长度：≥30 cm	略有弯曲，较细弱，粗细不均 长度：≥25 cm
采收时期	佛焰苞色彩鲜艳，花葶充分硬化，肉穗花序成熟度达到2/3～3/4		

5 试验方法

5.1 切花品种

根据品种特性(参见附录A)，采用目测和手触摸方法鉴别切花品种的纯正度。

5.2 切花整体感

用目测和感官评定切花的完整性、均衡性、新鲜度、清洁度和成熟度。

5.3 缺陷

用目测法检验花朵上是否有病虫害、药害、冷害和挤压、折损、摩擦、水伤等机械伤害以及畸形、变色等。

5.4 佛焰苞

用目测法评定佛焰苞的形态、颜色、光洁度和完整性，用直尺(精度为±0.1 cm)测量苞片横径，单位cm。

5.5 肉穗花序

用目测法评定肉穗花序的完整性和鲜亮度。

5.6 花葶

用目测法评定花葶的坚韧性、粗细及其均匀程度，用直尺(精度为±0.1 cm)测量花葶长度，单位cm。

5.7 采收时期

用目测法评定切花是否达到采收标准。

6 检验规则

6.1 组批

同一产地、同一批量、同一等级的产品作为一个检验批次。

6.2 抽样方法

样本应从提交的检测批中随机抽取，单位产品以支计。对成批的切花产品进行检测时，其检测样本数按表2。

表 2　抽样表

单位为支

批量范围	样本	样本大小	累计样本大小
500 以下	第一	8	8
	第二	8	16
501～1 200	第一	20	20
	第二	20	40
1 201～10 000	第一	50	50
	第二	50	100
10 001～150 000	第一	125	125
	第二	125	250
150 000 以上	第一	200	200
	第二	200	400

6.3　交收检验

每批产品交收前，生产单位都应进行交收检验。交收检验内容包括感官、包装和标志，检验合格并附合格证方可交收。

6.4　判定规则和复验规则

6.4.1　判定规则

6.4.1.1　容许度

同一批同一级别的切花中，允许有 4%的容许度，但必须达到下一级品的标准，超过此范围，则判为下一级品，三级品超过此范围，则判为不合格品。

6.4.1.2　判定

整体感、佛焰苞、肉穗花序、花葶 4 项指标均达一级标准的定为一级品；若其中一项符合二级品标准，定为二级品；若其中一项符合三级标准，定为三级品；低于三级品标准的，定为不合格产品。

6.4.2　复验规则

当贸易双方对检验结果有异议时，应加倍抽样复验一次，以复验结果为最终结果。

7　包装、标志、标签、运输和储藏

7.1　包装

7.1.1　包装容器

采用小纸盒和大纸箱双层包装，其中：小纸盒规格可为长×宽×高＝97.5 cm×21.0 cm×6.5 cm；大纸箱规格可为长×宽×高＝100 cm×45 cm×35 cm。

7.1.2　包装方法

先将切花单支插入带有插孔的纸板中，花朵朝上，每支花互不重叠，再将插满花的纸板水平放入小纸盒(花葶平放入小纸盒内)，最后将小纸盒叠放入大纸箱，10 盒/箱。不同级别切花装盒的数量不同，一级品：20 支/箱；二级品：22 支/箱；三级品：30 支/箱。

7.2　标志

按 GB 191 的规定执行，主要采用向上、怕晒、怕雨、温度极限 4 种图示标志。

7.3　标签

必须注明切花种类、品种名称、执行标准编号、花色、质量等级、装箱容量、花枝数量、生产单位名称、产地、采收时间。

7.4 运输

温度要求在15℃～28℃，空气相对湿度保持在85％～95％。近距离运输或运输时间不超过24 h的切花，可以采用湿运，即将每支切花的茎基用湿棉球包扎或直接插入盛有清水或保鲜剂的塑料容器中；远距离运输可以采用聚乙烯薄膜保湿包装。

7.5 储藏

最适储藏温度为18℃～20℃，空气相对湿度要求85％～95％。短期储藏(1 d～7 d)可采用湿藏方式，即把切花插入清水或保鲜剂中存放；需要较长时间储藏时(1周～4周)，采用干藏方式，即把切花紧密包装在箱子、纤维圆筒、聚乙烯薄膜中，以防水分丧失。

附　录　A
（资料性附录）
红掌切花品种特性

红掌为多年生常绿草本植物。植株高达100 cm左右。根略肉质，茎极短。叶基生，具长柄，单生，长圆状心形或卵形，叶面具光泽。花葶自叶柄抽出；佛焰苞直立开展，蜡质，正圆状卵圆形，长10 cm～15 cm，色彩多样；肉穗花序无柄，圆柱形，直立，先端黄色，下部白色。

ICS 65.020
B 61

中华人民共和国农业行业标准

NY/T 877—2004

非洲菊　种苗

Gerbera jamesonii　Seedling

2005-01-04 发布　　2005-02-01 实施

中华人民共和国农业部　发布

前　言

本标准的附录 A、附录 B、附录 C 和附录 D 为资料性附录。

本标准由中华人民共和国农业部提出。

本标准起草单位:中国热带农业科学院热带作物品种资源研究所。

本标准主要起草人:王祝年、尹俊梅、王奇志、欧文军、郑玉。

非洲菊　种苗

1　范围

本标准规定了非洲菊(*Gerbera jamesonii*)种苗要求、试验方法、检验规则及包装、标识、运输和贮存。

本标准适用于非洲菊分株苗和组培苗。

2　规范性引用文件

下列文件中的条款通过本标准的引用而成为本标准的条款。凡是注日期的引用文件,其随后所有的修改单(不包括勘误的内容)或修订版均不适用于本标准,然而,鼓励根据本标准达成协议的各方研究是否可使用这些文件的最新版本。凡是不注日期的引用文件,其最新版本适用于本标准。

GB 6000—1999　主要造林树种苗木质量分级

GB 15569　农业植物调运检疫规程

植物检疫条例　(中华人民共和国国务院)

植物检疫条例实施细则(农业部分)　(中华人民共和国农业部)

3　术语和定义

下列术语和定义适用于本标准。

3.1

种苗类型　sorts of seedling

根据培育、繁殖种苗使用的材料和培育方法划分的种苗群体。

3.2

组培苗　tissue culture seedling

利用优良品种的幼花托、茎尖等作为外植体,采用植物组织培养技术生产出来的种苗。

3.3

分株苗　offshoot seedling

切分母株的萌蘖,修去老根及老叶后培育成活的种苗。

3.4

苗高　height of seedling

种苗自根颈到顶部最长叶片顶端的长度。

3.5

根系长　length of roots

种苗自根颈至根尖长度的平均值。

3.6

新根生长数量　total of new roots

将组培瓶苗或分株苗栽植在其适宜生长的环境中经过一定时期的培育后,所统计的新根生长的数量。

3.7

品种纯度　purity of variety

指定品种的种苗株数占供检种苗株数的百分率。

3.8

变异　variation

在组织培养过程中，受培养基和培养条件等影响，培养出的植株的遗传特性发生了变化，其形态上也相应表现出别于原品种植株的特征。

3.9

变异率　rate of variation

变异种苗株数占供检种苗株数的百分率。

4　要求

4.1　基本要求

4.1.1　种苗

植株生长健壮；根系发达，白色；叶片绿色。无携带检疫性病虫害；植株无病虫害为害；无机械性损伤；种苗出圃时应进行消毒。

4.1.2　组培苗

——种源来自经确认的品种纯正、优质高产的母本园或母株，品种纯度≥98%，变异率≤2%。

——外植体为茎尖或幼花托。

——选用 MS 培养基，生根培养选用 1/2 MS+0.1 mol/L 萘乙酸培养基；植物生长调节剂主要为 0.05 mol/L～0.1 mol/L 生长素和 0.1 mol/L～2 mol/L 细胞分裂素；温度为 23℃～27℃；光照为 1 600 lx～2 000 lx。

——继代培养不超过 12～15 代，时间不超过 24 个月。

4.1.3　分株苗

——种源取自品种纯正、优质高产、无传染性病虫害的母本园，品种纯度≥98%。

——用于切分萌蘖枝的母株需健壮、分蘖多。

——切分后的植株要进行适当的修剪，剪去老叶、病叶和老根，并进行消毒处理。

4.2　质量要求

非洲菊种苗分为一级、二级两个级别，各级别的质量要求应符合表 1 的规定。

表 1　非洲菊种苗质量等级指标

种苗类型	组培苗		分株苗	
级别	一级	二级	一级	二级
苗高，cm	11～15	6～10	11～15	6～10
根系长，cm	7～10	3～6	7～10	3～6
新根生长数量，条	≥6	≥4	≥5	≥3
叶片数，片	4～5	3	5～6	3～4

5　试验方法

5.1　外观检测

5.1.1　用目测法检测植株的生长情况、根系颜色、叶片颜色、病虫害、机械损伤、叶片数（叶片长达 1 cm 以上计数）、新根生长数量（分株苗只统计假植后新长出的白色根）。

5.1.2　用直尺或钢卷尺等测量苗高，精确到小数点后一位。

5.1.3 用直尺或钢卷尺等测量根系长，测量最长的10条根，取平均值，精确到小数点后一位。

5.1.4 将苗高、根系长、新根生长数量和叶片数的测量数据记入附录A的表格中。

5.2 品种纯度检测

观察所检样品种苗的形态特征，确定指定品种的种苗数。品种纯度按公式(1)计算：

$$P=\frac{n_1}{N_1}\times100 \qquad (1)$$

式中：

P——品种纯度，单位为百分率(%)；

n_1——样品中指定品种种苗株数，单位为株；

N_1——所检种苗总数，单位为株。

计算结果精确到小数点后一位。

将检测结果记入附录B的表格中。

5.3 变异率检测

观察所检样品种苗的形态特征，确定种苗的变异株数。变异率按公式(2)计算：

$$Y=\frac{n_2}{N_2}\times100 \qquad (2)$$

式中：

Y——变异率，单位为百分率(%)；

n_2——样品中变异种苗株数，单位为株；

N_2——所检种苗总数，单位为株。

计算结果精确到小数点后一位。

将检测结果记入附录B的表格中。

5.4 疫情检测

按中华人民共和国国务院《植物检疫条例》、中华人民共和国农业部《植物检疫条例实施细则(农业部分)》和GB 15569的有关规定进行。

6 检验规则

6.1 检验批次

同一产地、同时出圃的种苗作为一个检验批次。

6.2 抽样

按GB 6000—1999中4.1.1的规定执行。

6.3 交收检验

每批种苗交收前，生产单位都应进行交收检验。交收检验内容包括外观检验、包装和标识等。检验合格并附质量检验证书(见附录C)和检疫部门颁发的本批有效的检疫合格证书方可交收。

6.4 判定规则

6.4.1 判定

同一批检验的一级种苗中，允许有5%的种苗低于一级标准，但必须达到二级标准，超过此范围，则为二级种苗；同一批检验的二级种苗中，允许有5%的种苗低于二级标准，超过此范围，则视该批种苗为等外苗。

6.4.2 复验

对质量要求的判定有异义时，应进行复验，并以复验结果为准。品种纯度、变异率和疫情指标不复检。

7 标识

种苗出圃时应附有标签,项目栏内用记录笔填写。标签参见附录D。

8 包装、运输和贮存

8.1 包装

8.1.1 起苗前1d灌水湿润土壤,起苗后剪除病叶、虫叶、老叶和过长的根系;全株用消毒液浸泡1 min～2 min,晾干水分。

8.1.2 短途运输时,先将20～30株种苗用包装纸或其他包裹物包装,然后装入纸箱,每箱装500～1 000株。

8.1.3 长途运输时,包装方法与短途运输基本相同,但应在种苗根部填入保湿材料,并将其固定于根部。

8.2 运输

种苗在短途运输过程中应保持一定的湿度和通风透气,避免日晒、雨淋;长途运输时应选用配备空调设备的交通工具。

8.3 贮存

8.3.1 种苗出圃后应在当日装运,运达目的地后要尽快种植。若有特殊情况无法及时定植时,可作短时间贮存,但不应超过3 d。

8.3.2 贮存时间在1 d以内的,可将种苗从箱中取出,置于荫棚中,敞开包装袋口,并注意喷水,保持通风和湿润。

8.3.3 贮存时间在1 d以上的,可将种苗假植于荫棚内的沙池或育苗床中,注意淋水保持湿润。

附 录 A
(资料性附录)
非洲菊种苗质量检测记录表

<table>
<tr><td>育苗单位</td><td colspan="4"></td><td>No</td><td colspan="2"></td></tr>
<tr><td>购苗单位</td><td colspan="7"></td></tr>
<tr><td>品种</td><td colspan="1"></td><td>级别</td><td colspan="2"></td><td>所检株数</td><td colspan="2"></td></tr>
<tr><td rowspan="2">样株号</td><td rowspan="2">苗高
cm</td><td rowspan="2">根系长
cm</td><td rowspan="2">新根生长数量
条</td><td rowspan="2">叶片数
片</td><td colspan="3">初评级别</td></tr>
<tr><td>一级</td><td>二级</td><td>不合格</td></tr>
<tr><td></td><td></td><td></td><td></td><td></td><td></td><td></td><td></td></tr>
<tr><td></td><td></td><td></td><td></td><td></td><td></td><td></td><td></td></tr>
<tr><td></td><td></td><td></td><td></td><td></td><td></td><td></td><td></td></tr>
<tr><td></td><td></td><td></td><td></td><td></td><td></td><td></td><td></td></tr>
<tr><td></td><td></td><td></td><td></td><td></td><td></td><td></td><td></td></tr>
<tr><td></td><td></td><td></td><td></td><td></td><td></td><td></td><td></td></tr>
<tr><td></td><td></td><td></td><td></td><td></td><td></td><td></td><td></td></tr>
<tr><td></td><td></td><td></td><td></td><td></td><td></td><td></td><td></td></tr>
<tr><td></td><td></td><td></td><td></td><td></td><td></td><td></td><td></td></tr>
<tr><td></td><td></td><td></td><td></td><td></td><td></td><td></td><td></td></tr>
<tr><td></td><td></td><td></td><td></td><td></td><td></td><td></td><td></td></tr>
<tr><td></td><td></td><td></td><td></td><td></td><td></td><td></td><td></td></tr>
<tr><td></td><td></td><td></td><td></td><td></td><td></td><td></td><td></td></tr>
<tr><td></td><td></td><td></td><td></td><td></td><td></td><td></td><td></td></tr>
<tr><td></td><td></td><td></td><td></td><td></td><td></td><td></td><td></td></tr>
<tr><td></td><td></td><td></td><td></td><td></td><td></td><td></td><td></td></tr>
<tr><td></td><td></td><td></td><td></td><td></td><td></td><td></td><td></td></tr>
<tr><td></td><td></td><td></td><td></td><td></td><td></td><td></td><td></td></tr>
<tr><td></td><td></td><td></td><td></td><td></td><td></td><td></td><td></td></tr>
<tr><td></td><td></td><td></td><td></td><td></td><td></td><td></td><td></td></tr>
<tr><td></td><td></td><td></td><td></td><td></td><td></td><td></td><td></td></tr>
<tr><td></td><td></td><td></td><td></td><td></td><td></td><td></td><td></td></tr>
<tr><td></td><td></td><td></td><td></td><td></td><td></td><td></td><td></td></tr>
<tr><td></td><td></td><td></td><td></td><td></td><td></td><td></td><td></td></tr>
<tr><td colspan="5">合 计</td><td></td><td></td><td></td></tr>
</table>

审核人(签字)： 校核人(签字)： 检测人(签字)： 检测日期： 年 月 日

附 录 B
（资料性附录）
非洲菊种苗质量检验结果记录表

<table>
<tr><td>品种</td><td colspan="3"></td><td>No</td><td></td></tr>
<tr><td>育苗单位</td><td colspan="5"></td></tr>
<tr><td>购苗单位</td><td colspan="5"></td></tr>
<tr><td>总株数</td><td colspan="5"></td></tr>
<tr><td>级别</td><td>一级</td><td>二级</td><td colspan="3">不合格</td></tr>
<tr><td>样品中各级别种苗株数</td><td></td><td></td><td colspan="3"></td></tr>
<tr><td>样品中各级别种苗株数占抽检种苗株数的比例，%</td><td></td><td></td><td colspan="3"></td></tr>
<tr><td>品种纯度，%</td><td colspan="5"></td></tr>
<tr><td>变异率，%</td><td colspan="5"></td></tr>
<tr><td>检验结论</td><td colspan="5"></td></tr>
</table>

审核人（签字）： 校核人（签字）： 检测人（签字）： 检测日期： 年 月 日

附 录 C
(资料性附录)
非洲菊种苗质量检验证书

<table>
<tr><td>育苗单位</td><td colspan="2"></td><td>No</td><td></td></tr>
<tr><td>购苗单位</td><td colspan="4"></td></tr>
<tr><td>种苗品种</td><td></td><td>种苗类型</td><td colspan="2">A、组培苗 B、分株苗</td></tr>
<tr><td>出圃株数</td><td></td><td>抽样株数</td><td colspan="2"></td></tr>
<tr><td>检验结果</td><td colspan="4">A、一级 B、二级 C、不合格</td></tr>
<tr><td>检验意见</td><td colspan="4"></td></tr>
<tr><td>检验单位
(章)</td><td colspan="4"></td></tr>
<tr><td>证书有效期</td><td colspan="4">年 月 日 至 年 月 日</td></tr>
<tr><td colspan="5">注:本证一式二份,育苗单位和购苗单位各一份。</td></tr>
</table>

审核人(签字): 校核人(签字): 检测人(签字):

附　录　D
（资料性附录）
非洲菊种苗标签

种苗名称		质量检验证书编号	
品种名称		种苗类型	
种苗等级		种苗数量	
育苗单位			
出圃日期			

ICS 65.020
B 61

中华人民共和国农业行业标准

NY/T 878—2004

兰花(春剑兰)生产技术规程

Rules of the production-technique of orchid
(*Cymbidium goeringii* var.*longibracteatum*)

2005-01-04 发布　　2005-02-01 实施

中华人民共和国农业部 发布

前　言

本标准的附录A为规范性附录，附录B为资料性附录。

本标准由中华人民共和国农业部提出。

本标准起草单位：四川省农业厅科教处、郫县农业发展局。

本标准主要起草人：邱竞、向跃武、胡萍。

兰花(春剑兰)生产技术规程

1 范围

本标准规定了兰花(春剑兰 *Cymbidium goeringii* var. *longibracteatum*)繁殖、栽培、养护的生产技术。

本标准适用于春剑兰,其他地生兰可参照,并根据实际修改。

2 规范性引用文件

下列文件中的条款通过本标准的引用而成为本标准的条款。凡是注日期的引用文件,其随后所有的修改单(不包括勘误的内容)或修订版均不适用于本标准,然而,鼓励根据本标准达成协议的各方研究是否可使用这些文件的最新版本。凡是不注日期的引用文件,其最新版本适用于本标准。

LY/T 1589—2000 花卉术语

3 术语

下列术语适用于本标准。

假鳞茎 pseudobulb

兰科植物的变态茎,通常卵球形至椭圆形,肉质,绿色或其他色泽,是贮存养分和水分的地方。

4 生产技术

4.1 繁殖方式

分株繁殖,种子繁殖,组织培养繁殖。

4.1.1 分株繁殖

利用兰花假鳞茎对丛生植株加以分割的繁殖。

4.1.1.1 分株时间

适宜时期为春季和秋季,应避免高温或严寒。

4.1.1.2 母株选择

一般丛生兰花植株应有 4 株以上,且长势良好,无病虫害。

4.1.1.3 分株前控水

分株时要求基质较干。

4.1.1.4 培养基质

基质要求疏松、透气、保湿、富含有机质。可选用杀虫灭菌的腐殖质土、泥炭土、沙壤土配制或兰花专用培养基质,酸碱度中性。

4.1.1.5 分株

倒盆:将用于分株繁殖的兰花植株连盆放倒,摇动盆身,逐渐使兰花植株和基质一起脱出,剔除根间基质,注意保护根和芽。

分割:在丛生兰花植株中两个假鳞茎相距较宽的连生缝隙处,用已消毒的小刀割开。分株后的每丛兰花应至少有 2 株,以保留有直接连生着的新(一年生)、老(一年生以上)植株为佳。

修剪消毒:剪去空、腐、断根,枯叶,假鳞茎上的腐败苞叶和干枯的假鳞茎,但不能损伤根、芽。分株修剪后的兰花植株用杀虫灭菌剂浸泡处理。

晾干待栽：把处理后的兰花植株放置在阴凉通风处敞晾，以根部表面水分晾干为宜，待栽。

4.1.2 种子繁殖

利用兰花植株自花授粉或人工授粉所获的种子进行繁殖。

4.1.2.1 种子收集

选用性状典型稳定，生长健壮无病虫害的植株繁殖种子。蒴果采集时以取其8～9成成熟，尚未开裂者为宜。

4.1.2.2 培养基配制

可选用MS、White、B_5、B_{11}等为基本培养基。培养基需灭菌处理。

4.1.2.3 接种

将已消毒灭菌的种子以无菌方法均匀接种在培养基上。

4.1.2.4 培养

将接种后的培养器皿放入恒温培养箱(室)，在温度25℃左右、弱光条件下培养。

4.1.2.5 炼苗移栽

待种子在培养器皿中萌发成具2～3条根、5 cm～8 cm高的试管苗后，便可在常温状态下进行炼苗3 d～5 d。炼苗后，可从培养器皿中移出试管苗，用水洗去附着的培养基，移栽到培养基质上。环境要求荫蔽、相对湿度70%～80%。应避免在高温或严寒条件下移栽。

4.1.2.6 分盆养护

根据生长情况适时分盆。栽植养护管理参照4.2.1。

4.1.3 组织培养繁殖

利用兰花幼嫩茎尖作材料进行离体培养繁殖。

4.1.3.1 培养基配制

原球茎诱导培养基可选用White＋BA1.0 mg/L＋NAA5.0 mg/L，pH5.8左右；或B_{11}＋BA1.0 mg/L＋NAA1.0 mg/L，pH5.8左右。

成苗诱导培养基可选用MS＋BA1.0 mg/L～2.0 mg/L＋NAA0.1 mg/L～0.2 mg/L，pH5.8左右。

也可根据需要在以上培养基基础上添加其他成分。

4.1.3.2 培养材料采集及处理

选择健壮无病的新生茎，从基部将其切下作为接种材料，经清水洗涤后备用。

4.1.3.3 消毒灭菌

先用70%～75%的酒精对接种材料进行消毒，去除苞叶，再用次氯酸钙(钠)、升汞等进行灭菌处理。然后在超净工作台上剥取1 mm～5 mm的茎尖接种于培养基上。

4.1.3.4 原球茎诱导和增殖

将接种后的培养器皿放置在23℃～25℃、弱光条件下，培养分化形成原球茎(根状)；在原球茎生长至1 cm以上，可取出分割增殖。

4.1.3.5 分化培养

芽分化：将原球茎转入成苗诱导培养基上，在温度25℃、光照2 000 lx、光周期12 h/d的条件下进行芽诱导分化。

根分化：待芽形成并生长至2 cm～3 cm时，将其转入生根培养基上，在25℃、2 000 lx、光周期12 h/d条件下进行根分化。待试管苗长到5 cm～8 cm左右，可炼苗移栽。

4.1.3.6 炼苗移栽(参见4.1.2.5)

4.2 栽植方式

盆栽，地栽，床厢栽培，无土栽培。

4.2.1 盆栽

主要用于兰花(春剑兰)商品化生产。

4.2.1.1 选盆

根据兰花植株大小和数量,选用适宜的花盆。使用前用清水浸泡或冲洗。

4.2.1.2 垫盆

用清洁的瓦片、小砖块、木炭渣等物或专用质材逐层垫高盆底,使其通气透水。垫层高度约为盆高的1/4～1/3。

4.2.1.3 栽植

在盆底垫层上先填一定厚度的培养基质,再将兰花植株根部摆放其上。植株叶片应向四方伸展,根应向下自然舒展,新植株和新芽应朝向花盆外侧。填入基质至盆沿3 cm左右时即可,形成中间高四周低的形状。注意不能将假鳞茎以上的叶基部深埋基质中。

4.2.1.4 浇水

根据基质湿度,适量浇水,保持湿润。

4.2.2 地栽

通常用于兰花(春剑兰)商品化生产的前期栽培。

4.2.2.1 整地起垄

选择排水良好、遮光适度、腐殖质含量高的土地;整地后按当地种植习惯开沟起垄,要求利水透气,便于管理。在垄厢面土壤中加入一定量(体积比30%左右)的腐殖土、木炭渣、碎树皮或其他富含有机质的材料,混匀整细整平。

4.2.2.2 栽植和浇水

兰花植株通常按行距20 cm～25 cm,穴距20 cm左右,每穴2苗以上进行栽植。栽后适量浇水,保持湿润。

4.2.3 床厢栽培

可用于兰花(春剑兰)商品化生产。

4.2.3.1 床厢搭建

在地面上搭建床厢,一般床厢高0.3 m～0.4 m;床厢底部垫以碎砖块或碎瓦片,厢内装填混有30%～40%(体积比)的腐殖土、木炭渣、碎树皮或其他富含有机质材料的土壤,将床土混匀整细整平。

4.2.3.2 栽植和浇水(参见4.2.2.2)

4.2.4 无土栽培

主要用于兰花(春剑兰)商品化生产后期的售前盆栽。

4.2.4.1 栽培介质

水苔、碎树皮、蛭石、锯木屑、塑胶粒或其他专用材料。

4.2.4.2 栽植

用浸湿的水苔将兰花根部包裹起来,放入花盆;沿盆壁填充一些碎树皮、蛭石或锯木屑、塑胶粒或其他专用材料以固定兰花植株,每盆可栽植4～6株。

4.2.4.3 浇水施肥

少量浇水,保持水苔湿润不流出水即可。施肥可采用配制稀释的营养液(如兰菌王,稀释500倍)结合浇水使用,也可使用粒型缓效肥。

4.3 养护管理

4.3.1 场地

栽植场地要求排灌方便,空气流通,远离污染,有一定遮光条件。

4.3.2 光照

栽植场地上应建遮光棚，一般棚高 2.5 m～3.0 m；遮光方式应是活动的，可根据需要调节光照强度，一般要求荫蔽度在 60%～85%。

4.3.3 温度

生长的适宜温度为 18℃～28℃，注意夏季应遮阳降温，冬季应保温防冻。通过适当提高或降低温度能提早或推迟开花期。

4.3.4 湿度

空气相对湿度为 80%左右，培养基质保持湿润。

4.3.5 浇水

水质洁净无污染，酸碱度中性；浇水时水与培养基质的温差不能太大，可在叶面适当喷雾。

4.3.6 施肥

基肥：通常根据培养基质肥力，结合盆栽或换土，适量施用缓效型专用肥。

追肥：根据植株长势，结合浇水，适量施用兰花专用肥。注意不能施入叶心。

叶面肥：可根据长势使用兰花专用叶面肥。

4.3.7 通风

适时通风交换新鲜空气。

4.3.8 病虫防治

4.3.8.1 防治原则

预防为主，综合防治；生物防治和化学防治协调配合；禁止使用高毒、剧毒、高残留农药；严格控制农药施用量和农药安全间隔期。

4.3.8.2 主要病虫害及防治方法(见附录 A)

4.3.9 生产档案

记录有关资料和数据，建立生产档案。

5 主要特征和特性(见附录 B)

附 录 A
(规范性附录)
兰花(春剑兰)主要病虫害及防治方法

主要病虫害	防治时期	参考药剂或剂型	参考用量	方　法
炭疽病	春夏秋季每隔 15 d～30 d	12.5%欧博悬浮剂	稀释 2 000～3 000 倍	喷雾、剪除销毁病叶
褐斑病	春夏秋季每隔 15 d～30 d	50%翠贝干悬浮剂	稀释 3 000 倍	喷雾、剪除销毁病叶
褐锈病	春夏秋季每隔 15 d～30 d	12.5%欧博悬浮剂	稀释 2 000～3 000 倍	喷雾、剪除销毁病叶
疫病	春夏秋季每隔 15 d～30 d	70%品润干悬浮剂	稀释 600 倍	喷雾、剪除销毁病叶
		或 50%锐扑可湿性粉剂	稀释 600 倍	
腐烂病	发生时	50%多菌灵可湿性粉剂	稀释 800～1 000 倍	喷雾、控制湿度、保持通风、基质消毒
		或 2.5%适乐时悬浮剂	稀释 1 500 倍	
白绢病	发生时	50%翠贝干悬浮剂	稀释 3 000 倍	喷雾 翻盆换基质栽培
		或 50%农利灵干悬浮剂	稀释 3 000 倍	
细菌性褐腐病	发生时	3%克菌康粉剂	稀释 1 000 倍	灌根、基质消毒
介壳虫(白轮介壳虫、兰介壳虫、盾蚧、条斑粉蚧、糠片盾蚧、桑白盾蚧)	发现危害时	50%马拉硫磷乳油	稀释 1 000～1 500 倍	喷雾 少量时可人工刮除
		或 15%金好年乳油	稀释 1 500 倍	
蚜虫	发现危害时	15%金好年乳油	稀释 1 500 倍	喷雾
红蜘蛛	发现危害时	57%克螨特乳油	稀释 1 500 倍	喷雾
		或 1.8%阿维菌素乳油	稀释 1 500 倍	
粉虱	发现危害时	15%金好年乳油	稀释 1 500 倍	喷雾
蛞蝓	发现危害时	80%敌百虫可湿性粉剂	拌 10 倍的麸皮	撒施 喷花盆、 兰花周围基质
		或 2.5%溴氰菊酯乳油	稀释 1 500 倍	
蜗牛	发现危害时	5%蜗克星颗粒剂		地表撒施
蚯蚓	发现危害时	48%毒死蜱乳油	稀释 1 500 倍	浇施
蚂蚁	发现危害时	48%毒死蜱乳油	稀释 1 500 倍	灌蚁穴

附 录 B
(资料性附录)
兰花(春剑兰)主要特征和特性

B.1 形态特征

B.1.1 根

根粗壮,肉质,无分枝。

B.1.2 茎

椭圆球形,假鳞茎不明显,集生成簇。

B.1.3 叶

叶5~7片,丛生在茎部组呈一束,一般叶长40 cm~60 cm,宽1.1 cm~1.7 cm,叶片狭长,叶端渐尖,多呈直立,形似剑状。叶薄革质,质地较坚硬。叶缘具浅锯齿,叶横断面呈"V"字形。叶色绿至深绿,叶脉较明显。

B.1.4 花

总状花序1~2枚,由假鳞茎部基部鞘状叶内侧生出,花茎直立,一般着花2~5朵。花有香味,色彩丰富,开花期1~3月。

B.1.5 果实和种子

蒴果长卵圆形,具三棱或六棱,成熟后自果脊纵向裂开,干燥种子散出。种子细小,数量极大,每个蒴果内含种子数万至数十万。种子呈长纺锤形,胚小发育不完全,无胚乳,萌发率低。

B.2 生长特性

B.2.1 光照

适宜散射光,在孕蕾开花季节对阳光需求多些。

B.2.2 水分

适应于空气相对湿度较高(70%~80%),而土壤湿润的环境。

B.2.3 温度

生长温度最高35℃,最低1℃,适宜温度18℃~28℃。

B.2.4 土壤

适合生长于含腐殖质丰富、疏松、通气、排水良好的中性土壤。

B.2.5 肥料

适宜腐熟的有机肥。

B.2.6 空气

空气清洁,新鲜,流通。

ICS 65.020
B 32

中华人民共和国农业行业标准

NY/T 879—2004

长绒棉生产技术规程

Production technical rules for sea island cotton

2005-01-04 发布

2005-02-01 实施

中华人民共和国农业部 发布

前　言

本标准的附录 A 为规范性附录。

本标准由中华人民共和国农业部农垦局提出并归口。

本标准起草单位:新疆生产建设兵团农一师九团、新疆生产建设兵团农一师科委、新疆生产建设兵团农一师农业科学研究所、新疆农业科学研究院、新疆生产建设兵团农一师农业局。

本标准主要起草人:邓芳、李尔文、赵林、王新勇、张跃勇、吴宪文、黄诚等。

长绒棉生产技术规程

1 范围

本标准规定了长绒棉(*G. barbadense* L.)的种植环境、品种、栽培技术措施及采收。

本标准适用于长绒棉生产。

2 规范性引用文件

下列文件中的条款通过本标准的引用而成为本标准的条款。凡是注日期的引用文件,其随后所有的修改单(不包括勘误的内容)或修订版均不适用于本标准,然而,鼓励根据本标准达成协议的各方研究是否可使用这些文件的最新版本。凡是不注日期的引用文件,其最新版本适用于本标准。

GB/T 8321.2 农药合理使用准则(二)

GB/T 8321.3 农药合理使用准则(三)

GB/T 8321.4 农药合理使用准则(四)

GB/T 8321.5 农药合理使用准则(五)

GB/T 8321.6 农药合理使用准则(六)

GB/T 15799 棉蚜测报调查规范

GB/T 15800 棉铃虫测报调查规范

GB/T 15802 棉叶螨测报调查规范

3 术语和定义

下列术语和定义适用于本标准。

3.1

保苗率 reserve seedling rate

收获株数(包括空枝苗)占理论株数的百分数。

3.2

霜前花 preforst cotton

枯霜前及枯霜后 5 d～7 d 内吐絮的棉花。

3.3

霜前花率 preforst cotton rate

霜前花产量占总产量(霜前、霜后花)的百分数。

4 种植环境

4.1 气候条件

4.1.1 温度

年大于等于 10℃活动积温≥3 800℃。

7 月的平均温度≥25℃。

6、7、8 三个月大于等于 15℃活动积温≥2 200℃。

4.1.2 日照

年日照时数≥2 800 h。

4.1.3 无霜期

≥190 d。

4.2 土壤条件

土壤质地以轻沙壤土、壤土、轻黏土为宜。

5 品种

选用经过审定，适应当地自然条件、生产条件，具有优质、抗病、丰产等综合性状较好，适宜密植的早熟、早中熟海岛棉品种。

6 栽培技术措施

6.1 播前准备

6.1.1 棉田选择

选择无枯萎病、黄萎病棉田或轻病田，肥力中上，有机质≥0.8%，速效氮≥40 mg/kg，速效磷≥10 mg/kg，速效钾≥120 mg/kg，地势平坦，灌、排渠畅通，地下水位在1.5 m以下。

6.1.2 秋耕

秋季深翻22 cm～25 cm。

6.1.3 播前灌水

冬灌：灌水量为2 250 m^3/hm^2～3 000 m^3/hm^2。盐碱地需筑埂冬灌压碱，灌水深22 cm，洗盐压碱深度＞80 cm，耕层总含盐量＜0.3%。次年春耕保墒播种。未秋翻的地块应冬灌治碱，蓄墒。

春灌：未冬灌地播前进行春灌治碱，灌水量2 250 m^3/hm^2～3 000 m^3/hm^2。冬灌地墒情差的要适量补灌。

6.1.4 整地

适时适墒犁地、整地。根据停水时间和土壤质地，合理安排整地顺序。犁深22 cm～25 cm，犁后地表平整，不重耕不漏耕，施肥均匀，接垡准确，扣垡严实，秸秆覆盖严密，确保整地后达到"齐、平、松、碎、墒、净"六字标准。

6.1.5 播前土壤处理

用48%氟乐灵乳油1 500 g/hm^2～1 800 g/hm^2喷施地表，并及时轻耙混土，施药与混土间隔不超过4 h～6 h。

6.1.6 残膜、残茬清除

犁前、耙前和播种前进行田间残膜、残茬的捡拾。

6.2 播种

6.2.1 种子

选用经过良种繁育，符合纯度≥95%、净度≥99%、发芽率≥82%、水分≤11%质量标准的大田种子。

6.2.2 播种方式

采用10 cm～30 cm＋50 cm(55 cm～60 cm)宽窄行配置。

6.2.3 播期要求

当5 cm地温连续3 d稳定通过12℃时，开始播种。播期3月25日至4月20日为宜。

6.2.4 播种深度

播种深度2 cm～4 cm。

6.2.5 铺膜及播种质量

铺膜平展紧贴地面，压膜严实，不错位、不移位，播行笔直，接行准确，不漏不重，播量准确，下籽均匀，播深适宜，膜边严实，覆土良好，采光面积>60%。

6.3 播后管理

6.3.1 查苗补种

及时查苗、补种，放苗出膜，同时用湿土封严膜口。

6.3.2 定苗

齐苗后开始定苗，一叶一心结束，留大去小、留壮去弱、留健去病、不留双株。定苗的同时培好土。

6.3.3 破板结

播后遇雨，适墒破除种子行封盖土的板结。

6.3.4 除草

播后较板结的棉田可进行一次中耕，苗期结合定苗拔除杂草。

6.3.5 施肥

6.3.5.1 总施肥

全生育期施饼肥 1 200 kg/hm^2～1 500 kg/hm^2，尿素 600 kg/hm^2～750 kg/hm^2，重过磷酸钙 225 kg/hm^2～375 kg/hm^2。

6.3.5.2 基肥

不同土质的棉田施入总氮量的 60%～70%、总磷量 100%、饼肥 100%，对某些缺钾棉田，适当补施钾肥 30 kg/hm^2～75 kg/hm^2。滴灌棉田施磷肥 90%以上和氮肥 30%～40%。

6.3.5.3 追肥

追肥分 2 次施入，第一次初花期施总肥量的 20%，在第一水前结合开沟施与棉株两侧 10 cm～20 cm，深 10 cm～12 cm，第二次将剩余肥料于盛花期在二水与三水间随水施入。沙性地少量多次。滴灌棉田追肥将剩余肥料随水施入，磷以磷酸二氢钾为主，总用量 15 kg/hm^2～30 kg/hm^2分次滴入，尿素每次 45 kg/hm^2～75 kg/hm^2。

6.3.6 灌水

6.3.6.1 灌水要求

生育期灌水 3～6 次，总灌水量 4 500 m^3/hm^2～6 750 m^3/hm^2 第一水灌量灌至沟的 2/3 为宜，灌量 750 m^3/hm^2～900 m^3/hm^2，对土壤肥力高、植株生长旺的棉田第一水适当推迟；肥力差，苗长势弱的棉田可适当提前灌水。一般情况见花灌第一水，不旱不灌。

6.3.6.2 沟灌

花铃期是需水高峰期，二水与一水间隔 10 d 以内，灌量 1 050 m^3/hm^2～1 200 m^3/hm^2；二水、三水间隔 15 d～20 d，每 667 m^2 灌量 1 050 m^3/hm^2～1 200 m^3/hm^2；8 月底至 9 月上旬停水，最后一水灌量 750 m^3/hm^2～900 m^3/hm^2。

6.3.6.3 滴灌

根据棉田土壤质地、气候条件，全期滴灌 8～12 次，灌量掌握“前少、中多、后少”，灌量 3 750 m^3/hm^2～4 500 m^3/hm^2，间隔 5 d～8 d，每次灌量在 300 m^3/hm^2～375 m^3/hm^2，7～8 月灌量增加到450 m^3/hm^2～525 m^3/hm^2。停水时间 8 月下旬至 9 月中上旬。

6.3.7 揭膜

沟灌棉田第一水前揭膜，揭膜至灌水间隔天数一般不应超过 5 d～7 d。

滴灌棉田 5 月份揭边膜，8 月份揭膜。

6.3.8 打顶

坚持“时到不等枝、枝到不等时”的原则，因地制宜。7 月初开始打顶，20 日结束，摘除顶部一叶一心，保留果枝台数15～17台。

6.3.9 膜、管回收

秋收冬灌前回收地膜、毛管。

6.4 病虫害的综合防治

6.4.1 防治原则

坚持"预防为主，综合防治"的植保方针，加强病虫害的预测预报，树立"经济生态，环境保护"的观点，坚持以农业防治为基础、生物防治为主、化学防治为辅，达到经济、安全、有效地控制病虫害的目的。

6.4.2 病害防治

主要病害有枯萎病、黄萎病，以枯萎病为主。防治方法以农业防治为主，实行轮作制度，特别是水旱轮作。加强田间调查，拔除零星病株并烧毁或深埋，严禁扩散。选用抗病和耐病性较好的品种，加强种子调运和棉种产地检疫。

6.4.3 虫害的综合防治

6.4.3.1 预测预报

主要虫害有棉铃虫、棉蚜、棉叶螨。

棉铃虫的测报按GB/T 15800的规定执行。棉蚜的测报按GB/T 15799的规定执行。棉叶螨的测报按GB/T 15802的规定执行。

6.4.3.2 防治方法

农业防治：选种抗虫的品种；实行轮作制度；采取秋耕冬灌或带茬冬灌春翻的措施；种植诱集带诱捕害虫，减少田间落卵量。

生物防治：利用赤眼蜂、草蛉、胡蜂、蜘蛛、瓢虫等天敌，控制虫卵及初龄幼虫数量，调节害虫种群密度，将其数量控制在为害水平以下。合理施用农药，减少对天敌的伤害及环境的污染。

物理防治：采用杨枝把、性诱剂、频振式杀虫灯诱杀成虫。

化学防治：加强病虫害的动态监测，掌握目标害虫种群密度的经济阈值，适期喷药。根据防治对象的生物学特性和危害特点，选用高效、经济、低毒对天敌安全的杀虫剂农药。药剂类型的选用按GB/T 8321.2、GB/T 8321.3、GB/T 8321.4、GB/T 8321.5、GB/T 8321.6的规定执行。避免单一用药。

常见杀虫剂的使用详见附录A。

7 采收

采收期在棉铃吐絮后5 d～7 d进行；采收做到四分：分摘、分晒、分运、分轧。

附　录　A
（规范性附录）
化学防治的用药要求

表 A.1 所示为长绒棉主要虫害化学防治的用药要求。

表 A.1　长绒棉主要虫害化学防治的用药要求

农药通用名称（药剂含量）	防治对象	每 667m² 每次制剂施用量或稀释倍数（有效成分浓度）	施药方法	备　注
硫丹（35%赛丹乳油）	棉蚜、棉铃虫	100 ml～160 ml（35 g～58 g）	喷雾	广谱的杀虫剂
氧乐果（40%氧化乐果乳油）	棉蚜、叶螨类	1 000～3 000 倍液	喷雾	广谱内吸杀虫剂
溴氰菊酯（2.5%乳油）	棉蚜、棉铃虫	30 ml～60 ml	喷雾	广谱性的拟除虫菊酯类杀虫剂
快螨特（73%克螨特乳油）	叶螨类	40 ml～70 ml	喷雾	低毒杀螨剂
噻螨酮（5%尼索朗乳油）	叶螨类	60 ml～100 ml	喷雾	低毒杀虫剂
三氯杀螨醇（20%的乳油）	害螨类	800～1 000 倍液	喷雾	高效低毒杀螨剂
硫双灭多威（75%拉维因可湿性粉剂、37.5%悬浮剂）	棉铃虫	40 ml～60 ml 60 ml～90 ml	喷雾	中等毒专一性的杀虫剂
苏云金杆菌（Bt 乳剂、可湿性粉剂）	棉铃虫	300～800 倍液	喷雾	细菌性杀虫剂
久效磷（40%久效磷乳油）	棉叶螨、棉蚜、棉铃虫	55 ml～110 ml	喷雾	高效广谱的杀虫剂
注：国家标准规定的禁止农药不得使用。				

ICS 65.020.20
B 31

中华人民共和国农业行业标准

NY/T 880—2004

芒果栽培技术规程

Technical code for cultivating mangoes

2005-01-04 发布　　　　2005-02-01 实施

中华人民共和国农业部 发布

前　言

本标准的附录 A、附录 B 为规范性附录，附录 C 为资料性附录。

本标准由中华人民共和国农业部提出并归口。

本标准起草单位：广西亚热带作物研究所、华南热带农业大学园艺学院。

本标准主要起草人：黄国弟、陈豪军、李绍鹏、钟川。

芒果栽培技术规程

1 范围

本标准规定了芒果(*Mangifera indica* L.)园地选择、园地规划、备耕与栽植、土肥水管理、花果管理、病虫草害防治、整形修剪、采收等技术要求。

本标准适用于芒果的栽培管理。

2 规范性引用文件

下列文件中的条款通过本标准的引用而成为本标准的条款。凡是注日期的引用文件,其随后所有的修改单(不包括勘误的内容)或修订版均不适用于本标准,然而,鼓励根据本标准达成协议的各方研究是否可使用这些文件的最新版本。凡是不注日期的引用文件,其最新版本适用于本标准。

GB 4285 农药安全使用标准

GB/T 8321 (所有部分)农药合理使用准则

NY/T 590 芒果嫁接苗

NY/T 5025 无公害食品 芒果生产技术规程

NY 5026 无公害食品 芒果产地环境条件

3 园地选择

3.1 气候条件

年均温在19.5℃以上,最冷月均温12℃以上,绝对最低温0℃以上,基本无霜;花期天气干燥,无连续低温阴雨;果实发育期阳光充足,基本无台风为害。

3.2 土壤条件

土层深厚达1.5 m以上,地下水位低于1.8 m,土壤肥沃,结构良好,pH5.5~7.5。其他按NY 5023规定执行。

3.3 海拔高度

芒果园应建在海拔600 m以下的地方,但如温度、湿度、光照适合,在600 m~1 200 m也可栽培。

3.4 立地条件

选择生态环境良好,有灌溉条件,交通方便的地方建立果园,不要在大风口以及坡度超过25°的坡地建园。

3.5 水质

按NY 5026规定执行。

3.6 大气质量

按NY 5026规定执行。

4 园地规划

4.1 小区

按同一小区的坡向、土质和肥力相对一致的原则,将全园分为若干小区,每个小区面积1.5 hm^2~3 hm^2。缓坡地采用长方形小区;山区地形复杂的,采用近似带状的长方形或长边沿等高线的小区。

4.2 防护林

沿海台风区和冬春风害较严重区域，33 hm^2 以上的果园周围设置防护林带。主林带设在迎风面，与主风向垂直（偏角应小于15°），栽植6～7行，品字形栽植。副林带设在园内道路、排灌系统的边沿，种1～2行树。林带株距1 m，行距2 m，园内林沿应距芒果树5 m～6 m，挖隔离沟。隔离沟的宽、深各80 cm～100 cm。

4.3 道路系统

设若干条主干道、支干道，主干道贯穿全园，宽4 m～6 m，支干道宽3 m～4 m。根据小区的地形地貌设计机耕路。区内机耕路与支干道、主干道相连，每50 m～100 m设一条宽2 m的小路。

4.4 排溉系统

坡地果园顶行的上方挖深宽0.7 m～1 m防洪沟，与纵水沟相连。沟内每4 m～7 m留一比沟面低20 cm～30 cm的土墩，比降为0.1%～0.2%，纵水沟尽量利用天然直水沟，或在果园道路两侧配置人工纵水沟，连通各级梯田的后沟和横排（蓄）水沟，沟宽、深0.5 m～0.7 m。

4.5 栽植规格

推荐株行距3 m×5 m、4 m×6 m和5 m×6 m。

4.6 品种选择

选择本地适栽，抗病性、抗逆性较强，经济性状佳，市场效益好的品种。

5 备耕与栽植

5.1 园地开垦

5°以下平缓地修筑沟埂梯田（撩壕），5°～10°坡地修筑等高梯田，10°以上坡地修筑等高环山行，面宽2 m～5 m，向内倾斜8°～10°。

5.2 种苗要求

按照NY/T 590规定执行。

5.3 植穴准备

定植前2个月挖面宽为0.8 m～1 m、深0.7 m～0.8 m的植穴，表土与心土分开堆放。回土时将杂草或绿肥25 kg放在坑底，撒0.5 kg石灰，再填入20 cm厚的表土，加入腐熟有机肥20 kg～30 kg，磷肥1 kg，充分混匀后填土筑成高出地面20 cm～30 cm土堆，并在中间标上标记。

5.4 栽植时间

3～10月。

5.5 栽植技术

在植穴中部挖一个小穴，放入苗木，嫁接口朝向东北，根系自然伸展，盖土踩实。盖土至根颈以上2 cm。修筑树盘，淋足定根水，根圈覆盖。

6 土肥水管理

6.1 土壤管理

6.1.1 间作

栽植后1～2年的幼龄果园可在行间间种豆科作物、绿肥等短期作物。间作物离开芒果树冠滴水线0.5 m以外，不应间种高秆作物和耗肥力强的作物。

6.1.2 覆盖

芒果园周年根圈盖草。盖草厚度为干草厚5 cm，盖草不应接触树干。对没有间作的果园，进行果园生草覆盖。

6.1.3 中耕除草

土壤出现板结时,及时进行根圈松土。结果树在冬季根圈浅翻断根促花。1～2个月除草一次,保持根圈无杂草,果园无高草、恶草。

6.1.4 扩穴改土

定植第二年起,每年7～9月间进行深翻扩穴压青,紧靠原植穴外侧对称挖两条宽、深0.4 m,长0.8 m～1 m的施肥沟(两年后沟长1.2 m～1.5 m),沟内压入杂草或绿肥,撒入0.5 kg石灰,加入腐熟农家肥20 kg～30 kg,磷肥1 kg,压紧盖土。

6.2 施肥管理

6.2.1 幼树施肥

6.2.1.1 定植当年,于第一次新梢老熟后开始施肥,以后每2个月施肥1次,每次每株施尿素25 g,雨季干施,旱季水施。

6.2.1.2 定植后第二年和第三年每次新梢萌发时施追肥一次,每次每株施15+15+15的NPK复合肥200 g～300 g或尿素100 g～150 g+钾肥50 g～100 g。

6.2.2 结果树施肥

6.2.2.1 施肥量

以产果100 kg施纯氮2.58 kg,氮、磷、钾、钙、镁比例以1:0.4:1.2:0.5:0.2为宜。

6.2.2.2 施肥时间及技术

6.2.2.2.1 采果前后肥

每株施优质农家肥20 kg～30 kg,NPK(15:15:15)复合肥0.5 kg～1 kg,尿素0.25 kg～0.5 kg,钙镁磷肥0.5 kg～1 kg,钾肥0.25 kg～0.5 kg,石灰0.5 kg～1 kg。其中,尿素与复合肥于采果前后7 d施下,其他肥料在修剪后,结合深翻改土时施。花芽分化前后分别喷0.3%硼砂+0.1%硫酸锌、0.2%尿素+0.2%磷酸二氢钾+0.2%硼砂和0.2%氯化钙+50 mg/L钼酸铵进行叶面追肥。

6.2.2.2.2 谢花肥

末花期至谢花时施用,每株施尿素0.1 kg～0.2 kg,NPK(15+15+15)复合肥0.2 kg～0.3 kg。叶面喷施0.2%尿素,0.2%～0.3%硼砂和0.2%～0.3%磷酸二氢钾。

6.2.2.2.3 壮果肥

谢花后30 d～40 d左右施用,每株施NPK(15:15:15)复合肥0.3 kg～0.5 kg,钾肥0.5 kg,饼肥0.2 kg～0.5 kg。结合喷药喷0.2%～0.3%磷酸二氢钾或其他叶面肥2～3次。

6.3 水分管理

6.3.1 定植后如遇旱,每5 d～7 d灌水一次,直至抽出新梢。第一年的冬春季每1～2周灌水一次,第二年及以后的冬春季每月灌水1次～2次。

6.3.2 在花序发育期和开花结果期遇旱,每10 d～15 d灌水一次。

6.3.3 秋梢期遇旱每10 d～15 d灌水一次。

6.3.4 在花芽分化期不灌水,雨水过多或土壤湿度过大时断根控水。

6.3.5 雨天及时排除积水。

7 花果管理

7.1 控梢促花

在花芽分化前雨量偏多时,用1 000 mg/L～2 000 mg/L多效唑连续喷树冠2次～3次,隔10 d左右喷1次。

7.2 花前修剪

在花芽分化前1～2个月对秋梢按去强、弱,留中庸的办法,适当疏除部分密枝,增加树冠透光度。

至抽花序前 20 d～30 d，剪除病虫枝、过密枝、弱枝、徒长枝及位置不当枝条。

7.3 开花坐果期修剪

7.3.1 抹除萌发的春梢，对末级梢抽花率达 80%以上的植株，保留 70%末级梢着生花序，其余花序从基部摘除。

7.3.2 谢花后至果实发育期，剪除不挂果的花枝及可能刮伤果的枝、叶；抹除夏梢。

7.3.3 谢花后 20 d～30 d 进行疏果，一穗果保留 3～4 个，大型果保留 1～2 个，疏除畸形果，病虫果、过密果。

7.4 保花保果

盛花期、末花期各喷 1 次 50 mg/L 赤霉素＋0.1%硼砂＋0.3%磷酸二氢钾，及时摘除新梢，并喷 2 次 30 mg/L～50 mg/L 萘乙酸液，7 d～10 d 喷 1 次。

7.5 叶面喷施钙肥

谢花后约 15 d、30 d 各喷 1 次 0.2%氯化钙溶液，采果前 20 d～40 d 喷 1～2 次 0.6%氯化钙溶液。

7.6 果实套袋

7.6.1 在第二次生理落果结束后进行。果袋可用商品纸袋，或用无纺布、牛皮纸等制作。红芒类品种在果实着色后用白色纸袋、无纺布袋套袋。套袋前 7 d 和 1 d 果面各喷 1 次 50%甲基托布津可湿性粉剂 1 000 倍与 2.5%溴氰菊酯 2 000 倍混合液，制作的果袋在套袋前用杀菌剂和杀虫剂混合液浸泡消毒晾干后使用。使用杀虫剂、杀菌剂见附录 B。

7.6.2 套袋时封口处距果基 5 cm 左右，封口用细铁丝或尼龙绳扎紧。

8 病虫草害防治

8.1 防治原则

积极贯彻“预防为主，综合防治”的植保方针。以农业和物理防治为基础，提倡生物防治，按照病虫害的发生规律和经济阈值，科学使用化学防治技术，有效控制病虫草危害。

8.2 农业防治

8.2.1 选用抗病品种。

8.2.2 园内间作和生草栽培。

8.2.3 加强栽培管理，增强树势，提高树体自身抗病虫能力。

8.2.4 合理修剪，实施冬季翻土，清结果园，雨季排水，适期放梢，避开虫害高峰期，减少病虫源。

8.3 物理机械防治

根据害虫生物学特性，采取糖醋液，树干缠草、诱光灯等方法诱杀害虫以及人工捕杀金龟子、天牛等害虫，采用果实套袋技术，防治病虫侵害。

8.4 生物防治

保护捕食螨、食蚜蚁等天敌。限量使用真菌、细菌、病虫害等生物农药，生化制剂和昆虫生长调节剂。

8.5 化学防治

8.5.1 农药种类选择

8.5.2 不得使用的剧毒、高毒、高残留农药和致畸、致癌、致突变农药(见附录 A)。

8.5.3 使用化学农药时，按 GB 4285、GB/T 8321(所有部分)的要求，常用药剂种类见附录 B，该表将随新农药品种的登记而修订。

8.5.4 农药使用

对主要虫、草害防治，应在适宜时期施药。病害防治在发病初期进行，防治时，严格控制安全间隔期，施药量和施药次数，注意不同作用机理的农药交替使用和合理混用，避免产生抗药性，见附录C。

9 整形修剪

9.1 幼树整形修剪

9.1.1 定干

定干高度约50 cm，苗高60 cm～70 cm仍未分枝时截顶。

9.1.2 养主枝与副主枝

主干分枝后，在45 cm～50 cm处选留3～5条生势均匀，位置适宜的分枝作主枝，主枝与主干的夹角为50°～70°。当主枝伸长约40 cm时进行剪顶，每条主枝选留2～3条生势均匀的二级枝作副主枝。

9.1.3 培养结果枝组

当副主枝伸长30 cm～40 cm时剪顶，抽枝后选留2～3条生势均匀的三级枝，在三级枝上再如法培养四级枝、五级枝，争取在2～3年内培养80～100条生势健壮、均匀的末级梢作结果枝。

9.1.4 及时剪除徒长枝、交叉枝、重叠枝、病虫枝、弱枝及多余的萌蘖。

9.1.5 各级分枝(尤其是主枝与副主枝)方向或角度不合要求时，通过牵引、压枝、吊枝、弯枝及短剪等方法予以调校。

9.2 结果树修剪

采果后将结果枝短截1～2次梢，剪除徒长枝、干枯枝、下垂枝、交叉枝、病虫枝、衰老枝、重叠枝及位置不适当的枝条。抽梢后，每个基枝保留2～3条方位适当、强弱适中的枝条，其余枝条予以抹除。经两年短剪后，第三年进行回缩重剪。修剪量控制在树冠枝叶量1/3至1/2，修剪在采果后15 d内完成，而同一小区应在2 d～3 d内完成。

9.3 老树更新复壮

9.3.1 更新对象

树龄大，枝条衰老，产量下降，枝条易枯死，且枯死部分逐年下移，内膛空虚，并开始出现更新枝，或因天牛等病虫为害，导致枝枯叶落，露出残桩的芒果树。

9.3.2 更新方法

9.3.2.1 轮换更新

在同一株树上对4～8年生枝进行分期分批回缩，更新时间在春、秋季，海南在秋、冬季，对密闭、衰老的果园采取隔行或隔株回缩。

9.3.2.2 主枝更新

对进一步衰老的植株在3～5级枝上进行回缩。切口用泥或塑料薄膜封闭，并将枝干涂白，在更新前用利铲切断与主枝更新部位相对应的根系，并挖深沟施有机肥。更新时间在每年的3～8月。

9.3.2.3 主干更新

在主干50 cm～100 cm处锯断，具体做法与主枝更新相同。

10 采收

10.1 采收成熟度判断

10.1.1 果实停止增大，饱满、充实、果肩圆厚。

10.1.2 果皮由青绿色转暗绿色或深绿色，有果粉出现；果肉由白色转黄色，种壳变硬，纤维明显。

10.1.3 果实放入清水中下沉或半下沉。贮运外销的鲜果，有20%～30%的果实完全下沉。本地销售的鲜果，有50%～60%果实下沉或半下沉时采收，加工果汁、果酱的，待大部果实充分成熟后采收。

10.2 采收时间

晴天上午露水干后采收。

10.3 采收方法

用枝剪单果采收，一果两剪；采下来的果实放在采果篮或塑料筐内，轻拿轻放，不应用麻袋、肥料袋和有异物、异味，对产品造成污染的容器装果，不应在烈日下暴晒果实。

附 录 A
（规范性附录）
芒果生产不应使用的农药

包括六六六，滴滴涕，五氯酚钠，艾氏剂，狄氏剂，汞制剂，砷、铅类，敌枯双，氟乙酰胺，氟乙酸钠，氟硅酸钠，甲胺磷，甲基对硫磷，甲拌磷，久效磷，对硫磷，氧化乐果，水胺硫磷，特丁硫磷，甲基异柳磷，磷胺，地虫硫磷，以及国家规定禁止使用的其他农药。

附 录 B
(规范性附录)
芒果生产常用的农药

表 B.1 芒果生产中常用的农药

通用名	剂型及含量	主要防治对象	稀释倍数	施用方法	最后一次施药距采果的天数(安全间隔期,d)	实施要点及说明
敌敌畏	80%乳油	横线尾蛾、小齿螟、蛱蝶、天牛	800~1 500 倍液	喷雾	21	
乐果	40%乳油	扁喙叶蝉、瘿蚊、剪叶象甲、小齿螟	1 000~1 500 倍液	喷雾	21	
氰戊菊酯	20%乳油	尺蠖、卷叶蛾、蚜虫	2 500~3 000 倍液	喷雾	21	
溴氰菊酯	2.5%乳油	尺蠖、卷叶蛾、蚜虫	1 250~2 500 倍液	喷雾	28	
氯氰菊酯	10%乳油	尺蠖、卷叶蛾、蚜虫	2 000~4 000 倍液	喷雾	30	
敌百虫	90%晶体	横线尾夜蛾、瘿蚊、剪叶象甲、小齿螟、蛱蝶	800~1 000 倍液	喷雾	28	
吡虫啉	10%可湿性粉剂	蚜虫	3 000~5 000 倍液	喷雾	21	
毒死蜱(乐斯本)	40.7%乳油	介壳虫、蚜虫	800~1 500 倍液	喷雾	21	
福美双	50%可湿性粉剂	炭疽病	500~800 倍液	喷雾	21	
百草枯	20%水剂	杂草	每 667 m^2 200~300 mL	低压喷雾		杂草生长旺盛期低压喷雾
苏云金杆菌	100 亿个/毫升乳剂	尺蠖	500~1 000 倍液	喷雾	15	
抗霉菌素	2%水剂	白粉病、炭疽病	200 倍液	喷雾	15	
石硫合剂	45%结晶	白粉病、黑斑病、叶螨、介壳虫	300 倍液	喷雾	15	
波尔多液	硫酸铜:石灰:水=1:1:100	炭疽病、疮痂病、溃疡病、黑斑病	1%等量式	喷雾	15	
氢氧化铜	77%可湿性粉剂	炭疽病、疮痂病、溃疡病、黑斑病	400~600 倍液	喷雾	15	
春雷霉素	4%可湿性粉剂	流胶病	5~8 倍液	纵刻病斑后涂稀释液	15	
代森锌	80%可湿性粉剂	炭疽病	600~800 倍液	喷雾	21	
多菌灵	50%可湿性粉剂	炭疽病、黑斑病	800~1 000 倍液	喷雾	21	

表 B.1（续）

通用名	剂型 及含量	主要防治对象	稀释倍数	施用方法	最后一次 施药距采 果的天数 (安全间隔期,d)	实施要点 及说明
草甘膦	10%水剂	一年生、多年生杂草	每 667 m^2 750～ 1 000 mL	喷雾		
茅草枯	60%钠盐	禾本科杂草	每 667 m^2 500～1 500 g	喷茎叶		
多氧霉素	10%可湿性粉剂	黑斑病	1 000～1 500 倍液	喷雾	15	
粉锈宁	15%可湿性粉剂	白粉病	1 000～1 500 倍液	喷雾	5	

附 录 C
（资料性附录）
芒果主要病虫害防治

表 C.1 芒果主要病虫害防治

<table>
<tr><th>防治对象</th><th>化学防治时期、防治次数及间隔时间</th><th>生物防治、农业防治或注意事项</th></tr>
<tr><td>扁喙叶蝉</td><td>春梢和花期、幼果期、秋梢期喷药，15 d～20 d 喷一次，连续3～4 次</td><td>合理修剪，增加果园及树冠通透性</td></tr>
<tr><td>横线尾夜蛾</td><td>花序及新梢抽长 5 cm 左右喷药。花期，每次梢均要喷药 2～3 次</td><td rowspan="2"></td></tr>
<tr><td>小齿螟
（蛀果蛾）</td><td>谢花后的果实发育期喷药。10 d～15 d 喷一次，连续喷 3～4 次</td></tr>
<tr><td>瘿蚊</td><td>新梢抽长至新叶转色期，每次梢均需喷药 2～3 次，7 d～10 d 喷一次</td><td rowspan="2">抹除过早抽发的夏、秋梢，肥水控制，使新梢抽发比较整齐，以利喷药</td></tr>
<tr><td>剪叶象甲</td><td>新梢叶片转色期喷药 1～2 次，7 d～10 d 喷一次</td></tr>
<tr><td>炭疽病</td><td>花果期、新梢生长期均需喷药。15 d～20 d 喷一次，连续</td><td rowspan="4">冬季清园，烧毁或深埋病虫枝</td></tr>
<tr><td>白粉病</td><td>花期喷药，10 d～15 d 喷一次，连续 2～3 次</td></tr>
<tr><td>细菌性角斑病</td><td>嫩梢期喷药，10 d～15 d 喷一次，连续 2～3 次</td></tr>
<tr><td>疮痂病</td><td>嫩梢期喷药，10 d～15 d 喷一次，连续 2～3 次</td></tr>
</table>

ICS 65.020.20
B 31

中华人民共和国农业行业标准

NY/T 881—2004

库尔勒香梨生产技术规程

Production technical rules for Kurle fragrant pear

2005-01-04 发布　　2005-02-01 实施

中华人民共和国农业部　发布

前　　言

本标准由中华人民共和国农业部提出并归口。

本标准起草单位:新疆生产建设兵团农二师农业科学研究所、新疆冠农果茸股份有限公司。

本标准主要起草人:吴忠华、刘艳等。

库尔勒香梨生产技术规程

1 范围

本标准规定了库尔勒香梨生产园地选择与规划、砧木选择、栽植、土肥水管理、整形修剪、花果管理、病虫防治和果实采收等技术要求。

本标准适用于库尔勒香梨生产。

2 规范性引用文件

下列文件中的条款通过本标准的引用而成为本标准的条款。凡是注日期的引用文件，其随后所有的修改单(不包括勘误的内容)或修订版均不适用于本标准，然而，鼓励根据本标准达成协议的各方研究是否可使用这些文件的最新版本。凡是不注日期的引用文件，其最新版本适用于本标准。

NY/T 442　梨生产技术规程

3 园地选择与规划

3.1 园地选择

3.1.1 气候条件

年平均气温10℃～11℃。最低气温不低于－25℃，1月份平均气温不低于－10℃。

3.1.2 土壤条件

土壤肥沃，0～0.5 m土层有机质含量在1%以上。活土层厚度在0.5 m以上。地下水位在1.5 m以下。土壤pH7.5～8.5，含盐量不超过0.3%。

3.2 园地规划

平地和6°以下的缓坡地，栽植行南北向。面积较大时要划分小区，小区面积3 hm^2～4 hm^2。

3.3 防护林带

定植前或定植同时，按当地自然条件，营造防风林带。一般采用疏透式林带，所用树种应适应当地自然条件及防风要求，主林带间距150 m～200 m，副林带间距500 m～800 m，风沙大的地区可缩短到300 m。主林带行数一般5行，副林带行数为2行～4行。防风林带内的行距2 m～3 m，株距1.5 m～2 m。

4 砧木选择

杜梨。

5 栽植

5.1 整地

按行株距挖深宽0.8 m～1 m的栽植沟穴，沟穴底填0.3 m左右的作物秸秆。挖出的表土与20 kg～30 kg有机肥混匀，回填沟中。待填至低于地面0.2 m后，灌透水，使土沉实，水渗完后覆上一层表土保墒。

5.2 栽植方式与密度

平地和6°以下的缓坡地为长方形栽植。根据生态条件、管理水平和砧木确定栽植密度。见表1。

表1 栽植密度

密度 株/hm²	行距 m	株距 m	适应范围
180～333	6～8	5～7	乔砧稀植
417～1 000	5～6	2～4	乔砧宽行密植
1 250～3 333	3～4	1～2	乔砧矮化密植

5.3 授粉树配置

授粉品种主要选用砀山酥梨、鸭梨。库尔勒香梨与授粉品种的栽植比例为8+1,鸭梨与砀山酥梨的比例为1+2。

5.4 苗木的选择与处理

5.4.1 选用二年生杜梨定植,指标见表2。

表2 二年生杜梨苗标准

项　　目	指　　标
侧根数量	5条以上
侧根长度	0.2 m以上
侧根分布	均匀、舒展、不卷曲
茎高度	1 m以上
茎粗度	0.008 m以上
茎倾斜度	15°以下
根皮与茎皮	无干缩、皱皮及损伤

5.4.2 选用优质成品苗定植。

5.4.2.1 砧木年龄

砧木树龄为三年生。

5.4.2.2 接穗选择

接穗应选择生长健壮、无病虫的优良母株上的接穗或选择母本园中的接穗。

5.4.2.3 嫁接

以芽接方式在二年生杜梨0.3 m～0.5 m高度嫁接。

5.5 栽植时期

各地均以土壤解冻后至果树萌芽前(3月底至4月初)春栽为主。也可在10月下旬至11月进行秋栽,当年冬季需埋土防寒。

5.6 栽植技术

在栽植沟内按株距挖深宽0.3 m的栽植穴,将苗木放入穴中央,舒展根系,扶正苗木,纵横成行,边填土边提苗、踏实,根颈略高于地面。栽后立即浇一次透水,7 d后再浇一次水。

6 土肥水管理

6.1 土壤管理

6.1.1 深翻改土

分扩穴深翻和全园深翻,每年秋季果实采收后结合秋施基肥进行。扩穴深翻为在定植穴(沟)外树冠垂直投影处挖环状沟或平行沟,沟宽0.8 m,深0.6 m左右。土壤回填时混以有机肥,表土放在底层,底土放在上层，然后充分灌水，使根土密接。全园深翻是将栽植穴外的土壤全部深翻，深度 0.3 m～0.4 m。

6.1.2 中耕

清耕制果园，生长季每次灌水后及时中耕。中耕深度 0.05 m～0.1 m。

6.1.3 种植绿肥和行间生草

行间提倡间作三叶草、紫花苜蓿、毛叶苕子等绿肥作物，通过翻压、覆盖和沤制等方法将其转变为有机肥。

6.2 施肥

6.2.1 施肥原则

以有机肥为主，化肥为辅。所施用的肥料不得对果园环境和树体及果实产生不良影响。

6.2.2 施肥方法和数量

6.2.2.1 基肥

施肥量按每产 1 kg 果实施 1 kg～1.5 kg 优质农家肥料计算，一般盛果期果园施 2 000 kg～4 000 kg/666.7 m^2 有机肥。秋季果实采收后施入，以农家肥为主，混加全年磷肥用量 50%的化肥。施用方法以沟施或撒施为主，施肥部位在树冠投影范围内。沟施为沿树冠外围挖环状沟或挖放射状沟，沟深 0.6 m～0.8 m，沟宽 0.2 m～0.3 m，撒施为将肥料均匀撒于树冠下，并翻深 0.2 m。

6.2.2.2 追肥

每年四次。第一次在萌芽前后，追施全年氮肥用量的 20%；第二次在落花后，追施全年氮肥用量的 40%；第三次在花芽分化和果实膨大期，施入全年磷肥用量的 30%、氮肥用量的 30%；第四次在果实迅速膨大期(7 月份)，施入全年氮肥用量的 10%、磷肥用量的 20%、钾肥用量的 100%。结果树一般每生产 100 kg 果实需追施纯氮 0.6 kg，纯磷(P_2O_5)0.25 kg，纯钾(K_2O)0.4 kg。施肥方法是在树冠下开沟，沟深 0.15 m～0.2 m，追肥后及时灌水。最后一次追肥在距果实采收期 30 d 以前进行。

6.3 水分管理

全年灌水 6～7 次。花前、花后、花芽分化期、6 月、7 月、8 月各一次水，入冬前一次。7 月视墒情可增加一次水。方法用沟灌或畦灌。避免用大水漫灌。

7 整形修剪

7.1 整形

7.1.1 适宜树形

定植后根据栽植密度选定树形。常用树形见表 3。

表 3 常用树形

树 形	密 度 株/hm^2	结 构 特 点
主干疏层形	180～333	树高小于 4 m，干高 0.6 m～0.7 m，主枝 6 个～8 个(一层 3 个～4 个，二层 2 个～3 个，三层 1 个)。层间距一二层 1.0 m～1.5 m，二三层 0.6 m～0.8 m。一层主枝层内间距 0.4 m，每个主枝留侧枝数：一层 2 个～3 个，二层和三层 2 个。一层主枝层内间距 0.4 m，每个主枝留侧枝数：一层 2 个～3 个，二层和三层 2 个
小冠疏层形	333～540	树高 3 m 左右，干高 0.6 m，冠幅 3 m～3.5 m。第一层主枝 3 个，层内距 0.4 m；第二层主枝 3 个，层内距 0.3 m；一二层间距 1 m～1.2 m，主枝上不配侧枝，直接着生大中小型枝组

表3（续）

树　形	密　度 株/hm²	结 构 特 点
基部三主枝中干形	180～333	当主干疏层形树体结构形成后，随着树冠不断扩大，开始出现争光矛盾时，进行树体改造形成的改良树体结构。在原主干疏层形树体结构的第三层主枝分枝处落头，并分3～5年对第二层和第三层主枝进行回缩，将其改造成大中型结果枝组，基枝展长为1.0 m～1.5 m，将层间大辅养枝改造成中小结果枝组，长为0.5 m左右
斜式倒人字形	1 000～3 333	树高2.0 m，干高0.7 m，南北行向，二个主枝分别伸向东南和西北方向，呈斜式倒人字形。主枝腰角70°，大量结果时达80°。对二大主枝上的背上直立枝，一般在萌芽后抹除，有空间的部位夏季将直立新梢拉成水平枝。主枝延长枝一般不短截，如树势较弱时，对主枝延长枝可轻度短截

7.1.2 定干嫁接

用嫁接苗定植，当年春季萌芽前进行定干，定干高度一般0.7 m～0.9 m，剪口第三个芽必须朝当地主风向。用砧木苗定植，当年秋季至第三年嫁接相应的品种，可于3月下旬至4月上旬枝接，或于5月～6月(当年剪砧)及8月(翌春剪砧)芽接。嫁接高度距地面0.3 m～0.5 m，接芽位置要选在当地主风向方向。

7.2 修剪

7.2.1 冬剪

7.2.1.1 培养骨干枝，扩大树冠

使全树主从分明，即中央领导干、主枝、侧枝、下层枝、上层枝依次减弱。通过拉、撑、里芽外蹬、背后枝换头等开张角度，促中部及内膛枝发条，以扩大树冠，削弱树势(乔砧矮化密植不采用此方法)。

7.2.1.2 培养结果枝组

按大、中、小三种结果枝组的培养方法修剪，对强旺枝采用先缓后截的方法。对乔砧矮化密植树多采用甩放法，促成花结果后再回缩。

7.2.1.3 充分利用辅养枝和临时枝组结果

适当多留辅养枝和临时枝，结果后及时回缩或疏除。

7.2.1.4 控制树冠大小、改善通风透光条件

对骨干枝不做大的变动，树冠封行之后，选用延长枝后部的背下枝或斜生枝进行回缩换头。树冠高度控制在行距的70%以下。过高时将中央领导干回缩到分枝处。对层间大辅养枝进行回缩或锯除，使层间距达到1 m～1.2 m。适当疏除旺枝，回缩冗细枝。乔砧矮化密植以缓、拉、疏枝等方法，控制树势，以疏除密枝，解决通风透光。

7.2.1.5 更新枝组，防止隔年结果

结果枝组要大、中、小按1+4+5的比例配置。不断进行培养、利用、控制和更新。大年树通过冬季修剪、花前复剪、人工或化学疏花疏果控制合理负载量，对小年树采取保花保果措施，控制叶果比在15～20+1。相邻年度产量差别不超过15%。

7.2.2 夏季修剪

5月至6月上旬进行，疏除过密枝、徒长枝和过旺果台副梢，对主枝背上强旺枝进行扭梢。过旺辅养枝环剥或回缩，并通过改变枝向或拉、撑、吊等措施开张枝角和平衡树势。乔砧矮化密植树应强化此时期修剪。

8 花果管理

8.1 疏花

利用人工或化学疏花措施，调整每隔 0.2 m 左右留一个花序。

8.2 疏果

落花后 10 d～15 d 开始，5 d～7 d 结束。疏果标准是：每花序留果不超过 2 个，坐果较少时，可适当留腋花芽果（每花序限留 1 个果）。树冠上部及外围、骨干枝前端及强旺枝上以留双果为主，其他部位以留单果为主。

8.3 保花

花量过少或花期气候恶劣的年份需采取人工辅助授粉，花期喷 0.2%硼酸或花期放蜂等。

9 病虫害防治

以农业和物理防治为基础，生物防治为核心，按照病虫害的发生规律和经济阈值，科学使用化学防治技术，综合治理，有效控制病虫危害。

9.1 农业防治

主要施用有机肥和无机复合肥，增强树体抗病能力，恶化刺吸式害虫的营养条件。控制氮肥施用量，抑制植食螨、蚜虫等害虫的繁殖。生长季后期注意控水、排水、防止徒长，以免冻害和腐烂病严重发生。严格疏花疏果，合理负载，保持树势健壮。在 2 月中上旬前采取刮除树干翘裂皮、清除枯枝落叶、清洁田园，大幅度降低越冬病虫基数。生长季及早摘除病虫叶、果。结合修剪，剪除病虫枝。树干束袋（草）诱集害虫——螨类和苹果蠹蛾。在梨园内保持适量的浅草，控制次要病虫的发生。

9.2 生物防治

充分利用赤眼蜂、捕食螨等寄生性、捕食性天敌与病原微生物，调节害虫种群密度，将其种群数量控制在为害水平以下。合理施用农药，减少对天敌的伤害及环境污染。

9.3 化学防治

根据防治对象的生物学特性和危害特点，选择符合防治要求的农药品种（见附录 A）。加强病虫发生动态测报，掌握目标害虫种群密度的经济阈值，适期喷药。采用科学施药方式，保证施药质量。选用对人畜安全、不伤害天敌，对环境无污染、对目标害虫高效的农药。同时，注意农药的合理混用和轮换使用。

10 果实采收

10.1 采收时期

根据果实成熟度和市场需求，适时采收，不能过早或过迟。9 月中上旬采收，进入保鲜库贮藏的 8 月 25 日至 9 月 10 日采收。

10.2 采收工具

采收前需准备好梯凳、采果篮。采果篮内四周及底部用软布或麻布铺衬。

10.3 采摘要求

采果人员应戴线织手套，用手摘下果实直接放入采果篮，要轻摘轻放，尽量减少倒篮次数，不应摇落或击落，高处梢端果实可上树、登梯或将软兜绑于长竿顶端摘取。采摘顺序应由下至上，由外至内。

附 录 A

表 A.1 允许使用的主要杀虫剂

农药品种	毒性	稀释倍数和使用方法	防治对象
1.8%阿维菌素乳油	低毒	2 000～5 000 倍液，喷施	叶螨、梨木虱
50%马拉硫磷乳油	低毒	1 000 倍液，喷施	叶螨、蚜虫等
5%尼索朗乳油	低毒	2 000 倍液，喷施	叶螨类
15%哒螨灵乳油	低毒	1 500～3 000 倍液，喷施	叶螨类
苏云金杆菌可湿性粉剂	低毒	500～1 000 倍液，喷施	卷叶虫、尺蠖等
10%烟碱乳油	中毒	800～1 000 倍液，喷施	蚜虫、叶螨等
5%抑太保乳油	中毒	1 000～2 000 倍液，喷施	食心虫、卷叶虫等

表 A.2 允许使用的主要杀菌剂

农药品种	毒性	稀释倍数和使用方法	防治对象
5%菌毒清	低毒	萌芽前 30～50 倍液涂抹；100 倍液，喷施	库尔勒香梨腐烂病
腐必清乳油	低毒	萌芽前 2～3 倍液涂抹	
70%代森锰锌可湿性粉剂	低毒	600～800 倍液喷施	
843 康复剂	低毒	5～10 倍液涂抹	
石硫合剂	低毒	萌芽前 3～5°Be、开花后 0.3～0.5°Be 喷施	

表 A.3 禁止使用的农药

农 药 品 种
甲拌磷、乙拌磷、对硫磷、甲胺磷、甲基对硫磷、甲基异硫磷、磷胺、涕灭威、灭多威、杀虫脒、滴滴涕、六六六、林丹、氟乙酰胺、福美砷及其他砷制剂。

ICS 65.080
B 10

中华人民共和国农业行业标准

NY 882—2004

硅酸盐细菌菌种

Silicate-Dissolving bacteria culture

2005-01-04 发布　　2005-02-01 实施

中华人民共和国农业部 发布

前　言

本标准的附录 A、附录 B、附录 C、附录 D 和附录 E 为规范性附录。

本标准由中华人民共和国农业部提出并归口。

本标准起草单位：农业部微生物肥料质量监督检验测试中心。

本标准主要起草人：曹凤明、李俊、沈德龙、姜昕、葛一凡。

硅酸盐细菌菌种

1 范围

本标准规范了农用硅酸盐细菌菌种的特征、要求、检验方法、评价方法以及菌种的纯化、复壮和保藏。

本标准适用于农用微生物菌剂和微生物肥料生产中使用的硅酸盐细菌菌种。

2 规范性引用文件

下列文件中的条款通过本标准的引用而成为本标准的条款。凡是注日期的引用文件，其随后所有的修改单(不包括勘误的内容)或修订版均不适用于本标准，然而，鼓励根据本标准达成协议的各方研究是否可使用这些文件的最新版本。凡是不注日期的引用文件，其最新版本适用于本标准。

NY/T 798—2004 复合微生物肥料

GB/T 17419—1998 含氨基酸叶面肥料

NY/T 301—1995 有机肥料速效钾的测定

3 术语

硅酸盐细菌菌种 Silicate-Dissolving Bacteria Culture

是指一类在土壤中能通过自身的生命活动，分解硅铝酸盐类矿物，释放钾素营养，改善植物的营养条件，并具备生产应用性能的细菌纯培养物。

4 菌种特征

硅酸盐细菌菌种包括胶质芽孢杆菌(*Bacillus mucilaginosus*)和土壤芽孢杆菌(*Bacillus edaphicus*)两个种。

4.1 细胞形态

营养体：粗长杆状，两端钝圆，革兰氏染色反应不定，产生聚β-羟基丁酸盐(PHB)颗粒。在培养基A.1上(参见附录A)菌体大小为(1.0～1.2)μm×(2.5～7.0)μm，菌体周围有厚荚膜。

芽孢：壁厚，椭圆形，中生或近端生，芽孢囊不膨大或微膨大。

4.2 菌落形态

在A.1培养基平板上，菌落圆形，无色，隆起，胶质黏稠，透明或半透明，边缘整齐。

4.3 生物学特征

好氧或兼性厌氧生长，水解淀粉，接触酶反应阳性，氧化酶和卵磷脂酶反应阴性，在无氮培养基(参见附录A.2)上生长良好，生长温度10℃～45℃。

5 要求

5.1 菌种要求纯培养物，无杂菌。

5.2 硅酸盐细菌菌种技术指标见表1。

表 1 硅酸盐细菌菌种技术指标

项 目			指 标
解钾能力——速效钾相对增加量，%		≥	20
发酵代谢产物	植物激素总量， mg/L	≥	1.0
	游离氨基酸总量， mg/L	≥	50.0
	有机酸总量， mg/L	≥	500.0
耐热能力——芽孢存活率， %		≥	70
	发酵周期， h	≤	60

6 检验方法

6.1 菌种纯度检验

在适宜培养基上培养，观察菌落和菌体形态，若有杂菌丢弃或对其进行纯化，纯化方法见 8.1.2。

6.2 解钾能力的测定

速效钾相对增加量的测定方法见附录 B。

6.3 发酵代谢产物测定

6.3.1 发酵条件

在适宜培养条件下，发酵周期结束后取样测定发酵液中代谢产物的含量。以不接种的发酵培养液作对照。发酵培养基见附录 A.3。

6.3.2 植物激素的测定

见附录 C。

6.3.3 游离氨基酸的测定

见附录 D。

6.3.4 有机酸的测定

见附录 E。

6.4 芽孢存活率测定

6.4.1 测定方法

菌悬液在 65℃条件下恒温 30 min 杀死营养体，制成芽孢悬液。芽孢悬液于 80℃恒温水浴处理 10 min，将处理前和处理后的芽孢悬液稀释涂布在适宜培养基上，适宜条件下培养 2 d～4 d，计菌落数。3 次重复。活菌数测定方法按 NY/T 798—2004 复合微生物肥料中 5.3.2 的要求进行。

6.4.2 芽孢存活率计算

按式(1)计算

$$a(\%)=\frac{n_1}{n_0}\times 100 \quad \cdots\cdots (1)$$

式中：

a——芽孢存活率(%)；

n_0——处理前芽孢悬液的菌落平均数(cfu/mL)；

n_1——处理后芽孢悬液的菌落平均数(cfu/mL)。

6.5 发酵周期的检验

适宜生产条件下，当发酵液中的菌体数量达到 10^8 cfu/mL 以上且有 80%以上的营养体形成芽孢为发酵周期终止。

7 评价方法

7.1 菌株符合表1中的各项指标，可以作为优良生产菌株。

7.2 表1中其他三项符合要求，而发酵代谢产物仅两项达到要求或其中一项达到要求的两倍，也可作为生产菌株。

7.3 当硅酸盐细菌菌种用做生产液体剂型时，对耐热能力不做要求。

8 菌种纯化、复壮和保藏

8.1 菌种分离与纯化

8.1.1 分离

将土壤或其他样品制成菌悬液，稀释后涂布A.1培养基平板上，适宜条件下培养2 d～4 d，挑取符合硅酸盐细菌菌种特征的菌落进行纯化。

8.1.2 纯化

在适宜的培养基上连续划线培养观察，直至菌落形态一致，镜检菌体大小整齐、无杂菌。

根据硅酸盐细菌的特征进行菌种确认。

8.2 复壮

菌种生长速度下降、菌体形态出现异常、主要功能指标下降时需要进行菌种复壮。

具体操作方法是将菌种接种在适宜的土壤或载体中，也可将菌种转接在含有土壤浸出液的培养基上2～3代；培养一段时间后再分离，挑取与原菌种特征一致的菌落，纯化，同时按表1中的要求进行测试。

8.3 菌种保藏

8.3.1 短期保藏

常用的保藏方法是斜面保藏法，挑选菌苔丰满、无污染的斜面菌种置于4℃～8℃下保存。3个月左右转接一次。

8.3.2 长期保藏

菌种形成芽孢后进行长期保存，采用两种或两种以上的方法保存，并制备多个备份。常采用的保藏方法有：冻干管法、甘油管法、石蜡油覆盖法、沙土管法等。

附 录 A
(规范性附录)
选 择 培 养 基

A.1 硅酸盐细菌培养基

蔗糖	5.0 g
Na_2HPO_4	2.0 g
$MgSO_4 \cdot 7H_2O$	0.5 g
$CaCO_3$	0.1 g
$FeCl_3 \cdot 6H_2O$	5 mg
pH	7.5～8.5
琼脂	18.0～20.0 g
蒸馏水	1.0 L

A.2 无氮培养基[阿须贝(Ashby)培养基]

甘露醇	10.0 g
KH_2PO_4	0.2 g
$MgSO_4 \cdot 7H_2O$	0.2 g
NaCl	0.2 g
$CaCO_3$	5.0 g
$CaSO_4 \cdot 2H_2O$	0.1 g
pH	7.0～7.5
琼脂	18.0～20.0 g
蒸馏水	1.0 L

A.3 测定发酵代谢产物用发酵培养液

玉米淀粉	8.0 g
豆饼粉	2.0 g
K_2HPO_4	2.0 g
$MgSO_4 \cdot 7H_2O$	0.5 g
$MnSO_4 \cdot H_2O$	0.5 g
$CaCO_3$	0.1 g
$FeCl_3 \cdot 6H_2O$	5 mg
pH	7.0～7.5
蒸馏水	1.0 L

附 录 B
（规范性附录）
解钾能力测定

B.1 原理

硅酸盐细菌能够分解硅铝酸盐矿物，将矿物态钾转变为可溶性钾为菌体自身或植物所利用，通过测定培养液中速效钾含量的相对增加量来确定菌种的解钾能力。

B.2 材料和试剂

B.2.1 材料

含钾矿石粉钾长石，磨碎，粒径 0.075 mm 以下。

B.2.2 试剂

20% H_2O_2 溶液。

B.3 培养液

B.3.1 种子液

淀粉	5.0 g
酵母膏	1.0 g
K_2HPO_4	2.0 g
$MgSO_4 \cdot 7H_2O$	0.5 g
$CaCO_3$	0.1 g
$FeCl_3 \cdot 6H_2O$	5 mg
pH	7.5～8.5
蒸馏水	1.0 L

B.3.2 发酵液

蔗糖	10.0 g
$MgSO_4 \cdot 7H_2O$	0.5 g
$(NH_4)_2 \cdot SO_4$	0.2 g
NaCl	0.1 g
$CaCO_3$	0.1 g
钾长石粉	5.0 g
pH	7.2～7.5
蒸馏水	1.0 L

B.4 测定方法步骤

B.4.1 钾长石处理

钾长石粉用 20% HCl 溶液淋洗（酸洗，洗去速效钾和缓效钾），再用蒸馏水淋洗至中性。

B.4.2 种子液制备

挑取一环活化好的斜面菌种接入 50 mL 种子培养液中，150 r/min 摇床，适宜温度下培养到对数期，菌体含量不少于 2×10^{8} cfu/mL。

B.4.3 发酵液制备

500 mL 三角瓶加入解钾发酵液 95 mL，高压灭菌备用。接入种子液 5 mL，同时做加入等量灭活种子液的发酵液为对照，在 28℃、摇床 150 r/min 条件下培养 7 d。设置 3 个重复。

B.4.4 发酵液的处理 过氧化氢灰化法

将全部发酵液转入蒸发皿中，在水浴锅中浓缩至 10 mL 左右，加 2.0 mLH_2O_2 溶液，继续蒸发，并不断搅动，反复加 20%H_2O_2 溶液几次至黏性物质完全消化。3 500 r/min 离心 10 min，将上清液收集在 50 mL 容量瓶中，用蒸馏水定容，然后测定溶液中速效钾含量。

B.4.5 速效钾的测定

按 NY/T 301—1995 规定执行，对第 6 章试样的制备、第 7 章分析步骤中的 7.1 和 7.3 标准曲线绘制进行修改。

B.4.5.1 试样的制备

按 B.4.4 的要求执行。

B.4.5.2 分析步骤

试样溶液制备参见 NY/T 301—1995 7.1，将称取试样 5.00 g 改为吸取试样 5.00 mL。

吸取钾标准溶液 0，1.00，2.00，3.00，4.00，5.00，7.50，10.00 mL 分别置于 8 个 50 mL 容量瓶中。加 10.00 mL 硝酸溶液，用水定容。此溶液 1 mL 中含钾（K）0，2.00，4.00，6.00，8.00，10.00，15.00，20.00 μg 的标准溶液系列。在火焰光度计上用空白溶液调节仪器零点，以标准溶液系列中的最高浓度的标准溶液调节仪器满刻度至 80 分度处，测量其他标准溶液，记录仪器示值。根据钾浓度和仪器示值绘制校准曲线或求出直线回归方程。

B.5 速效钾相对增加量

按式（2）计算：

$$a=\frac{\rho_1-\rho_0}{\rho_0}\times100 \qquad (2)$$

式中：

a ——速效钾相对增加量（%）；

ρ_0——试样中速效钾的含量（mg/L）（灭活种子发酵液对照）；

ρ_1——试样中速效钾的含量（mg/L）（接种发酵液）。

附 录 C
（规范性附录）
发酵液中植物激素的测定

C.1 原理

植物生长素赤霉素（GA_3）、吲哚乙酸（IAA）和细胞分裂素玉米素（Z）、异戊烯基腺嘌呤（IPA）等嘌呤衍生物都溶于甲醇，可用甲醇提取发酵液中的植物激素。

植物生长素和细胞分裂素的分子结构不同，在反相 C_{18} 柱上保留时间不同，调整流动相中各组分的比例，可使各组分定量分离。因此采用反相液相色谱法可对植物生长素和细胞分裂素定量测定。

C.2 试剂

乙腈：色谱纯；甲醇：优级纯并经 0.5 μm 滤膜过滤；植物激素标准品：色谱纯；磷酸：优级纯；水：重蒸并经 0.45 μm 滤膜过滤。

植物生长素标准溶液：分别称取植物生长素标准品（赤霉素 GA_3，吲哚乙酸 IAA）各 0.002 0 g（±0.000 1），用甲醇溶解并定容至 25.0 mL。

细胞分裂素标准溶液：分别称取细胞分裂素标准品（玉米素 Z，异戊烯基腺嘌呤 IPA 等）各 0.004 0 g（±0.000 1），用甲醇溶解并定容至 25.0 mL。

C.3 仪器

高效液相色谱仪（HPLC），具紫外检测器。

C.4 测定方法

C.4.1 生长素

C.4.1.1 试样制备

取 10.00 mL 发酵液于 50 mL 锥形瓶中，减压浓缩干后，加入 50 mL 冷甲醇在 5℃左右进行超声波振荡 2 h，经 0.5 μm 滤膜过滤，滤液待测。

C.4.1.2 色谱条件

a） 色谱柱：C_{18}，0.4 cm×25 cm；
b） 流动相：15%CH_3CN，40%CH_3OH，45%H_2O（用 H_3PO_4 调 pH 至 4.0）；
c） 检测器：UV254 nm×0.1AUFS；
d） 进样量：10 μL；
e） 流速：0.7 mL/min。

C.4.1.3 标准样品测定

在上述色谱条件下，吸取植物生长素标准溶液 10 μL 进样分析，得到 GA_3、IAA 色谱图，记录各组分保留时间和峰面积。重复进样 3 次，取各组分峰面积平均值。

C.4.1.4 试样溶液测定

在同一色谱条件下，吸取试样溶液 10 μL 进样分析，以外标法计算样品中各组分含量。

C.4.1.5 计算

按(3)式计算：

$$\rho_1 = \frac{\sum_i \rho_i \cdot V_2}{V_1} \quad \cdots\cdots (3)$$

式中：

ρ_1 ——样品中生长素的总量(mg/L)；

ρ_i ——样品中第 i 种生长素的含量(mg/L)；

V_1 ——样品量(mL)；

V_2 ——样品定容体积(mL)。

C.4.2 细胞分裂素的测定

C.4.2.1 试样制备

按 C.4.1.1 的规定执行。

C.4.2.2 色谱条件

a) 色谱柱：C_{18}，0.4 cm×25 cm；

b) 流动相：15%CH_3CN，25%CH_3OH，60%H_2O(用 H_3PO_4 调 pH 至 3.5)；

c) 检测器：UV254 nm×0.1 AUFS；

d) 进样量：20 μL；

e) 流速：0.7 mL/min。

C.4.2.3 标准样品测定

在上述色谱条件下，吸取细胞分裂素标准溶液 20 μL 进样分析，得到色谱图，记录各组分保留时间和峰面积。重复进样 3 次，取各组分峰面积平均值。

C.4.2.4 试样溶液测定

在同一色谱条件下，吸取试样溶液 20 μL 进样分析，以外标法计算样品中各组分含量。

C.4.2.5 '计算

按(4)式计算：

$$\rho_2 = \frac{\sum_i \rho_i \cdot V_2}{V_1} \quad \cdots\cdots (4)$$

式中：

ρ_2 ——样品中细胞分裂素的总量(mg/L)；

ρ_i ——样品中第 i 种细胞分裂素的含量(mg/L)；

V_1 ——样品量(mL)；

V_2 ——样品定容体积(mL)。

C.5 植物激素的总量

植物激素的总量为植物生长素与细胞分裂素之和。

按(5)式计算：

$$\rho = \rho_1 + \rho_2 \quad \cdots\cdots (5)$$

式中：

ρ——植物激素的总量(mg/L)；

ρ_1——植物生长素的总量(mg/L)；

ρ_2——细胞分裂素的总量(mg/L)。

附　录　D
（规范性附录）
发酵液中游离氨基酸的测定

D.1　原理、试剂、仪器设备

见 GB/T 17419—1998 4.1.1，4.1.2，4.1.3。

D.2　分析步骤

D.2.1　试样溶液的制备

取试样（发酵液）2.0 mL 于 10 mL 离心管中，加入 5%磺基水杨酸钠 2.0 mL，混匀，放置 1 h，使蛋白质沉淀。再加入 EDTA 溶液 1.0 mL 和盐酸溶液 1.0 mL，离心机离心 15 min，取上清液 1.0 mL 于 5 mL 的容量瓶中，蒸干，用 1.0 mL（pH 2.2）的缓冲液溶解，待测。

D.2.2　试样空白溶液的制备

空白试样溶液除不加试样外，用相同试剂溶液，按 D.2.1 规定的步骤进行。

D.2.3　测定

准确吸取 0.20 mL 混合氨基酸标准液，用 pH2.2 的柠檬酸钠缓冲液稀释至适当浓度，作为上机测定的氨基酸标准，用氨基酸自动分析仪以外标法测定试样溶液氨基酸含量。

D.2.4　计算

按式（6）计算：

$$\rho=\frac{\sum_{i} n_i M_i \cdot V_2}{V_1 \cdot V_3} \text{或} \rho=\frac{\sum_{i} m_i \cdot V_2}{V_1 \cdot V_3} \cdots\cdots (6)$$

式中：

ρ——样品中游离氨基酸总量（mg/L）；

n_i——进样体积 V_3 中第 i 种氨基酸的量（nmol）；

M_i——第 i 种氨基酸分子量；

m_i——进样体积 V_3 中第 i 种氨基酸的质量（ng）；

V_1——样品量（mL）；

V_2——样品定容体积（mL）；

V_3——进样体积（μL）。

D.2.5　允许差

取平行测定结果的算术平均值为测定结果，平行测定结果的绝对差值不大于 10.0 mg/L。

附 录 E
(规范性附录)
发酵液中有机酸的测定

E.1 原理

发酵液中有机酸主要有:柠檬酸、琥珀酸、苹果酸、奎尼酸、乙酸等。这些有机酸溶于水,因其分子结构不同,在反相C_{18}柱上保留的时间不同。通过调节流动相的pH,可使几种有机酸依次分离。

E.2 试剂

柠檬酸、琥珀酸、苹果酸、奎尼酸、乙酸,均为分析纯。水重蒸并经0.45 μm滤膜过滤。磷酸:优级纯。

标准溶液制备:称取以上五种有机酸标准品各20 mg于10 mL容量瓶中,用流动相溶解并定容。

E.3 仪器

高效液相色谱仪(HPLC),具紫外检测器。

E.4 样品处理

取发酵液样品10.00 mL于100 mL容量瓶中,用流动相(见E.5)稀释并定容,摇匀后经0.45 μm滤膜过滤,滤液待测。

E.5 色谱条件

色谱柱:C_{18},0.4 cm×25 cm;
流动相:H_2O(用H_3PO_4调pH至3.5);
流速:0.8 mL/min;
进样量:10 μL;
检测器:UV214 nm×0.1 AUFS。

E.6 标准样品测定

在上述色谱条件下,吸取标准溶液10 μL进样分析,得到各组分色谱图,记录各组分保留时间和峰面积。重复进样3次,取各组分峰面积平均值。

E.7 试样溶液测定

在同一色谱条件下,吸取试样溶液10 μL进样分析,以外标法计算样品中各组分含量。

E.8 计算

按(7)式计算:

$$\rho = \frac{\sum_i \rho_i \cdot V_2}{V_1} \quad \cdots\cdots (7)$$

式中：

ρ——样品中有机酸的总量(mg/L)；

ρ_i——样品中第 i 种有机酸的含量(mg/L)；

V_1——样品量(mL)；

V_2——样品定容体积(mL)。

ICS 65.080
B 10

中华人民共和国农业行业标准

NY/T 883—2004

农用微生物菌剂生产技术规程

Technical regulation for production of agricultural microbial inoculants

2005-01-04 发布　　　　2005-02-01 实施

中华人民共和国农业部 发布

前　言

本标准的附录 A、B、C 为资料性附录。

本标准由中华人民共和国农业部提出并归口。

本标准起草单位：农业部微生物肥料质量监督检验测试中心、农业部肥料质量监督检验测试中心（沈阳）。

本标准主要起草人：李力、李俊、姜昕、沈德龙、王来福、于向华、陈慧君。

农用微生物菌剂生产技术规程

1 范围

本规程规定了农用微生物菌剂生产中所涉及的生产环境、生产车间、菌种、发酵增殖、后处理、包装、储运及质量检验等技术环节。

本标准适用于农用微生物菌剂产品。

2 规范性引用文件

下列文件中的条款通过本标准的引用而成为本标准的条款。凡是注日期的引用文件，其随后所有的修改单(不包括勘误的内容)或修订版均不适用于本标准，然而，鼓励根据本标准达成协议的各方研究是否可使用这些文件的最新版本。凡是不注日期的引用文件，其最新版本适用于本标准。

GB 3095—1996 环境空气质量标准

GB 3838—2002 地表水质量标准

3 生产环境及生产车间要求

3.1 生产环境

——厂区空气质量达到大气环境质量标准 GB 3095—1996 中Ⅱ类标准要求；

——发酵用水达到地表水质量标准 GB 3838—2002 中Ⅲ类水质要求，冷却水及其他用水达到标准中Ⅳ类水质要求。

3.2 生产车间

——发酵车间与吸附等后处理车间距离适当，相对隔离，有密闭且可以灭菌的传输通道；

——菌种的储藏间、无菌操作间与生产车间相对隔离；

——发酵等生产关键性车间采用双路供电或备用一套发电机；

——建立定期用消毒剂进行生产设备和环境消毒的车间环境卫生制度。

4 生产技术流程

农用微生物菌剂的一般生产技术环节为：菌种→种子扩培→发酵培养→后处理→包装→产品质量检验→出厂。流程图见附录 A。

4.1 菌种

4.1.1 原种

原种是生产用菌种的母种，对原种的要求如下：

——有菌种鉴定报告；

——菌种的企业编号、来源等信息。

4.1.2 菌种的保存和管理

——采用合适的方式保存菌种，确保无杂菌污染，菌种不退化。应选用一种以上适宜的方法保藏。常见菌种类型及相应保藏方式见附录 B；

——分类存放，定期检查；

——建立菌种档案。

4.1.3 菌种质量控制

在生产之前，应对所用菌种进行检查，确认其纯度和应用性能没有发生退化。出现污染或退化的菌种不能作为生产用菌种，需进行 4.1.4 或 4.1.5 操作。

4.1.4 菌种的纯化

菌种不纯时，应进行纯化。可采用平板划线分离法或稀释分离法，得到纯菌种。必要时可采用显微操作单细胞分离器进行菌种分离纯化。

对纯化的菌种应进行生产性能的检查。

4.1.5 菌种的复壮

菌种发生下列现象之一，应进行菌种复壮：

——菌体形态及菌落形态发生变化；

——代谢活性降低，发酵周期改变；

——重要功能性物质的产生能力下降；

——其他重要特性的退化或丧失。

菌种复壮方法：回接到原宿主或原分离环境传代培养，重新分离该菌种。

4.2 发酵增殖

4.2.1 种子扩培

原菌种应连续转接活化至生长旺盛后方可应用。

种子扩培过程包括试管斜面菌种、摇瓶（或固体种子培养瓶）、种子罐发酵（或种子固体发酵）培养三个阶段。操作过程要保证菌种不被污染，生长旺盛。

4.2.2 培养基

培养基重要原料应满足一定的质量要求，包括成分、含量、有效期以及产地等。对新使用的发酵原料需经摇瓶试验或小型发酵罐试验后方可用于发酵生产。

4.2.2.1 种子培养基

种子培养基要保证菌种生长延滞期短，生长旺盛。原料应使用易被菌体吸收利用的碳、氮源，且氮源比例较高，营养丰富完全，有较强的 pH 缓冲能力。最后一级种子培养基主要成分应接近发酵培养基。

4.2.2.2 发酵培养基

发酵培养基要求接种后菌体生长旺盛，在保证一定菌体（或芽胞、孢子）密度的前提下兼顾有效代谢产物。原料应选用来源充足、价格便宜且易于利用的营养物质，一般氮源比例较种子培养基低。

可采用对发酵培养基补料流加的方法改善培养基的营养构成，以达到高产。

4.2.3 灭菌

常用的灭菌方式及适用对象见附录 C。

4.2.3.1 高压蒸汽灭菌操作要求

a) 液体培养基、补料罐（包括消泡剂）、管道、发酵设备及空气过滤系统灭菌温度为 121℃～125℃（压力 0.103 MPa～0.168 MPa），0.5 h～1.0 h。液体培养基装料量为 50%～75%发酵罐容积。

b) 固体培养基物料灭菌温度为 121℃～130℃，1.0 h～2.0 h；或采用 100℃灭菌 2 h～4 h，24 h 后再灭菌 1 次。

c) 在高温灭菌会产生对菌体生长有害物质或对易受高温破坏物料灭菌时，应采用物料分别灭菌，或降低灭菌温度，延长时间。

培养基灭菌后按 4.2.3.2 进行检查。若灭菌不彻底，培养基不得使用。

4.2.3.2 灭菌效果检查

采用显微镜染色观察法和/或发酵管试验法检查培养基的灭菌效果。

4.2.3.2.1 染色观察法

a) 对待检测培养基无菌操作取样,在洁净载玻片上涂片、染色、镜检。

b) 若镜检发现有菌体,即可认为灭菌不彻底,需要进行 4.2.3.2.2 操作,无活菌体后培养基方可使用。

c) 若未发现菌体,初步认为灭菌彻底,培养基可以使用。在必要时,可进行 4.2.3.2.2 操作,以进一步确认培养基灭菌彻底。

4.2.3.2.2 发酵管试验法

用无菌操作技术将 1 mL 供试培养基加至 5 mL 已灭菌的营养肉汤中,重复 3 次。置于 37℃培养,24 h 内无浑浊、镜检无菌体即可认为灭菌彻底。反之,即可判定培养基灭菌不彻底。

4.2.4 无菌空气

发酵生产中所通入的无菌空气采用过滤除菌设备制得,空气过滤系统应采用二级以上过滤。对制得的无菌空气按如下步骤检验合格后方可用于发酵生产。

用无菌操作技术,向装有 100 mL～200 mL 无菌肉汤培养基的三角瓶中通入待监测滤过空气 10 min～15 min。三角瓶置于 37℃培养,24 h 内无浑浊、镜检无菌体即判定合格。

4.3 发酵控制

4.3.1 接种量的要求

——摇瓶种子转向种子发酵罐培养的接种量为 0.5%～5%;

——在多级发酵生产阶段,对生长繁殖快的菌种(代时＜3 h),从一级转向下一级发酵的接种量为 5%～10%;对生长繁殖较慢的菌种(代时＞6 h),接种量不低于 10%。

4.3.2 培养温度

发酵温度应控制在 25℃～35℃,对特殊类型的菌种应根据其特性而定。在发酵过程中,可根据菌体的生长代谢特性在不同的发酵阶段采用不同的温度。

4.3.3 供氧

通常采用的供氧方式是向培养基中连续补充无菌空气,并与搅拌相配合,或者采用气升式搅拌供氧。

对于好氧代谢的菌株或兼性厌氧类型菌株,培养基中的溶解氧不得低于临界氧浓度;严格厌氧类型菌株培养基的氧化还原电位不得高于其临界氧化还原电位。

4.3.4 物料含水量

固体发酵初期适宜发酵的物料含水量为 50%～60%。发酵结束时,应控制在 20%～40%。

4.3.5 发酵终点判断

下列参数为发酵终点判定依据:

——镜检观察菌体的形态、密度,要求芽胞菌发酵结束时芽胞形成率≥80%;

——监测发酵液中还原糖、总糖、氨基氮、pH、溶解氧浓度、光密度及黏度等理化参数;

——监测发酵过程中摄氧率、CO_2 产生率、呼吸熵、氧传递系数等发酵代谢特征参数;

——固体发酵中物料的颜色、形态、气味、含水量等变化。

4.4 后处理

后处理过程可分为发酵物同载体(或物料)混合吸附和发酵物直接分装两种类型。

4.4.1 发酵物同载体(或物料)混合吸附

对载体及物料的要求如下:

——载体的杂菌数≤1.0×10^4 个/g;

——细度、有毒有害元素(Hg、Pb、Cd、Cr、As)含量、pH、粪大肠菌群数、蛔虫卵死亡率值达到产品质量标准要求;

——有利于菌体(或芽胞、孢子)的存活。

发酵培养物与吸附载体需混合均匀,可添加保护剂或采取适当措施,减少菌体的死亡率。吸附和混合环节应注意无菌控制,避免杂菌污染。

4.4.2 发酵物直接分装

对于发酵物直接分装的产品剂型,可根据产品要求进行包装。

4.5 建立生产档案

每批产品的生产、检验结果应存档记录,包括检验项目、检验结果、检验人、批准人、检验日期等信息。

4.6 产品质量跟踪

定期检查产品质量,并对产品建立应用档案,跟踪产品的应用情况。

附　录　A
（资料性附录）
农用微生物制剂生产工艺流程示意图

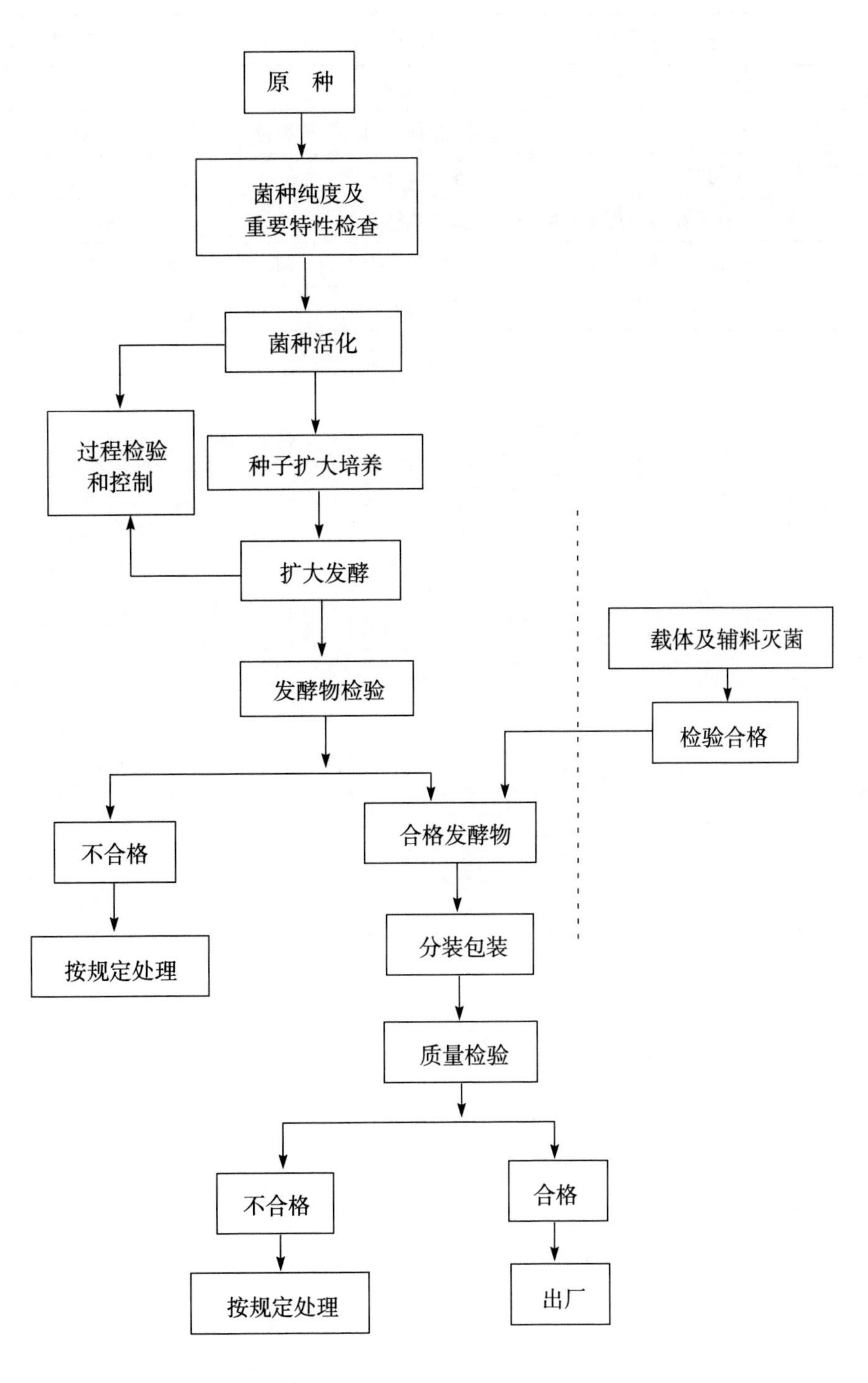

（注：虚线右侧部分操作过程应根据企业的具体产品类型决定是否采用）

附 录 B
（资料性附录）
农用微生物菌剂生产中菌种的常用保藏方式

保藏方式	一般存放条件	适合的微生物菌种类型	一般保存期限
冻干管保藏	冰箱或室温	各类菌种	5年以上
沙土管保藏	干燥条件	芽胞杆菌、真菌、放线菌	2年以上
石蜡油保藏	4℃冰箱	各类菌种	1年以上
甘油管保藏	－18℃冰箱或更低温度	主要是细菌	1年以上
固体曲保藏	干燥条件，4℃冰箱	产生各类孢子的真菌	1年以上
常规保藏	4℃左右冰箱	各类菌种	2个月～12个月

附　录　C
（资料性附录）
农用微生物制剂的生产中常用灭菌方法及适用对象

灭菌方式	操作要求	一般应用对象
高压蒸汽灭菌	115℃～130℃，20 min～60 min	培养基，耐热器皿，废弃物
干热灭菌	160℃～170℃，1.5 h～2 h	耐热器皿，耐热物料
紫外线灭菌	距离紫外灯管（15W）≤1.2 m，0.5 h 以上	洁净间，洁净台
化学药剂灭菌	浓度和用量根据具体情况而定	洁净间，设备及器材
辐射灭菌	辐射强度和时间根据具体情况而定	不适宜于热灭菌的物料
膜过滤除菌	过滤器的膜孔径≤0.2 μm	空气，不宜于热灭菌的试剂

ICS 65.080
B 10

中华人民共和国农业行业标准

NY 884—2004

生物有机肥

Microbial organic fertilizers

2005-01-04 发布　　2005-02-01 实施

中华人民共和国农业部 发布

前　言

本标准由中华人民共和国农业部提出并归口。

本标准起草单位：农业部微生物肥料质量监督检验测试中心、中国农业科学院土壤肥料研究所。

本标准主要起草人：沈德龙、李俊、姜昕、陈慧君、曹凤明、关大伟、李力。

生 物 有 机 肥

1 范围

本标准规定了生物有机肥的要求、检验方法、检验规则、标识、包装、运输和贮藏。

本标准适用于生物有机肥。

2 规范性引用文件

下列文件中的条款通过本标准的引用而成为本标准的条款。凡是注日期的引用文件，其随后所有的修改单(不包括勘误的内容)或修订版均不适用于本标准，然而，鼓励根据本标准达成协议的各方研究是否可使用这些文件的最新版本。凡是不注日期的引用文件，其最新版本适用于本标准。

GB 8170—1987 数值修约规则

GB 18877—2002 有机—无机复混肥料

GB/T 1250—1989 极限数值的表述方法和判定方法

GB/T 19524.1—2004 肥料中粪大肠菌群的测定

GB/T 19524.2—2004 肥料中蛔虫卵死亡率的测定

NY 525—2002 有机肥料

NY/T 798—2004 复合微生物肥料

3 术语和定义

下列术语和定义适用于本标准。

生物有机肥 指特定功能微生物与主要以动植物残体(如畜禽粪便、农作物秸秆等)为来源并经无害化处理、腐熟的有机物料复合而成的一类兼具微生物肥料和有机肥效应的肥料。

4 要求

4.1 菌种

使用的微生物菌种应安全、有效，有明确来源和种名。

4.2 外观(感官)

粉剂产品应松散、无恶臭味；颗粒产品应无明显机械杂质、大小均匀、无腐败味。

4.3 技术指标

生物有机肥产品的各项技术指标应符合表1的要求。

表1 生物有机肥产品技术要求

项 目		剂型	
		粉 剂	颗 粒
有效活菌数(cfu)，亿/g	≥	0.20	0.20
有机质(以干基计)，%	≥	25.0	25.0
水分，%	≤	30.0	15.0
pH		5.5～8.5	5.5～8.5
粪大肠菌群数，个/g(mL)	≤	100	
蛔虫卵死亡率，%	≥	95	
有效期，月	≥	6	

4.4 生物有机肥产品中As、Cd、Pb、Cr、Hg含量指标应符合NY/T 798—2004中4.2.3的规定。

4.5 若产品中加入无机养分,应明示产品中总养分含量,以($N+P_2O_5+K_2O$)总量表示。

5 抽样方法

对每批产品进行抽样检验,抽样过程应避免杂菌污染。

5.1 抽样工具

抽样前预先备好无菌塑料袋(瓶)、金属勺、剪刀、抽样器、封样袋、封条等工具。

5.2 抽样方法和数量

在产品库中抽样,采用随机法抽取。

抽样以袋为单位,随机抽取5~10袋。在无菌条件下,从每袋中取样200~300 g,然后将所有样品混匀,按四分法分装3份,每份不少于500 g。

6 试验方法

6.1 外观

用目测法测定:取少量样品放在白色搪瓷盘(或白色塑料调色板)中,仔细观察样品的形状、质地,应符合4.2的要求。

6.2 有效活菌数测定

应符合NY/T 798—2004中5.3.2的规定。

6.3 有机质的测定

应符合NY 525—2002中5.2的规定。

6.4 水分测定

应符合NY/T 798—2004中5.3.5的规定。

6.5 pH测定

应符合NY/T 798—2004中5.3.7的规定。

6.6 粪大肠菌群数的测定

应符合GB/T 19524.1—2004的规定。

6.7 蛔虫卵死亡率的测定

应符合GB/T 19524.2—2004的规定。

6.8 As、Cd、Pb、Cr、Hg的测定

应符合GB 18877—2002中5.12~5.17的规定。

6.9 $N+P_2O_5+K_2O$含量测定

应符合NY 525—2002中5.3~5.5的规定。

7 检验规则

7.1 检验分类

7.1.1 出厂检验(交收检验)

产品出厂时,应由生产厂的质量检验部门按表1进行检验,检验合格并签发质量合格证的产品方可出厂。出厂检验时不检有效期。

7.1.2 型式检验(例行检验)

一般情况下,一个季度进行一次。有下列情况之一者,应进行型式检验。

a) 新产品鉴定；

b) 产品的工艺、材料等有较大更改与变化；

c) 出厂检验结果与上次型式检验有较大差异时；

d) 国家质量监督机构进行抽查。

7.2 判定规则

7.2.1 本标准中产品技术指标的数字修约应符合 GB 8170 的规定；产品质量合格判定应符合 GB/T 1250 中修约值比较法的规定。

7.2.2 具下列任何一条款者，均为合格产品

a) 产品全部技术指标都符合标准要求；

b) 在产品的外观、pH、水分检测项目中，有一项不符合标准要求，而产品其他各项指标符合标准要求。

7.2.3 具下列任何一条款者，均为不合格产品

a) 产品中有效活菌数不符合标准要求；

b) 有机质含量不符合标准要求；

c) 粪大肠菌群数不符合标准要求；

d) 蛔虫卵死亡率不符合标准要求；

e) As、Cd、Pb、Cr、Hg 中任一含量不符合标准要求；

f) 产品的外观、pH、水分检测项目中，有 2 项以上不符合标准要求。

8 标识、包装、运输和贮藏

生物有机肥的标识、包装、运输和贮藏应符合 NY/T 798—2004 中第 7 章的规定。

ICS 65.080
B 10

中华人民共和国农业行业标准

NY 885—2004

农用微生物产品标识要求

Marking of microbial product in agriculture

2005-01-04 发布　　2005-02-01 实施

中华人民共和国农业部　发布

前　言

本标准由中华人民共和国农业部提出并归口。

本标准起草单位:农业部微生物肥料质量监督检验测试中心。

本标准主要起草人:姜昕、李俊、沈德龙、曹凤明、陈慧君、关大伟。

农用微生物产品标识要求

1 范围

本标准规定了农用微生物产品标识的基本原则、一般要求及标注内容等。

本标准适用于中华人民共和国境内生产、销售的农用微生物产品。

2 规范性引用文件

下列文件中的条款通过本标准的引用而成为本标准的条款。凡是注日期的引用文件，其随后所有的修改单(不包括勘误的内容)或修订版均不适用于本标准，然而，鼓励根据本标准达成协议的各方研究是否可使用这些文件的最新版本。凡是不注日期的引用文件，其最新版本适用于本标准。

GB 191—2000　包装储运图示标志

GB 15063—2001　复混肥料(复合肥料)

GB 18382—2001　肥料标识　内容和要求

NY 525—2002　有机肥料

3 定义

下列定义适用于本标准。

3.1

农用微生物产品　microbial product in agriculture

农用微生物产品是指在农业上应用的含有目标微生物的一类活体制品。其主要指标是制品中的目标微生物的活菌含量，且表现出其特定的功效。农用微生物产品包括微生物菌剂和微生物肥料两大类。微生物菌剂按产品中特定的微生物种类或作用机理又可分为若干个种类，如根瘤菌菌剂、固氮菌菌剂、解磷类微生物菌剂、硅酸盐微生物菌剂、光合细菌菌剂、有机物料腐熟剂、促生菌剂、菌根菌剂、土壤生物修复剂等。微生物肥料类产品分为复合生物肥和生物有机肥。

3.2

标识　marking

用于识别农用微生物产品及其质量、数量、特征和使用方法所做的各种表示的统称。标识可以用文字、符号、图案以及其他说明物表示。

3.3

标签　label

用以表示产品其主要性能及使用方法等而附以必要的纸片、塑料片或者包装袋等容器的印刷部分。

3.4

容器　container

直接与产品相接触并可按其单位量运输或储存的密闭贮器(袋、瓶、桶等)。

3.5

总养分　total primary nutrient

总氮(N)、有效五氧化二磷(P_2O_5)和氧化钾(K_2O)含量之和，以质量百分数计。

3.6

标明量　declarable content

在产品销售包装、产品标签或质量证明书中说明的有效成分含量。

4 基本原则

4.1 标识标注的所有内容，必须符合国家法律、法规和规章的规定，并符合相应产品标准的规定。

4.2 标识标注的所有内容，必须科学、真实、准确、通俗易懂。

4.3 标识标注的所有内容，不得以错误的、易引起误解的或欺骗性的方式描述或介绍农用微生物产品。

4.4 标识标注的所有内容，不得以直接或间接暗示性的文字、图形、符号导致用户或消费者将农用微生物产品或产品的某一性质与另一农用微生物产品混淆。

4.5 未经国家授权的认证、评奖等内容不得标注。

5 一般要求

产品标识应当清晰、牢固，易于识别。标注的所有内容应清楚并持久地印刷在统一的并形成反差的基底上，除产品使用说明外，产品标识应当标注在产品的销售包装上。若产品销售包装的最大表面的面积小于 10 cm^2 的，在产品销售包装上可以仅标注产品名称、生产者名称、生产日期和保质期，其他标识内容可以标注在产品的其他说明物上。

5.1 文字

标识中的文字应使用规范汉字，可以同时使用少数民族文字、汉语拼音及外文(养分名称可以用化学元素符号或分子式表示)，汉语拼音和外文字体不大于相应汉字和少数民族文字。

应使用国家法定计量单位。

5.2 图示

应符合 GB 191—2000 的规定。

5.3 颜色

使用的颜色应醒目、突出，易引起用户特别注意并能迅速识别。

5.4 耐久性和可用性

产品标识应保证在产品保质期内的耐久性和可用性，且标注内容保持清晰可见。

5.5 标识的形式

分为外包装标识、合格证、质量证明书、说明书及标签等。

5.6 标识印刷

应符合 GB 18382—2001 中第 10 章的规定。

6 必须标注内容

6.1 产品名称

6.1.1 产品应标明国家标准、行业标准已规定的产品名称。

6.1.2 国家标准、行业标准对产品名称没有统一规定的，应使用不会引起用户、消费者误解和混淆的通用名称。

6.1.3 如标注“奇特名称”、“商标名称”时，应当在同一部位明显标注 6.1.1 或 6.1.2 中的一个名称。

6.1.4 产品名称中不允许添加带有不实及夸大性质的词语。

6.2 主要技术指标

应标注产品登记证中的主要技术指标。

6.2.1 有效功能菌种及其总量

应标注有效功能菌的种名及有效活菌总量，单位应为亿/克(mL)或亿/g(mL)。

6.2.2 总养分

标注按 GB 15063—2001 中方法测得的总养分含量，标注为总养分($N+P_2O_5+K_2O$)≥多少百分含量，或标注实测总养分含量，或分别标明总氮(N)、有效五氧化二磷(P_2O_5)和氧化钾(K_2O)各单一养分含量。

6.2.3 有机质

标注按 NY 525—2002 中方法测得的有机质含量，标注为有机质≥多少百分含量，或标注实测总养分含量。

6.3 产品适用范围

根据产品的特性标注产品适用的作物和区域。

6.4 载体(原料)

标注主要载体(原料)的名称。

6.5 产品登记证编号

标明有效的产品登记证号。

6.6 产品标准

标明产品所执行的标准编号。

6.7 生产者或经销者的名称、地址

应标明经依法登记注册并能承担产品质量责任的生产者或经销者的名称、地址、邮政编码和联系电话。进口产品可以不标生产者的名称、地址，但应当标明该产品的原产地(国家/地区)，以及代理商或者进口商或者销售商在中国依法登记注册的名称和地址。有下列情形之一的，按照下列规定相应予以标注：

6.7.1 依法独立承担法律责任的集团公司或者其子公司，对其生产的产品，应当标注各自的名称、地址。

6.7.2 依法不能独立承担法律责任的集团公司的分公司或者集团公司的生产基地，对其生产的产品，可以标注集团公司和分公司或生产基地的名称、地址，也可以仅标注集团公司的名称、地址，但名称和地址必须与产品登记申报时备案在册的资料相符，不得随意改变。

6.7.3 在中国设立办事机构的外国企业，其生产的产品，可以标注该办事机构在中国依法登记注册的名称和地址。

6.7.4 按照合同或者协议的约定互相协作，但又各自独立经营的企业，在其生产的产品上，应当标注各自的生产者名称、地址。

6.7.5 受委托的企业为委托人加工产品，在该产品上应标注委托人的名称和地址。

6.8 产品功效(作用)及使用说明

标注产品主要功效或作用，不得使用虚夸语言；使用说明应标注于销售包装上或以标签、说明书等形式附在销售包装内或外，标注内容在保质期内应保持清晰可见。产品使用过程中有特殊要求及注意事项等，必须予以标注。

6.9 产品质量检验合格证明

应附有产品质量检验合格证明。证明的标注方式可采用合格证书标注，也可使用合格标签，或者在产品的销售包装上或者产品说明书上使用合格印章或者打上“合格”二字。

6.10 净含量

标明产品在每一个包装物中的净含量，并使用国家法定计量单位。净含量标注的误差范围不得超过±5%。

6.11 贮存条件和贮存方法

明确标注产品贮存条件和贮存方法。

6.12 生产日期或生产批号

产品的生产日期应印制在产品的销售包装上。生产日期按年、月、日顺序标注，可采用国际通用表示方法，如2003-03-01，表示2003年3月1日；或标注生产批号，如20030301/030301。

6.13 保质期

用“保质期______个月（或若干天、年）”表示。

6.14 警示标志、警示说明

使用不当，容易造成产品本身损坏或者可能危及人身、财产安全的产品，应有警示标志或者中文警示说明。

7 推荐标注内容

以下内容生产者可以不标注，如果标注，那么所标注的内容必须是真实、有效的。

7.1 若产品中加入其他添加物，可予以标明。

7.2 企业可以标注经注册登记的商标。

7.3 获得质量认证的产品，可以在认证有效期内标注认证标志。

7.4 获得国家认可的名优称号或者名优标志的产品，可以标注名优称号或者名优标志，同时必须明确标明获得时间和有效期间。

7.5 可标注有效的产品条码。

7.6 若产品质量经保险公司承保，也可予以标注。

ICS 65.020.01
B 05

中华人民共和国农业行业标准

NY 886—2004

农林保水剂

Agroforestry absorbent polymer

2005-01-04 发布　　2005-02-01 实施

中华人民共和国农业部 发布

前　言

本标准第 4 章、第 6 章、第 7 章和第 8 章中 8.1 条为强制性条款，其余为推荐性条款。

本标准由中华人民共和国农业部提出并归口。

本标准起草单位：国家化肥质量监督检验中心(北京)、全国农业技术推广服务中心、河北唐山博亚科技工业开发有限责任公司。

本标准主要起草人：王旭、封朝晖、崔勇、蔡典雄、杨广俊、彭世琪。

农林保水剂

1 范围

本标准规定了农林保水剂产品的技术要求、试验方法、检验规则、标识、包装、运输和贮存。

本标准适用于生产和销售的合成聚合型、淀粉接枝聚合型、纤维素接枝聚合型等吸水性树脂聚合物产品，用于农林业土壤保水、种子包衣、苗木移栽或肥料添加剂等。

2 规范性引用文件

下列文件中的条款通过本标准的引用而成为本标准的条款。凡是注日期的引用文件，其随后所有的修改单(不包括勘误的内容)或修订版均不适用于本标准，然而，鼓励根据本标准达成协议的各方研究是否可使用这些文件的最新版本。凡是不注日期的引用文件，其最新版本适用于本标准。

GB/T 1250 极限数值的表示方法和判定方法

GB/T 6003 试验筛

GB/T 6274 肥料和土壤调理剂 术语

GB/T 6679 固体化工产品采样通则

GB 8569 固体化学肥料包装

GB 18382 肥料标识 内容和要求

HG/T 2843 化肥产品 化学分析中常用标准滴定溶液、标准溶液、试剂溶液和指示剂溶液

3 术语和定义

下列术语和定义适用于本标准。

保水剂 agroforestry absorbtent polymer

用于改善植物根系或种子周围土壤水分性状的土壤调理剂。

4 要求

4.1 外观：均匀粉末或颗粒。

4.2 农林保水剂技术指标应符合表1要求。

表 1

项目		指标
吸去离子水倍数，g/g		100～700
吸 0.9%NaCl 溶液倍数，g/g	≥	30
水分(H_2O)含量，%	≤	8
pH(1∶250 倍稀释)		6.0～8.0
粒度(≤0.18 mm 或 0.18 mm～2.00 mm 或 2.00 mm～4.75 mm)，%	≥	90

5 试验方法

5.1 本标准中所用试剂、水和溶液的配制，在未注明规格和配制方法时，均应符合 HG/T 2843 之规定。

5.2 外观

目视法测定。

5.3 吸水倍数测定 吸水过滤法

5.3.1 仪器

通常实验室用仪器。

标准试验筛(直径 200 mm):0.18 mm。

5.3.2 试剂和溶液

0.9%NaCl 水溶液。

5.3.3 测定

5.3.3.1 吸去离子水倍数测定

5.3.3.1.1 大中粒径(0.18 mm～2.00 mm 或 2.00 mm～4.75 mm)吸去离子水倍数测定

称取 1 g 试样(精确至 0.01 g)。置于 2 000 mL 烧杯中,加入 1 000 mL 去离子水,充分搅动均匀。静置放置至少 30 min,使试样充分吸水膨胀。将凝胶状试样移入已知质量的标准试验筛(0.18 mm)中,自然过滤 10 min。将试验筛倾斜放置,再自然过滤 10 min。称量试验筛和凝胶试样总质量。

5.3.3.1.2 小粒径(≤0.18 mm)吸去离子水倍数测定

称取 1 g 试样(精确至 0.01 g)。称取 50 g(精确至 0.01 g)细沙(粒径约 0.5 mm),细沙需经水浸泡后自然过滤 10 min 去除多余的水分。将试样和细沙置于 2 000 mL 烧杯中,加入 1 000 mL 去离子水,充分搅动均匀。静置放置至少 30 min,使试样充分吸水膨胀。将凝胶状试样不断搅拌,移入底面铺垫有被水浸湿试纸的、已知质量的标准试验筛(0.18 mm)中,自然过滤 10 min。将试验筛倾斜放置,再自然过滤 10 min。称量试验筛和凝胶试样总质量。

5.3.3.2 吸 0.9%NaCl 倍数测定

5.3.3.2.1 大中粒径(0.18 mm～2.00 mm 或 2.00 mm～4.75 mm)吸 0.9%NaCl 溶液倍数测定

称取 1 g 试样(精确至 0.01 g)。置于 500 mL 烧杯中,加入 200 mL0.9%NaCl 水溶液,充分搅动均匀。静置放置至少 30 min,使试样充分吸水膨胀。将凝胶状试样移入已知质量的标准试验筛(0.18 mm)中,自然过滤 10 min。将试验筛倾斜放置,再自然过滤 10 min。称量试验筛和凝胶试样总质量。

5.3.3.2.2 小粒径(≤0.18 mm)吸 0.9%NaCl 溶液倍数测定

称取 1 g 试样(精确至 0.01 g)。称取 50 g(精确至 0.01 g)细沙(粒径约 0.5 mm),细沙需经水浸泡后自然过滤 10 min 去除多余的水分。将试样和细沙置于 500 mL 烧杯中,加入 200 mL0.9%NaCl 水溶液,充分搅动均匀。静置放置至少 30 min,使试样充分吸水膨胀。将凝胶状试样不断搅拌,移入底面铺垫有被水浸湿试纸的、已知质量的标准试验筛(0.18 mm)中,自然过滤 10 min。将试验筛倾斜放置,再自然过滤 10 min。称量试验筛和凝胶试样总质量。

5.3.4 结果表述

5.3.4.1 大中粒径(0.18 mm～2.00 mm 或 2.00 mm～4.75 mm)吸水倍数结果表述

$$v=(m_3-m_1)/m_0 \quad (1)$$

式中:

v——吸水倍数,g/g;

m_0——试样质量,g;

m_1——试验筛质量,g;

m_3——试验筛和凝胶试样总质量,g。

5.3.4.2 小粒径(≤0.18 mm)吸水倍数结果表述

$$v=(m_3-m_1-m_2)/\mathrm{m}_0 \quad (2)$$

式中:

v——吸水倍数，g/g；

m_0——试样质量，g；

m_1——试验筛（含浸湿试纸）质量，g；

m_2——细沙质量，g；

m_3——试验筛（含浸湿试纸）、细沙和凝胶试样总质量，g。

5.3.5 **允许差**

平行测定的相对差值不大于10%。

5.4 水分含量测定　重量法

5.4.1 **测定**

称取1 g～5 g试样（精确至0.1 g），置于105℃～110℃干燥箱，干燥2 h，取出移至干燥器中，冷却30 min至室温后，准确称量。

5.4.2 **结果表述**

$$w(H_2O)=(m_1-m_2)\times 100/m_1 \quad \cdots\cdots (3)$$

式中：

w——水分（H_2O）含量质量百分数，%；

m_1——干燥前试样质量，g；

m_2——干燥后试样质量，g。

5.4.3 **允许差**

平行测定结果的相对差值不大于10%。

5.5 pH测定　pH酸度计法

5.5.1 **仪器**

5.5.1.1 通常实验室用仪器。

5.5.1.2 pH酸度计。

5.5.2 **试剂和溶液**

5.5.2.1 pH4.01标准缓冲溶液：称取在105℃烘过的苯二钾酸氢钾（$KHC_8H_4O_4$）10.21 g用水溶解稀释至1 L。

5.5.2.2 pH6.87标准缓冲溶液：称取烘过的磷酸二氢钾（KH_2PO_4）3.398 g和无水磷酸氢二钠（Na_2HPO_4）3.53 g（120℃～130℃烘2 h）溶于水中稀释至1 L。

5.5.2.3 pH9.18标准缓冲溶液：称取3.80 g硼砂（$Na_2B_4O_7 \cdot 10H_2O$）溶于水中稀释至1 L。

5.5.3 **测定**

称取1 g试样（精确至0.01 g），置于500 mL烧杯中，加500 mL无二氧化碳的水，充分搅动均匀。静置放置至少30 min，待试样充分吸水膨胀后，用pH酸度计测定。测定前，用标准缓冲溶液对酸度计进行校验，每测定10个试样后，用标准缓冲溶液进行复校一次。

取平行测定结果的算术平均值为测定结果。

5.5.4 **允许差**

平行测定结果的绝对差值不大于0.2 pH单位。

5.6 粒度测定

5.6.1 **仪器**

5.6.1.1 通常实验室用仪器。

5.6.1.2 标准试验筛（附筛盖和筛底盘）：0.18 mm、2.00 mm和4.75 mm。

5.6.1.3 振筛机。

5.6.2 测定

5.6.2.1 粒度(≤0.18 mm)测定

5.6.2.1.1 选取0.18 mm标准试验筛，称量筛底盘的质量(精确至0.1 g)。

5.6.2.1.2 称取200 g(精确至0.1 g)试样，置于试验筛中，盖好筛盖，置于振筛机上，夹紧，振荡5 min。

5.6.2.1.3 称量筛底盘和筛底盘上物的质量(精确至0.1 g)。

5.6.2.1.4 结果表述

$$x=(m_3-m_2)\times 100/m_1 \quad \cdots\cdots (4)$$

式中：

x——粒度，粒径范围内物质的质量百分数，%；

m_1——试样质量，g；

m_2——筛底盘质量，g；

m_3——筛底盘和筛底盘上物质量，g。

5.6.2.2 粒度(0.18 mm～2.00 mm)测定

5.6.2.2.1 选取大孔径(2.00 mm)和小孔径(0.18 mm)两个标准试验筛，称量小孔径试验筛的质量(精确至0.1 g)，依上大下小次序叠好，筛底盘置于最下层。

5.6.2.2.2 称取200 g(精确至0.1 g)试样，置于上层试验筛中，盖好筛盖，置于振筛机上，夹紧，振荡5 min。

5.6.2.2.3 称量小孔径试验筛和筛上物的质量(精确至0.1 g)。

5.6.2.2.4 结果表述

同5.6.2.1.4中式(4)。

式中：

x——粒度，粒径范围内物质的质量百分数，%；

m_1——试样质量，g；

m_2——小孔径试验筛质量，g；

m_3——小孔径试验筛和筛上物质量，g。

5.6.2.3 粒度(2.00 mm～4.75 mm)测定

5.6.2.3.1 选取大孔径(4.75 mm)和小孔径(2.00 mm)两个标准试验筛，称量小孔径试验筛的质量(精确至0.1 g)，依上大下小次序叠好，筛底盘置于最下层。

5.6.2.3.2 其余按5.6.2.2规定进行。

6 检验规则

6.1 本标准中产品质量指标合格判断，采用GB/T 1250中“修约值比较法”。

6.2 产品应由企业质量监督部门检验，生产企业应保证所有的销售产品均符合本标准的要求。每批产品应附有加盖检验章的质量证明书或产品合格证，其内容包括：生产企业名称、地址、产品标准名称和本标准号、批号或生产日期、产品净含量、产品技术指标等。

6.3 用户有权按本标准规定的检验规则和检验方法对所收到的产品进行检验，核验其质量指标是否符合本标准要求。

6.4 如果检验结果中有一项指标不符合本标准要求时，应重新自加倍采样批中采样进行复验。复验结果即使有一项指标不符合本标准要求时，则整批产品不能验收。

6.5 产品按批检验，以相同原料配方为一批，最大批量为10 t。

6.6 固体或散装产品按GB/T 6679规定进行采样。

6.7 将所采样品置于洁净、干燥的容器中，迅速混匀，取样品 1 kg，分装于两个洁净、干燥容器中，密封并贴上标签，注明生产企业名称、产品名称、批号或生产日期、采样日期、采样人姓名，一瓶作产品质量分析，另一瓶保存至少二个月，以备查用。

6.8 当供需双方对产品质量发生异议时，应进行产品质量仲裁检验。

7 标识

7.1 产品包装袋上应标明产品标准技术指标、肥料登记证号、使用说明及警示说明。使用说明应包括产品主要功能、使用范围、用法、用量及注意事项。

7.2 其余执行 GB 18382。

8 包装、运输和贮存

8.1 产品应状态稳定、均匀，不应附加其他包装物。

8.2 产品单包装采用袋装或瓶装，净含量相对误差不超过±1%。外包装按 GB 8569 规定进行。

8.3 产品应防潮、防晒、防破裂，按警示说明进行运输和贮存。

ICS 65.080
B 10

中华人民共和国农业行业标准

NY/T 887—2004

液体肥料密度的测定

Density testing of liquid fertilizer

2005-01-04 发布　　　　2005-02-01 实施

中华人民共和国农业部　发布

前　言

本标准由中华人民共和国农业部提出并归口。

本标准起草单位：国家化肥质量监督检验中心（北京）、农业部肥料质量监督检验测试中心（杭州）。

本标准主要起草人：王旭、娄烽、南春波、王占华。

液体肥料密度的测定

1 范围

本标准规定了液体肥料密度的测定方法。本方法测得的密度结果，适用于液体肥料养分等含量的换算，不用作液体肥料物理特性的鉴定。

2 规范性引用文件

下列文件中的条款通过本标准的引用而成为本标准的条款。凡是注日期的引用文件，其随后所有的修改单（不包括勘误的内容）或修订版均不适用于本标准，然而，鼓励根据本标准达成协议的各方研究是否可使用这些文件的最新版本。凡是不注日期的引用文件，其最新版本适用于本标准。

GB/T 1250 极限数值的表示方法和判定方法

3 试验方法

3.1 原理

在25℃±5℃条件下，测定单位容积中试样的质量，即为试样的密度。

3.2 仪器和试验条件

通常实验室用仪器和

3.2.1 分析天平：感量为0.001 g；

3.2.2 温度计：分度值为0.1℃；

3.2.3 恒温水浴或恒温室或低温培养箱：温度可控制在25℃±5℃。

3.3 测定

3.3.1 将试样置于恒温水浴中30 min或恒温室中70 min或空气浴中70 min，测定试样温度，使之达25 ℃±5 ℃。

3.3.2 将试样摇匀，用长颈漏斗缓缓移至25 mL或50 mL干燥、已知质量的容量瓶中，静止放置5 min，调整试样液面至容量瓶刻度线。

3.3.3 用滤纸擦干容量瓶外壁后，立即称重，精确至0.001 g。

3.4 结果表述

$$\rho^{25}=\frac{m-m_0}{v} \qquad (1)$$

式中：

ρ——试样密度的数值，单位为克/毫升（g/mL）；

m_0——容量瓶质量的数值，单位为克（g）；

m——含试样容量瓶质量的数值，单位为克（g）；

v——试样的定容体积的数值，单位为毫升（mL）。

取平行测定结果的算术平均值为测定结果，所得结果表示至两位小数。

3.5 允许差

平行测定结果的绝对差值不大于0.03 g/mL；

不同实验室测定结果的绝对差值不大于0.04 g/mL。

ICS 65.080
B 10

中华人民共和国农业行业标准

NY/T 888—2004

肥料中铬含量的测定

Determination of chromium content for fertilizers

2005-01-04 发布　　2005-02-01 实施

中华人民共和国农业部　发布

前　言

本标准由中华人民共和国农业部提出并归口。

本标准起草单位：中国农业科学院土壤肥料研究所、国家肥料质量监督检验中心（上海）、国家化肥质量监督检验中心（北京）。

本标准主要起草人：王敏、杨晓霞、张跃、范洪黎。

肥料中铬含量的测定

1 范围

本标准规定了测定肥料中铬含量的原子吸收分光光度法和二苯碳酰肼分光光度法。

本标准中原子吸收分光光度法适用于各种类型肥料中铬含量的测定，二苯碳酰肼分光光度法适用于除试样溶液经处理仍难以脱色的叶面肥料之外的其他类型肥料中铬的测定。

2 规范性引用文件

下列文件中的条款通过本标准的引用而成为本标准的条款。凡是注日期的引用文件，其随后所有的修改单(不包括勘误的内容)或修订版均不适用于本标准，然而，鼓励根据本标准达成协议的各方研究是否可使用这些文件的最新版本。凡是不注日期的引用文件，其最新版本适用于本标准。

GB/T 6682 分析实验室用水规格和试验方法

HG/T 2843 化肥产品 化学分析中常用标准滴定溶液、标准溶液、试剂溶液和指示剂溶液

3 试剂和材料

除非另有规定，在分析中仅使用确认为分析纯的试剂。本标准所述溶液如未指明溶剂，均系水溶液。

3.1 水，GB/T 6682，二级。

3.2 无水碳酸钠(Na_2CO_3)。

3.3 硝酸钠($NaNO_3$)。

3.4 盐酸，优级纯，密度约为 1.19 g/mL。

3.5 硝酸，优级纯，密度约为 1.42 g/mL。

3.6 盐酸溶液：1+5。

3.7 盐酸溶液：$c(HCl)=0.5$ mol/L。

3.8 硫酸溶液：1+1。

3.9 硫酸溶液：1+6。

量取 100 mL 浓硫酸，徐徐加入 600 mL 水中，并加入高锰酸钾溶液，使之呈现粉红色。

3.10 焦硫酸钾溶液：100 g/L。

3.11 高锰酸钾溶液：3 g/L。

3.12 尿素溶液：200 g/L。

3.13 亚硝酸钠溶液：20 g/L。

3.14 二苯碳酰肼溶液：5 g/L。

称取 0.5 g 二苯碳酰肼[$(C_6H_5)_2(NH)_4CO$]溶于 100 mL 丙酮中，贮放于暗、冷处。如溶液氧化后(带有褐色时)，则不能使用。

3.15 铬标准贮备溶液：$\rho(Cr)=1$ mg/mL。

按 HG/T 2843 配制。

3.16 铬标准溶液：$\rho(Cr)=50$ μg/mL。

吸取 5.00 mL 铬标准贮备溶液(3.15)于 100 mL 容量瓶中，用盐酸溶液(3.7)稀释至刻度，混匀。

3.17 铬标准溶液：$\rho(Cr)=2\ \mu g/mL$。

吸取一定量的铬标准贮备溶液(3.15)，用水准确稀释500倍，混匀。使用时现配。

3.18 溶解乙炔，或相同规格的乙炔。

4 仪器与设备

4.1 分析实验室通常使用的仪器设备。

4.2 原子吸收分光光度计：配有铬空心阴极灯和空气—乙炔燃烧器。

4.3 箱式电阻炉：额定温度1 000℃。

4.4 分光光度计：带有光程为1 cm的吸收池。

5 试样的制备

按相应的产品标准制备试样。

6 铬含量的测定 原子吸收分光光度法

6.1 原理

试样经盐酸—硝酸(王水)溶解后，各种价态铬化合物转变为可溶性的六价铬离子。试液中的铬，在富燃性空气—乙炔火焰的高温下，形成铬基态原子，并对铬空心阴极灯发射的特征波长357.9 nm的光产生选择性吸收，吸光度的大小与铬基态原子浓度成正比。加焦硫酸钾作抑制剂，可消除试液中钼、铅、钴、铝、铁、钒、镍和镁离子对铬测定的干扰。

6.2 分析步骤

6.2.1 试样溶液的制备

称取试样2 g～5 g(精确至0.001 g)，置于400 mL高型烧杯中，加入30 mL盐酸和10 mL硝酸，盖上表面皿在电热板上徐徐加热(若反应激烈产生泡沫时，自电热板上移开放冷片刻)，等激烈反应结束后，稍微移开表面皿继续加热，使酸全部蒸发至近干涸，以赶尽硝酸。冷却后加入25 mL盐酸溶液(3.6)，加热溶解，冷却至室温后转移到100 mL容量瓶中，用水稀释至刻度，混匀，干过滤，弃去最初几毫升滤液后，保留滤液待测定用。

6.2.2 标准工作曲线绘制

准确吸取铬标准溶液(3.16)0、1.00、2.00、4.00、6.00、8.00 mL于100 mL容量瓶中，然后分别加入焦硫酸钾溶液10 mL，用盐酸溶液(3.7)定容至刻度，混匀，其铬的浓度分别为0、0.50、1.00、2.00、3.00、4.00 $\mu g/mL$。标准溶液系列的浓度范围可根据样品中铬含量的多少和仪器灵敏度高低适当调整。

按照仪器使用说明书调节仪器至最佳工作状态。然后，于波长357.9 nm处，使用空气—乙炔还原性火焰，以铬含量为0的标准溶液为参比溶液，校正仪器零点后，依次测定各标准溶液的吸光度。

用吸光度及与之对应的铬浓度绘制标准工作曲线。

6.2.3 试液的测定

吸取一定量的试样溶液(6.2.1)于100 mL容量瓶中(试液的铬浓度应在标准溶液系列的浓度范围内)，加入焦硫酸钾溶液10 mL，用盐酸溶液(3.7)稀释至刻度，混匀，作为上机测定用试液。

在与测定标准溶液相同的条件下，测定试液的吸光度，用标准工作曲线查出或计算出相应的铬浓度。仪器有浓度直读功能的，则可直接测得试液的铬浓度。

6.2.4 空白试验

除不加试料外，其余分析步骤同样品测定。

6.3 结果计算

铬(Cr)含量ω_1，以质量分数计，数值以毫克每千克(mg/kg)表示，按式(1)计算：

$$\omega_1 = \frac{(\rho - \rho_0) \cdot V_1 \cdot V_3}{m_1 \cdot V_2} \quad \cdots\cdots (1)$$

式中：

ρ——试样溶液中铬浓度的数值，单位为微克每毫升(μg/mL)；

ρ_0——空白试液中铬浓度的数值，单位为微克每毫升(μg/mL)；

m_1——试料的质量的数值，单位为克(g)；

V_1——消化后试样溶液定容体积的数值，单位为毫升(mL)；

V_2——测定时吸取的试样溶液体积的数值，单位为毫升(mL)；

V_3——加入焦硫酸钾后的试样溶液定容体积的数值，单位为毫升(mL)。

取平行测定结果的算术平均值为测定结果。

6.4 允许差

平行测定结果的允许差应符合表1要求：

表 1

铬含量的质量分数(以 Cr 计) mg/kg	允许的相对相差 %
<1	100
1～20	50
100～20	25
>100	10

7 铬含量测定　二苯碳酰肼分光光度法

7.1 原理

采用氧化性熔剂(碳酸钠和硝酸钠)，在高温熔融时将铬氧化，再用水萃取所生成的铬酸盐，与铁等分离后，在酸性溶液中，1，5-二苯碳酰肼(二苯卡巴肼)与六价铬反应生成紫红色化合物，于波长540 nm处，用分光光度计测定其吸光度，从而换算出铬含量。

7.2 分析步骤

7.2.1 试样溶液的制备

7.2.1.1 不含有机物的肥料

称取0.5 g～1 g的试样(精确至0.001 g)于铂坩埚中，加入5 g无水碳酸钠和0.5 g硝酸钠的混合物(应预先用玛瑙研钵研细并充分混合)，将坩埚置于高温炉中，慢慢加热直至900℃，灼烧15 min，使混合物熔融。然后将坩埚取出，慢慢地转动坩埚，使熔融物冷却后薄薄地附于坩埚内壁。将熔融物和坩埚一起放入烧杯中，加适量的水，于水浴上加热，使熔融物溶解。将坩埚用水洗涤后取出，用玻璃棒将不溶物充分研碎，以便铬酸全部萃取出来。然后用水将其洗入250 mL容量瓶中，冷却后定容至刻度，混匀，干过滤，弃去最初几毫升滤液，保留滤液供测定用。

7.2.1.2 含有机物的肥料

称取约1 g的试样(精确至0.001 g)于铂坩埚中，先置于电炉上低温缓慢加热碳化，待黑烟冒尽后，移入高温炉中，升温至530℃，灼烧约30 min后，再升温至830℃，灼烧约1 h，使之灰化。如灰化不完全，可在冷却后加入硫酸溶液(3.8)8滴及硝酸5 mL，放在电热板上蒸发至干涸，必要时可再添加几次少量的硝酸，待完全灰化后，移入高温炉中，由低温逐渐升温至500℃后灼烧30 min，以除尽硫酸。

冷却后，按7.2.1.1“加入5 g无水碳酸钠和0.5 g硝酸钠的混合物……”开始至“……弃去最初几毫升滤液，保留滤液供测定用”为止。

7.2.2 标准工作曲线的绘制

准确吸取铬标准溶液(3.17)0、2.50、5.00、10.0、15.0、20.0、25.0 mL,分别置于 50 mL 容量瓶中,然后加入 2 mL 硫酸溶液(3.9),再加入 1 mL 二苯碳酰肼溶液,用水稀释至刻度,混匀。此系列标准溶液的铬含量分别为 0、5.0、10.0、20.0、30.0、40.0、50.0 μg。

将溶液静置 15 min 后,以铬含量为 0 的标准溶液作参比溶液,用 1 cm 的吸收池,在波长 540 nm 处,测定各标准溶液的吸光度。

用吸光度及与之对应的铬含量绘制标准工作曲线。

7.2.3 试液的测定

准确吸取一定量的试样溶液(Cr 含量应不大于 50 μg),置于 50 mL 容量瓶中,加入比中和量多2 mL 的硫酸溶液(3.9),即加入 4 mL 硫酸溶液(3.9)[中和量系根据加入助熔剂碳酸钠的量计算得出。若加入无水碳酸钠 5 g,且稀释倍数为 10 倍,则需加入硫酸溶液(3.9)约 1.83 mL]。将其摇匀后,再向试液中滴加高锰酸钾溶液至粉红色缓慢褪去,能保持约 30 s 即可(若高锰酸钾溶液滴加过量,可加入1 mL尿素溶液,滴加亚硝酸钠溶液,充分混匀至高锰酸钾的紫红色刚好褪去)。待溶液颜色完全褪去后,再加入 1 mL 二苯碳酰肼溶液,用水稀释至刻度,混匀。将溶液静置 15 min 后,在与标准溶液测定一致的条件下,依次测定溶液的吸光度。

由标准工作曲线上查出或计算出相应的铬含量。

7.2.4 空白试验

除不加试料外,其余分析步骤同样品测定。

7.3 结果计算

铬(Cr)含量 ω_2,以质量分数计,数值以毫克每千克(mg/kg)表示,按式(2)计算:

$$\omega_2 = \frac{(m - m_0) \times V_4}{m_2 \times V_5} \quad \cdots\cdots (2)$$

式中:

m ——根据试样溶液所测吸光值,由标准工作曲线查得的铬质量的数值,单位为微克(μg);
m_0 ——根据空白试液所测吸光值,由标准工作曲线查得的铬质量的数值,单位为微克(μg);
m_2 ——试料的质量的数值,单位为克(g);
V_4 ——试样溶液定容总体积的数值,单位为毫升(mL);
V_5 ——测定时吸取的试样溶液体积的数值,单位为毫升(mL)。

取平行测定结果的算术平均值为测定结果。

7.4 允许差

按 6.4 的规定。

ICS 13.080.10
B 11

中华人民共和国农业行业标准

NY/T 889—2004

土壤速效钾和缓效钾含量的测定

Determination of exchangeable potassium and non-exchangeable potassium content in soil

2005-01-04 发布　　2005-02-01 实施

中华人民共和国农业部 发布

前　言

本标准由中华人民共和国农业部提出并归口。

本标准起草单位：全国农业技术推广服务中心、中国农业大学、杭州土壤肥料测试中心。

本标准主要起草人：杜森、高祥照、李花粉、陆若辉、蒋启全。

土壤速效钾和缓效钾含量的测定

1 范围

本标准规定了以中性乙酸铵溶液浸提、火焰光度计法测定土壤速效钾含量的方法和以热硝酸浸提、火焰光度计法测定土壤缓效钾含量的方法。

本标准适用于各类土壤速效钾和缓效钾含量的测定。

2 规范性引用文件

下列文件中的条款通过本标准的引用而成为本标准的条款。凡是注日期的引用文件，其随后所有的修改单（不包括勘误的内容）或修订版均不适用于本标准，然而，鼓励根据本标准达成协议的各方研究是否可使用这些文件的最新版本。凡是不注日期的引用文件，其最新版本适用于本标准。

GB/T 6682 分析实验室用水规格和试验方法

3 试验方法

本标准所用试剂在未注明规格时，均为分析纯试剂。本标准用水应符合GB/T 6682中三级水之规定。

3.1 土壤速效钾含量的测定

3.1.1 方法提要

土壤速效钾以中性1 mol/L乙酸铵溶液浸提，火焰光度计测定。

3.1.2 试剂和材料

3.1.2.1 乙酸铵溶液，$c(CH_3COONH_4)=1.0$ mol/L：

称取77.08 g乙酸铵溶于近1 L水中，用稀乙酸（CH_3COOH）或氨水（1+1）（$NH_3 \cdot H_2O$）调节pH为7.0，用水稀释至1 L。该溶液不宜久放。

3.1.2.2 钾标准溶液，$c(K)=100$ μg/mL：

称取经110℃烘2 h的氯化钾0.190 7 g溶于乙酸铵溶液（3.1.2.1）中，并用该溶液定容至1 L。

3.1.3 仪器

通常实验室用仪器和

3.1.3.1 往复式振荡机：振荡频率满足150 r/min～180 r/min；

3.1.3.2 火焰光度计。

3.1.4 分析步骤

称取通过1 mm孔径筛的风干土试样5 g（精确至0.01 g）于200 mL塑料瓶（或100 mL三角瓶）中，加入50.0 mL乙酸铵溶液（3.1.2.1）（土液比为1∶10），盖紧瓶塞，在20℃～25℃下，150 r/min～180 r/min振荡30 min，干过滤。滤液直接在火焰光度计上测定。同时做空白试验。

标准曲线的绘制：

分别吸取钾标准溶液（3.1.2.2）体积（mL）：0.00、3.00、6.00、9.00、12.00、15.00于50 mL容量瓶中，用乙酸铵溶液（3.1.2.1）定容，即为浓度（μg/mL）0、6、12、18、24、30的钾标准系列溶液。以钾浓度为0的溶液调节仪器零点，用火焰光度计测定，绘制标准曲线或求回归方程。

3.1.5 结果计算

土壤速效钾含量以钾（K）的质量分数ω_1计，数值以毫克每千克（mg/kg）表示，按式（1）计算：

$$\omega_1=\frac{c_1 \cdot V_1}{m_1} \quad \cdots\cdots (1)$$

式中：

c_1 ——查标准曲线或求回归方程而得待测液中钾的浓度数值，单位为微克每毫升(μg/mL)；

V_1 ——浸提剂体积的数值，单位为毫升(mL)；

m_1 ——试样的质量的数值，单位为克(g)。

取平行测定结果的算术平均值为测定结果，结果取整数。

3.1.6 允许差

平行测定结果的相对相差不大于5%。

不同实验室测定结果的相对相差不大于8%。

3.2 土壤缓效钾含量的测定

3.2.1 方法提要

土壤以1 mol/L热硝酸浸提，火焰光度计测定，为酸溶性钾含量，减去速效钾含量后为缓效钾含量。

3.2.2 试剂和材料

3.2.2.1 硝酸溶液，$c(HNO_3)$=1 mol/L：

量取62.5 mL浓硝酸(HNO_3，$\rho \approx 1.42$ g/mL，化学纯)稀释至1 L[1)]。

3.2.2.2 硝酸溶液，$c(HNO_3)$=0.1 mol/L：

量取100.0 mL硝酸(3.2.2.1)稀释至1 L。

3.2.2.3 钾标准溶液，$c(K)$=100 μg/mL：

称取经110 ℃烘2 h的氯化钾0.190 7 g溶于水中，稀释至1 L。

3.2.3 仪器

通常实验室用仪器和

3.2.3.1 火焰光度计；

3.2.3.2 油浴或磷酸浴。

3.2.4 分析步骤

称取通过1 mm孔径筛的风干土样2.5 g(精确至0.01 g)于消煮管中，加入25.0 mL硝酸溶液(3.2.2.1)(土液比为1∶10)，轻轻摇匀，在瓶口插入弯颈小漏斗，可将多个消煮管置于铁丝笼中，放入温度为130℃～140℃的油浴(或磷酸浴)中，于120℃～130℃煮沸(从沸腾开始准确计时)[2)] 10 min取下，稍冷，趁热干过滤于100 mL容量瓶中，用硝酸溶液(3.2.2.2)洗涤消煮管4次，每次15 mL，冷却后定容，火焰光度计测定。同时做空白试验。

标准曲线的绘制：

分别吸取钾标准溶液(3.2.2.3)体积(mL)：0、3.00、6.00、9.00、12.00、15.00 mL于50 mL容量瓶中，加入15.5 mL硝酸溶液(3.2.2.1)，定容，即为浓度(μg/mL)：0、6、12、18、24、30的钾标准系列溶液。以钾浓度为0的溶液调节仪器零点，火焰光度计测定，绘制标准曲线或求回归方程。

按照3.1规定测定速效钾含量ω_1。

3.2.5 分析结果的表述

土壤缓效钾含量以钾(K)的质量分数ω_2计，数值以毫克每千克(mg/kg)表示，按式(2)计算：

---

1) 如浓硝酸浓度不准确，可先配制成稍大于1 mol/L的硝酸溶液，经标定后稀释成准确的1 mol/L的硝酸溶液。

2) 碳酸盐土壤加酸消煮时有大量的二氧化碳气泡产生，不要误认为沸腾。

$$\omega_2=\frac{c_2 \cdot V_2}{m_2}-\omega_1 \qquad (2)$$

式中：

c_2——查标准曲线或求回归方程而得待测液中钾的浓度数值，单位为微克每毫升（μg/mL）；

V_2——测定时定容体积的数值，单位为毫升（mL）；

m_2——试样的质量的数值，单位为克（g）。

ω_1——测定的速效钾含量的数值，单位为毫克每千克（mg/kg）。

取平行测定结果的算术平均值为测定结果，结果取整数。

3.2.6 允许差

平行测定结果的相对相差不大于8%。

不同实验室测定结果的相对相差不大于15%。

ICS 13.080.10
B 11

中华人民共和国农业行业标准

NY/T 890—2004

土壤有效态锌、锰、铁、铜含量的测定 二乙三胺五乙酸(DTPA)浸提法

Determination of available zinc, manganese, iron, copper in soil—extraction with buffered DTPA solution

2005-01-04 发布　　　　2005-02-01 实施

中华人民共和国农业部　发布

前　言

本标准由中华人民共和国农业部提出并归口。

本标准起草单位：中国农业科学院土壤肥料研究所、农业部肥料质量监督检验测试中心（长沙）、农业部肥料质量监督检验测试中心（成都）。

本标准主要起草人：王敏、张跃、刘海荷、刘密、肖瑞芹、刘建安、黄跃蓉。

土壤有效态锌、锰、铁、铜含量的测定
二乙三胺五乙酸(DTPA)浸提法

1 范围

本标准规定了采用二乙三胺五乙酸(DTPA)浸提剂提取土壤中有效态锌、锰、铁、铜,以原子吸收分光光度法或电感耦合等离子体发射光谱法加以定量测定的方法。

本标准适用于pH大于6的土壤中有效态锌、锰、铁、铜含量的测定。

2 规范性引用文件

下列文件中的条款通过本标准的引用而成为本标准的条款。凡是注日期的引用文件,其随后所有的修改单(不包括勘误的内容)或修订版均不适用于本标准,然而,鼓励根据本标准达成协议的各方研究是否可使用这些文件的最新版本。凡是不注日期的引用文件,其最新版本适用于本标准。

GB/T 6682 分析实验室用水规格和试验方法

3 原理

用pH7.3的二乙三胺五乙酸—氯化钙—三乙醇胺($DTPA-CaCl_2-TEA$)缓冲溶液作为浸提剂,螯合浸提出土壤中有效态锌、锰、铁、铜。其中DTPA为螯合剂;氯化钙能防止石灰性土壤中游离碳酸钙的溶解,避免因碳酸钙所包蔽的锌、铁等元素释放而产生的影响;三乙醇胺作为缓冲剂,能使溶液pH保持7.3左右,对碳酸钙溶解也有抑制作用。

用原子吸收分光光度计,以乙炔—空气火焰测定浸提液中锌、锰、铁、铜的含量;或者用电感耦合等离子体发射光谱仪测定浸提液中锌、锰、铁、铜的含量。

4 试剂

本标准所用试剂,在未注明其他要求时,均指符合国家标准的分析纯试剂;本标准所述溶液如未指明溶剂,均系水溶液。

4.1 水,GB/T 6682,二级。

4.2 DTPA浸提剂:其成分为0.005 mol/L DTPA-0.01 mol/L $CaCl_2$-0.1 mol/L TEA,pH7.3。

称取1.967 g DTPA{$[(HOCOCH_2)_2NCH_2 \cdot CH_2]_2NCH_2COOH$}溶于14.92 g(13.3 mL)TEA $[(HOCH_2CH_2)_3 \cdot N]$和少量水中,再将1.47 g氯化钙($CaCl_2 \cdot 2H_2O$)溶于水中,一并转至1 L的容量瓶中,加水至约950 mL,在pH计上用盐酸溶液(1+1)或氨水溶液(1+1)调节DTPA溶液的pH至7.3,加水定容至刻度。该溶液几个月内不会变质,但用前应检查并校准pH。

4.3 锌标准贮备溶液:$\rho(Zn)=1$ mg/mL。

称取1.000 g金属锌(99.9%以上)于烧杯中,用30 mL盐酸溶液(1+1)加热溶解,冷却后,转移至1 L容量瓶中,稀释至刻度,混匀,贮存于聚乙烯瓶中。此溶液1 mL含1 mg锌。

或用硫酸锌配制:称取4.398 g硫酸锌($ZnSO_4 \cdot 7H_2O$,未风化)溶于水中,转移至1 L容量瓶中,加5 mL硫酸溶液(1+5),稀释至刻度,即为1 mg/mL锌标准贮备溶液。

4.4 锌标准溶液:$\rho(Zn)=0.05$ mg/mL。

吸取锌标准贮备溶液(4.3)5 mL 于 100 mL 容量瓶中,稀释至刻度,混匀。

4.5 锰标准贮备溶液:$\rho(Mn)=1$ mg/mL。

称取 1.000 g 金属锰(99.9%以上)于烧杯中,用 20 mL 硝酸溶液(1+1)加热溶解,冷却后,转移至 1 L容量瓶中,稀释至刻度,混匀,贮存于聚乙烯瓶中。此溶液 1 mL 含 1 mg 锰。

或用硫酸锰配制:称取 2.749 g 已于 400℃～500℃灼烧至恒重的无水硫酸锰($MnSO_4$),溶于水,移入 1 L 容量瓶中,加 5 mL 硫酸溶液(1+5),稀释至刻度,即为 1 mg/mL 锰标准贮备溶液。

4.6 锰标准溶液:$\rho(Mn)=0.1$ mg/mL。

吸取锰标准贮备溶液(4.5)10 mL 于 100mL 容量瓶中,稀释至刻度,混匀。

4.7 铁标准贮备溶液:$\rho(Fe)=1$ mg/mL。

称取 1.000 g 金属铁(99.9%以上)于烧杯中,用 30 mL 盐酸溶液(1+1)加热溶解,冷却后,转移至 1 L容量瓶中,稀释至刻度,混匀,贮存于聚乙烯瓶中。此溶液 1 mL 含 1 mg 铁。

或用硫酸铁铵配制:称取 8.634 g 硫酸铁铵[$NH_4Fe(SO_4)_2 \cdot 12H_2O$],溶于水,移入 1 L 容量瓶中,加入 10 mL 硫酸溶液(1+5),稀释至刻度,混匀,即为 1 mg/mL 铁标准贮备溶液。

4.8 铁标准溶液:$\rho(Fe)=0.1$ mg/mL。

吸取铁标准贮备溶液(4.7)10 mL 于 100 mL 容量瓶中,稀释至刻度,混匀。

4.9 铜标准贮备溶液:$\rho(Cu)=1$ mg/mL。

称取 1.000 g 金属铜(99.9%以上)于烧杯中,用 20 mL 硝酸溶液(1+1)加热溶解,冷却后,转移至 1 L容量瓶中,稀释至刻度,混匀,贮存于聚乙烯瓶中。此溶液 1 mL 含 1 mg 铜。

或用硫酸铜配制:称取 3.928 g 硫酸铜($CuSO_4 \cdot 5H_2O$,未风化),溶于水中,移入 1 L 容量瓶中,加 5 mL 硫酸溶液(1+5),稀释至刻度,即为 1 mg/mL 铜标准贮备溶液。

4.10 铜标准溶液:$\rho(Cu)=0.1$ mg/mL。

吸取铜标准贮备溶液(4.9)10 mL 于 100 mL 容量瓶中,稀释至刻度,混匀。

5 仪器

5.1 分析实验室通常使用的仪器设备。

5.2 恒温往复式或旋转式振荡器,或普通振荡器及 25℃±2℃的恒温室。振荡器应能满足(180±20) r/min 的振荡频率。

5.3 原子吸收分光光度计,附有空气—乙炔燃烧器及锌、锰、铁、铜空心阴极灯;或等离子体发射光谱仪。

6 试样的制备

6.1 去杂和风干(仅对未风干的新鲜土样)

首先应剔除土壤以外的侵入体,如植物残根、昆虫尸体和砖头石块等,之后将样品平铺在干净的纸上,摊成薄层,于室内阴凉通风处风干,切忌阳光直接暴晒。风干过程中应经常翻动样品,加速其干燥。风干场所应防止酸、碱等气体及灰尘的污染。当土壤达到半干状态时,须及时将大土块捏碎,以免干后结成硬块,不易压碎。

6.2 磨细和过筛

用四分法分取适量风干样品,用研钵研磨至样品全部通过 2 mm 孔径的尼龙筛。过筛后的土样应充分混匀,装入玻璃广口瓶、塑料瓶或洁净的土样袋中,备用。

7 分析步骤

7.1 土壤有效锌、锰、铁、铜的浸提

准确称取 10.00 g 试样,置于干燥的 150 mL 具塞三角瓶或塑料瓶中,加入 25℃±2℃的 DTPA 浸

提剂 20.0 mL，将瓶塞盖紧，于 25℃±2℃的温度下，以 180 r/min±20 r/min 的振荡频率振荡 2 h 后立即过滤。保留滤液，在 48 h 内完成测定。

如果测定需要的试液数量较大，则可称取 15.00 g 或 20.00 g 试样，但应保证样液比为 1∶2，同时浸提使用的容器应足够大，确保试样的充分振荡。

7.2 空白试液的制备

除不加试样外，试剂用量和操作步骤与 7.1 相同。

7.3 试样溶液中锌、锰、铁、铜的测定

7.3.1 原子吸收分光光度法

7.3.1.1 标准工作曲线绘制

按表 1 所示，配制标准溶液系列。吸取一定量的锌、锰、铁、铜标准溶液（4.4、4.6、4.8、4.10），分别置于一组 100 mL 容量瓶中，用 DTPA 浸提剂稀释至刻度，混匀。

测定前，根据待测元素性质，参照仪器使用说明书，对波长、灯电流、狭缝、能量、空气—乙炔流量比、燃烧头高度等仪器工作条件进行选择，调整仪器至最佳工作状态。

以 DTPA 浸提剂校正仪器零点，采用乙炔—空气火焰，在原子吸收分光光度计上分别测量标准溶液中锌、锰、铁、铜的吸光度。以浓度为横坐标，吸光度为纵坐标，分别绘制锌、锰、铁、铜的标准工作曲线。

表 1 采用原子吸收分光光度法的标准溶液系列

序号	Zn		Mn		Fe		Cu	
	加入标准溶液体积 mL	相应浓度 μg/mL	加入标准溶液体积 mL	相应浓度 μg/mL	加入标准溶液体积 mL	相应浓度 μg/mL	加入标准溶液体积 mL	相应浓度 μg/mL
1	0	0	0	0	0	0	0	0
2	0.50	0.25	1.00	1.00	1.00	1.00	0.50	0.50
3	1.00	0.50	2.00	2.00	2.00	2.00	1.00	1.00
4	2.00	1.00	4.00	4.00	4.00	4.00	2.00	2.00
5	3.00	1.50	6.00	6.00	6.00	6.00	3.00	3.00
6	4.00	2.00	8.00	8.00	8.00	8.00	4.00	4.00
7	5.00	2.50	10.00	10.00	10.00	10.00	5.00	5.00
注：标准溶液系列的配制可根据试样溶液中待测元素含量的多少和仪器灵敏度高低适当调整。								

7.3.1.2 试液的测定

与标准工作曲线绘制的步骤相同，依次测定空白试液和试样溶液中锌、锰、铁、铜的浓度。

试样溶液中测定元素的浓度较高时，可用 DTPA 浸提剂相应稀释，再上机测定。有时亦可根据仪器使用说明书，选择灵敏度较低的共振线或旋转燃烧器的角度进行测定，而不必稀释。

7.3.2 等离子体发射光谱法

7.3.2.1 标准工作曲线的绘制

按表 2 所示，配制锌、锰、铁、铜的混合标准溶液系列。吸取一定量的锌、锰、铁、铜标准溶液或标准贮备溶液（4.4、4.5、4.7、4.10），置于同一组 100 mL 容量瓶中，用 DTPA 浸提剂稀释至刻度，混匀。

测定前，根据待测元素性质，参照仪器使用说明书，对波长、射频发生器频率、功率、工作气体流量、观测高度、提升量、积分时间等仪器工作条件进行选择，调整仪器至最佳工作状态。

以DTPA溶液为标准工作溶液系列的最低标准点，用等离子体发射光谱仪测量混合标准溶液中锌、锰、铁、铜的强度，经微机处理各元素的分析数据，得出标准工作曲线。

7.3.2.2 试液的测定

与标准工作曲线绘制的步骤相同，以DTPA浸提剂为低标，标准溶液系列中浓度最高的标准溶液（应尽量接近试样溶液浓度并略高一些）为高标，校准标准工作曲线，然后依次测定空白试液和试样溶液中锌、锰、铁、铜的浓度。

表2 采用等离子体发射光谱法的混合标准溶液系列

序号	Zn		Mn		Fe		Cu	
	加入标准溶液体积 mL	相应浓度 μg/mL	加入标准溶液体积 mL	相应浓度 μg/mL	加入标准溶液体积 mL	相应浓度 μg/mL	加入标准溶液体积 mL	相应浓度 μg/mL
1	0	0	0	0	0	0	0	0
2	0.50	0.25	0.50	5.0	1.00	10.0	0.50	0.50
3	1.00	0.50	1.00	10.0	2.50	25.0	1.00	1.00
4	2.50	1.25	2.50	25.0	5.00	50.0	2.50	2.50
5	5.00	2.50	5.00	50.00	10.00	100.0	5.00	5.00
注：标准溶液系列的配制可根据试样溶液中待测元素含量高低适当调整。								

7.4 结果计算

土壤有效锌（锰、铁、铜）含量 ω，以质量分数表示，单位为毫克每千克（mg/kg），按式（1）计算：

$$\omega=\frac{(\rho-\rho_0)\cdot V\cdot D}{m} \quad \cdots\cdots (1)$$

式中：

ρ ——试样溶液中锌（锰、铁、铜）的浓度的数值，单位为微克每毫升（μg/mL）；

ρ_0 ——空白试液中锌（锰、铁、铜）的浓度的数值，单位为微克每毫升（μg/mL）；

V ——加入的DTPA浸提剂体积的数值，单位为毫升（mL）；

D ——试样溶液的稀释倍数；

m ——试料的质量的数值，单位为克（g）。

取平行测定结果的算术平均值作为测定结果。

有效锌、铜的计算结果表示到小数点后两位，有效锰、铁的计算结果表示到小数点后一位，但有效数字位数最多不超过三位。

7.5 允许差

有效锌、有效铜测定结果的允许差应符合表3的要求：

表3

有效锌（以Zn计）或有效铜（以Cu计）的质量分数	平行测定允许差值	不同实验室间测定允许差值
<1.50 mg/kg	绝对差值≤0.15 mg/kg	绝对差值≤0.30 mg/kg
≥1.50 mg/kg	相对相差≤10%	相对相差≤30%

有效锰、有效铁测定结果的允许差应符合表4的要求：

表 4

有效锰(以 Mn 计)或 有效铁(以 Fe 计)的质量分数	平行测定允许差值	不同实验室间测定允许差值
<15.0 mg/kg	绝对差值≤1.5 mg/kg	绝对差值≤3.0 mg/kg
≥15.0 mg/kg	相对相差≤10%	相对相差≤30%

ICS 67.060
X 11

中华人民共和国农业行业标准

NY/T 891—2004

绿色食品 大麦

Green food Barley

2005-01-04 发布 2005-02-01 实施

中华人民共和国农业部 发布

前 言

本标准由中华人民共和国农业部提出。

本标准由中国绿色食品发展中心归口。

本标准起草单位:农业部食品质量监督检验测试中心(石河子)、新疆维吾尔自治区绿色食品办公室。

本标准主要起草人:罗小玲、谢焱、李冀新、赵莉、刘树蓉、李建国。

绿色食品　大麦

1　范围

本标准规定了绿色食品大麦的术语和定义、分类、要求、试验方法、检验规则、标志、标签、包装、运输及储存。

本标准适用于绿色食品啤酒大麦和绿色食品食用大麦。

2　规范性引用文件

下列文件中的条款通过本标准的引用而成为本标准的条款。凡是注日期的引用文件，其随后所有的修改单(不包括勘误的内容)或修订版均不适用于本标准，然而，鼓励根据本标准达成协议的各方研究是否可使用这些文件的最新版本。凡是不注日期的引用文件，其最新版本适用于本标准。

GB/T 5009.11　食品中总砷及无机砷的测定

GB/T 5009.12　食品中铅的测定

GB/T 5009.15　食品中镉的测定

GB/T 5009.17　食品中总汞及有机汞的测定

GB/T 5009.18　食品中氟的测定

GB/T 5009.20　食品中有机磷农药残留量的测定

GB/T 5009.22　食品中黄曲霉毒素 B_1 的测定

GB/T 5009.36　粮食卫生标准的分析方法

GB/T 5009.102　植物性食品中辛硫磷农药残留量的测定

GB/T 5009.104　植物性食品中氨基甲酸酯类农药残留量的测定

GB/T 5009.105　黄瓜中百菌清残留量的测定

GB/T 5009.126　植物性食品中三唑酮残留量的测定

GB/T 5009.165　粮食中 2,4-滴丁酯残留量的测定

GB/T 5009.188　蔬菜、水果中甲基托布津、多菌灵的测定

GB 5491　粮食、油料检验　扦样、分样法

GB/T 7416　啤酒大麦

GB 7718　预包装食品标签通则

NY/T 391　绿色食品　产地环境技术条件

NY/T 658　绿色食品　包装通用准则

3　术语和定义

下列术语和定义适用于本标准。

3.1

皮大麦　hull barley

带壳大麦。有两棱和多棱。

3.2

裸大麦　hulless barley

不带壳大麦。俗称元麦、米麦、青稞。

3.3

夹杂物 impurity

大麦籽粒以外的无机物、有机物、病斑粒。

4 分类

根据大麦的用途分类。

4.1 啤酒大麦

啤酒酿造专用的大麦。包括两棱大麦和多棱大麦。

4.2 食用大麦

人食用的大麦。包括裸大麦和皮大麦。

5 要求

5.1 环境

应符合 NY/T 391 规定。

5.2 感官

5.2.1 啤酒大麦

淡黄色或黄色,稍有光泽,无病斑粒,无霉味和其他异味。

5.2.2 食用大麦

色泽正常,无异味,无霉变,无虫害,无病斑。

5.3 理化指标

5.3.1 啤酒大麦的理化指标

应符合表1的规定。

表1 啤酒大麦的理化指标

项目	两棱	多棱
夹杂,%	≤1.5	
破损率,%	≤1.0	
水分,%	≤12.0	
千粒重(以绝干计),g	≥34	≥32
3 d发芽率,%	≥92	
5 d发芽率,%	≥95	
蛋白质(以绝干计),%	9.5～12.0	
选粒试验(2.5 mm以上),%	≥75	≥70
水敏感性,%	≤10	

5.3.2 食用大麦的理化指标

应符合表2的规定。

表2 食用大麦的理化指标

单位为克每百克

项目	指标
夹杂物	≤1.5
水分	≤14.0
蛋白质	≥9.0

5.4 卫生指标

应符合表3的规定。

表3 卫生指标

项　目	指　标
砷,mg/kg	≤0.4
汞,mg/kg	≤0.01
铅,mg/kg	≤0.2
镉,mg/kg	≤0.1
氟,mg/kg	≤1.0
2,4-滴丁酯(2,4-D butylate),mg/kg	≤0.2
辛硫磷(Phoxim),mg/kg	≤0.05
对硫磷(Parathion),mg/kg	≤0.1
甲拌磷(Phorate),mg/kg	≤0.02
久效磷(Monocrotophos),mg/kg	≤0.02
敌百虫(Trichlorfon),mg/kg	≤0.1
乐果(Dimethoate),mg/kg	≤0.05
氧化乐果(Omethoate),mg/kg	≤0.01
敌敌畏(Dichlorvos),mg/kg	≤0.1
三唑酮(Triadimefon),mg/kg	≤0.5
多菌灵(carbendazim),mg/kg	≤0.1
百菌清(Chlorothalonil),mg/kg	≤0.1
抗蚜威(Pirimicarb),mg/kg	≤0.05
克百威(Carbofuran),mg/kg	≤0.2
磷化物(以PH_3计),mg/kg	不得检出
氰化物(以CN^-计),mg/kg	不得检出
黄曲霉毒素B_1,μg/kg	≤5

6 试验方法

除感官、夹杂物、破损率外,其他指标均采用除去杂质后混合均匀的样品。

6.1 感官

在自然光线明亮的场所观察大麦的颜色,将大麦样品在手中握5 min,并嗅其气味,观察颜色;记录有无光泽、病斑粒、霉变粒、霉味或其他异味等情况。

6.2 理化指标

按GB/T 7416的有关规定执行。

6.3 卫生指标

6.3.1 砷

按GB/T 5009.11规定执行。

6.3.2 汞

按GB/T 5009.17规定执行。

6.3.3 铅

按 GB/T 5009.12 规定执行。

6.3.4 镉

按 GB/T 5009.15 规定执行。

6.3.5 氟

按 GB/T 5009.18 规定执行。

6.3.6 2,4-滴丁酯

按 GB/T 5009.165 规定执行。

6.3.7 辛硫磷

按 GB/T 5009.102 规定执行。

6.3.8 对硫磷、甲拌磷、久效磷、敌百虫、乐果、氧化乐果、敌敌畏

按 GB/T 5009.20 规定执行。

6.3.9 三唑酮

按 GB/T 5009.126 规定执行。

6.3.10 多菌灵

按 GB/T 5009.188 规定执行。

6.3.11 百菌清

按 GB/T 5009.105 规定执行。

6.3.12 抗蚜威、克百威

按 GB/T 5009.104 规定执行。

6.3.13 磷化物

按 GB/T 5009.36 规定执行。

6.3.14 氰化物

按 GB/T 5009.36 规定执行。

6.3.15 黄曲霉毒素 B_1

按 GB/T 5009.22 规定执行。

7 检验规则

7.1 组批

同一产地、同一品种，经加工包装出厂的产品为同一批次产品。

7.2 抽样

按 GB 5491 执行，样品量不得少于 3 kg。

7.3 检验分类

7.3.1 交收检验

交收检验的内容包括包装、标志、标签、感官要求，检验合格并附合格证的产品方可交收。

7.3.2 型式检验

型式检验的项目包括本标准感官、理化指标和卫生指标中的全部项目。有下列情形之一者应进行型式检验。

a） 申请绿色食品认证的产品；

b） 前后两次交收检验结果差异较大；

c） 因人为或自然因素使生产环境发生较大变化；

d) 国家质量监督机构或有关主管部门提出型式检验要求。

7.4 判定规则

7.4.1 交收检验项目或型式检验项目全部符合本标准要求时，判为合格品。

7.4.2 理化指标、标志、标签、包装如有一项不符合本标准要求，可以加倍抽样复验。复验后如仍不符合本标准要求时，判为不合格品。

7.4.3 感官、卫生指标如有一项不符合本标准，判为不合格品，不得复验。

8 标志和标签

8.1 标志

产品的包装上应有绿色食品标志，具体标注方法按绿色食品标志有关规定执行。

8.2 标签

标注内容应符合 GB 7718 的规定。

9 包装、运输和贮存

9.1 包装

包装材料应符合 NY/T 658 和食品卫生的要求，应牢固、清洁、干燥。不同品种、不同产地的大麦应分别包装。

9.2 运输

运输过程中，运输工具应清洁、干燥、无毒无害，并有防雨设施，不应与有毒有害、有腐蚀性、易发霉、发潮、有异味的货物混装、运输。

9.3 贮存

应贮存在清洁、干燥、通风良好、无鼠害、毒害和虫害的成品库房中。不应与有毒、有异味和有腐蚀性的其他物质混合存放，与地面应有隔离层。

ICS 67.060
X 11

中华人民共和国农业行业标准

NY/T 892—2004

绿色食品　燕麦

Green food　Oat

2005-01-04 发布　　　　2005-02-01 实施

中华人民共和国农业部　发布

前　言

本标准由中华人民共和国农业部提出。

本标准由中国绿色食品发展中心归口。

本标准起草单位:农业部食品质量监督检验测试中心(石河子)、新疆维吾尔自治区绿色食品办公室。

本标准主要起草人:罗小玲、谢焱、李冀新、赵莉、刘树蓉、胡建平、李建国。

绿色食品 燕麦

1 范围

本标准规定了绿色食品燕麦的术语和定义、要求、试验方法、检验规则、标志、标签、包装、运输及储存。

本标准适用于绿色食品燕麦(莜麦、裸燕麦)。本标准不适用于带壳燕麦和燕麦(莜麦、裸燕麦)的加工品。

2 规范性引用文件

下列文件中的条款通过本标准的引用而成为本标准的条款。凡是注日期的引用文件,其随后所有的修改单(不包括勘误的内容)或修订版均不适用于本标准,然而,鼓励根据本标准达成协议的各方研究是否可使用这些文件的最新版本。凡是不注日期的引用文件,其最新版本适用于本标准。

GB/T 5009.11 食品中总砷及无机砷的测定
GB/T 5009.12 食品中铅的测定
GB/T 5009.15 食品中镉的测定
GB/T 5009.17 食品中总汞及有机汞的测定
GB/T 5009.18 食品中氟的测定
GB/T 5009.20 食品中有机磷农药残留量的测定
GB/T 5009.22 食品中黄曲霉毒素 B_1 的测定
GB/T 5009.36 粮食卫生标准的分析方法
GB/T 5009.102 植物性食品中辛硫磷农药残留量的测定
GB/T 5009.188 蔬菜、水果中甲基托布津、多菌灵的测定
GB 5491 粮食、油料检验 扦样、分样法
GB/T 5492 粮食、油料检验 色泽、气味、口味鉴定法
GB/T 5494 粮食、油料检验 杂质、不完善粒检验法
GB/T 5497 粮食、油料检验 水分测定法
GB/T 5498 粮食、油料检验 容重测定法
GB 7718 预包装食品标签通则
NY/T 391 绿色食品 产地环境技术条件
NY/T 658 绿色食品 包装通用准则

3 术语和定义

下列术语和定义适用于本标准。

3.1

杂质 impurity

含有机杂质、无机杂质、动物性杂质。

3.1.1

有机杂质 organic impurity

无食用价值的燕麦粒,异种粮粒及植物的根、茎、叶等有机物。

3.1.2

无机杂质　Inorganic impurity

沙石粒及其他无机杂质。

3.1.3

动物性杂质　filth

死虫体和其他动物性杂质。

3.2

容重　weight per volume

燕麦子粒在一定容积内的重量，以 g/L 表示。

3.3

不完善粒　unsound kernel

包括下列尚有食用价值的颗粒。

3.3.1

未熟粒　immature kernel

籽粒不饱满，仍有食用价值与正常粒显著不同的颗粒。

3.3.2

虫蚀粒　insect bored kernel

被虫蛀蚀、伤及胚乳的颗粒。

3.3.3

病斑粒　disease spot kernel

粒面带有病斑、伤及胚乳的颗粒。

3.3.4

破损粒　damaged kernel

压扁、破碎、伤及胚乳的颗粒。

3.3.5

生芽粒　germinated kernel

芽或幼根突破种皮或麦壳的颗粒。

3.3.6

霉变粒　mildew kernel

粒面生霉或胚乳变色、变质的颗粒。

4　要求

4.1　环境

应符合 NY/T 391 的规定。

4.2　感官

色泽正常，无异味，无霉变，无虫害，无螨。

4.3　理化指标

应符合表 1 的要求。

表 1　理化指标

项　　目	指　　标
容重,g/L	≥650
不完善粒,% 其中:破损粒率,% 虫蚀粒率,% 霉变粒率,%	≤6.0 <3.0 <0.5 <3.0
杂质,% 其中:动物杂质,% 有机杂质,% 无机杂质,%	≤1.5 <0.1 <1.5 <0.5
水分,%	≤14.0

4.4　卫生指标

应符合表 2 规定。

表 2　卫生指标

项　　目	指　　标
砷,mg/kg	≤0.4
汞,mg/kg	≤0.01
铅,mg/kg	≤0.2
镉,mg/kg	≤0.1
氟,mg/kg	≤1.0
辛硫磷(phoxim),mg/kg	≤0.05
敌百虫(trichlorfon),mg/kg	≤0.1
多菌灵(carbendazim),mg/kg	≤0.1
磷化物(以 PH_3 计),mg/kg	不得检出
氰化物(以 CN^- 计),mg/kg	不得检出
黄曲霉毒素 B_1,μg/kg	≤5

5　试验方法

5.1　感官

5.1.1　色泽、气味

按 GB/T 5492 规定执行。

5.1.2　螨的检验

称取 250 g 燕麦样品,放入 1 000 mL 三角瓶中,加入不高于 25℃的蒸馏水搅拌 10 min,补充蒸馏水至瓶口处,以不使水溢出为止。

用洁净的玻片盖在瓶口上,玻片接触水面,放置 30 min,取下镜检。这一操作重复若干次,以镜检所有的漂浮物。

5.2　理化指标

5.2.1　容重

按 GB/T 5498 规定执行。

5.2.2 不完善粒、杂质

按 GB/T 5494 规定执行。

5.2.3 破损粒率、虫蚀粒率、霉变粒率

取样品 100 g，从中选出破损粒、虫蚀粒、霉变粒，分别称重（准确至 0.1 g），称得的重量即分别为破损粒率、虫蚀粒率、霉变粒率。结果以三次测定的算术平均值计。

5.2.4 水分

按 GB/T 5497 规定执行。

5.3 卫生指标

应用去除杂质后混匀的样品进行检测。

5.3.1 砷

按 GB/T 5009.11 规定执行。

5.3.2 汞

按 GB/T 5009.17 规定执行。

5.3.3 铅

按 GB/T 5009.12 规定执行。

5.3.4 镉

按 GB/T 5009.15 规定执行。

5.3.5 氟

按 GB/T 5009.18 规定执行。

5.3.6 辛硫磷

按 GB/T 5009.102 规定执行。

5.3.7 敌百虫

按 GB/T 5009.20 规定执行。

5.3.8 多菌灵

按 GB/T 5009.188 规定执行。

5.3.9 磷化物、氰化物

按 GB/T 5009.36 规定执行。

5.3.10 黄曲霉毒素 B_1

按 GB/T 5009.22 规定执行。

6 检验规则

6.1 组批

同一产地、同一品种，经加工包装出厂的产品为同一批次产品。

6.2 抽样

按 GB 5491 执行，样品量不得少于 3 kg。

6.3 检验分类

6.3.1 交收检验

交收检验的内容包括包装、标志、标签、感官要求，检验合格并附合格证的产品方可交收；也可根据购买合同的规定进行检验。

6.3.2 型式检验

型式检验的项目包括本标准感官、理化指标和卫生指标中的全部项目。有下列情形之一者应进行

型式检验。

a) 申请绿色食品认证的产品；

b) 前后两次交收检验结果差异较大；

c) 因人为或自然因素使生产环境发生较大变化；

d) 国家质量监督机构或有关主管部门提出型式检验要求。

6.4 判定规则

6.4.1 交收检验项目或型式检验项目全部符合本标准要求时，判为合格品。

6.4.2 理化指标、标志、标签、包装如有一项不符合本标准要求，可以加倍抽样复验。复验后如仍不符合本标准要求时，判为不合格品。

6.4.3 感官、卫生指标如有一项不符合本标准，判为不合格品，不得复验。

7 标志和标签

7.1 标志

产品的包装上应有绿色食品标志，具体标注方法按绿色食品标志有关规定执行。

7.2 标签

标注内容应符合 GB 7718 的规定。

8 包装、运输和贮存

8.1 包装

包装材料应符合 NY/T 658 和食品卫生的要求，应牢固、清洁、干燥。不同品种、不同产地的燕麦应分别包装。

8.2 运输

运输过程中，运输工具应清洁、干燥、无毒无害，并有防雨设施，不应与有毒有害、有腐蚀性、易发霉、发潮、有异味的货物混装、运输。

8.3 贮存

应贮存在清洁、干燥、通风良好、无鼠害、毒害和虫害的成品库房中。不应与有毒、有异味和有腐蚀性的其他物质混合存放，与地面应有隔离层。

ICS 67.060
X 11

中华人民共和国农业行业标准

NY/T 893—2004

绿色食品 粟米

Green food Millet

2005-01-04 发布   2005-02-01 实施

中华人民共和国农业部 发布

前　言

本标准由中华人民共和国农业部提出。

本标准由中国绿色食品发展中心归口。

本标准起草单位:绿色食品中国科学院沈阳食品检测中心。

本标准主要起草人:王颜红、武志杰、崔杰华、李文清。

绿色食品　粟米

1　范围

本标准规定了绿色食品粟米的术语和定义、要求、试验方法、标志、标签、包装、运输及贮存。

本标准适用于绿色食品粟米。

2　规范性引用文件

下列文件中的条款通过本标准的引用而成为本标准的条款。凡是注日期的引用文件，其随后所有的修改单(不包括勘误的内容)或修订版均不适用于本标准。然而，鼓励根据本标准达成协议的各方研究是否可使用这些文件的最新版本。凡是不注日期的引用文件，其最新版本适用于本标准。

GB/T 5009.11　食品中总砷及无机砷的测定

GB/T 5009.12　食品中铅的测定

GB/T 5009.15　食品中镉的测定

GB/T 5009.17　食品中总汞及有机汞的测定

GB/T 5009.18　食品中氟的测定

GB/T 5009.20　食品中有机磷农药残留量的测定

GB/T 5009.22　食品中黄曲霉毒素 B_1 的测定

GB/T 5009.36　粮食卫生标准的分析方法

GB 5491　粮食、油料检验　扦样、分样法

GB/T 5492　粮食、油料检验　色泽、气味、口味鉴定法

GB/T 5494　粮食、油料检验　杂质、不完善粒检验法

GB/T 5497　粮食、油料检验　水分测定法

GB/T 5503　粮食、油料检验　碎米检验法

GB 7718　预包装食品标签通则

GB/T 11766　小米

NY/T 391　绿色食品　产地环境技术条件

NY/T 393　绿色食品　农药使用准则

NY/T 394　绿色食品　肥料使用准则

NY/T 658　绿色食品　包装通用准则

3　术语和定义

下列术语和定义适用于本标准。

3.1

加工精度　processing degrees

粟米脱掉种皮的程度。

3.2

不完善粒　unsound grain

不完善但尚有食用价值的颗粒，包括下列几种情况。

3.2.1

未熟粒　immature grain

米粒不饱满、无光泽的颗粒。

3.2.2

虫蚀粒 insect bored grain

被虫蛀蚀、伤及胚或胚乳的颗粒。

3.2.3

霉变粒 mildew grain

粒面生霉或胚乳变质的颗粒。

3.2.4

病斑粒 disease spot grain

粒面带有病斑并伤及胚乳的颗粒。

3.2.5

其他不完善粒 other unsound grain

谷莠子米、稗子米及超过规定限度的碎米。

3.3

杂质 impurity

无食用价值的物质。

3.4

碎米 fractional millet

通过 ϕ1.2 mm 圆孔筛，留存在 ϕ1.0 mm 圆孔筛上的破碎粒。

4 分类

根据粟米的分类分为两类：

4.1 粳性粟米

由粳粟制成的米，纯度达 95%以上。

4.2 糯性粟米

由糯粟制成的米，纯度达 95%以上。

5 要求

5.1 产地环境

应符合 NY/T 391 的要求。

5.2 原料

应符合绿色食品粟米生产技术规程和 NY/T 393、NY/T 394 的要求。

5.3 感官

具有粟米固有的色泽和气味。

5.4 理化指标

应符合表 1 的规定。

表 1 理化指标

单位为克每百克

加工精度	不完善粒	杂质	碎米	水分	
				一般地区	东北、内蒙古地区
粒面种皮基本脱掉的颗粒≥90	≤1.0	≤0.5	≤4.0	≤13.0	≤14.0

5.5 卫生指标

应符合表2的规定。

表2 卫生指标

项　　目	指　　标
汞,mg/kg	≤0.01
镉,mg/kg	≤0.05
砷,mg/kg	≤0.4
铅,mg/kg	≤0.2
氟,mg/kg	≤1.0
甲拌磷(phorate),mg/kg	不得检出(≤0.004)
倍硫磷(fenthion),mg/kg	不得检出(≤0.01)
敌敌畏(dichlorvos),mg/kg	≤0.05
乐果(dimethoate),mg/kg	≤0.02
马拉硫磷(malathion),mg/kg	≤1.5
对硫磷(parathion),mg/kg	不得检出(≤0.01)
敌百虫(trichlorfon),mg/kg	≤0.1
磷化物(以 PH_3 计),mg/kg	不得检出
氰化物(以 CN^- 计),mg/kg	不得检出
黄曲霉毒素 B_1,μg/kg	≤5

6 试验方法

6.1 色泽、气味

按GB/T 5492的规定执行。

6.2 加工精度

按GB/T 11766的规定执行。

6.3 不完善粒、杂质

按GB/T 5494的规定执行。

6.4 碎米

按GB/T 5503的规定执行。

6.5 水分

按GB/T 5497的规定执行。

6.6 汞

按GB/T 5009.17的规定执行。

6.7 镉

按GB/T 5009.15的规定执行。

6.8 砷

按GB/T 5009.11的规定执行。

6.9 铅

按GB/T 5009.12的规定执行。

6.10 氟

按 GB/T 5009.18 的规定执行。

6.11 甲拌磷、倍硫磷、敌敌畏、乐果、马拉硫磷、对硫磷、敌百虫

按 GB/T 5009.20 的规定执行。

6.12 磷化物、氰化物

按 GB/T 5009.36 的规定执行。

6.13 黄曲霉毒素 B_1

按 GB/T 5009.22 的规定执行。

7 检验规则

7.1 组批

同一生产基地、同一品种的粟米，经加工包装出厂的产品为同一批次产品。

7.2 抽样

按 GB 5491 的规定执行，样品量不得少于 3 kg。

7.3 检验分类

7.3.1 交收检验

交收检验为感官、理化指标的全部项目。检验合格并附合格证的产品方可交收。

7.3.2 型式检验

型式检验包括感官、理化指标、卫生指标中全部项目，有下列情况之一则进行型式检验：

a) 申请绿色食品认证的产品；

b) 因人为或自然因素使生产环境较大变化；

c) 前后两次交收检验结果有较大差异时；

d) 国家质量监督机构或主管部门提出进行型式检验的要求时。

7.4 判定规则

7.4.1 交收检验项目或型式检验项目全部符合本标准要求时，判为合格品。

7.4.2 理化指标如有一项不符合本标准要求，可以加倍抽样复验。复验后如仍不符合本标准要求时，判为不合格品。

7.4.3 感官、卫生指标如有一项不符合本标准，判为不合格品，不得复验。

8 标志、标签

8.1 标志

产品的包装上应有绿色食品标志，具体标注方法按绿色食品标志有关规定执行。

8.2 标签

应符合 GB 7718 的规定。

9 包装、运输和贮存

9.1 包装

应符合 NY/T 658 的规定。

9.2 运输

运输用的车辆、工具、铺垫物、防雨设施必须清洁、干燥，不应与有毒、有害、有腐蚀性、有异味的物品混运。

9.3 贮存

产品贮存库房应通风良好;保持干燥、清洁。包装件码放应距地、墙 20 cm 以上,不应与有腐蚀性、易受潮、发霉、有毒、有害、有异味的货物共同堆放,防虫防鼠。

ICS 67.060
X 11

中华人民共和国农业行业标准

NY/T 894—2004

绿色食品　荞麦

Green food　Buckwheat

2005-01-04 发布　　2005-02-01 实施

中华人民共和国农业部　发布

前　言

本标准由中华人民共和国农业部提出。

本标准由中国绿色食品发展中心归口。

本标准起草单位:绿色食品中国科学院沈阳食品监测中心。

本标准主要起草人:王颜红、邱大为、李丽君、杨玉兰、武志杰。

绿色食品　荞麦

1　范围

本标准规定了绿色食品荞麦的术语和定义、要求、试验方法、检验规则、标志、标签、包装、运输及贮存。

本标准适用于绿色食品荞麦。

2　规范性引用文件

下列文件中的条款通过本标准的引用而成为本标准的条款。凡是注日期的引用文件，其随后所有的修改单(不包括勘误的内容)或修订版均不适用于本标准。然而，鼓励根据本标准达成协议的各方研究是否可使用这些文件的最新版本。凡是不注日期的引用文件，其最新版本适用于本标准。

GB/T 5009.11　食品中总砷及无机砷的测定

GB/T 5009.12　食品中铅的测定

GB/T 5009.15　食品中镉的测定

GB/T 5009.17　食品中总汞及有机汞的测定

GB/T 5009.18　食品中氟的测定

GB/T 5009.20　食品中有机磷农药残留量的测定

GB/T 5009.22　食品中黄曲霉毒素 B_1 的测定

GB/T 5009.36　粮食卫生标准的分析方法

GB 5491　粮食、油料检验　扦样、分样法

GB/T 5492　粮食、油料检验　色泽、气味、口味鉴定法

GB/T 5494　粮食、油料检验　杂质、不完善粒检验法

GB/T 5497　粮食、油料检验　水分测定法

GB/T 5498　粮食、油料检验　容重测定法

GB 7718　预包装食品标签通则

GB/T 10458　荞麦

NY/T 391　绿色食品　产地环境技术条件

NY/T 393　绿色食品　农药使用准则

NY/T 394　绿色食品　肥料使用准则

NY/T 658　绿色食品　包装通用准则

3　术语和定义

下列术语和定义适用于本标准。

3.1

容重　weight per volume

荞麦子粒在一定容积内的重量，以 g/L 表示。

3.2

不完善粒　unsound kernel

不完善但尚有食用价值的颗粒，包括下列几种：

3.2.1

虫蚀粒　insect bored kernel

被虫蛀蚀，伤及胚或胚乳的颗粒。

3.2.2

破损粒　broken kernel

脱掉果皮的完整子实及子粒压扁、破碎伤及胚乳的颗粒。

3.2.3

霉变粒　mildew kernel

粒面生霉或胚乳变质的颗粒。

3.2.4

病斑粒　disease spot kernel

粒面带有病斑并伤及胚乳的颗粒。

3.2.5

生芽粒　germinated kernel

芽或幼根突破种皮的颗粒。

3.3

苦荞　bitter buckwheat

比正常荞麦粒小，棱角钝、粒色灰暗、无光泽、粒面粗糙、皮层不易脱落。

3.4

杂质　impurity

无食用价值的物质。

4　分类

根据荞麦的颗粒大小，分为两类：

4.1　大粒荞麦，也称大棱荞麦。留存在 ϕ5.0 mm 圆孔筛上部分超过 5.0%者，其粒色多为茶褐色和深褐色。

4.2　小粒荞麦，也称小棱荞麦。留存在 ϕ5.0 mm 圆孔筛上部分在 5.0%以下(含 5.0%)者，其粒色多为灰褐色和黑褐色。

5　要求

5.1　产地环境

应符合 NY/T 391 的要求。

5.2　原料

应符合绿色食品荞麦生产操作技术规程和 NY/T 393、NY/T 394 的要求。

5.3　感官

具有荞麦固有的色泽和气味。

5.4　理化指标

应符合表 1 的规定。

表 1　理化指标

容重，g/L		不完善粒，%	苦荞，%	杂质，%	水分，%
大粒荞麦	小粒荞麦	≤3.0	≤2.0	≤1.5	≤14.5
≥625	≥665				

5.5 卫生指标

应符合表2的规定。

表2 卫生指标

项　　目	指　　标
汞,mg/kg	≤0.01
镉,mg/kg	≤0.05
砷,mg/kg	≤0.4
铅,mg/kg	≤0.2
氟,mg/kg	≤1.0
敌敌畏(dichlorvos),mg/kg	≤0.05
乐果(dimethoate),mg/kg	≤0.02
马拉硫磷(malathion),mg/kg	≤1.5
对硫磷(parathion),mg/kg	不得检出(≤0.01)
磷化物(以 PH_3 计),mg/kg	不得检出
氰化物(以 CN^- 计),mg/kg	不得检出
黄曲霉毒素 B_1,μg/kg	≤5

6 试验方法

6.1 色泽、气味

按GB/T 5492的规定执行。

6.2 容重

按GB/T 5498的规定执行。

6.3 不完善粒、杂质

按GB/T 5494的规定执行。

6.4 大小粒测定、苦荞

按GB/T 10458的规定执行。

6.5 水分

按GB/T 5497的规定执行。

6.6 汞

按GB/T 5009.17的规定执行。

6.7 镉

按GB/T 5009.15的规定执行。

6.8 砷

按GB/T 5009.11的规定执行。

6.9 铅

按GB/T 5009.12的规定执行。

6.10 氟

按GB/T 5009.18的规定执行。

6.11 敌敌畏、乐果、马拉硫磷、对硫磷

按GB/T 5009.20的规定执行。

6.12 磷化物、氰化物

按 GB/T 5009.36 的规定执行。

6.13 黄曲霉毒素 B_1

按 GB/T 5009.22 的规定执行。

7 检验规则

7.1 组批

同一生产基地、同一品种的荞麦，经加工包装出厂的产品为同一批次产品。

7.2 抽样

按 GB 5491 的规定执行，样品量不得少于 3 kg。

7.3 检验分类

7.3.1 交收检验

交收检验为感官和理化指标的全部项目。检验合格并附合格证的产品方可交收。

7.3.2 型式检验

型式检验内容包括感官、理化指标、卫生指标的全部项目。有下列情况之一则进行型式检验：

a) 申请绿色食品认证的产品；

b) 因人为或自然因素使生产环境发生较大变化；

c) 前后两次交收检验结果有较大差异时；

d) 国家质量监督机构或主管部门提出进行型式检验的要求时。

7.4 判定规则

7.4.1 交收检验项目或型式检验项目全部符合本标准要求时，判为合格品。

7.4.2 理化指标如有一项不符合本标准要求，可以加倍抽样复验。复验后如仍不符合本标准要求时，判为不合格品。

7.4.3 感官、卫生指标如有一项不符合本标准，判为不合格品，不得复验。

8 标志、标签

8.1 标志

产品均应标注绿色食品标志，具体标注方法按绿色食品标志有关规定执行。

8.2 标签

应符合 GB 7718 的规定。

9 包装、运输和贮存

9.1 包装

应符合 NY/T 658 的规定。

9.2 运输

运输用的车辆、工具、铺垫物、防雨设施应清洁、干燥，不应与有毒、有害、有腐蚀性、有异味的物品混运。

9.3 贮存

产品贮存库房应通风良好，保持干燥、清洁。包装件码放应距地、墙 20 cm 以上，不应与有腐蚀性、易受潮、发霉、有毒、有害、有异味的货物共同堆放，防虫防鼠。

ICS 67.060
X 11

中华人民共和国农业行业标准

NY/T 895—2004

绿色食品 高粱

Green food Sorghum

2005-01-04 发布 2005-02-01 实施

中华人民共和国农业部 发布

前　言

本标准由中华人民共和国农业部提出。

本标准由中国绿色食品发展中心归口。

本标准起草单位:农业部谷物及制品质量监督检验测试中心(哈尔滨)。

本标准主要起草人:廖辉、程爱华、马永华、张晓波、陈国友、任红波。

绿色食品　高粱

1　范围

本标准规定了绿色食品高粱的术语和定义、分类、要求、试验方法、检验规则、标志和标签、包装、运输和贮存。

本标准适用于绿色食品高粱。

2　规范性引用文件

下列文件中的条款通过本标准的引用而成为本标准的条款。凡是注日期的引用文件，其随后所有的修改单(不包括勘误的内容)或修订版均不适用于本标准，然而，鼓励根据本标准达成协议的各方研究是否可使用这些文件的最新版本。凡是不注日期的引用文件，其最新版本适用于本标准。

GB/T 5009.11　食品中总砷及无机砷的测定
GB/T 5009.12　食品中铅的测定
GB/T 5009.15　食品中镉的测定
GB/T 5009.17　食品中总汞及有机汞的测定
GB/T 5009.18　食品中氟的测定
GB/T 5009.20　食品中有机磷农药残留量的测定
GB/T 5009.22　食品中黄曲霉毒素 B_1 的测定
GB/T 5009.36　粮食卫生标准的分析方法
GB/T 5009.104　植物性食品中氨基甲酸酯类农药残留量的测定
GB 5491　粮食、油料检验　扦样、分样法
GB/T 5492　粮食、油料检验　色泽、气味、口味鉴定法
GB/T 5494　粮食、油料检验　杂质、不完善粒检验法
GB/T 5497　粮食、油料检验　水分测定法
GB/T 5498　粮食、油料检验　容重测定法
GB 7718　预包装食品标签通则
GB/T 15686　高粱中单宁含量的测定
NY/T 391　绿色食品　产地环境技术条件
NY/T 393　绿色食品　农药使用准则
NY/T 658　绿色食品　包装通用准则

3　术语和定义

下列术语和定义适用于本标准。

3.1

容重　test weight

粮食子粒在单位容积内的质量，以 g/L 表示。

3.2

不完善粒　unsound grain

不完善但尚有实用价值的颗粒，包括以下几种：

3.2.1

病斑粒　diseased grain

粒面有病斑,伤及胚或胚乳的子粒。

3.2.2

虫蚀粒　insect bored grain

被虫蛀蚀,伤及胚或胚乳的子粒。

3.2.3

破碎粒　broken grain

子粒破碎,伤及胚或胚乳的子粒。

3.2.4

霉变粒　mildew grain

粒面生霉或胚乳变色变质的子粒。

3.2.5

生芽粒　sprouted grain

芽或幼根突破种皮、果皮的子粒。

3.3

杂质　impurity

通过直径为2.0 mm圆孔筛和无使用价值的物质。

4　分类

根据高粱产品的不同用途分为以下两类。

4.1　食用高粱

供人类食用的高粱。

4.2　酿造用高粱

用于酿造工业原料的高粱。

5　要求

5.1　环境

产地环境应符合NY/T 391的规定,农药使用应符合NY/T 393的规定。

5.2　感官

应具有高粱固有的色泽和气味,无异味。

5.3　理化指标

应符合表1的规定。

表1　理化指标

项　目	食用高粱	酿造用高粱
单宁,%	≤0.4	≤1.5
容重,g/L	≥720	
不完善粒,%	≤3.0	
杂质,%	≤1.0	
水分,%	9省、自治区≤14.5,一般地区≤13.5	
注:9省、自治区指黑龙江、吉林、辽宁、内蒙古、山西、宁夏、新疆、青海、甘肃;一般地区指9省、自治区以外的省、自治区、直辖市。		

5.4 卫生指标

应符合表 2 的规定。

表 2 卫生指标

项　　目	指　　标
砷,mg/kg	≤0.4
汞,mg/kg	≤0.01
铅,mg/kg	≤0.2
镉,mg/kg	≤0.05
氟,mg/kg	≤1.0
马拉硫磷(malathion),mg/kg	≤1.5
对硫磷(parathion),mg/kg	不得检出(≤0.01)
乐果(dimethoate),mg/kg	≤0.02
甲奈威(carbaryl),mg/kg	≤5.0
克百威(carbofuran),mg/kg	不得检出(≤0.05)
抗蚜威(pirimicarb),mg/kg	≤0.05
磷化物(以 PH_3 计),mg/kg	不得检出
氰化物(以 HCN 计),mg/kg	不得检出
黄曲霉毒素 B_1,μg/kg	≤5

6 试验方法

6.1 感官

按照 GB/T 5492 的规定执行。

6.2 理化指标

6.2.1 单宁

按照 GB/T 15686 的规定执行。

6.2.2 容重

按照 GB/T 5498 的规定执行。

6.2.3 不完善粒、杂质

按照 GB/T 5494 的规定执行。

6.2.4 水分

按照 GB/T 5497 的规定执行。

6.3 卫生指标

6.3.1 砷

按照 GB/T 5009.11 的规定执行。

6.3.2 汞

按照 GB/T 5009.17 的规定执行。

6.3.3 铅

按照 GB/T 5009.12 的规定执行。

6.3.4 镉

按照 GB/T 5009.15 的规定执行。

6.3.5 氟

按照 GB/T 5009.18 的规定执行。

6.3.6 马拉硫磷、对硫磷、乐果

按照 GB/T 5009.20 的规定执行。

6.3.7 甲奈威、克百威、抗蚜威

按照 GB/T 5009.104 的规定执行。

6.3.8 磷化物、氰化物

按照 GB/T 5009.36 的规定执行。

6.3.9 黄曲霉毒素 B_1

按照 GB/T 5009.22 的规定执行。

7 检验规则

7.1 组批

同一产地、同一品种的高粱，经加工包装出厂的产品为同一批次产品。

7.2 抽样

按照 GB 5491 的规定执行，样品量不少于 3 kg。

7.3 检验分类

7.3.1 交收检验

交收检验内容包括包装、标志、标签、感官要求及理化要求的项目。检验合格并附合格证的产品方可交收。

7.3.2 型式检验

型式检验是对产品质量进行全面考核，即对本标准规定的感官要求、理化要求、卫生要求进行检验。有下列情形之一者应进行型式检验：

a) 申请绿色食品认证的产品；

b) 前后两次抽样检测结果差异较大；

c) 因人为或自然因素使生产环境发生较大变化；

d) 国家质量监督机构或主管部门提出型式检验要求。

7.4 判定规则

7.4.1 受检产品的感官指标、理化指标和卫生指标均符合本标准要求时，则判定该批产品为合格产品。

7.4.2 理化指标有一项不合格时可申请复检一次，复检样品应在产品中加倍抽样，以复检结果为最终检验结果；理化指标有两项以上不合格时不得复检；感官指标和卫生指标不得复检。

8 标志和标签

8.1 标志

包装上应标注绿色食品标志，具体标注办法按绿色食品标志设计的有关规定执行。

8.2 标签

标签的标注应符合 GB 7718 的规定。

9 包装、运输和贮存

9.1 包装

应符合 NY/T 658 的有关规定。所有包装材料应清洁、卫生、干燥、无毒、无异味，符合食品卫生要求。

9.2 运输

运输工具、车辆应清洁、卫生、干燥，运输过程中应遮盖，防雨防晒。不应与有毒、有害、有腐蚀性、有异味的物品混装运输。

9.3 贮存

贮存库房应避光、干燥、清洁、通风良好，无虫害及鼠害。不应与有毒、有害、有腐蚀性、易发霉、有异味的物品混存。

ICS 67.040
X 00

中华人民共和国农业行业标准

NY/T 896—2004

绿色食品 产品抽样准则

Guideline for green food products sampling

2005-01-04 发布 2005-02-01 实施

中华人民共和国农业部 发布

前　言

本标准的附录 A 为资料性附录。

本标准由中华人民共和国农业部提出。

本标准由中国绿色食品发展中心归口。

本标准起草单位:农业部食品质量监督检验测试中心(成都)。

本标准主要起草人:胡述楫、张志华、雷绍荣、欧阳华学、韩梅、郭灵安、朱宇。

绿色食品　产品抽样准则

1　范围

本标准规定了绿色食品样品抽取的术语和定义、一般要求、抽取方法、样品的包装和加封、抽样报告、样品的运送和贮存。

本标准适用于绿色食品检验的样品抽取。

2　规范性引用文件

下列文件中的条款通过本标准的引用而成为本标准的条款。凡是注日期的引用文件，其随后所有的修改单(不包括勘误的内容)或修订版均不适用于本标准，然而，鼓励根据本标准达成协议的各方研究是否可使用这些文件的最新版本。凡是不注日期的引用文件，其最新版本适用于本标准。

GB 10111　利用随机数骰子进行随机抽样的方法

GB/T 15500　利用电子随机数抽样器进行随机抽样的方法

3　术语和定义

下列术语和定义适用于本标准。

3.1

同类多品种产品　same type product

由同一生产单位生产的，主原料完全相同，具有不同规格、形态或风味的系列产品。主要有以下类型：

a)　主辅原料相同，加工工艺相同，净含量、型号规格、包装不同的系列产品。包括商品名称相同，商标名称不同；商品名称相同，规格不同(如不同酒精度的白酒、葡萄酒或啤酒，不同原果汁含量的果汁饮料等)；商品名称不同(如名称不同的大米、名称不同的红茶、名称不同的绿茶、不同部位的分割畜禽产品等)的同类产品。

b)　主辅原料相同，形态加工工艺不同的系列产品。包括不同等级(如不同等级的小麦特一粉、特二粉、标准粉、饺子粉等)；不同加工精度(如玉米粉、玉米粒、玉米楂等)；不同形态(如白糖类的白砂糖、方糖、单晶糖、多晶糖等)的同类产品。

c)　主原料相同，加工工艺相同，营养或功能强化辅料不同(如加入不同营养强化剂的巴氏杀菌乳、灭菌乳或乳粉等)的同类产品。

d)　主原料和加工工艺相同，调味辅料不同但其总量不超过产品成分5%(如不同滋味的泡菜、豆腐干、肉干、锅巴、冰淇淋等)的同类产品。

e)　出自同一生产基地的各种山野菜产品，以及出自同一生产基地的各种山野菜为原料，而其他原料相同的加工产品。

4　一般要求

4.1　抽样至少应有两名以上(含两名)抽样人员参加，抽样人员应持绿色食品抽样的相关文件、抽样单，并带本人工作证。

4.2　抽样人员应带抽样工具、封条和必要的采样袋(器)、保鲜袋、纸箱等采样用具，并保证这些用具清洁、干燥、无异味，不会对样品造成污染。抽取样过程中不应受雨水、灰尘等环境污染。

4.3　在抽取样品之前应对被抽的产品进行确认。所抽产品的保质有效期应满足其检验时限。

4.4 样品应从足够量的同批产品中随机抽取。通常采样量按检验项目所需试样量的3倍采取。其中一份作检验样，一份作复检样，一份作备用样。对于包装产品应不少于15件。对于散装产品一般最低样品量不得少于3 000 g且不少于两件。

4.5 抽取样过程中不应受雨水、灰尘等环境污染。

4.6 抽样完成后，要随即填写抽样单。

5 抽取方法

5.1 成品库抽样

5.1.1 包装食品抽样

包装食品样品的抽取方法应按GB 10111或GB/T 15500的规定执行。具体实施亦可按下述方法操作：

a) 根据4.4的规定确定样本的个体数n，若所需的样本重量包含在1箱中，则n=1，在2箱中则n=2，以此类推。

b) 确定总体数N，N应为成品库中所有保质期内的总箱数。

c) 确定随机数R_1、R_2、R_3。

 1) R_1表示成品库中存放的各堆产品应取哪一堆。例如有6堆，则用1个随机骰子投出1～6的任意数，若非1～6的数字，则重新投，直至1～6的数字出现，即为R_1。如投出5，则应在第五堆中取样。堆的排列序数可从里到外，或从外到里预先规定。

 2) R_2表示在取样堆的各层中应取那一层。例如有5层，则用1个随机骰子投出1～5的任意数，若非1～5的数字则重新投，直至1～5的数字出现，即为R_2。如投出3，则应在第三层取样。层数排列可从上到下，或从下到上预先规定。

 3) R_3表示从取样层中该取哪些箱的序数。例如取样层有200箱，样品应取2箱，则用3个骰子同时投出2个最先出现200以内的3位随机数，或用1个骰子分2次，每次投3个随机数组成2个200以内的3位随机数，即为R_3。例如以上述方法投得随机数016、145，则应在该层中取第16箱和第145箱。箱的序数排列可按行列预先规定。

d) 按确定的R_1、R_2、R_3抽取样品。

5.1.2 散装食品样品的抽样

散装食品样品的总量应按4.4的规定执行。抽样堆R_1，按5.1.1中c)的规定确定。对不同型态的产品应参照以下原则抽取：

a) 液体、半流体食品(如植物油、牛乳、酒或其他饮料)，若用大桶或大罐盛装者，应充分混匀后再采样。样品应分别盛放3个容器中。

b) 固体食品(如粮食、水果等)应自每批产品上、中、下三层中的不同部位分别采取部分样品，混合后按四分法取样，再进行几次混合，最后取有代表性的样品。

c) 肉类、水产品等食品应按分析项目要求分别采取不同部位的样品或混合后采样。

5.2 销售货柜抽样

抽样总量应按4.4的规定执行。所抽取的样品应从销售货柜上陈列的产品单个包装中随机抽取。样品的抽取方法应按GB/T 10111或GB/T 15500的规定执行。具体实施亦可按下述方法操作：

5.2.1 简单随机抽样

产品单个包装总数较小(50以下)时，宜按以下具体步骤实施：

——根据所需样品总量确定抽取的单个包装数m；

——对销售货柜上所有单个包装按号码1、2、3、……M编码；

——编M个阄并从中抽出m个阄；

——根据所抽出的 m 个阄取样。

5.2.2 系统随机抽样

产品单个包装总数较大(超过 50)时,宜按以下具体步骤实施:

——根据所需样品总量确定抽取的单个包装数 m;

——对销售货柜上所有单个包装按号码 1、2、3、……M 编码;

——用[M/m]表示 M/m 的整数部分。以[M/m]为抽样间隔,并用简单随机抽样法在 1~[M/m]之间随机抽取一个整数作为样本第一个单位产品的号码;

——每隔[M/m]-1 个单位产品抽取一个样品,一直抽取出 m(或 m+1)个样本。

5.3 生产基地抽样

5.3.1 种植产品

应抽取混合样品,不能以单株作为检验样品。抽取的样品应能充分代表该产品的全部特征。样品应在指定抽取的地块内根据不同情况按对角线法、梅花点法、棋盘式法、蛇形法等多点取样。

a) 蔬菜类。根据采样地点的情况,确定抽样的范围和数量。在采样单元内采样点不应少于 5 点,每一点采样量应根据样品需要的总量平均计算,至少应有 1 个个体。搭架引蔓的蔬菜,均取中段果实。叶类蔬菜去掉外帮,取可食部分。根茎类蔬菜和薯类蔬菜取可食部分。

b) 水果类。根据采样地点的情况,确定抽样的范围和数量。在采样单元内采样点不应少于 5 点,每一点采样量应根据样品需要的总量平均计算,至少应有 1 个个体。水果的抽样应注意树龄、株型、生长势、坐果数量和果实着生部位。每株果树一般采集迎风面和背风面树冠外围中部的果实为样品,果实的着生部位、大小和成熟度应尽量一致。

c) 其他类。根据产品的特点参照上述蔬菜类或水果类的产品抽样方法进行。

5.3.2 养殖产品

对于单个养殖场,应从养殖场的所有畜禽中随机抽出能满足检验样品需要数量的畜禽,立即宰杀,然后根据检验标准的要求分部位分割取样。一般牲畜应取肝脏和肋骨肉(带骨)并作为不同的样品分开。一般禽类应连肉、骨、内脏混合取样。对于多个养殖场,应首先从所有的养殖场中,随机确定抽取样品的养殖场,然后再按上述的方法进行样品抽取。

5.3.3 水产品

对于单个养殖场,应在养殖区域内随机捞取足够数量的产品,并立即装入充氧样品袋中。对于多个养殖场,应首先从所有的养殖场中随机确定抽取样品的养殖场,然后再按上述的方法进行样品抽取。

5.4 同类多品种产品抽样

5.4.1 抽样的个数和样品量

同类多品种产品按品种数量每 5 个或 5 个以下随机抽一个全量样品,按标准进行全项目检验,其余的产品每个各抽全量样品的 1/4~1/3,作非共同项目检验。同类多品种产品的品种数量若超过 5 个,则每超过 1~5 个,均按上述的规定重复执行直至所有产品均被抽到。

5.4.2 样品的名称

同类多品种产品各样品的名称应与该产品实际使用的名称一致,但在抽样和检验时应明确该产品属同类多品种产品。同类多品种产品的共用名称应采用能归纳此类产品的通用食品名称。

6 样品的包装和加封

6.1 包装

6.1.1 抽出的样品应填写标签,标签的内容主要包括以下项目:

——产品名称、种类(品种)、质量等级;

——抽样地点;

——抽样时间；
——抽样单号；
——抽样人姓名，签字；
——收样单位，收样人。

6.1.2 标签应随样品进行外包装。每一个产品（包括同类多品种产品）均应包装成独立的一件。散装产品根据样品性质先装袋（或装瓶、装盒），需密封的应密封后再进行外包装。数量较大的散装产品可按四分法等适当缩减之后再包装。无论是样品袋（或瓶、盒）还是外包装材料都应符合有关食品卫生方面的规定。

6.2 加封

包装完毕的样品应粘贴抽样单位的封条。封条上应有抽样单位的公章，要标明封样的时间和样品送（运）达收样单位的期限，封条应由抽样人员和被抽样单位代表共同签字。

7 抽样单

抽样结束时应由抽样人员填写抽样单。抽样单的格式和内容参照附录 A 执行。该单一般应一式两份，由抽样单位和被抽样单位各持一份。

8 样品的运送和贮存

样品一般应由抽样人员带回。不便于带回的应以快件寄（运）或由被抽样单位专人运送。为了减少运送过程中的质量变化，鲜样应在 2 d 内送至检验单位。鲜活产品无法及时送达的应采取相应的保质措施。

样品应放置在专门的样品室内贮存。需冷藏或冷冻的应放在冷藏箱或低温冰箱内。样品存放场所及设备均应清洁、无污染。

附　录　A
（资料性附录）
绿色食品抽样单

表 A.1　绿色食品抽样单

No：

<table>
<tr><td rowspan="2">被抽样单位</td><td>名　称</td><td></td><td>法定代表人（负责人）</td><td></td><td>职　务</td><td></td></tr>
<tr><td>地　址</td><td></td><td>邮　编</td><td></td><td>电　话</td><td></td></tr>
<tr><td rowspan="5">产品情况</td><td>产品名称</td><td colspan="3"></td><td rowspan="2">产品批量</td><td rowspan="2"></td></tr>
<tr><td>执行标准</td><td colspan="3"></td></tr>
<tr><td>出厂批号</td><td colspan="2"></td><td>商　　标</td><td colspan="2"></td></tr>
<tr><td>生产日期</td><td colspan="2"></td><td>型号规格</td><td colspan="2"></td></tr>
<tr><td>保质期</td><td colspan="2"></td><td>包装方式</td><td colspan="2"></td></tr>
<tr><td rowspan="4">抽样情况</td><td>抽样依据</td><td colspan="2"></td><td>抽样地点</td><td colspan="2"></td></tr>
<tr><td>抽样方法</td><td colspan="2"></td><td>样品数量及单位</td><td colspan="2"></td></tr>
<tr><td>包装方式</td><td colspan="2"></td><td>封条数量</td><td colspan="2"></td></tr>
<tr><td>运样方式</td><td colspan="5"></td></tr>
<tr><td colspan="4">抽样单位，抽样人（签名）
（章）
年　月　日</td><td colspan="3">被抽样单位代表（签名）
（章）
年　月　日</td></tr>
<tr><td>备注</td><td colspan="6"></td></tr>
</table>

ICS 67.160.10
X 62

中华人民共和国农业行业标准

NY/T 897—2004

绿色食品　黄酒

Green food　Chinese rice wine

2005-01-04 发布　　　　2005-02-01 实施

中华人民共和国农业部 发布

前　言

本标准由中华人民共和国农业部提出。

本标准由中国绿色食品发展中心归口。

本标准起草单位:农业部食品质量监督检验测试中心(上海)、中国绍兴黄酒集团公司。

本标准主要起草人:孟瑾、朱建新、郑冠树、李家寿、谢可杰。

绿色食品　黄酒

1　范围

本标准规定了绿色食品黄酒的术语和定义、产品分类、要求、试验方法、检验规则、标志、标签、包装、运输和贮存。

本标准适用于各类绿色食品黄酒。

2　规范性引用文件

下列文件中的条款通过本标准的引用而成为本标准的条款。凡是注日期的引用文件，其随后所有的修改单(不包括勘误的内容)或修订版均不适用于本标准，然而，鼓励根据本标准达成协议的各方研究是否可使用这些文件的最新版本。凡是不注日期的引用文件，其最新版本适用于本标准。

GB/T 4789.2　食品卫生微生物学检验　菌落总数测定
GB/T 4789.3　食品卫生微生物学检验　大肠菌群测定
GB/T 4789.4　食品卫生微生物学检验　沙门氏菌检验
GB/T 4789.5　食品卫生微生物学检验　志贺氏菌检验
GB/T 4789.10　食品卫生微生物学检验　金黄色葡萄球菌检验
GB/T 4789.11　食品卫生微生物学检验　溶血性链球菌检验
GB/T 5009.12　食品中铅的测定
GB/T 5009.22　食品中黄曲霉毒素 B_1 的测定
GB 5749　生活饮用水卫生标准
GB 7718　预包装食品标签通则
GB/T 10111　利用随机数骰子进行随机抽样的方法
GB 12698　黄酒厂卫生规范
GB/T 13662　黄酒
JJF 1070　定量包装商品净含量计量检验规范
NY/T 391　绿色食品　产地环境技术条件
NY/T 392　绿色食品　食品添加剂使用准则
NY/T 419　绿色食品　大米
NY/T 658　绿色食品　包装通用准则
国家技术监督局令(1995)第 43 号《定量包装商品计量监督规定》

3　术语和定义

GB/T 13662 中确立的术语和定义适用于本标准。

4　产品分类

黄酒按其总糖的含量不同分为以下几类：

4.1　干黄酒

总糖含量等于或低于 15.0 g/L 的黄酒。

4.2　半干黄酒

总糖含量 15.1 g/L～40.0 g/L 的黄酒。

4.3 半甜黄酒

总糖含量40.1 g/L～100 g/L的黄酒。

4.4 甜黄酒

总糖含量高于100 g/L的黄酒。

5 要求

5.1 环境

5.1.1 原料生产产地应符合NY/T 391的规定。

5.1.2 加工厂地应符合GB 12698的规定。

5.2 原料

5.2.1 大米应符合NY/T 419、其他粮食原料应符合绿色食品粮谷类产品标准的规定。

5.2.2 加工用水应符合GB 5749的规定。

5.2.3 食品添加剂应符合NY/T 392的规定。

5.3 感官

应符合表1的规定。

表1 感官指标

项目	类 型	指 标
外观	干黄酒、半干黄酒、半甜黄酒、甜黄酒	橙黄色至深褐色,清亮透明,有光泽
香气	干黄酒、半干黄酒、半甜黄酒、甜黄酒	黄酒特有的醇香较浓,无异香
口味	干黄酒	醇和,较爽口,无异味
	半干黄酒	醇厚,较柔和鲜爽,无异味
	半甜黄酒	醇厚,较鲜甜爽口,无异味
	甜黄酒	鲜甜,较醇厚,无异味
风格	干黄酒、半干黄酒、半甜黄酒、甜黄酒	酒体较协调,具有黄酒品种的典型风格

5.4 净含量

应符合国家技术监督局令(1995)第43号的规定。

5.5 理化指标

5.5.1 干黄酒

应符合表2的规定。

表2 理化指标

项 目	稻米黄酒	其他粮食黄酒
总糖(以葡萄糖计),g/L	≤15.0	
非糖固形物,g/L	≥16.5	≥13.5
酒精度(20℃),体积分数	≥8.0	
总酸(以乳酸计),g/L	3.5～7.0	
氨基酸态氮,g/L	≥0.40	≥0.20
pH	3.5～4.5	
氧化钙,g/L	≤0.7	
β-苯乙醇,mg/L	≥60.0	—

注1:稻米黄酒:酒精度低于14%(体积分数)时,非糖固形物、氨基酸态氮、β-苯乙醇的值,按14%(体积分数)折算;
非稻米黄酒:酒精度低于11%(体积分数)时,非糖固形物、氨基酸态氮的值按11%(体积分数)折算;
注2:采用福建红曲工艺生产的黄酒,氧化钙指标限量值≤4.0 g/L。

5.5.2 半干黄酒

应符合表3的规定。

表3 理化指标

项　　目	稻米黄酒	其他粮食黄酒
总糖(以葡萄糖计),g/L	15.1～40.0	
非糖固形物,g/L	≥23.0	≥18.5
酒精度(20℃),体积分数	≥10.0	
总酸(以乳酸计),g/L	3.5～7.5	
氨基酸态氮,g/L	≥0.50	≥0.25
pH	3.5～4.5	
氧化钙,g/L	≤0.7	
β-苯乙醇,mg/L	≥80.0	—

注1:稻米黄酒:酒精度低于14%(体积分数)时,非糖固形物、氨基酸态氮、β-苯乙醇的值,按14%(体积分数)折算;非稻米黄酒:酒精度低于11%(体积分数)时,非糖固形物、氨基酸态氮的值按11%(体积分数)折算。

注2:采用福建红曲工艺生产的黄酒,氧化钙指标限量值≤4.0 g/L。

5.5.3 半甜黄酒

应符合表4的规定。

表4 理化指标

项　　目	稻米黄酒	其他粮食黄酒
总糖(以葡萄糖计),g/L	40.1～100	
非糖固形物,g/L	≥23.0	≥18.5
酒精度(20℃),体积分数	≥8.0	
总酸(以乳酸计),g/L	4.5～8.0	
氨基酸态氮,g/L	≥0.40	≥0.20
pH	3.5～4.5	
氧化钙,g/L	≤0.7	
β-苯乙醇,mg/L	≥60.0	—

注1:稻米黄酒:酒精度低于14%(体积分数)时,非糖固形物、氨基酸态氮、β-苯乙醇的值,按14%(体积分数)折算;非稻米黄酒:酒精度低于11%(体积分数)时,非糖固形物、氨基酸态氮的值按11%(体积分数)折算。

注2:采用福建红曲工艺生产的黄酒,氧化钙指标限量值≤4.0 g/L。

5.5.4 甜黄酒

应符合表5的规定。

表5 理化指标

项　　目	稻米黄酒	其他粮食黄酒
总糖(以葡萄糖计),g/L	>100	
非糖固形物,g/L	≥23.0	≥18.5
酒精度(20℃),体积分数	≥8.0	
总酸(以乳酸计),g/L	4.5～8.0	
氨基酸态氮,g/L	≥0.35	≥0.20

表5（续）

项　目	稻米黄酒	其他粮食黄酒
pH	3.5～4.5	
氧化钙，g/L	≤0.7	
β-苯乙醇，mg/L	≥40.0	—
注1：稻米黄酒：酒精度低于14%（体积分数）时，非糖固形物、氨基酸态氮、β-苯乙醇的值，按14%（体积分数）折算；非稻米黄酒：酒精度低于11%（体积分数）时，非糖固形物、氨基酸态氮的值按11%（体积分数）折算。 注2：采用福建红曲工艺生产的黄酒，氧化钙指标限量值≤4.0 g/L。		

5.6 卫生指标

应符合表6的规定。

表6　卫生指标

项　目	指　标
铅（以Pb计），mg/L	≤0.5
黄曲霉毒素 B_1，μg/L	≤5
菌落总数，cfu/mL	≤50
大肠菌群，MPN/100 mL	≤3
致病菌（沙门氏菌、志贺氏菌、金黄色葡萄球菌、溶血性链球菌）	不得检出

6 试验方法

6.1 感官

按GB/T 13662的规定执行。

6.2 净含量

按JJF 1070的规定执行。

6.3 理化指标

按GB/T 13662的规定执行。

6.4 卫生指标

6.4.1 铅

按GB/T 5009.12的规定执行。

6.4.2 黄曲霉毒素 B_1

按GB/T 5009.22的规定执行。

6.4.3 菌落总数

按GB/T 4789.2的规定执行。

6.4.4 大肠菌群

按GB/T 4789.3的规定执行。

6.4.5 致病菌

按GB/T 4789.4、GB/T 4789.5、GB/T 4789.10、GB/T 4789.11的规定执行。

7 检验规则

7.1 组批

同原料、同配方、同工艺生产、同批号、相同规格的产品作为一个检验批次。

7.2 抽样

按 GB/T 10111 的规定执行。

7.3 检验分类

7.3.1 出厂检验

每批产品出厂前，都要进行出厂检验。检验合格并附合格证方可出厂。检验项目包括：感官、净含量、酒精度、总糖、非固形物、氨基酸态氮、总酸、pH、氧化钙、菌落总数、大肠菌群。

7.3.2 型式检验

对本标准中 5.3、5.4、5.5、5.6 中规定的全部指标进行检验。一般情况下，同一类产品的型式检验每年进行一次，有下列情况之一者，亦应进行型式检验：

a) 申请绿色食品认证的产品；

b) 国家质量监督机构或行业主管部门提出型式检验要求；

c) 更改主要原料或关键工艺；

d) 前后两次抽样检验结果差异较大；

e) 生产环境发生较大变化。

7.4 判定规则

7.4.1 出厂检验项目或型式检验项目全部符合本标准时，判为合格品。

7.4.2 理化指标、标志、标签、包装如有一项不符合本标准时，可以加倍抽样复验。复验后如仍不符合本标准，判为不合格品。

7.4.3 感官、卫生指标如有一项不符合本标准，判为不合格品，不得复验。

8 标志、标签、包装

8.1 标志

产品应标注绿色食品标志，具体标注方法按绿色食品标志的有关规定执行。

8.2 标签

产品的标签应符合 GB 7718 的规定。

8.3 包装

按 NY/T 658 的规定执行。

9 运输和贮存

9.1 运输

9.1.1 运输工具应清洁、卫生。产品在运输过程中应轻拿轻放，防止日晒雨淋。严禁与有毒、有害、有腐蚀性、易挥发或有异味的物品混装混运。

9.2 贮存

9.2.1 产品应贮存在阴凉、干燥、通风、卫生清洁、无虫害及鼠害的仓库内；不得露天堆放、日晒、雨淋或靠近热源；接触地面的包装箱底部应垫有 100 mm 以上的间隔材料。

9.2.2 产品应在 5 ℃～35 ℃贮存，低于或高于此温度范围，应有防冻或防热措施。

9.2.3 袋装酒保质期不少于 3 个月；瓶装、坛装酒不少于 12 个月。

ICS 67.160
X 51

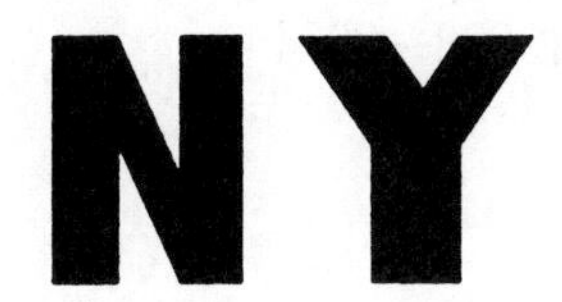

中华人民共和国农业行业标准

NY/T 898—2004

绿色食品　含乳饮料

Green food　Milk beverage

2005-01-04 发布　　2005-02-01 实施

中华人民共和国农业部　发布

前　言

本标准由中华人民共和国农业部提出。

本标准由中国绿色食品发展中心归口。

本标准起草单位:农业部食品质量监督检验测试中心(上海)、上海市畜牧兽医站、光明乳业股份有限公司。

本标准主要起草人:孟瑾、朱建新、郑冠树、刘佩红、张春林、钱莉。

绿色食品 含乳饮料

1 范围

本标准规定了绿色食品含乳饮料的术语和定义、分类、要求、试验方法、检验规则、标志、标签、包装、运输和贮存。

本标准适用于各类绿色食品含乳饮料。

2 规范性引用文件

下列文件中的条款通过本标准的引用而成为本标准的条款。凡是注日期的引用文件，其随后所有的修改单(不包括勘误的内容)或修订版均不适用于本标准，然而，鼓励根据本标准达成协议的各方研究是否可使用这些文件的最新版本。凡是不注日期的引用文件，其最新版本适用于本标准。

GB/T 4789.2 食品卫生微生物学检验 菌落总数测定
GB/T 4789.3 食品卫生微生物学检验 大肠菌群测定
GB/T 4789.4 食品卫生微生物学检验 沙门氏菌检验
GB/T 4789.5 食品卫生微生物学检验 志贺氏菌检验
GB/T 4789.10 食品卫生微生物学检验 金黄色葡萄球菌检验
GB/T 4789.11 食品卫生微生物学检验 溶血性链球菌检验
GB/T 4789.15 食品卫生微生物学检验 霉菌和酵母计数
GB/T 4789.26 食品卫生微生物学检验 罐头食品商业无菌的检验
GB/T 4789.27 食品卫生微生物学检验 鲜乳中抗生素残留量检验
GB/T 4789.35 食品卫生微生物学检验 乳酸菌饮料中乳酸菌检验
GB/T 5009.5 食品中蛋白质的测定
GB/T 5009.11 食品中总砷及无机砷的测定
GB/T 5009.12 食品中铅的测定
GB/T 5009.17 食品中总汞及有机汞的测定
GB/T 5009.28 食品中糖精钠的测定
GB/T 5009.29 食品中山梨酸、苯甲酸的测定
GB/T 5009.46 乳与乳制品卫生标准的分析方法
GB/T 5009.97 食品中环已基氨基磺酸钠的测定
GB/T 5009.140 饮料中乙酰磺胺酸钾的测定
GB 5749 生活饮用水卫生标准
GB/T 10111 利用随机数骰子进行随机抽样的方法
GB/T 10791 软饮料原辅材料的要求
GB 12695 饮料企业良好生产规范
JJF 1070 定量包装商品净含量计量检验规范
NY/T 391 绿色食品 产地环境技术条件
NY/T 392 绿色食品 食品添加剂使用准则
NY/T 657 绿色食品 乳制品
NY/T 658 绿色食品 包装通用准则
国家技术监督局令 1995 年第 43 号《定量包装商品计量监督规定》

3 术语和定义

下列术语和定义适用于本标准。

3.1

含乳饮料 milk beverage

以鲜乳或乳制品为原料(经发酵或未经发酵),经加工制成的制品。

4 产品分类

绿色食品含乳饮料按发酵或未发酵分为以下两类:

4.1 **配制型含乳饮料,formulated milk beverage**

以鲜乳或乳制品为主要原料。成品中蛋白质质量分数不低于1.0%称为乳饮料;成品中蛋白质质量分数不低于0.7%称为乳酸饮料。

4.2 **发酵型含乳饮料,fermented milk beverage**

以鲜乳或乳制品为主要原料。成品中蛋白质质量分数不低于1.0%称为乳酸菌乳饮料;成品中蛋白质质量分数不低于0.7%称为乳酸菌饮料。

发酵型含乳饮料根据杀菌方式可分为:杀菌型和非杀菌型。

5 要求

5.1 环境

5.1.1 原料生产产地应符合NY/T 391的规定。

5.1.2 加工厂地应符合GB 12695的规定。

5.2 原料

5.2.1 鲜乳或乳制品应符合NY/T 657的规定。

5.2.2 加工用水应符合GB 5749的规定。

5.2.3 食品添加剂应符合NY/T 392的规定。

5.2.4 原辅材料的要求应符合GB/T 10791的规定。

5.3 感官

应具有加入物相应的色泽、气味和滋味,无异味,质地均匀,无肉眼可见的外来杂质。

5.4 净含量

应符合国家技术监督局令1995年第43号的要求。

5.5 理化指标

应符合表1的要求。

表1 理化指标

项目	指标			
	乳饮料	乳酸饮料	乳酸菌乳饮料	乳酸菌饮料
蛋白质,%	≥1.0	≥0.7	≥1.0	≥0.7
脂肪,%	≥1.0			
酸度,°T	—	25~90		

5.6 卫生指标

应符合表2的要求。

表 2 卫生指标

<table>
<tr><td rowspan="3">项目</td><td colspan="4">指标</td></tr>
<tr><td colspan="2">配制型含乳饮料</td><td colspan="2">发酵型含乳饮料</td></tr>
<tr><td>乳饮料</td><td>乳酸饮料</td><td>活性</td><td>非活性</td></tr>
<tr><td>砷(以 As 计),mg/kg</td><td colspan="4">≤0.04</td></tr>
<tr><td>铅(以 Pb 计),mg/kg</td><td colspan="4">≤0.01</td></tr>
<tr><td>汞(以 Hg 计),mg/kg</td><td colspan="4">≤0.002</td></tr>
<tr><td>苯甲酸、苯甲酸钠(以苯甲酸计),mg/kg</td><td colspan="4">不得检出(≤1.0)</td></tr>
<tr><td>山梨酸、山梨酸钾(以山梨酸计),mg/kg</td><td colspan="4">≤1 000</td></tr>
<tr><td>乙酰磺胺酸钾(安赛蜜),mg/kg</td><td colspan="4">≤300</td></tr>
<tr><td>环己基氨基磺酸钠(甜蜜素),g/kg</td><td colspan="4">不得检出(≤0.000 4)</td></tr>
<tr><td>糖精钠,g/kg</td><td colspan="4">不得检出(≤0.000 2)</td></tr>
<tr><td>乳酸菌数(出厂时),个/mL</td><td colspan="2">—</td><td>≥1×10⁶</td><td>—</td></tr>
<tr><td>菌落总数,cfu/mL</td><td>≤10 000</td><td>≤100</td><td>—</td><td>≤100</td></tr>
<tr><td>大肠菌群,MPN/100mL</td><td colspan="4">≤30</td></tr>
<tr><td>酵母,cfu/mL</td><td colspan="4">≤10</td></tr>
<tr><td>霉菌,cfu/mL</td><td colspan="4">≤10</td></tr>
<tr><td>抗生素(青霉素、链霉素、庆大霉素、卡那霉素)</td><td colspan="2">阴性</td><td colspan="2">—</td></tr>
<tr><td>致病菌(沙门氏菌、志贺氏菌、金黄色葡萄球菌、溶血性链球菌)</td><td colspan="4">不得检出</td></tr>
<tr><td colspan="5">注:以上指标要求适用于非无菌包装产品,无菌包装的产品还应符合商业无菌。</td></tr>
</table>

6 试验方法

6.1 感官

6.1.1 色泽和组织状态

取适量试样于 50 mL 烧杯中,在自然光下观察色泽和组织状态。

6.1.2 滋味和气味

取适量试样于 50 mL 烧杯中,先闻气味,然后用温开水漱口,再品尝样品的滋味。

6.2 净含量

按 JJF 1070 的规定执行。

6.3 理化检验

6.3.1 蛋白质

按 GB/T 5009.5 的规定执行。

6.3.2 脂肪

按 GB/T 5009.46 的规定执行。

6.3.3 酸度

按 GB/T 5009.46 的规定执行。

6.4 卫生检验

6.4.1 砷

按 GB/T 5009.11 的规定执行。

6.4.2 铅

按 GB/T 5009.12 的规定执行。

6.4.3 汞

按 GB/T 5009.17 的规定执行。

6.4.4 苯甲酸、苯甲酸钠、山梨酸、山梨酸钾

按 GB/T 5009.29 的规定执行。

6.4.5 乙酰磺胺酸钾(安赛蜜)

按 GB/T 5009.140 的规定执行。

6.4.6 环己基氨基磺酸钠(甜蜜素)

按 GB/T 5009.97 的规定执行。

6.4.7 糖精钠

按 GB/T 5009.28 的规定执行。

6.4.8 乳酸菌

按 GB/T 4789.35 的规定执行。

6.4.9 菌落总数

按 GB/T 4789.2 的规定执行。

6.4.10 大肠菌群

按 GB/T 4789.3 的规定执行。

6.4.11 酵母、霉菌

按 GB/T 4789.15 的规定执行。

6.4.12 抗生素

按 GB/T 4789.27 的规定执行。

6.4.13 致病菌

按 GB/T 4789.4、GB/T 4789.5、GB/T 4789.10、GB/T 4789.11 的规定执行。

6.4.14 商业无菌

按 GB/T 4789.26 的规定执行。

7 检验规则

7.1 组批

同原料、同配方、同工艺生产、同批号、相同规格的产品作为一个检验批次。

7.2 抽样

按 GB/T 10111 的规定执行。

7.3 检验分类

7.3.1 出厂检验

每批产品出厂前,都要进行出厂检验。检验合格并附合格证方可出厂。检验项目包括:感官、净含量、蛋白质、脂肪、酸度、乳酸菌数、菌落总数、大肠菌群。

7.3.2 型式检验

对本标准中 5.3、5.4、5.5、5.6 中规定的全部指标进行检验。一般情况下,同一类产品的型式检验每年进行一次,有下列情况之一者,亦应进行型式检验:

a) 申请绿色食品认证的产品;

b) 国家质量监督机构或行业主管部门提出型式检验要求;

c) 更改主要原料或关键工艺；

d) 前后两次抽样检验结果差异较大；

e) 生产环境发生较大变化。

7.4 判定规则

7.4.1 出厂检验项目或型式检验项目全部符合标准要求时，判为合格品。

7.4.2 理化指标、标志、标签、包装如有一项不符合本标准要求，可以加倍抽样复验。复验后如仍不符合本标准要求时，判为不合格品。

7.4.3 感官、卫生指标如有一项不符合本标准，判为不合格品，不得复验。

8 标志、标签、包装

按 NY/T 658 规定执行。

9 运输和贮存

9.1 运输

9.1.1 产品在运输过程中应轻拿轻放，防止日晒雨淋。运输工具应清洁卫生，严禁与有毒、有害、有腐蚀性、有异味的物品混运，必要时应用冷藏车。

9.2 贮存

9.2.1 产品应贮存在阴凉、干燥、通风、卫生清洁、无虫害及鼠害的专用仓库内，不得露天堆放，严防日晒雨淋。

9.2.2 严禁与有毒、有害、有腐蚀性、易发霉、有异味的物品混存。

ICS 67.160
X 53

中华人民共和国农业行业标准

NY/T 899—2004

绿色食品 冷冻饮品

Green food Freezing drink

2005-01-04 发布 2005-02-01 实施

中华人民共和国农业部 发布

前　言

本标准的附录 A、附录 B 为规范性附录。

本标准由中华人民共和国农业部提出。

本标准由中国绿色食品发展中心归口。

本标准起草单位:绿色食品中国科学院沈阳食品检测中心。

本标准主要起草人:王颜红、张红、林桂凤、曾青。

绿色食品　冷冻饮品

1　范围

本标准规定了绿色食品冷冻饮品的术语和定义、分类、要求、试验方法、检验规则、标志、标签、包装、运输及贮存。

本标准适用于绿色食品冷冻饮品。

2　规范性引用文件

下列文件中的条款通过本标准的引用而成为本标准的条款。凡是注日期的引用文件，其随后所有的修改单(不包括勘误的内容)或修订版均不适用于本标准。然而，鼓励根据本标准达成协议的各方研究是否可使用这些文件的最新版本。凡是不注日期的引用文件，其最新版本适用于本标准。

GB 4789.2　食品卫生微生物学检验　菌落总数测定
GB 4789.3　食品卫生微生物学检验　大肠菌群测定
GB 4789.4　食品卫生微生物学检验　沙门氏菌检验
GB 4789.5　食品卫生微生物学检验　志贺氏菌检验
GB 4789.10　食品卫生微生物学检验　金黄色葡萄球菌检验
GB 4789.11　食品卫生微生物学检验　溶血性链球菌检验
GB/T 5009.11　食品中总砷及无机砷的测定
GB/T 5009.12　食品中铅的测定
GB/T 5009.28　食品中糖精钠的测定
GB/T 5009.35　食品中合成着色剂的测定
GB/T 5009.97　食品中环己基氨基磺酸钠的测定
GB 5749　生活饮用水卫生标准
GB 7718　预包装食品标签通则
JJF 1070　定量包装商品净含量计量检验规范
NY/T 392　绿色食品　食品添加剂使用准则
NY/T 422　绿色食品　白砂糖
NY/T 658　绿色食品　包装通用准则
SB/T 10007　冷冻饮品分类
SB/T 10009　冷冻饮品检验方法
SB/T 10013　冰淇淋
SB/T 10014　雪泥
SB/T 10015　雪糕
SB/T 10016　冰棍
SB/T 10017　食用冰
SB/T 10327　甜味冰
国家技术监督局第43号(1995)定量包装商品计量监督规定

3　术语和定义

下列术语和定义适用于本标准。

3.1

冷冻饮品　freezing drink

以饮用水、甜味料、乳品、果品、豆品、食用油脂等为主要原料，加入适量香料、着色剂、稳定剂、乳化剂等食品添加剂，经配料、灭菌、凝冻而制成的冷冻固态饮品。

3.2

冰淇淋类　ice cream

以饮用水、牛奶、奶粉、奶油(或植物油脂)、食糖等为主要原料，加入适量食品添加剂，经混合、均质、灭菌、老化、凝冻、硬化等工艺制成体积膨胀的冷冻饮品。

3.3

雪泥类　ice frost

以饮用水、食糖等为主要原料，添加增稠剂、香料，经混合、灭菌、凝冻或低温炒制等工艺制成的松软的冰雪状的冷冻饮品。

3.4

雪糕类　ice cream bar

以饮用水、乳品、食糖、食用油脂等为主要原料，添加适量增稠剂、香料，经混合、均质、灭菌或轻度凝冻、注模、冻结等工艺制成的冷冻饮品。

3.5

冰棍类　ice lolly

以饮用水、食糖等为主要原料，添加增稠剂、香料或豆类、果品等，经混合、灭菌(或轻度凝冻)、注模、插杆、冻结、脱模等工艺制成的带杆的冷冻饮品。

3.6

甜味冰　sweet ice

以饮用水、食糖等为主要原料，添加香料，经混合、灭菌、灌装、冻结等工艺制成的冷冻饮品。

3.7

食用冰　edible ice

以饮用水为原料，经灭菌、注模、冻结、脱模、包装等工艺制成的冷冻饮品。

4　产品分类

应符合 SB/T 10007 的规定。

5　要求

5.1　原料

5.1.1　饮用水

应符合 GB 5749 的规定。

5.1.2　白砂糖

应符合 NY/T 422 的规定。

5.1.3　食品添加剂

应符合 NY/T 392 的规定。

5.2　感官

5.2.1　绿色食品冰淇淋

应符合 SB/T 10013 的规定。

5.2.2　绿色食品雪泥

应符合 SB/T 10014 的规定。

5.2.3 绿色食品雪糕

应符合 SB/T 10015 的规定。

5.2.4 绿色食品冰棍

应符合 SB/T 10016 的规定。

5.2.5 绿色食品甜味冰

应符合 SB/T 10327 的规定。

5.2.6 绿色食品食用冰

应符合 SB/T 10017 的规定。

5.3 理化指标

5.3.1 净含量

应符合《定量包装商品计量监督规定》的规定。

5.3.2 品质

应符合表 1 的规定。

表 1 冷冻饮品品质

单位为克每百克

项目	类型	指标								
		清型			混合型			组合型		
		全乳脂	半乳脂	脂乳	全乳脂	半乳脂	脂乳	全乳脂	半乳脂	脂乳
总固形物	冰激凌	≥30.0			≥30.0			≥30.0		
	雪泥	≥16.0			≥18.0			≥16.0(雪泥主体)		
	雪糕	≥16.0			≥18.0			≥16.0(雪糕主体)		
	冰棍	≥11.0			≥15.0			≥15.0(冰棍主体)		
总糖(以蔗糖计)	雪泥	≥13.0			≥13.0			≥13.0(雪泥主体)		
	雪糕	≥14.0			≥14.0			≥14.0(雪糕主体)		
	冰棍	≥9.0			≥9.0			≥10.0(冰棍主体)		
	甜味冰	≥7.0								
脂肪	冰激凌	≥8	≥6.0		≥8.0	≥5.0		≥8.0	≥6.0	
	雪糕	≥2.0								
蛋白质	冰激凌	≥2.5			≥2.2			≥2.2		
膨胀率	冰激凌	80～120	60～140	≤140	≥50			—		

5.4 卫生指标

应符合表 2 的规定。

表 2 卫生指标

项目	指标
砷,mg/kg	≤0.2
铅,mg/kg	≤0.3
糖精钠,g/kg	不得检出(≤0.000 2)

表 2 (续)

<table>
<tr><th colspan="2">项　　目</th><th>指　　标</th></tr>
<tr><td colspan="2">环己基氨基磺酸钠,g/kg</td><td>不得检出(≤0.000 4)</td></tr>
<tr><td colspan="2">合成着色剂,g/kg</td><td>不得检出</td></tr>
<tr><td colspan="2">聚氧乙烯山梨醇酐酯类,g/kg</td><td>不得检出</td></tr>
<tr><td colspan="2">山梨醇酐酯类,g/kg</td><td>不得检出</td></tr>
<tr><td rowspan="5">菌落总数,cfu/g</td><td>含乳蛋 10%以上的冷冻饮品</td><td>≤25 000</td></tr>
<tr><td>含乳蛋 10%以下的冷冻饮品</td><td>≤10 000</td></tr>
<tr><td>含豆类的冷冻饮品</td><td>≤20 000</td></tr>
<tr><td>含淀粉或果类的冷冻饮品</td><td>≤3 000</td></tr>
<tr><td>食用冰块</td><td>≤100</td></tr>
<tr><td rowspan="5">大肠菌群,
MPN/100 g</td><td>含乳蛋 10%以上的冷冻饮品</td><td>≤450</td></tr>
<tr><td>含乳蛋 10%以下的冷冻饮品</td><td>≤250</td></tr>
<tr><td>含豆类的冷冻饮品</td><td>≤450</td></tr>
<tr><td>含淀粉或果类的冷冻饮品</td><td>≤100</td></tr>
<tr><td>食用冰块</td><td>≤6</td></tr>
<tr><td colspan="2">致病菌</td><td>不得检出</td></tr>
</table>

6 试验方法

6.1 感官检验

按 SB/T 10013,SB/T 10014,SB/T 10015,SB/T 10016,SB/T 10017,SB/T 10327 的规定执行。

6.2 净含量检验

按 JJF 1070 的规定执行。

6.3 总固形物、总糖、脂肪、蛋白质、膨胀率

按 SB/T 10009 的规定执行。

6.4 砷

按 GB/T 5009.11 的规定执行。

6.5 铅

按 GB/T 5009.12 的规定执行。

6.6 糖精钠

按 GB/T 5009.28 的规定执行。

6.7 环己基氨基磺酸钠

按 GB/T 5009.97 的规定执行。

6.8 合成着色剂

按 GB/T 5009.35 的规定执行。

6.9 聚氧乙烯山梨醇酐酯类

按附录 A 的规定执行。

6.10 山梨醇酐酯类

按附录 B 的规定执行。

6.11 菌落总数

按 GB 4789.2 的规定执行。

6.12 大肠菌群

按 GB 4789.3 的规定执行。

6.13 致病菌

按 GB 4789.4、GB 4789.5、GB 4789.10、GB 4789.11 的规定执行。

7 检验规则

7.1 组批

同一班次、同一品种、同一规格的产品为同一批次产品。

7.2 抽样

在成品库每组批产品中或流通环节中随机抽取 20 个包装以上的样品。

7.3 检验分类

7.3.1 出厂检验

出厂检验内容包括感官和理化指标的全部项目。

7.3.2 型式检验

型式检验内容包括感官、理化指标和卫生指标的全部项目。有下列情况之一则进行型式检验：

a） 申请绿色食品认证的产品；

b） 正式生产后，如原料、工艺有较大变化，可能影响产品质量时；

c） 前后两次出厂检验结果有较大差异时；

d） 国家质量监督机构或主管部门提出进行型式检验的要求时。

7.4 判定规则

7.4.1 出厂检验项目或型式检验项目全部符合本标准要求时，判为合格品。

7.4.2 理化指标如有一项不符合本标准要求，可以加倍抽样复验。复验后如仍不符合本标准要求时，判为不合格品。

7.4.3 感官、卫生指标如有一项不符合本标准，判为不合格品，不得复验。

8 标志、标签

8.1 标志

产品应标注绿色食品标志，具体标注方法按绿色食品标志的有关规定执行。

8.2 标签

应符合 GB 7718 的规定。

9 包装、运输和贮存

9.1 包装

应符合 NY/T 658 的规定。

9.2 运输

9.2.1 运输车辆应符合卫生要求。短途运输可以使用冷藏车或有保温设施的车辆，长途运输应使用机械制冷运输车。

9.2.2 不应与有毒、有污染的物品混装、混运，运输时防止挤压、曝晒、雨淋。装卸时轻搬轻放。

9.3 贮存

9.3.1 冰淇淋、雪泥、雪糕、冰棍产品应贮存在低于－22℃的专用冷库内，甜味冰产品应贮存在低于－18℃的专用冷库内，食用冰应贮存在低于－12℃的专用冷库内。冷库应定期清扫、消毒。

9.3.2 产品应使用垛垫堆码，离墙不应低于20 cm，堆码高度不宜超过2 m。

9.3.3 符合上述贮存条件时，冰淇淋保质期不低于6个月，雪泥、雪糕、冰棍保质期不低于8个月，甜味冰、食用冰保质期不低于10个月。

附 录 A
(规范性附录)
聚氧乙烯山梨醇酐酯类的测定方法

A.1 原理

样品经碱水煮沸、冷却加酸后为乳白色液体。

A.2 试剂和材料

除非另有说明,在分析中仅使用确认为分析纯的试剂和蒸馏水或去离子水或相当纯度的水。

A.2.1 溴水

A.2.2 6 mol/L 稀盐酸

A.2.3 5%氢氧化钠溶液

A.3 操作方法

A.3.1 取样品 5 g,加入 100 mL 水充分溶解,滴加溴水,至溶液呈微黄色。

A.3.2 取样品液 5 mL,滴加 5%氢氧化钠溶液至溶液褪色后再加入 5%氢氧化钠溶液 5 mL,微沸几分钟后冷却,滴加稀盐酸,得到乳白色液体。

附　录　B
（规范性附录）
山梨醇酐酯类的测定方法

B.1　原理

样品经分离并用乙醚溶解后，用邻苯二酚在酸性条件下用颜色进行定性。

B.2　试剂和材料

除非另有说明，在分析中仅使用确认为分析纯的试剂和蒸馏水或去离子水或相当纯度的水。

B.2.1　无水乙醇

B.2.2　乙醚

B.2.3　硫酸（V/V），配成1∶20的溶液

B.2.4　邻苯二酚（V/V），配成1∶10的溶液

B.3　操作方法

B.3.1　取样品0.5 g，加无水乙醇5 mL，加热溶解，加硫酸溶液5 mL，在水浴上加热30 min后冷却，冷却时析出油滴或白色至微黄色固体，加乙醚5 mL，摇匀。

B.3.2　取上述已分离出来的固体或油滴的残液2 mL，加新配制的邻苯二酚溶液2 mL，摇匀，再加硫酸5 mL，摇匀时呈红色至红褐色。

ICS 67.220.10
X 66

中华人民共和国农业行业标准

NY/T 900—2004

绿色食品　发酵调味品

Green food　Fermented

2005-01-04 发布　　2005-02-01 实施

中华人民共和国农业部　发布

前　言

本标准由中华人民共和国农业部提出。

本标准由中国绿色食品发展中心归口。

本标准起草单位:农业部食品质量监督检验测试中心(济南)。

本标准主要起草人:柳琪、滕葳、任凤山、朱爱国、王磊、郭栋梁。

绿色食品　发酵调味品

1　范围

本标准规定了绿色食品发酵调味品的产品分类、要求、试验方法、检验规则、标志、标签、包装、运输和贮存等。

本标准适用于采用发酵方法生产的绿色食品酱油、食醋、酱类、腐乳、豆豉等制品。

2　规范性引用文件

下列文件中的条款通过本标准的引用而成为本标准的条款。凡是注日期的引用文件，其随后所有的修改单(不包括勘误的内容)或修订版均不适用于本标准，然而，鼓励根据本标准达成协议的各方研究是否可使用这些文件的最新版本。凡是不注日期的引用文件，其最新版本适用于本标准。

GB/T 4789.2　食品卫生微生物学检验　菌落总数测定
GB/T 4789.3　食品卫生微生物学检验　大肠菌群测定
GB/T 4789.4　食品卫生微生物学检验　沙门氏菌检验
GB/T 4789.5　食品卫生微生物学检验　志贺氏菌检验
GB/T 4789.10　食品卫生微生物学检验　金黄色葡萄球菌检验
GB/T 4789.11　食品卫生微生物学检验　溶血性链球菌检验
GB/T 5009.3　食品中水分的测定
GB/T 5009.7　食品中还原糖的测定
GB/T 5009.11　食品中总砷及无机砷的测定
GB/T 5009.12　食品中铅的测定
GB/T 5009.22　食品中黄曲霉毒素 B_1 的测定
GB/T 5009.29　食品中山梨酸、苯甲酸的测定
GB/T 5009.39　酱油卫生标准的分析方法
GB/T 5009.40　酱卫生标准的分析方法
GB/T 5009.41　食醋卫生标准的分析方法
GB/T 5009.52　发酵性豆制品卫生标准的分析方法
GB/T 5009.191　食品中 3-氯-1,2-丙二醇含量的测定
GB 5749　生活饮用水卫生标准
GB 8953　酱油厂卫生规范
GB 8954　食醋厂卫生规范
GB 14881　食品企业通用卫生规范
GB 18186　酿造酱油
GB 18187　酿造食醋
NY/T 391　绿色食品　产地环境技术条件
NY/T 392　绿色食品　食品添加剂使用准则
NY/T 658　绿色食品　包装通用准则
SB/T 10170　腐乳

3　产品分类

3.1　酱油

3.1.1 高盐稀态发酵酱油(含固稀发酵酱油)。

3.1.2 低盐固态发酵酱油。

3.2 **食醋**

3.2.1 固态发酵食醋。

3.2.2 液态发酵食醋。

3.3 **酱类**

3.3.1 黄酱。

3.3.2 甜面酱。

3.4 **腐乳**

3.4.1 红腐乳。

3.4.2 白腐乳。

3.4.3 青腐乳。

3.4.4 酱腐乳。

3.5 **豆豉**

3.5.1 未曲霉豆豉。

3.5.2 毛霉豆豉。

4 要求

4.1 环境

原料产地的环境条件应符合 NY/T 391 的规定。生产场所应符合 GB 8953、GB 8954 和 GB 14881 的规定。

4.2 原料

粮食、食用菌、果品等应符合绿色食品的要求。加工用水应符合 GB 5749 的规定。所使用的食品添加剂应符合 NY/T 392 的规定。

4.3 感官

具有发酵调味品各品种固有的色泽、气味和滋味,无异味。酱油、食醋等液体体态澄清;酱类黏稠适度,无杂质;腐乳类块形整齐,厚薄均匀,质地细腻;豆豉制品应符合该产品的形态要求。

4.4 理化指标

应符合表 1、表 2 和表 3 的规定。

表 1 酱油理化指标

单位为克每百毫升

项　目	指　标	
	高盐稀态发酵酱油(含固稀发酵酱油)	低盐固态发酵酱油
可溶性无盐固形物	≥13.0	≥18.0
全氮(以 N 计)	≥1.30	≥1.40
氨基酸态氮(以 N 计)	≥0.70	
铵盐(以 N 计)	不得超过氨基酸态氮含量的 30%	
总酸(以乳酸计)	≤2.5	

表 2　食醋理化指标

单位为克每百毫升

项　目	指　标	
	固态发酵食醋	液态发酵食醋
总酸(以乙酸计)	≥3.5	
不挥发酸(以乳酸计)	≥0.50	—
可溶性无盐固形物	≥1.00	≥0.50

表 3　酱及豆制品理化指标

单位为克每百克

项　目	指　标							
	酱　类		腐　乳				豆　豉	
	黄酱	甜面酱	红腐乳	白腐乳	青腐乳	酱腐乳	末曲霉豆豉	毛霉豆豉
水分(%)	≤60.0	≤50.0	≤70.0			≤67.0	≤30	≤44
食盐(以 NaCl 计)	≥12	≥7	≥8.0		≥10.0	≥11.0	≥5.0	
氨基酸态氮(以 N 计)	≥0.6	≥0.3	≥0.50		≥0.70	≥0.60	≥0.40	
可溶性无盐固形物	—		≥9.0	≥6.0	≥8.0	≥10.0	—	
总酸(以乳酸计)	≤2		—				≤2.0	
还原糖(以葡萄糖计)	≥20.0	—					≥2.5	≥2.2
蛋白质	—						≥25	≥22

4.5　卫生指标

应符合表 4、表 5 的规定。

表 4　酱油和食醋卫生指标

项　目	指　标	
	酱　油	食　醋
砷(以 As 计),mg/L	≤0.4	
铅(以 Pb 计),mg/L	≤0.8	
山梨酸钾,g/kg	≤0.8	
苯甲酸,mg/kg	不得检出(≤1.0 mg/kg)	
黄曲霉毒素 B_1,μg/kg	≤5	
游离矿酸	—	不得检出
氯丙二醇,μg/kg	不得检出(≤5μg/kg)	—
菌落总数,cfu/mL	≤30 000	≤10 000
大肠菌群,MPN/100 mL	≤30	≤3
致病菌(沙门氏菌、志贺氏菌、金黄色葡萄球菌、溶血性链球菌)	不得检出	

表5 酱类、腐乳、豆豉等产品卫生指标

项 目	指 标
砷(以 As 计),mg/kg	≤0.4
铅(以 Pb 计),mg/kg	≤0.8
山梨酸钾,g/kg	≤0.8
苯甲酸,mg/kg	不得检出(≤1.0 mg/kg)
黄曲霉毒素 B_1,μg/kg	≤5
大肠菌群,MPN/100g	≤30
致病菌(沙门氏菌、志贺氏菌、金黄色葡萄球菌、溶血性链球菌)	不得检出

5 试验方法

5.1 感官检验

5.1.1 酱油、食醋的感官检验

酱油的感官检验按 GB/T 5009.39 规定执行;食醋的感官检验按 GB/T 5009.41 规定执行。

5.1.2 酱类的感官检验

按 GB/T 5009.40 规定执行。

5.1.3 腐乳、豆豉等发酵性豆制品的感官检验

按 GB/T 5009.52 规定执行。

5.2 理化检验

5.2.1 酱油理化指标的测定

按 GB 18186 和 GB/T 5009.39 规定执行。

5.2.2 食醋理化指标的测定

按 GB 18187 规定执行。

5.2.3 酱中水分的测定

按 GB/T 5009.3 规定执行。

5.2.4 酱中氨基酸态氮、食盐、总酸的测定

按 GB/T 5009.40 规定执行。

5.2.5 酱中还原糖的测定

按 GB/T 5009.7 规定执行。

5.2.6 腐乳、豆豉等制品的理化指标测定

按 SB/T 10170 规定执行。

5.3 卫生检验

5.3.1 砷

按 GB/T 5009.11 规定执行。

5.3.2 铅

按 GB/T 5009.12 规定执行。

5.3.3 黄曲霉毒素 B_1

按 GB/T 5009.22 规定执行。

5.3.4 山梨酸钾、苯甲酸

按 GB/T 5009.29 规定执行。

5.3.5 游离矿酸

按 GB/T 5009.41 规定执行。

5.3.6 氯丙二醇

按 GB/T 5009.191 规定执行。

5.3.7 菌落总数、大肠菌群、致病菌

按 GB/T 4789.2、GB/T 4789.3、GB/T 4789.4、GB/T 4789.5、GB/T 4789.10、GB/T 4789.11 规定执行。

6 检验规则

6.1 组批

同原料、同配方、同工艺生产、同批号、相同规格的产品作为一个检验批次。

6.2 抽样

按表 6 随机抽取样本，再从各样本中随机抽取单位样本样品数。

表 6 抽样表

批量范围，箱	样本数，箱	单位样本数，瓶
≤50	3	3
51～1 200	5	2
1 201～3 500	8	1
≥3 501	13	1

6.3 检验分类

6.3.1 出厂检验

每批产品出厂前，都要进行出厂检验，出厂检验的内容包括感官、标签、标志和包装。酿造酱油还包括可溶性无盐固形物、全氮、氨基酸态氮、铵盐、菌落总数和大肠菌群；酿造食醋还包括总酸、不挥发酸、可溶性无盐固形物、菌落总数和大肠菌群；酱类还包括大肠菌群和致病菌指标。检验合格并附合格证方可出厂。

6.3.2 型式检验

对本标准中 4.3、4.4、4.5 规定的全部要求进行检验。一般情况下，同一类产品的型式检验每年进行一次，有下列情况之一者，亦应进行型式检验：

a) 申请绿色食品认证的产品；

b) 国家质量监督机构或行业主管部门提出型式检验要求；

c) 更改主要原料或关键工艺；

d) 前后两次抽样检验结果差异较大；

e) 生产环境发生较大变化。

6.4 判定规则

6.4.1 出厂检验项目或型式检验项目全部符合本标准要求时，判为合格品。

6.4.2 理化指标、标志、标签、包装如有一项不符合本标准要求，可以加倍抽样复检。复检后如仍不符合本标准要求时，判为不合格品。

6.4.3 感官、卫生指标如有一项不符合本标准，判为不合格品，不得复检。

7 标志、标签、包装

按 NY/T 658 规定执行。酱油还应标明“直接佐餐食用”或“用于烹调”。

8 运输和贮存

8.1 运输

产品在运输过程中应轻拿轻放，防止日晒雨淋。运输工具应清洁卫生，不得与有毒、有害物品混运。

8.2 贮存

8.2.1 产品应贮存在阴凉、干燥、通风、卫生清洁的专用仓库内，不得露天堆放，严防日晒雨淋。

8.2.2 酱油和食醋瓶装产品的保质期不应低于12个月；袋装产品的保质期不应低于6个月。酱类瓶装产品不得低于3个月；腐乳类产品保质期不得低于6个月；豆豉保质期不得低于18个月。

ICS 67.220
X 44

中华人民共和国农业行业标准

NY/T 901—2004

绿色食品　香辛料

Green food　Spices

2005-01-04 发布　　2005-02-01 实施

中华人民共和国农业部　发布

前　言

本标准由中华人民共和国农业部提出。

本标准由中国绿色食品发展中心归口。

本标准起草单位:农业部食品质量监督检验测试中心(成都)。

本标准主要起草人:雷绍荣、胡述楫、欧阳华学、韩梅、朱宇。

绿色食品　香辛料

1　范围

本标准规定了绿色食品香辛料的术语和定义、要求、试验方法、检验规则、标志、标签、包装、运输和贮存。

本标准适用于绿色食品香辛料。

2　规范性引用文件

下列文件中的条款通过本标准的引用而成为本标准的条款。凡是注日期的引用文件，其随后所有的修改单(不包括勘误的内容)或修订版均不适用于本标准，然而，鼓励根据本标准达成协议的各方研究是否可使用这些文件的最新版本。凡是不注日期的引用文件，其最新版本适用于本标准。

GB/T 4789.2　食品卫生微生物学检验　菌落总数测定
GB/T 4789.3　食品卫生微生物学检验　大肠菌群测定
GB/T 4789.4　食品卫生微生物学检验　沙门氏菌检验
GB/T 4789.5　食品卫生微生物学检验　志贺氏菌检验
GB/T 4789.10　食品卫生微生物学检验　金黄色葡萄球菌检验
GB/T 4789.11　食品卫生微生物学检验　溶血性链球菌检验
GB/T 4789.15　食品卫生微生物学检验　霉菌和酵母计数
GB/T 5009.12　食品中铅的测定
GB/T 5009.15　食品中镉的测定
GB/T 5009.17　食品中总汞及有机汞的测定
GB/T 5009.110　植物性食品中氯氰菊酯、氰戊菊酯和溴氰菊酯残留量的测定
GB/T 5009.145　植物性食品中有机磷和氨基甲酸酯类农药多种残留的测定
GB 7718　预包装食品标签通则
GB/T 12729.2　香辛料和调味品　取样方法
GB/T 12729.6　香辛料和调味品　水分含量的测定(蒸馏法)
GB/T 12729.7　香辛料和调味品　总灰分的测定
GB/T 12729.9　香辛料和调味品　酸不溶性灰分的测定
NY/T 391　绿色食品　产地环境技术条件
NY/T 393　绿色食品　农药使用准则
NY/T 394　绿色食品　肥料使用准则
NY/T 658　绿色食品　包装通用准则

3　术语和定义

下列术语和定义适用于本标准。

3.1

香辛料　spice

可用于各类食品加香调味，能赋予食物以香、辛、辣等风味的植物性物质。

3.2

有害杂质　injurious impurity

混入本品的所有有毒有害及有碍安全的物质(如虫体、金属、沙石、泥土、霉菌、玻璃等)。

3.3

缺陷品 defective spice

产品外观有缺陷的香辛料。包括:未成熟品、虫蚀品、病斑品、破损品、畸形品。

4 要求

4.1 环境与生产资料

产地环境应符合 NY/T 391 的规定。肥料使用应符合 NY/T 394 的规定。农药使用应符合 NY/T 393 的规定。

4.2 感官

应符合表 1 的规定。

表 1 感官指标

项 目	指 标
色泽	具有本品种成熟时应有的色泽
气味与滋味	具有本品特有的香(辛或辣)风味,无异味
杂质	一般杂质≤1%,有害杂质不得检出
缺陷品率,%	≤7

4.3 理化指标

应符合表 2 的规定。

表 2 理化指标

项 目	指 标
水分,%	≤12
总灰分,%	≤10
酸不溶性灰分,%	≤5

4.4 卫生指标

应符合表 3 的规定。

表 3 卫生指标

项 目	指 标
铅(以 Pb 计),mg/kg	≤0.2
镉(以 Cd 计),mg/kg	≤0.1
汞(以 Hg 计),mg/kg	≤0.02
乐果(dimethoate),mg/kg	≤0.5
甲萘威(carbaryl),mg/kg	≤5
杀螟硫磷(fenitrothion),mg/kg	≤0.1
毒死蜱(chlorpuifos),mg/kg	≤0.5
灭多威(methomyl),mg/kg	≤1
马拉硫磷(malathion),mg/kg	≤0.5
氯氰菊酯(cyermethrin),mg/kg	≤0.5

表3（续）

项　　目	指　　标
菌落总数，cfu/g	≤500
大肠菌群，MPN/100g	≤30
霉菌，cfu/g	≤25
致病菌	不得检出
注：其他农药使用方法及限量应符合 NY/T 393 的规定。	

5 试验方法

5.1 感官

5.1.1 色泽、气味与滋味

随机抽取样品 100 g～200 g，平铺于清洁的白瓷盘中，在自然光线下，用肉眼观察其色泽，闻其香味，并取少许放于舌头，涂布满口，仔细品尝其滋味。

5.1.2 杂质率

用感量 0.01 g 的天平称取试样 100 g～200 g，平摊于瓷盘中，拣出杂质，用天平分别称量。按式(1)计算杂质率：

$$\omega_1 = \frac{m_1}{m} \times 100 \quad \cdots\cdots (1)$$

式中：

ω_1——杂质率，单位为克每百克(%)；

m_1——杂质质量，单位为克(g)；

m——试样质量，单位为克(g)。

5.1.3 缺陷品率

用感量 0.01 g 的天平称取试样 100 g～200 g，平摊于瓷盘中，拣出缺陷品，用天平分别称量。缺陷品率按式(2)计算：

$$\omega_2 = \frac{m_2}{m} \times 100 \quad \cdots\cdots (2)$$

式中：

ω_2——缺陷品率，单位为克每百克(%)；

m_2——缺陷品质量，单位为克(g)；

m——试样质量，单位为克(g)。

5.2 理化指标

5.2.1 水分

按 GB/T 12729.6 规定执行。

5.2.2 总灰分

按 GB/T 12729.7 规定执行。

5.2.3 酸不溶性灰分

按 GB/T 12729.9 规定执行。

5.3 卫生指标

5.3.1 铅

按 GB/T 5009.12 规定执行。

5.3.2 镉

按 GB/T 5009.15 规定执行。

5.3.3 汞

按 GB/T 5009.17 规定执行。

5.3.4 乐果、甲萘威、杀螟硫磷、毒死蜱、灭多威、马拉硫磷

按 GB/T 5009.145 规定执行。

5.3.5 氯氰菊酯

按 GB/T 5009.110 规定执行。

5.3.6 菌落总数

按 GB/T 4789.2 规定执行。

5.3.7 大肠菌群

按 GB/T 4789.3 规定执行。

5.3.8 霉菌

按 GB/T 4789.15 规定执行。

5.3.9 致病菌

按 GB/T 4789.4,GB/T 4789.5,GB/T 4789.10,GB/T 4789.11 规定执行。

6 检验规则

6.1 组批

以同一生产基地、同一播种期、同一班次生产的同一品种的产品为一批。

6.2 抽样

按 GB/T 12729.2 规定执行。

6.3 检验类型

6.3.1 交收检验

每批产品在交收前,生产或经销者都应进行交收检验。交收检验的项目包括感官指标、理化指标、标志、标签和包装。

6.3.2 型式检验

型式检验的项目包括本标准感官指标、理化指标和卫生指标中的全部项目。当出现下列情况之一时,应进行型式检验:

a) 申请绿色食品认证的产品;

b) 生产环境发生较大变化时;

c) 产品贮存期长达半年以上才交收时;

d) 国家质量监督机关或主管部门提出型式检验时。

6.4 判定规则

6.4.1 交收检验项目或型式检验项目全部符合本标准要求时,判为合格品。

6.4.2 理化指标、标志、标签、包装如有一项不符合本标准要求,可以加倍抽样复验。复验后如仍不符合本标准要求时,判为不合格品。

6.4.3 感官、卫生指标如有一项不符合本标准,判为不合格品,不得复验。

7 标志、标签

7.1 标志

产品应标注绿色食品标志，具体标注方法按绿色食品标志的有关规定执行。

7.2 标签

产品的标签应符合 GB 7718 的规定。

8 包装、运输和贮存

8.1 包装

按 NY/T 658 的规定执行。

8.2 运输

运输工具应清洁、卫生、防雨、防潮、隔热。产品不得与有毒、有异味、有害物品混装、混运。

8.3 贮存

贮存库内应清洁卫生、干燥、通风良好。严禁与有毒、有异味、发霉、易于传播病虫的物品混存。产品堆放不得直接落地或靠墙，应留有通道。并注意防鼠、防虫。

ICS 67.040
X 10

中华人民共和国农业行业标准

NY/T 902—2004

绿色食品　瓜子

Green food　Melon seed

2005-01-04 发布　　　　2005-02-01 实施

中华人民共和国农业部 发布

前　言

本标准由中华人民共和国农业部提出。

本标准由中国绿色食品发展中心归口。

本标准起草单位:农业部食品质量监督检验测试中心(成都)。

本标准主要起草人:欧阳华学、雷绍荣、胡述楫、韩梅、朱宇。

绿色食品　瓜子

1　范围

本标准规定了绿色食品瓜子的术语和定义、要求、试验方法、检验规则、标志、标签、包装、运输和贮存。

本标准适用于绿色食品瓜子。

2　规范性引用文件

下列文件中的条款通过本标准的引用而成为本标准的条款。凡是注日期的引用文件，其随后所有的修改单(不包括勘误的内容)或修订版均不适用于本标准，然而，鼓励根据本标准达成协议的各方研究是否可使用这些文件的最新版本。凡是不注日期的引用文件，其最新版本适用于本标准。

GB/T 4789.2　食品卫生微生物学检验　菌落总数测定

GB/T 4789.3　食品卫生微生物学检验　大肠菌群测定

GB/T 4789.4　食品卫生微生物学检验　沙门氏菌检验

GB/T 4789.5　食品卫生微生物学检验　志贺氏菌检验

GB/T 4789.10　食品卫生微生物学检验　金黄色葡萄球菌检验

GB/T 5009.11　食品中总砷及无机砷的测定

GB/T 5009.12　食品中铅的测定

GB/T 5009.17　食品中总汞及有机汞的测定

GB//T 5009.20　食品中有机磷农药残留量的测定

GB/T 5009.22　食品中黄曲霉毒素 B_1 的测定

GB/T 5009.37　食用植物油卫生标准的分析方法

GB/T 5009.104　植物性食品中氨基甲酸酯类农药残留量的测定

GB/T 5009.146　植物性食品中有机氯和拟除虫菊酯类农药多种残留的测定

GB 5491　粮食、油料检验　扦样、分样法

GB/T 5492　粮食、油料检验　色泽、气味、口味鉴定法

GB/T 5494　粮食、油料检验　杂质、不完善粒检验法

GB/T 5497　粮食、油料检验　水分测定法

GB 7718　预包装食品标签通则

GB 10111　利用随机数骰子进行随机抽样的方法

JJF 1070　定量包装商品净含量计量检验规范

NY/T 391　绿色食品　产地环境技术条件

NY/T 392　绿色食品　食品添加剂使用准则

NY/T 393　绿色食品　农药使用准则

NY/T 394　绿色食品　肥料使用准则

NY/T 658　绿色食品　包装通用准则

3　术语和定义

下列术语和定义适用于本标准。

3.1

有害杂质 injurious impurity

混入本品的所有有毒有害及其有碍安全的物质(如虫体、金属、沙石等)。

3.2

不完善粒 unconsummated grain

籽粒不完善,但尚有食用价值的子粒。包括:虫蚀粒、病斑粒、破损粒、发芽粒。

3.3

畸形粒 deformed grain

呈弯板、翘板、裂口的瓜子。

4 要求

4.1 环境与生产资料

产地环境质量应符合 NY/T 391 的规定。生产过程中肥料使用应符合 NY/T 394 的规定。生产过程中农药使用应符合 NY/T 393 的规定。

4.2 食品添加剂

食品添加剂使用应符合 NY/T 392 的规定。

4.3 感官

应符合表 1 的规定。

表 1 感官指标

项 目	指 标
品种	同一品种
外观	具有本品种特有的形态,无霉变
气味和滋味	具有本品种应有的气味和滋味,无油哈味
不完善粒,%	≤2.0
畸形粒,%	≤1.0
杂质,%	一般杂质≤0.5,有害杂质不得检出

4.4 理化指标

应符合表 2 的规定。

表 2 理化指标

项 目	指 标
水分,%	≤10
酸价,mg KOH/g	≤4
过氧化值,g/100 g	≤0.38
羰基价,mmol/kg	≤20

4.5 卫生指标

应符合表 3 规定。

表 3 卫生指标

项 目	指 标
砷(以 As 计),mg/kg	≤0.5
铅(以 Pb 计),mg/kg	≤0.2
汞(以 Hg 计),mg/kg	≤0.01
涕灭威(aldicorb),mg/kg	≤0.05
克百威(carbofuran),mg/kg	≤0.1
氰戊菊酯(fenvalerate),mg/kg	≤0.1
氯菊酯(fermethrin),mg/kg	≤1
乐果(dimethoate),mg/kg	≤0.5
敌敌畏(dichlorvos),mg/kg	≤0.1
对硫磷(parathion),mg/kg	≤0.05
黄曲霉毒素 B_1,μg/kg	≤5
菌落总数,cfu/g	≤400
大肠菌群,MPN/100 g	≤30
致病菌	不得检出
注:1. 农药限量指标适用于未经加工的绿色食品瓜子; 2. 微生物指标适用于直接食用的绿色食品瓜子。	

5 试验方法

5.1 感官

5.1.1 品种形状

随机抽取样品 100 g~200 g,平铺于清洁的白瓷盘中,在自然光线下,用肉眼观察其外观、形状。

5.1.2 气味、滋味

按 GB/T 5492 规定执行。

5.1.3 不完善粒、杂质

按 GB/T 5494 规定执行。

5.1.4 畸形粒

用感量 0.01 g 的天平称取样品 100 g,将试样平摊在实验台上,拣出畸形粒,用天平分别称重,计算其百分率:

$$\omega_1(\%) = \frac{m_1}{m} \times 100 \quad \cdots\cdots (1)$$

式中:

ω_1 ——畸形粒率,单位为克每百克(%);

m_1 ——畸形粒质量,单位为克(g);

m ——试样质量,单位为克(g)。

5.2 理化指标

5.2.1 水分

按 GB/T 5497 规定执行。

5.2.2 酸价

按 GB/T 5009.37 规定执行。

5.2.3 过氧化值

按 GB/T 5009.37 规定执行。

5.2.4 羰基价

按 GB/T 5009.37 规定执行。

5.3 卫生指标

5.3.1 砷

按 GB/T 5009.11 规定执行。

5.3.2 铅

按 GB/T 5009.12 规定执行。

5.3.3 汞

按 GB/T 5009.17 规定执行。

5.3.4 涕灭威、克百威

按 GB/T 5009.104 规定执行。

5.3.5 氯菊酯、氰戊菊酯

按 GB/T 5009.146 规定执行。

5.3.6 敌敌畏、乐果、对硫磷

按 GB/T 5009.20 规定执行。

5.3.7 黄曲霉毒素 B_1

按 GB/T 5009.22 规定执行。

5.3.8 菌落总数

按 GB/T 4789.2 规定执行。

5.3.9 大肠菌群

按 GB/T 4789.3 规定执行。

5.3.10 致病菌

按 GB/T 4789.4、GB/T 4789.5、GB/T 4789.10 规定执行。

6 检验规则

6.1 组批

按 GB 5491 规定执行。

6.2 抽样

散装瓜子按 GB 5491 规定执行。小包装瓜子按 GB 10111 规定执行。

6.3 检验分类

6.3.1 交收检验

每批产品在交收前，生产或经销者都应进行交收检验。交收检验的项目包括感官、理化指标、标志、标签和包装。

6.3.2 型式检验

形式检验的项目包括本标准感官、理化指标和卫生指标中的全部项目。当出现下列情况之一时，应进行型式检验：

a) 申请绿色食品认证的产品；

b) 生产环境发生较大变化时；

c) 产品贮存期长达半年以上才交收时;

d) 国家质量监督机构或主管部门提出型式检验时。

6.4 判定规则

6.4.1 交收检验项目或型式检验项目全部符合本标准要求时,判为合格品。

6.4.2 理化指标、标志、标签、包装如有一项不符合本标准要求,可以加倍抽样复验。复验后如仍不符合本标准要求时,判为不合格品。

6.4.3 感官、卫生指标如有一项不符合本标准,判为不合格品,不得复验。

7 标志、标签

7.1 标志

产品应标注绿色食品标志,具体标注方法按绿色食品标志的有关规定执行。

7.2 标签

应符合 GB 7718 的规定。

8 包装、运输和贮存

8.1 包装

按 NY/T 658 的规定执行。

8.2 运输

运输工具应清洁、卫生、防雨、防潮、隔热。产品不得与有毒、有异味、有害物品混装、混运。

8.3 贮存

贮存库内应清洁卫生、干燥、通风良好。严禁与有毒、有异味、发霉、易于传播病虫的物品同处贮存。产品堆放不应直接落地或靠墙,应留有通道。并注意防鼠、防虫。

ICS 65.120
B 46

中华人民共和国农业行业标准

NY/T 903—2004

肉用仔鸡、产蛋鸡浓缩饲料和微量元素预混合饲料

Concentrate feeds and trace mineral premixes for broilers and layers

2005-01-04 发布　　2005-02-01 实施

中华人民共和国农业部 发布

前　言

本标准由中华人民共和国农业部提出。

本标准由全国饲料工业标准化技术委员会归口。

本标准起草单位:中国农业大学动物科学与技术学院、农业部饲料质量监督检验测试中心(沈阳)。

本标准主要起草人:袁建敏、呙于明、张建勋、徐国荣。

肉用仔鸡、产蛋鸡浓缩饲料和微量元素预混合饲料

1 范围

本标准规定了肉用仔鸡、产蛋鸡浓缩饲料和微量元素预混合饲料的质量指标、试验方法、检验规则、判定规则、标签、包装、运输和贮存的要求。

本标准适用于肉用仔鸡、产蛋鸡浓缩饲料和微量元素预混合饲料;不适用于产蛋后备鸡、地方品种鸡和种用鸡浓缩饲料和微量元素预混合饲料,也不适用于配合饲料。

2 规范性引用文件

下列文件中的条款通过本标准的引用而成为本标准的条款。凡是注日期的引用文件,其随后所有的修改单(不包括勘误的内容)或修订版均不适用于本标准,然而,鼓励根据本标准达成协议的各方研究是否可使用这些文件的最新版本。凡是不注日期的引用文件,其最新版本适用于本标准。

GB/T 5917　配合饲料粉碎粒度测定法

GB/T 5918　配合饲料混合均匀度的测定

GB/T 6432　饲料中粗蛋白测定方法

GB/T 6434　饲料中粗纤维测定方法

GB/T 6435　饲料水分的测定方法

GB/T 6436　饲料中钙的测定

GB/T 6437　饲料中总磷的测定　分光光度法

GB/T 6438　饲料中粗灰分的测定方法

GB/T 6439　饲料中水溶性氯化物的测定方法

GB 10648　饲料标签

GB/T 10649　微量元素预混合饲料　混合均匀度测定法

GB 13078　饲料卫生标准

GB/T 13882　饲料中碘的测定方法　硫氰酸铁-亚硝酸催化动力学法

GB/T 13883　饲料中硒的测定方法 2,3-二氨基奈荧光法

GB/T 13885　饲料中铁、铜、锰、锌、镁测定方法—原子吸收光谱法

GB/T 14698　饲料显微镜检查方法

GB/T 14699.1　饲料采样方法

GB/T 14700　饲料中维生素 B_1 测定

GB/T 14701　饲料中维生素 B_2 测定

GB/T 14702　饲料中维生素 B_6 测定

GB/T 16764　配合饲料企业卫生规范

GB/T 17812　饲料中维生素 E 的测定　高效液相色谱法

GB/T 17817　饲料中维生素 A 的测定　高效液相色谱法

GB/T 17818　饲料中维生素 D_3 的测定　高效液相色谱法

GB/T 18246　饲料中氨基酸的测定

饲料药物添加剂使用规范(农牧发[2001]20 号)

禁止在饲料和动物饮用水中使用的药物品种目录(农业部公告第 176 号)

3 要求

3.1 感官要求

色泽一致，无发酵、霉变、结块及异味、异嗅。

3.2 水分

3.2.1 浓缩饲料水分要求应不大于10%。

3.2.2 微量元素预混合饲料水分要求应不大于5%。

3.3 加工质量

3.3.1 粉碎粒度

3.3.1.1 浓缩饲料要求全部通过孔径为2.38 mm分析筛，1.19 mm分析筛筛上物应不多于10%。

3.3.1.2 微量元素预混合饲料要求全部通过孔径为0.42 mm分析筛，0.171 mm分析筛筛上物应不多于20%。

3.3.2 混合均匀度

3.3.2.1 浓缩饲料混合均匀度变异系数应不大于10%。

3.3.2.2 微量元素预混合饲料混合均匀度变异系数应不大于7%。

3.4 卫生指标

卫生指标及其检测按GB 13078规定执行。

警告：浓缩饲料中添加饲料药物添加剂时应符合《饲料药物添加剂使用规范》的规定，不应使用《禁止在饲料和动物饮用水中使用的药物品种目录》中的药品。

3.5 营养成分指标

3.5.1 浓缩饲料营养成分

见表1、表2和表3。

表1 浓缩饲料常规成分要求

单位为百分率(%)

品种		粗蛋白质	赖氨酸	蛋氨酸	粗纤维	粗灰分	钙	总磷	食盐
产蛋鸡	30%浓缩饲料	≥38	≥2.0	≥0.8	≤13	≤14	1.3～4.0	1.1～2.1	0.80～2.40
	40%浓缩饲料	≥30	≥1.5	≥0.6	≤10	≤30	8.0～10.0	0.8～1.6	0.60～1.80
肉用仔鸡	前期浓缩饲料	≥40	≥2.5	≥1	≤10	≤16	2.0～3.3	1.1～1.4	0.60～1.80
	中期浓缩饲料	≥35	≥2.2	≥0.7	≤10	≤16	1.7～3.0	1.0～1.4	0.60～1.80
	后期浓缩饲料	≥30	≥1.8	≥0.5	≤10	≤16	1.7～3.0	1.0～1.4	0.60～1.80

注1：饲料中营养成分以90%干物质计算。

注2：添加液体蛋氨酸的饲料，蛋氨酸含量可以降低，但生产厂家在饲料标签中必须注明添加液体蛋氨酸，并标明该饲料蛋氨酸含量范围。

注3：凡是添加植酸酶的饲料，总磷可以降低，但生产厂家应制订企业标准，并在饲料标签中注明添加植酸酶及其添加量。

表 2　浓缩饲料主要微量元素含量

单位为毫克每千克

品种		铜	铁	锰	锌	硒	碘
产蛋鸡	30%浓缩饲料	≥26	≥200	≥200	≥260	0.67～6.7	≥1.17
	40%浓缩饲料	≥20	≥150	≥150	≥200	0.50～5.0	≥0.88
肉用仔鸡	前期浓缩饲料	≥25	≥275	≥300	≥300	0.75～5.0	≥1.75
	中期浓缩饲料	≥20	≥200	≥250	≥200	0.75～5.0	≥1.75
	后期浓缩饲料	≥20	≥200	≥200	≥200	0.75～5.0	≥1.75
注：当使用有机微量元素添加剂时，饲料中微量元素值可以相应降低，但生产厂家应制订企业标准，标签上注明使用有机微量元素添加剂的产品名称，并标明其添加量。							

表 3　浓缩饲料主要维生素含量

品种		维生素 A IU/kg	维生素 D_3 IU/kg	维生素 E IU/kg	维生素 B_1 mg/kg	维生素 B_2 mg/kg	维生素 B_6 mg/kg
产蛋鸡	30%浓缩饲料	≥26 700	≥5 000	≥17.0	≥3.0	≥8.0	≥10.0
	40%浓缩饲料	≥20 000	≥4 000	≥12.5	≥2.0	≥6.0	≥8.0
肉用仔鸡	前期浓缩饲料	≥20 000	≥2 500	≥50	≥5.0	≥20	≥8.7
	中期浓缩饲料	≥15 000	≥1 875	≥25	≥5.0	≥12.5	≥7.5
	后期浓缩饲料	≥6 750	≥1 000	≥25	≥5.0	≥12.5	≥7.5

3.5.2　微量元素预混合饲料营养成分(按日粮中添加量 1‰计算)

见表 4。

表 4　微量元素预混合饲料营养成分

单位为克每千克

	铜	铁	锰	锌	硒	碘
产蛋鸡	≥8.0	≥60	≥60	≥80	0.20～2.0	≥0.35
肉用仔鸡	≥8.0	≥100	≥120	≥100	0.30～2.0	≥0.70
注：当使用有机微量元素添加剂时，饲料中微量元素值可以相应降低，但生产厂家应制订企业标准，标签上注明使用有机微量元素添加剂的产品名称及其添加量。						

4　试验方法

4.1　饲料采样方法

按 GB/T 14699.1 执行。

4.2　感官指标

按 GB/T 14698 饲料显微镜检查方法中直接感官检查条款内容执行。

4.3　理化指标

4.3.1　水分

按 GB/T 6435 执行。

4.3.2　成品粒度

按 GB/T 5917 执行。

4.3.3 混合均匀度

浓缩饲料混合均匀度按 GB/T 5918 执行;微量元素与混和饲料按 GB/T 10649 执行。

4.3.4 粗蛋白质

按 GB/T 6432 执行。

4.3.5 粗纤维

按 GB/T 6434 执行。

4.3.6 粗灰分

按 GB/T 6438 执行。

4.3.7 钙

按 GB/T 6436 执行。

4.3.8 总磷

按 GB/T 6437 执行。

4.3.9 蛋氨酸

按 GB/T 18246 执行。

4.3.10 赖氨酸

按 GB/T 18246 执行。

4.3.11 食盐

按 GB/T 6439 执行。

4.3.12 碘

按 GB/T 13882 执行。

4.3.13 硒

按 GB/T 13883 执行。

4.3.14 铁、铜、锰、锌

按 GB/T 13885 执行。

4.3.15 维生素 B_1

按 GB/T 14700 执行。

4.3.16 维生素 B_2

按 GB/T 14701 执行。

4.3.17 维生素 B_6

按 GB/T 14702 执行。

4.3.18 维生素 E

按 GB/T 17812 执行。

4.3.19 维生素 A

按 GB/T 17817 执行。

4.3.20 维生素 D_3

按 GB/T 17818 执行。

4.4 试验测定值的双试验相对偏差

按相应标准执行。

5 检验规则

感官要求、成品粒度、水分、粗蛋白质(仅限于浓缩饲料)为出厂检验项目。生产厂在保证产品质量的前提下，可根据工艺、设备、配方、原料等的变化情况，自行确定出厂检验的批量，只有检验合格后方可出厂。其余指标为型式检验项目(例行检验项目)。

6 判定规则

6.1 浓缩饲料

感官指标、成品粒度、水分、混合均匀度、粗蛋白质、粗灰分、粗纤维、钙、总磷、食盐、蛋氨酸、赖氨酸为检验项目，微量元素锌、锰、硒、碘和维生素 A、维生素 D_3、维生素 E、维生素 B_1、维生素 B_2、维生素 B_6 为抽检项目。如检验中有一项指标不符合标准，应进行复验；复验结果中有一项不合格者，即判定为不合格。

6.2 微量元素预混合饲料

感官指标、成品粒度、水分、混合均匀度、铜、铁、锰、锌、硒、碘为判定合格指标。如检验中有一项指标不符合标准，应进行复验；复验结果中有一项不合格者，即判定为不合格。

7 标签、包装、运输、贮存

7.1 标签

应符合 GB 10648 的要求。

7.2 包装、贮存和运输

应符合 GB/T 16764 中的要求。

ICS 11.220
B 42

中华人民共和国农业行业标准

NY/T 904—2004

马鼻疽控制技术规范

The rule for prevention and control techniques of glanders

2005-01-04 发布

2005-02-01 实施

中华人民共和国农业部 发布

前　言

本标准由中华人民共和国农业部提出。

本标准由全国动物检疫标准化技术委员会归口。

本标准起草单位:内蒙古自治区兽医工作站。

本标准主要起草人:许燕辉、宝音达来、谢大增、申之义、刘世民、敖日格勒、哈斯、李林川、赵心力、陈宝柱、武拉俊。

马鼻疽控制技术规范

1 范围

本标准规定了马鼻疽的诊断技术、控制与消灭措施和效果评价。

本标准适用于马属动物马鼻疽的诊断及控制。

2 规范性引用文件

下列文件中的条款通过本标准的引用而成为本标准的条款。凡是注明日期的引用文件，其随后所有的修改单（不包括勘误的内容）或修订版均不适用于本标准，然而，鼓励根据本标准达到协议的各方研究是否可使用这些文件的最新版本。凡是不注明日期的引用文件，其最新版本适用于本标准。

NY/T 557 马鼻疽诊断技术

3 诊断技术

3.1 病原

鼻疽杆菌为菌体平直或微弯曲、两端钝圆的杆菌，革兰氏染色阴性，没有荚膜，不产生芽孢，不运动。

3.2 流行病学

3.2.1 马、骡、驴等马属动物易感染本病，骆驼、犬、狮、虎、狼等有易感性，人也可感染。

3.2.2 本病一年四季均可发生，初发地区多呈暴发流行，多年流行地区多呈慢性流行。

3.2.3 病畜，尤其是开放性鼻疽病畜是本病的主要传染源。病畜的鼻液和溃疡分泌物中常含有大量的鼻疽杆菌，排出体外，污染厩舍、用具、饲料、饮水等而传播。

3.3 临床症状

本病按流行过程分为急性鼻疽和慢性鼻疽。马多为慢性经过，骡、驴常呈急性经过。按临床症状又可分为肺鼻疽、鼻腔鼻疽和皮肤鼻疽。

3.3.1 **急性鼻疽** 体温明显升高，可视黏膜潮红，常伴发轻度黄染，颌下淋巴结急性肿大，并有鼻腔鼻疽、肺鼻疽或皮肤鼻疽的临床症状，多经2周～3周死亡。

3.3.2 **慢性鼻疽** 无明显症状，病程可长达10余年。

3.3.3 **肺鼻疽** 常发生干性短咳，有时鼻衄血或咳出带血黏液和肺炎症状。

3.3.4 **鼻腔鼻疽** 一侧或两侧鼻孔流出浆液性或黏液性鼻汁，呈白色或白黄色，鼻腔黏膜上常见鼻疽结节、特征性溃疡或疤痕，偶见鼻中隔穿孔。

3.3.5 **皮肤鼻疽** 在四肢、胸侧、腹下或体表其他部位皮肤上出现结节、溃疡，结节和溃疡附近的淋巴结肿大，形成串珠状索肿。

3.4 免疫学诊断

检疫用鼻疽菌素点眼方法；鼻疽的类型鉴别用补体结合反应方法。操作技术按NY/T 557执行。

4 控制措施

4.1 各省（市、自治区）对所辖区内的马属动物进行登记造册，详细记载检疫记录，严格管理制度。

4.2 鼻疽流行地区，以县（旗、市）为单位，每年对所有的马属动物进行鼻疽菌素点眼检疫。检出的病畜，予以全部扑杀处理，彻底消毒污染场地。

4.3　出售的马属动物，须检疫合格，持有效相关证明。

4.4　在运输、屠宰、交易场所等流通环节检出的鼻疽病畜及确认的鼻疽病畜产品，立即扑杀或进行无害化处理，并彻底消毒污染的场地。

4.5　引进的马属动物，应隔离观察 15 d。经马鼻疽检疫，确认无疫后，方可混群饲养。

4.6　达到消灭马鼻疽标准的省(市、自治区)，每年按省(市、自治区)存栏数马属动物 100 万匹以上的检测 1%；存栏(50～100)万匹的检测 2%；存栏 50 万匹以下的检测 3%，进行鼻疽菌素点眼检疫。马场，每年抽检 10%的马属动物。种马、运动用马、观赏马应全部检疫。在疫情监测中发现鼻疽阳性畜，应立即扑杀处理。

5　马鼻疽防控效果评价

5.1　控制标准

达到下列 3 个条件者为控制马鼻疽。

5.1.1　连续 2 年临床无开放性鼻疽病畜。

5.1.2　农区连续 2 年应用鼻疽菌素点眼抽查 90%马属动物，阳性率在 0.1%以下；牧区连续 2 年抽查 70%马属动物，阳性率在 0.05%以下。

5.1.3　检出的阳性畜全部扑杀处理。

5.2　消灭标准

达到下列两条之一者为消灭马鼻疽。

5.2.1　已达到控制标准；考核前连续 2 年抽检(用鼻疽菌素点眼)农区 20%、牧区 10%的马属动物，未检出阳性畜。

5.2.2　连续 3 年临床无开放性鼻疽病畜；考核前连续 2 年(用鼻疽菌素点眼)农区抽检 80%、牧区 70%的马属动物，未检出阳性畜。

ICS 11.220
B 42

中华人民共和国农业行业标准

NY/T 905—2004

鸡马立克氏病强毒感染诊断技术

Diagnostic technique for virulent marek's disease virus infection of chickens

2005-01-04 发布　　2005-02-01 实施

中华人民共和国农业部 发布

前　言

本标准的附录 A 和附录 B 都是规范性附录。

本标准由中华人民共和国农业部提出。

本标准由全国动物检疫标准化技术委员会归口。

本标准起草单位:安徽技术师范学院。

本标准主要起草人:张训海、朱鸿飞、吴延功、张忠诚、陈溥言。

鸡马立克氏病强毒感染诊断技术

1 范围

本标准规定了马立克氏病病毒(Marek′s disease virus，MDV)琼扩抗原和MDV琼扩抗体同时检测进行鸡MDV强毒感染诊断的两种操作方法。

本标准适用于鸡马立克氏病(Marek′s disease ，MD)临诊鉴别诊断、MD流行病学调查、MDV强毒感染的诊断、鸡群MDV强毒污染监测、产地和口岸检疫。

2 MD琼脂免疫扩散试验检测技术与方法

该技术与方法适用于14日龄以上鸡的羽毛囊(含髓羽毛根或羽液)MDV抗原和30日龄以上鸡的血清或羽髓液中MDV特异抗体的检测。

2.1 材料准备

2.1.1 器材：1 mL注射器及9号针头；1.5 mL离心管；微量移液器及移液器吸头；尖头眼科摄和手术剪；孔径3 mm的打孔器。

2.1.2 MDV特异琼扩阳性抗原和琼扩阳性抗体：按说明书保存与使用。

2.1.3 琼脂凝胶平板的制备：见附录B。

2.2 操作方法

2.2.1 羽液MDV抗原和抗体的同时检测法

2.2.1.1 羽液样品的制备

从被检鸡股胫外侧、胸部和背颈交界处羽区及翅羽，采集较粗大的富含羽髓的羽毛根3根～10根。挤压出羽髓于1.5 mL离心管中，离心分离出羽液，作为试样直接检测或置于－20℃下待检。

2.2.1.2 打孔

将已制备的琼脂凝胶平板放在预先画好的如图1所示的7孔梅花型图案上，用打孔器垂直打孔，相邻孔孔边距均为3 mm。用9号针头小心剔除孔内凝胶，勿损坏孔的边缘，避免凝胶层脱离平板底部。视琼脂凝胶平板面积可同时做多个梅花型孔。

1 2

6 3

5 4

图1 7孔梅花型图案

2.2.1.3 封底

用酒精灯火焰烧烤该处平板底至约70℃(可以用手腕皮肤感受至不能承受为止)，以防样品溶液从孔底侧漏。

2.2.1.4 加样

用微量移液器分别在外周中的2号、3号、5号、6号孔，分别加注4份被检样品；向1号、4号孔加注MDV特异琼扩阳性抗体/抗原。向中心孔内加注与1号、4号孔相对应的MDV特异琼扩阳性抗原/抗体。以上孔均以加满不溢出为度。每加一个样品，应更换一个吸头。

2.2.1.5 感作

将加样完毕的琼脂板加盖后，随即进行标识与记录，而后将琼脂板轻轻倒置平放在湿盒内，置于37℃温箱中感作，24 h内观察并记录结果。

2.2.2 羽毛根及血清MDV抗原和血清MDV抗体的同时检测法

2.2.2.1 样品的制备

被检鸡的羽毛根样品和血清样品应同步采集。

2.2.2.1.1 羽毛根样品：从被检鸡股胫外侧、胸部和背颈交界处羽区或翅羽拔取较细小的富含羽髓的羽毛根，剪下 0.5 mm 长的羽毛根尖，每个试样 2 根～3 根即可，直接用于 MDV 抗原的检测或置于－20℃下待检。

2.2.2.1.2 血清样品：从被检鸡翅静脉/心脏抽取不少于 0.2 mL 血液，注入 1.5 mL 离心管，待血液凝结后使之自然析出或离心分离出血清，直接用于检测或置 于－20℃下待检。

2.2.2.2 羽毛根 MDV 抗原检测

将已制备的琼脂凝胶平板放在预先画好的 7 孔梅花型图案上，用打孔器垂直打出中心孔。在中心孔周围 6 个孔的中心，用尖头眼科摄的摄尖或牙签分别垂直插 2 个～3 个紧密的孔眼。每号孔依次插入同一被检鸡 2 个～3 个羽毛根样品。如此，每个中心孔周围可检测 6 份样。酒精灯火焰封底后，冷却至室温。向中心孔内加注 MDV 特异琼扩阳性抗体，以加满不溢出为度。加盖与标记后，将平板倒置平放在湿盒内，置于 37℃温箱中感作，24 h 内观察并记录结果。

2.2.2.3 血清 MDV 抗体的检测

操作方法同 2.2.1，其区别是在加样时，2 号、3 号、5 号、6 号外周孔中依此加注 4 份被检血清，1 号、4 号孔加注 MDV 特异琼扩阳性抗体，向中心孔加注 MDV 特异琼扩阳性抗原。

2.3 结果判定及判定标准

被检样品 MDV 抗原和 MDV 抗体的检测，任何一种出现阳性结果或 2 种都出现阳性结果，则判被检样品鸡为 MDV 强毒感染阳性；都呈阴性者，则判为被检样品鸡无 MDV 强毒感染。

2.3.1 被检样品孔或羽毛根与相邻的已知阳性抗体孔或阳性抗原孔之间形成一条清晰的沉淀线，并与已知阳性抗原孔和阳性抗体孔的沉淀线末端相互融合者，则判被检样品为阳性。

2.3.2 被检样品孔或羽毛根与相邻的已知阳性抗原孔或阳性抗体孔之间都不出现沉淀线，而已知阳性抗原孔和阳性抗体孔之间有明显的沉淀线，则判被检样品为阴性。

2.3.3 介于阴性、阳性之间者判为可疑，应重新采样复检。若仍为可疑，则判为阳性。

附 录 A
(规范性附录)
溶液的配制

A.1 pH7.0～7.4 0.01 mol/L 磷酸盐缓冲液的配制

磷酸氢二钠 ($Na_2HPO_4 \cdot 12H_2O$)	2.9 g
磷酸二氢钾(KH_2PO_4)	0.3 g
氯化钠(NaCl)	8.0 g

将上述试剂依次加入容器,用去离子水或蒸馏水溶解后定容至1 000 mL。

A.2 2%叠氮钠溶液的配制

叠氮钠(NaN_3)	2.0 g
蒸馏水	100 mL

溶解后置100 mL瓶中盖塞存放备用。

附 录 B
(规范性附录)
琼脂凝胶平板的制备

量取pH7.0～7.4的0.01 mol/L的磷酸盐缓冲液(附录A中A.1)100 mL,加入氯化钠8.0 g、琼脂糖或优质琼脂粉1.0 g,配制成含8%氯化钠的1%琼脂糖或琼脂溶液,8磅10 min高压或水浴加热使其充分融化,加入2%叠氮钠(附录A中A.2)1.0 mL,混和均匀,冷却至60℃～65℃时,倾注于洁净干燥灭菌的培养皿中,使平置后的液面高约3 mm,加盖待室温下冷却凝固后,倒置放入湿盒(湿盒用含消毒液的纱布铺底),密封后置于4℃条件下保存备用(时间可达2个月以上)。

ICS 11.220
B 42

中华人民共和国农业行业标准

NY/T 906—2004

牛瘟诊断技术

Diagnosis techniques for rinderpest

2005-01-04 发布　　2005-02-01 实施

中华人民共和国农业部 发布

前　言

本标准附录 A、附录 B 为规范性附录。

本标准由中华人民共和国农业部提出。

本标准由全国动物检疫标准化技术委员会归口。

本标准起草单位:中国兽医药品监察所。

本标准主要起草人:张仲秋、支海兵、陈先国、吴华伟。

牛瘟诊断技术

1 范围

本标准规定了牛类家畜的牛瘟诊断技术。

本标准适用于牛瘟的临床诊断、诊断样品的采集和运输、病原学诊断、血清学诊断。

2 规范性引用文件

下列文件中的条款通过本标准的引用而成为本标准的条款。凡是注明日期的引用文件,其随后所有的修改单(不包括勘误的内容)或修订版均不适用于本标准。然而鼓励本标准达到协议的各方研究是否使用这些文件的最新版本。凡是不注明日期的引用文件,其最新版本适用于本标准。

OIE 2000 诊断试验和疫苗标准手册 2.1.4 章《牛瘟》。

FAO 牛瘟诊断手册第二版。

3 牛瘟的临床诊断

3.1 牛瘟的临床症状

3.1.1 牛瘟的潜伏期约为 1 周～2 周,第一个临床特征是急性发热,高热维持在 40℃～41.5℃之间。此时,可出现明显的前驱症状,表现为精神沉郁及鼻镜干燥,并伴有食欲减退、便秘、可视黏膜充血,口、鼻大量流涎。

3.1.2 高热期间,在下唇和齿龈出现隆起的、苍白的、针尖大小的上皮坏死斑点,随后很快出现在下齿龈和牙床的边缘,舌下、颊部及颊部的乳突和硬腭部位,通过病灶的扩大,形成新的病灶,2 d～3 d 后,出现大片口腔坏死,大量的坏死物质脱落形成浅表的、不出血的黏膜糜烂。

3.1.3 牛瘟的第二个特征是发生剧烈喷射状腹泻。在口腔病变发作后 1 d～2 d,起初腹泻量大而稀,呈喷射状;稍后便含有黏液、血液和上皮碎屑,并伴有里急后重。

3.1.4 在糜烂期里,可在鼻孔、阴门和阴道以及阴茎的包皮鞘看到坏死。以后,食欲废绝,鼻镜完全干裂,动物极度沉郁,眼和鼻有黏液脓性分泌物。

3.1.5 在疾病末期,呼吸出恶臭气味,动物可能 24 h～28 h 躺倒不动。此时,呼吸急促并经常可见到呼气伴有低沉的呼噜声。

3.1.6 当出现严重坏死、高热、腹泻或类似症状时,一旦体温下降,并降到正常体温之下,动物就可能死亡。有的糜烂期的非典型病例也可能高热减退。2 d～3 d 后口腔损伤迅速消失,腹泻停止,很快转入正常并康复。

3.1.7 当在畜群中出现以上症状的病畜及急性死亡病畜时,即可怀疑为牛瘟并对症状典型的病畜进行病理解剖。

3.2 牛瘟的病理变化

3.2.1 典型病例,尸体外观呈脱水、消瘦、污秽。鼻和嘴角可能有黏液性分泌物,眼凹陷、结膜充血。

3.2.2 口腔常有大面积坏死的上皮皮屑,坏死区轮廓鲜明,与毗临的健康黏膜区分清楚。病变常可延伸到软腭,也可能蔓延到喉头和食道上部。

3.2.3 瘤胃、网胃和瓣胃常不受影响,但偶尔可在瘤胃上见到坏死斑。真胃,特别是幽门区受到严重侵害,表现为充血、淤斑和黏膜下水肿,上皮坏死使黏膜呈石板样颜色。

3.2.4 小肠除在集合淋巴结处有淋巴样坏死和腐肉脱落,形成充血的黑色的结缔组织等变化外,其他不受影响。

3.2.5 大肠病变包括：回盲瓣、盲肠扁桃体和盲肠皱褶出现高度充血。病期较长的颜色变色，形成斑马状条纹。

4 牛瘟诊断样品的采集和运输

按照一类传染病的采样防护要求采集以下样品。

4.1 活畜组织样品的采集

4.1.1 淋巴结的采集

用手在皮肤外将选用的外周淋巴结固定后，用套管针穿刺到淋巴结实质部，采集淋巴结组织块。将采集的组织块放入适当的容器中，加入 0.5 mL～1 mL 运输保存液，低温保存并运往实验室。

4.1.2 齿龈组织碎片的采集

将齿龈上的坏死组织膜碎片用刮勺或戴有橡胶手套的手指采集到适当的容器中。用于分子学诊断的样品应保存在 0.5 mL～1 mL PBSA 中。

4.1.3 泪液的采集

用棉签或棉拭子在眼睑内的结膜囊内吸取泪液后，将棉签或棉拭子折断放入 2 mL 灭菌注射器的针筒中，加入 150 μL PBSA，再将泪液压挤到适当的容器中。

用于分子学诊断的泪液样品，将吸有泪液的棉签或棉拭子头剪下浸入 0.5 mL～1 mL PBSA 中。

4.1.4 抗凝血的采集

通过颈静脉将病畜血液采集到含有适当抗凝剂，如 EDTA 或肝素的容器中，轻摇均匀，低温保存，但不能结冻。

4.1.5 血清的采集

通过颈静脉将病牛血液采集到采血管中或适当的灭菌容器中，血液凝固至少 24 h 后，分离血清。

4.1.6 从活畜采集的所有样品均应低温保存，组织样品应放入 PBSA 运输保存液中(附录 A.1、运输液中不得含有甘油)。

用于分离病毒的样品应尽快地运送到实验室。在运输途中应低温保存，但不要冻结如果样品需要长期保存，则应－70℃保存。

4.2 死亡动物样品的采集

4.2.1 对于怀疑牛瘟尚未死亡的患畜，至少应屠宰两头病畜，解剖后仔细检查病理变化并采集样品。

4.2.2 屠宰病畜时应选择清洁的屠宰地点，防止对尸体、器官和组织造成污染。

4.2.3 解剖后，无菌采集脾脏、淋巴结，特别是应采集肠系膜淋巴结，食道、呼吸道、尿道黏膜，扁桃体组织。将采集的样品放入适当的容器中，容器周围应加入冰块，低温运往实验室。

4.2.4 对于已经死亡的动物，应尽快在尸体新鲜时进行解剖并采集脾脏、肠系膜淋巴结、扁桃体、食道，呼吸道、尿道黏膜组织，并如前保存和运输。

4.3 牛瘟的样品采集和运输程序

对于牛瘟流行进行诊断的基本步骤如下：

4.3.1 对全群动物进行检查并至少选择 6 头早期急性期病畜。

4.3.2 选出的 6 头动物，每头均应采集适当的组织样品，而且至少应屠宰 2 头病畜，采集脏器标本。

4.3.3 对死亡病畜逐头进行解剖并采集适当的样本。

4.3.4 对于采集的样本，可采用免疫捕获 ELISA、免疫荧光、病毒分离及病毒中和试验进行病原学诊断。

4.3.5 病毒分离和实验室诊断应在国家牛瘟参考实验室进行。

4.3.6 必要时，可将样本送往FAO或OIE牛瘟参考实验室进行PCR和分子学诊断，以确定病原。

5 牛瘟的病原学诊断

5.1 琼脂扩散试验

5.1.1 器材：平皿或载玻片，直径5 mm打孔器，湿盒，50 mL～100 mL试剂瓶

5.1.2 **试剂**

5.1.2.1 **琼脂或琼脂糖**

5.1.2.2 防腐剂：硫柳汞或叠氮钠

5.1.2.3 **抗牛瘟高免血清**

5.1.2.4 **参考牛瘟抗原**

参考牛瘟抗原是将牛瘟弱毒株病毒接种牛肾细胞或VERO细胞经培养和纯化后制备的灭活抗原。

5.1.3 **待检样品的制备**

将由怀疑牛瘟感染后12 d内的动物采集的样品做如下处理：

5.1.3.1 淋巴结和脾脏组织放入组织研磨器中制成组织匀浆，500 g离心10 min～20 min，取上清液作为待检样品。

5.1.3.2 **齿龈坏死组织碎片**

将齿龈组织碎片加入少量PBSA在组织研磨器中制成组织匀浆，作为待检样品。

5.1.4 **琼脂板的制备**

称取1 g琼脂或琼脂糖放入100 mL玻璃瓶中，加入100 mL蒸馏水，沸水中煮沸30 min。将熔化的1%琼脂液按需要量倒入水平放置的平皿中。一般直径为5 cm平皿加入1%琼脂8 mL、10 cm平皿加25 mL、载玻片加3 mL～5 mL。加完琼脂后，室温静置30 min，使琼脂凝固，待琼脂凝固后，移入4℃～8℃冰箱中过夜。

加样前按照孔径5 mm、孔距5 mm打梅花样孔，中央孔周围打6个孔。

5.1.5 **加样**

中间孔加牛瘟参考抗原，1、3、5孔加牛瘟阳性血清，2、4、6孔加待检样品。加样时，吸取样品加满琼脂孔。加样后，将琼脂板放湿盒中，37℃温箱放置36 h，分别在加样后12 h、24 h、36 h检查琼脂板。

5.1.6 **结果判定**

首先观察阳性血清和标准抗原之间的沉淀线。应看到清晰可见的白色沉淀线。

随后观察待检样品与阳性血清之间的沉淀线。待检样品与阳性血清孔之间出现沉淀线且与参考抗原和阳性血清孔之间的沉淀线融合，弯曲成弧线状判为牛瘟阳性反应。

待检样品和阳性血清孔之间无沉淀线或虽有沉淀线但与标准抗原和阳性血清孔之间的沉淀线不融合呈交叉状，判为牛瘟阴性反应。

5.2 捕获ELISA(ImmunocaptureELISA)

5.2.1 **仪器**

5.2.1.1 **酶标读数仪**

5.2.1.2 **96孔酶标板**

5.2.1.3 **微量振荡器**

5.2.1.4 50 μL～200 μL单通道加样器，50 μL～200 μL八通道加样器

5.2.2 **试剂**

捕获ELISA试剂盒由OIE牛瘟参考实验室提供，其中含有以下试剂。

5.2.2.1 **捕获抗体**

抗牛瘟病毒 N 蛋白单克隆抗体，为纯化制剂，冻干产品。

5.2.2.2 **指示抗体**

生物素化抗牛瘟病毒 N 蛋白单克隆抗体。

生物素化抗小反刍兽疫病毒 N 蛋白单克隆抗体。

均加入甘油作为保护剂，－20℃保存。

5.2.2.3 **牛瘟和小反刍兽疫参考抗原**

牛瘟和小反刍兽疫病毒参考株感染细胞培养上清。

5.2.2.4 **阴性血清**

冻干的牛瘟和小反刍兽疫阴性羔羊血清，4℃保存。

5.2.2.5 **包被缓冲液**

0.01 mol/L pH7.4 PBS。(附录 B.1)

5.2.2.6 **封闭缓冲液**

0.05% Tween－20、0.5%阴性羔羊血清的 0.01 mol/L pH7.4 PBS。(附录 B1)

5.2.2.7 **洗涤缓冲液**

0.05% Tween－20、0.002 mol/L pH7.4 PBS 溶液(附录 B.1)。

5.2.2.8 **结合物**

链霉亲和素辣根过氧化物酶，－20℃保存。

5.2.2.9 **底物溶液**

邻苯二胺(OPD)过氧化脲溶液(附录 B.1)。

5.2.2.10 **终止液**

1 mol/L 硫酸(附录 B.1)

5.2.3 **试剂配制**

所有冻干试剂均用 1 mL 双蒸水或无离子水溶解后，－20℃冻结保存。

5.2.4 **待检样品的制备**

按照 5.1.3 项制备待检样品。

5.2.5 **试验操作**

5.2.5.1 **包被 ELISA 板**

	PPR空白	被检样品区								RP空白		
	1	2	3	4	5	6	7	8	9	10	11	12
A		1	1	8	8	1	1	8	8			
B		2	2	9	9	2	2	9	9			
C		3	3	10	10	3	3	10	10			
D		4	4	11	11	4	4	11	11			
E		5	5	12	12	5	5	12	12			
F		6	6	13	13	6	6	13	13			
G		7	7	14	14	7	7	14	14			
H		PPR参考抗原		RP参考抗原		PPR参考抗原		RP参考抗原				
	←PPR单抗→					←RP单抗→						
	←结合物→											

图1 捕获 ELISA 加样排列顺序

按照ELISA试剂盒说明书将抗牛瘟N蛋白单克隆抗体用PBS稀释成工作浓度,加入96孔ELISA板,每孔加100 μL,将板置微量振荡器上,37℃振荡2 h。

5.2.5.2 吸出抗体液,用洗涤缓冲液将板洗3次,甩干残留液体,按照图1所示的加样排列顺序加入50 μL,用封闭液稀释的待检样品、参考抗原。

5.2.5.2.1 将RPV参考抗原加到H4、H5、H8、H9孔;将PPR参考抗原加到H2、H3、H6、H7孔,每孔50 μL。

5.2.5.2.2 将待检样品按样品号加入待检样品区对应孔中,每份样品加4孔,每孔50 μL。

5.2.5.2.3 在A1～H1、A10～H10,每孔加入50 μL封闭缓冲液作为空白对照。加样后,37℃振荡作用1 h,洗板3次。

5.2.5.3 将RPV生物素化单抗按照试剂盒的使用说明用封闭缓冲液稀释到工作浓度,加入6、7、8、9列各孔,每孔50 μL。

5.2.5.4 将PPR生物素化单抗按试剂盒使用说明用封闭缓冲液稀释成工作浓度,加入2、3、4、5列各孔,每孔50 μL。

5.2.5.5 加样后,37℃振荡作用1 h,洗板3次。

5.2.5.6 将亲和素化过氧化物酶结合物按照试剂盒使用说明书用封闭缓冲液稀释成工作浓度,加入所有试验孔,每孔50 μL。37℃振荡作用60 min,洗板3次。

5.2.5.7 加入50 μL底物溶液到所有孔中,37℃避光作用10 min。

5.2.5.8 加入50 μL 1 mol/L硫酸溶液终止反应。

5.2.6 在酶标读数仪上以492 nm测定所有试验孔的OD值。

5.2.7 判定标准

样品孔OD值/空白对照孔平均OD值≥2,判为RPV或PPV阳性。

5.3 反转录聚合酶链反应(RT PCR)

5.3.1 仪器设备

5.3.1.1 RNA提取设备

高速离心机、低速离心机、微量离心机、紫外分光光度计、组织研磨器、离心管。

5.3.1.2 RT PCR用仪器

PCR仪、0.75 mL薄壁离心管、琼脂糖凝胶电泳仪、紫外检测仪、照相机。

5.3.2 试剂

5.3.2.1 RNA提取试剂

异硫氰酸胍、肌氨酸、柠檬酸钠、醋酸钠、B-2-巯基乙醇、水饱和酚、缓冲液饱和酚-氯仿、氯仿、异戊醇、无水乙醇、HANK'S缓冲盐水(HBSS)、Ficoll、无菌纯水、DEPC处理水、Tris缓冲液、EDTA。

5.3.2.2 RT-PCR用试剂

SuperscriptⅡ反转录酶、Taq聚合酶、琼脂糖、随机引物、病毒特异性寡核糖酸引物、Tris-HCl缓冲液、$MgCl_2$、硼酸、EDTA、BSA、KCl、dATP、dGTP、dCTP、dTTP。

5.3.2.3 反转录缓冲工作液

由试剂供应商提供的各成分按附录B.2.11配制。

5.3.2.4 PCR缓冲工作液

由试剂供应商提供的各成分按附录B.2.12配制。

5.3.2.5 琼脂糖凝胶

称取0.75 g电泳级琼脂糖加入50 mL 1X TBE,微波炉中熔化,冷却到50℃～60℃时加入10 μL 1.0 mg/mL的溴化乙锭溶液,混匀后倾倒琼脂糖凝胶板。

5.3.2.6 **DNA 分子量 Markers**

采用 100～600 碱基对的 DNA Markers，吸取 0.5 μL 1 μg/mL Markers，加入 7 μL～10 μL 琼脂糖凝胶指示缓冲液中。

5.3.3 **操作**

5.3.3.1 **提取样品 RNA**

5.3.3.1.1 **固体组织**

将 0.5 g～1 g 组织放在平皿中，用无菌剪刀剪碎后，加入 4 mL 溶液 D(附录 B.2.2)，放玻璃研磨器中磨成组织匀浆，放入 12 mL 聚苯乙烯离心管中，加入 1/10 体积(0.4 mL)2 mol/L pH4.2 醋酸钠缓冲液混匀后再加入等体积水饱和酚混匀。

5.3.3.1.2 再加入 1/5 体积(0.8 mL)氯仿-异戊醇溶液(49∶1)，混匀 10 min，在冰浴中放置约 20 min，将上层水层吸入另一个清洁离心管中，加入 2.5 体积的无水乙醇，在－20℃至少沉淀 2 h(或在－70℃沉淀 1 h)，以 10 000 g 离心 10 min 沉淀 RNA。

5.3.3.1.3 吸弃上清液后，将沉淀用 70％乙醇洗涤几次以除去残余的酚。将盛有 RNA 的离心管倒置于真空罐中抽气 5 min～10 min，使 RNA 干燥。

5.3.3.1.4 将干燥的 RNA 用 2 mL 灭菌双蒸水溶解，并用 260 nm、280 nm 测定 RNA 浓度和纯度。如果 260/280 比值大于 1.7，RNA 浓度在 0.5 mg～1 mg 之间，可用于下一步 RT/PCR。如比值小于 1.7 或 RNA 浓度过低，可如前再沉淀，直到达到要求。

如果提取的 RNA 样品中蛋白质含量过高，即 260/280 比值小于 1.7，则应将 RNA 样品用蛋白酶进行消化。

5.3.3.1.5 吸取 2 mL 2 mg/mL 的蛋白酶溶液，加入 2 mL RNA 中，37℃消化 1 h～2 h，加入等体积缓冲液饱和酚-氯仿混合液，充分混匀后，作用 1 h～2 h，以 880 g～900 g 离心 10 min，将上层水层吸入另一离心管中，加入 2.5 体积的无水乙醇，－20℃如前沉淀。以上方法也可用于从泪液和口腔棉拭子样品中提取 RNA。

5.3.3.2 提取外周血单核细胞(PBMCS)RNA。

5.3.3.2.1 对于 10 mL 以上 EDTA 或肝素抗凝的外周血样品，以 1 300 g 室温(18℃～20℃)离心 10 min，吸取上层的淡黄色 PBMSC 层，重新悬浮于终体积为 20 mL 的 HBSS 中。

5.3.3.2.2 **对于少于 10 mL 的样品**

取 5 mL～10 mL 全血，加入 HBSS 使终体积为 20 mL，混匀后，在血液底层加入 10 mL Ficoll 溶液以 800 g～900 g 室温离心 30 min，沉淀红细胞后吸取 Ficoll 层顶部的清亮白细胞层，转移到另一个 50 mL 离心管中，加入 8 mL HBSS(附录 B.2)，重新悬浮细胞，再加 HBSS 使体积达到 40 mL～45 mL，混匀后，以 500 g 离心 10 min，如此离心洗涤 2～3 次。

最后一次离心后将 PBMCS 用 HBSS 配成 8 mL～10 mL 细胞悬液。取样 10 μL，用 1∶10 苔酚蓝溶液染色后进行活细胞计数。其余细胞悬液分装后－70℃或液氮保存。该样品也可用于进行病毒分离培养。

5.3.3.2.3 **PBMCS RNA 提取**

取相当于至少 5 mL 全血的洗涤 PBMCS 用 1 mL HBSS 悬浮后，加入无菌的 1.5 mL 离心管中离心 20 min～30 min，弃上清，加入 0.4 mL 溶液 D，按 5.3.4.1. 项提取 RNA。

5.3.3.3 **RT-PCR 操作程序**

5.3.3.3.1 **PCR 引物**

第一对引物为 PRV 融合蛋白(F)基因特异性引物，序列如下：

RPVF3 5′ AAGAGGCTGTTGGGGAC

RPVF4 5′ GCTGGGTCCAAATAATGA 或

RPVF3 5' GGGACAGTGCTTCAGCCTATTAAGG

RPVF4 5' CAGCCCTAGCTTCTGACCCACGATA

第二对引物为 PPRF 基因特异性引物,序列如下:

PPRF1 5' ATCACAGTGTTAAAGCCTGTAGAGG

PPRF2 5' GAGACTGAGTTTGTGACCTACAAGC

另外还有两对套式引物,分别为:

$RPVF_{3a}$ 5' GCTCTGAACGCTATTACTAAG

$RPVF_{4A}$ 5' CTGCTTGTCGTATTTCCTCAA

用于扩增 235 个碱基对片段

PPRV 套式引物:

$PPRV_{1a}$ 5' ATGCTCTGTCAGTGATAACC

$PPRV_{2a}$ 5' TTATGGACAGAAGGGACAAG

用于扩增 309 个碱基对片段。

5.3.3.3.2 **RNA 反转录**

在 0.5 mL 微量离心管中加入 5 μL 1 mg/mL 的 RNA 样品溶液,加入 2 μL 50 ng/μL 随机引物,12 μL 5XRT缓冲液(附录 B.2.11),使总体积为 19 μL,65℃孵育 10 min,迅速冷却到 0℃,静置 10 min,加入 1 μL 200 U/μL SuperscriptⅡ反转录酶,42℃作用 60 min,70℃作用 15 min,4℃作用 30 min,－20℃冻结保存或直接进行 PCR。

5.3.3.3.3 **PCR 程序**

取 5 μL RT 产物,加入 45 μL PCR 缓冲工作液(附录 B.2.12)混匀后,离心 10 s～20 s,将离心管加到 PCR 仪中。

5.3.3.3.4 **PCR 仪程序设定**

每次试验均应包括一个阴性对照和一个阳性对照。PCR 程序如表 1:

表 1

	温　　度	时　　间
步骤 1	95℃	5 min
步骤 2	94℃	1 min
步骤 3	51℃	1 min
步骤 4	72℃	2 min
步骤 5	重复步骤 2～4	30 次
步骤 6	72℃	10 min

5.3.3.3.5 **PCR 产物电泳鉴定**

按照 6.3.2.5 制备琼脂糖凝胶板,将凝胶板置电泳槽中,取出加样孔梳子,加入 1×TBE 电泳缓冲液,将 PCR 产物取 8 μL 加入 2 μL 5×琼脂糖凝胶电泳指示缓冲液(附录 B.2.8),混匀后逐一加样并接通电泳仪电源,以 50 V～100 V 电泳到溴酚蓝带出现在距加样孔约 2/3 凝胶板处停止电泳,将电泳板置紫外监测仪下观察出现的荧光染色带,并与分子量 Markers 和阳性对照孔进行比较,当 DNA 扩增带位置在 400 bp～450 bp(436 bp)之间并与阳性样品位置相同时,判为阳性反应。

5.3.3.3.6 **PCR 产物的套式扩增和鉴定**

当第一次的扩增产物电泳后无扩增带或扩增带不清晰时,可将扩增产物取 1 μL 加入 45 μL 含有 RPV 套式引物的 PCR 缓冲工作液,混匀后置 PCR 仪中按 5.3.4.3.4 项进行扩增,并如前电泳,当 DNA

扩增带位置在200 bp～300 bp(235 bp)之间并与阳性样品位置相同时，判为阳性反应。

5.4 直接法荧光抗体试验

5.4.1 仪器

5.4.1.1 冷冻切片机

5.4.1.2 荧光显微镜

5.4.1.3 染色架

5.4.1.4 恒温培养箱

5.4.1.5 湿盒

5.4.1.6 载玻片

5.4.2 试剂

5.4.2.1 荧光抗体

牛抗牛瘟荧光抗体用牛瘟兔化弱毒反复免疫健康黄牛制备牛抗牛瘟高免血清，并由其提取抗牛瘟IgG，用荧光素标记而成。

5.4.2.2 组织固定剂：分析纯丙酮

5.4.2.3 灭菌0.01 mol/L pH7.4 PBS

5.4.2.4 Tris缓冲甘油

5.4.3 试验操作

5.4.3.1 由淋巴结、肝脏或肾脏组织样品制备涂片或冰冻切片，用冷丙酮固定2次，每次5 min。

5.4.3.2 对于待检样品接种细胞培养中的盖玻片培养飞片，从培养管中取出培养飞片，用PBS洗涤2次，用无离子水洗涤1次。在未干燥之前，用预冷到－20℃的丙酮固定2次，每次5 min。

5.4.3.3 每次染色试验均应设立阳性和阴性对照样品。

5.4.3.4 染色

将载玻片或细胞培养飞片水平放置在湿盒中，滴加用PBS稀释到工作浓度的荧光抗体溶液，密闭湿盒，37℃作用30 min～60 min。

5.4.3.5 移出载玻片或细胞培养飞片，吸弃未结合的荧光抗体溶液，用PBS洗涤3次，每次30 s，室温干燥。

5.4.3.6 将干燥的荧光染色载玻片或细胞培养飞片滴加Tris缓冲甘油，置荧光显微镜下观察。

5.4.4 结果判定

首先观察阴性和阳性对照玻片，阳性对照应在细胞胞质看到黄绿色荧光，阴性对照不出现荧光。待检样品玻片在细胞质出现与阳性对照相同的黄绿色荧光时，判为牛瘟病毒阳性。

5.5 病毒分离鉴定

用分子生物学技术可以对牛瘟作出初步诊断，而要确诊必须进行病毒分离鉴定。另外，如需要对流行的牛瘟病毒的致病性、毒力及抗原性进行分析时，则病毒分离鉴定是最可靠的诊断方法。病毒分离鉴定必须在生物安全3级实验室进行。

5.5.1 仪器设备

5.5.1.1 CO_2 培养箱

5.5.1.2 离心机

5.5.1.3 高压锅

5.5.1.4 低温冰箱

5.5.1.5 除菌过滤设备

5.5.1.6 显微镜

5.5.1.7 转瓶机

5.5.1.8 细胞培养瓶、细胞培养管、48孔细胞培养板

5.5.2 试剂

5.5.2.1 Hank′s液

5.5.2.2 0.25%胰酶消化液

5.5.2.3 199营养液或MEM营养液

5.5.2.4 新生犊牛血清

5.5.3 细胞培养

5.5.3.1 原代犊牛肾细胞的培养

5.5.3.1.1 无菌采取2周龄以下犊牛肾脏,置无菌烧杯中迅速运往实验室。

5.5.3.1.2 在生物安全柜中将肾脏置无菌平皿中,用灭菌剪刀剪去肾脏周围的脂肪组织和被膜,将肾脏移往另一个无菌平皿中,剪开肾脏,剪除肾盂等肾髓质,将肾皮质移到一烧杯中,用无菌剪刀剪成2~3 mm大小的组织块。用Hank′s液洗涤3次以上直至上清液无色清亮为止。

5.5.3.1.3 倾倒上清后,加400 mL 0.25%胰酶溶液,密封瓶口后,置37℃水浴中消化40 min~60 min,期间轻摇3次~4次,当组织呈绒状时,移出水浴,室温静置5 min~10 min。吸净上清液。

5.5.3.1.4 将消化后的组织用Hank′s液洗涤3次,再吸净上清液,振摇消化瓶,使消化组织呈泥状,加入10%牛血清MEM或199营养液500 mL,继续振摇3 min~5 min使成细胞悬液,静置3 min~5 min后倾出上层细胞悬液,向沉淀的组织泥中再加入500 mL 10%牛血清MEM或199营养液,如前振摇,如此操作3次。

5.5.3.1.5 将3次细胞悬液混合后,以8层~10层纱布过滤除去细胞团块。将滤过的细胞悬液,经细胞计数,用10%牛血清营养液将细胞浓度调整到2×10^5个/mL细胞左右分装细胞瓶,每个30 mL细胞瓶分装5 mL细胞悬液或分装不同规格的转瓶及细胞板。将细胞瓶或细胞板置3% CO_2培养箱中37℃培养3 d~4 d,等长成细胞单层后换5%血清MEM或199营养液维持培养。

5.5.3.2 继代犊牛肾细胞培养

将原代肾细胞弃去维持液,每个30 mL细胞瓶加入0.3 mL~0.5 mL 0.05%胰酶分散液洗涤一次,再加入0.3 mL~0.5 mL 0.05%胰酶,水平放置,室温消化至细胞脱落后,以大口吸管吹打分散细胞,将细胞液移至离心管中。500 g~1 000 g离心5 min,弃上清液。将沉淀细胞按每瓶加入15 mL营养液的比例,加入10%牛血清MEM或199培养液,大口吸管吹打分散细胞后分装细胞培养瓶,37℃ CO_2培养箱继续培养即为二代犊牛肾细胞,必要时可继续传代。一般传代不超过9代。

5.5.4 待检样品的制备

5.5.4.1 血液样品的制备

由于牛瘟病毒与血液中的白细胞结合在一起,因此在采集用于分离病毒的血液样本时应采用肝素抗凝血。将抗凝血取10 mL移入圆底离心管中,以2 000 g 4℃离心15 min,弃去血浆成分,将沉淀细胞用0.85%生理盐水离心洗涤3次。第3次离心时以500 g~1 000 g离心5 min~10 min,使红细胞下沉后,吸取上清的淡黄色细胞层到另一瓶中,加入10 mL细胞维持液,混匀后接种犊牛肾细胞单层。

5.5.4.2 固体组织样品的制备

对于脾、淋巴结等固体组织样品,在生物安全柜中无菌剪取除去被膜的1 g~2 g组织,放入研磨器中剪成2 mm~3 mm组织块,再加入少量灭菌玻璃砂,研磨成组织匀浆,加入10 mL细胞维持液继续研磨成组织悬液,移至灭菌试管中4℃浸泡过夜,第二天以1 000 g 4℃离心5 min~10 min,吸取上清液直接接种单层犊牛肾细胞。

5.5.5 病毒接种细胞

5.5.5.1 将制备好的被检白细胞样品，接种3个～4个30 mL细胞瓶犊牛肾细胞，接种时弃去细胞维持液，每瓶接种0.2 mL～0.5 mL样品，加入5 mL细胞维持液，37℃培养。

5.5.5.2 固体组织上清样品

对于由淋巴结、脾等固体样品制备的上清可直接进行病毒培养和鉴定。

接种时，每一样品吸取2 mL分置两支试管中，每管1 mL。第一管加入5%牛瘟阳性血清维持液，第二管加入5%犊牛血清维持液，两种样品分别接种犊牛肾细胞，接种时，弃去细胞瓶的原维持液，每瓶接种0.2 mL～0.5 mL样品，37℃吸附1 h，再加5 mL维持液，37℃ 3% CO_2 培养箱培养。培养期间，每2 d～3 d交替用5%犊牛血清的维持液和无血清维持液换液一次，直至培养到14 d。每次接种均应设立不接种样品细胞对照。

5.5.6 病毒分离培养结果判定

被检样品接种细胞后，从第二天开始，每日用显微镜观察接种细胞1次～2次，观察时注意观察细胞病变(CPE)，并与不接毒细胞对照进行比较。

当无阳性血清中和组出现CPE，牛瘟阳性血清中和组无CPE时，即可判为牛瘟感染。对于均无CPE出现的培养物应盲传2代～3代，均无CPE出现时，判为牛瘟阴性。

5.5.7 病毒鉴定

5.5.7.1 捕获ELISA和RT-PCR鉴定

为了对培养的病毒液进行进一步鉴定，可将未加牛瘟阳性血清的培养瓶－20℃冻结后，冻融2次～3次，采用免疫捕获ELISA或PCR技术进行病毒鉴定，如出现阳性反应，即可确诊。必要时可进行F基因的序列测定。

5.5.7.2 中和试验鉴定

将分离的病毒液用TPB(附录B.4)溶液做 10^{-1}～10^{-5} 10倍系列稀释，每一样品稀释后，将每个稀释度样品分为两份，分置两支试管中，每管1 mL，向第一支试管中加入1 mL牛瘟阴性血清，第二支试管中加入1 mL牛瘟阳性血清，混匀后，37℃作用过夜。然后，每一稀释度均各接种3个～5个30 mL细胞瓶犊牛肾细胞，每瓶接种0.2 mL，37℃吸附1 h，再加5 mL无血清维持液，37℃ 3% CO_2 培养箱培养11 d。从接种后第二天开始，每天显微镜观察1次～2次，如果阴性血清组 $TCID_{50}$ 达到 10^3～10^5，牛瘟阳性血清中和组病毒被完全中和不出现细胞病变，则可确诊为牛瘟。

6 血清学诊断

6.1 血清中和试验

6.1.1 仪器设备

同5.5.1项。

6.1.2 试剂

6.1.2.1 细胞培养试剂同5.5.2项

6.1.2.2 中和试验用病毒

采用冻干的适应细胞培养的牛瘟鸡胚化弱毒株或牛瘟Kabete“0”疫苗株。病毒的毒价为 10^3 $TCID_{50}$/mL。

6.1.2.3 参考血清

6.1.2.3.1 参考阳性血清

牛瘟弱毒疫苗株病毒免疫牛阳性血清。

6.1.2.3.2 参考阴性血清

牛瘟抗体阴性牛血清。

6.1.2.4 试验细胞

继代犊牛肾细胞或Vero细胞，对于牛瘟鸡胚化弱毒株也可采用继代鸡胚成纤维细胞。

6.1.3 试验操作

6.1.3.1 继代犊牛肾细胞或Vero细胞的培养同6.5.3.2项

6.1.3.2 血清稀释

将待检血清由原液开始用pH7.3 PBS对倍稀释到1∶32。每一稀释度取1 mL置8 mL试管中。

6.1.3.3 病毒稀释

将牛瘟弱毒病毒用pH 7.3 PBS稀释成10^3 $TCID_{50}$/mL。

6.1.3.4 中和

向每一血清稀释管中加入1 mL稀释好的病毒液，混匀后4℃过夜。

6.1.3.5 接种细胞

将病毒血清混合液分别接种48孔细胞培养板，每一稀释度接种5孔，每孔接种0.2 mL，接种后每孔加入0.5 mL 2×10^5/mL继代犊牛肾细胞或Vero细胞。37℃ 3% CO_2培养箱培养12 d～14 d，期间每隔3 d用无血清MEM维持液换液一次。每次试验均应设立病毒、阳性血清、阴性血清、待检血清和正常细胞对照。

6.1.4 结果判定

从接种后第三天开始，每天在显微镜下观察细胞病变(CPE)，被检血清1∶2以上稀释。

接种细胞孔培养12 d～14 d，无CPE出现，判为血清中和抗体阳性。

6.2 竞争法酶联免疫吸附试验(Competitive ELISA C-ELISA)

6.2.1 仪器设备

6.2.1.1 平底96孔酶标板

6.2.1.2 −80℃低温冰箱

6.2.1.3 5 μL～200 μL单通道和8通道加液器

6.2.1.4 −20℃低温冰箱

6.2.1.5 微量振荡器

6.2.1.6 ELISA酶标仪

6.2.1.7 洗板机

6.2.2 试剂

6.2.2.1 0.01 mol/L pH 7.4 PBS(附录B.1)

6.2.2.2 牛瘟C-ELISA诊断试剂盒由OIE牛瘟参考实验室提供。

6.2.3 试剂配制

6.2.3.1 牛瘟C-ELISA试剂盒各试验成分的配制

将试剂盒提供的冻干抗原、单抗和牛瘟参考血清、兔抗鼠结合物均每瓶加入1 mL试剂盒配备的灭菌无离子水充分溶解后，−20℃冻结保存。

6.2.3.2 封闭缓冲液

0.1% Tween-20、0.3%阴性牛血清的0.01 mol/L pH 7.4 PBS(附录B.1)。该封闭液应当天配制。

6.2.3.3 洗涤缓冲液

0.1% Tween-20、0.002 mol/L pH7.4 PBS(附录B.1)。

6.2.3.4 底物溶液

邻苯二胺(OPD)过氧化脲溶液(附录B.1)。

6.2.3.5 终止液

1 mol/L硫酸(附录B.1)。

6.2.4 试验操作

6.2.4.1 试验加样排列

按图2排列顺序加样:

	1	2	3	4	5	6	7	8	9	10	11	12
A	Cc	Cc	1	1	9	9						
B	C++	C++	2	2	10	10						
C	C++	C++	3	3								
D	C+	C+	4	4								
E	C+	C+	5	5								
F	Cm	Cm	6	6								
G	Cm	Cm	7	7							39	39
H	C−	C−	8	8							40	40
注:Cc:结合物对照(不加血清和单抗) C++:强阳性对照 C+:弱阳性对照 C−:阴性血清对照 Cm:单抗对照												

图2 C-ELISA加样排列顺序

6.2.4.2 结合物对照

A1、A2两孔为结合物对照,除加兔抗小鼠酶结合物外,其余试剂成分均以封闭液代替。

6.2.4.3 强阳性对照

B1、B2、C1、C2四孔为RPV强阳性血清对照孔,除以阳性血清代替被检血清外,与试验孔其他成分相同。

6.2.4.4 弱阳性对照

D1、D2、E1、E2为RPV弱阳性血清对照孔,除以弱阳性血清代替被检血清外,与试验孔其他成分相同。

6.2.4.5 单抗对照孔

F1、F2、G1、G2为RPV单抗对照孔,除加单抗外,其他成分以封闭液代替。

6.2.4.6 阴性对照孔

H1、H2为RPV阴性对照孔,除以阴性血清代替被检血清外,与试验孔其他成分相同。

6.2.4.7 试验孔

除以上对照孔外,剩余各孔加被检血清,每份血清依照图2示排列顺序加两孔,每板可检测40份血清样品。

6.2.5 试验程序

6.2.5.1 包被抗原

用0.01 mol/L pH 7.4 PBS缓冲液将牛瘟ELISA抗原按照试剂盒说明书稀释成工作浓度,每孔加50 μL,然后置于轨道振荡器上,37℃振荡孵育1 h。用洗涤缓冲液洗板3次,拍干。

6.2.5.2 加样顺序

6.2.5.2.1 加样

向ELISA板的每一孔加40 μL封闭液。

A1、A2 孔再加入 60 μL 封闭缓冲液；

F1、F2、G1、G2 孔再加入 10 μL 封闭液；

B1、B2、C1、C2 孔加入 10 μL 强阳性血清；

D1、D2、E1、E2 孔加入 10 μL 弱阳性血清；

H1、H2 孔加入 10 μL 阴性血清。

将被检血清按血清号排列顺序加入到各自的试验孔中，每孔加入 10 μL。

6.2.5.2.2 加单抗

加 50 μL 用封闭缓冲液稀释成工作浓度的单抗到除 A1、A2 外的每个试验孔中，然后置轨道振荡器上，37℃振荡孵育 1 h。如前洗板。

6.2.5.3 加结合物

加 50 μL 用封闭液稀释到工作浓度的兔抗小鼠免疫球蛋白辣根过氧化物酶结合物到每一试验孔中，然后置轨道振荡器上，37℃孵育 1 h。如前洗板。

6.2.5.4 加底物

加 50 μL 底物/显色液到每一试验孔中，在室温下不振荡孵育 10 min。加 50 μL 1 mol/L 硫酸终止反应。

6.2.5.5 测定 OD 值

在酶标读数仪上以 492 nm 波长测定光吸收值(OD 值)，以单抗孔平均 OD 值为对照计算 PI 值。

6.2.6 结果判定

6.2.6.1 抑制率(PI)计算公式

PI 值按以下公式计算：

$$PI=1-ODs/ODm$$

ODs 为被检样品两孔平均光吸收值；

ODm 为 F1、F2、G1、G2 四孔单抗对照孔平均光吸收值。

6.2.6.2 结果判定前提

阴性血清对照 PI 值应＜0.5；阳性血清对照 PI 值应≥0.5。单抗对照孔 OD 值应介于 0.3～1.0 之间，试验方可成立。

6.2.6.3 判定标准

样品 PI 值≥0.5 判为牛瘟抗体阳性；PI 值＜0.5 判为牛瘟抗体阴性。

附　录　A
（规范性附录）
牛瘟诊断样本的采集和运输

PBSA

NaCl	8.00 g
KCl	0.20 g
Na_2HPO_4	1.15 g
KH_2PO_4	0.20 g
双蒸水	加至 1 000 mL

附 录 B
(规范性附录)
牛瘟诊断试验

B.1 琼脂扩散试验、免疫捕获 ELISA、C-ELISA

B.1.1 PBS(0.01 mol/L pH 7.4)

NaCl	8.00 g
KCl	0.20 g
KH_2PO_4	0.20 g
Na_2HPO_4	2.83 g
双蒸水	加至 1 000mL

B.1.2 封闭缓冲液

Tween-20	1 mL
阴性牛血清	3 mL
0.01 mol/L pH 7.4 PBS	加至 1 000mL

B.1.3 洗涤缓冲液

Tween-20	1 mL
0.01 mol/L pH 7.4 PBS	200 mL
双蒸水	800 mL

B.1.4 底物溶液

30 mg OPD 片	1 片
双蒸水	75 mL

溶解后分装成 6 ml/瓶,-20℃冻结保存

过氧化脲片	1 片
双蒸水	10 mL

溶解后避光保存。

使用前每 6 mL OPD 溶液加入 24 μL 过氧化脲溶液。

B.1.5 终止液

浓硫酸	55 mL
双蒸水	945 mL

将浓硫酸缓慢滴加入水中摇匀即可。

B.2 RT-PCR

B.2.1 Hank's 缓冲盐水(HBSS)

10×浓缩液

NaCl	80 g
KCl	4 g
CaCl	1.4 g

$MgCl_2$(7 个结晶水)	2 g
$Na_2HPO_3 \cdot 12H_2O$	1.52 g
KH_2PO_4	0.6 g
双蒸水	加至 1 000 mL,除菌过滤。

B.2.2 组织溶解液(溶液 D)

异硫氰酸胍	250 g
灭菌双蒸水	293 mL
0.75 mol/L 柠檬酸钠溶液	17.6 mL
10%肌氨酸	26.4 mL 在 65℃水浴中加热溶解。

该贮存液可在室温避光保存于安全柜中,可保存几个月。使用前,取 50 mL 以上贮存液加入 0.36 mL B-2 巯基乙醇,该使用液在室温保存不应超过 1 个月。

B.2.3 10×Tris-硼酸缓冲液(TBE)

Tris	109 g
硼酸	55 g
EDTA	9.3 g
双蒸水	加到 1 000 mL

B.2.4 氯仿/异戊醇

氯仿	49 mL
异戊醇	1 mL

混合均匀即可。

B.2.5 2 mol/L 醋酸钠缓冲液

醋酸钠	2 moL
双蒸水	500 mL～1 000 mL

溶解后用冰醋酸将 pH 调至 4.7,再加双蒸水至 2 000 mL。

B.2.6 蛋白酶

将蛋白酶用 0.01 mol/L pH 7.5 Tris-HCl 缓冲液,0.01 mol/L 氯化钠配成 20 mg/mL 的溶液,37℃作用 1 h,以除去 DNase 和 RNase 污染,分装成小体积－20℃冻结保存,工作液浓度为 1 mg/mL。

B.2.7 10×蛋白酶反应缓冲液母液

0.1 mol/L pH 7.8 Tris-HCl 缓冲液

0.1 mol/L EDTA

5% SDS

B.2.8 5×琼脂糖凝胶指示缓冲液

Ficol 1 400	1 g
0.5 mol/L EDTA	250 μL
0.5%溴酚蓝	50 μL
3%二甲苯蓝	50 μL

溶解成终体积为 5 mL 的混合液。

B.2.9 5×RT 缓冲液

Tris-HCl	250 mmol/L(pH 8.3)
$MgCl_2$	15 mmol/L
BSA(acelylated)	1 mg/mL

B.2.10 10×PCR 缓冲液

Tris-HCl	200 mmol/L(pH 8.3)
KCl	500 mmol/L
$MgCl_2$	15 mmol/L

B.2.11 反转录缓冲工作液

5×RT 缓冲液	4 μL(50 mmol/L Tris-HCl、3 mmol/L $MgCl_2$、15 mmol/L KCl)
二硫苏糖醇(DTT)(0.1 mol/L)	2μL(10 mmol/L)
BSA(acelylated)	2 μL(0.1 mg/mL)
dNTPs	1 μL(0.5 mmol/L 每种)
灭菌纯水	3 μL

B.2.12 PCR 缓冲工作液

10×PCR 缓冲液	5 μL
Taq 聚合酶	0.5 μL
dNTPs(10 mmol/L 每种)	1 μL
引物	1 μL
反转录引物	1 μL
灭菌纯水	36.5 μL

B.3 荧光抗体

Tris-甘油缓冲液

Tris	1.21 g
双蒸水	80 mL

溶解后用浓盐酸调 pH 到 9.0 再加水至 100 mL

加甘油 100 mL 混匀即可。

B.4 病毒分离鉴定、血清中和试验

B.4.1 Hank's 液

10×浓缩液

NaCl	80 g
KCl	4 g
$CaCl_2$	1.4 g
$MgCl_2$(7 个结晶水)	2 g
$Na_2HPO_3 \cdot 12H_2O$	1.52 g
KH_2PO_4	0.6 g
葡萄糖	10 g
1%酚红	16 mL
双蒸水	加至 1 000 mL

溶解后，除菌过滤，或经 0.1 MPa(115℃)

灭菌 15 min。

B.4.2 7.5%碳酸氢钠溶液

$NaHCO_3$	7.5 g
双蒸水	100 mL

溶解后除菌过滤并分装于小瓶中冻结保存。

B.4.3 0.25%胰蛋白酶溶液

NaCl	8 g
KCl	0.4 g
葡萄糖	1 g
$NaHCO_3$	0.58 g
胰蛋白酶(1∶250)	2.5 g
EDTA	0.2 g
双蒸水	1 000 mL

溶解后除菌过滤并分装于小瓶中冻结保存。

B.4.4 3%谷氨酰胺溶液

L-谷氨酰胺	3 g
双蒸水	100 mL

溶解后除菌过滤并分装于小瓶中冻结保存,使用时每 100 mL 细胞营养液加 1 mL。

B.4.5 3%丙酮酸钠溶液

丙酮酸钠	3 g
双蒸水	100 mL

溶解后除菌过滤并分装于小瓶中冻结保存,使用时每 100 mL 细胞营养液加 1 mL。

B.4.6 MEM 或 199 营养液

按包装说明用双蒸水溶解,经除菌过滤后分装于小瓶中冻结保存。

B.4.7 TPB 溶液

胰蛋白胨(bacto-tryptose)	20.2 g
葡萄糖	2.0 g
NaCl	5.0 g
Na_2HPO_3	2.5 g
双蒸水	加至 1 000 mL

溶解后分装于 100 mL 小瓶中,0.15 MPa(121℃)高压 15 min,4℃保存。

ICS 11.220
B 41

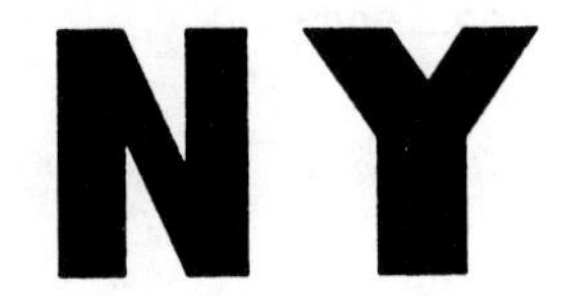

中华人民共和国农业行业标准

NY/T 907—2004

动物布氏杆菌病控制技术规范

The rule for control techniques of animal brucellosis

2005-01-04 发布　　　　2005-02-01 实施

中华人民共和国农业部　发布

前　言

本标准由中华人民共和国农业部提出。

本标准由全国动物检疫标准化技术委员会归口。

本标准起草单位:内蒙古自治区兽医工作站。

本标准主要起草人:许燕辉、宝音达来、敖日格勒、谢大增、斯琴、李林川、武拉俊、赵心力、申之义。

动物布氏杆菌病控制技术规范

1 范围

本标准规定了动物布氏杆菌病的诊断技术、控制措施和考核验收标准。

本标准适用于布氏杆菌病控制。

2 规范性引用文件

下列文件中的条款通过本标准的引用而成为本标准的条款。凡是注日期的引用文件，其随后所有的修改单（不包括勘误的内容）或修订版均不适用于本标准，然而，鼓励根据本标准达成协议的各方研究是否可使用这些文件的最新版本。凡是不注日期的引用文件，其最新版本适用于本标准。

GB 16548 畜禽病害肉尸及产品无害化处理规程

GB 16549 畜禽产地检疫规范

GB 16567 种畜禽调运检疫技术规范

GB/T 18646 动物布氏杆菌病诊断技术

中华人民共和国动物防疫法

3 流行病学特点

3.1 流行病学

3.1.1 动物布氏杆菌病主要由牛种、羊种、猪种、犬种、绵羊附睾种和沙林鼠种布氏杆菌引起。人和多种动物对布氏杆菌易感，牛、羊、猪种布氏杆菌对人均能感染，人感染布氏杆菌病有明显的职业性。

3.1.2 患病动物和带菌动物是主要传染源，母畜在流产或分娩时，大量布氏杆菌随胎儿、羊水、胎衣等排出，污染周围环境，流产后的阴道分泌物、乳汁及公畜的精液中也含有布氏杆菌。山羊和绵羊是人类“流行性布氏杆菌病”的主要传染源，而牛和猪是人类“散发性布氏杆菌病”的主要传染源。

3.1.3 家畜主要通过消化道感染，也可经交配和吸血昆虫叮咬传播；人主要经皮肤、呼吸道感染。

3.1.4 本病一年四季均可发生，但在产羔、产犊期多发，并常呈地方性流行。

3.2 临床症状

牛：母牛主要表现为在怀孕的第6个月～第8个月时发生流产，产出死胎或弱胎儿，有时流产后伴发胎衣不下和子宫内膜炎及卵巢炎，可造成长期不孕；公牛可发生睾丸炎、副睾炎和关节炎。

羊：母羊主要表现为在怀孕的第3个月～第4个月时发生流产，有时伴发乳房炎、支气管炎及关节炎；公羊可发生睾丸炎、副睾炎等。

猪：母猪主要表现为在怀孕的第4周～第12周时发生流产，伴发胎衣不下和子宫内膜炎及卵巢炎，可造成长期不孕；公猪可发生睾丸炎、关节炎和淋巴结脓肿。

马：主要表现为鬐甲脓肿，通常不发生流产。

骆驼：主要表现为散发性流产。

鹿：常表现为滑囊炎、关节炎、睾丸炎、流产和胎衣不下。

3.3 病理变化

成年病畜主要为生殖器官的炎性坏死，淋巴结、肝、脾、肾等器官的特异性肉芽肿、关节炎性病变等，流产胎儿主要呈败血症病变。

4 诊断

4.1 血清学诊断

具体实验方法参照 GB/T 18646 执行。

4.1.1 初筛试验

应用虎红平板凝集试验或全乳环状试验进行初筛。检出的阳性样品做正式试验。

4.1.2 正式试验

应用试管凝集试验或补体结合试验进行诊断。

4.2 细菌学诊断

胎儿取胃内容物、肝、脾、淋巴结等组织和胎衣，母畜取绒毛叶渗出液、水肿液、腹水、胸水、阴道分泌物及脓汁等做细菌分离鉴定。必要时进行动物试验。

4.3 感染畜的判定

根据血清学诊断阳性、细菌学检验结果、临床症状、病理变化判定为病畜。判定时，应注意排除其他疑似疫病和菌苗接种引起的血清学阳性。

5 控制措施

5.1 执行《中华人民共和国动物防疫法》、《中华人民共和国传染病防治法》，坚持"预防为主"方针。疫区以免疫接种为主；控制区以监测、扑杀阳性畜、免疫接种为主；稳定控制区以监测净化为主。

5.2 免疫接种

5.2.1 疫区内应先检后免，淘汰阳性畜，易感动物连续 3 年全部进行免疫接种。

5.2.2 控制区只对幼畜进行一次免疫接种。

5.2.3 稳定控制区停止免疫接种。

5.3 监测

对辖区内牛、羊、猪、鹿等易感动物采用流行病学调查、血清学试验、细菌分离鉴定进行监测。

在疫区，对新生畜、接种疫苗 8 个月以后的牛和骆驼、口服免疫 6 个月以后的猪和羊进行血清学监测。每年至少监测 1 次，牧区(以县为单位)抽检 500 头(只)以上，农区和半农半牧区抽检 200 头(只)以上。

在控制区和稳定控制区，血清学监测至少每年进行 1 次。达到控制标准的牧区(以县为单位)抽检 1 000 头(只)以上；农区和半农半牧区抽检 500 头(只)以上；达到稳定控制标准的牧区抽检 500 头(只)以上，农区和半农半牧区抽检 200 头(只)以上。

奶牛、奶山羊及种畜每年进行 2 次(间隔 6 个月)血清学监测。

5.4 检疫

参照 GB 16549 进行检疫。引进种用、乳用动物依照 GB 16567 进行检疫隔离观察 30 d 以上，经血清学或细菌学检查，确认健康的混群饲养；检出的阳性病畜按照 GB 16548 处理。

5.5 疫情处理

发现病畜时，要及时报告。当地动物防疫监督机构要立即派人到现场，采取检疫、隔离、扑杀、销毁、消毒、紧急免疫接种，迅速控制疫情；当疫情呈暴发时，依照《中华人民共和国动物防疫法》第 3 章第 21 条、第 27 条的规定处理。

6 控制和稳定控制标准

6.1 控制标准

6.1.1 县级控制标准

连续2年以上达到下列条件者为控制布氏杆菌病县。

6.1.1.1 畜间感染率：未接种菌苗的牲畜和接种菌苗18个月后的育龄畜，牧区每年抽检3 000份以上，农区和半农半牧区抽检1 000份血样以上。试管凝集试验阳性率：羊0.5%以下，牛1%以下，猪2%以下。补体结合试验：各种动物阳性率均在0.5%以下。检出的阳性牲畜已全部淘汰。

6.1.1.2 细菌学检查：抽检牛、羊、猪流产材料（病例不足时，补检正产胎盘、乳汁等）200份以上，检测结果为阴性。

6.1.2 地级控制标准

辖区内所有县均达到控制标准。

6.1.3 省级控制标准

辖区内所有地区都达到控制标准。

6.1.4 全国控制标准

全国各省均达到控制标准。

6.2 稳定控制标准

6.2.1 县级稳定控制标准

连续3年以上达到下列条件为稳定控制布氏杆菌病县。

6.2.1.1 牧区每年抽检1 000头（只）以上，农区和半农半牧区抽检500头（只）以上。试管凝集试验阳性率羊、猪在0.3%以下，牛0.1%以下或补体结合试验阳性率在0.2%以下，阳性畜已全部淘汰。

6.2.1.2 每年抽检牛、羊、猪等动物各种样品2 000份以上进行细菌培养，检测结果为阴性。

6.2.2 地级稳定控制标准

辖区内所有县均达到稳定控制标准。

6.2.3 省级稳定控制标准

辖区内所有地区均达到稳定控制标准。

6.2.4 全国稳定控制标准

全国各省均达到稳定控制标准。

ICS 11.220
B 42

中华人民共和国农业行业标准

NY/T 908—2004

羊干酪样淋巴结炎诊断技术

Diagnotic technique for caseous lymphadenitis in sheep and goat

2005-01-04 发布　　2005-02-01 实施

中华人民共和国农业部 发布

前　　言

本标准的附录 A、附录 B 为规范性附录。

本标准由中华人民共和国农业部提出。

本标准由全国动物检疫标准化技术委员会归口。

本标准起草单位：西北农林科技大学。

本标准主要起草人：张彦明、邢福珊。

羊干酪样淋巴结炎诊断技术

1 范围

本标准规定了羊干酪样淋巴结炎(caseous lymphadenitis in sheep and goat,简称CLA)病原菌分离与鉴定和酶联免疫吸附试验2种检疫方法。

本标准规定的病原菌分离与鉴定适用于羊干酪样淋巴结炎的诊断,酶联免疫吸附试验适用于羊干酪样淋巴结炎的诊断、检疫及流行病学调查。

2 病原菌分离与鉴定

2.1 发病特征和病理变化

发病羊的淋巴结肿大,呈脓性干酪性坏死,病羊消瘦,生产性能下降,孕羊产出死胎,严重者死亡。在发病羊的肺、肝、脾和子宫角发生大小不等的结节,内含淡黄色干酪样物质。

2.2 培养基

鲜血琼脂,血清琼脂,葡萄糖、半乳糖、麦芽糖、甘露糖、淀粉、蕈糖发酵培养基,含0.2%吐温-80的马丁肉汤,成分和制备方法见附录A。

2.3 病料的采取

按无菌操作方法用18号以上的针头和注射器采取淋巴结中干酪样脓汁,作为病原菌分离与鉴定的病料。

2.4 分离培养

2.4.1 将采取的脓汁接种于鲜血平板或血清平板,37℃培养241h,观察菌落生长情况。

2.4.2 若在血液琼脂平板上出现黄白色、不透明、凸起、表面无光泽的菌落,初分离时菌落周围有狭窄溶血环,则判为可疑菌落。

2.4.3 若在血清琼脂平板上出现细小的颗粒样、半透明、边缘不整齐、干燥、松脆的菌落,则为可疑菌落。

2.4.4 将上述可疑菌落涂片,用革兰氏染色法染色、镜检。若见有革兰氏阳性、呈球形或细丝状、一端或两端膨大呈棒状的细菌,排列不规则,常呈丛状或栅栏状,则为可疑伪结核棒状杆菌,需进一步做生化试验。

2.5 生化试验

将可疑菌落纯培养后,接种于2.2中的各种糖发酵培养基试管中,37℃培养24 h,若葡萄糖、乳糖、麦芽糖、甘露糖发酵产酸不产气,而淀粉、蕈糖不发酵,则判定为伪结核棒状杆菌。

3 酶联免疫吸附试验(ELISA)

3.1 抗原制备

见附录B.1。

3.2 各种液体的配制

见附录B.2~B.6。

3.3 酶标抗体和血清

3.3.1 酶标兔抗羊IgG

购买酶标兔抗羊IgG,用时以稀释缓冲液作1∶4 000稀释。

3.3.2 阴性血清、阳性血清和待检血清的制备

3.3.2.1 血清的分离方法

用无菌操作法从羊的颈静脉采取5 mL血液于洁净的灭菌小瓶内，盖上瓶塞，倾斜静置，待析出血清后，用灭菌巴氏管将血清吸至另一洁净的灭菌小瓶内，置－20℃冰箱保存，保存期6个月，用时融解并作1∶40稀释。

3.3.2.2 阴性血清的制备

将临床上健康、伪结核棒状杆菌菌体凝集抑制试验检测结果为阴性的临产前山羊当作未受伪结核棒状杆菌感染的羊只，剖腹产后，采其胎羔心脏血液分离的血清作为阴性血清。

3.3.2.3 阳性血清的制备

将伪结核棒状杆菌参考菌株（ATCC 19410株）人工感染羊，感染羊临床上出现症状，30 d后，从肿大的淋巴结中可分离到与感染菌相同的病原菌，采其血液分离的血清作为阳性血清。

3.3.2.4 待检血清的制备

从随机抽样的待检羊所采血液分离的血清作为待检血清。

3.4 操作方法

3.4.1 在酶标板内加抗原50 μL/孔（设立2孔空白对照，不加抗原），在4℃冰箱中过夜。

3.4.2 取出酶标板，甩出孔内液体，每孔用洗涤液（本方法中用稀释缓冲液作为洗涤液）200 μL，甩出孔内液体，反复5次，最后一次甩出孔内液体后在吸水纸上将孔内水分拍干。

3.4.3 加了抗原的孔加1% BSA 50 μL/孔（封闭），置37℃温箱1 h。洗涤酶标板（方法同3.4.2）。

3.4.4 在加了抗原的孔中加血清50 μL/孔（2孔阳性血清和2孔阴性血清作对照，其他孔加待检血清各2孔），置37℃温箱1 h。洗涤酶标板（方法同3.4.2）。

3.4.5 加酶标兔抗羊IgG 50 μL/孔，置37℃温箱1 h。洗涤酶标板（方法同3.4.2）。

3.4.6 加底物溶液50 μL/孔，置37℃温箱显色15 min，取出，每孔加终止液50 μL，混匀后用酶标仪测OD_{492}值。

3.5 判定方法

用P/N值进行判定。P(Positive)即阳性血清或待检血清平均OD值，N(Negative)即阴性血清平均OD值。若P/N>2，则判为阳性；若P/N≤2，则判为阴性。阳性对照孔P/N值必须大于2，否则试验无效。

附 录 A
（规范性附录）
病原菌分离与鉴定培养基的成分和制备方法

A.1 血液琼脂

A.1.1 成分

普通琼脂	100 mL
无菌抗凝血或脱纤血	5 mL

A.1.2 制备方法

A.1.2.1 无菌采取健康绵羊颈静脉血液，置于盛有玻璃珠的灭菌三角瓶或加入灭菌的抗凝剂（5.0 g/L 柠檬酸钠：血液＝1：9 或 0.1 g/L 肝素：血液＝1：99），按常规方法制成脱纤血或抗凝血。

A.1.2.2 将普通琼脂温度降至 50℃左右，按 5％～10％的量加入血液，混匀后分装于容器（平皿、试管等），制成血液琼脂培养基，无菌检验合格后使用。

A.2 血清琼脂

将血液琼脂中的血液成分换作血清即制成血清琼脂。

A.3 0.2％吐温-80 马丁肉汤

A.3.1 成分

猪胃消化液	500 mL
牛肉浸液	500 mL
葡萄糖	10 g
吐温-80	2 mL
冰醋酸	1 mL
醋酸钠	6 g

A.3.2 制备方法

A.3.2.1 猪胃消化液的制备：将新鲜猪胃洗净，去脂绞碎，称取 350 g，加 50℃水 1 000 mL，充分摇匀，再加入盐酸（比重 1：19）10 mL，充分混合后，置 56℃水浴箱中消化 24 h（在消化过程中每小时搅拌一次）。24 h 后，可见瓶底只留下很少的组织。消化完毕后，80℃～85℃加热 10 min，静置并冷却到25℃～30℃后，虹吸上清液于具塞瓶中，加入 1％氯仿充分振荡，然后，置冰箱 2℃～8℃保存备用。用时虹吸出上清液，过滤。

A.3.2.2 牛肉浸出液的制备：称取切除脂肪、筋腱、肌膜后的牛肉 1 000 g，用绞肉机绞碎或用刀剁碎后，放入玻璃容器内，加入蒸馏水 1 500 mL，搅拌均匀，置冰箱内 2℃～8℃浸泡 20 h～24 h，取出后逐渐加热煮沸 1 h，不断搅拌。最后补足水分，过滤，分装于玻璃瓶内，121℃高压蒸汽灭菌 20 min，待冷却后，置 2℃～8℃冰箱保存，备用。

A.3.2.3 将猪胃消化液和牛肉浸液混合，加热至 80℃时，加冰醋酸 1 mL，摇匀，煮沸 3 min～5 min，加 15％ NaOH 溶液约 20 mL，调 pH 至 7.2～7.4，继续煮沸 3 min～5 min，加醋酸钠 6 g，再调 pH 至 7.2～7.4，继续煮沸 5 min～10 min，用滤纸过滤，过滤后补足水至 1 000 mL，再加入葡萄糖 10 g、吐温-802 mL，摇匀，分装，121℃高压蒸汽灭菌 20 min，备用。

A.4 糖培养基

A.4.1 成分

蛋白胨	10 g
NaCl	5 g
糖*	10 g
琼脂	5 g
1.6%溴甲酚紫酒精溶液	1 mL
蒸馏水或去离子水	1 000 mL

pH 调至 7.4

注：* 糖指分析纯或化学纯葡萄糖、半乳糖、甘露糖等。

A.4.2 制备方法

将上述试剂称量好后，加水搅拌，加热溶解，用 0.5 mol/L 的 NaOH 溶液将 pH 调至 7.4，加入指示剂，分装于试管中，115℃高压蒸汽灭菌 20 min 即成。

附　录　B
（规范性附录）
酶联免疫吸附试验抗原和试剂的制备方法

B.1　抗原制备

将参考菌株（ATCC 19410 株）接种于含 0.2%吐温-80 的马丁肉汤中，37℃振荡培养 3 d，2 000 r/min 离心 15 min，上清液用除菌滤器过滤，滤液即为抗原，用时稀释 20 倍。

B.2　包被缓冲液（0.05 mol/L 碳酸钠/碳酸氢钠缓冲液，pH 9.6）

Na_2CO_3　1.59 g
$NaHCO_3$　1.293 g
蒸馏水或去离子水　加至 1 000 mL
该液现用现配，临用时以 0.5 mol/L NaOH 将 pH 调至 9.6。

B.3　稀释缓冲液（0.01 mol/L PBST，pH7.4，也可用作洗涤液）

$Na_2HPO_4 \cdot 12H_2O$　2.90 g
KH_2PO_4　0.20 g
NaCl　8.00 g
KCl　0.20 g
吐温-20　0.50 mL
蒸馏水或去离子水　加至 1 000 mL
pH 调至 7.4。

B.4　封闭液

牛血清白蛋白（BSA）：在生物制品公司购买，临用时作 1∶100 稀释。

B.5　底物溶液

A 液：柠檬酸 4.2 g 溶于 200 mL 水中（0.1 mol/L）。

B 液：$Na_2HPO_4 \cdot 12H_2O$ 14.325 6 g 溶于 200 mL 水中（0.2 mol/L）。

取 A 液 97.2 mL、B 液 102.8 mL 混匀后，加水至 400 mL，加入邻苯二胺（OPD）0.160 g，在暗处操作，溶解后分装入小瓶（6 mL/瓶），−20℃避光保存。临用前取出 1 小瓶，融解后加 3%H_2O_2 30 μL，即是底物溶液。

B.6　终止液

将 69.5 mL 浓硫酸（比重 1.84）缓慢加入 930.5 mL 水中，混匀，即是 1.25 mol/L H_2SO_4 终止液。

ICS 65.020.30
B 41

中华人民共和国农业行业标准

NY/T 909—2004

生猪屠宰检疫规范

Animal health inspection code for swine slaughter

2005-01-04 发布　　　　2005-02-01 实施

中华人民共和国农业部　发布

前　言

本标准由中华人民共和国农业部提出并归口。

本标准起草单位:全国畜牧兽医总站。

本标准主要起草人:李万有、张银田、田永军、李全录、刘铁男、朱家新、高巨星。

生猪屠宰检疫规范

1 范围

本标准规定了生猪屠宰防疫、宰前检疫、宰后检疫以及检疫结果处理的技术要求。

本标准适用于所有定点生猪屠宰厂(场)防疫检疫活动。

2 规范性引用文件

下列文件中的条款通过本标准的引用而成为本标准的条款。凡是注日期的引用文件,其随后所有的修改单(不包括勘误的内容)或修订版均不适用于本标准,然而,鼓励根据本标准达成协议的各方研究是否可使用这些文件的最新版本。凡是不注日期的引用文件,其最新版本适用于本标准。

GB 16548 畜禽病害肉尸及其产品无害化处理规范

GB 16549 畜禽产地检疫规范

GB 16569 畜禽产品消毒规范

农业部《一、二、三类动物疫病病种名录》

《中华人民共和国动物防疫法》

3 术语和定义

下列术语和定义适用于本标准。

3.1

猪胴体 swine carcass

生猪经屠宰放血,去掉毛、头、尾、蹄、内脏后的躯体。

3.2

急宰 emergency slaughter

对出现普通病临床症状、物理性损伤以及一、二类疫病以外的生猪,在急宰间进行的紧急屠宰。

3.3

同步检疫 synchronous inspection

与屠宰操作相对应,对同一头猪的头、蹄、内脏、胴体等实行的现场检疫。

3.4

生物安全处理 bio-safety disposal

通过销毁或无害化处理的方法,将病害生猪尸体和病害生猪产品或附属物进行处理,以彻底消灭其所携带的病原体。

3.5

同群猪 flock

指与染疫病猪在同一环境中的生猪,如同窝、同圈(舍)、同车或同一屠宰、加工生产线等。

3.6

同批产品 a batch of production

与染疫病猪在同一屠宰车间同时在线屠宰,有污染可能的产品。

4 屠宰厂(场)防疫要求

4.1 符合动物防疫条件,依法取得《动物防疫合格证》。

4.2 选址、布局符合动物防疫要求。距离居民区、地表水源、交通干线以及生猪交易市场 500 m 以上，生产区和生活区分开，生猪和产品出入口分设，净道和污道分开不交叉。厂（场）区的道路要硬化。

4.3 设计、建筑符合动物防疫要求。

4.3.1 设置入场检疫值班室和检疫室，屠宰流程的设计应按同步检疫的要求安排检疫位置，保障宰后检疫有足够的时间和空间。

4.3.2 有与屠宰规模相适应的待宰圈、急宰间和隔离圈，屠宰场出入口设消毒池。

4.3.3 屠宰间采光、通风良好，污物、污水排放设施齐全。

4.4 有用于病害生猪及其产品销毁的设备，以及污水、污物、粪便无害化处理的设施。

4.5 生猪、生猪产品运载工具和专用容器，以及屠宰设备和工具符合动物防疫要求，并有清洗消毒设备，每班清洗消毒一次。

4.6 屠宰厂（场）要配置专职的防疫消毒人员，屠宰管理和操作人员应经过动物防疫知识培训，无人畜共患病和其他可能造成污染的化脓性或渗出性皮肤病。

4.7 动物防疫制度、疫病处置方案健全，并上墙公示，遵守动物防疫管理规定，不得收购、屠宰、加工未经检疫的、无检疫合格证明和免疫耳标、病死的生猪。

4.8 已经入厂（场）的生猪，未经驻厂（场）检疫员许可，不得擅自出厂（场）；确需出厂（场）的，要采取严格的防疫措施和检疫后方可出厂（场）。

5 检疫设施和检疫员要求

5.1 屠宰厂（场）入口设置屠宰检疫值班室。

5.2 厂内设置屠宰检疫室。日屠宰量在 500 头以下的，检疫室面积在 15 m^2 以上；日屠宰量在 500 头以上的，检疫室面积不能低于 30 m^2。

5.3 屠宰车间光照适宜，宰后检疫区光照度不低于 220 lx，检疫点光照度不低于 540 lx。

5.4 屠宰检疫设施

5.4.1 检疫室内基本设施：器械柜、操作台、冰箱、干燥箱、照相机、消毒器具。

5.4.2 检疫室检验设备：显微镜、载玻片，用于染色、采样、样品保存、快速检验的设备及相关试剂。

5.4.3 现场检疫器具：刀、钩、锉、剪刀、镊子、瓷盘、骨钳、放大镜、应急照明灯、测温仪（体温计）、听诊器和废弃物专用容器。

5.5 动物防疫监督机构应派出机构或人员实施驻厂（场）检疫，检疫员的数量应与屠宰厂（场）防疫检疫工作量相适应。在宰前、头蹄部、内脏、胴体、实验室检验、复检等环节上，设置检疫岗位。

5.6 动物防疫检疫法规、制度、操作程序、收费依据、监督电话上墙公示。

6 宰前检疫

6.1 查证验物

6.1.1 查证。查验并回收《动物产地检疫合格证明》或《出县境动物检疫合格证明》和《动物及动物产品运载工具消毒证明》，查验免疫耳标。

6.1.2 验物。核对生猪数量，实施临床检查，并开展必要的流行病学调查。

6.2 待宰检疫

6.2.1 按 GB 16549 的规定实施群体和个体检查。将可疑病猪转入隔离圈，必要时进行实验室检验。

7 宰前检疫结果处理

7.1 对经入厂(场)检疫合格的生猪准予入场。

7.2 对入厂(场)检疫发现疑似染疫的,证物不符、无免疫耳标、检疫证明逾期的,检疫证明被涂改、伪造的,禁止入厂(场),并依法处理。

7.3 经待宰检疫合格的生猪,由检疫员出具准宰通知书后,方可进入屠宰线。

7.4 在宰前检疫环节发现使用违禁药物、投入品,以及注水、中毒等情况的生猪,应禁止入场、屠宰,并向畜牧兽医行政管理部门报告。

7.5 根据农业部《一、二、三类动物疫病病种名录》,经宰前检疫发现口蹄疫、猪水泡病、猪瘟等一类传染病,采取以下措施:

7.5.1 立即责令停止屠宰,采取紧急防疫措施,控制生猪及其产品和人员流动,同时报请畜牧兽医行政管理部门依法处理。

7.5.2 按照《动物防疫法》及相关法规的规定,划定并封锁疫点、疫区,采取相应的动物防疫措施。

7.5.3 病猪、同群猪按 GB 16548 的规定,用密闭运输工具运到动物防疫监督机构指定的地点扑杀、销毁。

7.5.4 对全厂(场)实施全面严格的消毒。

7.5.5 在解除封锁后,恢复屠宰须经畜牧兽医行政管理部门批准。

7.6 经宰前检疫发现炭疽,病猪及同群猪采取不放血的方法销毁,严格按规定对污染场所实施防疫消毒。

7.7 经宰前检疫发现狂犬病、破伤风、布鲁氏杆菌病、猪丹毒、弓形虫病、链球菌病等二类动物疫病时,采取以下防疫措施。

7.7.1 病猪按 GB 16548 的办法处理。

7.7.2 同群猪按规定隔离检疫,确认无病的,可正常屠宰;出现临床症状的,按病猪处理。

7.7.3 对生猪待宰圈、急宰间、隔离圈、屠宰间等场所实行严格的消毒。

7.8 经宰前检疫检出患有本规范 7.5、7.6、7.7 所列之外的其他疫病及物理损伤的生猪,在急宰间进行急宰,按 GB 16548 的规定处理。

7.9 对宰前检疫检出的病猪,依据耳标编码和检疫证明,通报产地动物防疫监督机构追查疫源。

7.10 检疫员在宰前检疫的过程中,要对检疫合格证明、免疫耳标、准宰通知书等检疫结果及处理情况,做出完整记录,并保存 12 个月备查。

8 宰后检疫

8.1 生猪宰后实行同步检疫,对头(耳部)、胴体、内脏在流水线上编记同一号码,以便查对。

8.2 头、蹄检疫。重点检查有无口蹄疫、水泡病、炭疽、结核、萎缩性鼻炎、囊尾蚴等疫病的典型病变。

8.2.1 放血前触检颌下淋巴结,检查有无肿胀。

8.2.2 褪毛前剖检左、右两侧颌下淋巴结,必要时剖检扁桃体。观察其形状、色泽、质地,检查有无肿胀、充血、出血、坏死,注意有无砖红色出血性、坏死性病灶。

8.2.3 视检蹄部,观察蹄冠、蹄叉部位皮肤有无水泡、溃疡灶。

8.2.4 剖检左、右两侧咬肌,充分暴露剖面,观察有无黄豆大、周边透明、中间含有小米粒大、乳白色虫体的囊尾蚴寄生。

8.2.5 视检鼻、唇、齿龈、可视黏膜,观察其色泽及完整性,检查有无水泡、溃疡、结节以及黄染等病变。

8.3 **内脏检疫**

8.3.1 重点检查有无猪瘟、猪丹毒、猪副伤寒、口蹄疫、炭疽、结核、气喘病、传染性胸膜肺炎、链球菌、猪李氏杆菌、姜片吸虫、包虫、细颈囊尾蚴、弓形虫等疫病的典型病变。

8.3.2 开膛后，立即对肠系膜淋巴结、脾脏进行检查，内脏摘除后，依次检查肺脏、心脏、肝脏、胃肠等。

8.3.3 肠系膜淋巴结检查。抓住回盲瓣，暴露链状淋巴结，做弧形或"八"字形切口，观察大小、色泽、质地，检查有无充血、出血、坏死及增生性炎症变化和胶胨样渗出物。注意有无猪瘟、猪丹毒、败血型炭疽及副伤寒。

8.3.4 脾脏检查。视检形状、大小、色泽，检查有无肿胀、淤血、梗死；触检被膜和实质弹性。必要时，剖检脾髓。注意有无猪瘟、猪丹毒、败血型炭疽。

8.3.5 肺脏检查。视检形状、大小、色泽；触检弹性；剖检支气管淋巴结。必要时，剖检肺脏，检查支气管内有无渗出物，肺实质有无萎陷、气肿、水肿、淤血及脓肿、钙化灶、寄生虫等。

8.3.6 心脏检查。视检心包和心外膜，触检心肌弹性，在与左纵沟平行的心脏后缘房室分界处纵向剖开心室，观察二尖瓣、心肌、心内膜及血液凝固状态。检查有无变性、渗出、出血、坏死以及菜花样增生物、绒毛心、虎斑心、囊尾蚴等。

8.3.7 肝脏检查。视检形状、大小、色泽；触检被膜和实质弹性；剖检肝门淋巴结。必要时，剖检肝实质和胆囊。检查有无淤血、水肿、变性、黄染、坏死、硬化，以及肿瘤、结节、寄生虫等病变。

8.3.8 胃肠检查。观察胃肠浆膜有无异常，必要时剖检胃肠，检查黏膜，观察黏膜有无充血、水肿、出血、坏死、溃疡以及回盲瓣扣状肿、结节、寄生虫等病变。

8.3.9 肾脏检查(与胴体检查一并进行)。剥离肾包膜，视检形状、大小、色泽及表面状况，触检质地，必要时纵向剖检肾实质。检查有无淤血、出血、肿胀等病变，以及肾盂内有无渗出物、结石等。

8.3.10 必要时，剖检膀胱有无异常，观察黏膜有无充血、出血。

8.4 **胴体检疫**

8.4.1 重点检查有无猪瘟、猪肺疫、炭疽病、猪丹毒、链球菌、胸膜肺炎、结核、旋毛虫、囊尾蚴、住肉孢子虫、钩端螺旋体等疫病。

8.4.2 外观检查。开膛前视检皮肤；开膛后视检皮下组织、脂肪、肌肉以及胸腔、腹腔浆膜。检查有无充血、出血以及疹块、黄染、脓肿和其他异常现象。

8.4.3 淋巴结检查。剖检肩前淋巴结、腹股沟浅淋巴结、髂内淋巴结、股前淋巴结，必要时剖检髂外淋巴结和腹股沟深(或髂下)淋巴结。检查有无淤血、水肿、出血、坏死、增生等病变，注意猪瘟大理石样病变。

8.4.4 **肌肉检查**

8.4.4.1 剖检两侧深腰肌、股内侧肌，必要时检查肩胛外侧肌，检查有无囊尾蚴和白肌肉(PSE 肉)。两侧深腰肌沿肌纤维方向切开，刀迹长 20 cm、深 3 cm 左右；股内侧肌纵切，刀迹长 15 cm、深 8 cm 左右；肩胛外侧肌沿肩胛内侧纵切，刀迹长 15 cm、深 8 cm 左右。

8.4.4.2 检查膈肌。主要检查旋毛虫、住肉孢子虫、囊尾蚴。旋毛虫、住肉孢子虫采用肉眼检查、实验室检验的方法。在每头猪左右横膈肌脚采取不少于 30 g 肉样各一块，编上与胴体同一的号码，撕去肌膜，肉眼观察有无针尖大小的旋毛虫白色点状虫体或包囊，以及柳叶状的住肉孢子虫。

旋毛虫实验室检验：剪取上述样品 24 个肉粒(每块肉样 12 粒)，制成肌肉压片，置于低倍显微镜下或旋毛虫投影仪检查。有条件的，可采用集样消化法检查。

8.5 摘除免疫耳标。检疫不合格的立即摘除耳标，凭耳标编码追溯疫源。

8.6 复检。上述检疫流程结束后，检疫员对检疫情况进行复检，综合判定检疫结果，并监督检查甲状腺、肾上腺和异常淋巴结的摘除情况，填写宰后检疫记录。

9 宰后检疫结果处理

9.1 经检疫合格的，由检疫员在胴体上加盖统一的检疫验讫印章，签发《动物产品检疫合格证明》。验讫印章的材料应使用无毒、无害的食品蓝。

9.2 检疫不合格的，根据不同情况采取下列相应措施：

9.2.1 经宰后检疫发现一类疫病和炭疽时，采取以下措施：

9.2.1.1 按本规范 7.5.1、7.5.2、7.5.4、7.5.5 规定处理。

9.2.1.2 病猪胴体、内脏及其他副产品、同批产品及副产品按 GB 16548 规定处理。

9.2.2 经宰后检疫发现除炭疽以外的二类猪动物疫病和其他疫病的胴体及副产品，按 GB 16548 规定处理；污染的场所、器具，按规定采取严格消毒等防疫措施。

9.2.3 经宰后检疫发现肿瘤者，胴体、头蹄尾、内脏销毁。

9.2.4 经宰后检疫发现局部损伤及外观色泽异常者，按下列规定处理：

9.2.4.1 黄疸、过度消瘦者，全尸作工业用或销毁。

9.2.4.2 局部创伤、化脓、炎症、硬变、坏死、淤血、出血、肥大或萎缩，寄生虫损害、白肌肉(PSE 肉)及其他有碍品质卫生安全的部分，病变部分销毁，其余部分可有条件利用。

9.3 检疫员应在需作生物安全处理的胴体等产品上加盖统一专用的处理印章或相应的标记，监督厂(场)方做好生物安全处理，并填写处理记录。

9.4 宰后检疫各项记录应填写完整，保存 5 年以上。

10 疫情报告

检疫员在屠宰检疫各个环节发现动物疫情时，按规定向畜牧兽医行政管理部门报告。

ICS 65.120
B 46

中华人民共和国农业行业标准

NY/T 910—2004

饲料中盐酸氯苯胍的测定 高效液相色谱法

Determination of robenidini hydrochloridum in feeds —High-performance liquid chromatography

2005-01-04 发布 2005-02-01 实施

中华人民共和国农业部 发布

前　言

本标准由中华人民共和国农业部提出。

本标准由全国饲料工业标准化技术委员会归口。

本标准主要起草单位:农业部饲料质量监督检验测试中心(济南),农业部饲料质量监督检验测试中心(沈阳)。

本标准主要起草人:李俊玲、刘学江、徐强、周岚、田颖、张桂萍、朱良智。

饲料中盐酸氯苯胍的测定
高效液相色谱法

1 范围

本标准规定了用高效液相色谱仪测定饲料中盐酸氯苯胍的方法。

本标准适用于配合饲料、浓缩饲料及添加剂预混合饲料中盐酸氯苯胍的测定，最低检测浓度为2.5 mg/kg。

2 规范性引用文件

下列文件中的条款通过本标准的引用而成为本标准的条款。凡是注日期的引用文件，其随后所有的修改单(不包括勘误的内容)或修订版均不适用于本标准，然而，鼓励根据本标准达成协议的各方研究是否可使用这些文件的最新版本。凡是不注日期的引用文件，其最新版本适用于本标准。

GB/T 6682　分析实验室用水规格和试验方法

GB/T 14699　饲料采样方法

3 原理

试料中的盐酸氯苯胍用甲醇提取。提取液经浓缩蒸干，用酸性甲醇溶解后，在 HPLC 反相柱上分离，紫外检测器(UV 检测器)352 nm 处测定。

4 试剂

除非另有说明，本标准所用试剂为分析纯，水为蒸馏水，符合 GB/T 6682 三级水的规定。色谱用超纯水符合 GB/T 6682 一级水的规定。

4.1 甲醇

4.2 甲醇

色谱纯，过 0.45 μm 有机滤膜。

4.3 乙酸

优级纯。

4.4 乙酸甲醇溶液

取 2 mL 乙酸(4.3)用甲醇(4.2)定容至 1 000 mL。

4.5 HPLC 流动相

取 900 mL 甲醇(4.2)与 100 mL 超纯水混匀，加 1 mL 三乙醇胺，混匀，用前超声脱气 5 min～10 min。

4.6 盐酸氯苯胍标准溶液

4.6.1 盐酸氯苯胍标准贮备液

称取盐酸氯苯胍对照品(含量不少于 99.8%)10 mg(准确至 0.1 mg)，用甲醇(4.2)溶解并定容至 100 mL，其浓度为 100 μg/mL，贮存于 0℃～8℃冰箱中。溶液有效期 1 个月。

4.6.2 盐酸氯苯胍标准工作液

取标准贮备液(4.6.1)2 mL 于旋转蒸发器蒸干，用乙酸甲醇溶液(4.4)溶解并定容至 10 mL。该溶液浓度为 20 μg/mL。现用现配。

4.6.3 标准系列

精确移取标准工作液(4.6.2)0.100 mL、0.250 mL、0.500 mL、0.750 mL、1.000 mL、1.500 mL,用甲醇(4.2)稀释至 10 mL。该标准系列中盐酸氯苯胍的相应浓度分别为:0.20 μg/mL、0.50 μg/mL、1.00 μg/mL、1.50 μg/mL、2.00 μg/mL、3.00 μg/mL。现用现配。

5 仪器

5.1 分析天平

感量 0.1 mg。

5.2 超纯水器

5.3 超声波清洗器

5.4 离心机

4 000 r/min。

5.5 旋转蒸发器

5.6 旋涡混合器

5.7 高效液相色谱仪

具有 C_{18}柱和 UV 检测器。

6 采样

6.1 采样步骤

按 GB/T 14699 采取具有代表性的饲料样品 1 000 g。

6.2 试样的制备

用四分法缩减饲料样品(6.1),分取 200 g 左右,粉碎全部过 0.45 mm 孔径筛,充分混匀,装入磨口瓶中备用。

7 分析步骤

7.1 提取

称取适量试料(配合饲料 5 g,浓缩饲料、添加剂预混合饲料 1 g～2 g)精确至 0.1 mg,置于 100 mL 三角瓶中,准确加入甲醇(4.1)50 mL,振摇使试料全部润湿,放在超声波清洗器中超声提取 20 min,中间振摇 3 次～4 次。超声结束后,用手旋摇数秒,把溶液转移至离心管中,于离心机上 4 000 r/min 离心 10 min。

7.2 浓缩

取上清液 3 mL～5 mL,于 40℃旋转蒸发器中蒸干,残渣加 2 mL 乙酸甲醇溶液(4.4)溶解,并旋涡混合数十秒,置超声波清洗器中超声处理 2 min～3 min。用手旋摇数秒,过 0.45 μm 有机滤膜,滤液供上机用。

对于含盐酸氯苯胍较高的浓缩饲料和添加剂预混合饲料,可先取适量上清液,用甲醇(4.2)稀释,取稀释液浓缩蒸干,并用乙酸甲醇溶液(4.4)溶解,使试样溶液中盐酸氯苯胍最终浓度为 0.2 μg/mL～3 μg/mL。

7.3 测定

7.3.1 高效液相色谱条件

色谱柱:C_{18}柱,柱长 250 mm,内径 4.6 mm,粒度 5 μm 或类似分析柱。

柱温:室温。

流动相：甲醇＋水＋三乙醇胺＝900＋100＋1。

流速：1.0 mL/min。

检测器：UV 检测器。

检测波长：352 nm。

进样量：20 μL。

7.3.2 定量测定

向色谱仪分别注入标准溶液和试样溶液，积分得到峰面积，用单点或多点标准法定量。

8 结果计算

饲料中盐酸氯苯胍的含量 X，以毫克每千克(mg/kg)表示，按式(1)计算：

$$X=\frac{m_1}{m}\times D \qquad (1)$$

式中：

X ——饲料中盐酸氯苯胍的含量，单位为毫克每千克(mg/kg)；

m_1 ——试料色谱峰面积对应的盐酸氯苯胍的质量，单位为微克(μg)；

m ——试料质量，单位为克(g)；

D ——稀释倍数。

计算结果保留 3 位有效数字。

9 精密度

9.1 重复性

在同一实验室、由同一操作人员完成的 2 个平行测定结果，相对偏差不大于 5%，以 2 次平行测定结果的算术平均值为测定结果。

9.2 再现性

在不同的实验室、由不同的操作人员、用不同的仪器设备完成的测定结果，相对偏差不大于 10%。

ICS 65.120
B 46

中华人民共和国农业行业标准

NY/T 911—2004

饲料添加剂　β-葡聚糖酶活力的测定
分光光度法

Determination of β-glucanase activity in feed additives
—Spetrothoetric method

2005-01-04 发布　　2005-02-01 实施

中华人民共和国农业部 发布

前　言

本标准的附录为资料性附录。

本标准由中华人民共和国农业部提出。

本标准由全国饲料工业标准化技术委员会归口。

本标准主要起草单位：中国农业大学农业部饲料工业中心、芬兰饲料国际有限公司、广东溢多利生物技术股份有限公司、辽宁众博饲料科技有限公司、北京中农博特生物工程技术有限公司、武汉新华扬生物有限公司。

本标准主要起草人：陆文清、李德发、张丽英、朴香淑、邢建军、刘兴海。

饲料添加剂　β-葡聚糖酶活力的测定 分光光度法

1　范围

本标准规定了用还原糖比色法测定饲料添加剂中β-葡聚糖酶的活力。

本标准适用于饲料添加剂用的饲料酶产品，也适用于添加有β-葡聚糖酶的浓缩饲料和添加剂预混合饲料。样品的最低检出量为1.0 U/g。

2　规范性引用文件

下列文件中的条款通过本标准的引用而成为本标准的条款。凡是注日期的引用文件，其随后所有的修改单(不包括勘误的内容)或修订版均不适用于本标准，然而，鼓励根据本标准达成协议的各方研究是否可使用这些文件的最新版本。凡是不注日期的引用文件，其最新版本适用于本标准。

GB/T 6682　分析实验室用水规格和试验方法

3　术语和定义

下列术语和定义适用于本标准。

β-葡聚糖酶活力单位

在37℃、pH为5.5的条件下，每分钟从浓度为4 mg/mL的β-葡聚糖溶液中降解释放1 μmol还原糖所需要的酶量为一个酶活力单位(U)。

4　原理

β-葡聚糖酶能将β-葡聚糖降解成寡糖和单糖。具有还原性末端的寡糖和有还原基团的单糖在沸水浴条件下可以与DNS试剂发生显色反应。反应液颜色的强度与酶解产生的还原糖量成正比，而还原糖的生成量又与反应液中纤维素酶的活力成正比。因此，通过分光比色测定反应液颜色的强度，可以计算反应液中纤维素酶的活力。

警告：在处理酸、碱和配制DNS试剂时，请戴上保护眼镜和乳胶手套，实验应在通风橱或通风良好的房间进行。一旦皮肤或眼睛接触了上述物质，应及时用大量的水冲洗。

5　试剂与溶液

除特殊说明外，所用的试剂均为分析纯，水均为符合GB/T 6682中规定的二级水。

5.1　氢氧化钠溶液，浓度 $c(NaOH)$ 为200 g/L

称取氢氧化钠20.0 g，加水溶解，定容至100 mL。

5.2　乙酸溶液，浓度 $c(CH_3COOH)$ 为0.1 mol/L

吸取冰乙酸0.60 mL，加水溶解，定容至100 mL。

5.3　乙酸钠溶液，浓度 $c(CH_3COONa)$ 为0.1 mol/L

称取三水乙酸钠1.36 g，加水溶解，定容至100 mL。

5.4　乙酸—乙酸钠缓冲溶液，浓度 $c(CH_3COOH—CH_3COONa)$ 为0.1 mol/L，pH为5.5

称取三水乙酸钠23.14 g，加入冰乙酸1.70 mL。再加水溶解，定容至2 000 mL。测定溶液的pH。

如果 pH 偏离 5.5,再用乙酸溶液(5.2)或乙酸钠溶液(5.3)调节至 5.5。

5.5 葡萄糖溶液,浓度 $c(C_6H_{12}O_6)$ 为 10.0 mg/mL

称取无水葡萄糖 1.000 g,加乙酸—乙酸钠缓冲溶液(5.4)溶解,定容至 100 mL。

5.6 β-葡聚糖溶液,浓度为 8.0 g/L

称取β-葡聚糖 0.40 g,加入乙醇 5.0 mL 润湿β-葡聚糖,再加入 40 mL 乙酸—乙酸钠缓冲溶液(5.4)。磁力搅拌,同时缓慢加热,直至β-葡聚糖完全溶解。(注:在搅拌加热的过程中,可以补加适量的缓冲液,但是溶液的总体积不能超过 50 mL。)然后,停止加热,继续搅拌 30 min,用乙酸—乙酸钠缓冲溶液(5.4)定容至 50 mL。β-葡聚糖溶液能立即使用,使用前适当摇匀。4℃避光保存,有效期为 3 d。

冷冻保存,有效期为 2 个月(使用前,在 4℃条件下解冻)。

5.7 DNS 试剂

称取 3,5-二硝基水杨酸 3.15 g(化学纯),加水 500 mL,搅拌 5 s,水浴至 45℃。然后,逐步加入 100 mL氢氧化钠溶液(5.1),同时不断搅拌,直到溶液清澈透明(注意:在加入氢氧化钠过程中,溶液温度不要超过 48℃)。再逐步加入四水酒石酸钾钠 91.0 g、苯酚 2.50 g 和无水亚硫酸钠 2.50 g。继续 45℃水浴加热,同时补加水 300 mL,不断搅拌,直到加入的物质完全溶解。停止加热,冷却至室温后,用水定容至 1 000 mL。用烧结玻璃过滤器过滤。取滤液,储存在棕色瓶中,避光保存。室温下存放 7 d 后可以使用,有效期为 6 个月。

6 仪器与设备

6.1 实验室用样品粉碎机或碾钵

6.2 分样筛

孔径为 0.25 mm(60 目)。

6.3 分析天平

感量 0.001 g。

6.4 pH 计

精确至 0.01。

6.5 磁力搅拌器

附加热功能。

6.6 电磁振荡器

6.7 烧结玻璃过滤器

孔径为 0.45 μm。

6.8 离心机

3 000 r/min。

6.9 恒温水浴锅

温度控制范围在 30℃～60℃之间,精度为 0.1℃。

6.10 秒表

每小时误差不超过 5 s。

6.11 分光光度计

能检测 350 nm～800 nm 的吸光度范围。

6.12 移液器

精度为 1 μL。

6.13 冰箱

7 标准曲线的绘制

吸取乙酸—乙酸钠缓冲溶液(5.4)4.0 mL,加入 DNS 试剂(5.7)5.0 mL,沸水浴加热 5 min。用自来水冷却至室温,用水定容至 25.0 mL,制成标准空白样。

分别吸取葡萄糖溶液(5.5)1.00 mL、2.00 mL、3.00 mL、4.00 mL、5.00 mL、6.00 mL 和 7.00 mL,分别用缓冲溶液(5.4)定容至 100 mL,配制成浓度为 0.10 mg/mL～0.70 mg/mL 葡萄糖标准溶液。

分别吸取上述浓度系列的葡萄糖标准溶液各 2.00 mL(做 2 个平行),分别加入到刻度试管中,再分别加入 2.0 mL 缓冲液(5.4)和 5.0 mL DNS 试剂(5.7)。电磁振荡 3 s,沸水浴加热 5 min。然后,用自来水冷却到室温,再用水定容至 25 mL。以标准空白样为对照调零,在 540 nm 处测定吸光度 OD 值。

以葡萄糖浓度为 Y 轴、吸光度 OD 值为 X 轴,绘制标准曲线。每次新配制 DNS 试剂均需要重新绘制标准曲线。

8 试样溶液的制备

固体样品应粉碎或充分碾碎,然后过 60 目筛(孔径为 0.25 mm),按照附录 A 中建议的称样量称取试样 2 份,精确至 0.001 g。加入 40 mL 乙酸—乙酸钠缓冲溶液(5.4)。磁力搅拌 30 min,再用缓冲溶液(5.4)定容至 100 mL,在 4℃条件下避光保存 24 h。上离心机(6.8)离心 3 min,取上清液,再用缓冲溶液(5.4)做适当稀释(稀释后的待测酶液中 β-葡聚糖酶活力最好能控制在 0.04 U/mL～0.08 U/mL 之间)。

液体样品可以直接用乙酸—乙酸钠缓冲溶液(5.4)进行稀释、定容(稀释后的酶液中纤维素酶活力最好能控制在 0.04 U/mL～0.08 U/mL 之间)。如果稀释后酶液的 pH 偏离 5.5,需要用乙酸溶液(5.2)或乙酸钠溶液(5.3)调节校正至 5.5,然后再用缓冲溶液(5.4)做适当稀释定容。

9 测定步骤

吸取 10.0 mL β-葡聚糖溶液(5.6),37℃平衡 20 min。

吸取 10.0 mL 经过适当稀释的酶液,37℃平衡 10 min。

吸取 2.00 mL 经过适当稀释的酶液(已经过 37℃平衡),加入到刻度试管中,再加入 5 mL DNS 试剂(5.7),电磁振荡 3 s。然后加入 2.0 mL β-葡聚糖溶液(5.6),37℃平衡 30 min,沸水浴加热 5 min。用自来水冷却至室温,加水定容至 25 mL,电磁振荡 3 s。以标准空白样(参见 7)为空白对照,在 540 nm 处测定吸光度 A_B。

吸取 2.00 mL 经过适当稀释的酶液(已经过 37℃平衡),加入到刻度试管中,再加入 2.0 mL β-葡聚糖(5.6)(已经过 37℃平衡),电磁振荡 3 s,37℃精确保温 30 min。加入 5.0 mL DNS 试剂(5.7),电磁振荡 3 s,以终止酶解反应。沸水浴加热 5 min,用自来水冷却至室温,加水定容至 25 mL,电磁振荡 3 s。以标准空白样(参见 7)为空白对照,在 540 nm 处测定吸光度 A_E。

10 试样酶活力按式(1)、式(2)计算

$$X_D=\frac{[(A_E-A_B)\times K+Co]}{M\times t}\times 1\,000 \quad \cdots\cdots (1)$$

式中:

X_D ——试样稀释液的 β-葡聚糖酶活力,单位为酶活力单位每毫升(U/mL);

A_E ——酶反应液的吸光度;

A_B ——酶空白样的吸光度;

K ——标准曲线的斜率;

Co ——标准曲线的截距;

M ——葡萄糖的摩尔质量 $M(C_6H_{12}O_6)=180.2$ g/mol；

t ——酶解反应时间，单位为分钟(min)；

1 000——转化因子，1 mmol=1 000 μmol。

X_D 值应在 0.04 U/mL～0.08 U/mL 之间。如果不在这个范围内，应重新选择酶液的稀释度，再进行分析测定。

$$X = X_D \times D_f \qquad (2)$$

式中：

X ——试样中 β-葡聚糖酶的活力，单位为酶活力单位每克(U/g)；

D_f——试样的稀释倍数。

酶活力的计算值保留 3 位有效数字。

11 重复性

每个试样应取 2 份平行样进行分析测定，相对误差不超过 8.0%，二者的平均值为最终的酶活力测定值(保留 3 位有效数字)。

附　录　A
（资料性附录）
建 议 称 样 量

β-葡聚糖酶活力，U/g	称样量，g
＞2 000	0.1～0.2
500～2 000	0.2～0.5
200～500	0.5～1.0
50～200	1.0～2.0
10～50	2.0～5.0
1～10	5.0～10.0

ICS 65.120
B 46

中华人民共和国农业行业标准

NY/T 912—2004

饲料添加剂　纤维素酶活力的测定 分光光度法

Determination of cellulase activity in feed additives
—Spetrothoetric method

2005-01-04 发布　　2005-02-01 实施

中华人民共和国农业部 发布

前 言

本标准的附录A为资料性附录。

本标准由中华人民共和国农业部提出。

本标准由全国饲料工业标准化技术委员会归口。

本标准起草单位：中国农业大学农业部饲料工业中心、芬兰饲料国际有限公司、广东溢多利生物技术股份有限公司、辽宁众博饲料科技有限公司、北京中农博特生物工程技术有限公司、武汉新华扬生物有限公司。

本标准主要起草人：谯仕彦、陆文清、刘兴海、李德发、邢建军。

饲料添加剂　纤维素酶活力的测定
分光光度法

1　范围

本标准规定了用还原糖比色法测定饲料添加剂中纤维素酶的活力。

本标准适用于饲料添加剂用的饲料酶产品，也适用于含有纤维素酶的添加剂预混合饲料。样品的最低检出量为1.0 U/g。

2　规范性引用文件

下列文件中的条款通过本标准的引用而成为本标准的条款。凡是注日期的引用文件，其随后的所有修改单(不包括勘误的内容)或修订版均不适用于本标准，然而，鼓励根据本标准达成协议的各方研究是否可使用这些文件的最新版本。凡是不注日期的引用文件，其最新版本适用于本标准。

GB/T 6682　分析实验室用水规格和试验方法

3　术语和定义

下列术语和定义适用于本标准。

纤维素酶活力单位

在37℃、pH为5.5的条件下，每分钟从浓度为4 mg/mL的羧甲基纤维素钠溶液中降解释放1 μmol还原糖所需要的酶量为一个酶活力单位(U)。

4　原理

纤维素酶能将羧甲基纤维素降解成寡糖和单糖。具有还原性末端的寡糖和有还原基团的单糖在沸水浴条件下可以与DNS试剂发生显色反应。反应液颜色的强度与酶解产生的还原糖量成正比，而还原糖的生成量又与反应液中纤维素酶的活力成正比。因此，通过分光比色测定反应液颜色的强度，可以计算反应液中纤维素酶的活力。

警告：在处理酸、碱和配制DNS试剂时，请戴上保护眼镜和乳胶手套，实验应在通风橱或通风良好的房间进行。一旦皮肤或眼睛接触了上述物质，应及时用大量的水冲洗。

5　试剂与溶液

除特殊说明外，所用的试剂均为分析纯，水均为符合GB/T 6682中规定的二级水。

5.1　氢氧化钠溶液，浓度 $c(NaOH)$ 为200 g/L

称取氢氧化钠20.0 g，加水溶解，定容至100 mL。

5.2　乙酸溶液，浓度 $c(CH_3COOH)$ 为0.1 mol/L

吸取冰乙酸0.60 mL，加水溶解，定容至100 mL。

5.3　乙酸钠溶液，浓度 $c(CH_3COONa)$ 为0.1 mol/L

称取三水乙酸钠1.36 g，加水溶解，定容至100 mL。

5.4　乙酸—乙酸钠缓冲溶液，浓度 $c(CH_3COOH—CH_3COONa)$ 为0.1 mol/L，pH为5.5

称取三水乙酸钠23.14 g，加入冰乙酸1.70 mL。再加水溶解，定容至2 000 mL。测定溶液的pH。

如果 pH 偏离 5.5,再用乙酸溶液(5.2)或乙酸钠溶液(5.3)调节至 5.5。

5.5 葡萄糖溶液,浓度 $c(C_6H_{12}O_6)$ 为 10.0 mg/mL

称取无水葡萄糖 1.000 g,加乙酸—乙酸钠缓冲液(5.4)溶解,定容至 100 mL。

5.6 羧甲基纤维素钠溶液,浓度为 8.0 g/L

称取羧甲基纤维素钠(Sigma C5678)0.80 g,加入 80 mL 乙酸—乙酸钠缓冲溶液(5.4)。磁力搅拌,同时缓慢加热,直至羧甲基纤维素钠完全溶解(注:在搅拌加热的过程中,可以补加适量的缓冲液,但是溶液的总体积不能超过 100 mL。)。然后,停止加热,继续搅拌 30 min,用乙酸—乙酸钠缓冲溶液(5.4)定容至 100 mL。羧甲基纤维素钠溶液能立即使用,使用前适当摇匀。4℃避光保存,有效期为3 d。

5.7 DNS 试剂

称取 3,5-二硝基水杨酸 3.15 g(化学纯),加水 500 mL,搅拌 5 s,水浴至 45℃。然后逐步加入 100 mL氢氧化钠溶液(5.1),同时不断搅拌,直到溶液清澈透明(注意:在加入氢氧化钠过程中,溶液温度不要超过 48℃。)。再逐步加入四水酒石酸钾钠 91.0 g、苯酚 2.50 g 和无水亚硫酸钠 2.50 g。继续 45℃水浴加热,同时补加水 300 mL,不断搅拌,直到加入的物质完全溶解。停止加热,冷却至室温后,用水定容至 1 000 mL。用烧结玻璃过滤器过滤。取滤液,储存在棕色瓶中,避光保存。室温下存放 7 d 后可以使用,有效期为 6 个月。

6 仪器与设备

6.1 实验室用样品粉碎机或碾钵。

6.2 分样筛

孔径为 0.25 mm(60 目)。

6.3 分析天平

感量 0.001 g。

6.4 pH 计

精确至 0.01。

6.5 磁力搅拌器

附加热功能。

6.6 电磁振荡器

6.7 烧结玻璃过滤器

孔径为 0.45 μm。

6.8 离心机

3 000 r/min。

6.9 恒温水浴锅

温度控制范围在 30℃~60℃之间,精度为 0.1℃。

6.10 秒表

每小时误差不超过 5 s。

6.11 分光光度计

能检测 350 nm~800 nm 的吸光度范围。

6.12 移液器

精度为 1 μL。

6.13 冰箱

7 标准曲线的绘制

吸取缓冲液(5.4)4.0 mL,加入 DNS 试剂(5.7)5.0 mL,沸水浴加热 5 min。用自来水冷却至室温,用水定容至 25.0 mL,制成标准空白样。

分别吸取葡萄糖溶液(5.5)1.00 mL、2.00 mL、3.00 mL、4.00 mL、5.00 mL、6.00 mL 和 7.00 mL,分别用缓冲液(5.4)定容至 100 mL,配制成浓度为 0.10 mg/mL～0.70 mg/mL 葡萄糖标准溶液。

分别吸取上述浓度系列的葡萄糖标准溶液各 2.00 mL(做 2 个平行),分别加入到刻度试管中,再分别加入 2 mL 水和 5 mL DNS 试剂(5.7)。电磁振荡 3 s,沸水浴加热 5 min。然后,用自来水冷却到室温,再用水定容至 25 mL。以标准空白样为对照调零,在 540 nm 处测定吸光度 OD 值。

以葡萄糖浓度为 Y 轴、吸光度 OD 值为 X 轴,绘制标准曲线。每次新配制 DNS 试剂均需要重新绘制标准曲线。

8 试样溶液的制备

固体样品应粉碎或充分碾碎,然后过 60 目筛(孔径为 0.25 mm),按照附录 A 中建议的称样量称取试样 2 份,精确至 0.001 g。加入 40 mL 乙酸—乙酸钠缓冲溶液(5.4)。磁力搅拌 30 min,再用缓冲溶液(5.4)定容至 100 mL,在 4℃条件下避光保存 24 h。摇匀,取出 30 mL～50 mL,上离心机离心 3 min。吸取 5.00 mL 上清液,再用缓冲溶液(5.4)做二次稀释(稀释后的待测酶液中纤维素酶活力最好能控制在 0.04 U/mL～0.08 U/mL 之间)。

液体样品可以直接用乙酸—乙酸钠缓冲溶液(5.4)进行稀释、定容(稀释后的酶液中纤维素酶活力最好能控制在 0.04 U/mL～0.08 U/mL 之间)。如果稀释后酶液的 pH 偏离 5.5,需要用乙酸溶液(5.2)或乙酸钠溶液(5.3)调节校正至 5.5,然后再用缓冲溶液(5.4)做适当稀释定容。

9 测定步骤

吸取 10.0 mL 羧甲基纤维素钠溶液(5.6),37℃平衡 10 min。

吸取 10.0 mL 经过适当稀释的酶液,37℃平衡 10 min。

吸取 2.00 mL 经过适当稀释的酶液(已经过 37℃平衡),加入到刻度试管中,再加入 5 mL DNS 试剂(5.7),电磁振荡 3 s。然后加入 2.0 mL 羧甲基纤维素钠溶液(5.6),37℃保温 30 min,沸水浴加热 5 min。用自来水冷却至室温,加水定容至 25 mL,电磁振荡 3 s。以标准空白样(参见 7)为空白对照,在 540 nm 处测定吸光度 A_B。

吸取 2.00 mL 经过适当稀释的酶液(已经过 37℃平衡),加入到刻度试管中,再加入 2.0 mL 羧甲基纤维素钠(5.6)(已经过 37℃平衡),电磁振荡 3 s,37℃精确保温 30 min。加入 5.0 mL DNS 试剂(5.7),电磁振荡 3 s,以终止酶解反应。沸水浴加热 5 min,用自来水冷却至室温,加水定容至 25 mL,电磁振荡 3 s。以标准空白样(参见 7)为空白对照,在 540 nm 处测定吸光度 A_E。

10 试样酶活力的计算

试样纤维素酶活力按式(1)、式(2)计算。

$$X_D=\frac{[(A_E-A_B)\times K+Co]}{M\times t}\times 1\,000 \qquad (1)$$

式中:

X_D ——试样稀释液的纤维素酶活力,单位为酶活力单位每毫升(U/mL);

A_E ——酶反应液的吸光度;

A_B ——酶空白样的吸光度;

K ——标准曲线的斜率;

C_0——标准曲线的截距；

M——葡萄糖的摩尔质量 $M(C_6H_{12}O_6)=180.2\ g/mol$；

t——酶解反应时间，单位为分钟(min)；

1 000——转化因子，1 mmol=1 000 μmol。

X_D 值应在 0.04 U/mL～0.08 U/mL 之间。如果不在这个范围内，应重新选择酶液的稀释度，再进行分析测定。

$$X=X_D\times D_f \tag{2}$$

式中：

X——试样纤维素酶的活力，单位为酶活力单位每克(U/g)；

D_f——试样的总稀释倍数。

酶活力的计算值保留 3 位有效数字。

11 重复性

同一试样两个平行测定值的相对误差不超过 8.0%，二者的平均值为最终的酶活力测定值(保留 3 位有效数字)。

附　录　A
（资料性附录）
建 议 称 样 量

纤维素酶活力，U/g	称样量，g
＞2 000	0.1～0.2
500～2 000	0.2～0.5
200～500	0.5～1.0
50～200	1.0～2.0
10～50	2.0～5.0
1～10	5.0～10.0

ICS 65.120
B 46

中华人民共和国农业行业标准

NY/T 913—2004

饲料级　混合油

Feed grade blended oil

2005-01-04 发布　　2005-02-01 实施

中华人民共和国农业部　发布

前　言

本标准参照了美国动物蛋白及油脂提炼协会(NRA)、美国官方饲料控制协会(AAFCO)及日本农林水产省对饲料级混合油、饲料用油的规定,在调研了我国饲料用混合油的生产现状(供货来源、产品质量)的基础上,制定了我国饲料用混合油的质量标准,质量指标达到国际同类产品的先进水平。检验标准以我国国标方法为主,并采用一部分中国国家出入境检验检疫局发布的最新行业标准。

本标准由中华人民共和国农业部提出。

本标准由全国饲料工业标准化技术委员会归口。

本标准主要起草单位:中国农业大学农业部饲料工业中心,国家饲料工程技术研究中心;农业部饲料质量监督检验中心(成都);农业部饲料质量监督检验中心(广州)。

本标准主要起草人:李德发、李振田、王凤来、张丽英、林顺全、李云。

饲料级　混合油

1　范围

本标准规定了饲料级混合油的质量指标、检验方法、检验规则及包装和贮存等要求。

本标准适用于来自餐饮业或食品业用后之植物油与牛油等动物油混合而得的脂肪产品。

2　规范性引用文件

下列文件中的条款通过本标准的引用而成为本标准的条款。凡是注日期的引用文件，其随后所有的修改单(不包括勘误的内容)或修订版均不适用于本标准，然而，鼓励根据本标准达成协议的各方研究是否可使用这些文件的最新版本。凡是不注日期的引用文件，其最新版本适用于本标准。

GB/T 5009.11　食品中总砷的测定方法

GB/T 5009.22　食品中黄曲霉毒素的测定方法

GB/T 5009.27　食品中苯并(a)芘的测定方法

GB/T 5009.37　食用植物油卫生标准的分析方法

GB/T 5524　植物油检验扦样、分样法

GB/T 5532　植物油碘价测定

GB/T 5534　植物油脂检验　皂化价测定法

GB/T 5535.1　动植物油脂不皂化物测定　第一部分：乙醚提取法(第一方法)

GB/T 5538　油脂过氧化值测定

GB/T 7102.2　食用植物油煎炸过程中的极性组分(PC)的测定方法

GB 10648　饲料标签

GB/T 15688　动植物油脂中不溶性杂质含量的测定

SN/T 0801.18　进出口动植物油脂水分及挥发物检验方法

SN/T 0801.19　进出口动植物油脂游离脂肪酸和酸价检验方法

3　术语和定义

下列术语和定义适用于本标准。

3.1

饲料级混合油　feed grade blended oil

餐饮业和食品业用后的植物油与动物油的混合物，经去水、去渣，但无脱色及脱味处理，只被用于饲料生产。

3.2

极性组分　polar ingredient

食用油在煎炸食品的工艺条件下发生劣变，发生了热氧化反应、热聚合反应、热氧化聚合反应、热裂解反应和水解反应，产生了比正常植物油分子(甘油三酸酯)极性较大的一些成分，是甘油三酸酯的热氧化产物(含有酮基、醛基、羟基、过氧化氢基和羧基的甘油三酸酯)热聚合产物、热氧化聚合产物、水解产物(游离脂肪酸、一酸甘油酯和二酸甘油酯)的总称。

4 要求

4.1 感官要求

4.1.1 外观

混合油外观应为浅黄色至浅棕色。

4.1.2 气味

混合油应无酸败、焦臭及其他异味。

4.2 质量要求

饲料级混合油的质量指标见表1。

表1 饲料级混合油质量指标

项　　目	指　标
碘价(每100 g油吸收碘的质量),g	50～90
皂化价(皂化1 g油脂所需要的氢氧化钾的质量),mg	≥190
水分及挥发物,%	≤1.0
不溶性杂质,%	≤0.5
非皂化物,%	≤1.0

4.3 卫生要求

饲料级混合油的卫生指标见表2。

表2 饲料级混合油的卫生指标

项　　目	指　标
酸价(中和1 g油脂样品中的游离脂肪酸所需要的氢氧化钾的质量),mg	≤20
过氧化值(样品中活性氧的物质的量),mmol/kg	≤15
羰基价,mmol/kg	≤50
极性组分,%	≤27
游离棉酚,%	≤0.02
黄曲霉毒素 B_1,μg/kg	≤10
苯并(a)芘,μg/kg	≤10
砷(以As计),mg/kg	≤7

5 试验方法

5.1 感官检验

5.1.1 外观

将抽取的混合油充分摇动,混合均匀,取适量于直径25 mm的试管中,在光线明亮处检查其外观,颜色深度应在浅黄色至浅棕色之间。

5.1.2 气味

取混合油试样50 mL,注入100 mL烧杯中,加温至50℃用玻璃棒边搅拌边检查气味。有酸败、焦臭或其他异味者为不合格产品。

5.2 碘价

按GB/T 5532执行。

5.3 皂化价

按 GB/T 5534 执行。

5.4 不皂化物

按 GB/T 5535.1 执行。

5.5 水分及挥发物

按 SN/T 0801.18 执行。

5.6 不溶性杂质

按 GB/T 15688 执行。

5.7 酸价

按 SN/T 0801.19 执行。

5.8 过氧化值

按 GB/T 5538 执行。

5.9 羰基价

按照 GB 5009.37 执行。

5.10 极性组分

按照 GB/T 7102.2 执行。

5.11 游离棉酚

按照 GB 5009.37 执行。

5.12 黄曲霉毒素

按照 GB/T 5009.22 执行。

5.13 苯并(a)芘

按照 GB 5009.27 执行。

5.14 砷

按照 GB/T 5009.11 执行。

6 检验规则

6.1 组批规则与抽样方法

以同一批加工处理的混合油为一检验批，样品的抽取规则和方法按 GB/T 5524 执行。

6.2 检验分类

6.2.1 出厂检验

每批产品必须进行出厂检验，出厂检验由生产单位质量检验部门执行。检验项目为感官要求、质量指标和卫生指标中的酸价和过氧化值两项。检验合格签发合格证，产品凭检验合格证入库或出厂。

6.2.2 型式检验

有下列情况之一时，应进行型式检验。检验项目为本标准规定的全部项目。

a) 长期停产，恢复生产时；

b) 原料变化或改变主要生产工艺，可能影响产品质量时；

c) 国家质量监督检验机构提出进行型式检验时；

d) 出厂检验结果与上次型式检验有较大差异时。

6.3 判定规则

6.3.1 感官项目中明显有分层现象、混合油酸败味严重者为不合格。所检项目的检验结果均符合标准规定的判为合格批。

6.3.2 检验结果中有一项指标不合格，允许加倍抽样，将此项指标复验一次，按复验结果判定本批产品是否合格品。

7 标签、标志、包装、运输、贮存

7.1 标签

产品标签应符合 GB 10648 的规定，写明产品名称、使用对象、产品成分分析保证值及原料组成、净重、生产日期、保质期、厂名、厂址、产品标准代号。如果含有抗氧化剂，应在名称后面注名抗氧化剂的名称、组成及添加量等。产品标签应随发货单一起发送。

7.2 标志

产品标志应明显地以牢固方法注明在包装物的外侧面，应具有产品名称和商标、标准编号、生产批号或生产日期、生产企业名称与地址、净含量等内容。若含有抗氧化剂，应在名称后面注明抗氧化剂的名称、组成及添加量。

7.3 包装

包装容器必须清洁、干燥、密封、内表面无锈蚀等影响油脂质量的因素。

7.4 运输

运输中要注意安全，防止渗漏、污染和标签脱落。

7.5 贮存

贮存应在低温、干燥、避光处，防止产品变质。长期存放的混合油应定期抽样检验其酸价和过氧化值。保质期不低于 3 个月。

ICS 65.120
B 46

中华人民共和国农业行业标准

NY/T 914—2004

饲料中氢化可的松的测定 高效液相色谱法

Determination of Hydrocortisone in Feeds —High-performance Liquid Dhromatography

2005-01-04 发布　　2005-02-01 实施

中华人民共和国农业部 发布

前　　言

本标准由中华人民共和国农业部提出。

本标准由全国饲料工业标准化技术委员会归口。

本标准主要起草单位:农业部饲料质量监督检验测试中心(成都)、成都华西希望集团。

本标准起草人:李云、林顺全、余林、冯娅。

饲料中氢化可的松的测定　高效液相色谱法

1　范围

本标准规定了用高效液相色谱法(HPLC)检测饲料中氢化可的松含量的方法。

本标准适用于配合饲料、浓缩饲料和添加剂预混合饲料中氢化可的松地测定。本方法最低检测限为0.05 mg/kg。

2　规范性引用文件

下列文件中的条款通过本标准的引用而成为本标准的条款。凡是注日期的引用文件,其随后所有的修改单(不包括勘误的内容)或修订版均不适用于本标准,然而,鼓励根据本标准达成协议的各方研究是否可使用这些文件的最新版本。凡是不注日期的引用文件,其最新版本适用于本标准。

GB/T 6682　分析实验室用水规格和试验方法

GB/T 14699.1　饲料采样方法

3　方法原理

用甲醇提取试样中的氢化可的松,以乙腈、水作为流动相,用高效液相色谱——紫外检测法分离测定。

4　试剂和溶液

除特殊注明外,本法所用试剂均为分析纯,水符合GB/T 6682一级水的规定。

4.1　乙腈

色谱纯。

4.2　甲醇

色谱纯。

4.3　氢化可的松标准液

4.3.1　氢化可的松标准贮备液

准确称取氢化可的松标准品(纯度≥98%)0.100 0 g,置于100 mL容量瓶中,用甲醇溶解,定容,其浓度为1 000 μg/mL的储备液,置于4℃冰箱中保存。

4.3.2　氢化可的松标准工作液

分别准确吸取一定量的标准贮备液(4.3.1),稀释10倍,用甲醇稀释、定容,配制成浓度为2.5 μg/mL、5.0 μg/mL、7.5 μg/mL、10.0 μg/mL、12.5 μg/mL、17.5 μg/mL的标准工作液。

5　仪器和设备

5.1　实验室常用仪器、设备。

5.2　高效液相色谱仪

配紫外检测器。

5.3　电子天平

感量0.000 1 g。

5.4　离心机

3 000 r/min。

5.5 振荡器

5.6 玻璃具塞三角瓶

250 mL。

5.7 微量进样器

5.8 微孔滤膜

0.45 μm。

6 试样制备

按 GB/T 14699.1 抽样，取有代表性的样品，四分法缩减取约 200 g，经粉碎，全部过 40 目孔筛，混匀装入磨口瓶中备用。

7 测定步骤

7.1 提取

按不同的饲料产品，准确称取配合饲料、浓缩饲料 2 g～10 g，预混料 0.5 g～4 g（准确至 0.000 2 g）样品，置于 250 mL 玻璃具塞三角瓶中，加入 40 mL 甲醇，往复震荡 30 min，静止 10 min，过滤，再向饲料中分别加入 30 mL 甲醇，重复提取 2 次。合并 3 次提取液，用甲醇定容至 100 mL。取 10 mL 置离心管中，3 000 r/min 离心 5 min，取上清液用 0.45 μm 微孔有机滤膜过滤作为试样制备液，供高效液相色谱分析。

7.2 测定

7.2.1 HPLC 色谱条件

色谱柱：C_{18}柱，长 240 mm、内径 4.6 mm(i.d.)，粒径 5.0 μm 或相当者。

柱温：室温。

流动相：乙腈＋水＝25＋75(V＋V)。

流速：1.0 mL/min。

波长：254 nm。

进样体积：20 μL。

7.2.2 HPLC 定量测定

按仪器说明书操作，取适量试样制备液和相应浓度的标准工作液，作单点或多点校准，以色谱峰面积积分值定量。

8 确证

8.1 对检出氢化可的松的样品，应用重叠色谱分析来确证。

8.2 重叠色谱法

以试样提取液中加入适量的氢化可的松标准工作液(4.3.2)，加入的量应与提取液中的氢化可的松的量相当。

依次注入样品的提取液、氢化可的松标准工作液(4.3.2)和添加了氢化可的松标准工作液(4.3.2)的样品提取液。如果添加氢化可的松标准工作液(4.3.2)的样品提取液样品所产生峰的半峰宽变化不大于 10%，且峰高或峰面积发生了成比例的变化，则可确证原氢化可的松峰就是氢化可的松的。

9 结果计算与表述

9.1 计算公式

试样中氢化可的松的含量按式(1)计算：

$$X=\frac{m_1}{m\times n} \qquad (1)$$

式中：

X ——试样中氢化可的松的含量，单位为毫克每千克(mg/kg)；

m_1——HPLC试样色谱峰对应的氢化可的松的质量，单位为微克(μg)；

m ——试样质量，单位为克(g)；

n ——稀释倍数。

9.2 测定结果用平行测定的算术平均值表示，保留至小数点后1位。

10 重复性

两个平行测定的相对偏差不大于10%。

ICS 65.120
B 46

中华人民共和国农业行业标准

NY/T 915—2004

饲料用水解羽毛粉

Hydrolyzed feather meal for feedstuff

2005-01-04 发布　　2005-02-01 实施

中华人民共和国农业部 发布

前　言

本标准是在参考了美国(NRC;FEEDSTUFFS)、法国(INRA)、荷兰(CVB;DLG)、比利时(PROTECTOR)、西班牙(AINPROT)、德国(NEHRING)、中国台湾(UDC636.085)和英国(UK－MAFF;ADAS)的有关水解羽毛粉资料,并查阅了大量国内文献、调研我国水解羽毛粉厂家、市场羽毛粉质量及检测分析的基础上,结合我国现有的设备条件和检测方法而确定。

本标准的附录A是规范性附录。

本标准由中华人民共和国农业部提出。

本标准由全国饲料工业标准化技术委员会归口。

本标准主要起草单位:中国农业大学农业部饲料工业中心、天津农学院。

本标准主要起草人:李德发、郭亮、张丽英、朴香淑。

饲料用水解羽毛粉

1 范围

本标准规定了饲料用水解羽毛粉的技术指标、试验方法、检验规则及产品的标签、包装、运输和贮存要求。

本标准适用于由家禽屠体脱毛的羽毛及羽绒制品筛选后的毛梗经一定的温度、压力和时间进行水解处理后的水解羽毛粉(包括膨化水解羽毛粉)。

水解羽毛粉是动物性蛋白质饲料。

2 规范性引用文件

下列文件中的条款通过本标准的引用而成为本标准的条款。凡是注日期的引用文件,其随后所有的修改单(不包括勘误的内容)或修订版均不适用于本标准,然而,鼓励根据本标准达成协议的各方研究是否可使用这些文件的最新版本。凡是不注日期的引用文件,其最新版本适用于本标准。

GB/T 5917 配合饲料粉碎粒度测定法

GB/T 6432 饲料中粗蛋白测定方法

GB/T 6433 饲料粗脂肪测定方法

GB/T 6435 饲料水分的测定方法

GB/T 6438 饲料粗灰分的测定方法

GB 10648 饲料标签

GB/T 13079 饲料中总砷的测定

GB/T 13091 饲料中沙门氏菌的检验方法

GB/T 14698 饲料显微镜检查方法

GB/T 14699.1 饲料采样方法

GB/T 15399 饲料中含硫氨基酸测定方法 离子交换色谱法

NY/T 555 动物产品中大肠菌群、粪大肠菌群和大肠杆菌的检测方法

SC/T 3501 鱼粉

3 术语和定义

下列术语和定义适用于本标准。

3.1

饲料用水解羽毛粉 hydrolyzed feather meal for feed

家禽屠体脱毛的羽毛及作羽绒制品筛选后的毛梗,经清洗、高温高压水解处理、干燥和粉碎制成的粉粒状物质。

3.2

胃蛋白酶-胰蛋白复合酶蛋白质消化率 pepsin-co-pancreatin protein digestibility

水解羽毛粉在一定的底物浓度、pH、温度、动态时间和振荡频率条件下,经胃蛋白酶和胰蛋白复合酶体外消化,可消化蛋白质与试样中总粗蛋白质的质量分数。

4 要求

4.1 原料要求

4.1.1 要求原料羽毛色泽新鲜一致；与屠体分离后的羽毛，应尽快加工处理。

4.1.2 原料中不得添加非羽毛以外的其他物质；被有害金属、沙石等杂质污染的原料不允许再加工成水解羽毛粉。

4.1.3 原料要用3%的甲醛溶液浸泡30 min，以杀灭致病菌。

4.1.4 原料在加工处理前要用洁净水漂洗干净。

4.2 感官要求见表1。

表1 感官要求

项　目	指　标
性　状	干燥粉粒状
色　泽	淡黄色、褐色、深褐色、黑色
气　味	具有水解羽毛粉正常气味，无异味

4.3 技术要求

技术要求见表2。

表2 技术指标

单位为百分数(%)

项　目	指　标	
	一　级	二　级
粉碎粒度	通过的标准筛孔径不大于3 mm	
未水解的羽毛粉	≤10	
水分	≤10.0	
粗脂肪	≤5.0	
胱氨酸	≥3.0	
粗蛋白质	≥80.0	≥75.0
粗灰分	≤4.0	≤6.0
沙分	≤2.0	≤3.0
胃蛋白酶-胰蛋白复合酶消化率	≥80.0	≥70.0

4.4 其他要求

在生物显微镜下观察，蛋白质加工水解程度较好的羽毛粉为半透明颗粒状，颜色以黄色为主，夹有灰色、褐色或黑色颗粒。未完全水解的羽毛粉，羽干、羽枝和羽根明显可见。

5 卫生要求

原料羽毛或水解羽毛粉不得检出沙门氏菌；每百克水解羽毛粉中大肠菌群(MPN/100 g)的允许量小于1×10^4。每千克水解羽毛粉中砷的允许量不大于2 mg。

6 试验方法

6.1 性状、色泽、杂质

目测。

6.2 气味

嗅觉检验。

6.3 粉碎粒度

按 GB/T 5917 规定的方法测定。

6.4 未水解的羽毛粉

按 GB/T 14698 用显微镜方法检查。

6.5 水分

按 GB/T 6435 规定的方法测定。

6.6 粗脂肪

按 GB/T 6433 规定的方法测定。

6.7 胱氨酸

按 GB/T 15399 规定的方法测定。

6.8 粗蛋白质

按 GB/T 6432 规定的方法测定。

6.9 粗灰分

按 GB/T 6438 规定的方法测定。

6.10 沙分

按 SC/T 3501 规定的方法测定。

6.11 胃蛋白酶-胰蛋白复合酶消化率

按附录 A 规定的方法测定。

6.12 沙门氏菌

按 GB/T 13091 规定的方法测定。

6.13 大肠菌群

按 NY/T 555 规定的方法测定。

6.14 饲料中总砷

按 GB/T 13079 规定的方法测定。

7 检验规则

7.1 出厂检验

每批产品经生产企业或正式质检部门按本标准要求进行检验，本标准规定所有项目为出厂检验项目，合格后方可出厂，并出具检验合格证。

7.2 以一次投料生产的产品量为一批。

7.3 使用单位有权按照本标准的规定对所收到的饲料用水解羽毛粉产品进行验收。

7.4 抽样方法

产品的抽样按 GB/T 14699.1 规定执行。将采取的样品装于清洁、干燥、密封的玻璃瓶中，标签上注明生产厂名称、批号、产品名称及采样日期，以备用。密封的样品可保存 3 个月。

7.5 检验结果中，有一项指标不符合本标准要求，允许复检一次。复检的结果有一项指标不符合本标准要求时，则整批为不合格产品。

7.6 添加非羽毛原料物质的水解羽毛粉产品均判为不合格产品。

8 标签、包装、贮存和运输

8.1 标签

应符合 GB 10648 的有关规定。

8.2 包装

8.2.1 包装袋上应标明产品名称、质量等级、粗蛋白质含量及可消化蛋白质含量、净重、生产日期、生产厂址、生产许可证批准号及执行的标准编号。

8.2.2 以聚乙烯薄膜袋为内包装,以塑料编织袋或麻袋为外包装,缝口牢固。

8.3 运输

运输时,应有通风、防雨淋等措施。不得与有害、有毒物质混装、混运。

8.4 贮存

在干燥、阴凉和通风的仓库内存放,应有防虫蛀措施。保质期夏季为3个月,冬季为6个月。

附　录　A
（规范性附录）
水解羽毛粉胃蛋白酶-胰蛋白复合酶消化率测定方法

A.1　原理

水解羽毛粉体外消化试验是在一定的底物样品浓度、pH、温度、动态时间和振荡频率条件下，经胃蛋白酶和胰蛋白复合酶体外消化，计算可消化的蛋白质与试样中粗蛋白质的质量分数。

A.2　试剂和溶液

A.2.1　盐酸与氯化钠缓冲溶液（pH 2.0）

c(HCl/NaCl)＝0.1 mol/L，量取 8.5 mL 浓盐酸加 3.2 g 氯化钠溶于 1 000 mL 蒸馏水中。

A.2.2　磷酸二氢钠与磷酸氢二钠缓冲溶液（pH＝7.0）

c(NaH_2PO_4/Na_2HPO_4)＝0.1 mol/L，A 液为 5.38 g 磷酸二氢钠（$NaH_2PO_4 \cdot 2H_2O$）溶于 250 mL 蒸馏水中；B 液为 8.66 g 磷酸氢二钠（$Na_2HPO_4 \cdot H_2O$）溶于 500 mL 蒸馏水中；A 和 B 溶液混合后，加蒸馏水定容至 1 000 mL。

A.2.3　胃蛋白酶

规格 EC 3.4.231，P－7 000，比活力为 1∶10 000，或相似规格的其他胃蛋白酶。

A.2.4　胰蛋白复合酶溶液

胰蛋白复合酶（规格 U.S.P.，P－1500，或相似规格的其他胰蛋白复合酶）1.6 g 加 8.5 mL 磷酸二氢钠与磷酸氢二钠缓冲溶液（A2.2）。

A.2.5　盐酸溶液

c(HCl)＝1 mol/L，取 83.3 mL 浓盐酸溶于 1 L 蒸馏水中。

A.2.6　氢氧化钠溶液

c(NaOH)＝1 mol/L，40 g 氢氧化钠溶于 1 L 蒸馏水中。

A.3　仪器设备

A.3.1　水浴恒温振荡器。

A.3.2　Whatman 滤纸。

A.3.3　Parafilm 封口膜。

A.3.4　三角瓶（100 mL）。

A.4　试样的制备

按 GB/T 14699.1 方法采取能代表产品质量的样品，混合粉碎并通过孔径 0.90 mm 标准筛。

A.5　分析步骤

A.5.1　胃蛋白酶处理

称取约 1 g 试样（精确至 0.000 1 g）于 100 mL 三角瓶内，加 20 mL 的缓冲溶液（A.2.1），再加 0.1 g 的胃蛋白酶（A.2.3），做平行样并带空白对照。在溶液 pH 为 2.0、厌氧的条件下，用 Parafilm 膜封三角瓶口。将三角瓶置于39℃的水浴恒温振荡器内振荡6 h，振荡频率为60 r/min。

A.5.2　胰蛋白复合酶处理

在胃蛋白酶处理后的三角瓶内，加20 mL磷酸缓冲溶液(A.2.2)，再加2.5 mL的胰蛋白复合酶溶液(A.2.4)；用氢氧化钠溶液或盐酸溶液，调瓶内的溶液pH为6.8；在厌氧的条件下用Parafilm膜封瓶口，置于39℃的水浴恒温振荡器内振荡18 h，振荡频率为60 r/min。

A.5.3　用Whatman滤纸过滤三角瓶内的试样残渣；将滤纸和试样残渣在105℃条件下，烘干4 h后，测定残渣的粗蛋白质含量。同时，测定试样的粗蛋白质含量。

A.5.4　结果计算

胃蛋白酶—胰蛋白复合酶消化率按式(1)计算：

$$\omega(\%)=\frac{m_1-m_2}{m_1}\times 100 \quad \text{(A.1)}$$

式中：

ω——胃蛋白酶—胰蛋白复合酶消化率，单位为百分率(%)；

m_1——试样中粗蛋白质质量，单位为克(g)；

m_2——胃蛋白酶—胰蛋白复合酶处理后的试样残渣的粗蛋白质质量，单位为克(g)。

A.5.5　重复性

每个试样取2个平行样测试，取其算术平均值，结果表示至小数点后2位。测定结果2个平行样相对误差不超过5%。

ICS 65.120
B 46

中华人民共和国农业行业标准

NY/T 916—2004

饲料添加剂　吡啶甲酸铬

Feed additive chromium picolinate

2005-01-04 发布　　2005-02-01 实施

中华人民共和国农业部　发布

前　言

本标准由中华人民共和国农业部提出。

本标准由全国饲料工业标准化技术委员会归口。

本标准起草单位：中国农业科学院畜牧研究所。

本标准主要起草人：张敏红、郑姗姗、杜荣。

饲料添加剂　吡啶甲酸铬

1　范围

本标准规定了饲料添加剂吡啶甲酸铬的技术要求、试验方法、检验规则及标志、包装、运输、贮存。

本标准适用于以三氯化铬与吡啶甲酸反应生成的吡啶甲酸铬产品，不适用于其他加入载体的吡啶甲酸铬预混剂。

分子式：$Cr(C_6H_4NO_2)_3$

相对分子质量：418.31[按1999年国际相对原子质量]

2　规范性引用文件

下列文件中的条款通过本标准的引用而成为本标准的条款。凡是注日期的引用文件，其随后所有的修改单(不包括勘误的内容)或修订版均不适用于本标准，然而，鼓励根据本标准达成协议的各方研究是否可使用这些文件的最新版本。凡是不注日期的引用文件，其最新版本适用于本标准。

GB/T 5917　配合饲料粉碎粒度测定方法

GB/T 6435　饲料水分的测定方法

GB/T 6678—1986　化工产品采样总则

GB 10648　饲料标签

GB/T 13079　饲料中总砷的测定方法

GB/T 13080　饲料中铅的测定方法

3　要求

3.1　外观

本品为紫红色、结晶性细小粉末，流动性良好。

3.2　技术指标

见表1。

表1　技术指标

单位为百分率(%)

项　　目	指　标
吡啶甲酸铬含量	≥98.0
总铬含量	12.2～12.4
干燥失重	≤2.0
铅	≤0.002
砷	≤0.000 5
细度(通过 $W=150\ \mu m$ 试验筛)	≥90.0

4　试验方法

除非另有说明，在本标准分析中仅使用确认为分析纯的试剂和蒸馏水或去离子水或相当纯度的水。

4.1　吡啶甲酸铬的鉴定

4.1.1 试剂和溶液

所有有机溶剂需经过超声脱气，过孔径为 0.45 μm 滤膜。

4.1.1.1 甲醇

色谱纯。

4.1.1.2 吡啶甲酸铬标准品

吡啶甲酸铬含量≥99.9%。

4.1.1.3 吡啶甲酸铬标准贮备液

准确称取 0.05 g 吡啶甲酸铬标准品（精确至 0.000 1 g），置于 100 mL 容量瓶中，加入 30 mL 甲醇，超声 30 min，用甲醇稀释至刻度，混匀，每毫升含吡啶甲酸铬 500 μg。贮备液在 4℃下保存。

4.1.2 仪器

4.1.2.1 微孔滤膜

孔径 0.45 μm。

4.1.2.2 微量移液器

4.1.2.3 高效液相色谱仪

具有紫外检测器。

4.1.3 测定方法

4.1.3.1 试液的制备

准确称取试样 0.1 g（精确至 0.000 1 g），置于 50 mL 具塞三角瓶中，加入 20 mL 甲醇，在超声水浴中保持 30 min。取 10 mL 上清液在水浴中蒸发至干，用 10 mL 甲醇溶解并转入 50 mL 容量瓶中，再超声 5 min，用甲醇定容；再准确吸取该溶液 100 μL，用水稀释定容至 10 mL，过孔径为 0.45 μm 膜，待测。

4.1.3.2 吡啶甲酸铬标准曲线的绘制

吸取 1 mL 吡啶甲酸铬标准贮备液（4.1.1.3）用水稀释定容至 50 mL，再准确吸取该溶液 25 μL、50 μL、100 μL、150 μL、200 μL，用水稀释定容至 10 mL，该系列溶液的浓度为 0.025 μg/mL、0.050 μg/mL、0.100 μg/mL、0.150 μg/mL、0.200 μg/mL，以吡啶甲酸铬标准系列溶液色谱峰面积为纵坐标，标准系列溶液浓度为横坐标绘制标准曲线。

4.1.3.3 HPLC 测定条件

色谱柱：ODS - C_{18} 柱（5 μm），长 250 mm，内径 4.6 mm。

流动相：甲醇∶水＝30∶70。

流速：0.8 mL/min。

紫外检测器检测波长：264 nm。

进样量：10 μL。

保留时间：2.72 min。

4.1.4 吡啶甲酸铬的鉴定

通过比较样品溶液与相应浓度的标准溶液组分的色谱峰保留时间和峰形，确认样品溶液色谱峰是否与吡啶甲酸铬标准溶液色谱峰完全一致。若一致，则样品为吡啶甲酸铬；否则，样品为非吡啶甲酸铬。

4.2 吡啶甲酸铬含量测定

4.2.1 结果计算

依据标准曲线得到的试液中吡啶甲酸铬浓度 ρ_1，计算样品中吡啶甲酸铬的含量 X_1（%），以质量分数表示，按式（1）计算：

$$X_1 = \frac{\rho_1 \times V_1}{m_1} \times 10^{-4} \quad \cdots\cdots (1)$$

式中：

ρ_1 ——从标准曲线上查得的试液中吡啶甲酸铬浓度，单位为微克每毫升(μg/mL)；

V_1——试样稀释总体积，单位为毫升(mL)；

10^{-4}——单位换算；

m_1——试样质量，单位为克(g)。

4.2.2 允许差

取平行测定结果的算术平均值为测定结果，2次平行测定的绝对差值不得大于1%。

4.3 总铬含量的测定

4.3.1 原理

试样经前处理后制成稀酸溶液，喷入空气—乙炔火焰，铬离子即被原子化，于357.9 nm处测量其对铬空心阴极灯辐射的吸收，利用吸光度与铬浓度成正比的原理，与标准曲线比较确定铬含量。

4.3.2 试剂和溶液

4.3.2.1 铬标准贮备溶液

溶液中铬元素标准物浓度为1 000 μg/mL(国家标准物中心有售)，在4℃下保存。

4.3.2.2 混合酸液

硝酸＋高氯酸＝3＋1(以体积计)，优级纯。

4.3.2.3 10%氯化铵溶液

准确称取10 g氯化铵，精确到0.000 1 g，置于100 mL容量瓶中，去离子水溶解并定容。

4.3.2.4 10%硝酸溶液

准确移取10.0 mL硝酸，优级纯，置于100 mL容量瓶中，去离子水定容。

4.3.3 仪器

4.3.3.1 原子吸收分光光度计

4.3.3.2 分析天平

感量0.000 1 g。

4.3.4 分析步骤

4.3.4.1 试液制备

准确称取试样1.0 g(精确至0.000 1 g)，于50 mL三角瓶中，加混合酸液(4.3.2.2)10 mL，在室温下过夜。然后，在电热板上加热至浓白烟产生，酸液剩余2 mL～3 mL时，冷却，用去离子水溶解后过滤，并转移到100 mL容量瓶中，用去离子水冲洗漏斗并定容；准确吸取试液5 mL于200 mL容量瓶中，加入10%氯化铵溶液(4.3.2.3)8 mL，用去离子水定容，待测。同时，做平行试剂空白。

4.3.4.2 铬标准系列溶液配制

准确吸取铬标准贮备液(4.3.2.1)0.10 mL、0.20 mL、0.30 mL、0.40 mL、0.50 mL分别于50 mL容量瓶中，加10%氯化铵溶液(4.3.2.3)2.0 mL，去离子水定容，使其浓度分别为2.0 μg/mL、4.0 μg/mL、6.0 μg/mL、8.0 μg/mL、10.0 μg/mL。

标准空白溶液为准确吸取10%氯化铵溶液(4.2.2.3)2.0 mL于50 mL容量瓶中，用10%硝酸溶液(4.2.2.4)定容至刻度。

4.3.4.3 测定

将试液(4.3.4.1)、试剂空白液和铬标准系列液(4.2.4.2)在铬空心阴极灯下于波长357.9 nm下进行测定。

4.3.5 结果计算

依据铬元素标准溶液的标准曲线得到的试液铬的浓度ρ_2，计算试样中铬的含量X_2(%)，以质量分数表示，按式(2)计算：

$$X_2 = \frac{\rho_2 \times V_2}{m_2} \times 10^{-4} \quad \cdots\cdots (2)$$

式中：

ρ_2——从标准曲线上查得的试液中铬浓度，单位为微克每毫升（μg/mL）；

V_2——试样稀释总体积，单位为毫升（mL）；

10^{-4}——单位换算；

m_2——样品质量，单位为克（g）。

4.3.6 允许差

取平行测定结果的算术平均值为测定结果，2次平行测定的绝对差值不得大于5%。

4.4 干燥失重的测定

称取试样约1 g（准确至0.000 1 g），按照GB/T 6435测定。

4.5 铅的测定

按照GB/T 13080测定。

4.6 砷的测定

按照GB/T 13079测定。

4.7 细度的测定

按照GB/T 5917测定。

5 检验规则

5.1 本标准规定的所有项目为出厂检验项目。本产品应由生产厂家的质量检验部门进行取样检验。

5.2 生产厂方保证所有出厂的该产品都符合本标准的要求，并附有一定格式的质量证明书。

5.3 使用单位有权按照本标准的验收规则和试验方法对所有收到的产品进行验收。

5.4 取样件数按GB/T 6678—1986中6.6规定的采样单元数。

5.5 取样时，用取样器插入料层深度3/4处，将所取样品充分混匀，以四分法缩分到不少于100 g，分装入2个清洁、干燥、具有磨口塞的样品瓶中，贴上标签，并注明生产厂家、产品名称、生产日期、批号、取样日期和取样者姓名。一瓶供检验用，一瓶供密封保存备查。

5.6 如果在检验中有一项指标不符合标准时，应扩大抽样范围并重新抽样检验。产品重新检验仍有一项不符合标准时，则整批不能验收。

5.7 如果供需双方对产品质量发生异议时，由仲裁单位按本标准的验收规定和检验方法进行仲裁检验。

6 标签、包装、运输、贮存

6.1 本产品包装上标签应符合GB 10648规定。

6.2 本产品应装于防潮的硬纸板桶（箱）中，内衬食品用聚乙烯塑料袋。也可根据用户要求进行包装。

6.3 本产品不得与有毒、有害或其他有污染的物品及具有氧化性物质混装、合运。

6.4 本产品应贮存在阴凉、干燥、清洁的室内仓库中，不得与有毒物品混存。

6.5 按规定包装，原包装在规定的贮存条件下保质期为12个月（开封后尽快使用，以免受潮）。

ICS 65.120
B 46

中华人民共和国农业行业标准

NY/T 917—2004

饲料级　磷酸脲

Feed grade urea phosphate

2005-01-04 发布　　2005-02-01 实施

中华人民共和国农业部　发布

前 言

本标准由中华人民共和国农业部提出。

本标准由全国饲料工业标准化技术委员会归口。

本标准主要起草单位:中国农业科学院饲料研究所、四川龙蟒集团。

本标准主要起草人:刁其玉、屠焰、周晓蓉、齐广海、武书庚、周登荣。

饲料级　磷酸脲

1　范围

本标准规定了饲料级磷酸脲(又称尿素磷酸酯)的技术要求、试验方法、检验规则,以及包装、标签、贮存和运输的基本准则。

本标准适用于以热法(或湿法)磷酸与尿素为原料合成后经脱水、结晶、分离和干燥而制得的饲料级磷酸脲。

化学分子式:$CO(NH_2)_2 \cdot H_3PO_4$

相对分子质量:158.06

2　规范性引用文件

下列文件中的条款通过本标准的引用而成为本标准的条款。凡是注日期的引用文件,其随后所有的修改单(不包括勘误的内容)或修订版均不适用于本标准,然而,鼓励根据本标准达成协议的各方研究是否可使用这些文件的最新版本。凡是不注日期的引用文件,其最新版本适用于本标准。

GB 191　包装储运图示标志

GB/T 2441　尿素总氮含量的测定　蒸馏后滴定法

GB/T 2444　尿素中水分的测定　卡尔·费休法

GB/T 2447　工业用尿素水不溶物含量的测定　重量法

GB/T 6679　固体化工产品采样通则

GB/T 8946　塑料编织袋

GB 10648　饲料标签

GB/T 13079　饲料中总砷的测定方法

GB/T 13080　饲料中铅的测定方法

GB/T 16764　配合饲料企业卫生规范

GB/T 18823　饲料检测结果判定的允许误差

HG 2636—2000　饲料级　磷酸氢钙

3　要求

3.1　感观

产品应为白色或无色透明的结晶体,易溶于水,水溶液呈酸性。无结块,无可见机械杂质。

3.2　饲料级磷酸脲

应符合表1的要求。

表1　磷酸脲的主要理化指标

单位为百分率(%)

项　目	一　级	二　级
总磷(P)	≥19.0	≥18.5
总氮(N)	≥17.0	≥16.5
水分	≤3.0	≤4.0

表1（续）

项　目	一　级	二　级
水不溶物	≤0.5	≤0.5
氟(F)	≤0.18	≤0.18
砷(As)	≤0.002	≤0.002
铅(Pb)	≤0.003	≤0.003

3.3 磷酸脲

磷酸脲1%水溶液的pH应低于2.0。

4 试验方法

4.1 试样制备

按GB/T 6679采取能代表该批产品质量的样品至少2 kg，以四分法缩分至约250 g，磨碎，过1 mm孔筛，混匀，装入密闭容器，防止试样变质，低温保存备用。

4.2 鉴别

4.2.1 磷酸根的鉴别

称取0.1 g试样，溶于10 mL水中，加入1 mL硝酸银溶液，生成黄色沉淀。此沉淀溶于氨水，不溶于冰乙酸。

4.2.2 磷酸脲的鉴别

4.2.2.1 称取约1 g试样，加入200 g/L氢氧化钠溶液5 mL～10 mL，无明显氨味。磷酸铵盐有明显氨味。

4.2.2.2 称取约2 g试样，置于表面皿中，在电炉上缓慢加热至熔融，有刺鼻性氨气逸出。

4.3 pH

磷酸脲的1%水溶液pH应在1.6～2.0之间。

4.4 感观

自然光下目测，为白色或无色透明的结晶体，无可见机械杂质。

4.5 总磷含量的测定

总磷含量的测定按照HG 2636—2000中4.2的规定执行。

4.6 总氮含量的测定

总氮含量的测定按照GB/T 2441执行。

4.7 总砷含量的测定

总砷含量的测定按照GB/T 13079执行。

4.8 铅含量的测定

铅含量的测定按照GB/T 13080执行。

4.9 氟含量的测定

氟含量的测定按照HG 2636—2000中4.4的规定执行。

4.10 水分的测定

水分的测定按照GB/T 2444执行。

4.11 水不溶物含量的测定

水不溶物含量的测定按照GB/T 2447执行。

4.12 1%水溶液pH测定

4.12.1 **试剂和仪器**

4.12.1.1 不含二氧化碳的蒸馏水。

4.12.1.2 分析天平:感量 0.01 g。

4.12.1.3 酸度计:PHS - 2 型或与之相当的酸度计。

4.12.1.4 容量瓶:500 mL。

4.12.2 **测定步骤**

称取约 5 g 试样,置于 500 mL 容量瓶中,加水溶解,混匀,澄清后稀释至刻度。用酸度计测定该溶液的 pH,精确至 0.1 个单位。酸度计的读数即为试样的 pH。

5 检验规则

5.1 饲料级磷酸脲由生产厂的质量检验部门按本标准的规定进行检验,合格后方可出厂。生产厂应保证所有出厂的产品都符合本标准的要求。每批产品出厂时,应附有质量合格证。

5.2 **留样**

5.2.1 各个批次生产的产品均应保留样品 1 kg。样品分装于广口瓶或塑料袋中,密封后留置专用样品室或样品柜内保存。样品室和样品柜应保持阴凉、干燥。采样方法见 GB/T 6679 。

5.2.2 留样应设标签,标明饲料品种、生产日期、批次、生产负责人和采样人等事项,并建立档案由专人负责保管。

5.2.3 样品应保留至该批产品保质期满后 3 个月。

5.3 感官要求、总磷含量、总氮含量、水分含量均为出厂检验项目。

5.4 有下列情况之一时,应对产品的质量进行型式检验。型式检验项目包括本标准规定的所有项目。

a) 正式生产后,原料、工艺有所改变时;

b) 正式生产后,每半年进行一次;

c) 停产后恢复生产时;

d) 产品质量监督部门提出进行型式检验要求时。

5.5 检测与仲裁判定各项指标合格与否时,允许误差应按 GB/T 18823 执行。

5.6 检验结果如有一项指标不符合本标准要求时,应自 2 倍量的包装中重新采样复验。复验结果即使只有一项指标不符合本标准的要求时,则整批产品为不合格。

6 标签、包装、运输和贮存

6.1 **标签**

饲料级磷酸脲应在包装物上附有饲料标签,标签应符合 GB 10648 中的规定。

6.2 **包装**

6.2.1 饲料级磷酸脲的内包装应采用聚乙烯薄膜袋,外包装采用塑料编织袋。包装应完整,无漏洞,无污染和异味。

6.2.2 包装材料应符合 GB/T 16764 的要求。

6.2.3 包装印刷油墨无毒,不应向内容物渗漏。

6.2.4 饲料级磷酸脲的包装,内包装薄膜袋可用维尼龙绳或与其质量相当的绳人工 2 次扎紧,也可用其他方式封口。外包装应在距边不小于 30 mm 处折边,在距袋边不小于 15 mm 处用维尼龙线或其他质量相当的线缝口,针距 7 mm～12 mm,缝线整齐,针迹均匀。无漏缝和跳线现象。其性能和检验方法应符合 GB/T 8946 的规定。

6.2.5 包装物不准许重复使用,供货方与使用方有协议者除外。

6.2.6 包装物的图示标志应符合 GB 191 的要求。

6.3 贮存

6.3.1 饲料级磷酸脲的贮存环境和条件应符合 GB/T 16764 的要求。

6.3.2 饲料级磷酸脲应贮存在干燥库房内,防止日晒、雨淋、受潮,不得与有毒有害物质混贮。

6.3.3 不合格的产品应做无害化处理,不应存放在磷酸脲贮存场所内。

6.3.4 在规定的条件下,封闭的包装产品储存期为 24 个月。

6.4 运输

6.4.1 运输工具应符合 GB/T 16764 的要求。

6.4.2 运输作业应防止污染,保持包装的完整性。

6.4.3 饲料级磷酸脲在运输中应有遮盖物,防止日晒、雨淋、受潮,不得与有毒、有害物质混运。

6.4.4 饲料运输工具和装卸场地应定期清洗和消毒。

ICS 65.120
B 46

中华人民共和国农业行业标准

NY/T 918—2004

饲料中雌二醇的测定 高效液相色谱法

Determination of estradiol in feed —High-pressure liquid chromatography

2005-01-04 发布　　　　2005-02-01 实施

中华人民共和国农业部 发布

前　言

本标准由中华人民共和国农业部提出。

本标准由全国饲料工业标准化技术委员会归口。

本标准负责起草单位:农业部饲料质量监督检验测试中心(沈阳)、国家饲料质量监督检验中心(北京)。

本标准起草人:张建勋、曹东、董永亮、苏晓欧、田颖、李雪兰、孟庆文、李永才、田晓玲。

饲料中雌二醇的测定　高效液相色谱法

1　范围

本标准规定了以高效液相色谱仪(HPLC)测定饲料中雌二醇含量的方法。

本标准适用于配合饲料、浓缩饲料和添加剂预混料中雌二醇含量的测定,本方法检测限为1 mg/kg。

2　规范性引用文件

下列文件的条款通过本标准的引用而成为本标准的条款。凡是注日期的引用文件,其随后所有的修改单(不包括勘误的内容)或修订版均不适用于本标准,然而,鼓励根据本标准达成协议的各方研究是否可使用这些文件的最新版本。凡是不注日期的引用文件,其最新版本适用于本标准。

GB/T 6682—1992　分析实验室用水规则和试验方法

GB/T 14699.1　饲料采样方法

3　原理

用甲醇提取饲料中的雌二醇,取部分提取液过C_{18}萃取柱,用水淋洗杂质,乙腈洗脱,以乙腈+水(40+60)为流动相,用高效液相色谱仪于280 nm处检测。

4　试剂和溶液

除特殊注明外,本法所用试剂均为分析纯。

水应符合GB/T 6682—1992一级水规定。

4.1　乙腈

色谱纯。

4.2　甲醇

4.3　雌二醇标准液

4.3.1　雌二醇标准贮备液:准确称取雌二醇(纯度≥98%)0.025 0 g,置于100 mL容量瓶中,用甲醇溶解、定容,其浓度为250 μg/mL的贮备液,置4℃冰箱中保存。

4.3.2　雌二醇标准工作液:分别准确吸取一定量的标准贮备液(4.3.1),置于容量瓶中,用甲醇稀释、定容,配成浓度为2.5 μg/mL,5.0 μg/mL,10.0 μg/mL,12.5 μg/mL,15.0 μg/mL,20.0 μg/mL,25.0 μg/mL的标准工作液。

5　仪器和设备

5.1　高效液相色谱仪

紫外检测器。

5.2　分析天平

感量为0.000 1 g。

5.3　天平

感量为0.001 g。

5.4　震荡器

5.5 玻璃具塞三角瓶

250 mL。

5.6 C_{18}萃取柱

250 mg/mL。

5.7 微孔滤膜

孔径0.45 μm。

6 试样制备

按照GB/T 14699.1方法采样，选取样品至少500 g，四分法缩减至约200 g，粉碎后过1 mm孔筛，备用。

7 测定步骤

7.1 提取与净化

a) 准确称取10 g试样(精确至0.000 1 g)，置于250 mL玻璃具塞三角瓶中(5.5)，准确加入50 mL甲醇(4.2)，震荡30 min；

b) C_{18}萃取柱使用前处理：加5 mL甲醇，流完后加5 mL水洗，不要挤干，则可以加样液；

c) 甲醇提取液过滤，取滤液1 mL～2 mL，加3 mL水混合后，过C_{18}萃取柱(流速约1 mL/min)，用3 mL水淋洗后，用1 mL乙腈(4.1)洗脱，洗脱液供高效液相色谱分析。

7.2 HPLC色谱条件

色谱柱：C_{18}柱，柱长200 mm，内径4.6 mm，粒径5 μm。

流动相：乙腈(4.1)＋水(40＋60)。

流动相流速：1.0 mL/min。

检测波长：280 nm。

进样体积：20 μL。

7.3 HPLC定量测定

取标准工作液(4.3.2)作单点或多点校准，以色谱峰面积积分值定量。

8 结果计算与表述

8.1 试样中雌二醇的含量按式(1)计算：

$$X=\frac{m_1}{m}\times n \quad \cdots\cdots (1)$$

式中：

X ——试样中雌二醇的含量，单位为毫克每千克(mg/kg)；

m_1 ——试样色谱峰对应的雌二醇的质量，单位为微克(μg)；

m ——试样质量，单位为克(g)；

n ——稀释倍数。

8.2 测定结果用平行测定的算术平均值表示，保留至小数点后1位。

9 重复性

同一操作者对同一试样平行测定结果的相对偏差不大于10%。

ICS 65.120
B 46

中华人民共和国农业行业标准

NY/T 919—2004

饲料中苯并(a)芘的测定 高效液相色谱法

Determination of benzo(a)pyrene in feeds —High performance liquid chromatography

2005-01-04 发布　　2005-02-01 实施

中华人民共和国农业部 发布

前　言

本标准在参阅了国内、外大量文献基础上，经过方法筛选，确立了用高效液相色谱法测定饲料中苯并(a)芘含量。

本标准由中华人民共和国农业部提出。

本标准由全国饲料工业标准化技术委员会归口。

本标准主要起草单位：农业部饲料质量监督检验测试中心(沈阳)。

本标准起草人：徐国荣、田晓玲、曹东、柏云江、张建勋、田颖、徐世行。

饲料中苯并(a)芘的测定 高效液相色谱法

1 范围

本标准规定了用高效液相色谱仪测定动物饲料中苯并(a)芘的方法。

本标准适用于配合饲料、浓缩饲料、添加剂预混合饲料中苯并(a)芘的测定,检测限为2.5 μg/kg。

2 规范性引用文件

下列文件中的条款通过本标准的引用而成为本标准的条款。凡是注日期的引用文件,其随后所有的修改单(不包括勘误的内容)或修订版均不适用于本标准,然而,鼓励根据本标准达成协议的各方研究是否可使用这些文件的最新版本。凡是不注日期的引用文件,其最新版本适用于本标准。

GB/T 6682 分析实验室用水规则和试验方法

GB/T 14699.1 饲料采样方法

3 原理

试样中的苯并(a)芘经环己烷提取,再经二甲基亚砜萃取。试样溶液过C_{18}小柱,用环己烷洗脱。将洗脱液于旋转蒸发器上蒸干,残渣用乙腈溶解,于高效液相色谱仪测定。

4 试剂和材料

除另有规定外,仅使用分析纯试剂。水,GB/T 6682,二级用水。

4.1 乙腈

色谱纯。

4.2 环己烷

加活性炭重蒸馏。

4.3 二甲基亚砜

4.4 甲醇

色谱纯。

4.5 标准溶液

4.5.1 标准贮备液

准确称取苯并(a)芘标准品(纯度≥97%、HPLC级)10 mg,置于100 mL量瓶中,加乙腈溶解并稀释至刻度,该贮备液浓度为100 μg/mL。置4℃冰箱中保存(可保存2个月)。

4.5.2 标准工作液

准确吸取1 mL的标准贮备液(4.5.1),置于100 mL量瓶中,用乙腈稀释至刻度。分别准确吸取一定体积的该溶液,加乙腈制成浓度为25 ng/mL、50 ng/mL、75 ng/mL、100 ng/mL、150 ng/mL、200 ng/mL的标准工作液。

5 仪器设备

5.1 实验室常用仪器设备

5.2 高效液相色谱仪

配紫外检测器。

5.3 离心机

3 000 r/min。

5.4 超声波震荡器

5.5 旋转蒸发器

65℃。

5.6 C_{18}净化富集柱

250 mg。

5.7 分析天平

感量 0.000 1 g。

5.8 天平

感量 0.001 g。

6 试样制备

按照 GB/T 14699.1 饲料采样方法采样，选取具有代表性的样品，至少 500 g，用四分法缩减至 200 g，经粉碎，全部过 1 mm 孔筛，装入磨口瓶中备用。

7 分析步骤

7.1 试样溶液的制备

称取试样 10 g，准确至 0.002 g，置于 250 mL 具塞三角瓶中。加入环己烷(4.2)30 mL，超声振荡 25 min，倾出上清液。残渣 2 次分别加入环己烷(4.2)20 mL，超声振荡 20 min。合并 3 次提取液，离心(3 000 r/min)5 min。上清液于旋转蒸发器上(65℃)浓缩至约 5 mL。用吸管将浓缩液转移至 100 mL 分液漏斗中，用 5 mL 环己烷(4.2)分数次洗涤蒸馏瓶，洗液合并于分液漏斗中。依次用 10 mL、5 mL 二甲基亚砜(4.3)缓慢振摇提取 2 次，静置 10 min 后，分离二甲基亚砜层(下层)于三角瓶中，加入 25 mL 水，摇匀。过 C_{18}净化富集柱(使用前，用 20 mL 甲醇(4.4)、20 mL 水过柱活化)，用 10 mL 水淋洗，抽干。用 30 mL 环己烷(4.2)洗脱(洗脱速度为 2 mL/min)。洗脱液于旋转蒸发器上(65℃)蒸干，用 2 mL 乙腈(4.1)溶解残渣，过 0.45 μm 微孔滤膜，待测。

7.2 测定

7.2.1 高效液相色谱条件

色谱柱：C_{18}柱，柱长 200 mm，内径 4 mm，粒度 5 μm。

流动相：乙腈—水，75+25。

波长：UV296 nm。

流速：2.0 mL/min。

进样量：10 μL。

7.2.2 定量测定

按仪器操作规程操作。取待测液和标准工作液(4.5.2)，作单点或多点校准，以色谱峰面积积分值定量。

8 结果计算

8.1 试样中苯并(a)芘的含量按式(1)计算：

$$x=\frac{c \times v}{m} \quad \cdots\cdots (1)$$

式中：

x——试样中苯并(a)芘的含量，单位为微克每千克(μg/kg)；

c——试样中苯并(a)芘的响应值在标准曲线上对应的浓度，单位为纳克每毫升(ng/mL)；

m——试样质量，单位为克(g)；

v——试样稀释的体积，单位为毫升(mL)。

8.2 测定结果用平行测定的算数平均值表示，保留至小数点后1位。

9 重复性

同一操作者对同一试样2次平行测定所得结果的相对偏差不大于15%。

ICS 65.120
B 46

中华人民共和国农业行业标准

NY/T 920—2004

饲料级　富马酸

Feed grade fumaric acid

2005-01-04 发布　　2005-02-01 实施

中华人民共和国农业部　发布

前　言

本标准在参考了美国药典(USP 26,2003)、食品添加剂规格要览(Compendium of Food Additive Specification,JECFA,1999)和(美国)食品化学药典(第四版)(Food Chemicals Codex,1996,Fourth Edition,即FCC IV)并在科学实验的基础上制定的。

本标准由中华人民共和国农业部提出。

本标准由全国饲料工业标准化技术委员会归口。

本标准起草单位:国家饲料质量监督检验中心(北京)、南京恩特精细化工厂、农业部饲料质量监督检验测试中心(呼和浩特)。

本标准主要起草人:田河山、马东霞、艾学银、李玉芳、田静、常秉文、杨曙明。

饲料级　富马酸

1　范围

本标准规定了饲料级富马酸的要求、试验方法、检验规则以及标签、包装、运输和贮存。

本标准适用于饲料级富马酸。该产品在饲料中作为酸度调节剂、调味剂。

化学名称：反-丁烯二酸，反-1，2-丁二酸

分子式：$C_4H_4O_4$

相对分子质量：116.07

CAS号：110-17-8

结构式：

```
H       COOH
  \   /
    C
    ‖
    C
  /   \
HOOC    H
```

2　规范性引用文件

下列文件中的条款通过本标准的引用而成为本标准的条款。凡是注日期的引用文件，其随后所有的修改单（不包括勘误的内容）或修订版均不适用于本标准，然而，鼓励根据本标准达成协议的各方研究是否可使用这些文件的最新版本。凡是不注日期的引用文件，其最新版本适用于本标准。

GB/T 601　化学试剂　滴定分析（容量分析）用标准溶液的制备

GB/T 602　化学试剂　杂质测定用标准溶液的制备

GB/T 603　化学试剂　试验方法中所用制剂及制品的制备

GB/T 6678　化工产品采样总则

GB/T 6682—1992　分析实验室用水规格和试验方法

GB 8450—1987　食品添加剂中砷的测定方法（砷斑法）

GB 8451—1987　食品添加剂中重金属限量试验法

GB 10648—1999　饲料标签

GB/T 16764　配合饲料企业卫生规范

《中华人民共和国药典》2000年版

3　要求

3.1　感观

无嗅，白色晶体粉末或细粒。溶于乙醇，微溶于水和二乙醚。

3.2　富马酸技术指标

技术指标应符合表1要求。

表1 技术指标

项目	指标
富马酸,%	≥99.0
干燥失重,%	≤0.5
灼烧残渣,%	≤0.1
熔点范围,℃	282～302
重金属(以 Pb 计),%	≤0.001
砷(以 As 计),%	≤0.000 3

4 试验方法

本标准所用试剂和水,在未注明其要求时,均指分析纯试剂和 GB/T 6682—1992 规定的三级用水。

试验中所用标准滴定溶液、制剂及制品,在没有注明其他要求时,均按 GB/T 601、GB/T 602、GB/T 603 规定制备。

仪器、设备为一般实验室仪器和设备。

4.1 鉴别

4.1.1 试剂和溶液

4.1.1.1 间苯二酚

4.1.1.2 硫酸

4.1.1.3 氢氧化钠溶液

40 g/L。

4.1.1.4 溴试液(TS-46)

4.1.2 鉴别方法

4.1.2.1 溶解性

溶于乙醇,微溶于水和二乙醚。

4.1.2.2 pH:富马酸(1∶30)水溶液的 pH 应为 2.0～2.5。按《中华人民共和国药典 2000 年版》附录Ⅵ中的“pH 值测定法”进行。

4.1.2.3 1,2-二羧酸

称取试样 50 mg 于干燥试管中,加间苯二酚(4.1.1.1)2 mg～3 mg 和硫酸(4.1.1.2)1 mL,摇动,于 130℃下加热 5 min,冷却。加水稀释至 5 mL,逐滴加入氢氧化钠(4.1.1.3)至碱性,冷却,用水稀释定容至 10 mL。在紫外灯下观察,应呈蓝绿色荧光。

4.1.2.4 双键

称取试样 0.5 g 于干燥试管中,加水 10 mL,煮沸溶液。于热溶液中加溴试液(4.1.1.4)2 滴或 3 滴,溴试液的颜色应消失。

4.2 富马酸含量测定

4.2.1 原理

以酚酞为指示剂,用氢氧化钠标准溶液滴定富马酸中的酸根。

4.2.2 试剂和溶液

4.2.2.1 甲醇

4.2.2.2 酚酞指示剂

10 g/L 酚酞乙醇溶液。

4.2.2.3 氢氧化钠标准滴定溶液

$c(NaOH)=0.5\ mol/L$。

4.2.3 含量的测定

称取 1 g 试样(准确至 0.000 1 g),置于 250 mL 锥形瓶中,加 50 mL 甲醇(4.2.2.1),在热水浴上慢慢加热使其溶解,冷却后加酚酞指标剂(4.2.2.2)2 滴~3 滴,用氢氧化钠标准滴定溶液(4.2.2.3)滴定至出现粉红色,且 30 s 不褪色即为终点。同时进行空白试验。

富马酸含量 X_1(以质量分数表示)按式(1)计算:

$$X_1=\frac{c\times(V_1-V_0)\times0.058\ 04}{m_1}\times100 \quad\cdots\cdots(1)$$

式中:

c——氢氧化钠标准滴定溶液的浓度,单位为摩尔每升(mol/L);

V_1——试样消耗氢氧化钠标准滴定溶液的体积,单位为毫升(mL);

V_0——空白消耗氢氧化钠标准滴定溶液的体积,单位为毫升(mL);

m_1——试样的质量,单位为克(g);

0.058 04——与 1.00 mL 氢氧化钠标准滴定溶液[$c(NaOH)=1.000\ 0\ mol/L$]相当的、以克表示的富马酸质量。

测定结果:取 2 次平行测定的算术平均值为结果,保留小数点后一位。

2 次平行测定结果绝对值之差小于等于 0.2%。

4.3 干燥失重的测定

4.3.1 测定方法

称取试样 1 g(准确至 0.000 2 g),置于已在 105℃烘箱中干燥至恒重的称样皿内,在 105℃干燥 1 h,取出,放入干燥器中,冷却至室温,称量,直至恒重。

4.3.2 结果计算

干燥失重 X_2(以质量分数表示)按式(2)计算:

$$X_2=\frac{m_1-m_2}{m}\times100 \quad\cdots\cdots(2)$$

式中:

m_1——干燥前的样品加称量瓶重,单位为克(g);

m_2——干燥后的样品加称量瓶量,单位为克(g);

m——试样质量,单位为克(g)。

2 次测定结果之差不得大于 0.2%,以其算术平均值为报告结果。

4.4 灼烧残渣的测定

4.4.1 试剂

硫酸。

4.4.2 测定方法

称取试样 1 g(准确至 0.01 g),置于已在 700℃~800℃灼烧至恒重的瓷坩埚中,用小火缓缓加热至完全炭化。放冷后,加硫酸(4.4.1.1)0.5 mL~1 mL,使其湿润,低温加热至硫酸蒸气除尽后,移入马福炉中,在 700℃~800℃下灼烧 1 h,取出,放入干燥器中,冷却至室温,称量,直至恒重。

4.4.3 结果计算

灼烧残渣 X_3(以质量分数表示)按式(3)计算:

$$X_3=\frac{m_1-m_2}{m}\times 100 \quad \cdots\cdots (3)$$

式中：

m_1 ——坩埚加残渣重，单位为克(g)；

m_2 ——坩埚重，单位为克(g)；

m ——试样质量，单位为克(g)。

2次测定结果之差不得大于0.2%，以其算术平均值为报告结果。

4.5 溶点的测定

按《中华人民共和国药典2000年版》附录中的"熔点测定法(密闭毛细管，加速加热)"进行。

4.6 重金属的测定

重金属的测定按照GB 8451—1987执行。

4.7 砷的测定

砷的测定按照GB 8450—1987(砷斑法)执行。

5 检验规则

5.1 本标准规定的所有项目为出厂检验项目。

5.2 按照GB/T 6678中的规定确定采样单元数。采样时，将采样器自包装袋的上方斜插入至料层深度的3/4处采样，将采得的样品混匀后，按四分法缩至约500 g，立即分装于2个清洁干燥的广口瓶中，密封。瓶上粘贴标签，注明：生产厂名、产品名称、批号、采样日期和采样者姓名。一瓶用于检验，另一瓶保存3个月备查。

5.3 饲料级富马酸应有生产厂的质量监督检验部门按本标准的规定进行检验，生产厂应保证所有出厂的产品都符合本标准的要求。每批出厂的饲料级富马酸都应附有质量证明书。

5.4 检验结果如有一项指标不符合本标准要求时，应自2倍的包装中采样重新进行复验，复验结果即使只有一项指标不符合本标准的要求时，则整批产品为不合格。

6 标签、包装、贮存和运输

6.1 标签

饲料级富马酸应在包装物上附有饲料标签，标签应符合GB 10648—1999中的规定。

6.2 包装

6.2.1 饲料级富马酸应包装在密封、避光的容器或内衬塑料食品级塑料袋的塑料编织袋。包装应完整，无漏洞，无污染和异味。

6.2.2 包装上应有牢固标志，标明产品名称、生产厂名称、厂址、批号、批准文号、贮存条件、使用方法、净重，并标有"饲料级"的字样。

6.2.3 包装材料应符合GB/T 16764的要求。

6.2.4 包装印刷油墨无毒，不应向内容物渗漏。

6.2.5 包装物不准许重复使用，供货方与使用方有协议者除外。

6.3 贮存

6.3.1 饲料级富马酸的贮存应符合GB/T 16764的要求。

6.3.2 饲料级富马酸应贮存在通风、阴凉、干燥处，防止避免阳光直射、雨淋、受潮，不得与有毒、有害物质混贮。

6.3.3 不合格的产品应做无害化处理，不应存放在富马酸贮存场所内。

6.4 运输

6.4.1 产品在运输中应有遮盖物,防止日晒、雨淋、受潮,不得与有毒、有害物质混装、混运。

6.4.2 运输作业应防止污染,保持包装的完整性。

6.4.3 饲料运输工具和装卸场地应定期清洗和消毒。

6.4.4 运输工具应符合 GB/T 16764 的要求。

ICS 67.080.10
B 31

中华人民共和国农业行业标准

NY/T 921—2004

热带水果形态和结构学术语

Morphological and structural terminology of tropical fruits

2005-01-04 发布　　　　2005-02-01 实施

中华人民共和国农业部 发布

前　言

本标准由中华人民共和国农业部提出并归口。

本标准起草单位:农业部热带农产品质量监督检验测试中心。

本标准主要起草人:吴莉宇、谢德芳、彭黎旭、江俊、袁宏球、徐志。

热带水果形态和结构学术语

1 范围

本标准规定了热带水果的形态和结构学术语。

本标准适用于热带水果的生产、流通及有关的科学研究工作，不适用于植物解剖学的研究。

2 定义与图示

2.1

荔枝 Litchi

2.1.1 **果梗 stalk**

2.1.2 **种座 seed - stalk**

2.1.3 **种子 seed**

2.1.4 **种皮 seed-coat**

2.1.5 **果肉 flesh**

2.1.6 **果皮 skin**

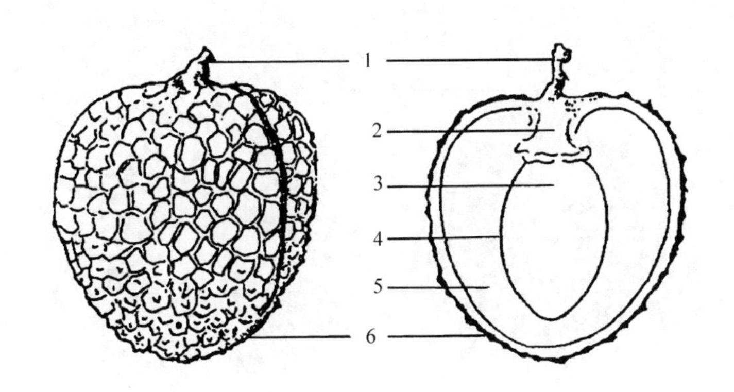

1. 果梗
2. 种座
3. 种子
4. 种皮
5. 果肉
6. 果皮

2.2

龙眼 Longan

2.2.1 **果梗 stalk**

2.2.2 **种座 seed-stalk**

2.2.3 **果肉 flesh**

2.2.4 **种子 seed**

2.2.5 **种皮 seed-coat**

2.2.6 **果皮 skin**

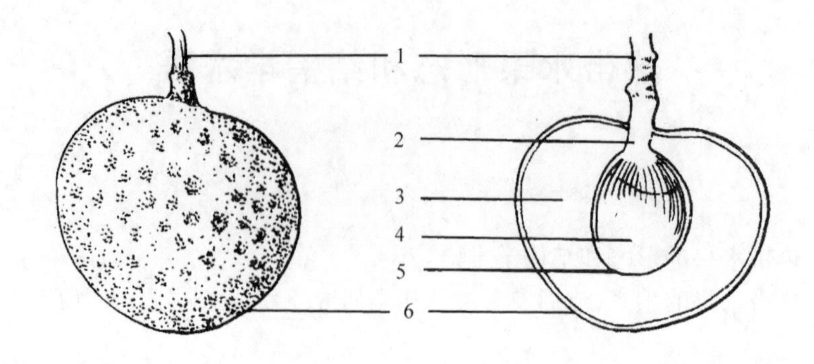

1. 果梗
2. 种座
3. 果肉
4. 种子
5. 种皮
6. 果皮

2.3

红毛丹　Rambutan

2.3.1　**果梗　stalk**

2.3.2　**种座　seed-stalk**

2.3.3　**果皮　skin**

2.3.4　**果肉　flesh**

2.3.5　**种子　seed**

2.3.6　**种皮　seed coat**

2.3.7　**皮刺　soft thorn**

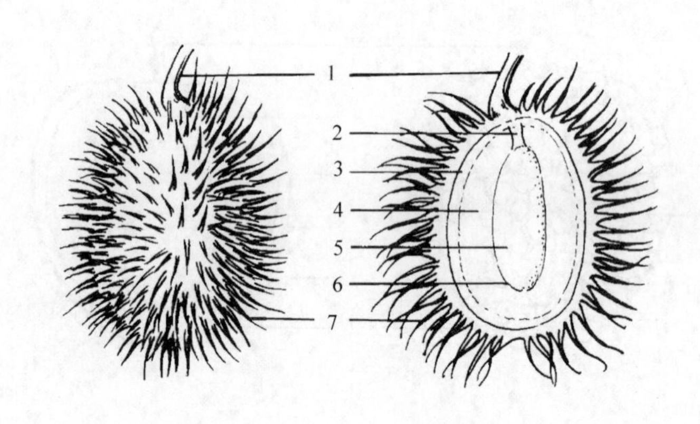

1. 果梗
2. 种座
3. 果皮
4. 果肉
5. 种子
6. 种皮
7. 皮刺

2.4

芒果　Mango

2.4.1　**果梗　stalk**

2.4.2　**果肉　flesh**

2.4.3　**纤维　fiber**

2.4.4　**种壳　seed case**

2.4.5　**种仁　coty ledon**

2.4.6　**果皮　skin**

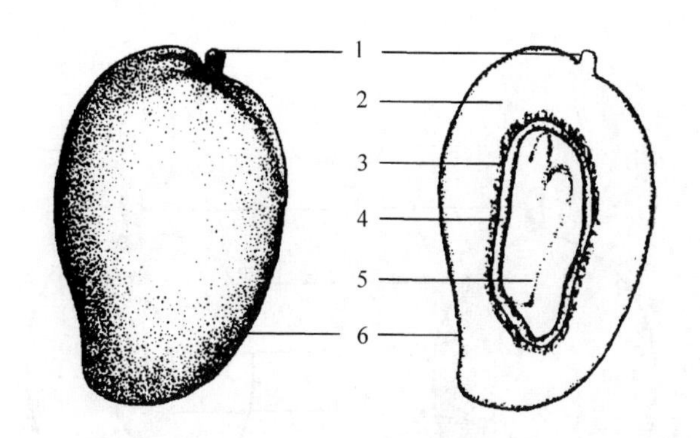

1. 果梗　　4. 种壳
2. 果肉　　5. 种仁
3. 纤维　　6. 果皮

2.5

腰果　Cashew

2.5.1 **果梗　stalk**

2.5.2 **果皮　skin**

2.5.3 **果梨　cashew apple**

2.5.4 **果肉　flesh**

2.5.5 **果仁　kernel**

2.5.6 **坚果　cashew nut**

2.5.7 **果仁膜　seed coat**

2.5.8 **果壳　seed-shell**

1. 果梗　　5. 果仁
2. 果皮　　6. 坚果
3. 果梨　　7. 果仁膜
4. 果肉　　8. 果壳

2.6

毛叶枣　Indian jujube

2.6.1 **果梗　stalk**

2.6.2 **果皮　skin**

2.6.3 果肉 flesh

2.6.4 种子 seed

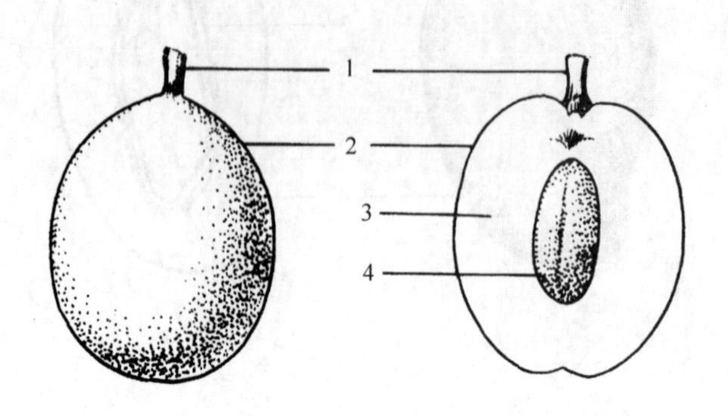

1. 果梗
2. 果皮
3. 果肉
4. 种子

2.7

油梨 Avocado

2.7.1 果梗 stalk

2.7.2 果皮 skin

2.7.3 果肉 flesh

2.7.4 种皮 seed - coat

2.7.5 种子 seed

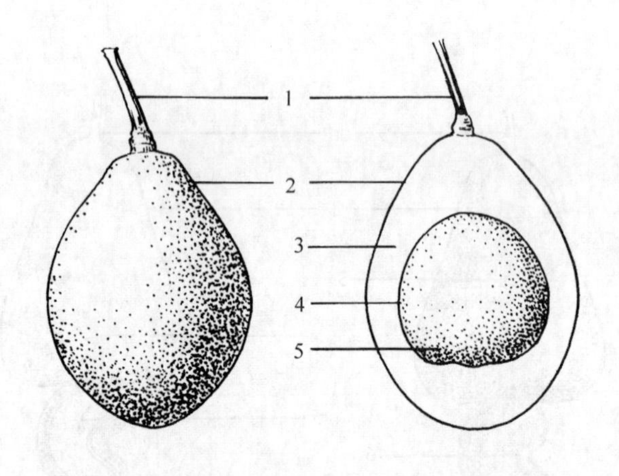

1. 果梗
2. 果皮
3. 果肉
4. 种皮
5. 种子

2.8

香蕉 Banana

2.8.1 果柄 peduncle

2.8.2 果皮 skin

2.8.3 果肉 flesh

2.8.4 果心 central cylinder

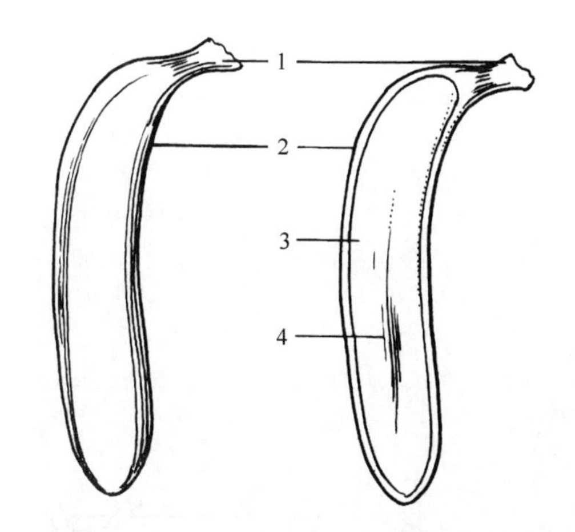

1. 果柄
2. 果皮
3. 果肉
4. 果心

2.9

菠萝　Pineapple

2.9.1　**冠芽　crown bud**

2.9.2　**小苞片　bracteole**

2.9.3　**果皮　skin**

2.9.4　**果丁　cupule**

2.9.5　**果肉　flesh**

2.9.6　**总苞片　bract**

2.9.7　**果柄　peduncle**

2.9.8　**果心　central cylinder**

2.9.9　**果眼　fruitlet**

2.9.10　**子室　locule**

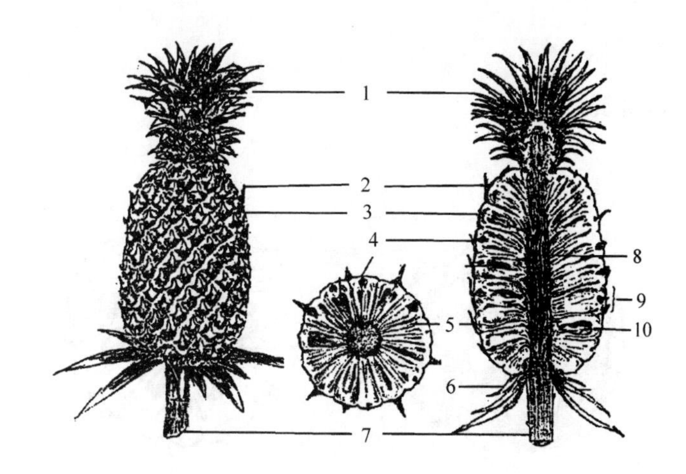

1. 冠芽
2. 小苞片
3. 果皮
4. 果丁
5. 果肉
6. 总包片
7. 果柄
8. 果心
9. 果眼
10. 子室

2.10

椰子　Coconut

2.10.1　**果梗　stalk**

2.10.2　**果萼　calyx**

2.10.3　**外果皮　exocarp**

2.10.4　**椰棕　mesocarp**

2.10.5　**椰壳　endocarp**

2.10.6　**椰肉　coconut meat**

2.10.7　**椰子水　coconut water**

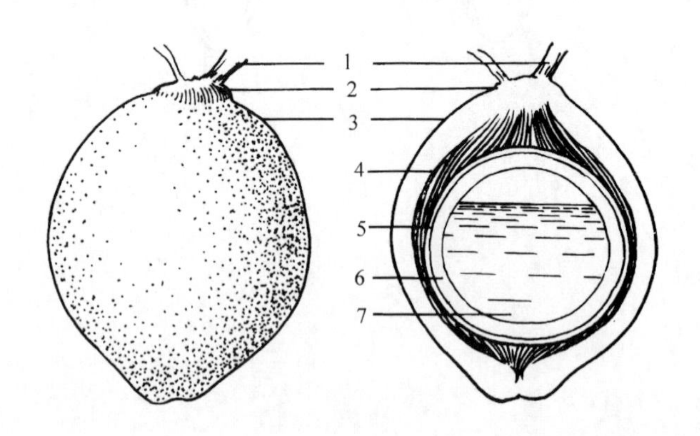

1. 果梗
2. 果萼
3. 外果皮
4. 椰棕
5. 椰壳
6. 椰肉
7. 椰子水

2.11

番荔枝　Sugar Apple

2.11.1　**果梗　stalk**

2.11.2　**果皮　skin**

2.11.3　**果肉　flesh**

2.11.4　**种子　seed**

2.11.5　**果心　central cylinder**

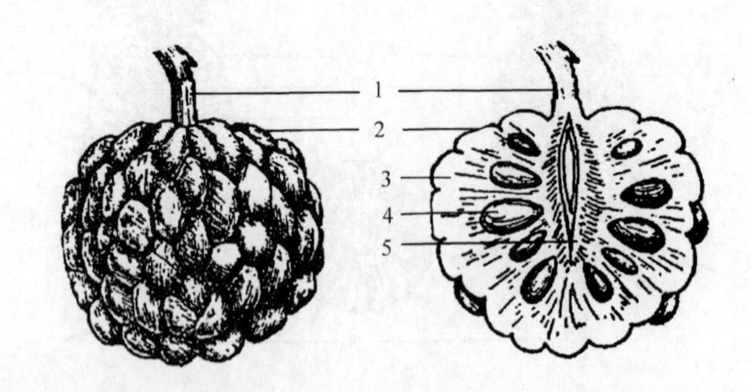

1. 果梗
2. 果皮
3. 果肉
4. 种子
5. 果心

2.12

木菠萝　Jackfruit

2.12.1 果柄 peduncle

2.12.2 果皮 rind

2.12.3 果丁(皮刺) rind spine

2.12.4 腱 tendon(infertile achene)

2.12.5 果包(瘦果) achene

2.12.6 果肉 flesh

2.12.7 种膜 seed film

2.12.8 种子 seed

2.12.9 果心 central cylinder

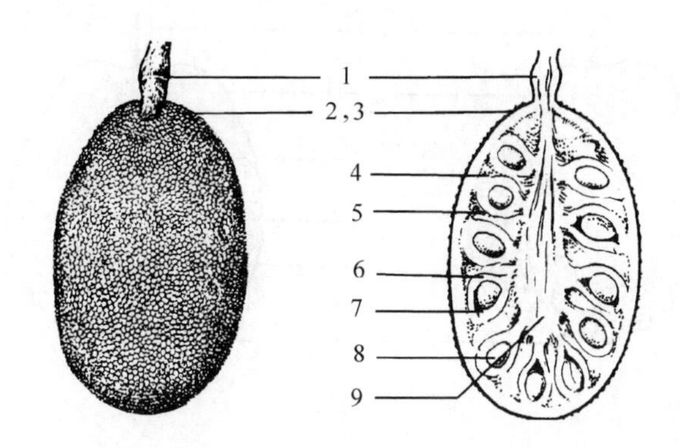

1. 果柄
2. 果皮
3. 果丁(皮刺)
4. 腱
5. 果包(瘦果)
6. 果肉
7. 种膜
8. 种子
9. 果心

2.13

西番莲 Passionfruit

2.13.1 果梗 stalk

2.13.2 外果皮 exocarp

2.13.3 内果皮 endocarp

2.13.4 果肉 flesh

2.13.5 种子 seed

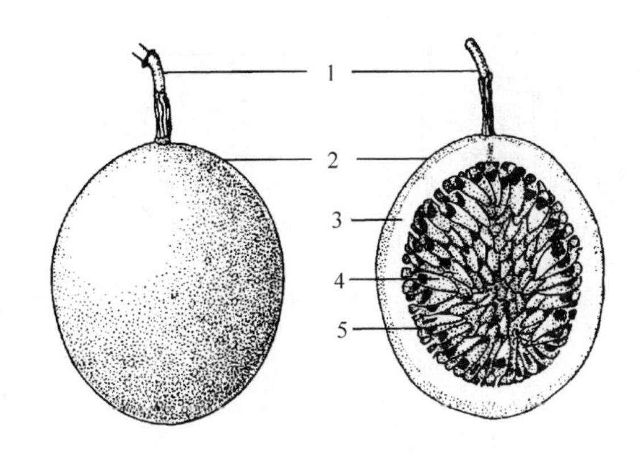

1. 果梗
2. 外果皮
3. 内果皮
4. 果肉
5. 种子

2.14

番石榴 Guava

2.14.1 果梗 stalk

2.14.2 果皮 skin

2.14.3 果肉 flesh

2.14.4 果心 core

2.14.5 种子 seed

2.14.6 果萼 calyx

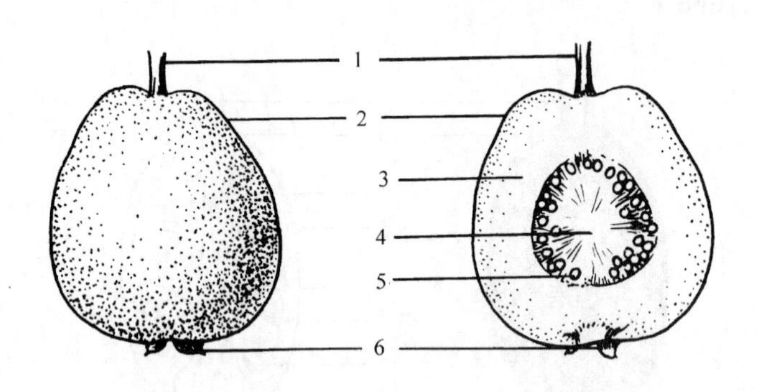

1. 果梗
2. 果皮
3. 果肉
4. 果心
5. 种子
6. 果萼

2.15

杨桃 Carambola

2.15.1 果梗 stalk

2.15.2 果皮 skin

2.15.3 果肉 flesh

2.15.4 果心 core

2.15.5 种子 seed

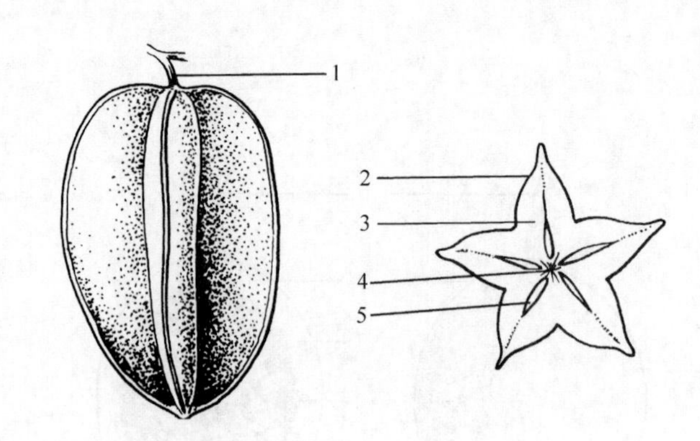

1. 果梗
2. 果皮
3. 果肉
4. 果心
5. 种子

2.16

人心果 Sapodilla

2.16.1 果梗 stalk

2.16.2 果皮 skin

2.16.3 果肉 flesh

2.16.4 果心 core

2.16.5 种子 seed

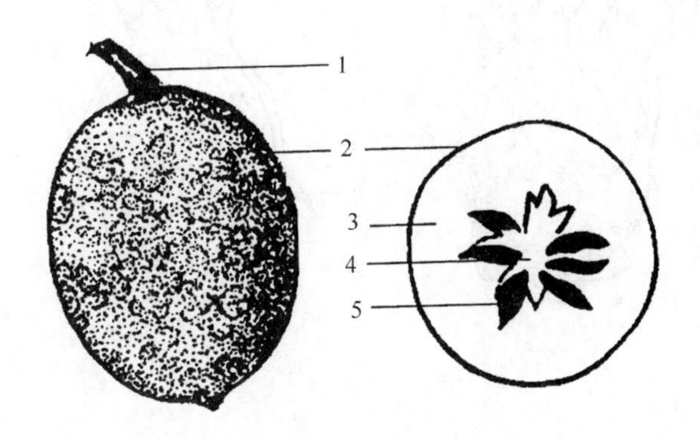

1. 果梗
2. 果皮
3. 果肉
4. 果心
5. 种子

2.17

番木瓜 Papaya,Pawpaw

2.17.1 果柄 peduncle

2.17.2 果皮 skin

2.17.3 果腔 locule

2.17.4 果肉 flesh

2.17.5 种子 seed

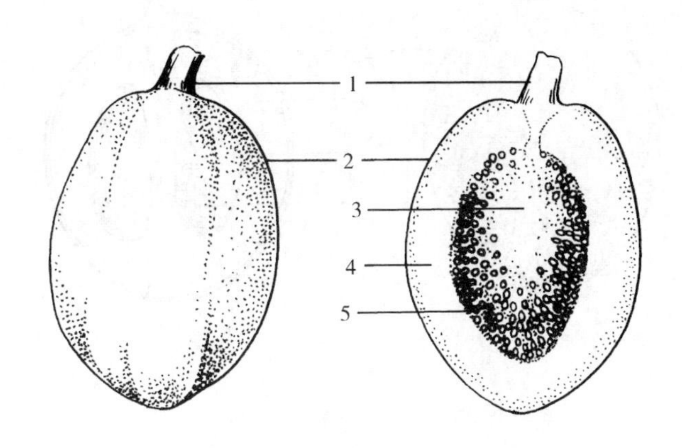

1. 果柄
2. 果皮
3. 果腔
4. 果肉
5. 种子

2.18

火龙果 Pitaya,Dragon fruit

2.18.1 果皮 skin

2.18.2 鳞片 scale

2.18.3 果肉 flesh

2.18.4 种子 seed

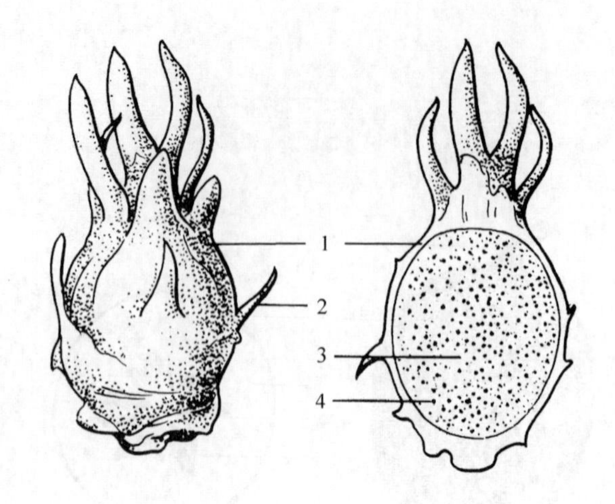

1. 果皮
2. 鳞片

3. 果肉
4. 种子

2.19

黄皮 Wonpee

2.19.1 果梗 stalk

2.19.2 果皮 skin

2.19.3 果肉 flesh

2.19.4 种子 seed

2.19.5 果心 core

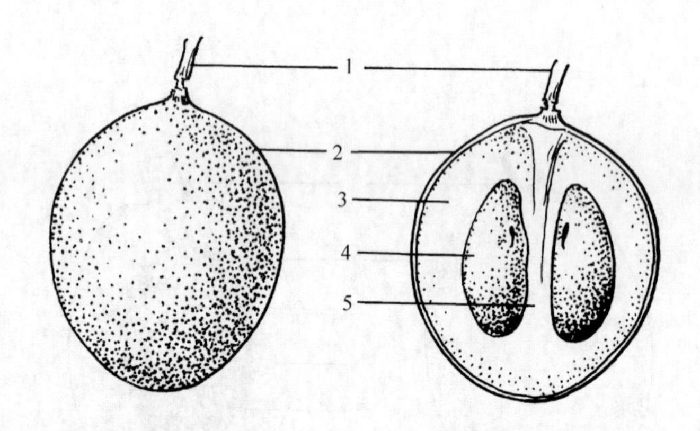

1. 果梗
2. 果皮
3. 果肉

4. 种子
5. 果心

ICS 67.140
B 35

中华人民共和国农业行业标准

NY/T 922—2004

咖啡栽培技术规程

Technical rules for cultivation of coffee

2005-01-04 发布 2005-02-01 实施

中华人民共和国农业部 发布

前　言

本标准由中华人民共和国农业部提出并归口。

本标准起草单位：云南省热带作物学会、云南省德宏热带农业科学研究所。

本标准主要起草人：周仕峥、李维锐、洪龙汉、何普锐、李文伟。

咖啡栽培技术规程

1 范围

本标准规定了小粒种咖啡(*Coffea arabica* L.)园地选择、园地规划、园地开垦、种植、土壤管理、水分管理、施肥管理、整形修剪、病虫害综合防治以及采收、加工、分级和包装等技术。

本标准适用于小粒种咖啡栽培。

2 规范性引用文件

下列文件中的条款通过本标准的引用而成为本标准的条款。凡是注日期的引用文件,其随后所有的修改单(不包括勘误的内容)或修订版均不适用于本标准,然而,鼓励根据本标准达成协议的各方研究是否可使用这些文件的最新版本。凡是不注日期的引用文件,其最新版本适用于本标准。

GB 4284 农用污泥中污染物控制标准

GB 4285 农药安全使用标准

GB 5084 农田灌溉水质标准

GB 8172 城镇垃圾农用控制标准

GB/T 8321 农药合理使用准则

NY/T 359 咖啡 种苗

NY/T 604 生咖啡

NY/T 606 小粒种咖啡初加工技术规范

NY/T 5023 热带水果产地环境条件

3 园地选择

3.1 气候条件

年平均气温 18.5℃～21℃,≥10℃年活动积温≥6 800℃,最低月平均气温≥11.5℃,极端最低气温>0℃,基本无霜;年平均降水量 1 000 mm～1 800 mm,年平均相对湿度>70%,干燥度<1.5;降水量<1 000 mm,花期与幼果期,干旱地区应选择具有水源灌溉的土地。静风环境,年平均风速<1.5 m/s。

3.2 地貌条件

我国东南部地区选择海拔 300 m 以下;西部高原地区选择海拔 700 m～1 000 m 地区,一般不宜超过 1 200 m。宜选低山、丘陵、平缓台地;一般不选冷空气排泄不畅且易于沉积的低凹地、低台地、冷湖区、狭谷及沟箐。冬季气温较高(月均温>13℃,极端最低温>1℃)地区可选用阳坡、半阴坡、缓阴坡;冬季气温较低(月均温<13℃,极端最低温<1℃)地区宜选阳坡;冬季强平流型为主降温区宜选背风坡。坡度选用<20°地段。辐射型低温区选用中、上坡位;平流型低温区宜选中、下坡位。

3.3 土壤条件

宜选赤红壤、砖红壤;pH5.5～6.8;土层厚度 0.8 m 以上,地下水位 1 m 以下,排水良好;土壤疏松肥沃,壤土或沙壤土,有机质含量 1%以上。

3.4 环境条件

园地环境条件应符合 NY/T 5023 热带水果产地环境条件的规定。

4 咖啡园规划

4.1 园区道路规划

4.1.1 园区田间道

居民点至咖啡园主要道路，路基宽一般 3 m～4 m，路面宽 3 m，纵坡＜8%，弯道半径＞15 m。

4.1.2 园区生产路

园内作业与运输道路，连接田间道，路面宽一般 2 m，纵坡＜10%，弯道半径＞10 m。

4.1.3 步行道

园中步行道路，山丘坡地在梯地间设置之字路，路面宽 1 m 左右。

4.2 排灌系统规划

4.2.1 园地排灌渠系布局

山丘区斗渠一般沿较小的分水岭或等高线布置；农渠一般垂直于等高线或等高梯地布设，并修筑护砌和跌水设施；毛渠为园地直接灌溉渠道，其间距与梯地带距相同，沿种植带布局；排水沟沿山坡凹箐布置。平坦咖啡园斗渠与农渠应成 90°布局，农渠间平行布置。每条农渠灌地面积控制在 20 hm^2 左右。

4.2.2 灌溉类型

缓坡地、平台地可采用沟渠引水沟灌；水源缺乏或不稳定地区，在林段适当位置建造若干水肥池，结合沤肥浇灌。水肥池容积视管理面积而定。

地形复杂、坡度较大、水源相对较高园区，可采用固定或半固定管理式喷灌系统，或将水引入园中贮水池浇灌。

4.2.3 排灌工程

水源、土壤、降水及时空分布，确定咖啡灌水定额，计算需水量，按布局进行工程设计，测算工程量，提出主要材料与设备选型，概算投资。

4.3 防护林

4.3.1 在山脊、山顶、沟箐、风口等地段和常风较大地区，要保留或营造防护林带；台风或强风暴危害区，必须设置防护林网络。

4.3.2 水土流失严重地段设置水土保持林。水源林应严加保护，禁止砍伐与垦殖。

5 咖啡园开垦

5.1 种植密度

5.1.1 平地或 5°以下缓坡地，一般株行距：0.8 m×2 m，公顷植 6 240 株。

5.1.2 5°～15°坡地，一般株行距 0.8 m～1 m×2 m，公顷植 4 995 株～6 240 株。

5.1.3 15°～20°坡地，一般株行距 0.8 m×2.5 m～3.0 m，公顷植 4 155 株～4 995 株。

5.2 砍岜、清园

保留防护林、水源林及园中散生独立树。雨季结束后至次年 2 月，斩除园内高草灌丛，晒干后清园。防护林树种宜选速生、抗性强、适应性广、非咖啡病虫害寄主。

5.3 修筑梯地

5°以下平缓园地采用十字定标；5°以上坡地修筑等高梯地，梯地面宽 1.6 m～2.0 m，梯面内倾 3°～5°，梯地外缘用心土筑高、宽各 20 cm 土埂。

5.4 挖定植沟

5.4.1 定植沟规格

定植沟的面宽一般为 60 cm，沟深 50 cm，沟底宽 40 cm。

5.4.2 回表土施基肥

一般每株施农家肥 5 kg～10 kg，磷肥 0.1 kg～0.2 kg。于定植前半个月，将农家肥、磷肥与表土拌匀回填定植沟内，回填后土面应高于沟面 15 cm 以上。

6 定植

6.1 种苗质量应符合 NY/T 359 咖啡种苗中 4.1 的规定。

6.2 定植时间一般 2 月中至 8 月份。

6.3 定植时拆除薄膜袋，分层回土压实，培土至茎基部。

6.4 定植后应浇透定根水，并覆盖根圈。

6.5 定植后发现缺苗死苗要及时补植。当年保苗率应达 98%以上。

6.6 建立小区档案，记录种植面积、品种、株数、定植时间、管理措施、管理人员、产量、病虫害及自然灾害等。

7 土壤管理

7.1 园地中耕除草

7.1.1 幼龄园

定植当年至投产前每年中耕除草 4 次～5 次，可结合压青、施肥进行，雨季后深耕一次，深度为 10 cm～15 cm。

7.1.2 投产园

每年雨季期间中耕除草 2 次～3 次，雨季后深耕 1 次，深度为 15 cm～20 cm。

7.2 园地覆盖

7.2.1 死覆盖

宜用稻草、甘蔗叶、玉米秆等植物秸秆或塑料薄膜；覆盖根圈或种植带，覆盖物须离茎基 10 cm，覆盖厚度为 5 cm，薄膜覆盖仅用于幼林园；定植后 1 年～2 年内或老树更干当年，雨季结束后的 11 月～12 月间结合中耕进行覆盖。

7.2.2 活覆盖

梯田外缘点播猪屎豆、三叶豆、白花灰叶豆作为荫蔽；幼龄园行间间种花生、黄豆、小饭豆及光叶紫花苕等一年生植物。

8 水分管理

8.1 灌水期

开花和幼果发育期间每月灌水一次，雨季中较长的间隙性干旱也需灌水。

8.2 灌溉方法

灌溉可用沟灌、浇灌、喷灌或滴灌等。

8.3 灌溉用水质量

应符合 NY/T 5023 热带水果产地环境条件的规定。

9 施肥管理

9.1 施肥原则

9.1.1 采用平衡施肥和营养诊断施肥方法。

9.1.2 幼龄树以氮、磷肥为主；投产树以氮、钾为主，适当配施磷和其他微量元素。

9.1.3 化肥、有机肥和微生物肥配合使用。

9.2 推荐使用的肥料种类

9.2.1 肥料种类详见表1。

表1 咖啡栽培推荐使用的肥料种类

种类	名 称	简 介
农家肥料	1. 堆肥	以各类秸秆、人畜粪便堆积而成
	2. 沤肥	堆肥的原料在淹水的条件下进行发酵而成
	3. 厩肥	猪、牛、羊、鸡、鸭等畜禽的粪尿与秸秆垫料堆成
	4. 绿肥	栽培或野生的绿色植物体作肥料
	5. 沼气肥	沼气液或残渣
	6. 秸秆	作物秸秆
	7. 饼肥	桐子饼、菜子饼、豆饼
	8. 灰肥	草木灰、稻草灰、糠灰
商品肥料	1. 腐殖酸类肥料	甘蔗滤泥、泥炭土等含腐殖酸类物质的肥料
	2. 微生物肥料、根瘤菌肥料	能在豆科植物上形成根瘤的根瘤菌剂
	3. 有机—无机复合肥	以有机物质和少量无机物质复合而成的肥料如畜禽粪便加入适量的微量元素
	4. 无机肥料	
	氮肥	尿素、氯化铵、硫酸铵、碳酸铵
	磷肥	过磷酸钙、钙镁磷肥、磷矿粉
	钾肥	氯化钾、硫酸钾
	钙肥	生石灰、石灰石
	镁肥	钙镁磷肥、硫酸镁
	复合肥	二元、三元复合肥
	5. 叶面肥	
	生长辅助类	云大120、2116、高美施等
	微量元素	含有铜、铁、锌、镁、硼、钼等微量元素的肥料

9.2.2 按GB 4284和GB 8172的规定执行，禁止使用含重金属和有害物质的城市生活垃圾、污泥、医院的粪便垃圾和工业垃圾。

9.2.3 禁止使用未经国家有关部门批准登记和生产的商品肥料。

9.3 施肥时间、方法及施用量

9.3.1 定植当年幼树

9.3.1.1 定植后1个月至雨季，施1次～2次沤制水肥，每次株施2 kg～3 kg。

9.3.1.2 雨季压青一次，每株 5 kg～10 kg，加过磷酸钙 0.1 kg。

9.3.1.3 6 月～8 月份，每月施尿素一次，每次株施 0.02 kg，距苗木 20 cm 处沟施，施后盖土；9 月、10 月各施复合肥、硫酸钾一次，每次株施 0.025 kg，施法同尿素。

9.3.2 定植后第二年幼树

9.3.2.1 1 月～2 月株施农家肥 5 kg～10 kg，钙镁磷肥 0.1 kg，沿冠幅外围 10 cm 处挖长 40 cm、宽 20 cm、深 30 cm 坑施覆土。

9.3.2.2 3 月～5 月每月施一次沤制水肥，加 1%尿素，每次株施 2 kg～3 kg。

9.3.2.3 7 月～9 月各施尿素、复合肥和硫酸钾一次，每次株施各 0.05 kg，离冠幅 10 cm 处沟施覆土。

9.3.3 投产树

9.3.3.1 每株年施农家肥 5 kg～10 kg，钙镁磷肥 0.1 kg，施法同 9.3.2.1。

9.3.3.2 每年 3 月～5 月每月施一次沤制水肥，加 1%尿素，每次株施 5 kg。

9.3.3.3 每年 6 月～7 月每月施尿素一次，每次株施 0.075 kg，沟施并覆土。

9.3.3.4 每年 8 月～9 月每月施肥一次，每次株施复合肥、硫酸钾 0.1 kg，沟施覆土。

10 整形修剪

10.1 单干整形去顶控高

10.1.1 第一次去顶

株高 120 cm 处，剪去主干顶端 1 节～2 节嫩梢，待抽出直生枝后，选留 1 条作延续主干，其余修除。

10.1.2 第二次去顶

在株高 180 cm 处，剪去主干顶端 1 节～2 节嫩梢。

10.1.3 控制株高

株高最终控制在 2 m 左右，第二次去顶后 2 个月至 3 个月检查一次，将延伸顶芽修除。

10.2 修芽修枝

10.2.1 修芽

一般每条一分枝在离主干 12 cm～15 cm 外均衡保留 3 条～5 条二分枝，每条二分枝上保留 2 条三分枝，其余及时修除。

10.2.2 修枝

果实采收后 1 个月～2 个月内修除枯枝、病虫枝、下垂枝和纤弱枝。徒长枝、衰老枝、直生枝要及时修除。

10.3 梢树改造

10.3.1 严重枯梢树

于 3 月前在离地 30 cm 处切干；有活枝条的则视其部位确定切干高度。

10.3.2 中部枝枯严重、上下部有结果能力的树

将中部枯枝剪去，待下部直生枝生长后代替主干。

10.3.3 中部以上枯梢树

在最下一对枯枝下方截干，保留下层枝为当年结果枝，选留新抽直生枝 1 条～2 条培养主干。

11 更新复壮

11.1 复壮标准

咖啡园衰老，每公顷咖啡园年产量低于 600 kg，需进行切干复壮。

11.2 切干时间

冬季低温过后的2月～3月进行。

11.3 切干复壮方法

在主干离地20 cm～25 cm处切干，切口呈马耳形，切口涂封石蜡，并加强水肥管理。切干可采取分区一次截干或隔行隔年轮换截干。切干后每树桩只保留1条～2条健壮直生枝培育成主干，其余修除。

11.4 老咖啡园更新

投产多年咖啡树呈衰老或生势衰弱且保存株数少、产量低、根系发育不良、无复壮能力的园地进行更新。更新时将老树桩连根挖除，重新垦植。

12 病虫害防治

12.1 防治原则

贯彻“预防为主、综合防治”的植保方针，以改善咖啡园生态环境、加强栽培管理为基础，综合应用各种防治措施对病虫害进行防治。

12.2 农业防治

12.2.1 因地制宜选用抗病虫优良品种。

12.2.2 合理施肥、灌溉，提高植株抗病能力。

12.2.3 修枝整形，及时剪除病虫弱枝，保持咖啡园田间卫生，清除园周病虫野生寄主，减少病虫害侵染来源。

12.2.4 合理间种其他高秆经济作物，营造咖啡生态适生环境。

12.3 物理机械防治

12.3.1 采用人工或工具捕杀咖啡天牛等成虫。

12.3.2 采取主干及枝条局部刮皮，防治害虫产卵。

12.4 生物防治

12.4.1 创造有利于害虫天敌繁衍的生态环境。

12.4.2 收集、繁殖、释放咖啡害虫天敌。

12.5 药剂防治

12.5.1 宜使用植物源杀虫剂、微生物源杀虫杀菌剂、昆虫生长调节剂、矿物源杀虫杀菌剂及低毒低残留农药。

杀虫剂：鱼藤酮、除虫菊素、苦参碱、印楝素、浏阳霉素、辛硫磷、除虫脲等。

杀菌剂：百菌清、农抗120、敌克脱、氢氧化铜、石灰半量式波尔多液、代森锰锌、多菌灵等。

除草剂：草甘膦、百草枯等。

植物生长调节剂：赤霉素、6-苄基嘌呤等。

12.5.2 用中等毒性有机农药：杀螟丹、乐果、敌敌畏、氰戊菊酯等。

12.5.3 禁止使用剧毒、高毒、高残留的农药。

12.5.4 禁止使用未经国家有关部门登记和许可生产的农药。

12.5.5 按GB 4285和GB/T 8321的规定执行，严格掌握施用剂量、施药方法和安全隔离期。

12.6 咖啡主要病虫害防治

12.6.1 咖啡病害防治

咖啡病害主要有叶锈病、炭疽病、褐斑病、幼苗立枯病、枝梢回枯病等。其防治技术见表2。

12.6.2 咖啡虫害防治

咖啡虫害主要有咖啡旋皮天牛、咖啡灭字虎天牛、咖啡绿蚧、咖啡根粉蚧、咖啡木蠹蛾等。其防治技术见表3。

表 2 咖啡病害防治

病害名称	危害部位	药剂防治		其他方法
		推荐使用种类与浓度	方法	
咖啡锈病	叶片及幼果、嫩枝	0.5%～1.0%波尔多液或0.05%粉锈宁1 000倍～1 200倍液	病害流行时定期喷洒叶片，每2周～3周喷一次	选用抗病良种
咖啡炭疽病	叶片、枝条及果实	0.5%～1.0%波尔多液或50%多菌灵可湿性粉剂400倍～500倍液	开花后2周喷第一次，后隔7 d～10 d喷一次，连喷2次～3次	
咖啡褐斑病	叶片、果实	0.5%～1.0%波尔多液或50%多菌灵可湿性粉剂400倍～500倍液	开花后2周喷第一次，后隔7 d～10 d喷一次，连喷2次～3次	
咖啡幼苗立枯病	茎基部	0.5%波尔多液或50%多菌灵可湿性粉剂400倍～500倍液	喷洒畦面	增加透光度、减少淋水
咖啡枝梢回枯病	枝条及幼果	50%多菌灵可湿性粉剂400倍～500倍液或800倍～1 000倍甲基托布津液	喷洒枝、干	加强园地管理，辅以修剪、园内通风透光

表 3 咖啡虫害防治

虫害名称	危害部位	药剂防治		其他方法
		推荐使用种类与浓度	方法	
咖啡旋皮天牛	树干、茎基部皮层	10份水＋6份石灰＋0.5份硫磺＋0.2份食盐或80%敌敌畏乳油150倍液	混合液涂刷咖啡茎基部	清除野生寄主、消灭越冬害虫，挖除受害植株、人工捕杀
咖啡灭字虎天牛	树干、枝条木质部	10份水＋6份石灰＋0.5份硫磺＋0.2份食盐或80%敌敌畏乳油150倍液	混合液涂刷树干及枝条	人工捕杀，刮去木栓化主干粗糙树皮，繁衍天敌
咖啡绿蚧	嫩叶	20%乐果乳剂600倍～800倍液或50%乳油杀螟松1 000倍～1 500倍液	开花前喷雾，连续2次～3次	保护和利用天敌
咖啡根粉蚧	根部	40%乐斯苯乳油1 000倍液或20%乐果600倍～800倍液	灌根	挖除受害植株
咖啡木蠹蛾	树干、枝条	50%敌敌畏乳油10倍液	堵虫洞	剪除被害枝条并烧毁

12.7 采收、加工、分级、包装、标志、贮存和运输

12.7.1 采收、加工

按NY/T 606小粒种咖啡初加工技术规范的规定执行。

12.7.2 分级、包装、标志、贮存和运输

按NY/T 604生咖啡的规定执行。

ICS 83.040
B 72

中华人民共和国农业行业标准

NY/T 923—2004

浓缩天然胶乳　薄膜制品专用氨保存离心胶乳

Natural rubber latex concentrate —Centrifuged ammonia preserved types for film production

2005-01-04 发布　　　　2005-02-01 实施

中华人民共和国农业部　发布

前 言

本标准由中华人民共和国农业部提出。

本标准由全国热带作物及制品标准化技术委员会归口。

本标准起草单位:农业部天然橡胶质量监督检验测试中心。

本标准主要起草人:黄向前、谭杰、梁德贵、关惠慈、李兰桂。

浓缩天然胶乳　薄膜制品专用氨保存离心胶乳

1　范围

本标准规定了薄膜制品专用氨保存离心浓缩天然胶乳的要求与试验、检验规则以及包装、标志、贮存和运输等要求。

2　规范性引用文件

下列文件中的条款通过本标准的引用而成为本标准的条款。凡是注日期的引用文件,其随后所有的修改单(不包括勘误的内容)或修订版均不适用于本标准,然而,鼓励根据本标准达成协议的各方研究是否可使用这些文件的最新版本。凡是不注日期的引用文件,其最新版本适用于本标准。

GB/T 8290　天然浓缩胶乳　取样
GB/T 8291　天然浓缩胶乳　凝块含量的测定
GB/T 8292　浓缩天然胶乳　挥发脂肪酸值的测定
GB/T 8293　浓缩天然胶乳　残渣含量的测定
GB/T 8295　天然胶乳　铜含量的测定
GB/T 8296　天然胶乳　锰含量的测定
GB/T 8297　浓缩天然胶乳　KOH 值的测定
GB/T 8298　浓缩天然胶乳　总固体含量的测定
GB/T 8299　浓缩天然胶乳　干胶含量的测定
GB/T 8300　浓缩天然胶乳　碱度的测定
GB/T 8301　浓缩天然胶乳　机械稳定度的测定

3　要求与试验

3.1　原料要求

——鲜胶乳胶桶加氨量至少 0.15%(按胶乳计);收胶站鲜胶乳含氨量应不低于 0.20%(按胶乳计)。
——混合鲜胶乳的挥发脂肪酸值不能高于 0.08。
——雨冲胶、长流胶不能用于生产薄膜制品专用浓缩胶乳。
——由于运输不及时,留存在收胶站收胶池中的过夜胶乳不能用于生产薄膜制品专用浓缩胶乳。
——鲜胶乳不应加入氨以外的其他保存剂。

3.2　产品(薄膜制品专用氨保存离心浓缩天然胶乳)要求与试验

产品要求与试验应符合表 1 的规定。

表 1　要求与试验

项　　目	限　值	检验方法
总固体含量[a](最小),%(m/m)	61.5	GB/T 8298
干胶含量[a](最小),%(m/m)	60.0	GB/T 8299
非胶固体[b](最大),%(m/m)	2.0	
碱度(NH_3)按浓缩胶乳计算(最小),%(m/m)	0.60	GB/T 8300

表1 (续)

项　目	限　值	检验方法
机械稳定度,s	500～900	GB/T 8301
凝块含量(最大),%(m/m)	0.05	GB/T 8291
铜含量(最大),mg/kg(总固体)	8	GB/T 8295
锰含量(最大),mg/kg(总固体)	8	GB/T 8296
残渣含量(最大),%(m/m)	0.10	GB/T 8293
挥发脂肪酸(VFA)值(最大)	0.04	GB/T 8292
KOH值(最大)	1.0	GB/T 8297

[a] 总固体含量或者干胶含量,任选一项。
[b] 总固体含量与干胶含量之差。

产品(即薄膜制品专用氨保存离心浓缩天然胶乳)不应含有在生产过程中的任何阶段加入的固定碱。如果含有稳定剂(如月桂酸皂),其用量应控制在0.03%以内(按浓缩胶乳计)。

4 检验规则

4.1 检验分类

4.1.1 型式检验

型式检验是对产品质量进行全面考核,即按表1的要求进行检验。有下列情形之一者应进行型式检验:

a) 国家质量监督机构或行业主管部门提出型式检验要求;
b) 前后两次抽样检验结果差异较大;
c) 长期停产后,恢复生产;
d) 当原料、工艺或设备有较大变动,可能影响产品质量;
e) 合同规定。

4.1.2 出厂检验

每批产品出厂前,生产单位都应进行检验。出厂检验内容包括总固体含量、干胶含量、碱度、挥发脂肪酸值、机械稳定度以及包装和标志,检验合格方可出厂。

4.2 组批规则

以浓缩胶乳生产厂的贮存罐/池为单位,每生产装满一罐/池浓缩胶乳为一个检验批。

4.3 抽样方法

按GB/T 8290规定执行。

4.4 判定及复检规则

按表1进行检验,如技术指标有两项或两项以上不合格,则判定该批产品不合格;如技术指标仅有一项不合格,可加倍取样复检一次,如仍不合格,则判定该批产品不合格。

5 包装、标志、贮存、运输

5.1 包装

采用容量为205 L的全新钢桶包装或胶乳专用集装箱和罐车运输。包装容器必须清洗干净(必要时应用氨水消毒一次),包装前,积聚罐/池内的浓缩胶乳应搅拌均匀。包装时,应小心地将胶乳装好,必要时胶乳还应经粗筛过滤,不得带入任何杂物,并注意防止胶乳溢出容器外。外溢胶乳应收集重新加工。

5.2 标志

每个包装上应标志注明下列项目：

——产品名称、执行标准、商标；

——产品产地；

——生产企业名称、详细地址、邮政编码及电话；

——批号；

——净重、毛重；

——生产日期；

——生产国(对出口产品而言)；

——到岸港/城镇(对出口产品而言)。

5.3 贮存和运输

在积聚罐中贮存的浓缩胶乳应及时进行除泡，以减少凝块含量和结皮现象；积聚罐/池中的胶乳要保持密封，定期检查，注意质量变化，及时调整质量指标和补足氨含量，每隔一段时间要搅拌，以防止上层结皮。包装后的浓缩胶乳应保持在2℃～35℃中贮存，注意防晒并经常检查。搬运时应轻放慢滚，不得碰撞。

待运和运输途中应保持在2℃～35℃的范围之内，有遮盖，切忌暴晒。

ICS 83.040
B 72

中华人民共和国农业行业标准

NY/T 924—2004

浓缩天然胶乳　氨保存离心胶乳生产工艺规程

Natural rubber latex concentrate—Centrifuged ammonia preserved types technical rules for production

2005-01-04 发布　　2005-02-01 实施

中华人民共和国农业部　发布

前　言

本标准的附录A、附录B和附录C为规范性附录。

本标准由中华人民共和国农业部提出。

本标准由全国热带作物及制品标准化技术委员会归口。

本标准起草单位：华南热带农产品加工设计研究所、农业部天然橡胶质量监督检验测试中心、海南省西联农场。

本标准主要起草人：陈鹰、陈成海、杨春亮、谭杰、李兰桂。

浓缩天然胶乳　氨保存离心胶乳生产工艺规程

1　范围

本标准规定了离心法氨保存浓缩天然胶乳生产的基本工艺、技术要求和生产设备及设施。

本标准适用于以鲜胶乳为原料离心法生产的氨保存的浓缩天然胶乳，不适用于以鲜胶乳为原料膏化法生产的氨保存的浓缩天然胶乳。

2　规范性引用文件

下列文件中的条款通过本标准的引用而成为本标准的条款。凡是注日期的引用文件，其随后所有的修改单(不包括勘误的内容)或修订版均不适用于本标准，然而，鼓励根据本标准达成协议的各方研究是否可使用这些文件的最新版本。凡是不注日期的引用文件，其最新版本适用于本标准。

GB/T 8289—2001　浓缩天然胶乳　氨保存离心或膏化胶乳规格

GB/T 8290　天然浓缩胶乳　取样

GB/T 8291　天然浓缩胶乳　凝块含量的测定

GB/T 8292　浓缩天然胶乳　挥发脂肪酸值的测定

GB/T 8293　浓缩天然胶乳　残渣含量的测定

GB/T 8294　浓缩天然胶乳　硼酸含量的测定

GB/T 8295　天然胶乳　铜含量的测定

GB/T 8296　天然胶乳　锰含量的测定

GB/T 8297　浓缩天然胶乳　氢氧化钾(KOH)值的测定

GB/T 8298　浓缩天然胶乳　总固体含量的测定

GB/T 8299　浓缩天然胶乳　干胶含量的测定

GB/T 8300　浓缩天然胶乳　碱度的测定

GB/T 8301　浓缩天然胶乳　机械稳定度的测定

3　生产工艺流程及设备

3.1　生产工艺流程

离心法浓缩天然胶乳生产工艺流程如图1所示。

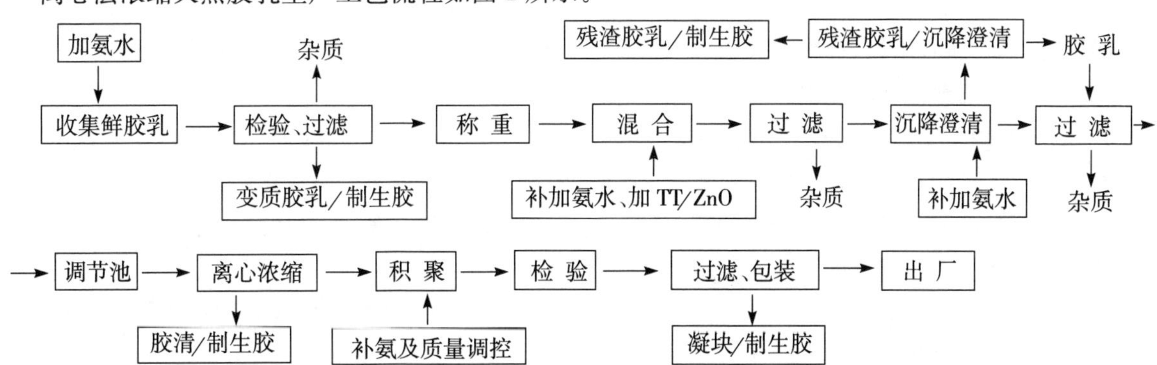

注：制备 TT/ZnO 分散体的推荐配方：促进剂 TT(二硫化四甲基秋兰姆)15.0 份、ZnO(氧化锌)15.0 份、分散剂 NF(甲撑二萘磺酸钠)1.0 份、NaOH(氢氧化钠)0.1 份、H_2O(软水)68.9 份，合计 100.0 份。

图1　离心法浓缩天然胶乳生产工艺流程

3.2 设备

胶乳运输罐、胶乳过滤筛、胶乳压送罐、空气压缩机、胶乳过滤缓冲池、胶乳澄清池、胶乳调节池、调节池浮子、调节池滤网、胶乳输送管道、胶乳分离机及备用转鼓、转鼓拆架、洗碟盘、浓缩胶乳与胶清管道、积聚罐/池、积聚罐/池搅拌机、贮氨罐、加氨管道及计量仪表等。

4 生产操作要求及质量控制

4.1 鲜胶乳的收集、保存和运输

4.1.1 鲜胶乳的收集

鲜胶乳通常由割胶工从橡胶园收集，再送到收胶站或直接运到加工厂。

割胶工要做好树身、胶刀、胶杯、胶舌、胶刮和胶桶的清洁。

4.1.2 鲜胶乳的保存和运输

鲜胶乳通常以割胶工携带的浓度为10%的氨水作保存剂。从橡胶园收集的鲜胶乳通常氨含量应在0.1%左右(按鲜胶乳计)，并应及时运至收胶站。鲜胶乳不得放在阳光下暴晒，以免变质。

鲜胶乳运到收胶站后，必须用孔径为250 μm～355 μm孔筛网严格过滤，除去树皮、杂物和凝块后，按附录A规定的方法测定鲜胶乳的干胶含量，同时登记、称重，混合后再进行补加氨，按附录B规定的方法测定氨含量，氨含量应控制于0.20%～0.35%，必要时还应加入0.02%TT/ZnO(按鲜胶乳计)。补氨后要充分搅拌均匀并盖好，防止氨挥发。最后装入胶乳运输桶/罐内，运至工厂加工处理。应当天鲜胶乳当天运至工厂加工、处理。

胶池、胶桶、管道、运输车及胶罐等工具与设施要及时用清水清洗，以备次日使用，胶池应每天收胶前用氨水严格消毒，运输罐每周用氨水消毒一次。

4.2 鲜胶乳的处理

由割胶工或收胶站送来的鲜胶乳经过混合及经孔径为250 μm不锈钢筛过滤，进一步除去杂质和凝块后，流入澄清沉降池，澄清沉降时间不得少于2 h。

澄清沉降池内的鲜胶乳要按附录A、附录B规定的方法测定鲜胶乳的干胶含量和氨含量，参照GB/T 8290、GB/T 8292规定的方法测定鲜胶乳的挥发脂肪酸值。

鲜胶乳在这一工序中的质量控制指标一般应为：

氨含量：0.20%～0.35%　　TT/ZnO含量：0.02%

干胶含量：30%左右　　挥发脂肪酸值：≤0.10

必要时，还应按附录C规定的方法测定鲜胶乳的游离钙镁的含量。当鲜胶乳的游离钙镁含量大于15 mmol/kg时，应在鲜胶乳中加入适量可溶性磷酸盐溶液(25%磷酸三钠水溶液或20%磷酸氢二铵水溶液)，使游离钙镁的含量降至15 mmol/kg以下，并让其静止反应2 h以上，再进行离心加工。

加工完毕后，所有用具、设施等要彻底清洗干净，供下次使用，并且每星期用氨水消毒一次。

4.3 离心浓缩、质量控制与要求

4.3.1 离心浓缩

经处理澄清后的鲜胶乳，通过管道引入调节池，再经调节池通过管道引入离心机进行离心分离。

根据鲜胶乳的处理量和浓缩胶乳的浓度要求选择调节管和调节螺丝。通常可采用较大的调节管与较短的调节螺丝配合或较小的调节管与较长的调节螺丝配合。

每台离心机的连续加工运转时间通常不应超过4 h，如鲜胶乳的杂质含量高，稳定性较差，一般运转3 h就要停机拆洗，以保证产品的质量。

离心机停机后，应按离心机的拆洗方法及时将离心机的转鼓拆洗干净，再按装合要求装好，不得将不同转鼓各部件装错，同一转鼓的部件也要按顺序装全，以免影响转鼓的动平衡，保证安全运转及分离效果。

4.3.2 质量控制与要求

经离心浓缩的胶乳应及时按 GB/T 8290 规定的方法取样及按 GB/T 8298、GB/T 8299、GB/T 8300 和 GB/T 8292 规定的方法测定总固体含量、干胶含量、氨含量和挥发脂肪酸值。在浓缩胶乳满罐/池时，其质量要求应控制为：干胶含量(最小)：60.2%；总固体含量(最大)：62.0%；氨含量(最小)：0.65%(高氨)、0.35%(中氨)、0.20%(低氨)；挥发脂肪酸值(最大)：0.05%，以便贸易时使其质量符合 GB/T 8289—2001 中表 1 的要求，否则应及时采取补救措施。

可采用连续加氨或大罐直接加氨的形式补氨。

4.4 积聚、检验

4.4.1 积聚

从离心机分离出来的浓缩胶乳经管道流入积聚罐/池(管道必须保持干净，积聚罐/池在使用前应用浓氨水消毒一次)，并补加液氨，使氨保存的浓缩胶乳的氨含量达到 GB/T 8289 的要求后进行积聚。浓缩胶乳一般规定在积聚罐/池内贮存 15 d 左右，如稳定性达不到要求，可适当加入浓度为 10%的月桂酸铵溶液提高其机械稳定性。通常月桂酸铵用量不应超过 0.06%(按浓缩胶乳计)。

在正常生产中，每罐/池要检验 3～4 次，即在浓缩胶乳装至 1/3 罐/池、1/2 罐/池、2/3 罐/池及满罐/池时，都应搅拌均匀，按 GB/T 8290 规定的方法取样，按 GB/T 8300、GB/T 8298 规定的方法测定氨含量和干胶含量。

对积聚罐/池中的浓缩胶乳应及时进行除泡，以减少凝块含量和结皮现象；积聚罐/池要保持密封，应定期检查浓缩胶乳，注意质量变化，及时调整质量指标和补足氨含量，每隔一段时间要搅拌，以防止上层结皮。

4.4.2 检验

每罐/池浓缩胶乳作为一批产品，每批浓缩胶乳都应搅拌均匀，按 GB/T 8290 规定的方法取样，按 GB/T 8300、GB/T 8298、GB/T 8299 和 GB/T 8292 规定的方法测定氨含量、总固体含量、干胶含量和挥发脂肪酸值；必要时，还应按 GB/T 8301、GB/T 8297、GB/T 8293、GB/T 8295、GB/T 8296 和 GB/T 8291 规定的方法测定浓缩胶乳的机械稳定度、氢氧化钾值以及残渣、铜、锰和凝块含量。包装前浓缩胶乳的各项质量指标必须达到 GB/T 8289—2001 中表 1 的要求才能出厂。

5 包装、标志、贮存和运输

5.1 包装

采用容量为 205 L 的全新钢桶或胶乳专用集装箱包装，也可用罐车装运。包装容器必须清洗干净(必要时应用氨水消毒一次)，包装前，积聚罐/池内的浓缩胶乳应搅拌均匀。包装时，应小心地将胶乳装好，必要时胶乳还应经粗筛过滤，不得带入任何杂物，并注意防止胶乳溢出容器外。外溢胶乳应收集重新加工。

5.2 标志

每个包装上应标志注明下列项目：

——产品名称、执行标准、商标；

——产品产地；

——生产企业名称、详细地址、邮政编码及电话；

——批号；

——净重、毛重；

——生产日期；

——生产国(对出口产品而言)；

——到岸港/城镇(对出口产品而言)。

5.3 贮存和运输

在积聚罐中贮存的浓缩胶乳按4.4.1中第三段的规定贮存，包装后的浓缩胶乳应保持在2℃～35℃中贮存，注意防晒并经常检查。搬运时应轻放慢滚，不得碰撞。

待运和运输途中应保持在2℃～35℃的范围之内，有遮盖，切忌暴晒。

附 录 A
(规范性附录)
鲜胶乳干胶含量的测定——快速测定法

A.1 原理

鲜胶乳干胶含量的测定——快速测定法是将试样置于铝盘加热，使鲜胶乳的水分和挥发物逸出，然后通过计算加热前后试样的质量变化，再乘以比例常数——胶乳的干总比来快速测定鲜胶乳的干胶含量。

A.2 仪器

A.2.1 普通的实验室仪器。

A.2.2 内径约为 7 cm 的铝盘。

A.3 测定步骤

A.3.1 取样

搅拌混合池中鲜胶乳 5 min，然后分别在混合池中不同的 4 个点各取鲜胶乳 50 mL，将其混合作为本次测定样品。

A.3.2 测定

将内径约为 7 cm 的铝盘洗净、烘干，将其称重，精确至 0.01 g。往铝盘中倒入 2.0 g±0.5 g 的鲜胶乳，精确至 0.01 g，加入质量分数为 5%的醋酸溶液 3 滴，转动铝盘使试样与醋酸溶液混合均匀。将铝盘置于酒精灯或电炉的石棉网上加热，同时用平头玻璃棒按压以助干燥，直至试样干透呈黄色透明为止(注意控制温度，防止烧焦胶膜)。用镊子将铝盘取下，置干燥器中冷却 5 min，然后小心将铝盘中的所有胶膜卷取剥离。将剥下的胶膜称重，精确至 0.01 g。

A.4 结果计算

鲜胶乳干胶含量(DRC)以干胶的质量分数计，数值以%表示，按下式计算：

$$DRC = \frac{m_1}{m_0} \times G \times 100 \qquad (A.1)$$

式中：

DRC——干胶含量，单位为百分率(%)；

m_0——试样的质量，单位为克(g)；

m_1——干燥后试样的质量，单位为克(g)；

G——胶乳的干总比，一般采用 0.93。也可根据阶段性生产实际测定的结果。

进行双份测定，双份测定结果之差不应大于质量分数 0.5%，然后取算术平均值，精确到 0.01。

鲜胶乳干胶含量还可用微波法测定。

附 录 B
(规范性附录)
鲜胶乳氨含量的测定

B.1 原理

氨是碱性物质,与酸进行中和反应,可以测定胶乳中氨的含量。

B.2 反应式

$$NH_3 + HCl = NH_4Cl$$

B.3 试剂

B.3.1 等级

用于标定的试剂为分析纯级试剂。

B.3.2 盐酸

分子式:HCl,分子量:36.46,密度:1.18,纯度为质量分数36%～38%。

B.3.3 乙醇

分子式:C_2H_5OH,分子量:46.07,密度:0.816(15.56℃),纯度不低于质量分数95%。

B.3.4 甲基红

分子式:$C_{15}H_{15}N_3O_2$,分子量:269.29,pH变色范围4.2(红)～6.2(黄)。

B.4 仪器

普通的实验室仪器。

B.5 测定步骤

B.5.1 试验溶液的制备

B.5.1.1 盐酸标准溶液 c(HCl)=0.1 mol/L(用无水碳酸钠滴定法标定盐酸标准贮备溶液)

B.5.1.2 盐酸标准溶液 c(HCl)=0.02 mol/L的配制 用50 mL移液管吸取50.00 mLc(HCl)=0.1 mol/L的盐酸标准溶液(B.5.1.1)放于250 mL容量瓶中,用蒸馏水稀释至刻度,摇匀。此溶液准确浓度按标准贮备溶液的1/5计算。

B.5.1.3 1‰(g/L)的甲基红乙醇指示溶液 称取0.1 g甲基红,溶于100 mL质量分数为95%乙醇的滴瓶中,摇匀即可。

B.5.2 取样

搅拌混合池中鲜胶乳5 min,然后分别在混合池中不同的4个点各取鲜胶乳50 mL,将其混合作为本次测定样品。

B.5.3 测定

用1 mL的吸管准确吸取1 mL鲜胶乳(计算时近似作为1 g),用滤纸把吸管口外的胶乳擦干净,放入已装有约50 mL蒸馏水的锥形瓶中,吸管中粘附着的胶乳用蒸馏水洗入锥形瓶。然后加入2～3滴的甲基红乙醇指示溶液(B.5.1.3),用0.02 mol/L盐酸标准滴定溶液(B.5.1.2)进行滴定,当颜色由淡黄变成粉红色时即为终点,记下消耗盐酸标准滴定溶液的毫升数。

B.6 结果计算

鲜胶乳氨含量(NH_3)以氨的质量分数计,数值以(%)表示,按式计算:

$$NH_3 = \frac{17cV/1\,000}{m} \times 100 \quad \text{(B.1)}$$

式中:

NH_3 ——氨含量,单位为百分率(%);

c ——盐酸标准滴定溶液的浓度,单位为摩尔每升(mol/L);

V ——消耗盐酸标准滴定溶液的量,单位为毫升(mL);

m ——试样的质量,单位为克(g)。

进行双份测定,双份测定结果之差不应大于质量分数 0.5%,然后取算术平均值。计算结果精确到 0.01。

附 录 C
（规范性附录）
浓缩天然胶乳 游离钙镁含量的测定

C.1 原理与反应式

本法采用乙二胺四乙酸二钠(简称 EDTA)与胶乳中的游离钙镁生成络合物,以铬黑 T(简称 EBT)作指示剂。在 pH=10 时,无色的 EDTA 离子与钙离子(Ca^{2+})、镁离子(Mg^{2+})形成的无色络合物较蓝色的 EBT 离子与钙离子、镁离子所形成的酒红色络合物稳定。其稳定性的关系如下:

$$CaEDTA > MgEDTA > Mg(EBT)_2 > Ca(EBT)_2$$

在 pH=10 时,滴定前加入的少量 EBT 离子先与一部分 Mg^{2+} 形成酒红色的络合物:

$$\underset{(蓝色)}{Mg^{2+} + 2EBT^-} = \underset{(酒红色)}{Mg(EBT)_2}$$

此时 Ca^{2+} 和大部分 Mg^{2+} 仍为游离状态。开始滴入 EDTA 后,EDTA 离子先与 Ca^{2+},再与 Mg^{2+} 形成稳定的无色络合物:

$$Ca^{2+} + EDTA^{2-} = CaEDTA$$

$$Mg^{2+} + EDTA^{2-} = MgEDTA$$

当接近物质的等量点时,Ca^{2+} 和 Mg^{2+} 全部被络合后,酒红色络合物 $Mg(EBT)_2$ 中的 Mg^{2+} 逐步被 EDTA 夺出,溶液开始出现呈蓝色的 EBT 离子:

$$\underset{(酒红色)}{Mg(EBT)_2} + EDTA^{2-} = MgEDTA + \underset{(蓝色)}{2EBT^-}$$

当到达等量点后,溶液完全变为蓝色,指示到达终点。

C.2 试剂

C.2.1 通则

除非另有说明,在分析中仅使用确认为分析纯的试剂和蒸馏水。

C.2.2 乙二胺四乙酸二钠(简称 EDTA)

分子式:$[-CH_2N(CH_2COONa)CH_2COOH]_2 \cdot 2H_2O$,分子量:372.24,纯度不低于质量分数 99.5%。

C.2.3 四硼酸钠

分子式:$Na_2B_4O_7 \cdot 10H_2O$,分子量:381.43,密度:1.73,纯度不低于质量分数 99.5%。

C.2.4 氢氧化钠

分子式:NaOH,分子量:40.01,密度:2.13(25℃),纯度不低于质量分数 96%。

C.2.5 硫化钠

分子式:$Na_2S \cdot 9H_2O$,分子量:240.20,密度:1.43(16/4℃),纯度不低于质量分数 98%。

C.2.6 无水乙醇

分子式:C_2H_5OH,分子量:46.07,密度:0.798(15.56℃),纯度不低于质量分数 99.5%。

C.2.7 铬黑 T

分子式:$C_{20}H_{12}N_3NaO_7S$,分子量:461.38。

C.2.8 氯化钠

分子式：NaCl，分子量：58.45，密度：2.17，纯度不低于质量分数99.8%。

C.3 仪器

C.3.1 普通的实验室仪器。

C.3.2 配有容量为15 ml玻璃离心管的角度式电动离心机。

C.4 取样

按GB/T 8290规定的方法取样。

C.5 分析步骤

C.5.1 试验溶液的制备

C.5.1.1 EDTA标准溶液

C.5.1.1.1 EDTA标准贮备溶液，c(EDTA)＝0.02 mol/L　按GB/T 601的4.15制备。

C.5.1.1.2 EDTA标准滴定溶液，c(EDTA)＝0.001 mol/L　用50 mL移液管吸取50.00 mL c(EDTA)＝0.02 mol/L的EDTA标准贮备溶液(C.5.1.1.1)放于1 000 mL容量瓶中，用蒸馏水稀释至刻度，摇匀。此溶液准确浓度按标准贮备溶液实际浓度的1/20计算。

C.5.1.2 pH＝10的四硼酸钠缓冲溶液

a) 称取4.0 g四硼酸钠(C.2.3，精确到0.1 g)溶于80 mL蒸馏水中；

b) 称取1.0 g氢氧化钠(C.2.4，精确到0.1 g)和0.5 g硫化钠(C.2.5，精确到0.1 g)一起溶于10 ml蒸馏水中；

待上述a、b溶液冷却后合并，并用蒸馏水稀释至100 mL。

C.5.1.3 铬黑T指示剂

C.5.1.3.1 铬黑T(4 g/L)无水乙醇溶液　称取0.2 g铬黑T指示剂，溶于50 mL无水乙醇中，摇匀即可，但使用期不应超过1个月。

C.5.1.3.2 铬黑T固体指示剂　按铬黑T∶氯化钠＝1∶100的比例将铬黑T与氯化钠混合均匀，研细，存放于称量瓶中，存入干燥器备用(可用一年)。需要时配成铬黑T(4 g/L)无水乙醇溶液使用。

C.5.2 试验

C.5.2.1 胶乳样品氨含量应符合要求，如胶乳氨含量不足质量分数0.5%，则取胶乳100 g放于小广口瓶中，补加化学纯氨水使胶乳氨含量至质量分数0.5%～0.7%，摇匀，静置30 min。

C.5.2.2 从样品中取15 ml胶乳放于洗净烘干的15 mL玻璃离心管(使用二个玻璃离心管，以便互相平衡)中，并将玻璃离心管末端盖住以避免在离时胶乳表面形成结皮。用角度式电动离心机在转速为2 500 r/min下离心约30 min。

C.5.2.3 离心完毕，用角匙将玻璃离心管内的上层胶乳移入容量为30 mL的滴瓶中，再用胶头吸管自上而下吸取玻璃离心管中上层约4/5的胶乳(不要触及沉淀)一并放入小滴瓶中，摇匀。

C.5.2.4 称取上述滴瓶中胶乳(C.5.2.2)约1 g(精确至0.1 mg)于盛有80 mL蒸馏水的250 mL锥形瓶中，摇匀。加入2 mL四硼酸钠缓冲溶液(C.5.1.2)，再加入4滴铬黑T指示剂(C.5.1.3.1或C.5.1.3.2)，立即用装于酸式滴定管(推荐用容量为10 mL分度值为0.02 mL的半微量滴定管进行此项操作)的c(EDTA)＝0.001 mol/L标准滴定溶液(C.5.1.1.2)进行滴定(近终点时要缓慢滴定，并小心观察)至酒红色完全消失，出现稳定的蓝色为终点，记下消耗EDTA的毫升数。

进行双份测定，取其算术平均值表示该胶乳的游离钙镁含量。二次测定值之差与平均值之比不应超过5%，否则应重新测定。

C.6 结果的计算

天然胶乳的游离钙镁含量（$FCMC$）以1 000 g胶乳中含钙离子和镁离子的毫摩尔数计，计算结果表示到小数点后一位，数值以毫摩尔每千克（mmol/kg）表示，按下列公式计算：

$$FCMC=\frac{cV}{m}\times 1\,000 \quad \cdots\cdots\cdots\cdots (C.1)$$

式中：

c——EDTA的物质的量浓度，单位为摩尔每升（mol/L）；

V——滴定时所消耗的EDTA标准滴定溶液，单位为毫升（mL）；

m——滴定胶乳的样品的质量，单位为克（g）。

ICS 83.040
B 72

中华人民共和国农业行业标准

NY/T 925—2004

天然生胶　胶乳标准橡胶(SCR5)生产工艺规程

Raw natunal rubber——Technical rules for production of latex standard rubber(SCR5)

2005-01-04 发布　　2005-02-01 实施

中华人民共和国农业部 发布

前 言

本标准的附录 A、附录 B 为规范性附录。

本标准由中华人民共和国农业部提出。

本标准由全国热带作物及制品标准化技术委员会天然橡胶分技术委员会归口。

本标准起草单位:华南热带农产品加工设计研究所、农业部天然橡胶质量监督检验测试中心。

本标准主要起草人:陆衡湘、刘培铭、陈成海、杨全运。

天然生胶　胶乳标准橡胶(SCR5)生产工艺规程

1　范围

本标准规定了胶乳标准橡胶(SCR5)生产工艺流程及设备、生产工艺控制及技术要求、产品质量控制。

本标准适用于用天然胶乳制造标准橡胶的生产工艺,不适用于用各种凝胶制造标准橡胶的生产工艺。

2　规范引用文件

下列文件中的条款通过本标准的引用而成为本标准的条款。凡是注日期的引用文件,其随后所有的修改单(不包括勘误的内容)或修订版均不适用于本标准,然而,鼓励根据本标准达成协议的各方研究是否可使用这些文件的最新版本。凡是不注日期的引用文件,其最新版本适用于本标准。

GB/T 3510　生胶和混炼胶的塑性测定　快速塑性计法

GB/T 3517　天然生胶　塑性保持率的测定

GB/T 4498　橡胶　灰分的测定

GB/T 6737　生橡胶　挥发分含量的测定

GB/T 8081　天然生胶　标准橡胶规格

GB/T 8082　天然生胶　标准橡胶包装、标志、贮存和运输

GB/T 8086　天然生胶　杂质含量测定法

GB/T 8088　天然生胶和天然胶乳　氮含量的测定

NY/T 734—2003　天然生胶　通用标准橡胶生产工艺规程

3　生产工艺流程及生产设备

3.1　生产工艺流程

鲜胶乳→称量、检查→净化(离心沉降或过滤)→混合→稀释→净化(自然沉降)

→加酸凝固→压薄脱水→压绉脱水→造粒→滴水→干燥→称量→打包→包装、标志

→贮存、运输

（打包↓取样→检验→定级↑包装、标志）

3.2　生产设备

胶乳运输罐、胶乳过滤筛、胶乳收集池、离心沉降器、胶乳混合池、酸池、并流加酸装置、胶乳凝固槽、压薄机、凝块池、绉片机、锤磨机(或撕裂机)、输送带(或胶粒泵及震动下料筛)、干燥车、渡车(或转盘)、推进器、干燥柜、供热设备(包括燃油炉、燃油器、风机、供热管、压力式温度计等)及打包机。

4　生产工艺控制及技术要求

4.1　胶乳的收集

4.1.1　胶乳收集的工艺流程

鲜胶乳→加氨保存→过滤去除凝块及杂质→称量→混合、补氨保存→运往制胶厂

4.1.2　胶乳收集的基本要求

4.1.2.1 所有与胶乳接触的用具、容器应保持清洁。每次使用后应立即用水冲洗干净，定期用0.5%的甲醛溶液消毒。

4.1.2.2 用氨作鲜胶乳的早期保存剂，氨液配成5%～10%的浓度，由胶工在胶园收胶时加一部分氨。收完胶时，鲜胶乳应补加氨至要求的氨含量。视气候及保存时间长短，鲜胶乳氨含量一般控制在0.04%(按胶乳计)以内，特殊情况也不应超过0.06%(按胶乳计)。

4.1.2.3 用公称孔径为355 μm的不锈钢筛网过滤去除鲜胶乳中的凝块杂物，过滤时不准敲打或用手搓擦筛网。

4.1.2.4 收胶站发运胶乳时，发运单应填写胶乳的数量、质量、变质胶乳的数量、发运时间等有关情况。

4.2 鲜胶乳的净化、混合、稀释、沉降

4.2.1 严格检查进厂胶乳质量及数量，做好进厂胶乳的验收记录。

4.2.2 进厂胶乳应经离心沉降器或公称孔径为355 μm的不锈钢筛网过滤，除去泥沙等杂质。离心沉降器、筛网在使用中应定期清洗，以保证分离效果。过滤过程中，若发现离心沉降或过滤效果不理想时，应立即停止使用离心沉降器或筛网，及时清洗及检查离心沉降器或筛网是否可正常使用。

4.2.3 净化后的胶乳流入混合池达到一定的数量时，搅拌均匀后按附录A及附录B的规定测定干胶含量及氨含量，然后加入清洁用水，将胶乳稀释至所要求的浓度。根据不同的造粒方法、物候期、季节等情况，选择胶乳稀释浓度在干胶含量18%～25%的范围内。根据测定的氨含量值，确定中和酸的用量。

4.2.4 稀释后的胶乳应在混合池中至少静置5 min，以使微细的泥沙沉淀池底，然后才将胶乳放入凝固槽中。

4.2.5 混合池底部的胶乳应另行处理。

4.3 凝固

4.3.1 凝固酸用量以纯酸计算，采用乙酸作凝固剂时，用量为干胶重量的0.60%～0.70%；用甲酸时，用量为干胶重量的0.20%～0.45%。中和酸用量应根据胶乳氨含量确定。总用酸量为凝固酸与中和酸之和。用pH控制用酸量时，pH应在4.6～5.0范围内。

4.3.2 凝固稀酸的浓度应根据“并流加酸”凝固方法中对应酸水池的大小和高度而决定。采用人工加酸搅拌的凝固方法，可将乙酸配成5%，甲酸配成3%的浓度。并流加酸凝固时，严格控制酸、乳流速比例一致；人工加酸凝固时，必须搅拌均匀，避免局部酸过多或过少而影响凝固质量。

4.3.3 完成凝固操作后，应及时将混合池、流胶槽及其他用具、场地清洗干净。

4.3.4 建立凝固工段胶乳情况(氨含量、干胶含量、胶乳质量等情况)及凝固情况(稀释浓度、适宜用酸量、凝固时间等情况)原始记录，以利于对凝固工序的质量监控，也利于为干燥工序质量控制提供技术参数。

4.4 压薄、压绉、造粒

4.4.1 凝块应熟化8 h以上方可造粒，压薄前放入清水或循环乳清将凝块浮起。

4.4.2 压薄、压绉、造粒前，应认真检查和调试好各种设备，保证所有设备处于良好状态。

4.4.3 设备运转正常后，调节好设备的喷水量，在冲洗干净与凝块接触的机器部位后，开始进料压薄、压绉、造粒。经压薄机脱水后的凝块厚度不应超过40 mm，经绉片机压绉后的绉片厚度不应超过6 mm。经造粒机造出的胶粒大小应均匀，不应有较大的片状胶块。

4.4.4 装载湿胶料的干燥车每次使用前，应用清水冲洗，已干燥过的残留胶粒及杂物应清除干净。

4.4.5 湿胶料装入干燥车时，应疏松、均匀，避免捏压成团，装胶高度应平整一致。

4.4.6 造粒完毕，应继续用水冲洗设备2 min～3 min，然后停机清洗场地。对散落地面的胶粒，清洗干净后装入干燥车干燥。

4.5 干燥

4.5.1 湿胶料应放置滴水 10 min 以上，随后推入干燥设备进行干燥。

4.5.2 干燥过程应随时注意燃料的燃烧状况，调节好燃料与气量比，以求燃料燃烧完全。

4.5.3 要严格控制干燥温度和时间，使用洞道式深层干燥的进口热风温度不应超过 120 ℃，干燥时间不应超过 5 h；使用洞道式浅层干燥的进口热风温度不应超过 130℃，干燥时间不应超过 3.5 h。

4.5.4 停止供热后，使用砖砌炉膛的燃炉，继续抽风 20 min；使用不锈钢制圆筒式燃炉，继续抽风至进口温度 85℃～90℃；以保证产品质量及炉膛使用寿命。

4.5.5 经常检查干燥设备上的密封胶皮，破损及密封性能不好的胶皮应及时更换，以防密封不好引起严重漏风而影响干燥效果。

4.5.6 干燥后的橡胶应及时冷却，冷却后的橡胶胶温不应超过 60℃。

4.5.7 干燥工段应建立干燥时间、温度、出胶情况、进出车号等生产记录，以利于干燥情况的监控。

4.6 打包

4.6.1 干燥后的橡胶应冷却至 60℃以下，方可进行打包。

4.6.2 打包前应检查胶块是否存在夹生胶，夹生过多时，不应打包，应重新干燥。

5 产品的质量控制

5.1 组批、抽样及样品制备

按 NY/T 734—2003 附录 E 中的规定进行产品的组批、抽样及样品制备。

5.2 检验

按 GB/T 3510、GB/T 3517、GB/T 4498、GB/T 6737、GB/T 8086、GB/T 8088 的规定进行样品检验。

5.3 定级

按 GB/T 8081 的规定进行产品定级。

6 包装、标志、贮存与运输

按 GB/T 8082 的规定进行产品的包装、标志、贮存与运输。包装也可按用户要求进行。

附 录 A
（规范性附录）
鲜胶乳干胶含量的测定——快速测定法

A.1 原理

鲜胶乳干胶含量的测定——快速测定法是将试样置于铝盘加热，使鲜胶乳的水分和挥发物逸出，然后通过计算加热前后试样的质量变化，再乘以比例常数—胶乳的干总比来快速测定鲜胶乳的干胶含量。

A.2 仪器

A.2.1 普通的实验室仪器。

A.2.2 内径约为 7 cm 的铝盘。

A.3 测定步骤

A.3.1 取样

搅拌混合池中鲜胶乳 5 min，然后分别在混合池中不同的 4 个点各取鲜胶乳 50 ml，将其混合作为本次测定样品。

A.3.2 测定

将内径约为 7 cm 的铝盘洗净、烘干，将其称重，精确至 0.01 g。往铝盘中倒入 2.0 g±0.5 g 的鲜胶乳，精确至 0.01 g，加入质量分数为 5%的醋酸溶液 3 滴，转动铝盘使试样与醋酸溶液混合均匀。将铝盘置于酒精灯或电炉的石棉网上加热，同时用平头玻璃棒按压以助干燥，直至试样干透呈黄色透明为止（注意控制温度，防止烧焦胶膜）。用镊子将铝盘取下，置干燥器中冷却 5 min，然后小心将铝盘中的所有胶膜卷取剥离。将剥下的胶膜称重，精确至 0.01 g。

A.4 结果计算

鲜胶乳的干胶含量（DRC）以干胶的质量分数计，数值以%表示，按下式计算：

$$DRC = \frac{m_1}{m_0} \times G \times 100 \quad \text{(A.1)}$$

式中：

DRC——干胶含量，单位为百分率（%）；

m_0——试样的质量，单位为克（g）；

m_1——干燥后试样的质量，单位为克（g）；

G——胶乳的干总比，一般采用 0.93。也可根据阶段性生产实际测定的结果。

进行双份测定，双份测定结果之差不应大于质量分数 0.5%，然后取算术平均值。计算结果精确到 0.01。

鲜胶乳干胶含量还可用微波法测定。

附　录　B
（规范性附录）
鲜胶乳氨含量的测定

B.1　原理

氨是碱性物质，与酸进行中和反应，可以测定胶乳中氨的含量。

B.2　反应式

$$NH_3 + HCl = NH_4Cl$$

B.3　试剂

B.3.1　等级

用于标定的试剂为分析纯级试剂。

B.3.2　盐酸

分子式：HCl，分子量：36.46，密度：1.18，纯度为质量分数36%～38%。

B.3.3　乙醇

分子式：C_2H_5OH，分子量：46.07，密度：0.816（15.56℃），纯度不低于质量分数95%。

B.3.4　甲基红

分子式：$C_{15}H_{15}N_3O_2$，分子量：269.29，pH变色范围4.2（红）～6.2（黄）。

B.4　仪器

普通的实验室仪器。

B.5　测定步骤

B.5.1　试验溶液的制备

B.5.1.1　盐酸标准溶液 c(HCl)＝0.1 mol/L（用无水碳酸钠滴定法标定贮备盐酸标准溶液）

B.5.1.2　盐酸标准溶液 c(HCl)＝0.02 mol/L的配制　用50 mL移液管吸取50.00 mL c(HCl)＝0.1 mol/L的盐酸标准溶液（B.5.1.1）放于250 mL容量瓶中，用蒸馏水稀释至刻度，摇匀。此溶液准确浓度按标准溶液 c(HCl)＝0.1 mol/L的1/5计算。

B.5.1.3　1‰(g/L)的甲基红乙醇指示溶液　称取0.1 g甲基红，溶于100 mL质量分数为95%乙醇的滴瓶中，摇匀即可。

B.5.2　取样

搅拌混合池中鲜胶乳5 min，然后分别在混合池中不同的4个点各取鲜胶乳50 mL，将其混合作为本次测定样品。

B.5.3　测定

用1 ml的吸管准确吸取1 mL鲜胶乳（计算时近似作为1 g），用滤纸把吸管口外的胶乳擦干净，放入已装有约50 mL蒸馏水的锥形瓶中，吸管中粘附着的胶乳用蒸馏水洗入锥形瓶。然后加入2～3滴的甲基红乙醇指示溶液（B.5.1.3），用0.02 mol/L盐酸标准滴定溶液（B.5.1.2）进行滴定，当颜色由淡黄变成粉红色时即为终点，记下消耗盐酸标准滴定溶液的毫升数。

B.6 结果计算

鲜胶乳的氨含量(NH_3)以氨的质量分数计，数值以(%)表示，按式计算：

$$NH_3=\frac{17cV/1\,000}{m}\times100 \qquad (B.1)$$

式中：

NH_3——氨含量，单位为百分率(%)；

c——盐酸标准滴定溶液的浓度，单位为摩尔每升(mol/L)；

V——消耗盐酸标准滴定溶液的量，单位为毫升(mL)；

m——试样的质量，单位为克(g)。

进行双份测定，双份测定结果之差不应大于质量分数 0.5%，然后取算术平均值。计算结果精确到 0.001。

ICS 65.060.80
B 95

中华人民共和国农业行业标准

NY/T 926—2004

天然橡胶初加工机械　撕粒机

Machinery for primary processing of natural rubber—Shredder

2005-01-04 发布　　2005-02-01 实施

中华人民共和国农业部 发布

前　言

天然橡胶初加工机械标准由通用技术条件、产品质量分等和各单机标准组成。本标准是该系列标准的单机标准之一，该系列标准的其他标准是：

——NY/T 409—2000　天然橡胶初加工机械　通用技术条件；

——NY/T 408—2000　天然橡胶初加工机械产品质量分等；

——NY 228—1994　标准橡胶打包机技术条件；

——NY/T 262—2003　天然橡胶初加工机械　绉片机；

——NY/T 263—2003　天然橡胶初加工机械　锤磨机；

——NY/T 338—1998　天然橡胶初加工机械　五合一压片机；

——NY/T 339—1998　天然橡胶初加工机械　手摇压片机；

——NY/T 340—1998　天然橡胶初加工机械　洗涤机；

——NY/T 381—1999　天然橡胶初加工机械　压薄机；

——NY/T 460—2001　天然橡胶初加工机械　干燥车；

——NY/T 461—2001　天然橡胶初加工机械　螺杆式推进器；

——NY/T 462—2001　天然橡胶初加工机械　燃油炉。

本标准由中华人民共和国农业部提出。

本标准由中华人民共和国农业部热带作物机械及产品加工设备标准化分技术委员会归口。

本标准起草单位：中华人民共和国农业部热带作物机械质量监督检验测试中心、中国热带农业科学院农业机械研究所。

本标准主要起草人：王金丽、黄晖、陆衡湘。

天然橡胶初加工机械　撕粒机

1　范围

本标准规定了天然橡胶初加工机械撕粒机的产品型号规格、主要技术参数、技术要求、试验方法、检验规则及标志、包装、运输等要求。

本标准适用于天然橡胶初加工机械撕粒机。

2　规范性引用文件

下列文件中的条款通过本标准的引用而成为本标准的条款。凡是注日期的引用文件，其随后所有的修改单(不包括勘误的内容)或修订版均不适用于本标准，然而，鼓励根据本标准达成协议的各方研究是否可使用这些文件的最新版本。凡是不注日期的引用文件，其最新版本适用于本标准。

GB/T 699　优质碳素结构钢

GB/T 1184—1996　形状和位置公差　未注公差值

GB/T 1244—1985　传动用短节距精密滚子链和套筒链链轮齿形和公差

GB/T 1348—1988　球墨铸铁件

GB 1497　低压电器基本标准

GB/T 1800.4—2000　极限与配合　标准公差等级和孔、轴的极限偏差表

GB/T 2828.1　计数抽样检验程序第1部分:按接收质量限(AQL)检索的逐批检验抽样计划

GB/T 6414—1999　铸件尺寸公差与机械加工余量

GB/T 9439—1988　灰铸铁件

JB/T 9832.2　农林拖拉机及机具漆膜附着力性能测定法　压切法

NY/T 408—2000　天然橡胶初加工机械产品质量分等

NY/T 409—2000　天然橡胶初加工机械　通用技术条件

3　产品型号规格和主要技术参数

3.1　产品型号规格的编制方法

产品型号规格的编制方法应符合 NY/T 409 的要求。

3.2　产品型号规格表示方法

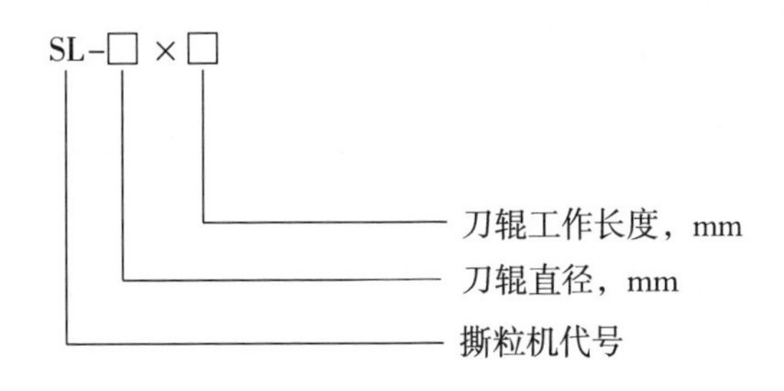

示例:

SL-350×700 表示撕粒机，其刀辊直径是 350 mm，刀辊工作长度是 700 mm。

3.3　主要技术参数

产品的主要技术参数见表 1。

表 1　产品主要技术参数

项　　目		技　术　参　数			
		SL-300×600	SL-350×700	SL-360×800	SL-420×800
刀辊	工作长度,mm	600	700	800	800
	直径,mm	300	350	360	420
	花纹(宽×深),mm	10×10	10×10	10×10	10×10
	转速,r/min	1 400～1 700	1 100～1 700	1 100～1 700	1 100～1 700
送料辊	工作长度,mm	600	700	800	800
	直径,mm	160～180	160～180	160～180	160～180
	转速,r/min	60～85	60～85	90～100	85～95
主电机功率,kW		37～45	45～75	75～110	75～110
减速机功率,kW		1.5～2.2	2.2～5.5	5.5～7.5	5.5～7.5
生产率(干胶),kg/h		≥1 000	≥2 200	≥2 500	≥3 000

4　技术要求

4.1　整机要求

4.1.1　应按经批准的图样和技术文件制造。

4.1.2　整机运行 3 h 以上,轴承温升空载时应不超过 30℃,负载时应不超过 40℃。

4.1.3　整机运行过程中,各密封部位不应有渗漏现象,紧固件无松动。

4.1.4　整机运行应平稳,不应有异常声响;调整机构应灵活可靠。

4.1.5　空载噪声应不大于 87 dB(A)。

4.1.6　加工出的胶粒应符合生产工艺的要求。

4.1.7　使用可靠性应不小于 95%。

4.2　主要零部件

4.2.1　刀辊

4.2.1.1　刀辊体材料的力学性能应不低于 GB/T 1348 中 QT 600-3 或 GB/T 699 中 40 Mn 的要求,两端轴的材料力学性能应不低于 GB/T 699 中 45 号钢的要求。

4.2.1.2　刀辊体硬度应不低于 200 HB。

4.2.1.3　铸件的尺寸公差应按 GB/T 6414 的规定。

4.2.1.4　铸件加工面上不应有裂纹,直径和深度均不大于 1 mm 的气孔、砂眼应不超过 5 个,间距不少于 40 mm。

4.2.1.5　刀辊和喂料辊的轴颈尺寸偏差应按 GB/T 1800.4 中 j7 的规定,表面粗糙度应为 3.2∇;其他轴颈配合应按 h7 的规定。

4.2.1.6　d_1 与 d_2 的同轴度应按 GB/T 1184—1996 表 B4 中 8 级公差的规定,见图 1。

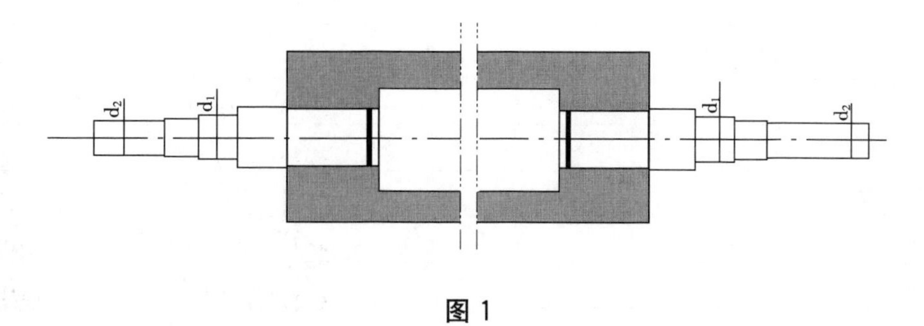

图 1

4.2.2 定刀

4.2.2.1 定刀材料的力学性能应不低于 GB 9439 中 HT 200 的要求。

4.2.2.2 定刀不应有砂眼、气孔、疏松等缺陷。

4.2.2.3 定刀硬度应为 100～150 HB。

4.2.3 链轮

链轮的齿形和公差应按 GB/T 1244 的规定。

4.3 装配

4.3.1 装配质量应按 NY/T 409—2000 中 5.6 的规定。

4.3.2 装配后刀辊的圆跳动应按 GB/T 1184 中 9 级的规定。

4.3.3 定刀与刀辊的间隙一致，全长范围间隙相差应不大于 0.08 mm。

4.3.4 两 V 带轮轴线应相互平行，平行度应不大于两轮中心距的 1%；两带轮对应面的偏移量应不大于两轮中心距的 0.5%。

4.4 外观和涂漆

4.4.1 外观表面应平整，不应有明显的凹凸和损伤。

4.4.2 铸件表面不应有飞边、毛刺、浇口、冒口等。

4.4.3 焊接件外观表面不应有焊瘤、金属飞溅物等。焊缝表面应均匀，不应有裂纹。

4.4.4 漆层外观色泽应均匀、平整光滑；不应有露底、严重的流痕和麻点；明显的起泡起皱应不多于 3 处。

4.4.5 漆层的漆膜附着力应符合 JB/T 9832.2 中 2 级 3 处的规定。

4.5 安全防护

4.5.1 V 带轮、链轮等外露转动部件应装防护罩。

4.5.2 外购的电气装置质量应符合 GB 1497 的规定，并要有安全合格证。

4.5.3 电气设备应有可靠的接地装置，接地电阻应不大于 10 Ω。

5 试验方法

5.1 空载试验

5.1.1 总装配检验合格后应进行空载试验。

5.1.2 机器连续运行应不少于 3 h。

5.1.3 空载试验项目和要求见表 2。

表 2 空载试验项目和要求

试 验 项 目	要 求
运行情况	符合 4.1.3 和 4.1.4 的规定
刀辊与定刀的间隙	符合 4.3.3 的规定
电气装置	工作正常
轴承温升	符合 4.1.2 的规定
噪声	符合 4.1.5 的规定

5.2 负载试验

5.2.1 负载试验应在空载试验合格后进行。

5.2.2 试验时连续工作应不少于 2 h。

5.2.3 试验项目和要求见表 3。

表 3 负载试验项目和要求

试 验 项 目	要 求
运行情况	符合 4.1.3 和 4.1.4 的规定
电气装置	工作正常并符合 4.5.3 的规定
轴承温升	符合 4.1.2 的规定
生产率	符合表 1 中的规定
工作质量	符合 4.1.6 的规定

5.3 试验方法

生产率、噪声、尺寸公差、形位公差、硬度和使用可靠性等应按 NY/T 408—2000 中第 4 章的相关规定进行测定，漆膜附着力应按 JB/T 9832.2 的规定进行测定。

6 检验规则

6.1 出厂检验

6.1.1 出厂检验应实行全检，取得合格证后方可出厂。

6.1.2 出厂检验的项目及要求：

——外观和涂漆应符合 4.4 的规定；

——装配应符合 4.3 的规定；

——安全防护应符合 4.5 的规定；

——空载试验应符合 5.1 的规定。

6.1.3 用户有要求时，可进行负载试验，负载试验应符合 5.2 的规定。

6.2 型式检验

6.2.1 有下列情况之一时，应进行型式检验：

——新产品或老产品转厂生产；

——正式生产后，结构、材料、工艺等有较大改变，可能影响产品性能时；

——正常生产时，定期或周期性抽查检验；

——产品长期停产后恢复生产；

——出厂检验发现产品质量显著下降；

——质量监督机构提出型式检验要求。

6.2.2 型式检验应实行抽检。抽样按 GB/T 2828.1 规定的正常检查一次抽样方案。

6.2.3 样本一般应是 6 个月内生产的产品。抽样检查批量应不少于 3台(件),样本为 2台(件)。

6.2.4 整机抽样地点在生产企业的成品库或销售部门;零部件在半成品库或装配线上已检验合格的零部件中抽取。

6.2.5 检验项目、不合格分类和判定规则见表 4。

表 4 型式检验项目、不合格分类和判定规则

<table>
<tr><th>不合格分类</th><th>检验项目</th><th>样本数</th><th>项目数</th><th>检查水平</th><th>样本大小字码</th><th>AQL</th><th>Ac</th><th>Re</th></tr>
<tr><td>A</td><td>1. 生产率
2. 使用可靠性
3. 安全防护
4. 工作质量</td><td rowspan="3">2</td><td>4</td><td rowspan="3">S-Ⅰ</td><td rowspan="3">A</td><td>6.5</td><td>0</td><td>1</td></tr>
<tr><td>B</td><td>1. 装配后刀辊圆跳动
2. 噪声
3. 刀辊硬度(刀齿)、定刀硬度
4. 轴承温升
5. 轴承位轴颈尺寸
6. 轴颈表面粗糙度</td><td>6</td><td>25</td><td>1</td><td>2</td></tr>
<tr><td>C</td><td>1. 定刀与刀辊的间隙
2. 调整机构性能
3. 整机外观
4. 漆层外观
5. 漆膜附着力
6. 标志和技术文件</td><td>6</td><td>40</td><td>2</td><td>3</td></tr>
<tr><td colspan="9">注:AQL 为合格质量水平,Ac 为合格判定数,Re 为不合格判定数。判定时,A、B、C 各类的不合格总数小于或等于 Ac 为合格,大于或等于 Re 为不合格。A、B、C 各类均合格时,判该批产品为合格品,否则为不合格品。</td></tr>
</table>

6.2.6 零部件的检验项目为 4.2 中规定的相应零部件的所有项目。所有项目都合格时,该零部件才合格。

7 标志、包装、运输和贮存

产品的标志、包装、运输和贮存应按 NY/T 409—2000 第 8 章的规定。

ICS 65.060.80
B 95

中华人民共和国农业行业标准

NY/T 927—2004

天然橡胶初加工机械　碎胶机

Machinery for primary processing of natural rubber—Slab cutter

2005-01-04 发布　　2005-02-01 实施

中华人民共和国农业部　发布

前　言

天然橡胶初加工机械标准由通用技术条件、产品质量分等和各单机标准组成。本标准是该系列标准中的单机标准之一，该系列标准的其他标准是：

——NY/T 409—2000　天然橡胶初加工机械　通用技术条件；

——NY/T 408—2000　天然橡胶初加工机械产品质量分等；

——NY 228—1994　标准橡胶打包机技术条件；

——NY/T 262—2003　天然橡胶初加工机械　绉片机；

——NY/T 263—2003　天然橡胶初加工机械　锤磨机；

——NY/T 338—1998　天然橡胶初加工机械　五合一压片机；

——NY/T 339—1998　天然橡胶初加工机械　手摇压片机；

——NY/T 340—1998　天然橡胶初加工机械　洗涤机；

——NY/T 381—1999　天然橡胶初加工机械　压薄机；

——NY/T 460—2001　天然橡胶初加工机械　干燥车；

——NY/T 461—2001　天然橡胶初加工机械　螺杆式推进器；

——NY/T 462—2001　天然橡胶初加工机械　燃油炉。

本标准由中华人民共和国农业部提出。

本标准由中华人民共和国农业部热带作物机械及产品加工设备标准化分技术委员会归口。

本标准起草单位：中华人民共和国农业部热带作物机械质量监督检验测试中心、中国热带农业科学院农业机械研究所。

本标准主要起草人：王金丽、黄晖、陆衡湘。

天然橡胶初加工机械　碎胶机

1　范围

本标准规定了天然橡胶初加工机械碎胶机的术语和定义、产品型号规格、主要技术参数、技术要求、试验方法、检验规则及标志、包装、运输等要求。

本标准适用于天然橡胶初加工机械碎胶机。

2　规范性引用文件

下列文件中的条款通过本标准的引用而成为本标准的条款。凡是注日期的引用文件，其随后所有的修改单(不包括勘误的内容)或修订版均不适用于本标准，然而，鼓励根据本标准达成协议的各方研究是否可使用这些文件的最新版本。凡是不注日期的引用文件，其最新版本适用于本标准。

GB/T 699　优质碳素结构钢

GB/T 1184—1996　形状和位置公差　未注公差值

GB 1497　低压电器基本标准

GB/T 1800.4—2000　极限与配合　标准公差等级和孔、轴的极限偏差表

GB/T 1804—2000　一般公差　未注公差的线性和角度尺寸的公差

GB/T 2828.1　计数抽样检验程序第1部分:按接收质量限(AQL)检索的逐批检验抽样计划

GB 8196　机械设备防护罩安全要求

JB/T 9832.2　农林拖拉机及机具漆膜附着力性能测定法　压切法

NY/T 408—2000　天然橡胶初加工机械产品质量分等

NY/T 409—2000　天然橡胶初加工机械　通用技术条件

3　术语和定义

NY/T 409确立的以及下列术语和定义适用于本标准。

碎胶机　slab cutter

将凝块胶、胶团和生胶片等胶料破碎成有一定规格要求的松散小块胶的机械。

4　产品型号规格和主要技术参数

4.1　型号规格的编制方法

产品型号规格的编制应符合NY/T 409的规定。

4.2　型号规格表示方法

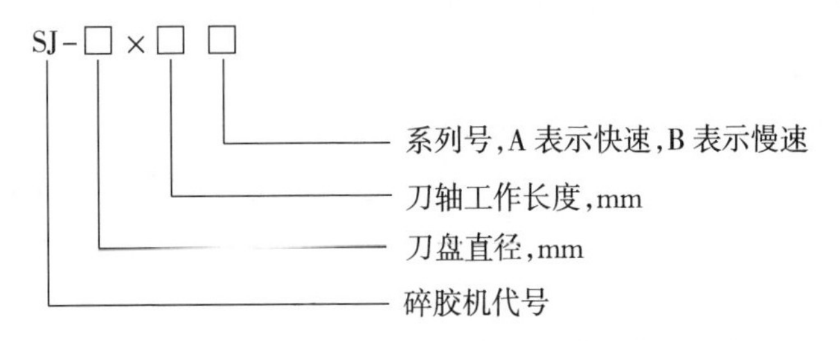

示例:SJ-500×900 B表示慢速碎胶机,其刀盘直径为500 mm,刀轴工作长度为900 mm。

4.3　主要技术参数

产品的主要技术参数见表1。

表1 产品主要技术参数

项　目	技术参数				
	SJ-500×460B	SJ-500×900A	SJ-500×900B	SJ-460×990A	SJ-460×650B
刀盘直径,mm	500	500	500	460	460
刀轴工作长度,mm	460	900	900	990	650
刀轴转速,r/min	37	800	37	700	54
功率,kW	37	55	55	55	45
生产率(干胶),kg/h	≥1 500	≥1 000	≥2 500	≥2 000	≥2 000

5 技术要求

5.1 整机要求

5.1.1 应按经批准的图样和技术文件制造。

5.1.2 图样上未注尺寸和角度公差应符合GB/T 1804—2000中C公差等级的规定。

5.1.3 整机运行3 h以上,空载时轴承温升应不超过30℃;负载时最高温升应不超过35℃。

5.1.4 整机运行过程中,减速器等各密封部位不应有渗漏现象,减速器油温应不超过60℃。

5.1.5 整机运行应平稳,不应有异常声响。调整机构应灵活可靠,紧固件无松动。

5.1.6 空载噪声应不大于80 dB(A)。

5.1.7 加工出的胶块应符合生产工艺的要求。

5.1.8 使用可靠性应不小于95%。

5.2 主要零部件

5.2.1 刀轴

5.2.1.1 刀轴材料的力学性能应不低于GB/T 699中45号钢的要求,并应进行调质处理。

5.2.1.2 轴承位配合公差带应按GB/T 1800.4中m6的规定。

5.2.1.3 轴承位配合表面粗糙度为$\sqrt[3.2]{}$。

5.2.2 动刀和定刀

5.2.2.1 动刀在轴上呈螺旋排列。

5.2.2.2 动刀和定刀工作部分材料的力学性能应不低于GB/T 699中45号钢的要求。

5.2.2.3 动刀和定刀硬度应不低于40～50 HRC。

5.3 装配

5.3.1 装配质量应按NY/T 409—2000中5.6的规定。

5.3.2 安装后刀轴的轴向窜动应不大于0.15 mm。

5.3.3 动刀与定刀的间隙应均匀,最大与最小间隙差应小于1.5 mm。

5.3.4 两V带轮轴线的平行度应不大于两轮中心距的1%;两V带轮对应面的偏移量应不大于两轮中心距的0.5%。

5.4 外观和涂漆

5.4.1 外观表面应平整,不应有图样未规定的凹凸和损伤。

5.4.2 铸件表面不应有飞边、毛刺、浇口、冒口等。

5.4.3 焊接件外观表面不应有焊瘤、金属飞溅物等缺陷。焊缝表面应均匀，不应有裂纹。

5.4.4 漆层外观色泽应均匀、平整光滑；不应有露底、严重的流痕和麻点；明显的起泡起皱应不多于3处。

5.4.5 漆层的漆膜附着力应符合JB/T 9832.2中2级3处的规定。

5.5 安全防护

5.5.1 外露V带轮、飞轮等转动部件应装固定式防护罩，防护罩应符合GB 8196的规定。

5.5.2 外购的电气装置质量应按GB 1497的规定，并要有安全合格证。

5.5.3 电气设备应有可靠的接地保护装置，接地电阻应不大于10 Ω。

5.5.4 机械可触及的零部件不应有会引起损伤的锐边、尖角和粗糙的表面等。

5.5.5 碎胶机应设有过载保护装置，当金属、石块等进入时应能及时停机。

6 试验方法

6.1 空载试验

6.1.1 总装配检验合格后应进行空载试验。

6.1.2 机器连续运行应不小于3 h。

6.1.3 空载试验项目和要求见表2。

表2 空载试验项目和要求

试验项目	要　　求
运行情况	符合5.1.4和5.1.5的规定
动刀与定刀的间隙	符合5.3.3的规定
电气装置	工作正常
轴承温升	符合5.1.3的规定
噪声	符合5.1.6的规定

6.2 负载试验

6.2.1 负载试验应在空载试验合格后进行。

6.2.2 负载试验时连续工作应不少于2 h。

6.2.3 负载试验项目和要求见表3。

表3 负载试验项目和要求

试验项目	要　　求
运行情况	符合5.1.4和5.1.5的规定
电气装置	工作正常并符合5.5.3的规定
轴承温升	≤35℃
生产率	符合表1中的规定
工作质量	符合5.1.7的规定

6.3 试验方法

生产率、噪声、尺寸公差、形位公差、硬度和使用可靠性等应按NY/T 408—2000中第4章的相关规定进行测定，漆膜附着力应按JB/T 9832.2的规定进行测定。

7 检验规则

7.1 出厂检验

7.1.1　出厂检验实行全检，取得合格证后方可出厂。

7.1.2　出厂检验项目及要求：

——外观和涂漆应符合5.4的规定；

——装配应符合5.3的规定；

——安全防护应符合5.5的规定；

——空载试验应符合6.1的规定。

7.1.3　用户有要求时，可进行负载试验，负载试验应按6.2的规定。

7.2　型式检验

7.2.1　有下列情况之一时，应进行型式检验：

——新产品或老产品转厂生产；

——正式生产后，结构、材料、工艺等有较大改变，可能影响产品性能时；

——正常生产时，定期或周期性抽查检验；

——产品长期停产后恢复生产；

——出厂检验发现产品质量显著下降；

——质量监督机构提出型式检验要求。

7.2.2　型式检验实行抽检。抽样按GB/T 2828.1规定的正常检查一次抽样方案。

7.2.3　样本一般应是6个月内生产的产品。抽样检查批量应不少于3台(件)，样本为2台(件)。

7.2.4　整机抽样地点在生产企业的成品库或销售部门；零部件在半成品库或装配线上已检验合格的零部件中抽取。

7.2.5　检验项目、不合格分类和判定规则见表4。

表4　型式检验项目、不合格分类和判定规则

<table>
<tr><th>不合格分类</th><th>检验项目</th><th>样本数</th><th>项目数</th><th>检查水平</th><th>样本大小字码</th><th>AQL</th><th>Ac</th><th>Re</th></tr>
<tr><td>A</td><td>1. 生产率
2. 使用可靠性
3. 安全防护
4. 工作质量</td><td rowspan="3">2</td><td>4</td><td rowspan="3">S-Ⅰ</td><td rowspan="3">A</td><td>6.5</td><td>0</td><td>1</td></tr>
<tr><td>B</td><td>1. 噪声
2. 动刀和定刀硬度
3. 轴承温升和减速器油温
4. 轴承位轴颈尺寸
5. 轴颈表面粗糙度</td><td>5</td><td>25</td><td>1</td><td>2</td></tr>
<tr><td>C</td><td>1. V带轮的偏移量
2. 定刀与动刀的间隙
3. 整机外观
4. 漆层外观
5. 漆膜附着力
6. 标志和技术文件</td><td>6</td><td>40</td><td>2</td><td>3</td></tr>
<tr><td colspan="9">注：AQL为合格质量水平，Ac为合格判定数，Re为不合格判定数。判定时，A、B、C各类的不合格总数小于或等于Ac为合格，大于或等于Re为不合格。A、B、C各类均合格时，判该批产品为合格品，否则为不合格品。</td></tr>
</table>

7.2.6　零部件的检验项目为5.2中规定的相应零部件的所有项目，只有所有项目都合格时，该零部件才合格。

8 标志、包装、运输和贮存

产品的标志、包装、运输和贮存应符合 NY/T 409—2000 第 8 章的规定。

ICS 83.040
B 72

中华人民共和国农业行业标准

NY/T 928—2004

天然生胶　恒粘橡胶生产工艺规程

Raw natural rubber—Technical rules for production of constant viscosity rubber

2005-01-04 发布　　2005-02-01 实施

中华人民共和国农业部　发布

前　言

本标准的附录 A、附录 B 为规范性附录。

本标准由中华人民共和国农业部提出。

本标准由全国热带作物及制品标准化技术委员会天然橡胶分技术委员会归口。

本标准起草单位：农业部天然橡胶质量监督检验测试中心。

本标准主要起草人：黄向前、杨全运、符永胜、赖广廉。

天然生胶　恒粘橡胶生产工艺规程

1　范围

本标准规定了恒粘橡胶在生产过程中的基本工艺及技术要求。

本标准适用于用鲜胶乳为原料生产恒粘橡胶。

2　规范性引用文件

下列文件中的条款通过本标准的引用而成为本标准的条款。凡是注日期的引用文件，其随后所有的修改单(不包括勘误的内容)或修订版均不适用于本标准，然而，鼓励根据本标准达成协议的各方研究是否可使用这些文件的最新版本。凡是不注日期的引用文件，其最新版本适用于本标准。

GB/T 8081　天然生胶　标准橡胶规格

GB/T 8082　天然生胶　标准橡胶包装、标志、贮存和运输

NY/T 734—2003　天然生胶　通用标准橡胶生产工艺规程

3　生产工艺流程与设备

3.1　生产工艺流程

恒粘橡胶生产工艺流程如图1所示。

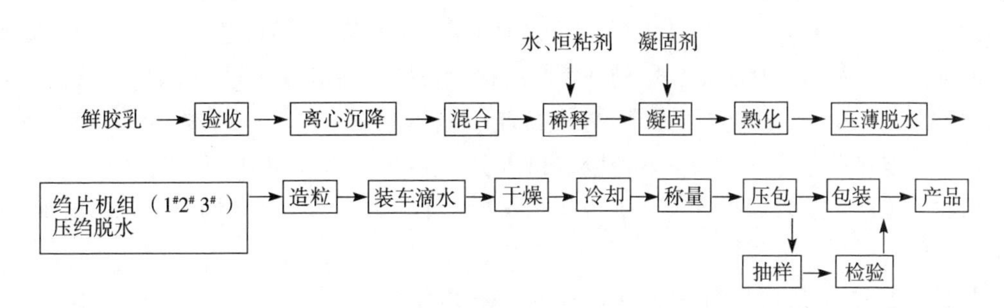

图1　恒粘橡胶生产工艺流程

3.2　生产设备及设施

3.2.1　生产设备

250 μm、355 μm不锈钢筛网(或胶乳离心过滤器)、胶乳搅拌器、胶乳干胶含量及氨含量测定全套设备、压薄机、绉片机组、造粒机及输送胶料辅助设备、清水泵及辅助设备、干燥车、燃油炉(或各类烤胶炉)及燃油辅助设备、风机及输送风辅助设备、推进器、吊车、割包机(或刀)、配电盘、打包机、样品检验全套设备。

3.2.2　生产设施

胶乳收集池、胶乳混合池、凝固槽、凝块过渡池、干燥车过渡转盘及轨道、干燥柜及进风排汽辅助设施、包装车间防湿地板。

4　生产操作要求与质量控制要求

4.1　胶乳的混合、稀释、凝固

4.1.1　从收胶站送来的经公称孔径为355 μm的不锈钢筛网过滤的鲜胶乳，经称量、离心过滤沉降(或250 μm不锈钢筛网过滤)后直接放入混合池中，鲜胶乳要求达到最大限度的混合，搅拌均匀后，按附录

A 测定干胶含量。

4.1.2 加水将鲜胶乳稀释至所要求的稀释浓度。通常适宜凝固浓度约在干胶含量为 20%～25%的范围内,稀释浓度一般比凝固浓度高 1.5～2.0 个百分点。

4.1.3 经加水稀释后的胶乳,按附录 B 测定氨含量。

4.1.4 在稀释胶乳中加入用量为干胶重量的 0.01%～0.03%的盐酸羟胺,搅拌均匀后静置 30 min。盐酸羟胺在加入胶乳前应配成 2%～3%的稀溶液。

4.1.5 胶乳凝固用酸量以纯酸计算。采用醋酸作凝固剂时,用量为干胶重量的 0.5%～0.8%;用甲酸时,用量为干胶重量的 0.3%～0.5%。中和酸的用量应根据胶乳氨含量确定。总用酸量为凝固酸与中和酸之和。酸水在加入胶乳前应配成 2%～5%的稀溶液。也可采用辅助生物凝固法。

4.1.6 完成凝固操作后,应及时将混合池、流胶槽及其他用具,场地清洗干净。

4.1.7 正常情况下,凝块熟化时间应达 8 h 以上,一般不超过 20 h。

4.1.8 辅助生物凝固法,可根据工艺需要自定。

4.2 凝块的压薄、压绉、造粒

4.2.1 在进行凝块压薄操作前,往凝固槽中注水使厚凝块浮起;同时检查和调试好相应设备,保证所有设备处于良好的状态。设备运转正常后,调节好设备的喷水量,随即进行凝块压薄操作,必须保证压薄后的凝块厚度在 5 cm～8 cm。

4.2.2 压薄后的凝块经三台绉片机压绉除水除杂工序,要求造粒前的绉片厚度不超过 5 mm。绉片机组辊筒辊距控制:1#绉片机辊距一般为 0.1 mm～0.2 mm,其他二台绉片机在保证最终绉片厚度与保证本机组同步运行的基础上进行调节。

4.2.3 绉片经锤磨造粒机或撕裂机造粒后湿胶粒含水量(以干基计)不应超过 35%,且要求湿胶粒能全部接触到(或浸入)隔离剂,以保证湿胶粒在装车时保持松散不粘结为宜。隔离剂为石灰水(氢氧化钙悬浮液),其浓度为 2.0%～5.0%。湿胶粒含水量按附录 NY/T 734—2003 中附录 D 的规定测定。

4.2.4 在使用干燥箱前应除净箱中的残留胶粒和杂物,然后再用清水冲洗。如果干燥箱中粘附较多的发粘橡胶,可将干燥箱(组装式)拆开将其隔板和底隔板置于溶液浓度为 5%的氢氧化钠溶液中浸泡 12 h 后再刷洗干净。

4.2.5 湿胶粒装箱时,装胶应均匀一致,装胶高度根据实际情况自定,一般情况为干燥后的胶块重量以一块或二块接近一个胶包标准重量为好。装车完毕后可适当喷水清除箱体外部的碎胶,但不允许喷淋箱体内的湿胶。

4.2.6 造粒完毕,应继续用水冲洗设备 2 min～3 min,然后停机清洗场地。

4.3 干燥

4.3.1 装箱后的湿胶粒可适当放置让其滴水,但一般不可超过 30 min,即送入干燥器进行干燥。

4.3.2 干燥过程中,要严格控制干燥温度和干燥时间。高温段热风进口温度控制在 120℃～125℃;低温段热风进口温度控制在 100℃左右;总干燥时间 3.5 h～4 h。

4.3.3 燃油炉(或其他类型烤胶炉)停火后,应继续抽风 0.5 h,充分利用余热和延长炉的寿命。

4.4 质量控制与要求

4.4.1 组批、抽样、样品制备及检验

按 NY/T 734—2003 中附录 E 的规定进行。

4.4.2 定级

产品质量符合 GB/T 8081 要求方可定级,不合格品不允许重新分为其他 SCR 级别,可根据检验室发出的检验报告书作为不合格品出售,但不得使用 SCR CV 的包装标志。

5 包装、标志、贮存与运输

5.1 包装

干燥后的恒粘橡胶应冷却至60℃以下，方可进行压包，然后按GB/T 8082规定包装。

5.2 标志

每个包装上应标志注明下列项目：

——产品名称、执行标准、商标；

——产品产地；

——生产企业名称、详细地址、邮政编码及电话；

——批号；

——净重、毛重；

——生产日期；

——生产国(对出口产品而言)；

——到岸港/城镇(对出口产品而言)。

5.3 贮存和运输

贮存与运输按GB/T 8082规定执行。

附　录　A
(规范性附录)
鲜胶乳干胶含量的测定— 快速测定法

A.1　原理

鲜胶乳干胶含量的测定—快速测定法是将试样置于铝盘加热，使鲜胶乳的水分和挥发物逸出，然后通过计算加热前后试样的质量变化，再乘以比例常数—胶乳的干总比来快速测定鲜胶乳的干胶含量。

A.2　仪器

A.2.1　普通的实验室仪器。

A.2.2　内径约为 7 cm 的铝盘。

A.3　测定步骤

A.3.1　取样

搅拌混合池中鲜胶乳 5 min，然后分别在混合池中不同的 4 个点各取鲜胶乳 50 ml，将其混合作为本次测定样品。

A.3.2　测定

将内径约为 7 cm 的铝盘洗净、烘干，将其称重，精确至 0.01 g。往铝盘中倒入 2.0 g±0.5 g 的鲜胶乳，精确至 0.01 g，加入质量分数为 5%的醋酸溶液 3 滴，转动铝盘使试样与醋酸溶液混合均匀。将铝盘置于酒精灯或电炉的石棉网上加热，同时用平头玻璃棒按压以助干燥，直至试样干透呈黄色透明为止(注意控制温度，防止烧焦胶膜)。用镊子将铝盘取下，置干燥器中冷却 5 min，然后小心将铝盘中的所有胶膜卷取剥离。将剥下的胶膜称重，精确至 0.01 g。

A.4　结果计算

鲜胶乳的干胶含量(DRC)以干胶的质量分数计，数值以%表示，按下式计算：

$$DRC = \frac{m_1}{m_0} \times G \times 100 \qquad (A.1)$$

式中：

DRC ——干胶含量，%；

m_0 ——试样的质量，单位为克(g)；

m_1 ——干燥后试样的质量，单位为克(g)；

G ——胶乳的干总比，一般采用 0.93，也可根据阶段性生产实际测定的结果。

同时进行双份测定，双份测定结果之差不应大于质量分数 0.5%，然后取算术平均值。计算结果表示到小数点后两位。

鲜胶乳干胶含量还可用微波法测定。

附　录　B
(规范性附录)
鲜胶乳氨含量的测定

B.1　原理

氨是碱性物质,与酸进行中和反应,可以测定胶乳中氨的含量。

B.2　反应式

$$NH_3 + HCl = NH_4Cl$$

B.3　试剂

B.3.1　等级

用于标定的试剂为分析纯级试剂。

B.3.2　盐酸

分子式:HCl,分子量:36.46,密度:1.18,纯度为质量分数36%～38%。

B.3.3　乙醇

分子式:C_2H_5OH,分子量:46.07,密度:0.816(15.56℃),纯度不低于质量分数95%。

B.3.4　甲基红

分子式:$C_{15}H_{15}N_3O_2$,分子量:269.29,pH变色范围4.2(红)～6.2(黄)。

B.4　仪器

普通的实验室仪器。

B.5　测定步骤

B.5.1　试验溶液的制备

B.5.1.1　盐酸标准溶液 c(HCl)=0.1 mol/L(用无水碳酸钠滴定法标定盐酸标准贮备溶液)。

B.5.1.2　盐酸标准溶液 c(HCl)=0.02 mol/L 的配制。

用50 mL移液管吸取50.00 mL c(HCl)=0.1 mol/L的盐酸标准溶液(B.5.1.1)放于250 mL容量瓶中,用蒸馏水稀释至刻度,摇匀。此溶液准确浓度按标准贮备溶液的1/5计算。

B.5.1.3　1‰(g/L)的甲基红乙醇指示溶液:

称取0.1 g甲基红,溶于100 mL质量分数为95%乙醇的滴瓶中,摇匀即可。

B.5.2　取样

搅拌混合池中鲜胶乳5 min,然后分别在混合池中不同的4个点各取鲜胶乳50 ml,将其混合作为本次测定样品。

B.5.3　测定

用1 ml的吸管准确吸取1 ml鲜胶乳(计算时近似作为1 g),用滤纸把吸管口外的胶乳擦干净,放入已装有约50 mL蒸馏水的锥形瓶中,吸管中粘附着的胶乳用蒸馏水洗入锥形瓶。然后加入2～3滴的甲基红乙醇指示溶液(B.5.1.3),用0.02 mol/L盐酸标准滴定溶液(B.5.1.2)进行滴定,当颜色由淡黄变成粉红色时即为终点,记下消耗盐酸标准滴定溶液的毫升数。

B.6　结果计算

鲜胶乳的氨含量(NH_3)以氨的质量分数计,数值以(%)表示,按式计算:

$$NH_3 = \frac{17\,cV/1\,000}{m} \times 100 \quad \text{(B.1)}$$

式中：

NH_3 ——氨含量，%；

c ——盐酸标准滴定溶液的浓度，单位为摩尔每升(mol/L)；

V ——消耗盐酸标准滴定溶液的量，单位为毫升(mL)；

m ——试样的质量，单位为克(g)。

同时进行两份测定，计算结果取两份测定结果算术平均值，精确到0.01。

ICS 67.140.10
X 55

中华人民共和国农业行业标准

NY 5119—2004
代替 NY 5119—2002

无公害食品　饮用菊花

2005-01-04 发布　　2005-02-01 实施

中华人民共和国农业部　发布

前　言

本标准由中华人民共和国农业部提出并归口。

本标准起草单位：浙江省农业厅经济作物管理局、农业部茶叶质量监督检验测试中心、浙江省桐乡市农林局。

本标准主要起草人：毛祖法、陆德彪、黄婺、鲁成银、朱福荣。

无公害食品　饮用菊花

1　范围

本标准规定了无公害食品饮用菊花的定义、要求、试验方法、检验规则、标志、包装、运输和贮存等。

本标准适用于无公害食品饮用菊花。

2　规范性引用文件

下列文件中的条款通过本标准的引用而成为本标准的条款。凡是注日期的引用文件，其随后所有的修改单(不包括勘误的内容)或修订版均不适用于本标准，然而，鼓励根据本标准达成协议的各方研究是否可使用这些文件的最新版本。凡是不注日期的引用文件，其最新版本适用于本标准。

GB 191　包装储运图示标志

GB/T 5009.3　食品中水分的测定

GB/T 5009.4　食品中灰分的测定

GB/T 5009.11　食品中砷的测定

GB/T 5009.12　食品中铅的测定

GB/T 5009.34　食品中亚硫酸盐的测定

GB 7718　食品标签通用标准

GB/T 8302　茶取样

GB/T 17332　食品中有机氯和拟除虫菊酯类农药多种残留的测定

3　术语和定义

下列术语和定义适用于本标准。

3.1

饮用菊花

用于泡饮的菊花。

3.2

原料花

经蒸制干燥而未经精加工的菊花。

4　要求

4.1　感官品质

按有关现行标准执行。

4.2　理化指标

饮用菊花的理化指标应符合表1的规定。

表1　饮用菊花理化指标

项　目	指　标	备　注
含水率，%	≤13(其中原料花≤16)	
含杂率，%	≤0.5	梗、叶等
灰分，%	≤8	

4.3 卫生指标

饮用菊花的卫生指标应符合表2的规定。

表2 饮用菊花卫生指标

项　目	指　标
二氧化硫(以 SO_2 计),g/kg	≤0.5
砷(以As计),mg/kg	≤0.5
铅(以Pb计),mg/kg	≤5
溴氰菊酯(deltamethrin),mg/kg	≤10
氯氰菊酯(cypermethrin),mg/kg	≤20
注:国家禁用、限用农药从其规定。	

4.4 净含量允差

定量包装规格由企业自定。单件定量包装菊花的净含量负偏差应符合表3的规定。

表3 净含量负偏差

净含量	负偏差	
	净含量的百分比,%	质量,g
5 g～50 g	9	—
50 g～100 g	—	4.5
100 g～200 g	4.5	—
200 g～300 g	—	9
300 g～500 g	3	—
500 g～1 kg	—	15
1 kg～10 kg	1.5	—
10 kg～15 kg	—	150
15 kg～25 kg	1.0	—

5 试验方法

5.1 取样

按GB/T 8302规定执行。

5.2 理化指标的检测

5.2.1 含水率

按GB/T 5009.3规定执行。

5.2.2 含杂率

用分度值为2 g的案秤和分度值为0.01 g的天平,分别作样品称量和杂质称量。

称取样品100 g～500 g,置于干燥、洗净的白色容器中,在自然光线下把一切非饮用菊花的物质拣出称重,含杂率按公式(1)计算。

$$含杂率=\frac{杂质质量}{样品质量}\times 100\% \quad\cdots\cdots (1)$$

5.2.3 灰分

饮用菊花灰分检测用样品应去除杂质后称取。灰分检测按GB/T 5009.4规定执行。

5.3 卫生指标的检测

5.3.1 二氧化硫

按 GB/T 5009.34 规定执行。

5.3.2 砷

按 GB/T 5009.11 规定执行。

5.3.3 铅

按 GB/T 5009.12 规定执行。

5.3.4 氯氰菊酯、溴氰菊酯

按 GB/T 17332 规定执行。

5.4 净含量的检测

用感量合适的秤具称取去除包装的样品，与样品标示值对照进行测定。

5.5 包装标签的检验

按 GB 7718 规定执行。

6 检验规则

6.1 组批规则

产品均应以批(唛)为单位，同批(唛)产品的品质规格和包装应一致。

6.2 交收(出厂)检验

6.2.1 每批产品交收(出厂)前，生产单位应进行检验，检验合格并附有合格证的产品方可交收(出厂)。

6.2.2 交收(出厂)检验内容为感官品质、水分、杂质、灰分、净含量和包装标签。

6.3 型式检验

6.3.1 型式检验是对产品质量进行全面考核，有下列情形之一者应对产品质量进行型式检验。

a) 前后两次抽样检验结果差异较大；

b) 因人为或自然因素使生产环境发生较大变化；

c) 国家质量监督机构或主管部门提出型式检验要求。

6.3.2 型式检验即对本标准规定的全部要求进行检验。

6.4 判定规则

6.4.1 检验结果全部符合本标准规定要求的，则判该批产品为合格。

6.4.2 凡劣变、有污染或卫生指标中有一项不符合规定要求的，则判该批产品为不合格。

6.4.3 交收(出厂)检验时，理化指标与包装标签，其中有一项不符合规定要求的，则判该批产品为不合格。

6.4.4 型式检验时，要求规定的各项检验中如有一项不符合要求的，则判该批产品为不合格。

6.5 复检

对检验结果有争议时，应对留存样进行复检，或在同批(唛)产品中重新按 GB/T 8302 规定加倍抽样，对不合格项目进行复检，以复检结果为准。

7 标志

包装标签应符合 GB 7718 的规定。

8 包装、运输、贮存

8.1 包装

8.1.1 包装材料应干燥、清洁、无异味，不影响产品质量。

8.1.2 包装要牢固、防潮、整洁、能保护产品质量，便于装卸、仓储和运输。

8.1.3 包装储运图示标志应符合 GB 191 规定。

8.2 运输

运输工具应清洁、干燥、无异味、无污染；运输时应防潮、防雨、防曝晒；严禁与有毒、有异味、易污染的物品混装混运。

8.3 贮存

产品应贮于清洁、干燥、通风、无污染的专用仓库中，仓库周围无异气污染。

ICS 67.060
X 11

中华人民共和国农业行业标准

NY 5200—2004

无公害食品　鲜食玉米

2004-01-07 发布　　2004-03-01 实施

中华人民共和国农业部　发布

前　言

本标准由中华人民共和国农业部提出。

本标准起草单位:农业部谷物品质监督检验测试中心(北京)、中国农业科学院作物育种栽培研究所。

本标准主要起草人:武力、张德贵、杨秀兰、王步军。

无公害食品　鲜食玉米

1　范围

本标准规定了无公害食品鲜食玉米的术语和定义、要求、试验方法、检验规则和标识。

本标准适用于无公害食品鲜食玉米。

2　规范性引用文件

下列文件中的条款通过本标准的引用而成为本标准的条款。凡是注日期的引用文件，其随后所有的修改单(不包括勘误的内容)或修订版均不适用于本标准，然而，鼓励根据本标准达成协议的各方研究是否可使用这些文件的最新版本。凡是不注日期的引用文件，其最新版本适用于本标准。

GB/T 5009.12　食品中铅的测定

GB/T 5009.15　食品中镉的测定

GB/T 5009.20　食品中有机磷农药残留量的测定

GB/T 5009.102　植物性食品中辛硫磷农药残留量的测定

GB/T 8855　新鲜水果和蔬菜的取样方法

3　术语和定义

下列术语和定义适用于本标准。

鲜食玉米　Fresh Corn

在乳熟后期至蜡熟初期收获的玉米。

4　要求

4.1　感官指标

苞叶完整，籽粒饱满、排列整齐，无明显秃尖，无腐烂、虫害、霉变、异味。

4.2　安全指标

安全指标应符合表1规定。

表1　鲜食玉米的安全指标　　单位为毫克每千克

序　号	项　目	指　标
1	铅(以Pb计)	≤0.2
2	镉(以Cd计)	≤0.05
3	敌敌畏(dichlorvos)	≤0.2
4	乐果(dimethoate)	≤1
5	马拉硫磷(malathion)	不得检出
6	辛硫磷(phoxin)	≤0.05
注：根据《中华人民共和国农药管理条例》剧毒和高毒农药不得在蔬菜生产中使用。		

5　试验方法

5.1　感官指标

从供试样品中随机抽取10穗，用目测法进行苞叶、整齐度、秃尖、虫害、霉变检测；用指压法对饱满度进行检测；异味用鼻嗅法检测。

5.2 安全指标

5.2.1 铅

按GB/T 5009.12规定执行。

5.2.2 镉

按GB/T 5009.15规定执行。

5.2.3 敌敌畏、乐果、马拉硫磷

按GB/T 5009.20规定执行。

5.2.4 辛硫磷

按GB/T 50059.102规定执行。

6 检验规则

6.1 检验分类

6.1.1 型式检验

型式检验是对产品进行全面考核，即对本标准规定的全部要求进行检验。有下列情形之一者应进行型式检验：

a) 申请无公害农产品标志；

b) 有关行政主管部门提出型式检验要求；

c) 前后两次抽样检验结果差异较大；

d) 人为或自然因素使生产环境发生较大变化。

6.1.2 交收检验

每批产品交收前，生产单位都要进行交收检验。交收检验内容包括感官、标识和包装。检验合格后并附合格证书后方可交收。

6.2 组批规则

同一产地、同期播种的同一品种、同期采收的鲜食玉米作为一个检验批次。批发市场、农贸市场和超市相同进货渠道的鲜食玉米作为一个检验批次。

6.3 抽样方法

按照GB/T 8855中甜玉米的有关规定执行。

报验单填写的项目应与货物单相符，包装容器严重损坏者，应由交货单位重新整理后再行抽样。

6.4 判定规则

6.4.1 每批受检样品抽样检验时，对有缺陷(缺陷包括秃尖、异味、腐烂、虫害、霉变)的样品做记录，不合格百分率按有缺陷的穗数计算。每批受检样品的平均不合格率不应超过10%。

6.4.2 安全指标有一项不合格，判该批次产品不合格。

7 标识

产品应有明确标识，内容包括：产品名称、产品的执行标准、生产者及详细地址、产地、净含量和包装日期等，要求字迹清晰、完整、准确。

ICS 67.080.10
B 31

中华人民共和国农业行业标准

NY 5201—2004

无公害食品　樱桃

2004-01-07 发布　　2004-03-01 实施

中华人民共和国农业部　发布

前　言

本标准由中华人民共和国农业部提出。

本标准起草单位:农业部优质农产品开发服务中心、农业部果品及苗木质量监督检验测试中心(郑州)。

本标准主要起草人:李连海、方金豹、侯振宇、田世英、吴斯洋、赵改荣、虞京。

无公害食品　樱桃

1　范围

本标准规定了无公害食品樱桃的要求、试验方法、检验规则和标识。

本标准适用于无公害食品樱桃。

2　规范性引用文件

下列文件中的条款通过本标准的引用而成为本标准的条款。凡是注日期的引用文件，其随后所有的修改单(不包括勘误的内容)或修订版均不适用于本标准，然而，鼓励根据本标准达成协议的各方研究是否可使用这些文件的最新版本。凡是不注日期的引用文件，其最新版本适用于本标准。

GB/T 5009.11　食品中总砷及无机砷的测定

GB/T 5009.12　食品中铅的测定

GB/T 5009.15　食品中镉的测定

GB/T 5009.38　蔬菜、水果卫生标准的分析方法

GB/T 5009.145　植物性食品中有机磷和氨基甲酸酯类农药多种残留的测定

GB/T 5009.146　植物性食品中有机氯和拟除虫菊酯类农药多种残留的测定

GB/T 8855　新鲜水果和蔬菜的取样方法

3　要求

3.1　感官指标

应符合表1的规定。

表1　无公害食品樱桃的感官指标

项　　目	指　　标
新鲜度	新鲜，清洁，无不正常外来水分
果形	具有本品种的基本特征
色泽	具本品种固有色泽
风味	具有本品种固有的风味，无异常气味
果面缺陷	无未愈合的裂口
病、虫及腐烂果	无

3.2　安全指标

应符合表2的规定。

表2　无公害食品樱桃的安全指标　　单位为毫克每千克

序　　号	项　　目	指　　标
1	铅(以 Pb 计)	≤0.2
2	镉(以 Cd 计)	≤0.03
3	总砷(以 As 计)	≤0.5

表2（续） 单位为毫克每千克

序　号	项　目	指　标
4	敌敌畏(dichlorvos)	≤0.2
5	毒死蜱(chlorpyrifos)	≤1.0
6	氰戊菊酯(fenvslerate)	≤0.2
7	氯氰菊酯(cypermethrin)	≤2.0
8	多菌灵(carbendazim)	≤0.5
注：根据《中华人民共和国农药管理条例》，剧毒和高毒农药不得在果树生产中使用。		

4 试验方法

4.1 感官指标

从每件供试样品(如每箱、每盘)中随机抽取樱桃果实100个，风味用品尝和嗅的方法检测，其余项目用目测法检测。病虫害症状不明显而有怀疑者，应剖开检测。

每件受检样品抽样检验时，对有缺陷的果实做记录。不合格率以ω计，数值以%表示，按公式(1)计算：

$$\omega = \frac{n}{100} \times 100 \qquad (1)$$

式中：

n——有缺陷的果实数；

100——检验样本的总果实数。

计算结果精确到小数点后一位。

4.2 安全指标

4.2.1 铅

按GB/T 5009.12规定执行。

4.2.2 镉

按GB/T 5009.15规定执行。

4.2.3 总砷

按GB/T 5009.11规定执行。

4.2.4 敌敌畏、毒死蜱

按GB/T 5009.145规定执行。

4.2.5 氰戊菊酯、氯氰菊酯

按GB/T 5009.146规定执行。

4.2.6 多菌灵

按GB/T 5009.38规定执行。

5 检验规则

5.1 检验分类

5.1.1 型式检验

型式检验是对产品进行全面考核，即对本标准规定的全部要求进行检验。有下列情形之一者应进行型式检验：

a) 申请无公害农产品标志；

b) 有关行政主管部门提出型式检验要求；

c) 前后两次抽样检验结果差异较大；

d) 人为或自然因素使生产环境发生较大变化。

5.1.2 交收检验

每批产品交收前，生产单位都应进行交收检验。交收检验内容包括感官和标识。检验合格后并附合格证方可交收。

5.2 组批

田间抽样以同一品种、同一产地、相同栽培条件、同期采收的樱桃作为一个检验批次；市场抽样以同一产地、同一品种的樱桃作为一个检验批次。

5.3 抽样方法

按 GB/T 8855 规定执行。

5.4 判定规则

5.4.1 每批受检样品的感官指标平均不合格率不应超过 5%，其中任一单件(如箱、盘)样品的不合格率不应超过 10%。

5.4.2 安全指标有一项不合格，即判定该批次产品为不合格。

6 标识

产品应有明确标识，内容包括：产品名称、产品的执行标准、生产者及详细地址、产地、净含量和包装日期等，要求字迹清晰、完整、准确。

ICS 67.080.20
B 31

中华人民共和国农业行业标准

NY 5202—2004

无公害食品　芸豆

2004-01-07 发布　　2004-03-01 实施

中华人民共和国农业部 发布

前　言

本标准由中华人民共和国农业部提出。

本标准起草单位:农业部优质农产品开发服务中心、西北农林科技大学、新疆维吾尔自治区农业厅优质农产品开发服务中心。

本标准主要起草人:俞东平、柴岩、冯佰利、李祖德、古丽·米热。

无公害食品　芸豆

1　范围

本标准规定了无公害食品芸豆的要求、检测、检验规则和标识。

本标准适用于无公害食品干芸豆。

2　规范性引用文件

下列文件中的条款通过本标准的引用而成为本标准的条款。凡是注日期的引用文件，其随后所有的修改单(不包括勘误的内容)或修订版均不适用于本标准。然而，鼓励根据本标准达成协议的各方研究是否可使用这些文件的最新版本。凡是不注日期的引用文件，其最新版本适用于本标准。

GB/T 5009.12　食品中铅的测定方法

GB/T 5009.15　食品中镉的测定方法

GB/T 5009.20　食品中有机磷农药残留的测定方法

GB/T 5009.31　食品中对羟基甲酸酯类农药残留量的测定方法

GB/T 5009.36　粮食卫生标准的分析方法

GB/T 5009.105　黄瓜中百菌清残留量的测定方法

GB/T 5009.126　植物性食品中三唑酮残留量的测定方法

GB/T 5490　粮食、油料及植物油脂检验　一般规则

GB/T 5491　粮食、油料检验　扦样、分样法

GB/T 5492　粮食、油料检验　色泽、气味、口味鉴定法

GB/T 5493　粮食、油料检验　类型及互混检验法

GB/T 5494　粮食、油料检验　杂质、不完善粒检验法

GB/T 5497　粮食、油料检验　水分测定法

GB/T 17332　食品中有机氯和拟除虫菊酯类农药多种残留的测定

3　要求

3.1　加工质量

水分、杂质、不完善粒及色泽、气味应符合表1的规定。

表1　无公害食品芸豆加工质量

水锈粒 %	杂质 %	不完善粒 %	水分 %	色泽、气味
≤3.0	≤1.0	≤3.0	≤14.0	正常

3.2　安全指标

卫生指标应符合表2的规定。

表2　无公害食品芸豆安全指标　　单位为毫克每千克

序　号	项　目	指　标
1	铅(以Pb计)	≤0.8
2	镉(以Cd计)	≤0.05

表2 (续)

单位为毫克每千克

序号	项目	指标
3	敌敌畏(dichlorvos)	≤0.2
4	溴氰菊酯(deltamethrin)	≤0.5
5	多菌灵(carbendazim)	≤0.5
6	百菌清(chlorothalonil)	≤0.2
7	抗蚜威(pirimicarb)	≤0.2
8	乐果(dimethoate)	≤0.05
9	三唑酮(triadimefon)	≤0.5

3.3 净含量

单件定量包装商品(不含粮食复制品生产中的出厂包装)的净含量及其标注的质量之差应符合GB/T 17109的规定。

4 检测

4.1 试验方法

4.1.1 水分检验

按GB/T 5497 执行。

4.1.2 杂质、不完善粒检验

按GB/T 5494 执行。

4.1.3 色泽、气味、口味检验

按GB/T 5492 执行。

4.1.4 铅

按GB/T 5009.12 检验。

4.1.5 镉

按GB/T 5009.15 检验。

4.1.6 敌敌畏、乐果

按GB/T 5009.20 检验。

4.1.7 溴氰菊酯

按GB/T 17332 检验。

4.1.8 多菌灵、百菌清

按GB 14878 检验。

4.1.9 抗蚜威

按GB 14877 检验。

4.1.10 三唑酮

按GB 14973 检验。

5 检验规则

5.1 检验分类

5.1.1 型式检验

型式检验是对产品进行全面考核,即对本标准规定的全部要求指标进行检验。有下列情形之一者

应进行型式检验：

a）申请无公害农产品标志；

b）有关行业主管部门提出型式检验要求；

c）前后两次抽样检验结果差异较大；

d）因人为或自然因素使生产环境发生较大变化。

5.1.2 交收检验

每批产品交收前，生产单位都应进行交收检验。交收检验内容包括杂质、水分、不完善粒、色泽、气味以及包装、标志，或为合同要求的项目。检验合格后并附合格证的产品方可交收。

5.2 组批规则

同产地、同品种、同栽培条件、同技术生产方式收获的芸豆，经包装出厂的产品为一个检验批次。批发市场、农贸市场或超市抽样，以相同进货渠道的芸豆视为同一个检验批次。

5.3 抽样方法

5.3.1 按照 GB/T 5490 和 GB/T 5491 中的有关规定抽取样品。

5.3.2 报验单填写的项目应与货物相符，凡与货物不符，包装容器严重损坏者，应由交货单位重新整理后再行抽样。

5.4 判定规则

5.4.1 限度范围

每批受检样品，不合格率按其所检单位（如每箱、每袋）的平均值计算，其值不应超过 5%。

5.4.2 安全指标检验有一项不合格时，该批次产品为不合格。

5.4.3 复验

质量指标不合格者，允许生产单位进行整改后申请复验一次。安全指标检测不合格者不进行复验。

6 标识

在产品包装标识上应标明产品名称、产品的执行标准、商标、生产单位名称、详细地址、产地、净含量和包装日期等，要求字迹清晰、完整、准确。

ICS 65.020.20
B 31

中华人民共和国农业行业标准

NY 5203—2004

无公害食品　绿豆

2004-01-07 发布　　2004-03-01 实施

中华人民共和国农业部 发布

前　言

本标准由中华人民共和国农业部提出。

本标准起草单位：中国农业科学院作物品种资源研究所、农业部作物品种资源监督检验测试中心、河北省农林科学院粮油作物研究所。

本标准主要起草人：程须珍、朱志华、田静、王素华、傅翠真。

无公害食品 绿豆

1 范围

本标准规定了无公害食品绿豆的要求、试验方法、检验规则和标识。

本标准适用于无公害食品绿豆。

2 规范性引用文件

下列文件中的条款通过本标准的引用而成为本标准的条款。凡是注日期的引用文件，其随后所有的修改单(不包括勘误的内容)或修订版均不适用于本标准，然而，鼓励根据本标准达成协议的各方研究是否可使用这些文件的最新版本。凡是不注日期的引用文件，其最新版本适用于本标准。

GB/T 5009.12 食品中铅的测定

GB/T 5009.15 食品中镉的测定

GB/T 5009.20 食品中有机磷农药残留量的测定

GB/T 5009.38 蔬菜、水果卫生标准的分析

GB/T 5009.105 黄瓜中百菌清残留量的测定

GB/T 5009.126 植物性食品中三唑酮残留量的测定

GB/T 5009.146 植物性食品中有机氯和拟除虫菊酯类农药多种残留量的测定

GB/T 5490 粮食、油料及植物油脂检验 一般规则

GB 5491 粮食、油料检验 扦样、分样法

GB/T 5492 粮食、油料检验 色泽、气味、口味鉴定法

GB/T 5493 粮食、油料检验 类型及互混检验

GB/T 5494 粮食、油料检验 杂质、不完善粒检验法

GB/T 5497 粮食、油料检验 水分测定法

GB/T 10462 绿豆

3 要求

3.1 加工质量

水分、杂质、不完善粒及色泽、气味应符合表1的规定。

表1 无公害食品绿豆加工质量指标

项 目	杂质 %	不完善粒 %	异色粒 %	水分 %	色泽、气味
指 标	≤1.0	≤5.0	≤2.0	≤13.5	正常

3.2 安全指标

安全指标应符合表2的规定。

表2 无公害食品绿豆安全指标 单位为毫克每千克

序 号	项 目	指 标
1	铅(以 Pb 计)	≤0.8

表 2 （续） 单位为毫克每千克

序 号	项 目	指 标
2	镉(以 Cd 计)	≤0.05
3	溴氰菊酯(deltamethrin)	≤0.5
4	氰戊菊酯(fenvalerate)	≤0.2
5	氯氟氰菊酯(cyhalothrin)	≤0.2
6	敌百虫(trichlorfon)	≤0.1
7	敌敌畏(dichlorvos)	≤0.1
8	马拉硫磷(malathion)	≤3
9	多菌灵(carbendazim)	≤0.5
10	百菌清(chlorothalonil)	≤0.2
11	三唑酮(triadimefon)	≤0.5

4 试验方法

4.1 加工质量

4.1.1 水分

按 GB/T 5497 规定执行。

4.1.2 杂质

按 GB/T 5494 规定执行。

4.1.3 不完善粒

按 GB/T 10462 规定执行。

4.1.4 色泽、气味

按 GB/T 5492 规定执行。

4.1.5 异色粒互混

按 GB/T 5493 规定执行。

4.2 安全指标

4.2.1 铅

按 GB/T 5009.12 规定执行。

4.2.2 镉

按 GB/T 5009.15 规定执行。

4.2.3 多菌灵

按 GB/T 5009.38 规定执行。

4.2.4 百菌清

按 GB/T 5009.105 规定执行。

4.2.5 马拉硫磷、敌敌畏、敌百虫

按 GB/T 5009.20 规定执行。

4.2.6 三唑酮

按 GB/T 5009.126 规定执行。

4.2.7 溴氰菊酯、氰戊菊酯、氯氟氰菊酯

按 GB/T 5009.146 规定执行。

5 检验规则

5.1 检验分类

检验分为型式检验和交收检验。

5.1.1 型式检验

型式检验是对产品进行全面考核，即对本标准规定的全部要求进行检验。有下列情形之一者应进行型式检验：

a) 申请无公害食品标志；

b) 有关行政主管部门提出型式检验要求；

c) 前后两次抽样检验结果差异较大；

d) 因人为或自然因素使生产环境发生较大变化。

5.1.2 交收检验

每批产品交收之前，生产单位应进行交收检验。其内容包括加工质量、包装、标识和净含量。检验合格并附合格证方可交收。

5.2 组批规则

产地抽样以同一品种、同一产地、相同栽培条件、同期收获的绿豆视为同一个检验批次。批发市场、农贸市场或超市抽样以相同进货渠道的绿豆视为同一个检验批次。

5.3 抽样方法

按 GB/T 5490 和 GB 5491 规定执行。

报验单填写的项目应与货物相符，凡与货物不符、包装容器严重损坏者，应由交货单位重新整理后再行抽样。

5.4 判定规则

经检验所有项目均符合本标准要求时，则该批次产品合格。其中有一项指标不符合本标准要求时，则该批次产品不合格。

5.5 复验

标识、包装、净含量、加工质量不合格者，允许生产单位进行整改后申请复验一次。安全指标检验不合格者不进行复验。

6 标识

产品应有明确标识，内容包括：产品名称、产品的执行标准、生产者、详细地址、产地、净含量和包装日期等，并要求字迹清晰、完整、准确。

ICS 65.020.20
B 31

中华人民共和国农业行业标准

NY/T 5204—2004

无公害食品　绿豆生产技术规程

2004-01-07 发布　　　　2004-03-01 实施

中华人民共和国农业部 发布

前　言

本标准由中华人民共和国农业部提出。

本标准起草单位:中国农业科学院作物品种资源研究所、农业部作物品种资源监督检验测试中心、全国农业技术推广服务中心良种区试繁育处。

本标准主要起草人:程须珍、廖琴、孙世贤、王素华、朱志华。

无公害食品　绿豆生产技术规程

1　范围

本标准规定了无公害食品绿豆的产地环境、生产技术、病虫害防治、采收和生产档案。

本标准适用于无公害食品绿豆的生产。

2　规范性引用文件

下列文件中的条款通过本标准的引用而成为本标准的条款。凡是注日期的引用文件，其随后所有的修改单(不包括勘误的内容)或修订版均不适用于本标准，然而，鼓励根据本标准达成协议的各方研究是否可使用这些文件的最新版本。凡是不注日期的引用文件，其最新版本适用于本标准。

GB 4285　农药安全使用标准

GB 4404.3　粮食作物种子　赤豆、绿豆

GB/T 8321(所有部分)　农药合理使用准则

NY/T 496　肥料合理使用准则　通则

3　产地环境

3.1　环境条件

环境良好，远离污染源，符合无公害食品产地环境要求，可参照 NY 5116 规定执行。

3.2　土壤条件

以土质疏松、透气性好的中性或弱碱性壤土为宜。最适 pH 为 6.5～7.0。

4　生产技术

4.1　品种选择

选用适应性广、优质丰产、抗逆性强、商品性好的品种。种子质量应符合 GB 4404.3 的有关规定。

4.2　整地施肥

按当地种植习惯进行播前整地。切忌重茬。结合整地施足基肥。

4.3　播种

4.3.1　时间

根据当地气候条件和耕作制度，适期播种。

4.3.2　方法

一般单作条播，间作、套种或零星种植点播，荒沙地撒播。

4.3.3　种植密度

一般单作每 667 m^2 留苗 10 000 株左右，每 667 m^2 用种量 1.5 kg～2.0 kg。间作、套种视绿豆实际种植面积而定。

4.4　田间管理

4.4.1　中耕除草

及时中耕除草，可在第一片复叶展开后结合间苗进行第一次浅锄；第二片复叶展开后，结合定苗进行第二次中耕；分枝期结合培土进行第三次深中耕。

4.4.2　灌水排涝

在有条件的地区可在开花前灌水一次，结荚期再灌水一次。如水源紧张，应集中在盛花期灌水一次。在没有灌溉条件的地区，可适当调节播种期，使绿豆花荚期赶在雨季。若雨水过多应及时排涝。

4.4.3 施肥

4.4.3.1 原则

使用肥料应符合 NY/T 496 的规定。禁止使用未经国家或省级农业部门登记的化肥和生物肥料，以及重金属含量超标的有机肥和矿质肥料。不使用未达到无公害指标的工业废弃物和城市垃圾及有机肥料。

4.4.3.2 方法

一般磷肥全部作基肥，钾肥 50%作基肥、50%作追肥，氮肥作基肥和追肥分次使用。

5 病虫害防治

5.1 绿豆主要病虫害

主要病害有根腐病、病毒病、叶斑病、白粉病等，主要虫害有地老虎、蚜虫、豆叶螟等。

5.2 防治原则

以预防为主、综合防治。优先采用农业防治、物理防治和生物防治，科学使用化学防治，达到无公害绿豆生产安全、优质、高产的目的。

5.3 防治方法

5.3.1 农业防治

5.3.1.1 因地制宜选用抗(耐)病、虫品种。

5.3.1.2 合理布局，与禾本科作物轮作或间作套种，深翻土地，清洁田园，清除病虫植株残体。

5.3.1.3 适期播种，避开病虫害高发期。

5.3.2 物理防治

5.3.2.1 地老虎

用糖醋液或黑光灯诱杀成虫；将新鲜泡桐树叶用水浸泡湿后，于傍晚撒在田间，每 667 m^2 撒放 700 片～800 片叶子，第二天早晨捕杀幼虫。

5.3.2.2 螟虫类

用汞灯诱杀豆荚螟、豆野螟成虫。

5.3.2.3 蚜虫

在田间挂设银灰色塑膜条驱避。

5.3.3 生物防治

保护利用田间捕食螨、寄生蜂等自然天敌。

5.3.4 药物防治

5.3.4.1 药剂使用原则

使用药剂时，应首选低毒、低残留、广谱、高效农药，注意交替使用农药。严格按照 GB 4285 和 GB/T 8321(所有部分)及国家其他有关农药使用的规定执行。不使用高毒、剧毒、高残留农药。

5.3.4.2 禁止使用农药

禁止使用的农药品种有：甲胺磷、甲基对硫磷、对硫磷、久效磷、磷胺、甲拌磷、甲基异柳磷、特丁硫磷、甲基硫环磷、治螟磷、内吸磷、克百威、涕灭威、灭线磷、硫环磷、蝇毒磷、地虫硫磷、氯唑磷、苯线磷。

5.3.5 病害防治

5.3.5.1 根腐病

播种前用 75%的百菌清、50%的多菌灵可湿性粉剂，按种子量 0.3%的比例拌种。

5.3.5.2 病毒病

及时防治蚜虫。

5.3.5.3 叶斑病

绿豆现蕾和盛花，或发病初期选用50%的多菌灵可湿性粉剂800倍液，或75%的百菌清500倍～600倍液喷雾防治。7 d～10 d一次，连续防治2次～3次。

5.3.5.4 白粉病

发病初期选用25%三唑酮可湿性粉剂1 500倍液喷雾。

5.3.6 虫害防治

5.3.6.1 地下害虫

在播种前将新鲜菜叶在90%敌百虫晶体400倍液中浸泡10 min，傍晚撒在田间诱杀幼虫。出苗后于傍晚在靠近地面的幼苗嫩茎处用浸泡药液的菜叶诱杀。

5.3.6.2 蚜虫

选用2.5%氰戊菊酯乳油2 000倍～3 000倍液，或50%马拉硫磷1 000倍液喷雾。

5.3.6.3 螟虫类

在现蕾分枝期和盛花期，选用菊酯类杀虫剂(如2.5%氰戊菊酯、2.5%氯氰菊酯、2.5%溴氰菊酯乳油)2 000倍～3 000倍液喷雾。

6 采收

6.1 分次收获

植株上70%左右的豆荚成熟后，开始采摘，以后每隔6 d～8 d收摘一次。

6.2 一次性收获

植株上80%以上的荚成熟后收割。

7 生产档案

7.1 建立无公害食品绿豆生产档案。

7.2 应详细记录产地环境条件、生产技术、病虫害防治和采收等各环节所采取的具体措施。

ICS 67.080.20
B 31

中华人民共和国农业行业标准

NY 5205—2004

无公害食品　红小豆

2004-01-07 发布　　2004-03-01 实施

中华人民共和国农业部 发布

前　言

本标准由中华人民共和国农业部提出。

本标准起草单位:河北省农林科学院粮油作物研究所、河北省农业厅、山西省农业厅技术推广中心。

本标准主要起草人:田静、王志军、范保杰、杨利华、霍艳爽、李杰林。

无公害食品　红小豆

1　范围

本标准规定了无公害食品红小豆的要求、试验方法、检验规则和标识。

本标准适用于无公害食品红小豆。

2　规范性引用文件

下列文件中的条款通过本标准的引用而成为本标准的条款。凡是注日期的引用文件，其随后所有的修改单(不包括勘误的内容)或修订版均不适用于本标准，然而，鼓励根据本标准达成协议的各方研究是否可使用这些文件的最新版本。凡是不注日期的引用文件，其最新版本适用于本标准。

GB/T 5009.12　食品中铅的测定

GB/T 5009.15　食品中镉的测定

GB/T 5009.20　食品中有机磷农药残留量的测定

GB/T 5009.38　蔬菜、水果卫生标准的分析方法

GB/T 5009.105　黄瓜中百菌清残留量的测定

GB/T 5009.146　植物性食品中有机氯和拟除虫菊酯类农药多种残留的测定

GB/T 5490　粮食、油料及植物油脂检验　一般规则

GB 5491　粮食、油料检验　扦样、分样法

GB/T 5492　粮食、油料检验　色泽、气味、口味鉴定法

GB/T 5493　粮食、油料检验　类型及互混检验

GB/T 5494　粮食、油料检验　杂质、不完善粒检验法

GB/T 5497　粮食、油料检验　水分测定法

3　要求

3.1　加工质量

水分、杂质、不完善粒、异色粒及色泽、气味应符合表1的规定。

表1　无公害农产品红小豆加工质量指标

项　目		指　标
水分,%		≤14.5
杂　质	总量,%	≤1.0
	矿物质,%	≤0.5
不完善粒,%		≤5.0
异色粒,%		≤2.0
色泽、气味		正常

3.2　安全指标

安全指标应符合表2的规定。

表 2 无公害农产品红小豆安全指标

单位为毫克每千克

序 号	项 目	指 标
1	铅(以 Pb 计)	≤0.8
2	镉(以 Cd 计)	≤0.05
3	溴氰菊酯(deltamethrin)	≤0.5
4	氯氟氰菊酯(cyhalothrin)	≤0.2
5	氰戊菊酯(fenvalerate)	≤0.2
6	马拉硫磷(malathion)	≤3
7	敌百虫(trichlorfon)	≤0.1
8	百菌清(chlorothalonil)	≤0.2
9	多菌灵(carbendazim)	≤0.5
10	敌敌畏(dichlorvos)	≤0.1

4 试验方法

4.1 加工质量

4.1.1 水分

按 GB/T 5497 规定执行。

4.1.2 杂质、不完善粒

按 GB/T 5494 规定执行。

4.1.3 异色粒互混

按 GB/T 5493 规定执行。

4.1.4 色泽、气味

按 GB/T 5492 规定执行。

4.2 安全指标

4.2.1 铅

按 GB/T 5009.12 规定执行。

4.2.2 镉

按 GB/T 5009.15 规定执行。

4.2.3 溴氰菊酯、氯氟氰菊酯、氰戊菊酯

按 GB/T 5009.146 规定执行。

4.2.4 马拉硫磷、敌百虫、敌敌畏

按 GB/T 5009.20 规定执行。

4.2.5 百菌清

按 GB/T 5009.105 规定执行。

4.2.6 多菌灵

按 GB/T 5009.38 规定执行。

5 检验规则

5.1 检验分类

检验分为型式检验和交收检验。

5.1.1 型式检验

型式检验是对产品进行全面考核，即对本标准规定的全部要求进行检验。有下列情形之一者应进行型式检验。

a) 申请无公害农产品标志；

b) 有关行政主管部门提出型式检验要求；

c) 前后两次抽样检验结果差异较大；

d) 因人为或自然因素使生产环境发生较大变化。

5.1.2 交收检验

每批产品交收前，生产单位都要进行交收检验，交收检验内容包括加工质量、包装、标识和净含量。检验合格并附合格证方可交收。

5.2 组批规则

产地抽样以同一品种、同一产地、相同栽培条件、同期收获的红小豆视为同一检验批次。批发市场、农贸市场和超市抽样以相同进货渠道的红小豆作为一个检验批次。

5.3 抽样方法

按 GB/T 5490 和 GB 5491 规定执行。

报验单填写的项目应与货物单相符，凡与货物单不符，包装容器严重损坏者，应由交收单位重新整理后再行抽样。

5.4 判定规则

经检验全部项目均符合本标准要求时，则该批次产品合格。其中有一项指标不符合本标准要求时，则该批次产品不合格。

5.5 复验

该批次样本加工质量、标识、包装、净含量不合格者，允许生产单位进行整改后申请复验一次，安全指标检验不合格者不进行复验。

6 标识

产品应有明确标识，内容包括：产品名称、产品的执行标准、生产者及详细地址、产地、净含量和包装日期等，要求字迹清晰、完整、准确。

ICS 65.020.20
B 31

中华人民共和国农业行业标准

NY/T 5206—2004

无公害食品　红小豆生产技术规程

2004-01-07 发布　　2004-03-01 实施

中华人民共和国农业部 发布

前　言

本标准由中华人民共和国农业部提出。

本标准起草单位:农业部农产品质量监督检验测试中心(沈阳),河北农林科学院粮油作物研究所。

本标准主要起草人:赵奎华、陈悦、李淑芬、王建忠、田静、孙桂华、闫树华、朱晓茵、王颖、詹德江、郝晓莉、臧春明。

无公害食品　红小豆生产技术规程

1　范围

本标准规定了无公害食品红小豆生产的产地环境、生产技术、病虫害防治、采收和生产档案。

本标准适用于无公害食品红小豆生产。

2　规范性引用文件

下列文件中的条款通过本标准的引用而成为本标准的条款。凡是注日期的引用文件，其随后所有的修改单(不包括勘误的内容)或修订版均不适用于本标准，然而，鼓励根据本标准达成协议的各方研究是否可使用这些文件的最新版本。凡是不注日期的引用文件，其最新版本适用于本标准。

GB 4285　农药安全使用标准

GB 8321(所有部分)　农药合理使用准则

NY/T 496　肥料使用准则　通则

3　产地环境

参照NY 5116的要求执行。

4　生产技术

4.1　品种选择

选择适宜本区域适应性广、优质、丰产、抗病、抗逆性强、商品性好的品种，种子质量应为纯度≥96%，净度≥98%，发芽率≥85%，水分≤13.0%。

4.2　整地

结合当地栽培习惯，进行播前整地，切忌重茬，结合整地施足基肥。

4.3　播种

4.3.1　播期

结合当地的气候条件、耕作栽培制度和品种的特性具体确定，适时播种。

4.3.2　播种方法

据当地种植习惯，一般单播条播，间作、套种、零星种植点播等播种方法，视土壤肥力和前茬作物施肥情况，结合具体播种方法施种肥。

4.3.3　播种深度

视种植区土壤类型而定，以3 cm～5 cm为宜，沙壤土略深，黏壤土则略浅，覆土厚薄一致。

4.3.4　播种密度

根据土壤肥力状况、品种特性和种植区域而定，播种量一般控制在每667 m^2 2 kg～3 kg，留苗10 000株左右。

4.4　田间管理

4.4.1　间苗定苗

幼苗出齐后，两片真叶展平时间苗，适时早间苗。在第一复叶期定苗，最迟不应超过第二复叶期，每穴留一株壮苗，结合间苗拔除病苗、弱苗、杂苗、小苗。

4.4.2　中耕除草

中耕除草一般考虑结合间苗定苗完成,后期拔杂草。

4.4.3 灌水排涝

有条件的地区在现蕾期和花荚期各灌水一次,对没有灌溉条件的地区,可适当调整播期使花荚期赶在雨季;在苗期和盛花期注意排涝。

4.4.4 施肥

4.4.4.1 视田间长势、土壤肥力、前茬施肥情况和种肥施用情况来确定是否施用追肥。若需追肥一般在初花期进行。

4.4.4.2 肥料施用遵循原则:巧施氮肥、重施磷肥、有区别地施用钾肥、创造条件施用农家肥、提倡施用钼肥和生物肥料。

4.4.4.3 施用肥料的具体要求应按 NY/T 496 规定执行。

5 病虫害防治

5.1 防治原则

预防为主,综合防治,优先采用农业防治、物理防治、生物防治,科学合理地使用化学防治。使用药剂防治时,应按 GB 4285 和 GB 8321(所有部分)的规定执行。

5.2 防治方法

5.2.1 农业防治

选用抗病品种,与禾本科等非豆科作物合理轮作,加强田间管理,及时去除病株;及时耕翻土地,使土壤疏松,不利于幼虫或虫卵越冬。

5.2.2 物理防治

根据害虫生物学特性,采取糖醋液、黑光灯或汞灯等方法诱杀蚜虫、豆荚螟等害虫的成虫。

5.2.3 生物防治

保护田间瓢虫,以杀灭蚜虫等害虫。

5.2.4 药剂防治

禁止使用农药:甲胺磷、甲基对硫磷、对硫磷、久效磷、磷胺、甲拌磷、甲基异柳磷、特丁硫磷、甲基硫环磷、治螟磷、内吸磷、克百威、涕灭威、灭线磷、硫环磷、蝇毒磷、地虫硫磷、氯唑磷、苯线磷。

5.2.5 病害防治

5.2.5.1 锈病和叶斑病

发病初期,每 667 m^2 用 110 g 75%百菌清可湿性粉剂配 400 倍～500 倍液喷雾。

5.2.5.2 立枯病、枯萎病和白粉病

每 667 m^2 用 50 g 50%多菌灵可湿性粉剂配 800 倍～1 000 倍液喷雾,从现蕾期开始,每隔 7 d～10 d 喷一次,连喷 2 次～3 次。

5.2.6 虫害防治

5.2.6.1 蛴螬和地老虎

结合播种,每 667 m^2 用 100 g～150 g 90%敌百虫对少量水稀释后拌细土 20 kg,沟施或穴施;或用新鲜菜叶浸入 90%敌百虫晶体 400 倍液 10 min,傍晚放入田间诱杀;也可每 667 m^2 用 100 g 90%敌百虫配 400 倍液喷雾。

5.2.6.2 螟虫类

每 667 m^2 用 100 mL～150 mL 80%敌敌畏配 800 倍～1 000 倍液喷雾,或每 667 m^2 用 75 mL～100 mL 50%马拉硫磷乳剂配 1 000 倍液喷雾,也可每 667 m^2 用 20 mL～30 mL 20%氰戊菊酯乳油配 2 000 倍～3 000 倍液喷雾。

5.2.6.3 食心虫和造桥虫

每 667 m^2 用 2.5%氯氟氰菊酯乳油 15 mL～20 mL 配 2 000 倍～3 000 倍液喷雾；或 80%敌敌畏乳油制成缓释棉球，放在垄台上，每隔 5 垄放一趟，每隔 5 m 放一个，熏蒸；也可每 667 m^2 用15 mL～25 mL 2.5%溴氰菊酯乳油配 3 000 倍～4 000 倍液喷雾。

5.2.6.4 蚜虫

用 20%氰戊菊酯或 2.5%氯氟氰菊酯或 2.5%溴氰菊酯配 3 000 倍液喷雾。

6 采收

根据品种特性，适时采收。一般选择田间 2/3 以上豆荚成熟，为适宜收获期。小面积栽培时，可分期采摘。

7 生产档案

7.1 建立无公害食品红小豆生产档案。

7.2 应详细记录产地环境、生产技术、病虫害防治和采收等各环节所采取的具体措施。

ICS 67.080.20
B 31

中华人民共和国农业行业标准

NY 5207—2004

无公害食品　豌豆

2004-01-07 发布　　　　2004-03-01 实施

中华人民共和国农业部　发布

前　言

本标准由中华人民共和国农业部提出。
本标准起草单位:农业部食品质量监督检验测试中心(成都)、四川省农业科学院。
本标准主要起草人:杨定清、雷绍荣、胡述楫、欧阳华学、郭灵安、余东梅。

无公害食品　豌豆

1　范围

本标准规定了无公害农产品豌豆的术语和定义、要求、试验方法、检验规则和标识。

本标准适用于无公害农产品干豌豆。

2　规范性引用文件

下列文件中的条款通过本标准的引用而成为本标准的条款。凡是注日期的引用文件，其随后所有的修改单（不包括勘误的内容）或修订版均不适用于本标准，然而，鼓励根据本标准达成协议的各方研究是否可使用这些文件的最新版本。凡是不注日期的引用文件，其最新版本适用于本标准。

GB 5490　粮食、油料及植物油脂检验　一般规则

GB 5491　粮食、油料检验、扦样、分析法

GB 7718　食品标签通用标准

GB 10460－1989　豌豆

GB/T 5009.12　食品中铅的测定

GB/T 5009.15　食品中镉的测定

GB/T 5009.20　食品中有机磷农药残留量的测定

GB/T 5009.102　植物性食品中辛硫磷农药残留量的测定

GB/T 5009.110　植物性食品中氯氰菊酯、氰戊菊酯、溴氰菊酯残留量的测定

GB/T 5492　粮食、油料检验　色泽、气味、口味鉴定法

GB/T 5494　粮食、油料检验　杂质、不完善粒检验法

GB/T 5497　粮食、油料检验　水分测定法

3　术语和定义

GB 10460－1989 确立的术语及定义适用于本标准。

4　要求

4.1　加工质量

无公害农产品豌豆的加工质量应符合表1的要求。

表1　无公害农产品豌豆加工质量要求

项　目	水　分 %	杂质 %	不完善率 %	色泽和气味
指　标	≤13.5	≤1.0	≤5.0	正　常

4.2　安全指标

无公害农产品豌豆安全指标应符合表2的规定。

表 2　无公害农产品豌豆安全指标　　单位为毫克每千克

序　　号	项　　目	指　　标
1	铅(以 Pb 计)	≤0.8
2	镉(以 Cd 计)	≤0.2
3	乐果(dimethoate)	≤0.05
4	敌敌畏(dichlorvos)	≤0.1
5	敌百虫(trichlorfon)	≤0.1
6	溴氰菊酯(deltamethrin)	≤0.5
7	辛硫磷(phoxim)	≤0.05

5　试验方法

5.1　加工质量

5.1.1　水分

按 GB/T 5497 规定执行。

5.1.2　杂质、不完善粒

按 GB/T 5494 规定执行。

5.1.3　色泽、气味、口味

按 GB/T 5492 规定执行。

5.2　安全指标

5.2.1　铅

按 GB/T 5009.12 规定执行。

5.2.2　镉

按 GB/T 5009.15 规定执行。

5.2.3　乐果、敌敌畏、敌百虫

按 GB/T 5009.20 规定执行。

5.2.4　溴氰菊酯

按 GB/T 5009.110 规定执行。

5.2.5　辛硫磷

按 GB/T 5009.102 规定执行。

6　检验规则

6.1　检验分类

检验分为型式检验和交收检验。

6.1.1　型式检验

型式检验是对产品进行全面考核，即对本标准规定的全部要求进行检验。有下列情形之一应进行型式检验：

a）申请无公害农产品标志；

b）有关行政主管部门提出型式检验的要求；

c）前后两次抽样检验结果差异较大；

d）人为或自然因素使生产环境发生较大变化；

6.1.2 交收检验

每批产品交收前，生产单位都应进行交收检验，交收检验的内容包括加工质量及包装、标识，或合同要求的项目，检验合格后并附合格证方可交收。

6.2 组批规则

同品种、同产地、相同栽培条件、同时采收的豌豆作为一个检验批次；批发市场、农贸市场，超市相同进货渠道的作为一个检验批次。

6.3 抽样方法

按 GB/T 5490 和 GB/T 5491 的规定执行。

6.4 判定规则

若全部检验项目均符合本标准要求时，则该批产品为合格产品。其中有一项不符合标准要求时则该产品为不合格产品。

6.5 复验

该批次样本标识、包装、净含量不合格者，允许生产单位进行整改后申请复验一次，加工质量和卫生指标检验不合格者不进行复验。

7 标识

产品应有明确标识，内容包括：产品名称、产品执行标准、生产者及详细地址、产地、净含量和包装日期等，要求字迹清晰、完整、准确。

ICS 65.020.20
B 31

中华人民共和国农业行业标准

NY/T 5208—2004

无公害食品　豌豆生产技术规程

2004-01-07 发布　　2004-03-01 实施

中华人民共和国农业部　发布

前　言

本标准由中华人民共和国农业部提出。

本标准起草单位:四川省农业技术推广总站、全国农业技术推广服务中心。

本标准主要起草人:刘基敏、赵玉庭、牟锦毅、仇志军、王积军、王帮武、吕修涛。

无公害食品　豌豆生产技术规程

1　范围

本标准规定了无公害食品豌豆产地环境、生产技术、病虫害防治、采收和建立生产档案。

本标准适用于无公害食品豌豆的生产。

2　规范性引用文件

下列文件中的条款通过本标准的引用而成为本标准的条款。凡是注日期的引用文件，其随后所有的修改单(不包括勘误的内容)或修订版均不适用于本标准。然而，鼓励根据本标准达成协议的各方研究是否可使用这些文件的最新版本。凡是不注明日期的文件，其最新版本适用于本标准。

GB 4285　农药安全使用标准

GB/T 8321(所有部分)　农药合理使用准则

NY/T 496　肥料合理使用准则　通则

NY 5010　无公害食品　蔬菜产地环境条件

3　产地环境

应符合 NY 5010 的规定。

4　生产技术

4.1　轮作

轮作方式应根据各地不同作物而定，一般前作以中耕作物为宜。

4.2　土壤条件

以黏壤质、疏松、肥力中等的土壤为宜。

4.3　品种选择

4.3.1　种子选择原则

因地制宜选用优质、丰产、抗逆性强、商品性好的品种。

4.3.2　种子质量标准

种子纯度≥97%，净度≥98%，发芽率≥90%，水分≤12%。

4.4　整地作畦

适时早耕地，一般耕深 25 cm 左右为宜。精细整地，疏松土壤，宜根据土壤性质适当加厚土层。春、夏雨水较多的地方，宜开沟作畦，做到排灌通畅。

4.5　施用基肥

4.5.1　施肥原则

按 NY/T 496 执行。宜以有机肥为主，结合施用无机肥。不使用工业废弃物、城市垃圾和污泥。不宜使用未经发酵腐熟、未达无害化指标和重金属超标的有机肥料。

4.5.2　施肥量

结合整地，施入基肥，基肥用量应占总用肥量的 70%以上。一般每 667 m^2 基肥用量为有机肥 1 000 kg左右、尿素 8 kg、过磷酸钙 20 kg、氯化钾 15 kg。

4.6　播种

4.6.1 种子处理

通过发芽试验的豌豆种子,需在筛选、风选的基础上进行粒选,将病斑粒、虫蛀粒、小粒、秕粒、破粒、异色粒和混杂粒选出,然后宜在播种前晒种 8 h～16 h。浸种催芽处理后播种,或根据当地习惯进行直播。在秋雨过多或秋旱严重的情况下,不宜进行催芽。

4.6.2 播种期

秋豌豆区一般在 10 月～11 月播种。春豌豆区,2 月下旬至 4 月上旬播种。在幼苗不受霜冻的前提下,推荐适时早播。

4.6.3 播种方式与播种量

播种方式主要有条播、点播或撒播。播种量宜根据豌豆种子的大小、种植方式、种植密度及发芽率高低确定,一般播种量每 667 m^2 15 kg～25 kg。春播区播种量宜稍多,秋播区播种量宜稍少;矮生早熟品种播种量宜稍多,高茎晚熟品种宜稍少;条播和撒播播种量较多,点播播种量较少;大粒种或播种密度大,播种量较多;小粒种或播种密度小,播种量较少。

4.6.4 种植密度

一般高茎品种,土质较好,则宜稍稀植;反之则宜稍密植。菜豌豆一般种植密度每 667 $m^2$80 000 株～120 000 株;干豌豆一般每 667 m^2 种植密度 30 000 株～50 000 株。

4.7 田间管理

4.7.1 补苗间苗

幼苗出土后,要及时查苗补缺,促进苗全。补苗的方法分为补种和补苗,其中补种以浸种催芽播种为宜。如苗子过多或过密,宜及早间苗,促进苗壮。

4.7.2 中耕除草

豌豆幼苗易受草害,需中耕除草 2 次～3 次。一般在苗高 5 cm～7 cm 时进行第一次中耕;苗高 10 cm～15 cm 时进行第二次中耕,并进行培土;第三次中耕宜根据豌豆生长和杂草情况灵活掌握。

4.7.3 搭架

在蔓生豌豆株高 30 cm 以上时用小竹竿或其他枝桠进行搭架。

4.7.4 追肥灌溉

在土质瘦薄、底肥不足,幼苗生长细弱,叶色淡黄的情况下,宜进行追肥。施肥原则按 NY/T 496 执行。追肥宜在苗高 17 cm～20 cm 时进行,一般施肥量以腐熟的人畜粪尿对水 2 000 kg/667 m^2 为宜。一般不宜追施氮素肥料。播种后如遇干旱宜及时灌水,在生长期间,也应注意灌溉,保持土壤湿润。开花结荚期需水较多,应注意灌溉。在多雨季节应注意排水防渍。

5 病虫防治

5.1 防治原则

应坚持"预防为主,综合防治"的方针。优先采用农业防治、生物防治、物理防治,科学使用化学防治。使用化学农药时,应执行 GB 4286 和 GB/T 8321(所有部分)。禁止使用国家明令禁止的高毒、剧毒、高残留的农药及其混配农药品种。应合理混用、轮换、交替用药,防止和推迟病虫害抗性的产生和发展。

5.2 防治方法

5.2.1 农业防治

选用抗(耐)病优良品种;合理布局,实行轮作倒茬,加强中耕除草,降低病虫源数量;培育无病虫害壮苗;适期播种,使豌豆生长避开病虫害高发期。

5.2.2 生物防治

保护和利用瓢虫等自然天敌,杀灭蚜虫等害虫。

5.2.3 **物理防治**

根据害虫生物学特性,采取糖醋液、黑光灯或汞灯等方法诱杀蚜虫等害虫的成虫。

5.2.4 **药剂防治**

5.2.4.1 **菌核病、褐斑病、霜霉病、立枯病**

在发病初期每 667 m^2 可选用 72%的苯霜磷锰锌可湿性粉剂 80 g 对水 50 kg,喷雾防治菌核病、褐斑病、霜霉病、立枯病。可根据病情,防治 1 次~2 次。

5.2.4.2 **锈病、白粉病**

在发病初期每 667 m^2 可选用 15%的三唑酮可湿性粉剂或 15%的烯唑醇可湿性粉剂 100 g 对水 50 kg,喷雾防治锈病、白粉病。可根据病情,防治 1 次~2 次。

5.2.4.3 **蚜虫、豌豆象、潜叶蝇**

每 667 m^2 选用 24.5%绿维虫螨乳油 50 mL 对水 50 kg,喷雾防治潜叶蝇;在初花期或盛花期每 667m^2 选用 24.5%绿维虫螨乳油 50 mL 对水 50 kg,喷雾防治豌豆象;每 667 m^2 选用 3%的啶虫脒可湿性粉剂 30 g 或 10%蚜虱净可湿性粉剂 30 g 或 24.5%绿维虫螨乳油 50 mL 对水 50 kg,喷雾防治蚜虫。可根据病情,防治 1 次~2 次。

6 采收

根据市场需求和生育期适时采收。

7 建立生产档案

7.1 建立无公害食品豌豆生产档案。

7.2 应详细记录产地环境条件、生产技术、病虫害防治和采收等各环节所采取的具体措施。

ICS 67.080.20
B 31

中华人民共和国农业行业标准

NY 5209—2004

无公害食品　青蚕豆

2004-01-07 发布　　　　2004-03-01 实施

中华人民共和国农业部　发布

前　言

本标准由中华人民共和国农业部提出。

本标准起草单位:农业部农产品质量监督检验测试中心(昆明)。

本标准主要起草人:黎其万、刘家富、董宝生、佴注、汪禄祥、梅文泉。

无公害食品　青蚕豆

1　范围

本标准规定了无公害食品青蚕豆的要求、试验方法、检验规则和标识。

本标准适用于无公害食品去荚青蚕豆。

2　规范性引用文件

下列文件中的条款通过本标准的引用而成为本标准的条款。凡是注日期的引用文件，其随后所有的修改单(不包括勘误的内容)或修订版均不适用于本标准，然而，鼓励根据本标准达成协议的各方研究是否可使用这些文件的最新版本。凡是不注日期的引用文件，其最新版本适用于本标准。

GB/T 5009.12　食品中铅的测定方法

GB/T 5009.15　食品中镉的测定方法

GB/T 5009.20　食品中有机磷农药残留量的测定

GB/T 5009.38　蔬菜、水果卫生标准的分析方法

GB/T 5009.102　植物性食品中辛硫磷农药残留量的测定

GB/T 5009.104　植物性食品中氨基甲酸酯类农药残留量的测定

GB/T 5009.126　植物性食品中三唑酮残留量的测定

GB/T 8855　新鲜水果和蔬菜的取样方法(eqv ISO 874:1980)

3　要求

3.1　感官指标

同一品种或相似品种，豆粒大小均匀，色泽和成熟度基本一致，新鲜，无杂质，无异味。无明显的机械伤、霉烂、冻害、褐变及病虫害等缺陷。

3.2　安全指标

无公害食品青蚕豆的安全指标应符合表1的规定。

表1　无公害食品青蚕豆安全指标

单位为毫克每千克

序　　号	项　　目	指　　标
1	铅(以 Pb 计)	≤0.2
2	镉(以 Cd 计)	≤0.05
3	敌敌畏(dichlorvos)	≤0.2
4	乐果(dimethoate)	≤1
5	三唑酮(triadimefon)	≤0.2
6	多菌灵(carbendazim)	≤0.5
7	甲基硫菌灵(thiophanate-methyl)	≤0.1
8	抗蚜威(pirimicarb)	≤1
9	敌百虫(trichlorfon)	≤0.1
10	辛硫磷(phoxim)	≤0.05
注：根据《中华人民共和国农药管理条例》，剧毒和高残毒农药不得在蔬菜生产中使用。		

4 试验方法

4.1 感官指标

从供试样中随机抽取样品 500 g 于白搪瓷盘内。品种特征、新鲜度、豆粒大小、色泽、成熟度、杂质、机械伤、霉烂、褐变、冻害及病虫害等用目测法检测。异味用鼻嗅的方法检测。

每批受检样品抽样检验时，对有缺陷的样品做记录。不合格率以 ω 计，数值以%表示，按公式(1)计算：

$$\omega=\frac{n}{N}\times 100 \qquad (1)$$

式中：

n——有缺陷的质量，单位为克(g)；

N——检验样本的总质量，单位为克(g)。

计算结果精确到小数点后一位。

4.2 安全指标

4.2.1 铅

按 GB/T 5009.12 规定执行。

4.2.2 镉

按 GB/T 5009.15 规定执行。

4.2.3 敌敌畏、乐果、敌百虫

按 GB/T 5009.20 规定执行。

4.2.4 三唑酮

按 GB/T 5009.126 规定执行。

4.2.5 多菌灵、甲基硫菌灵

按 GB/T 5009.38 规定执行。

4.2.6 抗蚜威

按 GB/T 5009.104 规定执行。

4.2.7 辛硫磷

按 GB/T 5009.102 规定执行。

5 检验规则

5.1 检验分类

5.1.1 型式检验

型式检验是对产品进行全面考核，即按本标准规定的全部要求进行检验。有下列情形之一者应对产品进行型式检验。

a)申请无公害农产品认证；

b)有关行政主管部门提出型式检验要求；

c)前后两次抽样检验结果差异较大；

d)因人为或自然因素使生产环境发生较大变化。

5.1.2 交收检验

每批次产品交收前，生产单位都应进行交收检验。交收检验项目包括感官指标和标识、包装、净含量。检验合格并附合格证后方可交收。

5.2 组批规则

同一品种或相似品种、同一产地、相同栽培条件、同时采收的青蚕豆作为一个检验批次。

5.3 抽样方法

按 GB/T 8855 中有关规定执行。

报检单填写的项目应与货物相同，凡与货物不符，包装容器严重损坏者，应由交货单位重新整理后再行抽样。

5.4 判定规则

5.4.1 每批受检样品的感官指标不合格率按其所检单位(如每箱、每袋)的平均值计算，其值不应超过5%。其中任意一件包装的不合格率不应超过10%。

5.4.2 安全指标有一项不合格，该批次产品为不合格。

5.5 复验

标志、包装、净含量不合格时，允许重新整改后申请复验一次。感官指标和安全指标不合格不进行复验。

6 标识

产品应有明确标识，内容包括产品名称、产品的执行标准、生产者及详细地址、产地、净含量和包装日期等，要求字迹清晰、完整、准确。

ICS 65.020.20
B 31

中华人民共和国农业行业标准

NY/T 5210—2004

无公害食品　青蚕豆生产技术规程

2004-01-07 发布　　2004-03-01 实施

中华人民共和国农业部　发布

前　言

附录 A 为资料性附录。

本标准由中华人民共和国农业部提出。

本标准起草单位:云南省农业技术推广总站、农业部农产品质量监督检验测试中心(昆明)。

本标准主要起草人:周开联、刘家富、黎其万、包世英、吴叔康、刘彦和、赵丽芬。

无公害食品　青蚕豆生产技术规程

1　范围

本标准规定了无公害食品青蚕豆的产地环境、生产技术、病虫害防治、采收和生产档案。

本标准适用于无公害食品青蚕豆的生产。

2　规范性引用文件

下列文件中的条款通过本标准的引用而成为本标准的条款。凡是注日期的引用文件，其随后所有的修改单(不包括勘误的内容)或修订版均不适用于本标准，然而，鼓励根据本标准达成协议的各方研究是否可使用这些文件的最新版本。凡是不注日期的引用文件，其最新版本适用于本标准。

GB 4285　农药安全使用标准

GB/T 8321(所有部分)　农药合理使用准则

NY/T 496　肥料合理使用准则

NY 5010　无公害食品　蔬菜产地环境条件

3　产地环境

产地环境应符合 NY 5010 的规定。

4　生产技术

4.1　保护设施

青蚕豆生产采用露地栽培和保护设施栽培。保护设施包括网室、温室和塑料大棚等。异型品种间应有超过 200 m 的隔离带。

4.2　品种和种子

4.2.1　品种选择

选择生育性状适合、抗病力强、抗逆性强、品质好、商品性好、高产、适应栽培季节的品种。

4.2.2　种子质量

种子质量应符合：纯度≥97%，净度≥98%，发芽率≥90%，水分≤12%。

4.3　整地

蚕豆的整地应根据不同的自然条件、前作、土质和耕作制度，主要可采用以下两种方式：一是在冬春降雨量较多、湿度较大、土壤比较疏松的春播地区，采用翻犁整地；二是在前作为水稻的田块，水稻收获后的秋播地区，根据田块大小和地下水位高低，采用免耕整地。

4.4　播种

4.4.1　播种季节

全生育期间的平均气温以 14℃～16℃较适，根据当地气候条件和品种特性，一般在早秋、晚秋或春、夏播种。

4.4.2　播种密度

每 667 m^2 播种 5 000 株～15 000 株。土壤肥力高、水肥条件好的地区种植密度较稀；相反，则应适当密植。

4.4.3　播种方法

4.4.3.1 点播：行距 40 cm～50 cm，穴距 25 cm～30 cm，每穴播 2 粒～3 粒，定苗 2 株，可以根据需要以穴距来调整密度。

4.4.3.2 条播：行距一般在 50 cm 左右，以宽窄行播种或者隔铧播种为宜，宽行 50 cm～60 cm，窄行 20 cm～30 cm，株距 15 cm。

4.5 田间管理

4.5.1 灌水与排水

秋蚕豆若遇冬季久旱，可在立春前后灌水一次，以速灌为宜。灌水量以使土壤水分保持在 30%左右为宜，花荚期一般灌水 2 次～3 次；春蚕豆通常苗期不灌水，进入现蕾期或花期后则应及时灌水。

4.5.2 施肥

4.5.2.1 施肥原则：按 NY/T 496 执行。不使用工业废弃物、城市垃圾和污泥。不使用未经发酵腐熟、未达到无害化指标、重金属超标的人畜粪尿等有机肥料。

4.5.2.2 施肥方法：一般每 667 m^2 施优质农家肥 1 000 kg～1 500 kg，氮肥(N)2 kg，磷肥(P_2O_5)5 kg，钾肥(K_2O)6 kg。磷肥和农家肥全部做基肥，钾肥 2/3 做基肥，氮肥 1/3 做基肥。播种前可用 0.2%钼酸铵拌种。苗期轻施氮肥，增施磷、钾肥，可结合抗旱每 667 m^2 施尿素 3 kg～4 kg 和草木灰 150 kg～200 kg。初花期每 667 m^2 喷施 0.5%尿素和 0.5%硼酸混合肥 75 kg～100 kg。灌浆期叶面喷施 0.5%硼砂溶液。

4.5.3 中耕除草

一般中耕 2 次，拔草 1 次。第一次中耕在苗高 13 cm～16 cm 时结合追肥进行；第二次中耕在始花封垄期进行；再过 30 d～35 d 草籽未成熟前拔草一次。可使用符合 GB 4285 和 GB/T 8321(所有部分)要求的化学药剂除草。

4.5.4 整枝摘心

根据播种季节和生长情况，在过冬前主茎长到 6 叶～7 叶，基部有 1 个～2 个分枝芽时摘心、打去主茎，初花期去分枝，盛花期打顶。

5 病虫害防治

5.1 农业防治

选用抗病新品种，与非豆科作物实行三年以上轮作，采用间、套种及隔离带保护种植措施，采用栽培控制技术；协调好植株间光、热、水、气分布；及时拔除病株、摘除病叶和病荚，人工进行田园清洁。

5.2 物理防治

5.2.1 设施防护：大型设施的放风口用防虫网封闭，采用覆盖塑料薄膜、防虫网和遮阳网进行避雨、遮阳防虫栽培，减轻病虫害的发生。

5.2.2 诱杀与驱避：保护地栽培运用黄板诱杀蚜虫、斑潜蝇，每 667 m^2 悬挂 30 块～40 块黄板(25 cm×40 cm)。露地栽培铺银灰地膜或悬挂银灰膜条驱避蚜虫；每 2 hm^2～4 hm^2 设置一盏频振式杀虫灯诱杀害虫。

5.3 生物防治

5.3.1 天敌：积极保护利用天敌，防治病虫害。

5.3.2 生物药剂：采用印楝素、除虫菊素、农抗 120、苦参素、苏云金杆菌等生物农药。

5.4 药剂防治

5.4.1 药剂：应符合 GB 4285 和 GB/T 8321(所有部分)的要求。注意轮换用药，合理混用，严格控制农药安全间隔期。常用化学药剂和使用方法参见附录 A。

5.4.2 禁用的剧毒、高残留农药：生产上不允许使用甲胺磷、甲基对硫磷、对硫磷、久效磷、磷胺、甲拌磷、甲基异柳磷、特丁硫磷、甲基硫环磷、治螟磷、内吸磷、克百威、涕灭威、灭线磷、硫环磷、蝇毒磷、地虫硫磷、氯唑磷、苯线磷等剧毒、高残留农药。

6 采收

当豆粒成熟、饱满后即可采收。

7 档案记录

7.1 建立田间生产档案。

7.2 对生产技术、病虫草害防治和采收各环节所采取的措施进行详细记录。

附 录 A
（资料性附录）

表 A.1 青蚕豆病虫害防治常用化学药剂和使用方法

主要病虫害	农药名称	剂 型	使用方法	最多施药次数	安全间隔期 d
蚕豆锈病	三唑酮 波尔多液	15%可湿性粉剂 0.5%水剂	1 000 倍～1 500 倍液喷雾 100 倍液喷雾	3	15
蚕豆赤斑病	多菌灵 代森锌	25%可湿性粉剂 65%可湿性粉剂	750 倍～1 000 倍液喷雾 500 倍～1 000 倍液喷雾	3	7
蚕豆根腐病	多菌灵 代森锰锌 甲基硫菌灵	50%可湿性粉剂 70%可湿性粉剂 70%可湿性粉剂	1 000 倍液灌根 1 000 倍液灌根 500 倍液喷雾	2	7
蚕豆萎蔫（枯萎病、豆枯病）	多菌灵 甲基硫菌灵	50%可湿性粉剂 50%可湿性粉剂	400 倍液灌根	2	7
蚕豆轮斑病	波尔多液 代森锌	0.5%水剂 0.2%可湿性粉剂	100 倍液喷雾 3 000 倍～5 000 倍液喷雾	3	7
蚕豆蚜虫	抗蚜威 乐果	50%可湿性粉剂 40%乳油	2 000 倍～3 000 倍液喷雾 2 000 倍液喷雾	2	15
美洲斑潜蝇	阿维菌素	1.8%乳油	2 000 倍～3 000 倍液喷雾	6	3
地蚕	辛硫磷	75%乳油	2 000 倍液灌根	2	10
蚕豆象	敌百虫	90%固体	1 000 倍液喷雾	2	7

ICS 67.080.20
B 31

中华人民共和国农业行业标准

NY 5211—2004

无公害食品　绿化型芽苗菜

2004-01-07 发布　　2004-03-01 实施

中华人民共和国农业部 发布

前　言

本标准由中华人民共和国农业部提出。

本标准起草单位：中国农业科学院质量标准与检测技术研究所、农业部蔬菜品质监督检验测试中心（北京）。

本标准主要起草人：刘肃、张德纯、王敏、王小琴。

无公害食品　绿化型芽苗菜

1　范围

本标准规定了无公害食品绿化型芽苗菜的术语和定义、要求、试验方法、检验规则和标识。

本标准适用于无公害食品绿化型芽苗菜。

2　规范性引用文件

下列文件中的条款通过本标准的引用而成为本标准的条款。凡是注日期的引用文件，其随后所有的修改单(不包括勘误的内容)或修订版均不适用于本标准，然而，鼓励根据本标准达成协议的各方研究是否可使用这些文件的最新版本。凡是不注日期的引用文件，其最新版本适用于本标准。

GB/T 5009.12　食品中铅的测定

GB/T 5009.15　食品中镉的测定

GB/T 5009.17　食品中总汞及有机汞的测定

GB/T 15401　水果、蔬菜及其制品亚硝酸盐和硝酸盐含量的测定

3　术语和定义

下列术语和定义使用于本标准。

3.1

芽苗菜　sprouting vegetables

利用植物种子或其他营养贮存器官，在黑暗或光照条件下直接生长出可供食用的嫩芽、芽苗、芽球、幼梢或幼茎。

3.2

绿化型芽苗菜　green sprouting vegetables

为芽苗菜的一类。采用苗盘纸床、无土栽培，在适宜光照条件下用植物种子培育而成的新型芽苗菜产品，例如豌豆苗、萝卜芽、荞麦芽、黑豆芽、向日葵芽、种芽香椿等。

4　要求

4.1　感官指标

脆嫩，色泽正，新鲜，清洁，滋味正常，长短和粗细基本均匀，无明显缺陷(包括霉烂、异味、多纤维)。

4.2　安全指标

应符合表1的规定。

表1　无公害食品绿化型芽苗菜安全指标　　单位为毫克每千克

序　号	项　目	指　标
1	汞(以 Hg 计)	≤0.01
2	铅(以 Pb 计)	≤0.2
3	镉(以 Cd 计)	≤0.05
4	亚硝酸盐(以 $NaNO_2$ 计)	≤4

5 试验方法

5.1 感官指标

从供试样品中随机抽取绿化型芽苗菜 0.5 kg，用目测法进行色泽、新鲜、清洁，长短和粗细、霉烂等项目的检测。用口尝的方法检验滋味。脆嫩和纤维用手掐或口尝的方法检测。异味用鼻嗅的方法检测。

每批受检样品抽样检验时，对有缺陷的样品做记录。不合格率以 ω 计，数值以%表示，按公式(1)计算：

$$\omega=\frac{n}{N}\times 100 \qquad (1)$$

式中：

n——有缺陷的个数；

N——检验样本的总个数。

计算结果精确到小数点后一位。

5.2 安全指标

5.2.1 铅

按 GB/T 5009.12 规定执行。

5.2.2 镉

按 GB/T 5009.15 规定执行。

5.2.3 汞

按 GB/T 5009.17 规定执行。

5.2.4 亚硝酸盐

按 GB/T 15401 规定执行。

6 检验规则

6.1 检验分类

6.1.1 型式检验

型式检验是对产品进行全面考核，即对本标准规定的全部要求进行检验。有下列情形之一者应进行型式检验。

a)申请无公害农产品标志；

b)有关行政主管部门提出型式检验要求；

c)前后两次抽样检验结果差异较大；

d)人为或自然因素使生产环境发生较大变化。

6.1.2 交收检验

每批产品交收前，生产单位都要进行交收检验。交收检验内容包括感官、标识、包装和净含量。检验合格后并附合格证方可交收。

6.2 组批

产地抽样以同一品种、同一产地、相同栽培条件、同时采收的绿化型芽苗菜作为一个检验批次。批发市场、农贸市场和超市相同进货渠道的绿化型芽苗菜作为一个检验批次。

6.3 抽样方法

按照 GB/T 8855 中的有关规定执行。

报验单填写的项目应与货物相符，凡与货物单不符，包装容器严重损坏者，应由交货单位重新整理后再行抽样。

6.4 判定规则

6.4.1 每批受检样品的感官指标不合格率按其所检单位(如每箱、每袋)的平均值计算,其值不应超过5%。其中任意一件的不合格率不应超过10%。

6.4.2 安全指标有一项不合格,判该批次产品为不合格。

7 标识

产品应有明确标识,内容包括:产品名称、产品的执行标准、生产者及详细地址、产地、净含量和包装日期等,要求字迹清晰、完整、准确。

ICS 65.020.20
B 31

中华人民共和国农业行业标准

NY/T 5212—2004

无公害食品
绿化型芽苗菜生产技术规程

2004-01-07 发布 2004-03-01 实施

中华人民共和国农业部 发布

前　言

本标准由中华人民共和国农业部提出。

本标准起草单位:农业部蔬菜品质监督检验测试中心(北京)、中国农业科学院蔬菜花卉研究所。

本标准主要起草人:张德纯、王德槟、刘肃、钱洪、单佑习。

无公害食品　绿化型芽苗菜生产技术规程

1　范围

本标准规定了无公害食品　绿化型芽苗菜的术语和定义、生产环境与设备、生产技术、病虫害防治及采收和生产档案。

本标准适用于无公害食品　绿化型芽苗菜生产。

2　规范性引用文件

下列文件中的条款通过本标准的引用而成为本标准的条款。凡是注日期的引用文件，其随后所有的修改单(不包括勘误的内容)或修订版均不适用于本标准，然而，鼓励根据本标准达成协议的各方研究是否可使用这些文件的最新版本。凡是不注日期的引用文件，其最新版本适用于本标准。

GB 5749　生活饮用水标准

NY 5211　无公害食品　绿化型芽苗菜

3　术语和定义

下列术语和定义适用于本标准。

3.1

芽苗菜　sprouting vegetable

利用植物种子或其他营养贮存器官，在黑暗或光照条件下直接生长出可供食用的嫩芽、芽苗、芽球、幼梢或幼茎。

3.2

绿化型芽苗菜　green sprouting vegetable

采用苗盘纸床、无土栽培，在适宜光照条件下用植物种子培育而成的新型芽苗菜产品。

4　生产环境与设备

4.1　生产环境

生产环境可选在塑料大棚、日光温室、轻工厂房及民用房舍内，温度可在16℃～28℃范围调节；光照强度在晴天时不低于2 000 lx，强光不超过40 000 lx；具有良好的通风条件。生产用水应符合国家饮用水水质标准的要求。

4.2　生产设备

4.2.1　栽培架与产品集装架

4.2.1.1　栽培架的规格

架高160 cm～210 cm，每架4层～5层，层间距50 cm，架长150 cm，宽60 cm，每层可放置6个苗盘。以日光温室作为生产场地者，栽培架应南北向放置，为充分利用温室空间，可将南端一架相应改为阶梯状。

4.2.1.2　产品集装架用于产品运送，其结构与栽培架基本相同，但层间距为22 cm～23 cm。集装架的形状与大小应与密封防尘汽车、人力三轮车或自行车等运输工具相配套。

4.3　栽培容器

栽培容器采用轻质塑料苗盘，其规格为长60 cm，宽25 cm，高3 cm～5 cm；底部密布透气孔眼，底面具有多道斜向“拉筋”。

4.4 栽培基质

基质应使用洁净、无毒、质轻、吸水持水能力较强，透气性好，pH6～7，使用后其残留物易于处理等性状和特点的材料。目前生产上较多使用的栽培基质为纸张（新闻纸、纸巾纸、包装纸等），也可用白棉布、无纺布、泡沫塑料片、珍珠岩等材质。

5 生产技术

5.1 种子选择

适于绿化型芽苗菜生产的种子应选择种子籽粒较大，芽苗生长速度快，下胚轴或茎秆较粗壮，抗病、适应性强，生物产量高、产品可食部分比例大、纤维形成慢、品质柔嫩、货架期较长者。种子发芽率≥95%，纯度≥95%，净度≥97%，含水量≤8%。

5.2 种子清洗与浸种

5.2.1 种子清选

播种前对种子进行清选，剔去虫蛀、破残、畸型、腐霉、已发过芽的以及特小粒或瘪粒、未成熟种子。香椿种子应搓去种翅。一般豌豆、向日葵、黑豆等大粒种子可进行机械或人工筛选和挑拣；萝卜、苜蓿等中小粒种子可采用风选或人工簸选，也可用盐水漂选，除去不饱满、成熟度较差种子。

5.2.2 浸种

清选后的种子即可进行浸种。先用清水将种子淘洗2遍～3遍，淘洗干净后用水温20℃～30℃的清水浸泡种子，水量至少应超过浸泡种子的最大吸水量的一倍，浸种时间冬季可稍长，夏季可稍短，通常在种子达到最大吸水量95%左右时结束浸种，见表1。浸种期间应根据当时气温的高低酌情换清水1次～2次。结束浸种时再淘洗种子2遍～3遍，并轻轻揉搓、冲洗，漂去附着在种子上的黏液。

表1 几种芽菜种子最大吸水量及适宜浸种时间

种芽菜种类	种子最大吸水量 占干种子质量的%	最适浸种时间 h
豌豆苗	117.72	24
萝卜芽	76.63	6
荞麦芽	71.39	36
向日葵芽	122.49	24
黑豆芽	125.25	24
种芽香椿	133.40	24

5.3 播种与叠盘催芽

5.3.1 播种前首先要对苗盘进行清洗和消毒，在清洗池（容器）中浸泡苗盘，洗刷干净后置入消毒池，在0.2%漂白粉溶液或3%石灰水中浸泡5 min至60 min（视前茬种苗霉烂情况酌定），捞出后用清水冲去残留消毒液，然后在苗盘上铺一层大小与盘底相应的基质（纸张），随即进行播种。通常采用撒播，播种量见表2。保持盘间一致，撒种均匀，播种时剔出清选时漏挑出的种子，播种后不要磕碰苗盘。

表2 几种芽菜播种催芽主要技术指标

种芽菜种类	千粒重 g	播种量 g/盘	催芽最适温度 ℃	出盘标准 芽苗高 cm
豌豆苗	150.9	500	18～22	1.0～2.0

表2 （续）

种芽菜种类	千粒重 g	播种量 g/盘	催芽最适温度 ℃	出盘标准 芽苗高 cm
萝卜芽	13.2	75	23～25	0.5(种皮脱落)
荞麦芽	27.5	150	23～25	2.0～3.0
向日葵芽	99.4	150	20～25	1.5
黑豆芽	171.9	350～500	23～25	1.0～2.0
种芽香椿	11.4	100	20～22	0.5

豌豆、萝卜、荞麦、向日葵、黑豆等采取一段催芽模式，即浸种后立即播种。香椿采取二段催芽模式，即漫种后催芽，种子露白后播种。

5.3.2 播种完毕后在催芽室将苗盘叠摞在一起，并置于栽培架上，每6盘为一摞，其上下各垫一个"保湿盘"(苗盘铺1层～2层已湿透的基质纸、不播种)。也可置于平整的地面，但摞盘高度不应超过100 cm，摞与摞之间宜留出2 cm～3 cm空隙，其上可覆保湿盘也可覆盖湿麻袋片或双层黑色遮阳网等。叠盘催芽时间约3天，期间应保持催芽室温度在18℃～25℃，见表2。每天需进行一次倒盘和浇水，调换苗盘上下左右前后位置，同时均匀地进行喷淋(大粒种子)或喷雾(中小粒种子)，喷水量一般以喷湿后苗盘内不存水为度，切忌过量喷水。催芽室内应定时进行通风换气，避免室内空气相对湿度呈持续的饱和状态。叠盘催芽结束后，即可把苗盘摆开(出盘)，将苗盘移至栽培室进行绿化。

5.4 出盘后管理

5.4.1 光照管理

初出盘时，在苗盘移入栽培室时应放置在空气相对湿度较稳定的弱光区过渡一天；然后再逐步通过倒盘移动苗盘位置，逐渐接受较强的光照；至产品收获前2d～3d，将苗盘置于直射光下，促使下胚轴或茎秆粗壮，子叶和真叶进一步肥大，颜色转为浓绿。采用温室、日光温室和塑料大棚作为生产场地的，在6月～9月份的夏秋高温强光季节，应使用遮阳网进行遮光，一般宜采用活动式外遮阳覆盖形式，以便根据天气变化合理调节光照。

5.4.2 温度管理

出盘后所要求的温度应符合表3的要求。栽培室可划分成单一种类栽培区，通过加温和降温设施进行温度调控。

表3 几种芽菜生长适宜温度(℃)

种芽菜种类	最低温度	最适温度	最高温度
豌豆苗	14	18～23	28
萝卜芽	14	20～23	32
荞麦芽	16	20～25	35
向日葵芽	16	20～25	30
黑豆芽	16	20～25	32
种芽香椿	18	20～23	28

5.4.3 水分管理

每天需用喷淋器械或微喷装置进行2次～4次喷淋或喷雾(冬春季2次～3次，夏秋季3次～4次)。喷淋要均匀，先喷淋上层，然后渐次往下。喷淋量切忌过大，一般以喷淋后苗盘内基质湿润，苗盘底又不大量滴水为度。同时还要喷湿地面，以经常保持室内空气相对湿度在85%左右。注意生长前期少喷淋，中后期适当加大水量；阴雨雾雪天温度较低、空气相对湿度较大时少喷淋，反之酌情加大水量。

5.4.4 通风管理

在栽培室温度适宜的前提下，每天应进行通风换气至少1次～2次，即使在室内温度较低时，也应进行短时间的“片刻通风”。

6 病虫害防治

采用抗病品种，提高栽培管理水平，严格进行水分和温度管理，并对栽培场所、栽培容器和种子进行严格消毒，栽培场所可用45%百菌清烟剂密闭薰蒸8 h～12 h；栽培容器可用0.2%漂白粉溶液浸泡30 min；种子可用0.1%漂白粉溶液浸泡（浸种吸胀后）10 min或3%石灰上清液浸泡5 min进行消毒。苗盘内出现少量病害芽苗应及时清除，出现大量病害芽苗应整盘销毁。芽苗生长过程中严禁使用农药、化肥及外源激素。

7 采收

收获上市的产品应达到芽苗子叶平展，茎叶粗壮肥大，颜色浓绿，生长整齐，无烂根、烂脖（茎或下胚轴基部），无异味，不倒伏，无筋渣，产量不高于表4的要求。

表4 几种芽菜采收时芽苗高度、产品形成周期和产量

绿化型芽苗菜种类	产品形成周期 d	采收时芽苗高度 cm	产量 g/盘
豌豆苗	8～9	10～15	500
萝卜芽	5～7	6～10	500～600
荞麦芽	9～10	10～12	400～500
向日葵芽	8～10	10～12	1 500～2 000
黑豆芽	8～10	10～14	2 000～2 500
种芽香椿	18～20	7～10	350～500
注：产品形成周期指从播种至产品采收所需天数。			

8 生产档案

按绿化型芽苗菜生产技术规程，建立生产档案。对产地环境、生产技术、病虫害防治及采收各环节中出现的问题及采取的措施作详细记录。

ICS 67.080.20
B 31

中华人民共和国农业行业标准

NY 5213—2004

无公害食品　普通白菜

2004-01-07 发布　　2004-03-01 实施

中华人民共和国农业部 发布

前　　言

本标准由中华人民共和国农业部提出。

本标准起草单位:农业部蔬菜品质监督检验测试中心(广州)、农业部食品质量监督检验测试中心(济南)。

本标准主要起草人:王富华、李乃坚、柳琪、杜应琼、徐爱平、袁利升、任凤山。

无公害食品　普通白菜

1　范围

本标准规定了无公害食品普通白菜的要求、试验方法、检验规则和标识。

本标准适用于无公害食品普通白菜。

2　规范性引用文件

下列文件中的条款通过本标准的引用而成为本标准的条款。凡是注日期的引用文件，其随后所有的修改单(不包括勘误的内容)或修订版均不适用于本标准，然而，鼓励根据本标准达成协议的各方研究是否可使用这些文件的最新版本。凡是不注日期的引用文件，其最新版本适用于本标准。

GB/T 5009.12　食品中铅的测定

GB/T 5009.15　食品中镉的测定

GB/T 5009.20　食品中有机磷农药残留量的测定

GB/T 5009.104　植物性食品中氨基甲酸酯类农药残留量的测定

GB/T 5009.105　黄瓜中百菌清残留量的测定

GB/T 5009.110　植物性食品中氯氰菊酯、氰戊菊酯和溴氰菊酯残留量的测定

GB/T 8855　新鲜水果和蔬菜的取样方法

3　要求

3.1　感官指标

同一品种或相似品种，成熟适度，色泽正常，新鲜，清洁，大小基本均匀，无明显缺陷(包括黄叶、机械伤、霉烂、冻害和病虫害)。

3.2　安全指标

应符合表1的规定。

表1　无公害食品普通白菜安全指标　　单位为毫克每千克

序　号	项　目	指　标
1	乐果(dimethoate)	≤1
2	杀螟硫磷(fenitrothion)	≤0.5
3	辛硫磷(phoxim)	≤0.05
4	抗蚜威(pirimicarb)	≤1
5	氯氰菊酯(cypermethrin)	≤1.0
6	氰戊菊酯(fenvalerate)	≤0.5
7	百菌清(chlorothalonil)	≤1
8	铅(以 Pb 计)	≤0.2
9	镉(以 Cd 计)	≤0.05
注：根据《中华人民共和国农药管理条例》，剧毒和高毒农药不得在蔬菜生产中使用。		

4 试验方法

4.1 感官指标

从供试样品中随机抽取普通白菜 1 kg，用目测法进行品种特征、成熟度、色泽、新鲜、清洁、长短和粗细、黄叶、机械伤、霉烂、冻害和病虫害等项目的检测。

每批受检样品抽样检验时，对有缺陷的样品做记录。不合格率以 ω 计，数值以％表示，按公式(1)计算：

$$\omega = \frac{n}{N} \times 100 \qquad (1)$$

式中：

n——有缺陷的样品质量的数值，单位为克(g)；

N——检验样本的质量的数值，单位为克(g)。

计算结果精确到小数点后一位。

4.2 安全指标

4.2.1 乐果、杀螟硫磷、辛硫磷

按 GB/T 5009.20 规定执行。

4.2.2 氯氰菊酯、氰戊菊酯

按 GB/T 5009.110 规定执行。

4.2.3 抗蚜威

按 GB/T 5009.104 规定执行。

4.2.4 百菌清

按 GB/T 5009.105 规定执行。

4.2.5 铅

按 GB/T 5009.12 规定执行。

4.2.6 镉

按 GB/T 5009.15 规定执行。

5 检验规则

5.1 检验分类

5.1.1 型式检验

型式检验是对产品进行全面考核，即对本标准规定的全部要求(指标)进行检验。有下列情形之一者应进行型式检验：

a) 申请无公害农产品标志；

b) 有关行政主管部门提出型式检验要求；

c) 前后两次抽样检验结果差异较大；

d) 人为或自然因素使生产环境发生较大变化。

5.1.2 交收检验

每批产品交收前，生产单位都要进行交收检验。交收检验内容包括感官和标识。检验合格后并附合格证方可交收。

5.2 组批规则

产地抽样以同一品种、同一产地、相同栽培条件、同时采收的普通白菜作为一个检验批次。批发市场、农贸市场和超市相同进货渠道的普通白菜作为一个检验批次。

5.3 抽样方法

按照 GB/T 8855 中的有关规定执行。

报验单填写的项目应与货物相符，凡与货物单不符，包装容器严重损坏者，应由交货单位重新整理后再行抽样。

5.4 判定规则

5.4.1 每批受检样品的感官指标不合格率按其所检单位(如每箱、每袋)的平均值计算，其值不应超过5%。其中任意一件包装的不合格率不应超过10%。

5.4.2 安全指标有一项不合格，判该批次产品为不合格。

6 标识

产品应有明确标识，内容包括产品名称、产品的执行标准、生产者及详细地址、产地、净含量和包装日期等，要求字迹清晰、完整、准确。

ICS 65.020.20
B 31

中华人民共和国农业行业标准

NY/T 5214—2004

无公害食品　普通白菜生产技术规程

2004-01-07 发布　　　　2004-03-01 实施

中华人民共和国农业部　发布

前 言

本标准由中华人民共和国农业部提出。

本标准起草单位:广东省农作物杂种优势利用站、农业部蔬菜品质监督检验测试中心(广州)、广东省农业科学院蔬菜研究所。

本标准主要起草人:林青山、刘洪标、李小云、王富华、杜应琼、李桂花、肖荣英。

无公害食品　普通白菜生产技术规程

1　范围

本标准规定了无公害食品普通白菜生产的产地环境要求、生产技术、病虫害防治、采收和生产档案。

本标准适用于无公害食品普通白菜的生产。

2　规范性引用文件

下列文件中的条款通过本标准的引用而成为本标准的条款。凡是注日期的引用文件，其随后所有的修改单(不包括勘误的内容)或修订版均不适用于本标准，然而，鼓励根据本标准达成协议的各方研究是否可使用这些文件的最新版本。凡是不注日期的引用文件，其最新版本适用于本标准。

GB 4285　农药安全使用标准

GB/T 8321(所有部分)　农药合理使用准则

NY/T 496　肥料合理使用准则　通则

NY 5010　无公害食品　蔬菜产地环境条件

3　产地环境要求

产地环境应符合 NY 5010 规定的要求。设施栽培可采用塑料大棚、日光温室及夏季遮阳网栽培。适宜在地势平整、道路和排灌方便、疏松、肥沃、保水、保肥壤土或沙质土壤栽培。种植普通白菜应选择无同种病虫害的作物为前作，避免与十字花科蔬菜连作。

4　生产技术

4.1　品种选择

4.1.1　选择原则

选用抗病、优质、丰产、抗逆性强、商品性好的品种。要根据种植季节不同，选择适宜的种植品种。

4.1.2　种子质量

种子纯度≥90%，净度≥97%，发芽率≥96%，水分≤8%。

4.1.3　种子处理

防治霜霉病、黑斑病可用 50%福美双可湿性粉剂，或用 75%的百菌清可湿性粉剂，按种子量的 0.4%拌种；防治软腐病可用菜丰宁或专用种子包衣剂拌种。

4.2　整地与施肥

4.2.1　整地

早耕多翻，打碎耙平，施足基肥。耕层的深度在 15 cm～20 cm。多采用平畦栽培，江南多雨地区注意深沟排水。

4.2.2　施肥

按 NY/T 496 规定执行。建议以施用有机肥或生物有机肥为主，不使用工业废弃物、城市垃圾和污泥。不使用未经发酵腐熟、未达到无害化指标、重金属超标的人畜粪尿等有机肥料。结合整地，施入基肥，基肥量每 667 m^2 施腐熟的有机肥 3 000 kg 以上。

4.3　播种育苗

一般采用育苗移栽，每 100 m^2 苗床用种量为 225 g～375 g。也可采用撒播或开沟条播、点播，播种量每公顷为3.6 kg～3.8 kg。定植密度为行距24 cm～26 cm，株距24 cm～26 cm。保护地种植密度为行距20 cm～25 cm，株距15 cm。

4.4 田间管理

4.4.1 秋冬季种植

定植后及时浇水，保持土壤湿度70%～80%为宜。要及时中耕。结合浇水每667 m^2 追施尿素15 kg～20 kg两次。保护地温度要保持在10℃～25℃。

4.4.2 早春种植

定植后浇定根水，及时中耕。10 d和15 d后结合两次浇水每667 m^2 追施尿素15 kg～20 kg。生长期3 d～5 d浇水一次。生长期温度要保持在10℃～20℃。

4.4.3 夏季种植

夏季种植一般是大田直播，水肥管理同上。播后25 d～50 d内拔大株，留小株，陆续收获。最终按20 cm的株行距留苗。

5 病虫害防治

5.1 农业防治

选用无病种子及抗病优良品种；培育无病虫害壮苗；合理布局，实行轮作倒茬；注意灌水、排水，防止土壤干旱和积水；清洁田园、加强除草降低病虫源数量。

5.2 生物防治

保护天敌。创造有利于天敌生存的环境条件，选择对天敌杀伤力低的农药；释放天敌，如扑食螨、寄生蜂等。

5.3 物理防治

保护地栽培采用黄板诱杀、银灰膜避蚜和防虫网阻隔防范措施；大面积露地栽培可采用杀虫灯诱杀害虫。

5.4 药剂防治

5.4.1 药剂使用的原则和要求

禁止使用国家明令禁止的高毒、剧毒、高残留的农药及其混配农药品种，包括甲胺磷、甲基对硫磷、对硫磷、久效磷、磷胺、甲拌磷、甲基异柳磷、特丁硫磷、甲基硫环磷、治螟磷、内吸磷、克百威、涕灭威、灭线磷、硫环磷、蝇毒磷、地虫硫磷、氯唑磷、苯线磷等农药。使用化学农药时，应执行GB 4286和GB/T 8321（所有部分）。合理混用、轮换、交替用药，防止和推迟病虫害抗性的产生和发展。

5.4.2 软腐病

用72%农用硫酸链霉素可溶性粉剂4 000倍液，新植霉素4 000倍～5 000倍液喷雾。

5.4.3 霜霉病

选用25%甲霜灵可湿性粉剂750倍液，或69%安克锰可湿性粉剂1 000倍～1 200倍液，或72%霜脲锰可湿性粉剂600倍～750倍液，或75%百菌清可湿性粉剂500倍液等喷雾。交替、轮换使用，每隔7 d～10 d喷一次，连续防治2次～3次。

5.4.4 炭疽病和黑斑病

选用80%大生可湿性粉剂500倍～600倍液，或80%炭疽福美可湿性粉剂800倍液喷雾。

5.4.5 病毒病

可在定植前后喷一次20%病毒A可湿性粉剂600倍液，或1.5%植病灵乳油1 000倍～1 500倍液喷雾。

5.4.6 菜蚜可用蚜虫

可用40%乐果乳油1 000倍～1 500倍液，或10%吡虫啉1 500倍液，或3%啶虫脒3 000倍液，或

5%啶高氯 3 000 倍液，或 50%抗蚜威可湿性粉剂 2 000 倍～3 000 倍液喷雾。

5.4.7 菜青虫

可用苏云金杆菌乳剂或杀螟杆菌 800 倍～1 000 倍液防治。化学药剂可采用 50%辛硫磷1 000 倍～1 500倍液或 20%氰戊菊酯 3 000 倍～5 000 倍液喷杀。

5.4.8 甜菜夜蛾

可用 52.25%农地乐乳油 1 000 倍～1 500 倍液，或 4.5%高效氯氰菊酯乳油 11.25 g/hm² ～22.5 g/hm²，或 20%溴虫腈(除尽)，或 20%虫酰肼(米满)悬浮剂 200 g/hm²～300 g/hm² 喷雾。晴天傍晚用药，阴天可全天用药。

6 采收

普通白菜从 4 片～5 片叶幼苗到成株均可采收。

7 生产档案

7.1 建立田间生产档案。

7.2 对生产技术、病虫害防治和采收各环节所采取的措施进行详细记录。

ICS 67.080.20
B 31

中华人民共和国农业行业标准

NY 5215—2004

无公害食品　芥蓝

2004-01-07 发布　　　　2004-03-01 实施

中华人民共和国农业部 发布

前　言

本标准由中华人民共和国农业部提出。

本标准起草单位:农业部蔬菜品质监督检验测试中心(广州)、农业部食品质量监督检验测试中心(济南)。

本标准主要起草人:王富华、李乃坚、任凤山、邓义才、赖穗春、殷秋妙、柳琪。

无公害食品　芥蓝

1　范围

本标准规定了无公害食品芥蓝的要求、试验方法、检验规则和标识。

本标准适用于无公害食品芥蓝。

2　规范性引用文件

下列文件中的条款通过本标准的引用而成为本标准的条款。凡是注日期的引用文件，其随后所有的修改单(不包括勘误的内容)或修订版均不适用于本标准，然而，鼓励根据本标准达成协议的各方研究是否可使用这些文件的最新版本。凡是不注日期的引用文件，其最新版本适用于本标准。

GB/T 5009.12　食品中铅的测定

GB/T 5009.15　食品中镉的测定

GB/T 5009.20　食品中有机磷农药残留量的测定

GB/T 5009.38　蔬菜水果卫生标准的分析方法

GB/T 5009.105　黄瓜中百菌清残留量的测定

GB/T 5009.110　植物性食品中氯氰菊酯、氰戊菊酯和溴氰菊酯残留量的测定

GB/T 8855　新鲜水果和蔬菜的取样方法

3　要求

3.1　感官指标

应是同一品种或相似品种，成熟适度，色泽正常，新鲜，清洁，长短粗细基本均匀，无明显缺陷(包括黄叶、老茎、机械伤、霉烂、冻害和病虫害)。

3.2　安全指标

应符合表1的规定。

表1　无公害食品芥蓝安全指标　　单位为毫克每千克

序　号	项　目	指　标
1	乐果(dimethoate)	≤1
2	敌敌畏(dichcarb)	≤0.2
3	敌百虫(trichlorfon)	≤0.1
4	辛硫磷(phoxim)	≤0.05
5	氯氰菊酯(cypermethrin)	≤1
6	氰戊菊酯(fenvalerate)	≤0.5
7	氯氟氰菊酯(cyhalothrin)	≤0.2
8	甲氰菊酯(fenpropathrin)	≤0.5
9	多菌灵(carbenddazim)	≤0.5
10	百菌清(chlorothalonil)	≤1
11	铅(以 Pb 计)	≤0.2
12	镉(以 Cd 计)	≤0.05
注：根据《中华人民共和国农药管理条例》，剧毒和高毒农药不得在蔬菜生产中使用。		

4 试验方法

4.1 感官指标

从供试样品中随机抽取芥蓝 1 kg，用目测法进行品种特征、成熟度、色泽、新鲜、清洁，长短和粗细、机械伤、霉烂、冻害和病虫害等项目的检测。

每批受检样品抽样检验时，对有缺陷的样品做记录。不合格率以 ω 计，数值以％表示，按公式(1)计算：

$$\omega = \frac{n}{N} \times 100 \quad \cdots\cdots (1)$$

式中：

n——有缺陷的样品质量的数值，单位为克(g)；

N——检验样本的质量的数值，单位为克(g)。

计算结果精确到小数点后一位。

4.2 安全指标

4.2.1 乐果、敌敌畏、敌百虫、辛硫磷

按 GB/T 5009.20 规定执行。

4.2.2 氯氰菊酯、氰戊菊酯、三氟氯氰菊酯、甲氰菊酯

按 GB/T 5009.110 规定执行。

4.2.3 多菌灵

按 GB/T 5009.38 规定执行。

4.2.4 百菌清

按 GB/T 5009.105 规定执行。

4.2.5 铅

按 GB/T 5009.12 规定执行。

4.2.6 镉

按 GB/T 5009.15 规定执行。

5 检验规则

5.1 检验分类

5.1.1 型式检验

型式检验是对产品进行全面考核，即对本标准规定的全部要求进行检验。有下列情形之一者应进行型式检验：

a) 申请无公害食品标志；

b) 有关行政主管部门提出型式检验要求；

c) 前后两次抽样检验结果差异较大；

d) 人为或自然因素使生产环境发生较大变化。

5.1.2 交收检验

每批产品交收前，生产单位都要进行交收检验。交收检验内容包括感官和标识。检验合格后并附合格证方可交收。

5.2 组批规则

产地抽样以同一品种、同一产地、相同栽培条件、同时采收的芥蓝作为一个检验批次。批发市场、农贸市场和超市相同进货渠道的芥蓝作为一个检验批次。

5.3 抽样方法

按照GB/T 8855中的有关规定执行。

报验单填写的项目应与货物相符，凡与货物单不符，包装容器严重损坏者，应由交货单位重新整理后再行抽样。

5.4 判定规则

5.4.1 每批受检样品的感官指标不合格率按其所检单位（如每箱、每袋）的平均值计算，其值不应超过5%。其中任意一件包装的不合格率不应超过10%。

5.4.2 安全指标有一项不合格，判该批次产品为不合格。

6 标识

产品应有明确标识，内容包括产品名称、产品的执行标准、生产者及详细地址、产地、净含量和包装日期等，要求字迹清晰、完整、准确。

ICS 65.020.20
B 31

中华人民共和国农业行业标准

NY/T 5216—2004

无公害食品　芥蓝生产技术规程

2004-01-07 发布　　2004-03-01 实施

中华人民共和国农业部　发布

前　言

本标准由中华人民共和国农业部提出。

本标准起草单位：广东省农业科学院蔬菜研究所、农业部蔬菜品质监督检验测试中心（广州）、广东省农作物杂种优势利用站。

本标准主要起草人：张衍荣、王富华、罗少波、曹健、李乃坚、肖荣英、林青山。

无公害食品 芥蓝生产技术规程

1 范围

本标准规定了无公害食品芥蓝生产的产地环境要求、生产技术、病虫害防治、采收和生产档案。

本标准适用于无公害食品芥蓝的生产。

2 规范性引用文件

下列文件中的条款通过本标准的引用而成为本标准的条款。凡是注日期的引用文件，其随后所有的修改单(不包括勘误的内容)或修订版均不适用于本标准，然而，鼓励根据本标准达成协议的各方研究是否可使用这些文件的最新版本。凡是不注日期的引用文件，其最新版本适用于本标准。

GB 4285 农药安全使用标准

GB/T 8321(所有部分) 农药合理使用准则

NY/T 496 肥料合理使用准则 通则

NY 5010 无公害食品 蔬菜产地环境条件

3 产地环境要求

应符合NY 5010规定的要求。设施栽培可采用塑料大棚、日光温室及夏季遮阳网。选择在地势平整、道路和排灌方便、疏松、肥沃、保水、保肥的壤土栽培。应选择无同种病虫害的作物为前作，避免与十字花科蔬菜连作。

4 生产技术

4.1 品种选择与播种

4.1.1 选择原则

选用抗病、优质、丰产、抗逆性强、商品性好的品种。要根据种植季节不同选择适宜的种植品种。

4.1.2 种子质量

种子纯度≥90%，净度≥97%，发芽率≥96%，水分≤8%。

4.1.3 种子处理

防治霜霉病、黑斑病可用50%福美双可湿性粉剂，或用75%百菌清可湿性粉剂，按种子质量的0.4%拌种；防治软腐病可用菜丰宁或专用种衣剂拌种。

4.2 整地与施肥

4.2.1 整地

早耕多翻，打碎耙平，施足基肥。耕层的深度在15 cm～20 cm。多采用平畦栽培，江南多雨地区注意深沟排水。

4.2.2 施肥

按NY/T 496规定执行。不使用工业废弃物、城市垃圾和污泥。建议以施用有机肥或生物有机肥为主，不使用未经发酵腐熟、未达到无害化指标、重金属超标的人畜粪尿等有机肥料。结合整地，施入基肥，基肥量为每667 m^2 施腐熟的有机肥3 000 kg以上。应注意磷、钾肥的平衡施用，约60%的氮肥和磷、钾肥结合耕地与耕层混匀基施。磷、钾肥的比例和用量根据当地土壤肥力确定。生长期需氮、磷、钾的比例为5.2∶1∶5.4。

4.3 播种育苗

一般采用育苗移栽，每 100 m^2 苗床用种量为 75 g～125 g。移栽后种植密度早熟品种行距×株距为 18 cm～20 cm×16 cm～18 cm、中熟品种行距×株距为 20 cm～25 cm×20 cm～25 cm、晚熟品种行距×株距为 25 cm～30 cm×25 cm～30 cm。保护地种植密度可适当减小。

4.4 田间管理

4.4.1 水肥管理

定植后 7 d 左右浇缓苗水，同时追施尿素 150 kg/hm^2～450 kg/hm^2。植株现蕾至菜薹发育期，可追施氮、磷、钾复合肥 225 kg/hm^2 左右，并连续浇水 2 次～3 次。主薹采收后，应连续追施氮、磷、钾复合肥 2 次～3 次，并经常浇水。

4.4.2 中耕除草

缓苗后至植株现蕾前应连续中耕 2 次～3 次，结合中耕及时除草，并应结合中耕进行培土、培肥。

5 病虫害防治

5.1 农业防治

选用无病种子及抗病优良品种；培育无病虫害壮苗，合理布局，实行轮作倒茬；注意灌水、排水，防止土壤干旱和积水；清洁田园，加强除草，降低病虫源数量。

5.2 物理防治

保护地栽培采用黄板诱杀、银灰膜避蚜和防虫网阻隔防范措施；大面积露地栽培可采用杀虫灯诱杀害虫。

5.3 药剂防治

5.3.1 药剂使用的原则和要求

禁止使用国家明令禁止的高毒、剧毒、高残留的农药及其混配农药品种，包括甲胺磷、甲基对硫磷、对硫磷、久效磷、磷胺、甲拌磷、甲基异柳磷、特丁硫磷、甲基硫环磷、治螟磷、内吸磷、克百威、涕灭威、灭线磷、硫环磷、蝇毒磷、地虫硫磷、氯唑磷、苯线磷等农药。使用化学农药时，应执行 GB 4286 和 GB/T 8321(所有部分)。合理混用，轮换、交替用药，防止和推迟病虫抗性的产生和发展。

5.3.2 软腐病

发病初期，可喷农用链霉素 200 mg/kg、新植霉素 200 mg/kg，并结合灌根。

5.3.3 菌核病

用 10%的盐水选种，除去菌核，然后种子用清水淘洗干净，忌连作，施足底肥，增施磷、钾肥，注意排水。发病初期可喷 50%速克灵或 50%扑海因对水 1 000 倍～2 000 倍，50%多菌灵对水 500 倍，40%菌核净对水 1 000 倍，喷药时着重喷洒植株茎的基部、老叶和地面上，每隔 5 d～7 d 喷 1 次，连喷 3 次～4 次。

5.3.4 病毒病

加强栽培管理，避免与十字花科蔬菜连作，适时追肥浇水，及时防治蚜虫。

5.3.5 霜霉病

发病初期立即喷药，可用 75%百菌清对水 500 倍，70%代森锰锌对水 400 倍～500 倍，64%杀毒矾对水 400 倍～500 倍，隔 5d～7d 喷 1 次，连喷 3 次～4 次。保护地内可用百菌清烟熏剂，每公顷 3.75 kg，烟熏时要关闭门窗。种子消毒可用种子质量的 0.3%多菌灵拌种。

5.3.6 黑斑病

可用种子质量 0.4%的代森锰锌或 50%多菌灵拌种。忌与十字花科蔬菜连作。施足有机肥，清洁田园。发病初期可喷 65%代森锰锌对水 500 倍，58%甲霜锰锌对水 500 倍，64%杀毒矾对水 400 倍～500 倍，70%百菌清对水 500 倍～600 倍，每隔 5d～7d 喷 1 次，连喷 3 次～4 次，注意各种农药交替使用。

5.3.7 黑腐病

种子用50℃～55℃温水浸20 min～25 min,再浸入凉水4 h,捞出播种,或用种子质量0.3%的47%加瑞农拌种,或喷农用链霉素200 mg/ kg,隔5d喷1次,连喷3次～4次。

5.3.8 蚜虫

可用40%乐果乳油1 000倍～1 500倍液,或40%康福多对水3 000倍,或2.5%三氟氯氰菊酯乳油对水2 000倍,或20%甲氰菊酯乳油对水2 000倍防治。保护地可选用22%敌敌畏烟剂,每667 m^2 用0.5 kg密闭熏烟。

5.3.9 菜粉蝶

可用50%辛硫磷1 000倍～1 500倍液或20%氰戊菊酯3 000倍～5 000倍液喷杀,或用40%菊杀乳油或40%菊马乳油对水1 500倍～2 000倍。10%氯氰菊酯乳油对水2 000倍,20%杀灭菊酯乳油对水2 000倍防治。也可用苏云金杆菌乳剂或杀螟杆菌800倍～1 000倍液防治。

5.3.10 小菜蛾

防治药剂使用同菜粉蝶。

5.3.11 菜螟

可用50%辛硫磷对水1 500倍～2 000倍,10%氯氰菊酯、40%菊马乳油、40%菊杀乳油对水2 000倍～3 000倍,90%敌百虫对水800倍～1 000倍防治。

6 采收

菜薹顶部与基叶长平,即"齐口花"时采收。

7 生产档案

7.1 建立田间生产档案。

7.2 对生产技术、病虫害防治和采收各环节所采取的措施进行详细记录。

ICS 67.080.20
B 31

中华人民共和国农业行业标准

NY 5217—2004

无公害食品　茼蒿

2004-01-07 发布　　2004-03-01 实施

中华人民共和国农业部　发布

前　言

本标准由中华人民共和国农业部提出。

本标准起草单位:农业部蔬菜品质监督检验测试中心(重庆)、重庆市农业科学研究所。

本标准主要起草人:钟世良、雷开荣、张谊模、江学维、鲜小红、洪云菊、张海彬。

无公害食品　茼蒿

1 范围

本标准规定了无公害食品茼蒿的要求、试验方法、检验规则和标识。

本标准适用于无公害食品茼蒿。

2 规范性引用文件

下列文件中的条款通过本标准的引用而成为本标准的条款。凡是注日期的引用文件，其随后所有的修改单(不包括勘误的内容)或修订版均不适用于本标准，然而，鼓励根据本标准达成协议的各方研究是否可使用这些文件的最新版本。凡是不注日期的引用文件，其最新版本适用于本标准。

GB/T 5009.12　食品中铅的测定

GB/T 5009.15　食品中镉的测定

GB/T 5009.20　食品中有机磷农药残留量的测定

GB/T 5009.104　植物性食品中氨基甲酸酯类农药残留量的测定

GB/T 5009.105　黄瓜中百菌清残留量的测定

GB/T 5009.110　植物性氯氰菊酯、氰戊菊酯和溴氰菊酯残留量测定

GB/T 5009.145　植物性有机磷和氨基甲酸酯类农药多种残留的测定

GB/T 8855　新鲜水果和蔬菜的取样方法

3 要求

3.1 感官指标

同一品种或相似品种、同规格、大小基本整齐一致，无明显缺陷(缺陷包括黄叶、腐烂、异味、杂质、机械伤、病虫害等)。

3.2 安全指标

应符合表1的规定。

表1　无公害食品茼蒿安全指标　　单位为毫克每千克

序　号	项　目	指　标
1	敌敌畏(dichorvos)	≤0.2
2	乐果(dimethoate)	≤1
3	毒死蜱(chlorpyrifos)	≤1
4	抗蚜威(piirmicarb)	≤1
5	敌百虫(trichlorfon)	≤0.1
6	氯氰菊酯(permethrin)	≤1
7	氰戊菊酯(fenvalerate)	≤0.5
8	百菌清(chlorothalonil)	≤1
9	铅(以 Pb 计)	≤0.2
10	镉(以 Cd 计)	≤0.05
注:根据《中华人民共和国农药管理条例》,剧毒和高毒农药不得在蔬菜生产中使用。		

4 试验方法

4.1 感官指标

从供试样品中随机抽取 0.5 kg～1 kg，用目测法进行品种特性、黄叶、腐烂、机械伤、病虫害、杂质等项目的检测；异味用嗅的方法检测。

每批受检样品抽样检验时，对有缺陷的样品做记录。不合格率以 ω 计，数值以%表示，按公式(1)计算：

$$\omega = \frac{n}{N} \times 100 \quad \cdots\cdots (1)$$

式中：

n——有缺陷的个数；

N——检验样本的总个数。

计算结果精确到小数点后一位。

4.2 安全指标

4.2.1 敌敌畏、乐果、毒死蜱、敌百虫

按 GB/T 5009.145 规定执行。

4.2.2 抗蚜威

按 GB/T 5009.104 规定执行。

4.2.3 氯氰菊酯、氰戊菊酯

按 GB/T 5009.110 规定执行。

4.2.4 百菌清

按 GB/T 5009.105 规定执行。

4.2.5 铅

按 GB/T 5009.12 规定执行。

4.2.6 镉

按 GB/T 5009.15 规定执行。

5 检验规则

5.1 检验分类

5.1.1 型式检验

型式检验是对产品进行全面考核，即对本标准规定的全部要求进行检验。有下列情形之一者应进行型式检验。

a) 申请无公害农产品标志；

b) 有关行政主管部门提出型式检验要求；

c) 前后两次抽样检验结果差异较大；

d) 人为或自然因素使生产环境发生较大变化。

5.1.2 交收检验

每批产品交收前，生产单位都要进行交收检验。交收检验内容包括感官、标志和包装。检验合格后并附合格证书方可交收。

5.2 组批

产地抽样以同一品种、同一产地、相同栽培条件、同时采收的茼蒿作为一个检验批次；批发市场、农贸市场和超市相同进货渠道的茼蒿作为一个检验批次。

5.3 抽样方法

按照 GB/T 8855 中的有关规定执行。

报验单填写的项目应与货物相符，凡与货物单不符，包装容器严重损坏者，应由交货单位重新整理后再行抽样。

5.4 判定规则

5.4.1 每批受检样品的感官指标不合格率按其所检单位（如每箱、每袋）的平均值计算，其值不应超过5%。其中任意一件包装的不合格率不应超过10%。

5.4.2 安全指标有一项不合格，或检出蔬菜上禁止使用的农药，该批次产品为不合格。

6 标识

产品应有明确标识，内容包括：产品名称、产品的执行标准、生产者及详细地址、产地、净含量和包装日期等，要求字迹清晰、完整、准确。

ICS 65.020.20
B 31

中华人民共和国农业行业标准

NY/T 5218—2004

无公害食品　茼蒿生产技术规程

2004-01-07 发布　　2004-03-01 实施

中华人民共和国农业部　发布

前言

本标准附录 A 为资料性附录。

本标准由中华人民共和国农业部提出。

本标准起草单位：重庆市农业科学研究所、重庆市农业技术推广中心。

本标准主要起草人：柴勇、杨俊英、李必全、郭凤、龚久平、张宗美。

无公害食品　茼蒿生产技术规程

1　范围

本标准规定了无公害食品茼蒿生产的产地环境要求、生产技术、病虫害防治、采收和生产档案。

本标准适用于无公害食品茼蒿的生产。

2　规范性引用文件

下列文件中的条款通过本标准的引用而成为本标准的条款。凡是注日期的引用文件，其随后所有的修改单(包括勘误的内容)或修订版均不适用于本标准，然而，鼓励根据本标准达成协议的各方研究是否可使用这些文件的最新版本。凡是不注日期的引用文件，其最新版本适用于本标准。

GB 4285　农药安全使用标准

GB/T 8321(所有部分)　农药合理使用准则

NY/T 496　肥料合理使用准则

NY 5010　无公害食品　蔬菜产地环境条件

3　产地环境

产地环境应符合 NY 5010 规定的要求。

4　生产技术

4.1　整地、施基肥

宜选上年为非茼蒿种植的地块。底肥采用有机肥与无机肥相结合，施肥与整地相结合，中等肥力土壤每 667 m^2 应施腐熟的厩肥 2 000 kg～3 000 kg，高肥力土壤每 667 m^2 应施腐熟的厩肥 1 000 kg～2 000 kg，并配合施用适量蔬菜专用复合肥(符合 NY/T 496 规定)。混匀土壤和肥料，整平后作 1.0 m～1.5 m 宽畦，耙平畦面。

4.2　品种选择

选用抗病力强、抗逆性强、品质好、商品性好、适应栽培季节的品种。种子质量应符合以下标准：种子纯度≥95%，净度≥98%，发芽率≥95%，水分≤8%。

4.3　播种

4.3.1　播期和播种量

根据当地气候条件和品种特性，日均气温稳定在 15℃以上，可采用露地或保护地栽培。每 667 m^2 栽培面积用种 1.5 kg～2.5 kg。

4.3.2　种子处理

播种前 3 d～5 d，用 50%的多菌灵可湿性粉剂 500 倍液浸种 0.5 h，或用福尔马林 300 倍液浸种 1 h，将已消毒的种子洗净后，用 30℃左右的温水浸泡 24 h，取出后用容器装好保湿，放在 15℃～20℃条件下 3 d～5 d，每天用清水冲洗一次，当 20%种子萌芽露白时，即可播种。

4.3.3　播种方法

4.3.3.1　撒播：浇足底水，将种子均匀撒播于畦面，覆盖准备好的细土 1 cm 左右厚。

4.3.3.2　条播：将出芽的种子播于准备好的畦面浅沟中，行距 10 cm～15 cm，沟深 2 cm～3 cm，覆盖 1 cm 左右厚准备好的细土，浇足水。

4.4 田间管理

4.4.1 温度管理

保护地气温宜控制在：白天15℃～25℃，夜间10℃以上。

4.4.2 水肥管理

苗高3 cm左右开始浇水，只浇小水或喷水；苗高10 cm左右开始追肥，以腐熟有机肥与速效氮肥相结合；每次采收后，每667 m^2 施尿素15 kg～20 kg。

4.4.3 间苗

当苗长有1片～2片真叶时进行间苗，根据品种确定苗间距3 cm～5 cm。采收时，疏去适量弱苗和弱枝。

4.4.4 清洁田园

间苗和采收时结合除草，除去病虫叶或植株，并进行无害化处理。

5 病虫害防治

5.1 茼蒿主要病虫害

主要病害有猝倒病、叶枯病、霜霉病、病毒病，主要虫害有蚜虫、菜青虫、小菜蛾、潜叶蝇。

5.2 防治方法

5.2.1 农业防治

通过轮作，施用腐熟的有机肥，减少病虫源。选用抗病品种，科学施肥，加强管理，培育壮苗，增强抵抗力。

5.2.2 物理防治

设置100 cm×20 cm黄色粘胶或黄板涂机油，按照每667 m^2 30块～40块密度，挂在行间，高出植株顶部，诱杀蚜虫。利用黑光频振式杀虫灯诱杀蛾类、直翅目害虫的成虫；利用糖醋酒引诱蛾类成虫，集中杀灭。

利用银灰膜驱赶蚜虫，或防虫网隔离。

5.2.3 生物防治

蛾类卵孵化盛期选用苏云金杆菌(Bt)可湿性粉剂等进行防治。成虫期可施用性引诱剂防治害虫。

5.2.4 药剂防治

5.2.4.1 药剂使用原则：使用药剂时，首选低毒、低残留广谱、高效农药，注意交替使用农药。要严格执行GB 4285和GB/T 8321(所有部分)。

5.2.4.2 禁止使用农药：严格执行国家有关规定，不使用高毒、剧毒、高残留农药。在无公害食品茼蒿生产中禁止使用的农药品种有：甲胺磷、甲基对硫磷、对硫磷、久效磷、磷胺、甲拌磷、甲基异柳磷、特丁硫磷、甲基硫环磷、治螟磷、内吸磷、克百威、涕灭威、灭线磷、硫环磷、蝇毒磷、地虫硫磷、氯唑磷和苯线磷。

5.2.4.3 主要防治措施：参见附录A。

6 采收

当植株长到15 cm～20 cm时，施用的农药达到安全间隔期，适时采收。

7 生产档案

7.1 建立田间生产档案。

7.2 对生产技术、病虫害防治和采收等各生产环节所采取的措施进行详细记录。

附 录 A
(资料性附录)
茼蒿病虫害防治常用化学药剂和使用方法

主要病虫害	药剂名称	剂　型	使用方法	最多施药次数	安全间隔期 d
猝倒病 叶枯病 霜霉病	百菌清 甲霜灵 速克灵	75%可湿性粉剂 65%可湿性粉剂 50%可湿性粉剂	500 倍液喷雾 1 000～1 500 倍液喷雾 2 000 倍液喷雾	3	7
病毒病	病毒 A 病毒宁		500～1 000 倍液喷雾	3	7
蚜虫 潜叶蝇 小菜蛾 菜青虫	抗蚜威 乐果 氯氰菊酯 毒死蜱 敌敌畏 抑太保 卡死克 印楝素	50%可湿性粉剂 40%乳油 25%乳油 48%乳油 80%乳油 5% 5%乳油 2%乳油	2 000～3 000 倍液喷雾 2 000 倍液喷雾 2 000 倍液喷雾 每 667 m^2 用 50 ml～75 ml 每 667 m^2 用 100 ml～200 ml 1 500 倍液喷雾 300 倍液喷 1 000～2 000 倍液喷雾	3	7

ICS 67.080.20
B 31

中华人民共和国农业行业标准

NY 5219—2004

无公害食品　西葫芦

2004-01-07 发布　　2004-03-01 实施

中华人民共和国农业部 发布

前　言

本标准由中华人民共和国农业部提出。

本标准起草单位：中国农业科学院质量标准与检测技术研究所、农业部蔬菜品质监督检验测试中心（北京）。

本标准主要起草人：刘肃、钱洪、钱永忠、高苹。

无公害食品　西葫芦

1　范围

本标准规定了无公害食品西葫芦的要求、试验方法、检验规则和标识。

本标准适用于无公害食品西葫芦。

2　规范性引用文件

下列文件中的条款通过本标准的引用而成为本标准的条款。凡是注日期的引用文件，其随后所有的修改单(不包括勘误的内容)或修订版均不适用于本标准，然而，鼓励根据本标准达成协议的各方研究是否可使用这些文件的最新版本。凡是不注日期的引用文件，其最新版本适用于本标准。

GB/T 5009.12　食品中铅的测定

GB/T 5009.15　食品中镉的测定

GB/T 5009.20　食品中有机磷农药残留量的测定

GB/T 5009.38　蔬菜、水果卫生标准的分析方法

GB/T 5009.105　黄瓜中百菌清残留量的测定

GB/T 5009.110　植物性食品中氯氰菊酯、氰戊菊酯和溴氰菊酯残留量的测定

GB/T 5009.126　植物性食品中三唑酮残留量的测定

GB/T 8855　新鲜水果和蔬菜的取样方法

3　要求

3.1　感官指标

同一品种或相似品种，长短和粗细基本均匀，表皮清洁，成熟适度，新鲜且无明显缺陷(包括机械伤、霉烂、异味、冷害、冻害和病虫害)。

3.2　安全指标

应符合表1的规定。

表1　无公害食品西葫芦安全指标　　单位为毫克每千克

序号	项　目	指　标
1	乐果(dimclhoate)	≤1
2	喹硫磷(quinalphos)	≤0.2
3	二嗪磷(diazinon)	≤0.5
4	溴氰菊酯(deltamethrin)	≤0.2
5	氰戊菊酯(fenvalerate)	≤0.2
6	百菌清(chlorothalonil)	≤1
7	多菌灵(carbendazim)	≤0.5
8	三唑酮(triadimefon)	≤0.2
9	铅(以 Pb 计)	≤0.2
10	镉(以 Cd 计)	≤0.05
注:根据《中华人民共和国农药管理条例》,剧毒和高毒农药不得在蔬菜生产中使用。		

4 试验方法

4.1 感官指标

供试样品用目测法进行品种特征、长短、粗细、清洁、腐烂、冷害、冻害、病虫害及机械伤害等项目的检测。病虫害症状不明显而有怀疑者，应剖开检测。异味用嗅的方法检测。

每批受检样品抽样检验时，对有缺陷的样品做记录。不合格率以 ω 计，数值以%表示，按公式(1)计算：

$$\omega = \frac{n}{N} \times 100 \qquad (1)$$

式中：

n——有缺陷的样品个数；

N——检验样本的总个数。

计算结果精确到小数点后一位。

4.2 安全指标

4.2.1 乐果、喹硫磷、二嗪磷

按 GB/T 5009.20 规定执行。

4.2.2 溴氰菊酯、氰戊菊酯

按 GB/T 5009.110 规定执行。

4.2.3 百菌清

按 GB/T 5009.105 规定执行。

4.2.4 多菌灵

按 GB/T 5009.38 规定执行。

4.2.5 三唑酮

按 GB/T 5009.126 规定执行。

4.2.6 铅

按 GB/T 5009.12 规定执行。

4.2.7 镉

按 GB/T 5009.15 规定执行。

5 检验规则

5.1 检验分类

5.1.1 型式检验

型式检验是对产品进行全面考核，即对本标准规定的全部要求进行检验。有下列情形之一者应进行型式检验：

a) 申请无公害农产品标志；

b) 有关行政主管部门提出型式检验要求；

c) 前后两次抽样检验结果差异较大；

d) 人为或自然因素使生产环境发生较大变化。

5.1.2 交收检验

每批产品交收前，生产单位都要进行交收检验。交收检验内容包括感官和标识。检验合格后并附合格证方可交收。

5.2 组批

产地抽样以同一品种、同一产地、相同栽培条件、同时采收的西葫芦作为一个检验批次。批发市场、农贸市场和超市相同进货渠道的西葫芦作为一个检验批次。

5.3 抽样方法

按照 GB/8855 中的有关规定执行。

报验单填写的项目应与货物相符，凡与货物单不符，包装容器严重损坏者，应由交货单位重新整理后再行抽样。

5.4 判定规则

5.4.1 每批受检样品的感官指标不合格率按其所检单位（如每箱、每袋）的平均值计算，其值不应超过5%。其中任意一件包装的不合格率不应超过10%。

5.4.2 安全指标有一项不合格，判该批次产品为不合格。

6 标识

产品应有明确标识，内容包括：产品名称、产品的执行标准、生产者及详细地址、产地、净含量和包装日期等，要求字迹清晰、完整、准确。

ICS 65.020.20
B 31

中华人民共和国农业行业标准

NY/T 5220—2004

无公害食品　西葫芦生产技术规程

2004-01-07 发布　　2004-03-01 实施

中华人民共和国农业部　发布

前　言

本标准由中华人民共和国农业部提出。

本标准起草单位:中国农业科学院蔬菜花卉研究所、全国农业技术推广服务中心。

本标准主要起草人:王长林、李建伟、王迎杰、张天明、刘肃。

无公害食品　西葫芦生产技术规程

1　范围

本标准规定了无公害食品西葫芦生产的产地环境、生产技术、病虫害防治、采收及生产档案。

本标准适用于无公害食品西葫芦的生产。

2　规范性引用文件

下列文件中的条款通过本标准的引用而成为本标准的条款。凡是注日期的引用文件，其随后所有的修改单(不包括勘误的内容)或修订版均不适用于本标准，然而，鼓励根据本标准达成协议的各方研究是否可使用这些文件的最新版本。凡是不注日期的引用文件，其最新版本适用于本标准。

GB 4285　农药安全使用标准

GB/T 8321(所有部分)　农药合理使用准则

NY/T 496　肥料合理使用准则　通则

NY 5010　无公害食品　蔬菜产地环境条件

NY 5294　无公害食品　设施蔬菜产地环境条件

3　产地环境

露地生产，产地环境要符合 NY 5010 的规定。应选择地势高燥，排灌方便，土层深厚、疏松、肥沃的地块。

保护设施生产，产地环境要符合 NY 5294 的规定。保护设施包括连栋温室、日光温室、塑料棚、改良阳畦、温床等。

4　生产技术

4.1　栽培季节

结合使用不同的保护设施，在我国大部分地区均可进行周年生产，但以春季栽培最为适宜。

4.2　品种选择

选择抗病、优质、高产、抗逆性强、商品性好、适合市场需求的品种。种子质量应符合以下标准：种子纯度≥85％，净度≥97％，发芽率≥80％，水分≤9％。

4.3　育苗

4.3.1　播种量的确定

根据定植密度、种子千粒重，每 667 m^2 栽培面积育苗用种量 200 g～400 g，直播用种量 400 g～800 g。

4.3.2　播种期的确定

根据栽培季节、育苗方法和壮苗指标选择适宜的播种期。

4.3.3　育苗设施选择

根据季节不同，选用温室、塑料棚、阳畦、温床等育苗设施育苗；夏秋季育苗应配有防虫、遮阳、防雨设施。有条件的可采用营养钵育苗或工厂化穴盘育苗。

4.3.4　营养土配制

4.3.4.1　营养土要求：pH 5.5～7.5，有机质 2.5％～3％，有效磷 20 mg/kg～40 mg/kg，速效钾 100

mg/kg～140 mg/kg，碱解氮 120 mg/kg～150 mg/kg，孔隙度约 60%，土壤疏松，保肥保水性能良好。配制好的营养土均匀铺于播种床上，厚度 10 cm～15 cm。

4.3.4.2　工厂化穴盘育苗营养土配方：2 份草炭加 1 份蛭石，以及适量的腐熟农家肥。

4.3.4.3　普通苗床或营养钵育苗营养土配方：选用无病虫源的田园土占 1/3、炉灰渣（或腐熟马粪，或草炭土，或草木灰）占 1/3，腐熟农家肥占 1/3；或无病虫源的田土 50%～70%，优质腐熟农家肥 50%～30%，三元复合肥（N：P：K＝15：15：15）0.1%。不宜使用未发酵好的农家肥。

4.3.5　育苗床土消毒

按照种植计划准备足够的播种床。每 1 m^2 播种床用福尔马林 30 mL～50 mL，加水 3 L，或 72.2% 霜霉威水剂 400 倍液喷洒床土，用塑料薄膜闷盖 3d 后揭膜，待气体散尽后播种。或按每 1 m^2 苗床用 15 mg～30 mg 药土作床面消毒。药土配制方法：用 50%多菌灵与 50%福美双混合剂各 8 g～10 g（按 1＋1 混合），与 15 kg～30 kg 细土混合均匀后撒在床面。

4.3.6　种子处理

4.3.6.1　药剂浸种：用 50%多菌灵可湿性粉剂 500 倍液浸种 1 h，或福尔马林 300 倍液浸种 1.5 h，再用 10%磷酸三钠浸种 15 min～20 min，捞出洗净催芽。

4.3.6.2　温汤浸种：将种子用 55℃的温水浸种，边浸边搅拌至室温，然后用清水冲净黏液后晾干再催芽。

4.3.7　催芽

消毒后的种子浸泡 4 h 左右后捞出洗净，置于 28℃催芽。包衣种子直播即可。

4.3.8　播种方法

播种前浇足底水，湿润至深 10 cm。水渗下后用营养土平整床面。种子 70%破嘴时均匀撒播，覆盖营养土 1.5 cm～2.0 cm。每平方米苗床再用 50%多菌灵 8 g，拌上细土均匀撒于床面上。冬春播秧育苗床面上覆盖地膜，夏秋播种床面覆盖遮阳网或稻草，幼苗顶土时撤除床面覆盖物。

4.3.9　苗期管理

4.3.9.1　温度：夏秋育苗需遮阳降温；冬春育苗要增温保温。温度管理见表 1。

表 1　苗期温度调节表

时　期	白天适宜温度 ℃	夜间适宜温度 ℃	最低夜温 ℃
播种至出土	25～30	18～20	15
出土至分苗	20～25	13～14	12
分苗后至缓苗	28～30	16～18	13
缓苗后至炼苗	18～25	10～12	10
定植前 5 d～7 d	15～25	6～8	6

4.3.9.2　光照：冬春育苗采用反光幕或补光设施等增加光照；夏秋育苗要适当遮光。

4.3.9.3　水肥：播种和分苗时水要浇足，以后视育苗季节和墒情适当浇水。苗期以控水控肥为主，在秧苗 2 叶～3 叶时，可结合苗情追 0.3%尿素。

4.3.9.4　上土：种子拱土时撒一层过筛床土加快种壳脱落。

4.3.9.5　分苗：当苗子叶展平，真叶显现，移入直径 10 cm 营养钵中；也可在育苗床上按株行距 10 cm×10 cm 划块分苗。

有条件的，最好直接在直径 10 cm 营养钵中，或在苗床上按株行距 10 cm×10 cm 播种，不进行分苗。

4.3.9.6　炼苗：冬春育苗，定植前 1 周，白天 15℃～25℃，夜间 6℃～8℃。夏秋育苗逐渐撤去遮阳网，适当控制水分。炼苗结束时，幼苗的环境条件应尽可能与定植田环境条件一致，以利于定植后缓苗。

4.3.9.7 壮苗标准：子叶完好、茎基粗、叶色浓绿、下胚轴较短，无病虫害。

4.4 定植前准备

4.4.1 整地施基肥

根据土壤肥力和目标产量确定施肥总量。磷肥全部作基肥，钾肥2/3做基肥，氮肥1/3做基肥。基肥以优质农家肥为主，2/3撒施，1/3沟施，按照当地种植习惯做畦。

4.4.2 棚室消毒

棚室在定植前要进行消毒，每667 m^2 设施用80%敌敌畏乳油250 g拌上锯末，与2 kg～3 kg硫磺粉混合，分10处点燃，密闭一昼夜，通风后无味时定植。

4.5 定植

4.5.1 定植时间

冬春季节，在地下10 cm最低土温稳定通过12℃后定植；秋季根据苗龄确定定植时间。

4.5.2 定植方法及密度

定植前2天苗床或营养钵要浇透水。冬春季节，定植应选择晴天的上午进行，定植垄要覆盖地膜。保护地可采用大小行栽培。根据品种特性、气候条件及栽培习惯，一般每667 m^2 定植2 000株左右；长季节大型温室、大棚栽培，667 m^2 定植1 300株～1 700株。

4.6 田间管理

4.6.1 保护地内温度

4.6.1.1 缓苗期：白天28℃～30℃，晚上不低于18℃。

4.6.1.2 缓苗后：白天20℃～25℃左右，夜间不低于13℃。

4.6.2 保护地内光照

采用透光性好的耐候功能膜，保持膜面清洁，白天揭开保温覆盖物，日光温室后部张挂反光幕，尽量增加光照强度和时间。夏秋季节适当遮阳降温。

4.6.3 保护地内空气湿度

根据西葫芦不同生育阶段对湿度的要求和控制病害的需要，最佳空气相对湿度的调控指标是缓苗期80%～90%、开花结瓜期70%～85%。

4.6.4 保护地内二氧化碳

有条件时，冬春季节棚内应补充二氧化碳，使设施内的浓度达到800 mL/m^3～1 000 mL/m^3。

4.6.5 肥水管理

4.6.5.1 保护地内采用膜下滴灌或暗灌。定植后及时浇水，3 d～5 d后浇缓苗水，根瓜坐住后，结束蹲苗，浇水追肥，冬春季节不浇明水，一般每10 d～15 d浇1次水，而且要选晴天的中午进行。保护地内土壤相对湿度应保持在60%～70%，夏秋季节保持在75%～85%。

4.6.5.2 根据西葫芦生长势和生育期长短，按照平衡施肥要求施肥，适时追施氮肥和磷、钾肥。同时，应有针对性地喷施微量元素肥料，根据需要可喷施叶面肥防早衰。

4.6.5.3 使用肥料应符合NY/T 496的要求。城市生活垃圾一定要经过无害化处理，质量达到GB 8172中1.1的技术要求才能使用。

4.6.6 保护地内植株调整

4.6.6.1 吊蔓或插架绑蔓：长季节栽培，用尼龙绳吊蔓或用细竹竿插架绑蔓。

4.6.6.2 摘除侧枝、打底叶及疏花疏果：保护地栽培应及时摘除侧枝，采用落蔓方式调整植株高度。病叶、老叶、畸形瓜要及时打掉。若雌花太多应及时进行疏花疏果。

4.6.7 人工授粉

西葫芦保护地及早春露地栽培，需进行人工授粉，根据栽培方式、栽培季节及品种的不同，授粉应在上午7时～10时进行，选择当天开放的雄花给当天开放的雌花授粉，每朵雄花可授2朵～3朵雌花。

5 病虫害防治

5.1 主要病虫害

5.1.1 主要病害

猝倒病、白粉病、病毒病、褐腐病、疫病、黑星病、灰霉病。

5.1.2 主要虫害

蚜虫、白粉虱、红蜘蛛、美洲斑潜蝇等。

5.2 防治原则

按照“预防为主，综合防治”的植保方针，坚持以“农业防治、物理防治、生物防治为主，化学防治为辅”的无害化治理原则。

5.3 防治方法

5.3.1 农业防治

5.3.1.1 选用抗病品种：针对当地主要病虫害发生情况，选用高抗品种。

5.3.1.2 提高植株抗逆性：通过培育适龄壮苗、进行低温炼苗等措施，提高植株抗逆性。

5.3.1.3 创造适宜的生育环境条件。

5.3.1.3.1 控制好温度：保护设施栽培，要通过放风和辅助加温等措施，控制好不同生育时期的适宜温度，避免低温和高温的危害。

5.3.1.3.2 控制好空气湿度和土壤含水量：保护设施栽培，要通过地面覆盖、滴灌或暗灌、控制浇水量、通风排湿、温度调控等措施控制空气相对湿度在最佳指标范围；露地栽培通过采用深沟高畦、采取适宜的浇水方式、严防积水等措施控制土壤含水量。

5.3.1.3.3 改善光照和气体条件：保护设施栽培，要尽量给予充足的光照，提高二氧化碳浓度，以满足植株生长的需要。

5.3.1.3.4 清洁田园：将残枝败叶和杂草清理干净，集中进行无害化处理，保持田间清洁，以消除和减少侵染性病虫害的传染源。

5.3.1.4 进行耕作改制：与非瓜类作物轮作3年以上。有条件的地区实行水旱轮作。

5.3.1.5 科学施肥：测土平衡施肥，增施充分腐熟的有机肥，少施化肥，防止土壤盐渍化。

5.3.2 物理防治

5.3.2.1 设施防护：温室和大棚的放风口使用防虫网封闭，夏秋季覆盖塑料薄膜、防虫网和遮阳网，进行避雨、遮阳、防虫栽培，减轻病虫害的发生。

5.3.2.2 黄板诱杀：保护设施内悬挂黄板诱杀蚜虫、白粉虱等害虫。规格为25 cm×40 cm的黄板，每667 m^2需悬挂30块～40块。

5.3.2.3 银灰膜驱避蚜虫：铺银灰色地膜或张挂银灰膜膜条避蚜。

5.3.2.4 高温消毒：棚室在夏季宜采取闷棚措施，利用太阳能对土壤进行高温消毒处理。

5.3.2.5 杀虫灯诱杀害虫：利用频振杀虫灯、黑光灯、高压汞灯、双波灯诱杀害虫。

5.3.3 生物防治

5.3.3.1 天敌：积极保护利用天敌，防治病虫害。如用丽蚜小蜂防治白粉虱等。

5.3.3.2 生物药剂：应优先采用生物药剂防治病虫害。如用浏阳霉素防治红蜘蛛等。

5.3.4 化学药剂防治

5.3.4.1 **使用原则与要求**

5.3.4.1.1 各地根据当地实际情况，可以使用本标准规定以外的化学药剂进行防治病虫害，但使用化学药剂防治应符合 GB 4285 和 GB/T 8321(所有部分)的要求。

5.3.4.1.2 保护设施内优先采用粉尘法、烟熏法。注意轮换用药，合理混用。严格控制农药安全间隔期。

5.3.4.1.3 禁止使用高毒、剧毒、高残留的农药，如甲胺磷、甲基对硫磷、对硫磷、久效磷、磷胺、甲拌磷、甲基异柳磷、特丁硫磷、甲基硫环磷、治螟磷、内吸磷、克百威、涕灭威、灭线磷、硫环磷、蝇毒磷、地虫硫磷、氯唑磷、苯线磷等农药及其混合配剂。

5.3.4.2 **病害的防治**

5.3.4.2.1 猝倒病：于发病初期，用杀毒矾 64%可湿性粉剂 65 g～80 g 配制成 500 倍～600 倍液，或用扑海因 50%可湿性粉剂 25 g～35 g 配制成 1 200 倍～1 500 倍液，或用甲基托布津 70%可湿性粉剂 50 g～70 g 配制成 600 倍～800 倍液，进行喷施。

保护地内，667 m^2 可用百菌清 5%粉尘剂 1 kg 进行喷洒，或用百菌清 45%烟剂 110 g～180 g 熏烟。

5.3.4.2.2 病毒病：以预防为主，控制和杀灭蚜虫、斑潜蝇等传播害虫。

5.3.4.2.3 白粉病：667 m^2 用三唑酮 25%可湿性粉剂 12 g～15 g 配制成 2 500 倍～3 000 倍液，或用特富灵(氟菌唑)30%可湿性粉剂 15 g～20 g 配制成 2 000 倍～2 500 倍液，于发病初期进行喷施。

保护地内可用百菌清 45%烟剂(安全型)，667 m^2 用量 110 g～180 g，或速克灵(腐霉利)10%烟剂，667 m^2 用量 200 g～250 g，进行熏烟。

5.3.4.2.4 灰霉病：667 m^2 用速克灵 50%可湿性粉剂 20 g～40 g 配制成 1 000 倍～2 000 倍液，或用扑海因 50%可湿性粉剂 20 g～30 g 配制成 1 500 倍～1 800 倍液，或用农利灵 50%可湿性粉剂 75 g～100 g 配制成 500 倍～1 000 倍液，于发病初期喷施。

保护地内可用百菌清 45%烟剂(安全型)，667 m^2 用量 110 g～180 g，或速克灵(腐霉利)10%烟剂，667 m^2 用量 200 g～250 g，进行熏烟。

5.3.4.2.5 褐腐病：于发病初期，667 m^2 用杀毒矾 64%可湿性粉剂 65 g～80 g 配制成 500 倍～600 倍液，进行喷施。

5.3.4.2.6 疫病：667 m^2 用杀毒矾 64%可湿性粉剂 65 g～80 g 配制成 500 倍～600 倍液，于发病初期喷施。或 667 m^2 用克露 72%可湿性粉剂 135 g～200 g 配制成 500 倍～600 倍药土，在雨季到来前撒于瓜根周围进行预防，每 667 m^2 用药土 80 kg～100 kg。

5.3.4.2.7 黑星病：于发病初期，667 m^2 用 75%百菌清可湿性粉剂 65 g～80 g 配制成 500 倍～600 倍液，或用扑海因 50%可湿性粉剂 20 g～25 g 配制成 1 500 倍～1 800 倍液，进行喷施。

5.3.4.3 **虫害的防治**

5.3.4.3.1 蚜虫：667 m^2 用啶虫脒 20%乳油 16 mL～20 mL 配制成 2 000 倍～2 500 倍液，或用高效氟氯氰菊酯 2.5%乳油 26.7 mL～33.3 mL 配制成 1 200 倍～1 500 倍液，或用氯氰菊酯 10%乳油 25 mL～35 mL 配制成 1 200 倍～1 600 倍液，或用顺式氯氰菊酯 10%乳油 5 mL～10 mL 配制成 4 000 倍～8 000 倍液，进行喷雾。

5.3.4.3.2 白粉虱：于为害初期，667 m^2 用联苯菊酯 10%乳油 5 mL～10 mL 配制成 4 000 倍～8 000 倍液，或用溴氰菊酯 2.5%乳油 20 mL～25 mL 配制成 1 500 倍～2 000 倍液，进行喷施。

5.3.4.3.3 红蜘蛛：于为害初期，667 m^2 用苯丁锡 50%可湿性粉剂 20 g～40 g 配制成 1 000 倍～2 000 倍液，或用联苯菊酯 10%乳油 5 mL～10 mL 配制成 4 000 倍～8 000 倍液，进行喷施。

5.3.4.3.4 美洲斑潜蝇：于产卵期或孵化初期，667 m^2 用毒死蜱 48%乳油 50 mL～75 mL 配制成 500 倍～800 倍液，或用氰戊菊酯 20%乳油 15 mL～25 mL 配制成 1 500 倍～2 500 倍液，或用喹硫磷 25%乳油 50 mL～70 mL 配制成 600 倍～800 倍液，进行喷施。

6 采收

根据当地市场消费习惯及品种特性，及时分批采收，减轻植株负担，以确保商品果品质，促进后期植株生长和果实膨大。根瓜应适当提早采摘，防止坠秧。

7 生产档案

7.1 建立田间生产档案。

7.2 对生产技术、病虫害防治及采收中各环节所采取的措施进行详细记录。

ICS 67.080.20
B 31

中华人民共和国农业行业标准

NY 5221—2004

无公害食品　马铃薯

2004-01-07 发布　　　　2004-03-01 实施

中华人民共和国农业部 发布

前　言

本标准由中华人民共和国农业部提出。

本标准起草单位：中国农业科学院质量标准与检测技术研究所、农业部蔬菜品质监督检验测试中心（北京）。

本标准主要起草人：刘肃、钱永忠、钱洪、张德纯。

无公害食品　马铃薯

1　范围

本标准规定了无公害食品马铃薯的要求、试验方法、检验规则和标识。

本标准适用于无公害食品马铃薯。

2　规范性引用文件

下列文件中的条款通过本标准的引用而成为本标准的条款。凡是注日期的引用文件，其随后所有的修改单（不包括勘误的内容）或修订版均不适用于本标准，然而，鼓励根据本标准达成协议的各方研究是否可使用这些文件的最新版本。凡是不注日期的引用文件，其最新版本适用于本标准。

GB/T 5009.12　食品中铅的测定

GB/T 5009.15　食品中镉的测定

GB/T 5009.20　食品中有机磷农药残留量的测定

GB/T 5009.38　蔬菜、水果卫生标准分析方法

GB/T 5009.103　植物性食品中甲胺磷和乙酰甲胺磷农药残留量的测定

GB/T 5009.105　黄瓜中百菌清残留量的测定

GB/T 5009.110　植物性食品中氯氰菊酯、氰戊菊酯和溴氰菊酯残留量的测定

GB/T 8855　新鲜水果和蔬菜的取样方法

3　要求

3.1　感官指标

同一品种或相似品种，薯形较好，大小均匀，块茎表面光滑，清洁，不干皱，无明显缺陷（包括病虫害、绿薯、畸形、冻害、裂薯、黑心、空腔、腐烂、机械伤、发芽薯块）。

3.2　安全指标

应符合表1的规定。

表1　无公害食品马铃薯安全指标　　单位为毫克每千克

序号	项　目	指　　标
1	乐果(dimethoate)	≤1
2	乙酰甲胺磷(acephate)	≤0.2
3	敌百虫(trichlorfon)	≤0.1
4	亚胺硫磷(hosemet)	≤0.5
5	氯氰菊酯(cypermethrin)	≤0.5
6	溴氰菊酯(deltamethrin)	≤0.5
7	百菌清(chlorothalonil)	≤1
8	多菌灵(carbendazim)	≤0.5
9	铅(以Pb计)	≤0.4
10	镉(以Cd计)	≤0.05
注：根据《中华人民共和国农药管理条例》，剧毒和高毒农药不得在蔬菜生产中使用。		

4 试验方法

4.1 感官指标

供试样品用目测法进行品种特征、薯形、均匀程度、清洁、腐烂、干皱、病虫害、绿薯、畸形、冻害、裂薯、机械伤、发芽等项目的检测。黑心、空腔应剖开检测。

每批受检样品抽样检验时,对有缺陷的样品做记录。不合格率以 ω 计,数值以%表示,按公式(1)计算:

$$\omega = \frac{n}{N} \times 100 \qquad (1)$$

式中:

n——有缺陷的个数;

N——检验样本的总个数。

计算结果精确到小数点后一位。

4.2 安全指标

4.2.1 乐果、敌百虫、亚胺硫磷

按 GB/T 5009.20 规定执行。

4.2.2 乙酰甲胺磷

按 GB/T 5009.103 规定执行。

4.2.3 氯氰菊酯、溴氰菊酯

按 GB/T 5009.110 规定执行。

4.2.4 百菌清

按 GB/T 5009.105 规定执行。

4.2.5 多菌灵

按 GB/T 5009.38 规定执行。

4.2.6 铅

按 GB/T 5009.12 规定执行。

4.2.7 镉

按 GB/T 5009.15 规定执行。

5 检验规则

5.1 检验分类

5.1.1 型式检验

型式检验是对产品进行全面考核,即对本标准规定的全部要求进行检验。有下列情形之一者应进行型式检验:

a) 申请无公害农产品标志;

b) 有关行业主管部门提出型式检验要求;

c) 前后两次抽样检验结果差异较大;

d) 人为或自然因素使生产环境发生较大变化。

5.1.2 交收检验

每批产品交收前,生产单位都要进行交收检验。交收检验内容包括感官和标识。检验合格后并附合格证方可交收。

5.2 组批

产地抽样以同一品种、同一产地、相同栽培条件、同时采收的马铃薯作为一个检验批次。批发市场、农贸市场和超市相同进货渠道的马铃薯作为一个检验批次。

5.3 抽样方法

按照GB/T 8855中的有关规定执行。

报验单填写的项目应与货物相符，凡与货物单不符，包装容器严重损坏者，应由交货单位重新整理后再行抽样。

5.4 判定规则

5.4.1 每批受检样品的感官指标不合格率按其所检单位（如每箱、每袋）的平均值计算，其值不应超过5%。其中任意一件的不合格率不应超过10%。

5.4.2 安全指标有一项不合格，判该批次产品为不合格。

6 标识

产品应有明确标识，内容包括：产品名称、产品的执行标准、生产者及详细地址、产地、净含量和包装日期等，要求字迹清晰、完整、准确。

ICS 65.020.20
B 31

中华人民共和国农业行业标准

NY/T 5222—2004

无公害食品　马铃薯生产技术规程

2004-01-07 发布　　2004-03-01 实施

中华人民共和国农业部　发布

前　言

本标准由中华人民共和国农业部提出。

本标准起草单位:中国农业科学院蔬菜花卉研究所、全国农业技术推广服务中心。

本标准主要起草人:金黎平、卞春松、谢开云、庞万福、段绍光、刘肃。

无公害食品　马铃薯生产技术规程

1　范围

本标准规定了无公害食品马铃薯生产的术语和定义、产地环境、生产技术、病虫害防治、采收和生产档案。

本标准适用于无公害食品马铃薯的生产。

2　规范性引用文件

下列文件中的条款通过本标准的引用而成为本标准的条款。凡是注明日期的引用文件，其随后所有的修改单(不包括勘误的内容)或修订版均不适用于本标准，然而，鼓励根据本标准达成协议的各方研究是否可使用这些文件的最新版本。凡是不注日期的引用文件，其最新版本适用于本标准。

GB 4285　农药安全使用标准

GB 4406　种薯

GB/T 8321(所有部分)　农药合理使用准则

GB 18133　马铃薯脱毒种薯

NY/T 496　肥料合理使用准则　通则

NY 5010　无公害食品　蔬菜产地环境条件

NY 5024　无公害食品　马铃薯

3　术语和定义

下列术语和定义适用于本标准。

3.1

脱毒种薯　virus-free seed potatoes

经过一系列物理、化学、生物或其他技术措施处理，获得在病毒检测后未发现主要病毒的脱毒苗(薯)后，经脱毒种薯生产体系繁殖的符合 GB 18133 标准的各级种薯。

脱毒种薯分为基础种薯和合格种薯两类。基础种薯是经过脱毒苗(薯)繁殖、用于生产合格种薯的原原种和由原原种繁殖的原种。合格种薯是用于生产商品薯的种薯。

3.2

休眠期　period of dormancy

生产上指，在适宜条件下，块茎从收获到块茎幼芽自然萌发的时期。马铃薯块茎的休眠实际开始于形成块茎的时期。

4　产地环境

产地环境条件应符合“NY 5010 无公害食品　蔬菜产地环境条件”的规定。选择排灌方便、土层深厚、土壤结构疏松、中性或微酸性的砂壤土或壤土，并要求 3 年以上未重茬栽培马铃薯的地块。

5　生产技术

5.1　播种前准备

5.1.1　品种与种薯

选用抗病、优质、丰产、抗逆性强、适应当地栽培条件、商品性好的各类专用品种。种薯质量应符合

“GB 18133 马铃薯脱毒种薯”和“GB 4406 种薯”的要求。

5.1.2 种薯催芽

播种前 15 d～30 d 将冷藏或经物理、化学方法人工解除休眠的种薯置于 15℃～20℃、黑暗处平铺 2 层～3 层。当芽长至 0.5 cm～1 cm 时，将种薯逐渐暴露在散射光下壮芽，每隔 5 d 翻动一次。在催芽过程中淘汰病、烂薯和纤细芽薯。催芽时要避免阳光直射、雨淋和霜冻等。

5.1.3 切块

提倡小整薯播种。播种时温度较高，湿度较大，雨水较多的地区，不宜切块。必要时，在播前 4 d～7 d，选择健康的、生理年龄适当的较大种薯切块。切块大小以 30 g～50 g 为宜。每个切块带 1 个～2 个芽眼。切刀每使用 10 min 后或在切到病、烂薯时，用 5%的高锰酸钾溶液或 75%酒精浸泡 1 min～2 min 或擦洗消毒。切块后立即用含有多菌灵(约为种薯重量的 0.3%)或甲霜灵(约为种薯重量的 0.1%)的不含盐碱的植物草木灰或石膏粉拌种，并进行摊晾，使伤口愈合，勿堆积过厚，以防烂种。

5.1.4 整地

深耕，耕作深度约 20 cm～30 cm。整地，使土壤颗粒大小合适。并根据当地的栽培条件、生态环境和气候情况进行作畦、作垄或平整土地。

5.1.5 施基肥

按照“NY/T 496 肥料合理使用准则　通则”要求，根据土壤肥力，确定相应施肥量和施肥方法。氮肥总用量的 70%以上和大部分磷、钾肥料可基施。农家肥和化肥混合施用，提倡多施农家肥。农家肥结合耕翻整地施用，与耕层充分混匀，化肥做种肥，播种时开沟施。适当补充中、微量元素。每生产 1 000 kg薯块的马铃薯需肥量：氮肥(N)5 kg～6 kg，磷肥(P_2O_5)1 kg～3 kg，钾肥(K_2O)12 kg～13 kg。

5.2 播种

5.2.1 时间

根据气象条件、品种特性和市场需求选择适宜的播期。一般土壤深约 10 cm 处地温为 7℃～22℃时适宜播种。

5.2.2 深度

地温低而含水量高的土壤宜浅播，播种深度约 5 cm；地温高而干燥的土壤宜深播，播种深度约 10 cm。

5.2.3 密度

不同的专用型品种要求不同的播种密度。一般早熟品种每公顷种植 60 000 株～70 000 株，中晚熟品种每公顷种植 50 000 株～60 000 株。

5.2.4 方法

人工或机械播种。降雨量少的干旱地区宜平作，降雨量较多或有灌溉条件的地区宜垄作。播种季节地温较低或气候干燥时，宜采用地膜覆盖。

5.3 田间管理

5.3.1 中耕除草

齐苗后及时中耕除草，封垄前进行最后一次中耕除草。

5.3.2 追肥

视苗情追肥，追肥宜早不宜晚，宁少毋多。追肥方法可沟施、点施或叶面喷施，施后及时灌水或喷水。

5.3.3 培土

一般结合中耕除草培土 2 次～3 次。出齐苗后进行第一次浅培土，显蕾期高培土，封垄前最后一次培土，培成宽而高的大垄。

5.3.4 灌溉和排水

在整个生长期土壤含水量保持在60%～80%。出苗前不宜灌溉，块茎形成期及时适量浇水，块茎膨大期不能缺水。浇水时忌大水漫灌。在雨水较多的地区或季节，及时排水，田间不能有积水。收获前视气象情况7 d～10 d停止灌水。

6 病虫害防治

6.1 防治原则

按照“预防为主，综合防治”的植保方针，坚持以“农业防治、物理防治、生物防治为主，化学防治为辅”的无害化治理原则。

6.2 主要病虫害

主要病害为晚疫病、青枯病、病毒病、癌肿病、黑胫病、环腐病、早疫病、疮痂病等。主要虫害为蚜虫、蓟马、粉虱、金针虫、块茎蛾、地老虎、蛴螬、二十八星瓢虫、潜叶蝇等。

6.3 农业防治

6.3.1 针对主要病虫控制对象，因地制宜选用抗（耐）病优良品种，使用健康的不带病毒、病菌、虫卵的种薯。

6.3.2 合理品种布局，选择健康的土壤，实行轮作倒茬，与非茄科作物轮作3年以上。

6.3.3 通过对设施、肥、水等栽培条件的严格管理和控制，促进马铃薯植株健康成长，抑制病虫害的发生。

6.3.4 测土平衡施肥，增施磷、钾肥，增施充分腐熟的有机肥，适量施用化肥。

6.3.5 合理密植，起垄种植，加强中耕除草、高培土、清洁田园等田间管理，降低病虫源数量。

6.3.6 建立病虫害预警系统，以防为主，尽量少用农药和及时用药。

6.3.7 及时发现中心病株并清除、远离深埋。

6.4 生物防治

释放天敌，如捕食螨、寄生蜂、七星瓢虫等。保护天敌，创造有利于天敌生存的环境，选择对天敌杀伤力低的农药。利用350 g/hm^2～750 g/hm^{2}的16 000 IU/mg苏云金杆菌可湿性粉剂1 000倍液防治鳞翅目幼虫。利用0.3%印楝乳油800倍液防治潜叶蝇、蓟马。利用0.38%苦参碱乳油300倍～500倍液防治蚜虫以及金针虫、地老虎、蛴螬等地下害虫，利用210 g/hm^2～420 g/hm^{2}的72%农用硫酸链霉素可溶性粉剂4 000倍液，或3%中生菌素可湿性粉剂800倍～1 000倍液防治青枯病、黑胫病或软腐病等多种细菌病害。

6.5 物理防治

露地栽培可采用杀虫灯以及性诱剂诱杀害虫。保护地栽培可采用防虫网或银灰膜避虫、黄板（柱）以及性诱剂诱杀害虫。

6.6 药剂防治

6.6.1 农药施用严格执行GB 4285和GB/T 8321的规定。应对症下药，适期用药，更换使用不同的适用药剂，运用适当浓度与药量，合理混配药剂，并确保农药施用的安全间隔期。

6.6.2 禁止施用高毒、剧毒、高残留农药：甲胺磷，甲基对硫磷，对硫磷，久效磷，磷胺，甲拌磷，甲基异柳磷，特丁硫磷，甲基硫环磷，治螟磷，内吸磷，克百威，涕灭威，灭线磷，硫环磷，蝇毒磷，地虫硫磷，氯唑磷，苯线磷等农药。

6.6.3 主要病虫害防治

6.6.3.1 晚疫病

在有利发病的低温高湿天气，用2.5 kg/hm^2～3.2 kg/hm^{2}的70%代森锰锌可湿性粉剂600倍液，或2.25 kg/hm～3 kg/hm^{2}的25%甲霜灵可湿性粉剂500倍～800倍稀释液，或1.8 kg/hm^2～2.25 kg/

hm^2 的 58%甲霜灵锰锌可湿性粉剂 800 倍稀释液，喷施预防，每 7 d 左右喷 1 次，连续 3 次～7 次。交替使用。

6.6.3.2 青枯病

发病初期用 210 g/hm^2～420 g/hm^2 的 72%农用链霉素可溶性粉剂 4 000 倍液，或 3%中生菌素可湿性粉剂 800 倍～1 000 倍液，或 2.25 kg/hm^2～3 kg/hm^2 的 77%氢氧化铜可湿性微粒粉剂 400 倍～500 倍液灌根，隔 10 d 灌 1 次，连续灌 2 次～3 次。

6.6.3.3 环腐病

用 50 mg/kg 硫酸铜浸泡薯种 10 min。发病初期，用 210 g/hm^2～420 g/hm^2 的 72%农用链霉素可溶性粉剂 4 000 倍液，或 3%中生菌素可湿性粉剂 800～1 000 倍液喷雾。

6.6.3.4 早疫病

在发病初期，用 2.25 kg/hm^2～3.75 kg/hm^2 的 75%百菌清可湿性粉剂 500 倍液，或2.25 kg/hm^2～3 kg/hm^2的 77%氢氧化铜可湿性微粒粉剂 400 倍～500 倍液喷雾，每隔 7 d～10 d 喷 1 次，连续喷 2 次～3 次。

6.6.3.5 蚜虫

发现蚜虫时防治，用 375 g/hm^2～600 g/hm^2 的 5%抗蚜威可湿性粉剂 1 000 倍～2 000 倍液，或 150 g/hm^2～300 g/hm^2 的 10%吡虫啉可湿性粉剂 2 000 倍～4 000 倍液，或 150 mL/hm^2～375 mL/hm^2 的 20%的氰戊菊酯乳油 3 300 倍～5 000 倍液，或 300 mL/hm^2～600 mL/hm^2 的 10%氯氰菊酯乳油 2 000 倍～4 000 倍液等药剂交替喷雾。

6.6.3.6 蓟马

当发现蓟马危害时，应及时喷施药剂防治，可施用 0.3%印楝素乳油 800 倍液，或 150 mL/hm^2～375 mL/hm^2 的 20%的氰戊菊酯乳油 3 300 倍～5 000 倍液，或 450 mL/hm^2～750 mL/hm^2 的 10%氯氰菊酯乳油 1 500 倍～4 000 倍液喷施。

6.6.3.7 粉虱

于种群发生初期，虫口密度尚低时，用 375 mL/hm^2～525 mL/hm^2 的 10%氯氰菊酯乳油 2 000 倍～4 000 倍液，或 150 g/hm^2～300 g/hm^2 的 10%吡虫啉可湿性粉剂 2 000 倍～4 000 倍液喷施。

6.6.3.8 金针虫、地老虎、蛴螬等地下害虫

可施用 0.38%苦参碱乳油 500 倍液，或 750 mL/hm^2 的 50%辛硫磷乳油 1 000 倍液，或950 g/hm^2～1 900 g/hm^2的 80%的敌百虫可湿性粉剂，用少量水溶化后和炒熟的棉籽饼或菜籽饼 70 kg～100 kg 拌匀，于傍晚撒在幼苗根的附近地面上诱杀。

6.6.3.9 马铃薯块茎蛾

对有虫的种薯，室温下用溴甲烷 35 g/m^3 或二硫化碳 7.5 g/m^3 熏蒸 3 小时。在成虫盛发期可喷洒 300 mL/hm^2～600 mL/hm^2 的 2.5%高效氯氟氰菊酯乳油 2 000 倍液喷雾防治。

6.6.3.10 二十八星瓢虫

发现成虫即开始喷药，用 225 mL/hm^2～450 mL/hm^2 的 20%的氰戊菊酯乳油 3 000 倍～4 500 倍液，或 2.25 kg/hm^2 的 80%的敌百虫可湿性粉剂 500 倍～800 倍稀释液喷杀，每 10 d 喷药 1 次，在植株生长期连续喷药 3 次，注意叶背和叶面均匀喷药，以便把孵化的幼虫全部杀死。

6.6.3.11 螨虫

用 750 mL/hm^2～1 050 mL/hm^2 的 73%炔螨特乳油 2 000 倍～3 000 倍稀释液，或 0.9%阿维菌素乳油 4 000 倍～6 000 倍稀释液，或施用其他杀螨剂，5 d～10 d 喷药 1 次，连喷 3 次～5 次。喷药重点在植株幼嫩的叶背和茎的顶尖。

6.6.3.12 本标准规定以外其他药剂的选用，应符合本标准第 6.6.1 条的规定。

7 采收

根据生长情况与市场需求及时采收。采收前若植株未自然枯死，可提前7 d～10 d杀秧。收获后，块茎避免暴晒、雨淋、霜冻和长时间暴露在阳光下而变绿。产品质量应符合“NY 5024 无公害食品 马铃薯”的要求。

8 生产档案

8.1 建立田间生产技术档案。

8.2 对生产技术、病虫害防治和采收各环节所采取的主要措施进行详细记录。

ICS 67.080.20
B 31

中华人民共和国农业行业标准

NY 5223—2004

无公害食品　洋葱

2004-01-07 发布　　2004-03-01 实施

中华人民共和国农业部　发布

前　言

本标准由中华人民共和国农业部提出。

本标准起草单位:农业部食品质量监督检验测试中心(济南)。

本标准主要起草人:滕葳、柳琪、任凤山、陈子雷、王磊、王文博、郭栋梁。

无公害食品 洋葱

1 范围

本标准规定了无公害食品洋葱的要求、试验方法、检验规则和标识。

本标准适用于无公害食品洋葱。

2 规范性引用文件

下列文件中的条款通过本标准的引用而成为本标准的条款。凡是注日期的引用文件，其随后所有的修改单(不包括勘误的内容)或修订版均不适用于本标准，然而，鼓励根据本标准达成协议的各方研究是否可使用这些文件的最新版本。凡是不注日期的引用文件，其最新版本适用于本标准。

GB/T 5009.12 食品中铅的测定

GB/T 5009.15 食品中镉的测定

GB/T 5009.20 食品中有机磷农药残留量的测定

GB/T 5009.38 蔬菜、水果卫生标准的分析方法

GB/T 5009.105 黄瓜中百菌清残留量的测定

GB/T 5009.126 植物性食品中三唑酮残留量的测定

GB/T 8855 新鲜水果和蔬菜的取样方法

3 要求

3.1 感官指标

同一品种或相似品种，规格基本一致，成熟适度、脆嫩、干燥、洁净、无鳞芽、具有该品种的正常滋味和气味。无明显缺陷(包括软腐、异味、冷害、冻害、病虫害及机械伤)。

3.2 安全指标

应符合表1的规定。

表1 无公害食品洋葱安全指标 单位为毫克每千克

序　号	项　目	指　标
1	乙酰甲胺磷(acephate)	≤0.2
2	乐果(dimethoate)	≤1
3	毒死蜱(chlorpyrifos)	≤1
4	敌敌畏(dichlorphos)	≤0.2
5	三唑酮(triadimefon)	≤0.2
6	百菌清(chlorothalonil)	≤1
7	多菌灵(carbendazol)	≤0.5
8	铅(以Pb计)	≤0.2
9	镉(以Cd计)	≤0.05
注：根据《中华人民共和国农药管理条例》，剧毒和高毒农药不得在蔬菜生产中使用。		

4 试验方法

4.1 感官指标

将样品置于干净的白瓷盘中，用目测法检测品种特征、成熟度、脆嫩、干燥、洁净、鳞芽、规格、软腐、

冷害、冻害、病虫害及机械伤等。用鼻嗅的方法检测气味和异味。用品尝的方法检测滋味。病虫害症状不明显而有怀疑者,应用刀切开检测。

每批受检产品抽样检验时,对有缺陷的样品做记录,不合格率以 ω 计,数值以%表示。按公式(1)计算:

$$\omega = \frac{n}{N} \times 100 \qquad (1)$$

式中:

n——有缺陷的个数;

N——检验样本的总个数。

计算结果精确到小数点后一位。

4.2 安全指标

4.2.1 乙酰甲胺磷、乐果、毒死蜱、敌敌畏

按 GB/T 5009.20 规定执行。

4.2.2 三唑酮

按 GB/T 5009.126 规定执行。

4.2.3 百菌清

按 GB/T 5009.105 规定执行。

4.2.4 多菌灵

按 GB/T 5009.38 规定执行。

4.2.5 铅

按 GB/T 5009.12 规定执行。

4.2.6 镉

按 GB/T 5009.15 规定执行。

5 检验规则

5.1 检验分类

5.1.1 型式检验

型式检验是对产品进行全面考核,即对本标准规定的全部要求进行检验。有下列情形之一者应进行型式检验:

a) 申请无公害农产品标志;

b) 有关行政主管部门提出型式检验要求;

c) 前后两次抽样检验结果差异较大;

d) 人为或自然因素使生产环境发生较大变化。

5.1.2 交收检验

每批产品交收前,应进行交收检验。交收检验内容包括感官和标识。检验合格后并附合格证方可交收。

5.2 组批

同一品种、同一产地、相同的栽培条件、同时采收的洋葱作为一个检验批次。批发市场、农贸市场和超市相同进货渠道的洋葱作为一个检验批次。

5.3 抽样方法

按照 GB/T 8855 中的有关规定执行。

报验单填写的项目应与货物相符,凡与货物不符,包装容器严重损坏者,应由交货单位重新整理后

再行抽样。

5.4 判定规则

5.4.1 每批受检样品的感官指标，不合格率按其所检单位的平均值计算，其值不应超过5%。其中任何一件包装的不合格率不应超过10%。

5.4.2 安全指标有一项不合格，该批次产品为不合格。

6 标识

产品应有明确的标识，内容包括：产品名称、产品执行标准、生产者及详细地址、产地、净含量和包装日期等。要求字迹清晰、完整、准确。

ICS 65.020.20
B 31

中华人民共和国农业行业标准

NY/T 5224—2004

无公害食品　洋葱生产技术规程

2004-01-07 发布　　2004-03-01 实施

中华人民共和国农业部　发布

前　言

本标准由中华人民共和国农业部提出。

本标准主要起草单位：山东省农业技术推广总站、农业部食品质量监督检验测试中心（济南）。

本标准主要起草人：高中强、刘贵申、张真和、李建伟、王淑芬、黄金亮、李秀美、刘国琴、巩庆平、杨武杰。

无公害食品　洋葱生产技术规程

1　范围

本标准规定了无公害食品洋葱的产地环境、生产技术、病虫害防治、采收和生产档案。

本标准适用于无公害食品洋葱生产。

2　规范性引用文件

下列文件中的条款，通过本标准的引用而成为本标准的条款。凡是注日期的引用文件，其随后所有的修改单(不包括勘误的内容)或修订版均不适用于本标准，但是，鼓励根据本标准达成协议的各方研究是否可使用这些文件的最新版本。凡是不注日期的引用文件，其最新版本适用于本标准。

GB 4285　农药安全使用标准

GB/T 8321(所有部分)　农药合理使用准则

NY/T 496　肥料合理使用准则　通则

NY 5010　无公害食品　蔬菜产地环境条件

3　产地环境

应符合 NY 5010 的规定。选择地势平坦，排灌方便，肥沃疏松，通气性好，2 年～3 年未种过葱蒜类蔬菜的壤土地块。

4　生产技术

4.1　品种选择

4.1.1　品种选择

不同地区应根据当地气候条件和目标市场的需要，选用与其生态类型相适应的优质、丰产、抗逆性强、商品性好的品种。华北、东北、西北等高纬度地区应选用长日照型品种，华中、华南、西南等低纬度地区应选用对长日照反应不敏感的品种。

4.1.2　种子质量

应选用当年新种子。种子质量要求纯度≥95%，净度≥98%，发芽率≥94%，水分≤10%。

4.2　播种育苗

4.2.1　播种期

应根据当地的气候条件和栽培经验确定安全播种期。华北北部、东北南部、西北部分地区在 8 月下旬至 9 月上旬播种；长江流域、黄河流域、华北南部等中纬度地区在 9 月中下旬播种；夏季冷凉的山区和高纬度北部地区 2 月中上旬于日光温室内播种，或 3 月中上旬于塑料大棚内播种。中早熟品种比晚熟品种早播 7d～10d；常规品种比杂交品种早播 4d～5d。

4.2.2　苗床的制作

4.2.2.1　地块和设施选择

选择地势高燥，排灌方便的地块，并符合本标准 3 的规定。在北方寒冷地区根据当地的气候条件选择日光温室、塑料大棚、阳畦和温床等育苗设施。

4.2.2.2　整地和施肥

育苗地选好后，每 667 m^2 苗床施用腐熟的优质有机肥 3 000 kg～5 000 kg，将 50%辛硫磷乳油 400

mL加麦麸6.5 kg，拌匀后掺在农家肥上防治地下害虫。然后翻地使土肥混匀，耙细、整平、作畦。在畦内每667 m^2 施入磷酸二铵30 kg～50 kg、硫酸钾25 kg。

4.2.2.3 制作

南方采用高畦育苗，北方采取平畦育苗。畦面宽1.2 m，畦埂宽0.4 m，做好畦后踏实，灌足底水，待水渗下后播种。定植667 m^2 大田洋葱需育苗50 m^2～80 m^2。

4.2.3 播种

4.2.3.1 播种量

1 m^2 苗床的播种量宜控制在2.3 g～2.5 g。

4.2.3.2 种子处理

用50℃温水浸种10 min；或用40%福尔马林300倍液浸种3 h后，用清水冲洗干净；或用0.3%的35%甲霜灵拌种剂拌种。

4.2.3.3 播种方法

将种子掺入细土，均匀撒在畦面上，然后均匀覆盖厚度1 cm左右细干土，在畦面上覆盖草苫、麦秸等。

4.2.4 育苗期的管理

4.2.4.1 撤除覆盖物

一般播种后7 d开始出苗，待60%以上的种子出苗后，于下午及时撤除覆盖物。

4.2.4.2 浇水

齐苗后用小水灌畦，以后保持畦面见干见湿。在定植前15 d左右适当控水，促进根系生长。

4.2.4.3 施肥

苗期一般不需追肥。若幼苗长势较弱，每66.7 m^2 苗床随水冲施尿素1 kg。

4.2.4.4 除草、防病、治虫

可采取人工拔除的方法除草。化学除草的方法是：用33%二甲戊乐灵乳油每667 m^2 用100 g～150 g，或用48%双丁乐灵乳油200 g，对水50 kg，播后3 d在苗床表面均匀喷雾，注意用药不宜过晚。在苗床上喷1次72.2%霜霉威水剂800倍液，防治洋葱苗期猝倒病。如发现蝼蛄，可喷布50%辛硫磷乳油1 000倍液，或于傍晚撒施毒饵诱杀，毒饵用250份麦麸或豆饼糁炒香后，加1份90%敌百虫制成。

4.2.5 壮苗标准

洋葱壮苗标准因品种、育苗季节等不同而有差异。一般为株高15 cm～18 cm，茎粗5 mm～6 mm，具有3片～4片叶片，苗龄50 d～60 d，植株健壮，无病虫害。

4.3 定植

4.3.1 整地、施肥、作畦

根据土壤肥力和目标产量确定施肥总量。磷肥全部作基肥，钾肥2/3做基肥，氮肥1/3做基肥。基肥以优质农家肥为主，2/3撒施，1/3沟施。施肥应符合NY/T 496的规定，施用的有机肥应符合无害化卫生标准。

施足基肥后，将地整平耙细，并使土肥混合均匀，然后按照当地种植习惯做畦，整平畦面后，浇水灌畦，待水渗下后，喷施除草剂。除草剂每667 m^2 用72%异丙甲草胺乳油50 mL，或33%二甲戊乐灵乳油100 mL，全田均匀喷施，然后覆盖地膜。

4.3.2 适期定植

4.3.2.1 定植时期

洋葱的定植期应严格按照当地温度条件确定。洋葱的定植期分为冬前定植和春季定植两类。长江流域、黄河流域、华北南部等中纬度地区一般在冬前旬平均气温4℃～5℃时（"立冬"前后）定植；华北北部、东北地区、西北部分地区应在春季土壤化冻后及早定植。

4.3.2.2 **定植密度**

洋葱的定植密度一般为株距12 cm～15 cm，行距15 cm～18 cm。因土壤肥力、品种等不同而略有差异。土壤肥力高适当稀植，土壤肥力低适当密植；晚熟品种和杂交品种适当稀植，中早熟品种和常规品种适当密植。

4.3.2.3 **定植方法**

4.3.2.3.1 **起苗分级**

先在苗床浇透水，起苗后按幼苗大小分级，剔除病苗、弱苗、伤苗。

4.3.2.3.2 **定植方法**

定植前将幼苗根部剪短到2 cm，然后用50%多菌灵500倍～800倍液蘸根。定植时按幼苗大小级别分区栽植。先按株、行距打定植孔，再将幼苗栽入定植孔内，定植深度埋至茎基部1 cm左右，以埋住茎盘、不掩埋出叶孔为宜。

4.4 **田间管理**

4.4.1 **浇水**

洋葱定植后立即浇水，3 d～5 d再浇1次缓苗水。冬前定植的，土壤封冻前浇1次封冻水。第二年返青时浇返青水。叶部生长盛期，保持土壤见干见湿，一般7 d～10 d浇1次水。鳞茎膨大期增加浇水次数，一般6 d～8 d浇1次水。收获前8 d～10 d停止浇水。

4.4.2 **追肥**

根据土壤肥力和生长状况分期追肥。返青时随水每667 m^2 追施尿素5 kg～7.5 kg。植株进入叶旺盛生长期进行第二次追肥，每667 m^2 追施尿素、硫酸钾各5 kg～7.5 kg。鳞茎膨大期是追肥的关键时期，一般需追肥2次，间隔20 d左右。每次每667 m^2 随水追施尿素、硫酸钾各5 kg～7.5 kg，或氮、磷、钾三元复合肥10 kg。最后一次追肥时间，应距收获期30 d以上。

5 病虫害防治

5.1 **病虫害防治原则**

按照“预防为主，综合防治”的植保方针，优先采用农业防治、物理防治和生物防治方法，科学合理地利用化学防治技术，达到生产无公害食品洋葱的目的。

5.2 **防治方法**

5.2.1 **农业防治**

5.2.1.1 选用抗病性、适应性强的优良品种。

5.2.1.2 实行3年以上的轮作；勤除杂草；收获后及时清洁田园。

5.2.1.3 培育壮苗，合理浇水，增施充分腐熟的有机肥，提高植株抗性。

5.2.1.4 采用地膜覆盖，及时排涝，防止田间积水。

5.2.2 **物理防治**

播种前采取温水浸种杀菌，保护育苗和保护栽培条件下采用蓝板诱杀葱蓟马。

5.2.3 **生物防治**

在应用化学防治时利用对害虫选择性强的药剂，减少对瓢虫、小花蝽、姬蝽、塔六点蓟马、寄生蜂和蜘蛛等天敌的杀伤作用。在葱蝇成虫和幼虫发生期，用1.1%苦参碱粉剂等喷雾或灌根。

5.2.4 **化学防治**

5.2.4.1 **农药使用的原则和要求**

农药使用应符合GB 4285和GB/T 8321的规定。生产中不使用国家明令禁止的高毒、高残留农药和国家规定在蔬菜上不得使用和限制使用的农药:六六六,滴滴涕,毒杀芬,二溴氯丙烷,杀虫脒,二溴乙烷,除草醚,艾氏剂,狄氏剂,汞制剂,砷、铅类,敌枯双,氟乙酰胺,甘氟,毒鼠强,氟乙酸钠,毒鼠硅,甲胺磷,甲基对硫磷,对硫磷,久效磷,磷胺,甲拌磷,甲基异柳磷,特丁硫磷,甲基硫环磷,治螟磷,内吸磷,克百威,涕灭威,灭线磷,硫环磷,蝇毒磷,地虫硫磷,氯唑磷,苯线磷。

5.2.4.2 病害防治

5.2.4.2.1 紫斑病

发病初期,喷施50%异菌脲可湿性粉剂1 500倍液,或50%代森锰锌可湿性粉剂600倍液,或72%锰锌·霜脲可湿性粉剂600倍液,或64%噁霜·锰锌可湿性粉剂500倍液等,以上药剂交替使用,每7 d~10 d喷1次,连续防治2次。

5.2.4.2.2 锈病

发病初期,喷施15%三唑酮可湿性粉剂1 500倍~2 000倍液,或70%代森锰锌可湿性粉剂1 000倍液加15%三唑酮可湿性粉剂2 000倍液,或40%氟硅唑乳油8 000倍~10 000倍液等,以上药剂交替使用,隔10 d喷1次,连续防治2次。

5.2.4.2.3 霜霉病

发病初期,喷施72%锰锌·霜脲可湿性粉剂600倍液,或64%噁霜·锰锌可湿性粉剂600倍~800倍液,或72.2%霜霉威水剂700倍液等,每7d~10 d喷1次,以上药剂交替使用,连续防治2次~3次。

5.2.4.2.4 灰霉病

发病初期,喷施50%腐霉利可湿性粉剂1 000倍液,或50%多·霉威可湿性粉剂1 000倍液,或40%百·霉威·霜脲可湿性粉剂1 000倍液等,以上药剂交替使用,每7 d~10 d喷1次,连续防治2次~3次。

5.2.4.2.5 病毒病

用50%抗蚜威可湿性粉剂2 000倍~3 000倍液防治蚜虫;或10%吡虫啉可湿性粉剂2 000倍~2 500倍液,或40%乐果乳油800倍~1 000倍液防治蚜虫和葱蓟马,减少或杜绝病毒病传播蔓延。在发病初期,喷洒20%病毒A可湿性粉剂500倍液,或20%吗啉胍·乙铜可湿性粉剂500倍液,每7 d~10 d喷1次,以上药剂交替使用,连续喷施2次~3次。

5.2.4.3 虫害防治

5.2.4.3.1 葱蓟马

在若虫发生高峰期,喷洒10%吡虫啉可湿性粉剂2 000倍~2 500倍液,每7 d~10 d喷1次,连续防治2次~3次。

5.2.4.3.2 葱蝇

定植前用50%辛硫磷乳油1 000倍~1 500倍液,或90%晶体敌百虫1 000倍液,或1.8%阿维菌素乳油5 000倍液,浸泡苗根部2 min。成虫发病初盛期,用以上药剂喷雾,每7 d喷1次,连续防治2次~3次。幼虫发生初期,也用以上药剂灌根,但加水倍数缩减到喷雾时的60%。

5.2.4.3.3 葱斑潜蝇

在成虫发生初盛期和幼虫潜叶为害盛期,用1.8%阿维菌素乳油2 000倍~3 000倍液,喷雾防治,每7 d~10 d喷1次,连续防治2次~3次。

6 采收

6.1 收获时期

收获的适宜时期是:2/3以上的植株,假茎松软,地上部倒伏,下部1片~2片叶枯黄,第3片~4片叶尚带绿色,鳞茎外层鳞片变干。

6.2 收获方法

选晴天采收。收获时连根拔起，整株放在栽培畦原地晾晒 2 d～3 d，用叶片盖住葱头，待葱头表皮干燥，茎叶柔软时编辫，于通风良好的防雨棚内挂藏；或于假茎基部 1.5 cm 左右处剪除地上部假茎，在阴凉避雨通风处堆藏。在收获和贮藏过程中要避免损伤葱头。

7 生产档案

7.1 应建立生产技术档案。

7.2 应记录产地环境、生产技术、病虫害防治、采收等相关内容。

ICS 67.080.20
B 31

中华人民共和国农业行业标准

NY 5225—2004

无公害食品　生姜

2004-01-07 发布　　2004-03-01 实施

中华人民共和国农业部　发布

前　言

本标准由中华人民共和国农业部提出。

本标准起草单位:农业部食品质量监督检验测试中心(济南)。

本标准主要起草人:任凤山、柳琪、滕葳、王磊、郭栋梁、陈子雷、王文博。

无公害食品　生姜

1　范围

本标准规定了无公害食品生姜的要求、试验方法、检验规则和标识。

本标准适用于无公害食品生姜。

2　规范性引用文件

下列文件中的条款通过本标准的引用而成为本标准的条款。凡是注日期的引用文件，其随后所有的修改单(不包括勘误的内容)或修订版均不适用于本标准，然而，鼓励根据本标准达成协议的各方研究是否可使用这些文件的最新版本。凡是不注日期的引用文件，其最新版本适用于本标准。

GB/T 5009.12　食品中铅的测定

GB/T 5009.15　食品中镉的测定

GB/T 5009.20　食品中有机磷农药残留量的测定

GB/T 5009.38　蔬菜、水果卫生标准的分析方法

GB/T 5009.105　黄瓜中百菌清残留量的测定

GB/T 5009.146　植物性食品中有机氯和拟除虫菊酯类农药多种残留的测定

GB/T 8855　新鲜水果和蔬菜的取样方法

3　要求

3.1　感官指标

同一品种或相似品种的生姜，规格基本一致，丰满充实，表面光洁干燥，允许轻微焦皮皱缩，具有该品种的正常滋味、气味和色泽，无明显缺陷(包括腐烂霉变、日灼伤、异味、冷害、冻害、病虫害及机械伤)。

3.2　安全指标

应符合表1的规定。

表1　无公害食品生姜安全指标　　单位为毫克每千克

序　号	项　目	指　标
1	毒死蜱(chlorpyrifos)	≤1
2	敌敌畏(dichlorphos)	≤0.2
3	喹硫磷(quinalphes)	≤0.2
4	氯氰菊酯(cypermethrin)	≤1
5	溴氰菊酯(deletamethrin)	≤0.5
6	百菌清(chlorothalonil)	≤1
7	多菌灵(carbendazol)	≤0.5
8	铅(以 Pb 计)	≤0.4
9	镉(以 Cd 计)	≤0.05
注：根据《中华人民共和国农药管理条例》，剧毒和高毒农药不得在蔬菜生产中使用。		

4　试验方法

4.1　感官指标

将样品放入干净的白瓷盘中，用目测方法检测形态、色泽、规格、腐烂、霉变、焦皮皱缩、冷害、冻害、日灼伤、机械伤；用鼻嗅的方法检测气味和异味；病虫害症状不明显而有怀疑者，应用刀切开检验。洗净后品尝滋味。

每批受检产品抽样检验时，对有缺陷的样品做记录，不合格率以 ω 计，数值以%表示。按公式(1)计算：

$$\omega=\frac{n}{N}\times 100 \quad \cdots\cdots (1)$$

式中：

n——单项不合格品的质量，单位为克(g)；

N——检验批次样本的总质量数，单位为克(g)。

计算结果精确到小数点后一位。

4.2 安全指标

4.2.1 毒死蜱、敌敌畏、喹硫磷

按 GB/T 5009.20 规定执行。

4.2.2 氯氰菊酯、溴氰菊酯

按 GB/T 5009.146 规定执行。

4.2.3 百菌清

按 GB/T 5009.105 规定执行。

4.2.4 多菌灵

按 GB/T 5009.38 规定执行。

4.2.5 铅

按 GB/T 5009.12 规定执行。

4.2.6 镉

按 GB/T 5009.15 规定执行。

5 检验规则

5.1 检验分类

5.1.1 型式检验

型式检验是对产品进行全面考核，即对本标准规定的全部要求进行检验。有下列情形之一者应进行型式检验：

a) 申请无公害农产品标志；

b) 有关行政主管部门提出型式检验要求；

c) 前后两次抽样检验结果差异较大；

d) 人为或自然因素使生产环境发生较大变化。

5.1.2 交收检验

每批产品交收前，应进行交收检验。交收检验内容包括感官和标识。检验合格后并附合格证方可交收。

5.2 组批

同一品种、同一产地、相同栽培条件、同时采收的生姜作为一个检验批次。批发市场、农贸市场和超市相同进货渠道的生姜作为一个检验批次。

5.3 抽样方法

按照 GB/T 8855 中的有关规定执行。

报验单填写的项目应与货物相符，凡与货物不符，包装容器严重损坏者，应由交货单位重新整理后再行抽样。

5.4 判定规则

5.4.1 每批受检样品的感官指标，不合格率按其所检单位的平均值计算，其值不应超过5%。其中任何一件包装的不合格率不应超过10%。

5.4.2 安全指标有一项不合格，该批次产品为不合格。

6 标识

产品应有明确的标识，内容包括：产品名称、产品执行标准、生产者及详细地址、产地、净含量和包装日期等。要求字迹清晰、完整、准确。不应超过10%。

ICS 65.020.20
B 31

中华人民共和国农业行业标准

NY/T 5226—2004

无公害食品　生姜生产技术规程

2004-01-07 发布　　2004-03-01 实施

中华人民共和国农业部 发布

前　言

本标准由中华人民共和国农业部提出。

本标准起草单位:山东省农业技术推广总站、全国农业技术推广服务中心。

本标准主要起草人:巩庆平、李建伟、徐坤、李照会、黄金亮、刘国琴、高中强、李秀美、丁习武、王曰修。

无公害食品　生姜生产技术规程

1　范围

本标准规定了无公害食品生姜的产地环境、生产技术、病虫害防治、采收和生产档案。

本标准适用于无公害食品生姜的生产。

2　规范性引用文件

下列文件中的条款通过本标准的引用而成为本标准的条款。凡是注日期的引用文件，其随后所有的修改单(不包括勘误的内容)或修订版均不适用于本标准，然而，鼓励根据本标准达成协议的各方研究是否可使用这些文件的最新版本。凡是不注日期的引用文件，其最新版本适用于本标准。

GB 4285　农药安全使用标准

GB/T 8321(所有部分)　农药合理使用准则

NY/T 496　肥料合理使用准则

NY 5010　无公害食品　蔬菜产地环境条件

3　产地环境

生产环境应符合 NY 5010 规定。姜田应选择地势高燥，排水良好，土层深厚，有机质丰富的中性或微酸性的肥沃壤土。前茬作物为番茄、茄子、辣椒、马铃薯等茄科植物的地块以及偏碱性土壤和黏重的涝洼地不宜作为姜田。姜田轮作周期应两年以上。

4　生产技术

4.1　施肥原则

施肥应符合 NY/T 496 规定。有条件的地区建议采取测土平衡施肥。无条件的，每 667m^2 施优质有机肥 4 000 kg～5 000 kg，氮肥(N)20 kg～30 kg，磷肥(P_2O_5)10 kg～15 kg，钾肥(K_2O)25 kg～35 kg，硫酸锌 1 kg～2 kg，硼砂 1 kg。中、低肥力土壤施肥量取高限，高肥力土壤施肥量取低限。

基肥：将有机肥总用量的 60%、氮肥(N)的 30%、磷肥(P_2O_5)的 90%、钾肥(K_2O)的 60%以及全部微肥做基肥。

种肥：将剩余的有机肥和总量 10%的氮肥(N)、磷肥(P_2O_5)、钾肥(K_2O)做种肥，开沟施用。

追肥：于幼苗期追氮肥(N)总量的 30%；三杈期追氮肥(N)总量的 20%、钾肥(K_2O)总量的 20%；根茎膨大期追氮肥(N)总量的 10%、钾肥(K_2O)总量的 10%。在姜苗一侧 15 cm 处开沟或穴施，施肥深度达 10 cm 以上。

4.2　姜田整理

耕地前，将基肥均匀撒于地表，然后翻耕 25 cm 以上。按照当地种植习惯作畦，南方一般采用高畦栽培，北方一般采用沟栽方式。

4.3　姜种的选择和处理

4.3.1　姜种选择

各地应根据栽培目的和市场要求选择优质、丰产、抗逆性强、耐贮运的优良品种。选姜块肥大饱满、皮色光亮、不干裂、不腐烂、未受冻、质地硬、无病虫为害和无机械损伤的姜块留种。

4.3.2　姜种处理

4.3.2.1 晒姜

播种前 20 d～30 d，将姜种平摊在背风向阳的平地上或草席上，晾晒 1 d～2 d。傍晚收进室内或进行遮盖，以防夜间受冻；中午若日光强烈，应适当遮荫防暴晒。

4.3.2.2 困姜

姜种晾晒 1 d～2 d 后，将姜种堆于室内并盖上草帘，保持 11℃～16℃，堆放 2 d～3 d。剔除瘦弱干瘪、质软变褐的劣质姜种。

4.3.2.3 催芽

北方在 4 月 10 日左右进行，南方在 3 月 25 日左右进行。在相对湿度 80%～85%、温度 22℃～28℃条件下变温催芽。即前期 23℃左右，中期 26℃左右，后期 24℃左右。当幼芽长度达 1 cm 左右用于播种。

4.3.2.4 掰姜种(切姜种)

将姜掰(或用刀切)成 35 g～75 g 重的姜块，每块姜种上保留一个壮芽(少数姜块也可保留两个壮芽)，其余幼芽全部掰除。

4.3.2.5 浸种

采用 1%波尔多液浸种 20 min，或用草木灰浸出液浸种 20 min，或用 1%石灰水浸种 30 min 后，取出晾干备播。

4.4 播种

4.4.1 播种期

在 5 cm 地温稳定在 16℃以上时播种。

4.4.2 播种密度

高肥水田每 667 m^2 种植 5 000 株～5 500 株(行距 60 cm，株距 20 cm～22 cm)；中肥水田每 667 m^2 种植 5 500 株～6 000 株(行距 60 cm，株距 18 cm～20 cm)；低肥水田每 667 m^2 种植 6 000 株～7 500 株(行距 55 cm，株距 16 cm～18 cm)。同等肥力条件下，大块姜种稀植，小块姜种密植。

4.4.3 播种方法

按行距开种植沟，在种植沟一侧 10 cm 处开施肥沟，施种肥后，肥土混匀后搂平。将种植沟浇足底水，水渗下后，将姜种水平排放在沟内，东西向的行，姜芽一律向南；南北向的行，则姜芽一律向西。覆土 4 cm～5 cm。

4.5 田间管理

4.5.1 遮荫

当生姜出苗率达 50%时，及时进行姜田遮荫。南、北方均可采用水泥柱、竹竿等材料搭成 2 m 高的拱棚架，扣上遮光率为 30%的遮阳网。北方也可用网障遮荫，将宽幅 60 cm～65 cm、遮光率为 40%的遮阳网，东西延长立式设置成网障固定于竹、木桩上。若用柴草作遮荫物，要提前进行药剂消毒处理。北方 8 月上旬、南方 8 月下旬及时拆除遮荫物。

4.5.2 中耕与除草

生姜出苗后，结合浇水、除草，中耕 1 次～2 次。或用 72%异丙甲草胺乳油或 33%二甲戊灵乳油进行化学除草。

4.5.3 培土

植株进入旺盛生长期，结合追肥、浇水进行培土。以后每隔 15 d～20 d 培土一次，共培土 3 次～4 次。

4.5.4 水、肥管理

4.5.4.1 出苗期

出苗80%时浇一次水。降雨过多的地区,做好排水,防止田间积水。浇水和雨后及时划锄。

4.5.4.2 幼苗期

土壤湿度应保持在田间最大持水量的75%左右为宜,及时排灌,浇水和雨后及时划锄。于姜苗高30 cm左右,并具有1个~2个小分枝时,进行第一次追肥。

4.5.4.3 旺盛生长期

土壤湿度应保持在田间最大持水量的80%为宜,视墒情每4 d~6 d浇一次水。做好排水防涝。三杈期前后进行第二次追肥。根茎膨大期进行第三次追肥。

4.5.5 扣棚保护

北方地区可进行扣棚保护延迟栽培。具体做法:初霜前在姜田搭起拱棚,扣上棚膜,使生姜生长期延长30 d左右。

5 病虫害防治

5.1 防治原则

按照"预防为主,综合防治"的原则,优先采用农业防治、生物防治、物理防治,合理使用化学防治,不准使用国家明令禁止的高毒、高残留农药。

5.2 农业防治

实行两年以上轮作;避免连作或前茬为茄科植物;选择地势高燥、排水良好的壤质土;精选无病害姜种;平衡施肥;采收后及时清除病株残体,并集中烧毁,保证田间清洁。

5.3 生物防治

5.3.1 保护利用自然天敌

应用化学防治时,尽量使用对害虫选择性强的药剂,避免或减轻对天敌的杀伤作用。

5.3.2 释放天敌

在姜螟或姜弄蝶产卵始盛期和盛期释放赤眼蜂,或卵孵盛期前后喷洒Bt制剂(孢子含量大于100亿/mL)2次~3次,每次间隔5 d~7 d。

5.3.3 选用生物源药剂

可用1.8%阿维菌素乳油2 000倍~3 000倍液喷雾,或灌根防治姜蛆。利用硫酸链霉素、新植霉素或卡那霉素500 mg/L浸种防治姜瘟病。

5.4 物理防治

采取杀虫灯、黑光灯、1+1+3+0.1的糖+醋+水+90%敌百虫晶体溶液等方法诱杀害虫;使用防虫网;人工扑杀害虫。

5.5 化学防治

5.5.1 农药使用的原则和要求

使用农药时,应执行GB 4285和GB/T 8321。生产过程中严禁使用的农药品种:六六六,滴滴涕,毒杀芬,二溴氯丙烷,杀虫脒,二溴乙烷,除草醚,艾氏剂,狄氏剂,汞制剂,砷、铅类,敌枯双,氟乙酰胺,甘氟,毒鼠强,氟乙酸钠,毒鼠硅,甲胺磷,甲基对硫磷,对硫磷,久效磷,磷胺,甲拌磷,甲基异柳磷,特丁硫磷,甲基硫环磷,治螟磷,内吸磷,克百威,涕灭威,灭线磷,硫环磷,蝇毒磷,地虫硫磷,氯唑磷,苯线磷。

5.5.2 病害的防治

5.5.2.1 姜腐烂病

掰姜前用1+1+100的波尔多液浸种20 min,或500 mg/L的硫酸链霉素或新植霉素或卡那霉素浸种48 h,或30%氧氯化铜悬浮剂800倍液浸种6 h。发现病株及时拔除,并在病株周围用5%硫酸铜或5%漂白粉或72%农用链霉素可溶性粉剂或硫酸链霉素3 000倍~4 000倍液灌根,每穴灌0.5 L~1 L。发病初期,叶面喷施20%叶枯唑可湿性粉剂1 300倍液,或30%氧氯化铜悬浮剂800倍液,或1+1+

100 波尔多液，或 50%琥胶肥酸铜(DT)可湿性粉剂 500 倍液，每 667 m^2 喷 75 L～100 L，10 d～15 d 喷一次，连喷 2 次～3 次；或用 3%克菌康可湿性粉剂 600 倍～800 倍液喷雾或灌根，7 d 喷一次，连用 2 次～3 次。

5.5.2.2 姜斑点病

发病初期喷施 70%甲基硫菌灵可湿性粉剂 1 000 倍液，或 64%噁霜・锰锌可湿性粉剂 500 倍～800 倍液，7 d～10 d 喷一次，连续喷 2 次～3 次。

5.5.2.3 姜炭疽病

炭疽病多发期到来前，用 75%百菌清可湿性粉剂 1 000 倍液叶面喷施；发病初期用 64%蟋噁霜・锰锌可湿性粉剂 500 倍液；或 50%苯菌灵可湿性粉剂 1 000 倍液；或 30%氧氯化铜悬浮剂 300 倍液；或 70%甲基硫菌灵可湿性粉剂 1 000 倍液；或甲基托布津乳剂 1 000 倍液。5 d～7 d 喷一次，连续喷 2 次～3 次。

5.5.3 虫害防治

5.5.3.1 姜螟

叶面喷施 2.5%氯氰菊酯乳油 2 000 倍～3 000 倍液；或 2.5%溴氰菊酯乳油 2 000 倍～3 000 倍液；或 50%辛硫磷乳油 1 000 倍液；或 50%杀螟丹可湿性粉剂 800 倍～1 000 倍液；或 80%敌敌畏乳油 800 倍～1 000 倍液。7 d～10 d 喷一次，共喷 2 次。

5.5.3.2 小地老虎

在 1 龄～3 龄幼虫期，用 2.5%氯氰菊酯乳油 3 000 倍液，或 90%晶体敌百虫 800 倍液，或 50%辛硫磷乳油 800 倍～1 000 倍液叶面喷杀；或 50%辛硫磷乳油 500 倍～600 倍液灌根，兼治姜蛆、蝼蛄等地下害虫。

5.5.3.3 异形眼蕈蚊

生姜入窖前彻底清扫姜窖，然后用 80%敌敌畏乳油 1 000 倍喷窖；或鲜姜放入窖内后，将盛有敌敌畏原液的小瓶数个，开口放入窖内。或将 80%敌敌畏乳油撒在锯末上点燃(或用敌敌畏制成的烟雾剂)熏蒸姜窖。用 80%敌敌畏乳油 1 000 倍液，或 1.8%阿维菌素乳油 5 000 倍液，浸泡姜种 5 min～10 min。

5.5.3.4 姜弄蝶

幼虫期用 25%喹硫磷乳油 1 000 倍液；或 25%除虫脲可湿性粉剂 2 000 倍液；或 20%甲氰菊酯乳油 3 000 倍液叶面喷施。

6 采收

6.1 采收时间

北方在霜降前后采收，南方在立冬后初霜前采收，采用秋延迟栽培的可延后一个月采收。用于加工的嫩姜，在旺盛生长期收获。

6.2 采收方法

收获前，先浇小水使土壤充分湿润，将姜株拔出或刨出，轻轻抖掉泥土，然后从地上茎基部以上 2 cm 处削去茎秆，摘除根须后，即可入窖(勿需晾晒)或出售。

7 生产档案

7.1 应建立生产技术档案。

7.2 应记录产地环境、生产技术、病虫害防治和采收等相关内容。

ICS 67.080.20
B 31

中华人民共和国农业行业标准

NY 5227—2004

无公害食品　大蒜

2004-01-07 发布　　2004-03-01 实施

中华人民共和国农业部　发布

前　言

本标准由中华人民共和国农业部提出。

本标准起草单位：青岛市农产品质量监督检测中心。

本标准主要起草人：万述伟、王孝钢、丁宗博、于彦彬。

无公害食品　大蒜

1 范围

本标准规定了无公害食品大蒜的要求、试验方法、检验规则和标识。

本标准适用于无公害食品大蒜。

2 规范性引用文件

下列文件中的条款通过本标准的引用而成为本标准的条款。凡是注明日期的引用文件，其随后所有的修改单(不包括勘误的内容)或修订版均不适应于本标准。但是，鼓励根据本标准达成协议的各方研究是否可以使用这些文件的最新版本。凡是不注明日期的引用文件，其最新版本都适应于本标准。

GB/T 5009.12　食品中铅的测定

GB/T 5009.15　食品中镉的测定

GB/T 5009.20　食品中有机磷农药残留的测定

GB/T 5009.38　蔬菜、水果安全标准的分析方法

GB/T 5009.105　黄瓜中百菌清残留量的测定方法

GB/T 5009.126　植物性食品中三唑酮残留量的测定

GB/T 5009.146　植物性食品中有机氯和拟除虫菊酯类农药多种残留的测定方法

GB/T 8855　新鲜水果和蔬菜的取样方法

3 要求

3.1 感官指标

同一品种，外观整齐、洁净，无离体碎皮，蒜头、蒜瓣大小均匀，色泽一致，无明显缺陷(包括碎头、开裂、机械伤、发芽、腐烂、异味、冻害和病虫害等)。

3.2 安全指标

应符合表1的规定。

表1　无公害大蒜安全指标　　单位为毫克每千克

序　号	项　目	指　标
1	多菌灵(carbendazim)	≤0.5
2	乐果(dimethoate)	≤1
3	三唑酮(triadimefon)	≤0.2
4	溴氰菊酯(fenvalerate)	≤0.2
5	氯氟氰菊酯(cyhalethrin)	≤0.2
6	百菌清(chlorothalonil)	≤1
7	镉(以 Cd 计)	≤0.05
8	铅(以 Pb 计)	≤0.4
注：根据《中华人民共和国农药管理条例》，剧毒和高毒农药不得在蔬菜生产中使用。		

4 试验方法

4.1 感官指标

品种特征、外形、大小、色泽、开裂、碎皮、腐烂、冻害、病虫害和机械伤等，用目测法检测。腐烂、冻害、病虫害等症状不明显而有怀疑时，应将样品剖开检验。异味以口尝或鼻嗅的方法检测。

每批受检样品抽样检验时，对有缺陷的样品做记录，不合格率以 ω 计，数值以%表示。按公式(1)计算：

$$\omega=\frac{n}{N}\times 100 \qquad (1)$$

式中：

n——有缺陷的个数或质量；

N——检验样本的总个数或质量。

计算结果精确到小数点后一位。

4.2 安全指标

4.2.1 多菌灵

按 GB/T 5009.38 的规定执行

4.2.2 乐果

按 GB/T 5009.20 的规定执行

4.2.3 三唑酮

按 GB/T 5009.126 的规定执行

4.2.4 溴氰菊酯、氯氟氰菊酯

按 GB/T 5009.146 的规定执行

4.2.5 百菌清

按 GB/T 5009.105 的规定执行

4.2.6 铅

按 GB/T 5009.12 的规定执行

4.2.7 镉

按 GB/T 5009.15 的规定执行

5 检验规则

5.1 检验分类

5.1.1 型式检验

型式检验是对产品进行全面考核，即对本标准规定的全部要求进行检验。有下列情形之一者，应进行型式检验。

a) 申请无公害农产品标志；

b) 有关行政主管部门提出型式检验要求；

c) 前后两次抽样检验结果差异较大；

d) 人为或自然因素使生产环境发生较大变化。

5.1.2 交收检验

每批产品交收前，生产者都要进行交收检验。交收检验内容包括感官和标识。检验合格并附合格证后方可交收。

5.2 组批规则

同一品种、同一产地、相同栽培条件、同时采收的大蒜作为一个检验批次。

5.3 抽样方法

按照 GB/T 8855 中的有关规定执行。

报验单填写的项目应与实货相符。凡报验单与实货不符者、包装容器严重损坏者，应由交货单位重新整理后再行抽样。

5.4 判定规则

5.4.1 每批受检样品，不合格率按其所检单位(如每箱、每包)的平均值计算，其值不应超过5%。其中任何一件包装的不合格率不应超过10%。

5.4.2 安全指标有一项不合格，或检出蔬菜上禁用的农药，则判定该批次产品为不合格。

6 标识

产品应有明确的标识，内容包括：产品名称、产品的执行标准、生产者及详细地址、产地、净含量和包装日期等，要求字迹清晰、完整、准确。

ICS 65.020.20
B 31

中华人民共和国农业行业标准

NY 5228—2004

无公害食品　大蒜生产技术规程

2004-01-07 发布　　2004-03-01 实施

中华人民共和国农业部　发布

前 言

本标准由中华人民共和国农业部提出。

本标准起草单位:青岛市农业技术推广站、全国农业技术推广服务中心。

本标准主要起草人:王志良、王军强、张真和、李建伟、纪国才、兰孝帮、李润生、曲善珊、王溯、李松坚、刘岩一。

无公害食品　大蒜生产技术规程

1　范围

本标准规定了无公害食品大蒜生产的产地环境、生产技术、病虫害防治、采收和生产档案。

本标准适用于无公害食品大蒜的生产。

2　规范性引用文件

下列文件中的条款通过本标准的引用而成为本标准的条款。凡是注日期的引用文件，其随后所有的修改单(不包括勘误的内容)或修订版均不适用于本标准，然而，鼓励根据本标准达成协议的各方研究是否可使用这些文件的最新版本。凡是不注日期的引用文件，其最新版本适用于本标准。

GB 4285　农药安全使用标准

GB/T 8321　(所有部分)农药合理使用准则

NY/T 496　肥料合理使用准则　通则

NY 5010　无公害食品　蔬菜产地环境条件

3　产地环境

产地环境条件应符合 NY 5010 的规定，选择地势高燥，排灌方便，土层深厚、疏松、肥沃的地块。

4　生产技术

4.1　播前准备

4.1.1　茬口

与非葱蒜类作物轮作 2 年～3 年。

4.1.2　施肥原则

以优质有机肥为主，化肥为辅；以基肥为主，追肥为辅。肥料的使用应符合 NY/T 496 的要求。

4.1.3　施基肥

每 667 m^2 施入充分腐熟的优质农家肥 4 000 kg～5 000 kg，氮肥(N)3 kg～5 kg、磷肥(P_2O_5)6 kg～8 kg、钾肥(K_2O)6 kg～8 kg。

4.1.4　整地做畦(垄)

土壤耕翻后耙细整平，按照当地种植习惯做平畦、高畦或高垄。平畦宽 1 m～2 m；高畦宽 60 cm～70 cm，高 8 cm～10 cm，畦间距 30 cm～35 cm；高垄宽 30 cm～40 cm，高 8 cm～10 cm，垄间距 20 cm～25 cm。

4.1.5　品种选择

选用优质、丰产、抗逆性强的品种。秋播大蒜应选抗寒力强、休眠期短的品种；春播大蒜应选冬性弱、休眠期长的品种。

4.1.6　种蒜处理

4.1.6.1　种蒜的选择与分级

精选具有品种特征，肥大圆整，蒜瓣整齐，无病斑，无损伤的蒜头，淘汰夹瓣蒜。选择无伤残、无霉烂、无虫蛀、顶芽未受伤的蒜瓣，按大、中、小分级，分别用于播种。

4.1.6.2　浸种

将选好的种蒜用清水浸泡 1 d，再用 50%多菌灵可湿性粉剂 500 倍液浸种 1 h～2 h，捞出沥干水分播种。

4.2 播种

4.2.1 播种时间

北纬38°以北地区,适宜早春播种,播种时间为日平均温度稳定在3℃～6℃时。

北纬35°以南地区,适宜秋季播种,播种时间为日平均温度稳定在20℃～22℃时。

北纬35°～38°之间地区,春、秋均可播种。

4.2.2 播种密度及用种量

根据栽培目的、品种特性、气候条件及栽培习惯确定播种密度。平畦栽培,行距16 cm～20 cm,株距8 cm～14 cm;高畦、高垄栽培,行距12 cm～14 cm,株距8 cm～10 cm。每667 m^2 播种25 000 株～60 000 株,用种量100kg～150kg。

4.2.3 播种方法

4.2.3.1 开沟播种

平畦、高畦栽培,先在栽培畦一侧开沟,深3 cm～4 cm,按株距播种,再按行距开第二条沟,用沟土覆盖第一条沟,依此顺序进行。播完后耙平畦面,浇水。

高垄栽培,在栽培垄上开沟,深3 cm～4 cm,干播时,先按株距播种,覆土后浇水;湿播时,先在沟中浇水,待水渗下后按株距播种,覆土。

4.2.3.2 打孔播种

按行、株距打孔,深3 cm～4 cm,每孔播一枚种蒜瓣,然后覆土整平,浇水。平畦、高畦或高垄栽培均可采用。

4.2.4 喷除草剂和覆盖地膜

栽培畦(垄)整平后,每667 m^2 用33%的二甲戊乐灵乳油150 mL;或24%乙氧氟草醚50 mL～100 mL对水喷洒。喷后及时覆盖厚0.004 mm～0.008 mm的透明地膜。

4.3 田间管理

4.3.1 出苗期

大蒜幼苗出土3 d～5 d不能自行破膜出苗的,应人工辅助破膜扶苗露出膜外,并用湿土封好出苗孔;先覆膜后打孔播种的地块,幼苗2 d～3 d不能自行出土时,应人工辅助放苗扶苗,并用湿土封好出苗孔。

4.3.2 幼苗期

秋播大蒜幼苗长出3片叶后,浇一次促苗水,并中耕除草。土壤上冻前,浇一次越冬水。

春播大蒜幼苗长出2片～3片叶时,应及时中耕一次,4d～5d再中耕一次。

4.3.3 花芽、鳞芽分化期

秋播大蒜在翌春天气转暖,越冬蒜苗开始返青时浇一次返青水,结合浇水每667 m^2 追施氮肥(N) 2 kg～3 kg。以后每8 d～10 d浇一次水。春播大蒜浇水、追肥应相应提前。

4.3.4 蒜薹伸长期

浇水每5 d～6 d进行一次,蒜薹采收前3 d～4 d停止浇水。结合浇水每667 m^2 追施氮肥(N) 3 kg～5 kg。

4.3.5 蒜头膨大期

蒜薹采收后,每5 d～6 d浇一次水,蒜头采收前5 d～7 d停止浇水。蒜头膨大初期,结合浇水每667 m^2 追施氮肥(N)2 kg～3 kg、钾肥(K_2O)2 kg～4 kg。

5 病虫害防治

5.1 防治原则

按照“预防为主，综合防治”的原则，优先采用农业防治、生物防治、物理防治，合理使用化学防治，禁止使用国家明令禁止的高毒、高残留农药。

5.2 防治方法

5.2.1 农业防治

5.2.1.1 选种

选用抗病品种或脱毒蒜种。

5.2.1.2 晒种

播前晒种 2 d～3 d。

5.2.1.3 加强栽培管理

深耕土壤，清洁田园，与非葱蒜类作物轮作 2 年～3 年。有机肥充分腐熟，密度适宜，水肥合理。

5.2.2 物理防治

采用地膜覆盖栽培；利用银灰地膜避蚜；每 2 hm^2～4 hm^2 设置一盏频振式杀虫灯诱杀害虫；采用 1＋1＋3＋0.1 的糖＋醋＋水＋90％敌百虫晶体溶液，每 667 m^2 放置 3 盆～4 盆诱杀成虫。

5.2.3 生物防治

采用生物农药防治病虫害。每 667 m^2 用 1.8％阿维菌素乳油 50 mL～80 mL；或 BT 乳剂 2 kg～3 kg 防治葱蝇幼虫和叶枯病。

5.2.4 化学防治

化学防治应符合 GB 4285 和 GB/T 8321（所有部分）的要求。生产中严禁使用的农药品种：六六六，滴滴涕，毒杀芬，二溴氯丙烷，杀虫脒，二溴乙烷，除草醚，艾氏剂，狄氏剂，汞制剂，砷，铅类，敌枯双，氟乙酰胺，甘氟，毒鼠强，氟乙酸钠，毒鼠硅，甲胺磷，甲基对硫磷，对硫磷，久效磷，磷胺，甲拌磷，甲基异柳磷，特丁硫磷，甲基硫环磷，治螟磷，内吸磷，克百威，涕灭威，灭线磷，硫环磷，蝇毒磷，地虫硫磷，氯唑磷，苯线磷。

5.2.4.1 大蒜叶枯病

发病初期喷洒 30％氧氯化铜悬浮剂 600 倍～800 倍液；或 64％恶霜灵可湿性粉剂 500 倍液；或 70％代森锰锌可湿性粉剂 500 倍液，7 d～10 d 喷 1 次，连喷 2 次～3 次。均匀喷雾，应交替轮换使用。

5.2.4.2 大蒜灰霉病

发病初期喷洒 50％腐霉利可湿性粉剂 1 000 倍～1 500 倍液；或 50％多菌灵可湿性粉剂 400 倍～500 倍液；50％异菌脲可湿性粉剂 1 000 倍～1 500 倍液，7 d～10 d 喷 1 次，连喷 2 次～3 次。均匀喷雾，应交替轮换使用。

5.2.4.3 大蒜病毒病

发病初期喷洒 20％病毒 A 可湿性粉剂 500 倍液；或 1.5％植病灵乳剂 1 000 倍液；或用 20％病毒灵悬浮剂 400 倍～600 倍液，7 d～10 d 喷 1 次，连喷 2 次～3 次。均匀喷雾，应交替轮换使用。

5.2.4.4 大蒜紫斑病

发病初期喷洒 70％代森锰锌可湿性粉剂 500 倍液；或 30％氧氯化铜悬浮剂 600 倍～800 倍液，7 d～10 d 喷 1 次，连喷 2 次～3 次。均匀喷雾，应交替轮换使用。

5.2.4.5 大蒜疫病

发病初期喷洒 40％三乙膦酸铝可湿性粉剂 250 倍液；或 72.2％霜霉威水剂 600 倍～800 倍液；或 70％代森锰锌可湿性粉剂 400 倍液；或 64％恶霜灵可湿性粉剂 500 倍液，7d～10d 喷 1 次，连喷 2 次～3 次。均匀喷雾，应交替轮换使用。

5.2.4.6 大蒜锈病

发病初期喷洒 70％代森锰锌可湿性粉剂 1 000 倍液；或 25％三唑酮可湿性粉剂 2 000 倍液，7 d～10 d 喷 1 次，连喷 2 次～3 次。

5.2.4.7　**葱蝇**

成虫产卵时，采用50％辛硫磷乳油1 000倍液；或2.5％溴氰菊酯3 000倍液喷雾或灌根。

5.2.4.8　**葱蓟马**

采用50％辛硫磷乳油1 000倍液；或2.5％三氟氯氰菊酯乳油3 000倍～4 000倍液；或40％乐果乳油1 500倍液喷雾。

6　采收

6.1　蒜薹

蒜薹顶部开始弯曲，薹苞开始变白时应于晴天下午及时采收。

6.2　蒜头

植株叶片开始枯黄，顶部有2片～3片绿叶，假茎松软时应及时采收。

7　生产档案

7.1　应建立生产技术档案。

7.2　应记录产地环境、生产技术、病虫害防治和采收等相关内容。

ICS 67.080.20
B 31

中华人民共和国农业行业标准

NY 5229—2004

无公害食品　辣椒干

2004-01-07 发布　　　　2004-03-01 实施

中华人民共和国农业部　发布

前　言

本标准由中华人民共和国农业部提出。

本标准起草单位:农业部蔬菜品质监督检验测试中心(重庆)、重庆市农业科学研究所。

本标准主要起草人:吕中华、黄任中、黄永东、黄启中、康月琼、林清、史思茹、雷蕾。

无公害食品　辣椒干

1　范围

本标准规定了无公害食品辣椒干的要求、试验方法、检验规则和标识。

本标准适用于无公害食品辣椒干。

2　规范性引用文件

下列文件中的条款通过本标准的引用而成为本标准的条款。凡是注日期的引用文件，其随后所有的修改单(不包括勘误的内容)或修订版均不适用于本标准，然而，鼓励根据本标准达成协议的各方研究是否可使用这些文件的最新版本。凡是不注日期的引用文件，其最新版本适用于本标准。

GB/T 5009.11　食品中总砷及无机砷的测定

GB/T 5009.12　食品中铅的测定

GB/T 5009.15　食品中镉的测定

GB/T 5009.17　食品中总汞及有机汞的测定

GB/T 5009.38　蔬菜、水果卫生标准的分析方法

GB/T 5009.104　植物性食品中氨基甲酸酯类农药残留量的测定

GB/T 5009.110　植物性食品中氯氰菊酯、氰戊菊酯和溴氰菊酯残留量测定

GB/T 5009.145　植物性食品中有机磷和氨基甲酸酯类农药多种残留的测定

GB 10465　辣椒干

3　要求

3.1　感官指标

同一品种，大小、光泽、颜色、滋味基本整齐一致，无明显缺陷(包括腐烂、霉变、异味、断裂、黄梢、花壳、异物、黑斑和虫蛀等)。

3.2　安全指标

应符合表1的规定。

表1　无公害食品辣椒干安全指标　　单位为毫克每千克

序　号	项　目	指　标
1	乐果(dimethoate)	≤1
2	毒死蜱(chlorpyrifos)	≤1
3	抗蚜威((piirmicarb)	≤1
4	多菌灵(carbendazim)	≤0.5
5	氯氰菊酯(permethrin)	≤1
6	砷(以 As 计)	≤0.7
7	汞(以 Hg 计)	≤0.02
8	铅(以 Pb 计)	≤0.4
9	镉(以 Cd 计)	≤0.2
10		
注：根据《中华人民共和国农药管理条例》，剧毒和高毒农药不得在蔬菜生产中使用。		

4 试验方法

4.1 感官指标

检验按照 GB 10465 规定执行。

每批受检样品抽样检验时，对有缺陷的样品做记录。不合格率以 ω 计，数值以%表示，按公式(1)计算：

$$\omega=\frac{n}{N}\times 100 \quad \cdots\cdots (1)$$

式中：

n——有缺陷的个数；

N——检验样本的总个数。

计算结果精确到小数点后一位。

4.2 安全指标

4.2.1 乐果、毒死蜱

按 GB/T 5009.145 规定执行。

4.2.2 抗蚜威

按 GB/T 5009.104 规定执行。

4.2.3 多菌灵

按 GB/T 5009.38 规定执行。

4.2.4 氯氰菊酯

按 GB/T 5009.110 规定执行。

4.2.5 总砷

按 GB/T 5009.11 规定执行。

4.2.6 总汞

按 GB/T 5009.17 规定执行。

4.2.7 铅

按 GB/T 5009.12 规定执行。

4.2.8 镉

按 GB/T 5009.15 规定执行。

5 检验规则

5.1 检验分类

5.1.1 型式检验

型式检验是对产品进行全面考核，即对本标准规定的全部要求进行检验。有下列情形之一者应进行型式检验。

a) 申请无公害食品标志；

b) 有关行政主管部门提出型式检验要求；

c) 前后两次抽样检验结果差异较大；

d) 人为或自然因素使生产环境发生较大变化。

5.1.2 交收检验

每批产品交收前，生产单位都要进行交收检验。交收检验内容包括感官、标识、包装和净含量。检验合格后并附合格证书方可交收。

5.2 组批规则

产地的抽样以同一品种、同一产地、相同栽培条件、同时采收的辣椒干作为一个检验批次；批发市场、农贸市场和超市的抽样以同一进货渠道的同批次辣椒干作为一个检验批次。

5.3 抽样方法

按照 GB 10465 中的有关规定执行。

报验单填写的项目应与实货相符，凡与实货不符，包装容器严重损坏者，应由交货单位重新整理后再行抽样。

5.4 判定规则

5.4.1 每批受检样品，感官指标不合格率按其所检单位的平均值计算，其值不得超过 5%，其中任何一件包装不合格率不应超过 10% 。

5.4.2 安全指标有一项不合格，判定该批次产品为不合格。

6 标识

产品应有明确的标识，内容包括：产品名称、产品的执行标准、生产者及详细地址、产地、净含量和包装日期等，要求字迹清楚、完整、准确。

ICS 67.080.20
B 31

中华人民共和国农业行业标准

NY 5230—2004

无公害食品　芦笋

2004-01-07 发布　　2004-03-01 实施

中华人民共和国农业部　发布

前　言

本标准由中华人民共和国农业部提出。

本标准起草单位:江西省农业科学院。

本标准主要起草人:陈光宇、罗绍春、戴廷灿、占丰溪、叶劲松、马辉刚、李伟红。

无公害食品　芦笋

1　范围

本标准规定了无公害食品芦笋的要求、试验方法、检验规则和标识。

本标准适用于无公害食品芦笋。

2　规范性引用文件

下列文件中的条款通过本标准的引用而成为本标准的条款。凡是注日期的引用文件，其随后所有的修改单(不包括勘误的内容)或修订版均不适用于本标准，然而，鼓励根据本标准达成协议的各方研究是否可使用这些文件的最新版本。凡是不注日期的引用文件，其最新版本适用于本标准。

GB/T 5009.12　食品中铅的测定

GB/T 5009.15　食品中镉的测定

GB/T 5009.20　食品中有机磷农药残留量的测定

GB/T 5009.38　蔬菜、水果卫生标准的分析方法

GB/T 5009.105　黄瓜中百菌清残留量的测定

GB/T 5009.110　植物性食品中氯氰菊酯、氰戊菊酯和溴氰菊酯残留量的测定

GB/T 5009.135　植物性食品中灭幼脲残留量的测定

GB/T 5009.145　植物性食品中有机磷和氨基甲酸酯类农药多种残留的测定

GB/T 8855　新鲜水果和蔬菜的取样方法

3　要求

3.1　感官指标

同一品种或相似品种，外形整齐，粗细、长短基本均匀，色泽一致，表皮光滑、清洁，无明显缺陷(包括弯曲、笋头开散、扁平笋、锈斑、空心、腐烂、异味、病虫伤)。

3.2　安全指标

应符合表1的规定。

表1　无公害食品芦笋安全指标　　单位为毫克每千克

序　号	项　目	指　标
1	乐果(dimethoate)	≤1
2	敌百虫(trichlorfon)	≤0.1
3	氯氰菊酯(cypermethrin)	≤0.5
4	氰戊菊酯(fenvalerate)	≤0.2
5	溴氰菊酯(deltamethrin)	≤0.2
6	毒死蜱(chlorpyrifos)	≤1
7	灭幼脲(dichlorbenzuron)	≤3
8	百菌清(chlorothalonil)	≤1

表 1（续）

序　号	项　目	指　标
9	多菌灵(carbendazim)	≤0.5
10	铅(以 Pb 计)	≤0.2
11	镉(以 Cd 计)	≤0.05
注：根据《中华人民共和国农药管理条例》，剧毒和高毒农药禁止在蔬菜生产中使用。		

4 试验方法

4.1 感官指标

品种特征、外形、粗细、色泽、清洁度、弯曲、笋头开散、扁平笋、锈斑、空心、腐烂、病虫伤等用目测法检测。异味用鼻嗅的方法检测。对空心、病虫伤如有怀疑者，应用小刀纵向剖开检验。

每批受检样品抽样检验时，对有缺陷的样品做记录。不合格率以 ω 计，数值以％表示，按公式(1)计算：

$$\omega=\frac{n}{N}\times 100 \quad\cdots\cdots(1)$$

式中：

n——有缺陷的芦笋根数；

N——检验样品总根数。

计算结果精确到小数点后一位。

4.2 安全指标

4.2.1 乐果、敌百虫

按 GB/T 5009.20 规定执行。

4.2.2 氯氰菊酯、氰戊菊酯、溴氰菊酯

按 GB/T 5009.110 规定执行。

4.2.3 毒死蜱

按 GB/T 5009.145 规定执行。

4.2.4 灭幼脲

按 GB/T 5009.135 规定执行。

4.2.5 百菌清

按 GB/T 5009.105 规定执行。

4.2.6 多菌灵

按 GB/T 5009.38 规定执行。

4.2.7 铅

按 GB/T 5009.12 规定执行。

4.2.8 镉

按 GB/T 5009.15 规定执行。

5 检验规则

5.1 检验分类

5.1.1 型式检验

型式检验是对产品进行全面考核，即对本标准规定的全部要求（指标）进行检验。有下列情形之一者应进行型式检验：

a） 申请无公害农产品标志；

b） 有关行政主管部门提出型式检验要求；

c） 前后两次抽样检验结果差异较大；

d） 人为或自然因素使生产环境发生较大变化。

5.1.2 交收检验

每批产品交收前，生产单位都要进行交收检验。交收检验内容包括感官和标识。检验合格后并附合格证方可交收。

5.2 组批规则

产地抽样以相同或相似品种、同一产地、相同栽培条件、同天采收的芦笋作为一个检验批次。

批发市场、农贸市场和超市相同进货渠道的芦笋作为一个检验批次。

5.3 抽样方法

按照 GB/T 8855 中的有关规定执行。

报验单填写的项目应与货物相符，凡与货物不符，包装容器严重损坏者，应由交货单位重新整理后再行抽样。

5.4 判定规则

5.4.1 每批受检样品，感官指标不合格率按其所检单位（如每箱）的平均值计算，其值不应超过 5%，其中任意一件包装不合格率不应超过 10%。

5.4.2 安全指标有一项不合格，该批次产品为不合格。

6 标识

产品应有明确标识，内容包括产品名称、产品的执行标准、生产者及详细地址、产地、净含量和包装日期等，要求字迹清晰、完整、准确。

ICS 65.020.20
B 31

中华人民共和国农业行业标准

NY/T 5231—2004

无公害食品　芦笋生产技术规程

2004-01-07 发布　　2004-03-01 实施

中华人民共和国农业部　发布

前　言

本标准由中华人民共和国农业部提出。

本标准起草单位:江西省农业技术推广总站、江西省农业科学院。

本标准主要起草人:陈光宇、周培建、曹开蔚、罗绍春、陈须文、叶劲松、占丰溪、戴廷灿、欧阳欢林、林岳生。

无公害食品　芦笋生产技术规程

1　范围

本标准规定了无公害食品芦笋生产的术语和定义、产地环境、生产技术、病虫害防治、采收及生产档案。

本标准适用于无公害食品芦笋生产。

2　规范性引用文件

下列文件中的条款通过本标准的引用而成为本标准的条款。凡是注日期的引用文件，其随后所有的修改单（不包括勘误的内容）或修订版均不适用于本标准，然而，鼓励根据本标准达成协议的各方研究是否可使用这些文件的最新版本。凡是不注日期的引用文件，其最新版本适用于本标准。

GB 4285　农药安全使用标准

GB/T 8321（所有部分）　农药合理使用准则

NY/T 496　肥料合理使用准则　通则

NY 5010　无公害食品　蔬菜产地环境条件

NY 5294　无公害食品　设施蔬菜产地环境条件

3　术语和定义

下列术语和定义适用于本标准。

3.1

绿芦笋　green asparagus

自然光照条件下生长的绿色或紫色芦笋。

3.2

白芦笋　white asparagus

人工培土软化栽培的芦笋。

4　产地环境

露地生产，产地环境应符合 NY 5010 的规定。选择地势平坦、排灌方便、土层深厚、土质疏松、富含有机质、保水、保肥性好的壤土或沙壤土，不与百合科作物连作。

保护设施生产，产地环境应符合 NY 5294 的规定。

5　生产技术

5.1　品种选择

选用抗（耐）病、优质丰产、抗逆性强、适应性广、商品性好的杂交一代种子或组培苗。种子纯度≥95%，净度≥97%，发芽率≥80%，水分≤8%。

5.2　育苗

5.2.1　种子处理

75%百菌清（可湿性粉剂）800 倍溶液消毒 2 h。种子冲洗后在 25℃～28℃水中浸泡 36 h，中途冲洗 1 次～2 次，同时换水。

5.2.2 催芽

种子吸胀后于25℃～28℃条件下保湿催芽，每天用清水洗1次～2次。种子20%～30%露白后即可播种。

5.2.3 育苗方式

用营养钵育苗。营养土一般用过筛非种植芦笋的客土和腐熟有机肥配制而成，客土和腐熟堆肥或厩肥的比例为3∶1(以体积计)。营养钵要求高7 cm～10 cm，上口径7 cm～10 cm。

5.2.4 播种

播种头天将营养钵浇足底水，播种时先在营养钵中间扎一个小孔，再将单粒已萌动种子播入小孔，随即盖上营养土，厚度为1.5 cm～2 cm。

5.2.5 苗期管理

播种后要充分浇水，苗期土壤相对湿度宜保持在60%～70%。出苗后可适量施用速效氮肥提苗，防止烧苗。应勤拔除营养钵内杂草，注意防治病虫害。

5.3 种植沟

开沟前种植地应深耕整平。按5.4.2行距开40 cm宽、40 cm深种植沟。种植沟宜南北向开挖，挖沟时上、下层泥土应分开，回填时将上层熟土与基肥分层填入种植沟。种植沟整成中间高、两边低的小拱形，移栽前浇水沉实，以备定植。多雨地区应以起垄为主，大田四周开50 cm深围沟，防止汛期田间积水，干旱地区可采取保墒措施。

5.4 移栽

5.4.1 移栽时间

一般播种后60 d～80 d，当营养钵内实生苗或组培苗长至3支～5支地上茎、5根～8根贮藏根时带营养土移栽。可早春播种，晚春移栽，也可秋季播种，春季移栽。

5.4.2 种植密度

绿芦笋行距130 cm～140 cm或宽窄行种植(宽行140 cm～150 cm、窄行50 cm～60 cm)，株距25 cm～30 cm；白芦笋行距170 cm～180 cm、株距25 cm～30 cm。绿芦笋每667 m^2 用苗1 500株～2 500株，白芦笋每667 m^2 用苗1 200株～1 500株。

5.4.3 移栽方法

移栽前将苗按大小分级，壮苗和弱苗分开带土移栽。根据当地实际情况，栽植深度宜5 cm～15 cm，移栽后浇水沉实沟面。

5.5 田间管理

5.5.1 留母茎

根据不同采收方式、笋龄、时期和根盘大小适量留母茎，一般每株留母茎3支～5支。留母茎采笋时，田间可打木桩并用绳子将植株固定或适时打顶，以防倒伏。

5.5.2 培垄

采收白笋时春季嫩茎长出地面前视土温情况分次培土。土垄应上窄下宽，上宽30 cm～45 cm，下宽45 cm～60 cm，高度25 cm～30 cm。

5.5.3 中耕除草

结合追肥中耕除草，保持土壤疏松。中耕时应避免伤及地下嫩茎和根系，适量覆土。

5.5.4 整枝清园

留母茎前、采笋期间及冬季地上部枯萎后应及时将病枯枝及残茬拔除，并带离芦笋地集中烧毁。

5.5.5 水分管理

浇水应根据作物生育期、降雨、土质、地下水位、空气和土壤湿度状况而定。

5.5.5.1 幼苗期

移栽后及时浇水。幼苗期根浅，需水量小，浇水应遵循“少浇勤浇”的原则。土壤相对湿度宜保持在60%左右。

5.5.5.2 采笋期

留母茎时土壤相对湿度宜保持在50%左右。留母茎采笋时土壤相对湿度宜在70% 左右。采收白芦笋或留母茎前采收绿芦笋时，土壤相对湿度宜在60%左右。

5.5.5.3 休眠期

植株休眠前浇一次透水，北方应培土高10 cm、宽30 cm，南方应防止田间积水。

5.5.6 施肥

5.5.6.1 施肥原则

按NY/T 496执行。不使用工业废弃物、城市垃圾和污泥。不使用未经发酵腐熟、未达到无害化指标、重金属超标的人畜粪尿等有机肥料。

5.5.6.2 施肥方法

每667 m^2 在种植沟内施无害化达标腐熟农家肥3 000 kg～5 000 kg和氮、磷、钾复合肥50 kg左右作基肥。追肥根据土壤肥力、生育时期和生长状况而定，苗期注意平衡施肥，采笋期不应使用速效氮肥。每年冬季采笋结束后，应及时追施基肥，每667 m^2 施腐熟农家肥3 000 kg～4 000 kg和氮、磷、钾复合肥50 kg左右。

6 病虫害防治

6.1 防治原则

按照“预防为主，综合防治”的植保方针，坚持以“农业防治、物理防治、生物防治为主，化学防治为辅”的无害化治理原则。

6.2 防治方法

6.2.1 农业防治

选用抗(耐)病优良杂交一代品种；因地制宜，避雨栽培，留茎换茎；清洁田园，及时清除病株残茬；保持田间通风透光，加强中耕除草，合理施肥，降低病虫源数量；培育无病虫害壮苗。

6.2.2 物理防治

6.2.2.1 设施栽培

在通风口用防虫网封闭，夏季覆盖防虫网并用塑料薄膜盖顶，进行避雨、防虫栽培，减轻病虫害的发生。

6.2.2.2 黄板诱杀

设施内悬挂黄板诱杀蚜虫等害虫。黄板规格25 cm×40 cm，每667 m^2 悬挂30块～40块。

6.2.2.3 杀虫灯诱杀害虫

利用频振杀虫灯、黑光灯、高压汞灯、双波灯诱杀害虫。

6.2.3 生物防治

积极保护天敌，采用Bt杀虫可湿性粉剂800倍液防治害虫。

6.2.4 药剂防治

6.2.4.1 药剂使用的原则和要求

6.2.4.1.1 可以使用本标准推荐以外的药剂，使用药剂防治应符合GB 4285和GB/T 8321(所有部分)的要求。使用化学农药时，应合理混用、轮换、交替用药，防止和推迟病虫害抗性的产生和发展。

6.2.4.1.2 禁止使用国家明令禁止的高毒、剧毒、高残留的农药及其混配农药品种。禁止使用的高毒、剧毒农药品种有:甲胺磷、甲基对硫磷、对硫磷、久效磷、磷胺、甲拌磷、甲基异柳磷、特丁硫磷、甲基硫环磷、治螟磷、内吸磷、克百威、涕灭威、灭线磷、硫环磷、蝇毒磷、地虫硫磷、氯唑磷、苯线磷、六六六、滴滴涕、毒杀芬、二溴氯丙烷、杀虫脒、二溴乙烷、除草醚、艾氏剂、狄氏剂、汞制剂、砷、铅类、敌枯双、氟乙酰胺、甘氟、毒鼠强、氟乙酸钠、毒鼠硅等农药。

6.2.4.2 主要病害防治

茎枯病防治宜在母茎新枝展开前开始,每隔 3 d～7 d 施用 40%多菌灵超微粉 500 倍～600 倍;75%百菌清可湿性粉剂 600 倍液;50%甲基托布津可湿性粉剂 600 倍液;70%代森锰锌可湿性粉剂 600 倍液;0.4%波尔多液(0.2 kg 硫酸铜+0.2 kg 生石灰+50 kg 水)喷雾或涂抹母茎防治。褐斑病的防治可参照茎枯病的防治方法。枯萎病可在发病初期用 40%多菌灵超微粉 500 倍～600 倍,喷雾或灌蔸防治。

6.2.4.3 主要虫害防治

斜纹夜蛾在初孵幼虫期用 90%敌百虫 1 000 倍液、80%敌敌畏乳油 1 000 倍液、20%氰戊菊酯乳油 3 000 倍～4 000 倍液、10%氯氰菊酯乳油 3 000 倍液,或 25%灭幼脲悬浮剂 3 000 倍～4 000 倍液防治;地老虎用 90%敌百虫 50g 加水 250g～500g 喷拌碎青菜 3kg 毒杀;蓟马用 40%乐果乳油 1 000 倍液或 10%吡虫啉可湿性粉剂 3 000 倍～4 000 倍液喷雾;金龟子幼虫(蛴螬)和金针虫幼虫 667m^2 用 50%辛硫磷乳油 250 mL 或 40.7%毒死蜱乳油 200 mL,对水 500 kg 灌蔸防治;菜青虫用 20%氰戊菊酯乳油 3 000 倍～4 000倍液、10%氯氰菊酯乳油,或 2.5%溴氰菊酯乳油 3 000 倍液喷雾防治。

7 采收

根据不同栽培方式适时、适量采收。白芦笋应在出土前避光采收,绿芦笋应在出土后至笋头散开前采收。采收后应放于阴凉处并在 2 h 内送往加工厂。

8 生产档案

8.1 应建立生产技术档案。

8.2 应记录产地环境、生产技术、病虫害防治、采收等相关内容。

ICS 67.080.20
B 31

中华人民共和国农业行业标准

NY 5232—2004

无公害食品　竹笋干

2004-01-07 发布　　　　2004-03-01 实施

中华人民共和国农业部 发布

前　言

本标准由中华人民共和国农业部提出。

本标准起草单位:农业部农药残留质量监督检验测试中心(杭州)。

本标准主要起草人:黄国洋、徐永、黄晓华、黄雅俊、楼正云。

无公害食品　竹笋干

1　范围

本标准规定了无公害食品竹笋干的要求、试验方法、检验规则和标识。

本标准适用于由毛竹笋、石竹笋、旱竹笋、红壳笋、青壳笋、广笋、鸡毛笋、刚竹笋等竹笋经盐渍、烘干制成的无公害食品竹笋干。

2　规范性引用文件

下列文件中的条款通过本标准的引用而成为本标准的条款。凡是注日期的引用文件，其随后所有的修改单(不包括勘误的内容)或修订版均不适用于本标准，然而，鼓励根据本标准达成协议的各方研究是否可使用这些文件的最新版本。凡是不注日期的引用文件，其最新版本适用于本标准。

GB 4789.15　食品卫生微生物学检验　霉菌和酵母数计数

GB/T 5009.3　食品中水分的测定

GB/T 5009.11　食品中总砷及无机砷的测定

GB/T 5009.12　食品中铅的测定

GB/T 5009.33　食品中亚硝酸盐与硝酸盐的测定

GB/T 5009.34　食品中亚硫酸盐的测定

GB/T 5009.51　非发酵性豆制品及面筋卫生标准的分析方法

GB/T 5009.110　植物性食品中氯氰菊酯、氰戊菊酯和溴氰菊酯残留量的测定

GB/T 5009.126　植物性食品中三唑酮残留量的测定

GB/T 5009.145　植物性食品中有机磷和氨基甲酸酯类农药多种残留的测定

3　要求

3.1　感官指标

竹笋干呈黄色、淡黄色、黄褐色、青黄色或红褐色，色泽基本一致；具有笋干特有的香气，口感清鲜爽口，无苦涩味等异味；大小基本一致，形态基本完整；无肉眼可见的霉点，无外来杂质。

3.2　含水量

竹笋干的含水量≤25%。

3.3　盐分

以 NaCl 计≤15%。

3.4　安全指标

应符合表1的规定。

表1　无公害食品竹笋干安全指标

序　号	项　目	指　标
1	砷(以 As 计)，mg/kg	≤0.5
2	铅(以 Pb 计)，mg/kg	≤0.2
3	亚硝酸盐(以 $NaNO_2$ 计)，mg/kg	≤20
4	二氧化硫(以 SO_2 计)，mg/kg	≤100
5	氯氰菊酯(cypermethrin)，mg/kg	≤1.0

表 1（续）

序　号	项　目	指　标
6	氰戊菊酯(fenvalerate),mg/kg	≤0.2
7	三唑酮(triadimefon),mg/kg	≤0.2
8	毒死蜱(chlorpyrifos),mg/kg	≤1.0
9	霉菌,个/g	≤50
注：国家禁用的、限用的农药从其规定。		

4 试验方法

4.1 感官指标

色泽、形态、质地用目测法检验，气味和异味用嗅的方法检验。

4.2 含水量

按 GB/T 5009.3 规定中直接干燥法执行。

4.3 盐分

按 GB/T 5009.51 规定执行。

4.4 安全指标

4.4.1 砷

按 GB/T 5009.11 规定执行。

4.4.2 铅

按 GB/T 5009.12 规定执行。

4.4.3 亚硝酸盐

按 GB/T 5009.33 规定执行。

4.4.4 二氧化硫

按 GB/T 5009.34 规定执行。

4.4.5 三唑酮

按 GB/T 5009.126 规定执行。

4.4.6 氯氰菊酯、氰戊菊酯

按 GB/T 5009.110 规定执行。

4.4.7 毒死蜱

按 GB/T 5009.145 规定执行。

4.4.8 霉菌

按 GB/T 4789.15 规定执行。

5 检验规则

5.1 检验分类

5.1.1 出厂检验(交收检验)

出厂检验项目为感官指标、含水量、盐分和安全指标中的微生物指标。

5.1.2 型式检验

型式检验是对产品进行全面考核，即对本标准规定的全部要求(指标)进行检验。有下列情形之一

者应进行型式检验：

a） 申请无公害食品标志；

b） 有关行政主管部门提出型式检验要求；

c） 前后两次抽检结果差异较大；

d） 人为或自然因素使生产环境发生较大变化。

5.2 组批规则

以相同生产地点、生产条件、生产时间和相同质量等级产品组成同一检验批次。

5.2.1 抽样方法

5.2.1.1 抽取的样品应具有代表性，从批量货物堆放的不同位置随机抽取，抽取时以外包装箱为单位，批量在100箱以下，按3%抽取；100箱以上每增加100箱增抽一箱，增加部分不足100箱时按100箱计。

5.2.1.2 按5.2.1.1在样品箱中随机抽取小包装样品，单件包装在250 g以上的每箱抽取不少于2袋，样本总量不少于6袋；单件包装在250 g以下的每箱抽取不少于3袋，样本总量不少于9袋。抽取的样品随机分成三份，一份作检验用，一份作复验样，一份作备样。

5.3 判定规则

5.3.1 出厂检验时，如全部指标合格，则判该批产品合格。如感官指标、微生物指标有一项不合格，则判该批产品不合格。如含水量、盐分不合格，可加倍取样对不合格项重新检验，如仍有不合格项，则判该批产品为不合格。

5.3.2 型式检验时，如全部指标合格，则判该批产品合格。如感官指标、安全指标有一项不合格，则判该批产品不合格。如含水量、盐分不合格，可加倍取样对不合格项重新检验，如仍有不合格项，则判该批产品型式检验不合格。

6 标识

产品应有明确的标识，内容包括产品名称、产品的执行标准、生产者及详细地址、净含量、生产批号（日期）、保质期限等，要求字迹清晰、完整、准确。

ICS 65.020.20
B 31

中华人民共和国农业行业标准

NY/T 5233—2004

无公害食品　竹笋干生产技术规程

2004-01-07 发布　　2004-03-01 实施

中华人民共和国农业部　发布

前　言

本标准由中华人民共和国农业部提出。

本标准起草单位:农业部农产品质量监督检验测试中心(杭州)、浙江省农产品质量监督检验测试中心。

本标准主要起草人:王强、李振、黄国洋、赵燕申、王小骊、华楚衍、王钫、王建清。

无公害食品　竹笋干生产技术规程

1　范围

本标准规定了无公害食品　竹笋干的术语和定义、要求、加工工艺与质量监控、管理制度等。

本标准适用于无公害食品　竹笋干加工过程。

2　规范性引用文件

下列文件中的条款通过本标准的引用而成为本标准的条款。凡是注日期的引用文件，其随后所有的修改单(不包括勘误的内容)或修订版均不适用于本标准，然而，鼓励根据本标准达成协议的各方研究是否可使用这些文件的最新版本。凡是不注日期的引用文件，其最新版本适用于本标准。

GB 2760　食品添加剂使用卫生标准

GB 5461　食用盐

GB 5749　生活饮用水卫生标准

GB/T 10466　蔬菜、水果形态学和结构学术语

NY 5232　无公害食品　竹笋干

3　术语和定义

GB/T 10466 中 2.2 确立的竹笋(bamboo shoot)、笋肉(flesh)、基部(base)以及下列术语和定义适用于本标准。

3.1

小笋干　little dried bamboo shoots

石竹笋、早竹笋、红壳笋、青壳笋、广笋、鸡毛笋、刚竹笋等小竹笋所制成的笋干的统称。

3.2

毛笋干　dried hairy bamboo shoots

由毛竹笋所制成的笋干。

4　要求

4.1　原料

竹笋原料应符合 NY 5232 的要求。原料验收后应存放在具有防鼠、防虫措施和通风良好的仓库中。

4.2　辅料

允许使用食用亚硫酸盐，但最大添加量及二氧化硫残留应符合 GB 2760 的要求，不允许使用其他禁用漂白剂、蒸煮脱壳剂。加工过程中使用的食盐应符合 GB 5461 的要求。加工过程中使用的水应符合 GB 5749 的要求。

4.3　生产设施

4.3.1　厂区环境

4.3.1.1　厂区主要道路和进入厂区的道路应铺设适于车辆通行的坚硬路面(如混凝土或沥青路面)，路面应平整、不起尘。

4.3.1.2　厂区应无有毒有害气体、烟尘及危害产品卫生的设施。

4.3.1.3 厂区禁止饲养畜禽及其他动物。

4.3.1.4 生产过程中废水废料的排放或处理应达到国家环保总局规定的二级排放标准。

4.3.2 加工车间

4.3.2.1 车间按工艺流程要求布局合理,无交叉污染环节。

4.3.2.2 车间地面应平整、光洁、易于清洗。

4.3.2.3 车间墙壁要用浅色、不吸水、不渗水、无毒材料覆涂。

4.3.2.4 车间屋顶或天花板应选用无毒、不易脱落的材料,屋顶结构要有适当的坡度,避免积水。

4.3.2.5 车间门窗应完整密封,并设有防虫蝇装置。

4.3.2.6 车间内生产线上方的照明设施应有防爆灯罩或采用其他安全照明设施。

4.3.2.7 包装车间应装有换气或空气调节设备,进、排气口应有防止害虫侵入的装置。

4.3.3 卫生设施

车间出入口应设有消毒设施。更衣室应与车间相连,且宽敞整洁。更衣室应配有足够的更衣柜及鞋柜。与车间相连的卫生间内应设有冲水装置和洗手消毒设施,并配有洗涤用品和干手器。卫生间要保持清洁卫生,门窗不得直接开向车间。

4.3.4 生产设备

竹笋干加工设备应按工艺流程合理布局。与水接触的加工设备、器具要由符合食品级卫生标准要求的耐腐蚀材料制成。设备中与物质的接触面要具有非吸收性,无毒、平滑,要耐反复清洗、杀菌。每日班前班后应进行有效的清洗和消毒。计量器具须经计量部门检定合格,并有有效的合格证件。

4.4 人员

4.4.1 生产人员应经上岗操作培训合格。

4.4.2 生产人员每年至少进行一次健康检查,必要时进行临时健康检查;新进厂人员应经体检合格后方可上岗。

4.4.3 凡患有活动性肺结核、传染性肝炎、肠道传染病、化脓性或渗出性皮肤病以及其他有碍食品卫生等疾病的人员,应调离竹笋干加工生产岗位。

4.4.4 车间禁止吸烟,严禁随地吐痰;与生产无关的物品不得带入车间;工作之前和使用卫生间之后,或手部受污染时,应及时洗手消毒。

4.4.5 车间工作人员应保持个人卫生,不得留长指甲、涂指甲油、佩带饰物或在肌肤上涂抹化妆品。进入车间应穿整洁的浅色工作服和工作靴鞋,戴工作帽或发网。

5 加工工艺与质量控制

5.1 工艺

所采用的加工工艺应能确保产品质量稳定正常。通用的一般工艺要求及生产设备见表1。

表1 一般工艺要求及生产设备

工序名称	笋干种类	工 艺 要 求	生产设备
去壳		采收的鲜笋一般要求当天全部去壳剥净,特殊情况下可放宽至采收后2d~3d内去壳,但要求笋体无霉变,笋壳鲜亮,无干瘪等。去壳时不留残壳,允许笋梢有少量的笋衣,并用清水洗净	

表 1（续）

<table>
<tr><th>工序名称</th><th>笋干种类</th><th>工 艺 要 求</th><th>生产设备</th></tr>
<tr><td rowspan="2">蒸煮</td><td>小笋干</td><td>1. 当天去壳，当天烧煮，最多不超过 24 h
2. 加盐量≤10%
3. 旺火烧煮至蒸汽直冲后约 0.5 h～1 h，使笋肉色泽新鲜略带黄绿，即可起锅，每蒸 2 锅～3 锅换水一次</td><td rowspan="2">双层蒸汽锅</td></tr>
<tr><td>毛笋干</td><td>1. 当天去壳，当天烧煮，最多不超过 24 h
2. 加盐量≤20%
3. 用猛火旺煮 2 h～4 h，待笋肉由白色或青色转为玉白色，外表油光滑润，笋体变软，根芽点由红变蓝，即可起锅，每蒸 2 锅～3 锅换水一次
4. 将笋节捅破</td></tr>
<tr><td rowspan="2">漂洗</td><td>小笋干</td><td>经煮熟的笋体从锅里捞出后，经短时间的流水漂洗</td><td rowspan="2">水池</td></tr>
<tr><td>毛笋干</td><td>煮熟的笋体从锅里捞出后，放入水池中用流动的冷水漂洗，然后用不锈钢条或木条穿透所有笋节，让内部热气透出，漂洗后，切开大笋体，用水触摸无微热感</td></tr>
<tr><td rowspan="2">烘焙</td><td>小笋干</td><td>1. 初步脱水：放在压榨机内压榨 0.5 h～1 h，至以手紧捏笋肉无水滴出
2. 烘焙：温度 60℃～90℃，烘焙过程为 11 h 左右
3. 整形
4. 烘干后的笋干要求色泽黄亮，无焦味</td><td rowspan="2">压榨机
烘干机/烘房</td></tr>
<tr><td>毛笋干</td><td>1. 初步脱水：笋体放在压榨机内压榨 1 h～2 h 后，松榨再加重物重压，至榨出水带有泡沫且略带红色
2. 烘干法：温度为 60℃～90℃，初始烘的温度稍高，3 h～4 h 后温度可低些，但要均匀
3. 晒干法：压扁后的笋取出后，任其日晒，约 10 d，晒至九成干时，放 2 d～3 d，让其回潮再晒 3 d～5 d</td></tr>
<tr><td>冷却</td><td></td><td>笋干烘焙后，平摊在干净、干燥、通风的室内自然冷却</td><td>/</td></tr>
<tr><td>分级</td><td></td><td>合格品依产品标准要求分好等级</td><td>/</td></tr>
<tr><td>封口</td><td></td><td>计量包装，封口严密，整齐美观</td><td>台秤 封口机</td></tr>
</table>

5.2 检验

5.2.1 应有相应的化验室和检验设备。

5.2.2 检验人员应对原料进厂、加工及成品出厂全过程进行监督检查，原料验收、半成品和成品必须要有检验合格报告方可入库。

5.3 记录

5.3.1 各项检验控制应有原始记录。

5.3.2 各项原始记录按规定保存。

5.3.3 原始记录格式应规范，填写应认真，字迹应清晰。

5.4 卫生

5.4.1 建立严格的卫生控制制度。

5.4.2 每日班前班后应对生产设备进行有效清洗和消毒。

5.4.3 定期对生产设施及环境开展卫生检查和消毒。

6 管理制度

6.1 企业应建立质量体系，各个岗位应有完善的管理制度，应有从原料购入到竹笋干出厂的质量管理制度,并有措施保证各项制度运行有效。

6.2　应有人员健康、培训、原料、辅料验收、检验、发放等记录。

6.3　企业每年应对管理制度的实施情况进行评审,对生产车间每3个月进行一次制度实施情况检查,对成品库每月进行一次制度实施检查。以上检查应有记录并存档。

7　生产档案

7.1　竹笋干加工过程应建立完整的生产技术档案。

7.2　记录内容主要包括:原料验收、辅料验收、加工过程关键环节控制、成品检验、加工人员、加工时间、出入库等。

ICS 67.080.20
B 31

中华人民共和国农业行业标准

NY 5234—2004

无公害食品　小型萝卜

2004-01-07 发布　　2004-03-01 实施

中华人民共和国农业部　发布

前 言

本标准由中华人民共和国农业部提出。

本标准起草单位:中国农业科学院质量标准与检测技术研究所、农业部蔬菜品质监督检验测试中心(北京)。

本标准主要起草人:刘肃、钱洪、张德纯、王敏、刘中笑。

无公害食品　小型萝卜

1　范围

本标准规定了无公害食品小型萝卜的要求、试验方法、检验规则和标识。

本标准适用于无公害食品小型萝卜，包括四缨萝卜、五樱萝卜、扬花萝卜、红丁萝卜、算盘子萝卜以及从国外引进的樱桃萝卜、玉笋萝卜等。

2　规范性引用文件

下列文件中的条款通过本标准的引用而成为本标准的条款。凡是注日期的引用文件，其随后所有的修改单（不包括勘误的内容）或修订版均不适用于本标准，然而，鼓励根据本标准达成协议的各方研究是否可使用这些文件的最新版本。凡是不注日期的引用文件，其最新版本适用于本标准。

GB/T 5009.12　食品中铅的测定

GB/T 5009.15　食品中镉的测定

GB/T 5009.20　食品中有机磷农药残留量的测定

GB/T 5009.105　黄瓜中百菌清残留量的测定

GB/T 5009.110　植物性食品中氯氰菊酯、氰戊菊酯和溴氰菊酯残留量的测定

GB/T 8855　新鲜水果和蔬菜的取样方法

3　要求

3.1　感官指标

同一批无公害食品小型萝卜应是同一品种或相似品种，成熟适度，色泽正，新鲜，清洁，长短和粗细基本均匀，无明显缺陷（包括糠心、开裂、分叉、机械伤、霉烂、冻害和病虫害等）。

3.2　安全指标

应符合表1的规定。

表1　无公害食品小型萝卜安全指标　　单位为毫克每千克

序　号	项　目	指　标
1	乐果(dimethoate)	≤1
2	敌百虫(trichlorfon)	≤0.1
3	杀螟硫磷(fenitrothion)	≤0.5
4	氯氰菊酯(cypermethrin)	≤1
5	溴氰菊酯(deltamethrin)	≤0.5
6	氰戊菊酯(fenvalerate)	≤0.05
7	百菌清(chlorothalonil)	≤1
8	铅(以 Pb 计)	≤0.2
9	镉(以 Cd 计)	≤0.05
注：根据《中华人民共和国农药管理条例》，剧毒和高毒农药不得在蔬菜生产中使用。		

4 试验方法

4.1 感官指标

从供试样品中随机抽取小型萝卜 1 kg，用目测法进行品种特征、成熟度、色泽、新鲜、清洁、长短和粗细、开裂、分叉、机械伤、霉烂、冻害和病虫害等项目的检测。用刀剖开检测病虫害症状或糠心、黑心。

每批受检样品抽样检验时，对有缺陷的样品做记录。不合格率以 ω 计，数值以%表示，按公式(1)计算：

$$\omega=\frac{n}{N}\times 100 \quad \cdots\cdots (1)$$

式中：

n——有缺陷的样品质量，单位为克(g)；

N——检验样本的质量，单位为克(g)。

计算结果精确到小数点后一位。

4.2 安全指标

4.2.1 乐果、敌百虫、杀螟硫磷

按 GB/T 5009.20 规定执行。

4.2.2 氯氰菊酯、溴氰菊酯、氰戊菊酯

按 GB/T 5009.110 规定执行。

4.2.3 百菌清

按 GB/T 5009.105 规定执行。

4.2.4 铅

按 GB/T 5009.12 规定执行。

4.2.5 镉

按 GB/T 5009.15 规定执行。

5 检验规则

5.1 检验分类

5.1.1 型式检验

型式检验是对产品进行全面考核，即对本标准规定的全部要求进行检验。有下列情形之一者应进行型式检验。

a) 申请无公害农产品标志；

b) 有关行政主管部门提出型式检验要求；

c) 前后两次抽样检验结果差异较大；

d) 人为或自然因素使生产环境发生较大变化。

5.1.2 交收检验

每批产品交收前，生产单位都要进行交收检验。交收检验内容包括感官和标识。检验合格后并附合格证方可交收。

5.2 组批

产地抽样以同一品种、同一产地、相同栽培条件、同时采收的小型萝卜作为一个检验批次。批发市场、农贸市场和超市相同进货渠道的小型萝卜作为一个检验批次。

5.3 抽样方法

按照 GB/T 8855 中的有关规定执行。

报验单填写的项目应与货物相符，凡与货物单不符，包装容器严重损坏者，应由交货单位重新整理后再行抽样。

5.4 判定规则

5.4.1 每批受检样品的感官指标不合格率按其所检单位（如每箱、每袋）的平均值计算，其值不应超过5%。其中任意一件的不合格率不应超过10%。

5.4.2 安全指标有一项不合格，判该批次产品为不合格。

6 标识

产品应有明确标识，内容包括：产品名称、产品的执行标准、生产者及详细地址、产地、净含量和包装日期等，要求字迹清晰、完整、准确。

ICS 65.020.20
B 31

中华人民共和国农业行业标准

NY/T 5235—2004

无公害食品
小型萝卜生产技术规程

2004-01-07 发布　　2004-03-01 实施

中华人民共和国农业部 发布

前 言

本标准由中华人民共和国农业部提出。

本标准起草单位：中国农业科学院蔬菜花卉研究所、农业部蔬菜品质监督检验测试中心（北京）。

本标准主要起草人：张德纯、刘肃、钱洪、高苹。

无公害食品　小型萝卜生产技术规程

1　范围

本标准规定了无公害食品小型萝卜的术语和定义、产地环境条件、生产技术、病虫害防治以及采收和生产档案。

本标准适用于无公害食品小型萝卜的生产。

2　规范性引用文件

下列文件中的条款通过本标准的引用而成为本标准的条款。凡是注日期的引用文件，其随后所有的修改单(不包括勘误的内容)或修订版均不适用于本标准，然而，鼓励根据本标准达成协议的各方研究是否可使用这些文件的最新版本。凡是不注日期的引用文件，其最新版本适用于本标准。

GB 4285　农药安全使用标准

GB/T 8321(全部)　农药合理使用准则

NY/T 496　肥料合理使用准则通则

NY 5010　无公害食品　蔬菜产地环境条件

NY 5234　无公害食品　小型萝卜

3　术语和定义

3.1

小型萝卜　mini radish

小型萝卜是形状较小，生长期较短的栽培种。常见的有四缨萝卜、五缨萝卜、扬花萝卜、红丁萝卜、算盘子萝卜以及从国外引进的樱桃萝卜、玉笋萝卜等。

4　产地环境条件

4.1　产地环境

应符合 NY 5010 规定的要求。土壤以地块平整、排灌方便、土层深厚、土质疏松、富含有机质、保水、保肥性好的沙壤土为宜。种植小型萝卜应选择无同种病虫害的作物为前作，避免与十字花科蔬菜连作。设施栽培可采用塑料棚、日光温室及夏季遮阳网等。

5　生产技术

5.1　品种选择

5.1.1　品种选择原则

选用抗病、抗逆性强、优质丰产、商品性好及适宜在本季节种植的品种。

5.1.2　种子质量

种子纯度≥90%，净度≥97%，发芽率≥96%，水分≤8%。

5.2　整地

早耕多晒，打碎耙平，施足基肥。耕层的深度在 15 cm～20 cm。

5.3　作畦

小型萝卜多采用平畦栽培，江南多雨地区采用深沟高畦栽培。

5.4 播种

5.4.1 播种量

每 667 m^2 用种量为 1.5 kg～2.0 kg。

5.4.2 浸种

保护地栽培多采取浸种催芽的措施，用 25℃～30℃温水浸种 2 h～3 h，出水后用凉水冲洗干净，放在干净的容器中，上盖湿毛巾 18℃～22℃催芽，催芽至种皮裂开即可播种。

5.4.3 播种方式

可用条播或撒播方式。播种时可采用先浇水播种后盖土或先播种盖土后再浇水两种方式，盖土的厚度在 1.5 cm～2 cm 之间。平畦撒播多采用前者，适合寒冷季节栽培。

5.4.4 种植密度

行距 10 cm，株距 5 cm～7 cm。

5.5 田间管理

5.5.1 间苗定苗

小型萝卜不宜移栽，也无法补苗。第一次间苗在子叶充分展开时进行，当具 1 片～2 片真叶时，开始第二次间苗，当具 3 片～4 片真叶时，按规定的株行距进行定苗。

5.5.2 除草

小型萝卜因栽培密度大，一般不进行中耕，有草应及时拔除。

5.5.3 浇水

浇水应根据作物的生育期、降雨、温度、土质、地下水位、空气和土壤湿度状况而定。

5.5.3.1 发芽期

播后要充分浇水，土壤有效含水量宜在 80%以上。北方干旱年份，夏秋季节采取“三水齐苗”，即播后一水，拱土一水，齐苗一水。

5.5.3.2 幼苗期

苗期根系浅，需水量小，基本上不浇水。高温季节北方干旱地区，除浇足底墒水外，可适量浇水。

5.5.3.3 叶生长盛期

此期叶数不断增加，叶面积逐渐增大，肉质根也开始膨大，需水量较大，但要适量灌溉。

5.5.3.4 肉质根膨大盛期

此期需水量最大，应充分均匀浇水，土壤有效含水量宜在 70%～80%以上。

5.6 施肥

5.6.1 施肥原则

按 NY/T 496 规定执行。不使用有害工业废弃物、城市垃圾和污泥。不使用未经发酵腐熟、未达到无害化指标、重金属超标的人畜粪尿等有机肥料。

5.6.2 施肥方法

结合整地，施入基肥，基肥量应占总肥量的 70%以上，即每 667 m^2 撒施腐熟的有机肥 1 500 kg，草木灰 50 kg，过磷酸钙 25 kg。根据土壤肥力和生长状况确定追肥时间。在苗期、叶生长期可采用 0.2%磷酸二氢钾叶面喷肥，收获前 10 d 内不再施肥。

6 病虫害防治

6.1 农业及物理防治

6.1.1 选用无病种子，抗病一代杂种或良种；合理布局，实行轮作倒茬；注意灌水、排水，防止土壤干旱和积水；清洁田园，拔除杂草降低病虫源数量。

6.1.2 保护地栽培采用黄板诱杀、银灰色膜避蚜和防虫网阻隔等防范措施;大面积露地栽培可采用杀虫灯诱杀害虫。

6.2 药剂防治

6.2.1 禁止使用国家明令禁止的高毒、剧毒、高残留的农药及其混配农药品种。禁止使用的高毒、剧毒农药品种有:甲胺磷、甲基对硫磷、对硫磷、久效磷、磷胺、甲拌磷、甲基异柳磷、特丁硫磷、甲基硫环磷、治螟磷、内吸磷、克百威、涕灭威、灭线磷、硫环磷、蝇毒磷、地虫硫磷、氯唑磷、苯线磷、六六六、滴滴涕、毒杀芬、二溴氯丙烷、杀虫脒、二溴乙烷、除草醚等农药。

6.2.2 提倡使用高效、低毒、低残留的生物农药。

6.2.3 使用化学农药时,应执行 GB 4286 和 GB/T 8321(全部)。按规定施用药物剂量及施用间隔期,合理混用、轮换、交替用药,防止和延缓病虫害抗性的产生和发展。

6.2.4 防治蚜虫每 667 m^2 可用 10%吡虫啉 10 g～20 g,对水 40 kg 进行喷雾或每 667 m^2 用 40%乐果乳油 50 mL,1 000 倍～1 500 倍液喷雾或每 667 m^2 用 10%氯氰菊酯乳油 20 mL～30 mL,2 000 倍～2 500倍液喷施。保护地可选用 22%敌敌畏烟剂,每 667 m^2 用 0.5 kg 密闭熏烟。

6.2.5 防治菜青虫每 667 m^2 用 16 000 国际单位/毫克 Bt 可湿性粉剂 1 000 倍～1 600 倍液喷雾,喷雾量 50 kg。或 100 亿孢子/克粉剂杀螟杆菌 100 g～150 g 对水喷雾防治。化学药剂每 667 m^2 用 50%辛硫磷 25 mL～30 mL,1 000 倍～1 500 倍液或 20%氰戊菊酯 10 mL～25 mL,3 000 倍～5 000 倍液喷施。

6.2.6 防治软腐病每 667 m^2 用农用链霉素可湿性粉剂 14 g～28 g,加水 75 kg～100 kg,搅拌均匀后喷雾。

7 采收

小型萝卜以鲜食为主,为保持其鲜嫩性,应根据栽培品种成熟标准及时收获。收获时保持根、叶不损伤,整齐码放在采收容器内。

8 生产档案

按小型萝卜生产技术规程,建立生产档案。对产地环境、生产技术、病虫害防治及采收各环节中出现的问题及采取的措施作详细记录。

ICS 67.080.20
B 31

中华人民共和国农业行业标准

NY 5236—2004

无公害食品　叶用莴苣

2004-01-07 发布　　2004-03-01 实施

中华人民共和国农业部　发布

前　言

本标准由中华人民共和国农业部提出。

本标准起草单位:农业部蔬菜品质监督检验测试中心(广州)、农业部食品质量监督检验测试中心(济南)。

本标准主要起草人:王富华、李乃坚、柳琪、何裕志、刘洪标、郭巨先、任凤山。

无公害食品　叶用莴苣

1　范围

本标准规定了无公害食品叶用莴苣的要求、试验方法、检验规则和标识。

本标准适用于无公害食品叶用莴苣。

2　规范性引用文件

下列文件中的条款通过本标准的引用而成为本标准的条款。凡是注日期的引用文件，其随后所有的修改单(不包括勘误的内容)或修订版均不适用于本标准，然而，鼓励根据本标准达成协议的各方研究是否可使用这些文件的最新版本。凡是不注日期的引用文件，其最新版本适用于本标准。

GB/T 5009.12　食品中铅的测定

GB/T 5009.15　食品中镉的测定

GB/T 5009.20　食品中有机磷农药残留量的测定

GB/T 5009.38　蔬菜水果卫生标准的分析方法

GB/T 5009.105　黄瓜中百菌清残留量的测定

GB/T 5009.110　植物性食品中氯氰菊酯、氰戊菊酯和溴氰菊酯残留量的测定

GB/T 8855　新鲜水果和蔬菜的取样方法

3　要求

3.1　感官指标

同一品种或相似品种、色泽滋味正常、新鲜、清洁、大小基本均匀、无明显缺陷(包括萎蔫、机械伤、霉烂、冻害和病虫害)。

3.2　安全指标

应符合表1的规定。

表1　无公害食品叶用莴苣安全指标　　单位为毫克每千克

序　号	项　目	指　标
1	乐果(dimethoate)	≤1
2	敌敌畏(dichcarb)	≤0.2
3	敌百虫(trichlorfon)	≤0.1
4	辛硫磷(phoxim)	≤0.05
5	氯氰菊酯(cypermethrin)	≤1
6	氯氟氰菊酯(cyhalothrin)	≤0.2
7	甲氰菊酯(fenpropathrin)	≤0.5
8	多菌灵(carbenddazim)	≤0.5
9	百菌清(chlorothalonil)	≤1
10	铅(以 Pb 计)	≤0.2
11	镉(以 Cd 计)	≤0.05
注：根据《中华人民共和国农药管理条例》，剧毒和高毒农药不得在蔬菜生产中使用。其他农药参照国家有关农药残留限量标准。		

4 试验方法

4.1 感官指标

从供试样品中随机抽取叶用莴苣 1 kg，用目测法进行品种特征、成熟度、色泽、新鲜、清洁、大小、萎蔫、机械伤、霉烂、冻害和病虫害等项目的检测。

每批受检样品抽样检验时，对有缺陷的样品做记录。不合格率以 ω 计，数值以%表示，按公式(1)计算：

$$\omega=\frac{n}{N}\times 100 \qquad (1)$$

式中：

n——有缺陷的样品质量的数值，单位为克(g)；

N——检验样本的质量的数值，单位为克(g)。

计算结果精确到小数点后一位。

4.2 安全指标

4.2.1 乐果、敌敌畏、敌百虫、辛硫磷

按 GB/T 5009.20 规定执行。

4.2.2 氯氰菊酯、三氟氯氰菊酯、甲氰菊酯

按 GB/T 110 规定执行。

4.2.3 多菌灵

按 GB/T 5009.38 规定执行。

4.2.4 百菌清

按 GB/T 5009.105 规定执行。

4.2.5 铅

按 GB/T 5009.12 规定执行。

4.2.6 镉

按 GB/T 5009.15 规定执行。

5 检验规则

5.1 检验分类

5.1.1 型式检验

型式检验是对产品进行全面考核，即对本标准规定的全部要求(指标)进行检验。有下列情形之一者应进行型式检验：

a) 申请无公害农产品标志；

b) 有关行政主管部门提出型式检验要求；

c) 前后两次抽样检验结果差异较大；

d) 人为或自然因素使生产环境发生较大变化。

5.1.2 交收检验

每批产品交收前，生产单位都要进行交收检验。交收检验内容包括感官和标识。检验合格后并附合格证方可交收。

5.2 组批规则

产地抽样以同一品种、同一产地、相同栽培条件、同时采收的叶用莴苣作为一个检验批次。批发市场、农贸市场和超市相同进货渠道的叶用莴苣作为一个检验批次。

5.3 抽样方法

按照 GB/T 8855 中的有关规定执行。

报验单填写的项目应与货物相符，凡与货物单不符，包装容器严重损坏者，应由交货单位重新整理后再行抽样。

5.4 判定规则

5.4.1 每批受检样品的感官指标不合格率按其所检单位(如每箱、每袋)的平均值计算，其值不应超过5%。其中任意一件包装的不合格率不应超过 10%。

5.4.2 安全指标有一项不合格，判该批次产品为不合格。

6 标识

产品应有明确标识，内容包括产品名称、产品的执行标准、生产者及详细地址、产地、净含量和包装日期等，要求字迹清晰、完整、准确。

ICS 65.020.20
B 31

中华人民共和国农业行业标准

NY/T 5237—2004

无公害食品
叶用莴苣生产技术规程

2004-01-07 发布

2004-03-01 实施

中华人民共和国农业部 发布

前　言

本标准由中华人民共和国农业部提出。

本标准起草单位：农业部蔬菜品质监督检验测试中心（广州）、广东省农业科学院蔬菜研究所、广东省农作物杂种优势利用站。

本标准主要起草人：王富华、曹健、何裕志、李乃坚、张衍荣、刘洪标、林青山。

无公害食品　叶用莴苣生产技术规程

1　范围

本标准规定了无公害食品叶用莴苣生产的产地环境要求、生产技术、病虫害防治、采收和生产档案。

本标准适用于无公害食品叶用莴苣的生产。

2　规范性引用文件

下列文件中的条款通过本标准的引用而成为本标准的条款。凡是注日期的引用文件，其随后所有的修改单(不包括勘误的内容)或修订版均不适用于本标准，然而，鼓励根据本标准达成协议的各方研究是否可使用这些文件的最新版本。凡是不注日期的引用文件，其最新版本适用于本标准。

GB 4285　农药安全使用标准

GB/T 8321(所有部分)　农药合理使用准则

NY/T 496　肥料合理使用准则　通则

NY 5010　无公害食品　蔬菜产地环境条件

3　产地环境要求

应符合NY 5010规定的要求。设施栽培可采用塑料大棚、日光温室及夏季遮阳网。选择在地势平整、排灌方便、疏松、肥沃、保水、保肥的微酸性黏质壤土或沙壤土栽培。种植叶用莴苣应选择无同种病虫害的作物为前作，避免与菊科蔬菜连作，以新地或前作为水稻最佳。老菜园土要经过撒腐熟石灰、淋杀虫剂等处理。

4　生产技术

4.1　品种选择

4.1.1　选择原则

选用抗病、优质、丰产、抗逆性强、商品性好的品种。要根据种植季节不同选择适宜的种植品种。

4.1.2　种子质量

种子纯度≥90%，净度≥97%，发芽率≥96%，水分≤8%。

4.1.3　种子处理

防治霜霉病、黑斑病可用50%福美双可湿性粉剂，或用75%百菌清可湿性粉剂，按种子量的0.4%拌种；防治软腐病可用菜丰宁或专用种子包衣剂拌种。

4.2　整地与施肥

4.2.1　整地

早耕多翻，打碎耙平，施足基肥。耕层的深度在15 cm～20 cm。多采用平畦栽培，多雨地区注意深沟排水。

4.2.2　施肥

按NY/T 496规定执行。建议以施用有机肥或生物有机肥为主，不使用工业废弃物、城市垃圾和污泥。不使用未经发酵腐熟、未达到无害化指标、重金属超标的人畜粪尿等有机肥料。结合整地，施入基肥，基肥量每667 m^2 施腐熟的有机肥2 000 kg以上或高浓度复合肥50 kg。约60%的氮肥和磷、钾肥结合耕地与耕层混匀基施。

4.3 播种育苗

一般采用育苗移栽，每 100 m^2 苗床用种量为 250 g～300 g。种子宜催芽处理，先用 20℃清水浸泡 3 h～4 h，然后用湿纱布包好，注意通风，在 15℃～20℃恒温箱中催芽，2 d～3 d 后约有 30%种子露芽就可以播种。移栽后早熟品种行株距为20 cm～25 cm 中、晚熟品种行株距为 25 cm～35 cm。保护地可适当密植。

4.4 田间管理

4.4.1 追肥

定植后在施足底肥的基础上，要追施速效肥。追肥可分 3 次进行。定植后 5 d～6 d 追第一次肥，追施少量速效氮肥；15 d～20 d 追第二次肥，以氮、磷、钾复合肥为好，每 667 m^2 追施 15 kg～20 kg；定植 25 d～30 d 时，再追施一次复合肥 10 kg～15 kg。在苗期可浇稀粪水，中、后期禁浇粪水。

4.4.2 浇水

定植后以中耕保湿缓苗为主。缓苗后根据天气和生长情况，掌握浇水的次数，保持土壤湿润。中后期田间封垄时，浇水应注意既要保证植株养分需要，又不要过量。大棚栽培应控制好田间湿度和空气湿度，控制浇水。注意雨天清沟排水，忌积水。

4.4.3 中耕除草

及时进行中耕除草，中耕次数根据田间情况而定，一般进行 3 次即可。中耕与除草相结合。中耕深度一般为 2 cm～4 cm，苗幼小时中耕 2 cm 即可，苗大些时可适当深一些。

4.4.4 遮荫防雨

夏季栽培要注意遮荫、防雨、降温，尤其在夏季育苗时。一般用遮阳网或无纺布遮荫，可利用大棚也可用小拱棚或平棚覆盖遮阳网，大棚盖顶部和西晒面，小拱棚和平棚晴天昼盖夜揭、阴撤雨盖。

5 病虫害防治

5.1 农业防治

选用无病种子及抗病优良品种；培育无病虫害壮苗；合理布局，实行轮作倒茬；注意灌水、排水，防止土壤干旱和积水；清洁田园，加强除草，降低病虫源数量。

5.2 生物防治

保护天敌。创造有利于天敌生存的环境条件，选择对天敌杀伤力低的农药；释放天敌，如捕食螨、寄生蜂等。

5.3 物理防治

保护地栽培采用黄板诱杀、银灰膜避蚜和防虫网阻隔等防范措施；大面积露地栽培可采用杀虫灯诱杀害虫。

5.4 药剂防治

5.4.1 药剂使用的原则和要求

禁止使用国家明令禁止的高毒、剧毒、高残留的农药及其混配农药品种，包括甲胺磷、甲基对硫磷、对硫磷、久效磷、磷胺、甲拌磷、甲基异柳磷、特丁硫磷、甲基硫环磷、治螟磷、内吸磷、克百威、涕灭威、灭线磷、硫环磷、蝇毒磷、地虫硫磷、氯唑磷、苯线磷等农药。使用化学农药时，应执行 GB 4286 和 GB/T 8321（所有部分）。合理混用、轮换、交替用药，防止和推迟病虫抗性的产生和发展。

5.4.2 立枯病、猝倒病

土壤消毒（可用石灰）或避免使用老菜园土；防止苗床过湿、温度过低或过高；适当间苗，不使幼苗徒长；播种前用少量 64%杀毒矾拌种。

5.4.3 软腐病

发病初期可喷农用链霉素 200 mg/kg，新植霉素 200 mg/kg，并结合灌根。

5.4.4 **菌核病**

发病初期可喷50%速克灵或50%扑海因对水1 000倍～2 000倍，50%多菌灵对水500倍，40%菌核净对水1 000倍，喷药时着重喷洒植株茎的基部、老叶和地面，每隔5 d～7 d喷1次，连喷3次～4次。

5.4.5 **霜霉病**

发病初期立即喷药，可用75%百菌清对水500倍，70%代森锰锌对水400倍～500倍，64%杀毒矾对水400倍～500倍，隔5 d～7 d喷1次，连喷3次～4次。保护地内可用百菌清3.75 kg/hm² 烟熏剂，烟熏时要关闭门窗。种子消毒，可用种子质量的0.3%多菌灵拌种。

5.4.6 **地老虎、蝼蛄**

育苗期可用40%乐果乳油进行土壤淋药处理。

5.4.7 **蚜虫**

早期进行防治。可用40%乐果乳油1 000倍～1 500倍液，或40%康福多对水3 000倍，或2.5%三氟氯氰菊酯乳油对水2 000倍，20%甲氰菊酯乳油对水2 000倍防治。保护地可选用22%敌敌畏烟剂，每667 m² 用0.5 kg密闭熏烟。

5.4.8 **小菜蛾**

早期进行防治。可用40%菊杀乳油或40%菊马乳油对水1 500倍～2 000倍。10%氯氰菊酯乳油对水2 000倍，20%杀灭菊酯乳油对水2 000倍防治。

6 采收

一般散叶叶用莴苣定植后40 d采收，结球叶用莴苣定植后50 d～70 d可采收。收获时自地面割下。

7 生产档案

7.1 建立田间生产档案。

7.2 对生产技术、病虫害防治和采收各环节所采取的措施进行详细记录。

ICS 67.080.20
B 31

中华人民共和国农业行业标准

NY 5238—2004

无公害食品　莲藕

2004-01-07 发布　　2004-03-01 实施

中华人民共和国农业部　发布

前　言

本标准由中华人民共和国农业部提出。

本标准起草单位:农业部食品质量监督检验测试中心(武汉)、国家种质武汉水生蔬菜圃。

本标准主要起草人:樊铭勇、柯卫东、程运斌、袁友明、黄新芳、余绍金。

无公害食品　莲藕

1　范围

本标准规定了无公害食品莲藕的要求、试验方法、检验规则和标识。

本标准适用于无公害食品莲藕。

2　规范性引用文件

下列文件中的条款通过本标准的引用而成为本标准的条款。凡是注日期的引用文件，其随后所有的修改单(不包括勘误的内容)或修订版均不适用于本标准，然而，鼓励根据本标准达成协议的各方研究是否可使用这些文件的最新版本。凡是不注日期的引用文件，其最新版本适用于本标准。

GB/T 5009.11　食品中总砷及无机砷的测定

GB/T 5009.12　食品中铅的测定

GB/T 5009.15　食品中镉的测定

GB/T 5009.17　食品中总汞及有机汞的测定

GB/T 5009.18　食品中氟的测定

GB/T 5009.104　植物性食品中氨基甲酸酯类农药残留量的测定

GB/T 5009.105　黄瓜中百菌清残留量的测定

GB/T 5009.110　植物性食品中氯氰菊酯、氰戊菊酯和溴氰菊酯残留量的测定

GB/T 8855　新鲜水果和蔬菜的取样方法

3　要求

3.1　感官指标

同一品种，外形整齐，粗细均匀，洗净的个体间色泽无显著差异，个体色泽正常，表面光滑洁净，无明显缺陷(包括萎蔫、机械伤、腐烂、异味、病虫害、空腔附着泥痕或其他污染物)。

3.2　安全指标

应符合表1的规定。

表1　无公害食品莲藕安全指标　　单位为毫克每千克

序　号	项　目	指　标
1	砷(以As计)	≤0.5
2	汞(以Hg计)	≤0.01
3	铅(以Pb计)	≤0.2
4	镉(以Cd计)	≤0.05
5	氟(以F计)	≤1.0
6	溴氰菊酯(deltamethrin)	≤0.2
7	百菌清(chlorothalonil)	≤1
8	抗蚜威(pirimicarb)	≤1
注：根据《中华人民共和国农药管理条例》，剧毒和高毒农药不得在蔬菜生产中使用。		

4 试验方法

4.1 感官指标

4.1.1 随机抽取莲藕样品5根至10根(以样品的总节段数不少于20节为宜)。用目测法检测品种特征、外形、粗细、色泽、萎蔫、机械伤、腐烂、病虫害等项目。用口尝和鼻嗅法检测异味。腐败病、空腔泥痕及其他污染物,应取样剖开检测。

4.1.2 每批受检样品抽样检验时,对有缺陷的节段数做记录。不合格率以ω计,数值以%表示,按公式(1)计算:

$$\omega=\frac{n}{N}\times 100 \quad \cdots\cdots(1)$$

式中:

n——有缺陷节段数;

N——检测样本总节段数。

计算结果精确到小数点后一位。

4.2 安全指标

4.2.1 砷

按GB/T 5009.11规定执行。

4.2.2 汞

按GB/T 5009.17规定执行。

4.2.3 铅

按GB/T 5009.12规定执行。

4.2.4 镉

按GB/T 5009.15规定执行。

4.2.5 氟

按GB/T 5009.18规定执行。

4.2.6 溴氰菊酯

按GB/T 5009.110规定执行。

4.2.7 百菌清

按GB/T 5009.105规定执行。

4.2.8 抗蚜威

按GB/T 5009.104规定执行。

5 检验规则

5.1 检验分类

5.1.1 型式检验

型式检验是对产品进行全面考核,即对本标准规定的全部要求(指标)进行检验。有下列情形之一者应进行型式检验:

a) 申请无公害食品标志;

b) 有关行政主管部门提出型式检验要求;

c) 前后两次抽样检验结果差异较大;

d) 人为或自然因素使生产环境发生较大变化。

5.1.2 交收检验

每批产品交收前，生产者都应进行交收检验，交收检验内容包括标识和感官要求等，检验合格并附合格证方可交收。

5.2 组批规则

同品种、同产地、相同栽培条件和同时采收的莲藕作为一个检验批次。批发市场、农贸市场和超市相同进货渠道的莲藕作为一个检验批次。

5.3 抽样方法

按照 GB/T 8855 中的有关规定执行。

报验单填写的项目应与实货相符，凡与实货不相符，包装容器严重损坏者，应由交货方重新整理后再行抽样。

5.4 判定规则

5.4.1 每批受检样品，感官不合格率按其所检单位（如每箱、每筐等）的平均值计算，其值不得超过5%。其中任何一件包装不合格百分率不得超过10%。

5.4.2 安全指标有一项不合格，该批次产品为不合格。

6 标识

产品应有明确标识，内容包括产品名称、产品的执行标准、生产者及详细地址、产地、净含量和包装日期等，要求字迹清晰、完整、准确。

ICS 65.020.20
B 31

中华人民共和国农业行业标准

NY/T 5239—2004

无公害食品　莲藕生产技术规程

2004-01-07 发布　　2004-03-01 实施

中华人民共和国农业部 发布

前　言

本标准的附录 A 为资料性附录。

本标准由中华人民共和国农业部提出。

本标准起草单位:湖北省绿色食品管理办公室、武汉市蔬菜科学研究所。

本标准主要起草人:李秋洪、刘义满、柯卫东、李峰、胡军安、袁泳、罗昆。

无公害食品　莲藕生产技术规程

1　范围

本标准规定了无公害食品莲藕(浅水藕,*Nelumbo nucifera* Gaertn.)生产的产地环境、生产技术、病虫害防治、采收和生产档案。

本标准适用于我国无公害食品莲藕的生产。

2　规范性引用文件

下列文件中的条款通过本标准的引用而成为本标准的条款。凡是注日期的引用文件,其随后所有的修改单(不包括勘误的内容)或修订版均不适用于本标准,然而,鼓励根据本标准达成协议的各方研究是否可使用这些文件的最新版本。凡是不注日期的引用文件,其最新版本适用于本标准。

GB 4285　农药安全使用标准

GB/T 8321(所有部分)　农药合理使用准则

NY/T 496　肥料合理使用准则　通则

NY 5010　无公害食品　蔬菜产地环境条件

NY/T 5294　无公害食品　设施蔬菜产地环境条件

中华人民共和国农药管理条例

3　术语和定义

下列术语和定义适用于本标准。

3.1

浅水藕　shallow-water lotus root cultivar

适宜水深为 5 cm～30 cm 的莲藕栽培品种。

3.2

早熟莲藕品种　early-maturing lotus root cultivar

定植后 90 d～100 d 内,形成的膨大节间直径不低于 4 cm、节间数不少于 3 节的莲藕栽培品种。

4　产地环境

无公害食品莲藕露地生产产地环境应符合 NY 5010,设施生产产地环境应符合 NY/T 5294 的规定。土壤酸碱度宜为 pH5.6～pH7.5,含盐量宜在 0.2%以下。要求水源充足、地势平坦、排灌便利,具有常年保持 5 cm～30 cm 深水层的条件。

5　生产技术

5.1　土壤准备

5.1.1　整田

宜于大田定植 15 d 之前整地,耕翻深度 25 cm～30 cm。要求清除杂草,耙平泥面。

5.1.2　基肥施用

应按 NY/T 496 规定执行。每公顷宜施腐熟厩肥 45 000 kg、磷酸二铵 900 kg、复合微生物肥料 2 700 kg。第一年种植莲藕,每公顷宜施石灰 750 kg。

5.2 品种选择

应选择经省级或省级以上农作物品种审定委员会审(认)定的品种,或地方优良品种。莲藕主要品种参见附录A。设施栽培时宜选用早熟或早中熟品种。

5.3 种藕准备

5.3.1 种藕质量

种藕纯度应达95%以上。单个种藕藕支应至少具有1个顶芽、2个节间及3个节,并且无病虫为害或严重机械伤,藕芽完好。

5.3.2 种藕用量

露地栽培时每公顷种藕用量宜为3 000 kg~3 750 kg,具芽头数6 000个~75 000个。

设施栽培时每公顷种藕用量宜为3 750 kg~4 500 kg,具芽头数75 000个~90 000个。

5.4 定植

5.4.1 露地栽培

5.4.1.1 时间

应在日平均气温达15℃以上时定植。

山东、河南、陕西及江苏与安徽的淮河以北地区宜为4月下旬~5月上旬。

江苏与安徽的淮河以南地区、上海、浙江、江西、湖北、湖南、四川宜为4月上、中旬。

福建、广东、广西、云南、海南等地宜为3月~4月上旬。

5.4.1.2 方法

定植密度宜为行距2.0 m~2.5 m,穴距1.5 m~2.0 m,每穴排放整藕1支或子藕2支~4支。定植穴在行间呈三角形排列。种藕藕支宜按10°~20°角度斜插入泥土,藕头入泥5 cm~10 cm,藕梢翘露泥面。田块四周边行定植穴内藕头应全部朝向田块内,田内定植行分别从两边相对排放,至中间两条对行间的距离加大至3 m~4 m。

5.4.2 设施栽培

5.4.2.1 设施

拱棚规格宜分别为小拱棚(小棚)采光面拱形跨度1 m~2 m以上、高度低于1 m,中拱棚(中棚)采光面拱形跨度3 m~6 m以上、高度1 m~2 m,大拱棚(大棚)单栋采光面拱形跨度6 m以上、高度2 m~3 m。小拱棚应在定植当天搭建,定植后随即覆膜。中拱棚、大拱棚应在定植前5 d以前搭建完毕并覆膜。

也可直接利用栽培旱生蔬菜的日光温室,但应进行防漏处理,使之具备保水性能。

5.4.2.2 时间

山东、河南、陕西及江苏与安徽的淮河以北地区,塑料大拱棚和中拱棚的定植期宜为3月下旬~4月中旬,塑料小拱棚定植期宜为4月上旬~4月中旬,日光温室定植期宜为2月中旬~4月中旬。

江苏与安徽的淮河以南地区、上海、浙江、江西、湖北、湖南、四川、重庆等地区塑料大拱棚和塑料中拱棚内定植期宜为3月上旬~3月下旬,塑料小拱棚内定植期宜为3月中旬~3月下旬。

5.4.2.3 方法

定植密度宜为行距1.2 m~1.5 m,穴距1.0 m~1.2 m,田内中间两条对行间的行距加大至2.5 m~3.0 m。其他事项与5.4.1.2相同。

5.5 田间管理

5.5.1 追肥

按NY/T 496规定执行。

5.5.1.1 宜于定植后第25 d~30 d、第55 d~60 d分别施第一次、第二次追肥,每公顷每次追施腐熟粪肥22 500 kg或尿素150 kg~225 kg。

5.5.1.2 以采收老熟的枯荷藕为目的时，宜于定植后第75 d～80 d施第三次追肥，每公顷宜施用尿素和硫酸钾各150 kg。以采收青荷藕或早熟藕为目的时，不施第三次追肥。

5.5.2 水深调节

定植期至萌芽阶段水深宜为3 cm～5 cm，立叶抽生至开始封行宜为5 cm～10 cm，7月～8月宜为10 cm～20 cm、9月～10月宜为5 cm～10 cm。枯荷藕留地越冬时，水深不宜浅于3 cm。

5.5.3 除草

定植前，应结合耕翻整地清除杂草；定植后至封行前，宜人工拔除杂草。水绵发生时，宜用5 mg/kg硫酸铜（水体浓度）防治，或水深放低至5 cm左右后浇泼波尔多液，每公顷用药量为硫酸铜和生石灰各3 750 g，加水750 L。

5.5.4 设施管理

设施内前期温度宜保持20℃～30℃，不应低于15℃。设施内温度达30℃以上时，应于白天揭膜通风降温，且应随着气温的升高，逐渐增加每日的揭膜通风降温时间。日均气温达20℃以上时，设施两端薄膜应昼夜不盖，保持通风状态；日均气温23℃以上时，应将覆盖薄膜全部揭除（小拱棚同时拆除骨架）。采用日光温室进行早熟栽培时，草栅应早揭晚盖。

6 病虫害防治

6.1 防治原则

坚持“预防为主，综合防治”的植保方针，优先采用“农业防治、物理防治和生物防治”措施，配套使用化学防治措施的原则。

6.2 防治方法

6.2.1 农业防治

选用抗病品种，栽植无病种藕；采用水旱轮作；清洁田园，加强除草，减少病虫源；每公顷施用茶子饼300 kg防治稻根叶甲。

6.2.2 物理防治

人工摘除斜纹夜蛾卵块或于幼虫未分散前集中捕杀，用杀虫灯（黑光灯或频振式）或糖醋液（糖6份、醋3份、白酒1份、水10份及90%敌百虫1份）诱杀成虫；田间设置黄板诱杀有翅蚜；人工捕杀克氏螯虾和福寿螺。

6.2.3 生物防治

田间放养黄鳝和泥鳅防治稻根叶甲；每公顷用16 000 IU/mg苏云金杆菌（Bt）可湿性粉剂750 g～1 125 g对水800 kg喷雾防治斜纹夜蛾。

6.2.4 化学防治

6.2.4.1 药剂使用原则和要求

6.2.4.1.1 农药使用应符合GB 4285、GB/T 8321（所有部分）和《中华人民共和国农药管理条例》的规定。

6.2.4.1.2 禁止使用国家明令禁止使用的农药：六六六、滴滴涕、毒杀芬、二溴氯丙烷、杀虫脒、二溴乙烷、除草醚、艾氏剂、狄氏剂、汞制剂、砷制剂、砷铅类、敌枯双、氟乙酰胺、甘氟、毒鼠强、氟乙酸钠、毒鼠硅。

6.2.4.1.3 禁止使用的高毒、剧毒、高残留的农药：甲胺磷、甲基对硫磷、对硫磷、久效磷、磷胺、甲基拌磷、甲基异柳磷、特丁硫磷、甲基硫环磷、治螟磷、内吸磷、克百威、涕灭威、灭线磷、硫环磷、蝇毒磷、地虫硫磷、氯唑磷、苯线磷等农药及其混合配剂。

6.2.4.2 病虫防治

6.2.4.2.1 **腐败病**

定植前将种藕用50%多菌灵可湿性粉剂800倍～1 000倍液浸泡1 min。

6.2.4.2.2 **褐斑病**

宜每公顷用50%多菌灵可湿性粉剂750 g对水970 kg，于发病初期喷雾1次，安全间隔期10 d；或用75%百菌清可湿性粉剂2 250 g对水1 200 kg，于发病初期喷雾1次，安全间隔期20 d。

6.2.4.2.3 **斜纹夜蛾**

4龄以后幼虫宜用5%定虫隆(抑太保)1 500倍液喷雾1次，安全间隔期7 d。

6.2.4.2.4 **莲缢管蚜**

宜每公顷用50%抗蚜威可湿性粉剂300 g对水360 kg喷雾防治，安全间隔期10 d。

6.2.4.2.5 **克氏螯虾**(龙虾)

在定植前7 d，每公顷用2.5%溴氰菊酯乳油600 mL均匀浇泼1次，田间水深保持3 cm。

6.2.4.2.6 **福寿螺**

每公顷用6%四聚乙醛颗粒剂15 kg撒施，安全间隔期70 d。

7 采收

宜在主藕形成3个～4个膨大节间时开始采收青荷藕，时间为定植后100 d～110 d。叶片(荷叶)开始枯黄时采收老熟枯荷藕。采收时，应保持藕支完整、无明显伤痕。

早熟品种、晚熟品种产品均可留地贮存，分期采收至翌年4月。

8 生产档案

8.1 建立田间生产技术档案。

8.2 对生产技术、病虫害防治及采收中各环节所采取的措施进行详细记录。

附　录　A
（资料性附录）
莲藕主要品种简介

A.1　鄂莲一号

武汉市蔬菜科学研究所选育。叶柄长 130 cm，叶径 60 cm，开少量白花。入泥深 15 cm～20 cm，主藕 6 节～7 节，长 130 cm，横径 6.5 cm，单支重 5 kg 左右，皮色黄白。极早熟，7 月上旬每 667 m^2 可收青荷藕 1 000 kg，9 月～10 月后可收老熟藕 2 000 kg～2 500 kg 左右，宜炒食。

A.2　鄂莲二号

武汉市蔬菜科学研究所选育。叶柄长 180 cm，叶面多皱褶，白花。入泥深 30 cm，主藕 5 节，长 120 cm，横径 7 cm，单支重 4 kg～5 kg，皮色白。中晚熟，667 m^2 产 2 000 kg～2 500 kg。清炒、煨煮皆宜，味甜。

A.3　鄂莲三号

武汉市蔬菜科学研究所杂交选育而成。叶柄长 140 cm 左右，叶径 65 cm，开白花。主藕呈短筒形，5 节～6 节，长 120 cm 左右，横径 7 cm 左右。子藕肥大。单支重 3 kg 以上，皮色浅黄白色。入泥深 20 cm。7 月上中旬可收青荷藕，9 月后收老熟藕，667 m^2 产 2 200 kg，炒食、生食皆宜。

A.4　鄂莲四号

武汉市蔬菜科学研究所杂交选育而成。叶柄长 140 cm 左右，叶径 75 cm，花白色带红尖，主藕 5 节～7 节，长 120 cm～150 cm，横径 7 cm～8 cm，单支重 5 kg～6 kg 左右，梢节粗大，入泥深 25 cm～30 cm，皮淡黄白色。7 月中旬可收青荷藕，667 m^2 产 750 kg～1 000 kg 左右，10 月可开始收老熟藕 2 500 kg 左右，生食较甜，煨汤较粉，亦宜炒食。

A.5　鄂莲五号

武汉市蔬菜科学研究所杂交育成。抗逆性较强。株高 160 cm～180 cm，叶径 75 cm～80 cm，花白色。主藕 5 节～6 节，长 120 cm，直径 7 cm～9 cm，藕肉厚实，通气孔小，表皮白色。入泥 30 cm。中早熟，8 月下旬每 667 m^2 产青荷藕 500 kg～800 kg，8 月下旬产老熟藕 2 500 kg。耐贮藏，炒食、煨汤皆宜。

A.6　9217 莲藕

武汉市蔬菜科学研究所从地方品种中单株系选而成。株型高大，莲藕表皮白嫩，藕型肥大。株高 175 cm，叶片宽 75 cm，耐深水，花白色。中晚熟。主藕入泥 30 cm～35 cm，5 段～6 段，长 120 cm，粗 7.5 cm。9 月上旬成熟，一般每 667 m^2 产 2 300 kg 左右。商品性好，炒食、煨汤皆宜。

A.7　新一号

武汉市蔬菜科学研究所从鄂莲一号自然籽实生后代系选而成。株高 175 cm，叶径 75 cm，花白色。主藕 5 节，长 120 cm，粗 7.5 cm，表皮白，商品性好。入泥深 30 cm。中早熟，7 月中旬收青荷藕。8 月中下旬后，667 m^2 产 2 500 kg。煨汤易粉，凉拌、炒食味甜。

A.8 武植2号

中国科学院武汉植物研究所选育。主藕5节～6节，藕身粗，长圆筒形，有明显凹槽，皮色黄白，叶芽黄玉色，花白爪红色。早中熟，667 m^2 产2 500 kg～3 000 kg。质粉，易煮烂，味香甜。

A.9 慢藕(又名慢荷、蔓荷)

原产江苏省苏州市。主藕5节～6节，藕身长圆筒形，皮色黄白，叶芽黄玉色，花粉红色。中熟，667 m^2产1 100 kg～1 400 kg。质细嫩，渣少，宜熟食。

A.10 大紫红

原产江苏省宝应县。主藕4节～5节，藕身长圆筒形，表皮米白色，叶芽紫红色。花少，粉红色。中熟，667 m^2 产1 500 kg～2 000 kg。生熟食均可。

A.11 美人红

原产江苏省宝应县。主藕4节～5节，藕身粗长圆筒形，皮色白色，叶芽胭脂红色，无花。晚熟。667 m^2 产1 200 kg～1 500 kg。脆嫩但粉质少，生熟食皆宜。

A.12 花香藕

原产江苏省南京市。主藕4节～5节，藕身短圆筒形，表皮黄玉色，叶芽黄玉色，花白爪红色。早熟，667 m^2 产1 500 kg～2 000 kg。质脆嫩，宜生食。

A.13 浙湖1号

浙江农业大学选育。主藕5节～6节，藕身圆筒形。早中熟，667 m^2 产1 200 kg～1 300 kg。质地嫩。

A.14 浙湖2号

浙江农业大学选育。主藕4节～5节，藕身长圆筒形。晚熟，667 m^2 产1 400 kg～1 500 kg。质细。

A.15 湖南泡子

原产湖南省。主藕5节～7节，藕身长圆筒形，表皮白色，叶芽玉黄色。花少，白色。中熟，667 m^2 产1 000 kg～1 200 kg。质细嫩，味甜，但淀粉含量少。

A.16 大卧龙

原产山东省济南市。主藕5节～6节，藕身长圆筒形，表皮玉黄色，顶芽黄玉色，叶芽玉红色。花少，白色。晚熟，667 m^2 产1 500 kg。质脆嫩，煨煮宜粉，生熟皆宜。

ICS 67.080.10
B 31

中华人民共和国农业行业标准

NY 5240—2004

无公害食品　杏

2004-01-07 发布　　　　2004-03-01 实施

中华人民共和国农业部　发布

前　言

本标准由中华人民共和国农业部提出。

本标准起草单位:农业部果品及苗木质量监督检验测试中心(郑州)、中国农业科学院郑州果树研究所。

本标准主要起草人:方金豹、俞宏、何为华、阎淑芝、冯义彬、刘彦、庞荣丽、李君。

无公害食品　杏

1　范围

本标准规定了无公害食品杏的要求、试验方法、检验规则和标识。
本标准适用于无公害食品杏。

2　规范性引用文件

下列文件中的条款通过本标准的引用而成为本标准的条款。凡是注日期的引用文件，其随后所有的修改单（不包括勘误的内容）或修订版均不适用于本标准，然而，鼓励根据本标准达成协议的各方研究是否可使用这些文件的最新版本。凡是不注日期的引用文件，其最新版本适用于本标准。

GB/T 5009.11　食品中总砷及无机砷的测定
GB/T 5009.12　食品中铅的测定
GB/T 5009.15　食品中镉的测定
GB/T 5009.38　蔬菜、水果卫生标准的分析方法
GB/T 5009.145　植物性食品中有机磷和氨基甲酸酯类农药多种残留的测定
GB/T 5009.146　植物性食品中有机氯和拟除虫菊酯类农药多种残留的测定
GB/T 8855　新鲜水果和蔬菜的取样方法

3　要求

3.1　感官指标

应符合表1的规定。

表1　无公害食品杏的感官指标

项　目	指　标
新鲜度	新鲜，清洁，无不正常外来水分
果形	具有本品种的基本特征，无畸形果
色泽	具本品种采收成熟度时固有色泽
风味	具有本品种固有的风味，无异常气味
果面缺陷	无明显缺陷（包括磨伤、雹伤、裂果等）
病、虫及腐烂果	无

3.2　安全指标

应符合表2的规定。

表2　无公害食品杏的安全指标　　单位为毫克每千克

序　号	项　目	指　标
1	铅（以 Pb 计）	≤0.2
2	镉（以 Cd 计）	≤0.03
3	总砷（以 As 计）	≤0.5

表2（续）

序号	项目	指标
4	毒死蜱(chlorpyrifos)	≤1.0
5	氰戊菊酯(fenvalerate)	≤0.2
6	氯氰菊酯(cypermethrin)	≤2.0
7	三氟氯氰菊酯(cyhalothrin)	≤0.2
8	多菌灵(carbendazim)	≤0.5
注：根据《中华人民共和国农药管理条例》，剧毒和高毒农药不得在果树生产中使用。		

4 试验方法

4.1 感官指标

从每件供试样品(如每箱、每盘)中随机抽取杏果实40个，风味用品尝和嗅的方法检测，其余项目用目测法检测。病虫害症状不明显而有怀疑者，应剖开检测。

每件受检样品抽样检验时，对有缺陷的果实做记录。不合格率以 ω 计，数值以%表示，按公式(1)计算：

$$\omega=\frac{n}{40}\times 100 \qquad (1)$$

式中：

n——有缺陷的果实数；

40——检验样本的总果实数。

计算结果精确到小数点后一位。

4.2 安全指标

4.2.1 铅

按GB/T 5009.12规定执行。

4.2.2 镉

按GB/T 5009.15规定执行。

4.2.3 总砷

按GB/T 5009.11规定执行。

4.2.4 毒死蜱

按GB/T 5009.145规定执行。

4.2.5 氰戊菊酯、氯氰菊酯、三氟氯氰菊酯

按GB/T 5009.146规定执行。

4.2.6 多菌灵

按GB/T 5009.38规定执行。

5 检验规则

5.1 检验分类

5.1.1 型式检验

型式检验是对产品进行全面考核，即对本标准规定的全部要求进行检验。有下列情形之一者应进行型式检验：

a) 申请无公害农产品标志；

b) 有关行政主管部门提出型式检验要求；

c) 前后两次抽样检验结果差异较大；

d) 人为或自然因素使生产环境发生较大变化。

5.1.2 交收检验

每批产品交收前，生产单位都应进行交收检验。交收检验内容包括感官和标识。检验合格后附合格证方可交收。

5.2 组批

田间抽样以同一品种、同一产地、相同栽培条件、同期采收的杏作为一个检验批次；市场抽样以同一产地、同一品种的杏作为一个检验批次。

5.3 抽样方法

按 GB/T 8855 规定执行。

5.4 判定规则

5.4.1 每批受检样品的感官指标平均不合格率不应超过5%，其中任一单件（如箱、盘）样品的不合格率不应超过10%。

5.4.2 安全指标有一项不合格，即判定该批次产品为不合格。

6 标识

产品应有明确标识，内容包括：产品名称、产品的执行标准、生产者及详细地址、产地、净含量和包装日期等，要求字迹清晰、完整、准确。

ICS 67.080.20
B 31

中华人民共和国农业行业标准

NY 5241—2004

无公害食品　柿

2004-01-07 发布　　2004-03-01 实施

中华人民共和国农业部　发布

前　言

本标准由中华人民共和国农业部提出。

本标准起草单位:农业部果品及苗木质量监督检验测试中心(兴城)、中国农业科学院果树研究所。

本标准主要起草人:丛佩华、聂继云、杨振锋、李静、董雅凤、张红军、孙希生、马智勇、康艳玲。

无公害食品　柿

1　范围

本标准规定了无公害食品柿的要求、试验方法、检验规则和标识。

本标准适用于无公害食品柿。

2　规范性引用文件

下列文件中的条款通过本标准的引用而成为本标准的条款。凡是注日期的引用文件，其随后所有的修改单（不包括勘误的内容）或修订版均不适用于本标准，然而，鼓励根据本标准达成协议的各方研究是否可使用这些文件的最新版本。凡是不注日期的引用文件，其最新版本适用于本标准。

GB/T 5009.12　食品中铅的测定

GB/T 5009.15　食品中镉的测定

GB/T 5009.38　蔬菜、水果卫生标准的分析方法

GB/T 5009.146　植物性食品中有机氯和拟除虫菊酯类农药多种残留的测定

GB/T 8855　新鲜水果和蔬菜的取样方法

SN 0334　出口水果和蔬菜中22种有机磷农药多残留量检验方法

3　要求

3.1　感官指标

3.1.1　充分发育，具有品种固有的形状和色泽。

3.1.2　果面洁净，无机械伤、病虫果、日灼和霉烂，无不正常外来水分和异味，允许品种特有的裂纹、锈斑和果肉褐斑。

3.1.3　果梗完整或统一剪除，果蒂和宿存萼片完整。

3.2　安全指标

应符合表1的规定。

表1　无公害食品柿的安全指标　　单位为毫克每千克

序　　号	项　　目	指　　标
1	铅(以Pb计)	≤0.2
2	镉(以Cd计)	≤0.03
3	乐果(dimethoate)	≤1.0
4	敌敌畏(dichlorvos)	≤0.2
5	溴氰菊酯(deltamethrin)	≤0.1
6	氰戊菊酯(fenvalerate)	≤0.2
7	多菌灵(carbendazim)	≤0.5
注：根据《中华人民共和国农药管理条例》，高毒、剧毒农药不得在柿生产中使用。		

4　试验方法

4.1　感官指标

从每件(如箱、盘)供试样品中随机抽取20个果,除异味用嗅的方法检测外,其余项目用目测法进行检测。病虫害症状不明显而有怀疑者,应剖开检测。

每件样品抽样检验时,对有缺陷的果实做记录,每件样品的不合格率以 ω 计,数值以%表示,按式(1)计算:

$$\omega=\frac{n}{20}\times 100 \qquad (1)$$

式中:

n——不合格果实数;

20——抽检果实总数。

结果精确到小数点后一位。

4.2 安全指标

4.2.1 铅

按GB/T 5009.12规定执行。

4.2.2 镉

按GB/T 5009.15规定执行。

4.2.3 乐果和敌敌畏

按SN 0334规定执行。

4.2.4 溴氰菊酯和氰戊菊酯

按GB/T 5009.146规定执行。

4.2.5 多菌灵

按GB/T 5009.38规定执行。

5 检验规则

5.1 检验分类

5.1.1 型式检验

型式检验是对产品进行全面考核,即对本标准规定的全部要求进行检验。有下列情形之一者应进行型式检验:

a) 申请无公害农产品标志;

b) 有关行政主管部门提出型式检验要求;

c) 前后两次抽样检验结果差异较大;

d) 人为或自然因素使生产环境发生较大变化。

5.1.2 交收检验

每批产品交收前,生产单位都应进行交收检验。交收检验内容包括感官和标识。

5.2 组批

田间,以同一产地、同一品种、同一栽培管理方式、同期采收的柿为一个组批;市场,以同一产地、同一品种的柿为一个组批。

5.3 抽样方法

按GB/T 8855规定执行。每一个检验批次为一个抽样批次。抽取的样品应具有代表性,应在全批货物的不同部位随机抽取,样品的检验结果适用于整个抽样批次。

5.4 判定规则

5.4.1 每批受检样品的感官指标平均不合格率不应超过5%,其中任一单件(如箱、盘)样品的不合格率不应超过10%。

5.4.2 安全指标有一项不合格,即判定该批产品不合格。

6 标识

产品应由明确标识,内容包括产品名称、品种名称、产品执行标准、生产者及详细地址、产地、净含量和包装日期等,要求字迹清晰、完整、准确。

ICS 67.080.10
B 31

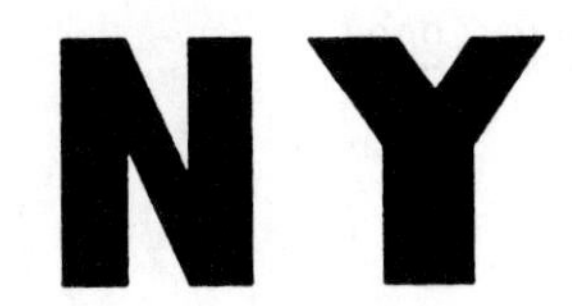

中华人民共和国农业行业标准

NY 5242—2004

无公害食品　石榴

2004-01-07 发布　　2004-03-01 实施

中华人民共和国农业部 发布

前　言

本标准由中华人民共和国农业部提出。

本标准起草单位:农业部食品质量监督检验测试中心(成都)。

本标准主要起草人:郭灵安、雷绍荣、胡述楫、欧阳华学、杨定清、胡谟彪、韩梅。

无公害食品　石榴

1　范围

本标准规定了无公害食品石榴的要求、试验方法、检测规则和标识。

本标准适用于无公害食品石榴。

2　规范性引用文件

下列文件中的条款通过本标准的引用而成为本标准的条款。凡是注日期的引用文件，其随后所有的修改单(不包括勘误的内容)或修订版均不适用于本标准，然而，鼓励根据本标准达成协议的各方研究是否可使用这些文件的最新版本。凡是不注日期的引用文件，其最新版本适用于本标准。

GB/T 5009.12　食品中铅的测定

GB/T 5009.15　食品中镉的测定

GB/T 5009.20　食品中有机磷农药残留量的测定

GB/T 5009.38　蔬菜、水果卫生标准的分析

GB/T 5009.105　黄瓜中百菌清残留量的测定

GB/T 5009.110　植物性食品中氯氰菊酯、氰戊菊酯和溴氰菊酯残留量测定

GB/T 8855　新鲜水果和蔬菜的取样方法

3　要求

3.1　感官指标

无公害食品石榴要求成熟适度、果形正常、果面光洁、表皮具该品种的正常色泽，籽粒具该品种的正常色泽和固有风味，无异味，无裂果，无明显病虫害，无腐烂。

3.2　安全指标

安全指标应符合表1的规定。

表1　无公害食品石榴卫生指标　　单位为毫克每千克

序　号	项　目	指　标
1	铅(以Pb计)	≤0.2
2	镉(以Cd计)	≤0.03
3	杀螟硫磷(fenitrothion)	≤0.5
4	敌敌畏(dichlorvos)	≤0.2
5	多菌灵(carbendazim)	≤0.5
6	百菌清(chlorothalonil)	≤1
7	氰戊菊酯(fenvalerate)	≤0.2
8	溴氰菊酯(deltamethrin)	≤0.1
注：根据《中华人民共和国农药管理条例》，禁用农药不得使用。		

4　试验方法

4.1　感官指标

石榴的成熟度、果形、光洁、色泽、裂果、病虫害、腐烂等感官要求用目测法鉴定，风味用口尝办法鉴定，异味用鼻嗅的方法检测。

每批受检样品抽样检验时，对有缺陷的样品做记录，不合格率以 ω 计，数值以％表示，按公式(1)计算：

$$\omega=\frac{n}{N}\times 100 \quad \cdots\cdots (1)$$

式中：

n——有缺陷的个数；

N——检验样本的总个数。

计算结果精确到小数点后一位。

4.2 安全指标

4.2.1 铅

按 GB/T 5009.12 规定执行。

4.2.2 镉

按 GB/T 5009.15 规定执行。

4.2.3 杀螟硫磷

按 GB/T 5009.20 规定执行。

4.2.4 敌敌畏

按 GB/T 5009.20 规定执行。

4.2.5 多菌灵

按 GB/T 5009.38 规定执行。

4.2.6 百菌清

按 GB/T 5009.105 规定执行。

4.2.7 溴氰菊酯、氰戊菊酯

按 GB/T 5009.110 规定执行。

5 检验规则

5.1 检验分类

5.1.1 型式检验

型式检验是对产品进行全面考核，即对标准规定的全部要求进行检验。有下列情形之一时需进行型式检验：

a) 申请无公害农产品标志；

b) 有关行政主管部门提出型式检验要求；

c) 前后两次抽样检验结果差异较大；

d) 人为或自然因素使生产环境发生较大变化。

5.1.2 交收检验

每批产品交收前，生产单位都要进行交收检验。交收检验内容包括感官和标识。检验合格后并附合格证方可交收。

5.2 组批

同一品种，同一产地，同一栽培管理方式，同期采收的石榴为一个检验批次。市场抽样以同一品种、同一产地的石榴作为一个检验批次。

5.3 抽样方法

按照 GB/T 8855 规定执行。

报验单填写的项目应与货物相符，凡与货物单不符，包装容器严重损坏者，应由交货单位重新整理后再行抽样。

5.4 判定规则

5.4.1 每批受检样品的感官指标不合格百分率按所检单位（如每箱、每袋）的平均值计算，其值不应超过 5%。其中任意一件包装的不合格率不应超过 10%。

5.4.2 安全指标任何一项不符合本标准要求时，则判该批产品为不合格品。

6 标识

产品应有明确的标识，内容包括：产品名称、产品的执行标准、生产者及详细地址产地、净含量和包装日期等，要求字迹清晰、完整、准确。

ICS 67.080.10
B 31

中华人民共和国农业行业标准

NY 5243—2004

无公害食品　李子

2004-01-07 发布　　2004-03-01 实施

中华人民共和国农业部 发布

前 言

本标准由中华人民共和国农业部提出。

本标准起草单位:农业部优质农产品开发服务中心、吉林省农业科学院果树研究所。

本标准主要起草人:李清泽、张冰冰、宋洪伟、刘慧涛、宋述云、李建兵、杜维春、李峰、高玉江。

无公害食品　李子

1　范围

本标准规定了无公害食品李子的要求、试验方法、检验规则和标识。

本标准适用于无公害食品李子。

2　规范性引用文件

下列文件中的条款通过本标准的引用而成为本标准的条款。凡是注日期的引用文件，其随后所有的修改单(不包括勘误的内容)或修订版均不适用于本标准，然而，鼓励根据本标准达成协议的各方研究是否可使用这些文件的最新版本。凡是不注日期的引用文件，其最新版本适用于本标准。

GB/T 5009.12　食品中铅的测定

GB/T 5009.15　食品中镉的测定

GB/T 5009.20　食品中有机磷农药残留量的测定

GB/T 5009.38　蔬菜、水果卫生标准的分析方法

GB/T 5009.105　黄瓜中百菌清残留量的测定方法

GB/T 5009.146　植物性食品中有机氯和拟除虫菊酯类农药多种残留的测定

GB/T 8855　新鲜水果和蔬菜的取样方法

3　要求

3.1　感官指标

应符合表1的规定。

表1　无公害食品李子的感官指标

项　目	指　标
新鲜度	新鲜、洁净，无异常外来水分
病、虫、腐烂	无
果形	具有本品种的基本特征
色泽	具有本品种成熟时固有的色泽
风味	具有本品种特有的风味，无异常气味
果面缺陷	果面无明显缺陷

3.2　安全指标

应符合表2的规定。

表2　无公害食品李子安全指标　　单位为毫克每千克

序　号	项　目	指　标
1	铅(以 Pb 计)	≤0.2
2	镉(以 Cd 计)	≤0.03

表 2（续）

序　号	项　目	指　标
3	多菌灵(carbendazim)	≤0.5
4	百菌清(chlorothalonil)	≤1.0
5	氰戊菊酯(fenvalerate)	≤0.2
6	氯氰菊酯(cypermethrin)	≤2.0
7	氯氟氰菊酯(cyhalothrin)	≤0.2
8	敌敌畏(dichlorvos)	≤0.2
注：根据《中华人民共和国农药管理条例》，禁用农药不得在无公害食品李子的生产中使用。		

4 试验方法

4.1 感官指标

每件样品随机抽取李子果实 50 个置于自然光下，用目测法检验新鲜度、病虫腐烂、果形、色泽、果面缺陷，病虫腐烂症状不明显而有怀疑者，应剖开检测；用鼻嗅法及味觉法检验风味。

每批受检样品抽样检验时，对有缺陷的果实做记录。不合格率以 ω 计，数值以%表示，按公式(1)计算：

$$\omega=\frac{n}{N}\times100 \quad (1)$$

式中：

n——有缺陷的果数；

N——检验李子果实的总个数。

计算结果精确到小数点后一位。

4.2 安全指标

4.2.1 铅

按 GB/T 5009.12 规定执行。

4.2.2 镉

按 GB/T 5009.15 规定执行。

4.2.3 多菌灵

按 GB/T 5009.38 规定执行。

4.2.4 百菌清

按 GB/T 5009.105 规定执行。

4.2.5 氰戊菊酯、氯氰菊酯、氯氟氰菊酯

按 GB/T 5009.146 规定执行。

4.2.6 敌敌畏

按 GB/T 5009.20 规定执行。

5 检验规则

5.1 检验分类

5.1.1 型式检验

型式检验是对产品进行全面考核，即对本标准规定的全部要求进行检验。有下列情形之一者应进行型式检验：

a） 申请无公害农产品标志；

b） 有关行政主管部门提出型式检验要求；

c） 前后两次抽样检验结果差异较大；

d） 人为或自然因素使生产环境发生较大变化。

5.1.2 交收检验

每批产品交收前，生产单位或收货单位应进行交收检验。交收检验内容包括感官和标识。检验合格后附合格证方可交收。

5.2 组批

田间以同一产地、同一品种、同一栽培管理方式、同期采收的为一组批；市场以同一产地、同一品种的为一组批。

5.3 抽样方法

按 GB/T 8855 规定执行。以一个检验批次为一个抽样批次。抽取的样品必须具有代表性，应在全批货物的不同部位随机抽取，样品的检验结果适用于整个检验批次。

5.4 判定规则

5.4.1 每批受检样品的感官指标平均不合格率超过 5%，或其中任一件样品的不合格率超过 10%，则判定该批产品为不合格产品。

5.4.2 安全指标中有一项指标检验不合格，则判定该批产品为不合格产品。

6 标识

应标明产品名称、品种名称、生产单位、详细地址、净重、包装日期、执行标准代号等。标识上的字迹应清晰、完整、准确。

ICS 67.140.10
X 55

中华人民共和国农业行业标准

NY 5244—2004
代替 NY 5017—2001

无公害食品　茶叶

2004-01-07 发布　　2004-03-01 实施

中华人民共和国农业部　发布

前　言

本标准代替 NY 5017—2001《无公害食品　茶叶》。

本标准与 NY 5017—2001 相比主要变化如下：

——增加了理化指标；

——修改了卫生指标。

本标准由中华人民共和国农业部提出。

本标准起草单位：农业部茶叶质量监督检验测试中心、浙江省农业厅经济作物管理局。

本标准主要起草人：鲁成银、毛祖法、刘栩、金寿珍。

无公害食品　茶叶

1　范围

本标准规定了无公害食品茶叶的要求、试验方法、检验规则和标识。

本标准适用于无公害食品茶叶。

2　规范性引用文件

下列文件中的条款通过本标准的引用而成为本标准的条款。凡是注日期的引用文件，其随后所有的修改单(不包括勘误的内容)或修订版均不适用于本标准，然而，鼓励根据本标准达成协议的各方研究是否可使用这些文件的最新版本。凡是不注日期的引用文件，其最新版本适用于本标准。

GB/T 4789.3　食品卫生微生物学检验大肠菌群测定

GB/T 5009.12　食品中铅的测定

GB/T 5009.20　食品中有机磷农药残留量的测定

GB/T 5009.146　植物性食品中有机氯和拟除虫菊酯类农药多种残留的测定

GB 7718　食品标签通用标准

GB/T 8302　茶　取样

GB/T 8304　茶　水分测定

GB/T 8305　茶　总灰分测定

GB/T 8306　茶　水浸出物测定

3　要求

3.1　感官指标

3.1.1　产品应具有该茶类正常的商品外形及固有的色、香、味，无异味、无劣变。

3.1.2　产品应洁净，不得混有非茶类夹杂物。

3.1.3　不着色，不得添加任何人工合成的化学物质。

3.2　理化指标

应符合表1的规定。

表1　无公害食品茶叶的理化指标

项　　目	指　　标
水分(Moisture)，%	≤7.0(碧螺春7.5，茉莉花茶8.5，砖茶14.0)
灰分(Total ash)，%	≤7.0(砖茶8.5)
水浸出物(Water extract)，%	≥32.0(砖茶21.0)

3.3　安全指标

应符合表2的规定。

表2　无公害食品茶叶的安全指标

项　　目	指　　标
铅(以Pb计)，mg/kg	≤5.0
联苯菊酯(biphenthrin)，mg/kg	≤5.0

表2（续）

项目	指标
氯氰菊酯(cypermethrin),mg/kg	≤0.5
溴氰菊酯(deltamethrin),mg/kg	≤5.0
乐果(dimethoate),mg/kg	≤0.1
敌敌畏(dichlorovos),mg/kg	≤0.1
杀螟硫磷(fenitrothion),mg/kg	≤0.5
喹硫磷(quinalphos),mg/kg	≤0.2
每100g大肠菌群(coliform bacteria),个	≤300
注:1. 根据《中华人民共和国农药管理条例》,剧毒和高毒农药不得在茶叶生产中使用。 2. 检验项目可以根据产品质量安全状况和监督抽检工作需要调整。	

4 试验方法

4.1 感官指标检验

从供试样品中随机抽取有代表性茶样250 g,置于茶样盘内,用目测法进行外形、色泽、净度和非茶类夹杂物等项目的检测。异味用嗅的方法检测。

4.2 理化指标检验

4.2.1 水分

按GB/T 8304规定执行。

4.2.2 总灰分

按GB/T 8305规定执行。

4.2.3 水浸出物

按GB/T 8306规定执行。

4.3 安全指标检验

4.3.1 铅

按GB/T 5009.12规定执行。

4.3.2 联苯菊酯、氯氰菊酯和溴氰菊酯

按GB/T 5009.146规定执行。

4.3.3 乐果、敌敌畏、杀螟硫磷和喹硫磷

按GB/T 5009.20规定执行。

4.3.4 大肠菌群

按GB/T 4789.3规定执行。

5 检验规则

5.1 检验分类

5.1.1 型式检验

型式检验是对产品进行全面考核,即对本标准规定的全部要求进行检验。有下列情形之一者应进行型式检验:

a) 申请无公害农产品标志;

b) 有关行政主管部门提出型式检验要求;

c) 前后两次抽样检验结果差异较大;

d) 人为或自然因素使生产环境发生较大变化。

5.1.2 **交收(出厂)检验**

每批产品交收(出厂)前,生产单位应进行检验。交收(出厂)检验内容为感官和标识。检验合格并附有合格证的产品方可交收(出厂)。

5.2 **组批**

产地抽样以同期加工、同一品种、同一规格的茶叶为一个检验批次。市场抽样以同一产区、同一规格、同一生产厂家、同一销售单位的产品为一个检验批次。

5.3 **抽样方法**

按 GB/T 8302 规定执行。

5.4 **判定规则**

检验结果全部符合本标准规定要求,判该批产品为合格。型式检验或交收(出厂)检验项目如有一项或一项以上不符合本标准,判该批产品为不合格。

6 标识

无公害食品茶叶的包装上应有无公害农产品专用标志,具体标注方法和内容按有关规定执行。包装标签应符合 GB 7718 的规定。

ICS 67.140.10
X 55

中华人民共和国农业行业标准

NY/T 5245—2004

无公害食品
茉莉花茶加工技术规程

2004-01-07 发布

2004-03-01 实施

中华人民共和国农业部 发布

前　言

本标准由中华人民共和国农业部提出。

本标准起草单位：全国农业技术推广服务中心、福建省农业厅种植业管理局、中国农业科学院茶叶研究所、福建省农业科学院茶叶研究所、福建省福安市茶业事业局。

本标准主要起草人：赵红鹰、余文权、程启坤、刘栩、高峰、刘宜渠、姚信恩、陈玉成、林鸿。

无公害食品　茉莉花茶加工技术规程

1　范围

本标准规定了无公害食品茉莉花茶加工的原料、加工厂、加工设备、加工人员、加工技术的要求。

本标准适用于无公害食品茉莉花茶的加工。

2　规范性引用文件

下列文件中的条款通过本标准的引用而成为本标准的条款。凡是注日期的引用文件，其随后所有的修改单(不包括勘误的内容)或修订版均不适用于本标准，然而，鼓励根据本标准达成协议的各方研究是否可使用这些文件的最新版本。凡是不注日期的引用文件，其最新版本适用于本标准。

GB 3095　环境空气质量标准

GB 5749　生活饮用水卫生标准

GB 11680　食品包装用纸卫生标准

GB/T 18204.21　公共场所照度测定方法

NY 5017　无公害食品　茶叶

NY 5122　无公害食品　窨茶用茉莉花

3　原料

3.1　无公害食品茉莉花茶加工所用茶坯应符合 NY 5017 无公害食品茶叶要求。

3.2　无公害食品茉莉花茶加工所用茉莉花应符合 NY 5122 无公害食品窨茶用茉莉花要求。

4　加工厂

4.1　加工厂所处的大气环境不低于 GB 3095 中规定的三级标准要求。

4.2　加工厂应远离污染源。

4.3　加工用水应达到 GB 5749 的要求。

4.4　加工厂的设计应遵从《中华人民共和国食品卫生法》第八条的要求。建筑应符合工业建筑要求。

4.5　加工厂应建立在交通、生产和通讯便利的地方。

4.6　根据加工要求合理布局厂房和设备。加工区应与生活区、办公区隔离。

4.7　加工厂环境应整洁、干净，无异味。道路应铺设硬质路面，排水系统通畅，厂区环境需绿化。

4.8　应有与加工产品、数量相适应的加工、包装厂房、场地，地面要硬实、平整、光洁，墙壁无污垢。加工和包装场地至少在茶季前应全面清洗消毒一次。

4.9　加工厂应有足够的原料、辅料、成品和半成品仓库或场地。原材料、半成品和成品分开放置，不得混放。仓库应具有密闭、防潮功能。

4.10　灰尘较大的车间应安装换气风扇或除尘设备，室内粉尘最高容允许浓度不得超过 10 mg/m^3。

4.11　加工车间应采光良好、灯光明亮，照度达到 500 lx 以上。测定按 GB/T 18204.21 规定执行。

4.12　加工厂内不应堆放与无公害食品茉莉花茶加工无关的杂物。

4.13　加工厂应有卫生行政部门发放的卫生许可证。

5 加工设备

5.1 不应使用可引起加工过程产生重金属污染的材料制造接触茶坯和茉莉花的加工机械的零部件。

5.2 加工设备的炉灶间、热风炉应设在加工车间墙外。

5.3 燃油设备的油箱、燃气设备的钢瓶和锅炉等易燃易爆设施与加工车间应有安全隔离措施。

5.4 强烈震动的加工设备采取必要的防震措施。可分离安装的大型风机设在车间外，车间内噪声不得超过 80 dB。

5.5 允许使用竹子、藤条、无异味木材等天然材料和不锈钢、食品级塑料制成的器具和工具，所有器具和工具应清洗干净后使用。

5.6 新购设备要清除材料表面的防锈油。每个茶季的开始，对加工设备进行清洁、除锈和保养。

5.7 定期润滑加工设备的零、部件，每次加油应适量，不得外溢。

6 加工人员

6.1 加工人员上岗前应培训，掌握加工技术和操作技能。

6.2 加工人员上岗前和每年度应进行健康检查，取得健康证明后方能上岗。

6.3 加工人员应保持个人卫生，进入工作场所应采取必要的卫生措施。加工、包装场所不得吸烟和随地吐痰，不得在加工和包装场所用餐和进食食品。

6.4 包装、加工车间工作人员需戴口罩上岗。

7 加工技术

7.1 无公害食品茉莉花茶加工包括茶坯处理、鲜花养护、茶花拼和、通花、起花、压花、烘焙、提花、匀堆装箱技术流程。

7.2 茶坯处理

窨制前茶坯通过烘焙、通凉，使茶坯水分、温度达到窨制工艺的技术要求，茶坯不应与地面直接接触，贮放茶坯的地面和设备应清洁、干净。待窨茶坯水分要求高档茶 3.5%～4.5%，中低档茶4%～5%。

7.3 鲜花养护

创造适应工艺要求的良好条件，窨制场所应整洁，空气流通，以保持花的新鲜度，促进开放吐香而后进行筛选优次。鲜花开放率 60%～80%，开放度 50°～60°(指花蕾开放的大小程度)。

7.4 茶花拼和

茶坯和鲜花达到符合窨制的工艺标准时，将茶坯与茉莉鲜花按相关标准配比进行拼和。鲜花开放率达 80%以上，开放度为 85°～90°。

7.5 通花

茶花拼和后静置 4 h～5 h，在窨品堆温升高到一定范围，翻动并移动在窨品位置，散发过高的热量，排除二氧化碳、补充氧气，使鲜花恢复生机。通花时间为 30 min～60 min，通花厚度为 100 mm～150 mm。

7.6 起花

在香气被在窨茶坯吸收后，此时鲜花生机已衰退，应进行茶花分离。起花时间 1 h～3 h，如起不完，须立即耙开散热。

7.7 压花

起花后的花渣，如尚有余香，可作低档茶压花原料。压花应做到随起随压，拼和均匀。

7.8 **烘焙**

在排除茶叶中的多余水分的同时，应最大限度地保留茶叶所吸收的花香，使之达到窨制过程中的工艺技术要求。烘焙摊叶厚度为 20 mm～40 mm，内销茉莉花茶含水量要求≤8.5%，外销茉莉花茶含水量≤8.0%。

7.9 **提花**

在晴天，选用筛取一号花于短时间内与窨后在制品拼和，以提高产品鲜灵度，并调节含水量，但应防止含水量超过出厂限量。

7.10 **匀堆装箱**

通过充分拌和使本批茶叶均匀一致，并通过包装，以维护品质、便于贮存和运输。包装材料符合食品要求，直接接触茶叶的包装用纸达到 GB 11680 的要求。

ICS 67.080.20
B 31

中华人民共和国农业行业标准

NY 5246—2004

无公害食品　鸡腿菇

2004-01-07 发布　　2004-03-01 实施

中华人民共和国农业部 发布

前　言

本标准由中华人民共和国农业部提出。

本标准起草单位:农业部食用菌产品质量监督检验测试中心(上海)、上海市农业科学院食用菌研究所。

本标准主要起草人:王南、门殿英、尚晓冬、林祖寿、顾晓君、曹晖、关斯明、郑小华。

无公害食品　鸡腿菇

1　范围

本标准规定了无公害食品鸡腿菇的术语和定义、要求、试验方法、检验规则和标识。

本标准适用于人工栽培的无公害食品鸡腿菇干品和鲜品。

2　规范性引用文件

下列文件中的条款通过本标准的引用而成为本标准的条款。凡是注日期的引用文件，其随后所有的修改单(不包括勘误的内容)或修订版均不适于本标准，然而，鼓励根据本标准达成协议的各方研究是否可使用这些文件的最新版本。凡是不注日期的引用文件，其最新版本适用于本标准。

GB/T 5009.11　食品中总砷及无机砷的测定

GB/T 5009.12　食品中铅的测定

GB/T 5009.15　食品中镉的测定

GB/T 5009.17　食品中总汞及有机汞的测定

GB/T 5009.19　食品中六六六、滴滴涕残留量的测定

GB/T 5009.34　食品中亚硫酸盐的测定

GB/T 5009.110　植物性食品中氯氰菊酯、氰戊菊酯和溴氰菊酯残留量测定

GB/T 8855　新鲜水果和蔬菜的取样方法

GB/T 12530　食用菌取样方法

GB/T 12531　食用菌水分测定

3　术语和定义

下列术语和定义适用于本标准。

3.1

一般杂质

鸡腿菇成品以外的植物性物质(如：稻草、秸秆、木屑、棉籽壳等)。

3.2

有害杂质

有毒、有害及其他有碍食用安全的物质(如毒菇、虫体、动物毛发和排泄物、金属、玻璃、砂石等)。

4　要求

4.1　感官指标

应符合表1规定。

表1　无公害食品鸡腿菇的感官指标

序　号	项　　目	指　　标	
		鲜品	干品
1	颜色	菌盖白色或米白色；菌肉白色；菌柄白色或灰白色	菌盖灰白色，菌肉白色，菌柄近白色
2	气味	鸡腿菇特有的清香味，无异味	

表 1 （续）

序 号	项 目	指 标
3	霉烂菇	无
4	有害杂质	无
5	虫蛀菇%(质量分数)	≤0.5
6	一般杂质%(质量分数)	≤0.5

4.2 水分

鲜品≤90.0%，干品≤13.5%。

4.3 安全指标

应符合表 2 规定。

表 2 无公害食品鸡腿菇的安全指标 单位为毫克每千克

序号	项目	指 标	
		鲜品	干品
1	砷(以 As 计)	≤0.5	≤1.0
2	汞(以 Hg 计)	≤0.1	≤0.2
3	铅(以 Pb 计)	≤1.0	≤2.0
4	镉(以 Cd 计)	≤0.5	≤1.0
5	亚硫酸盐(以 SO_2 计)	≤50	≤400
6	六六六(BHC)	≤0.1	
7	滴滴涕(DDT)	≤0.1	
8	氯氰菊酯(cypermethrin)	≤0.05	
注：根据《中华人民共和国农药管理条例》，剧毒和高毒农药不得在蔬菜(包括食用菌)生产中使用。			

5 试验方法

5.1 感官指标

5.1.1 颜色、霉烂菇、有害杂质

肉眼观察。

5.1.2 气味

鼻嗅。

5.1.3 虫蛀菇、一般杂质

随机抽取样品 500 g(精确至±0.1 g)，分别拣出虫蛀菇、一般杂质，用感量为 0.1 g 的天平称其质量，分别计算其占样品的百分率，以 X(%)计，按式(1)计算，计算结果精确到小数点后一位。

$$X=\frac{m_1}{m}\times 100\% \quad \cdots\cdots (1)$$

式中：

m_1——虫蛀菇、一般杂质的质量，单位为克(g)；

m——样品的质量，单位为克(g)。

5.2 水分

按 GB/T 12531 规定进行。

5.3 安全指标

5.3.1 砷

按GB/T 5009.11规定执行。

5.3.2 汞

按GB/T 5009.17规定执行。

5.3.3 铅

按GB/T 5009.12规定执行。

5.3.4 镉

按GB/T 5009.15规定执行。

5.3.5 亚硫酸盐

称取粉碎后的样品1.0 g(精确至±0.01 g),在200 mL蒸馏水中浸泡1 h,离心后倾去水分取沉淀,按GB/T 5009.34的规定进行。

5.3.6 六六六、滴滴涕

按GB/T 5009.19规定执行。

5.3.7 氯氰菊酯

按GB/T 5009.110规定执行。

6 检验规则

6.1 检验分类

6.1.1 型式检验

型式检验是对产品进行全面考核,即对本标准规定的全部要求进行检验。有下列情形之一者应进行型式检验。

a) 申请无公害农产品标志;

b) 有关行政主管部门提出型式检验要求;

c) 前后两次抽样检验结果差异较大;

d) 人为或自然因素使生产环境发生较大变化。

6.1.2 交收检验

每批产品交收前,生产者均应进行交收检验。交收检验内容包括感官和标识。检验合格后附合格证方可交收。

6.2 组批

产地抽样以同一品种、同一产地、相同栽培条件、同时采收的鸡腿菇作为一个检验批次;市场抽样以同一产地的鸡腿菇作为一个检验批次。

6.3 抽样方法

鸡腿菇干品按照GB/T 12530中的有关规定执行,鸡腿菇鲜品按照GB/T 8855中的有关规定执行。

报验单填写的项目应与货物相符,凡与货物单不符,包装容器严重损坏者,应由交货者重新整理后再行抽样。

6.4 判定规则

6.4.1 感官指标中虫蛀菇和一般杂质任何一项不符合要求,均允许使用副样复检;若复检结果符合要求,则判该批次产品合格,若复检结果仍不符合要求,则判该批次产品不合格。

6.4.2 颜色、气味、霉烂菇、有害杂质、水分及安全指标中任何一项不符合要求,即判该批次产品不合格。

7 标识

产品应有明确标识，内容包括：产品名称、产品执行标准、生产者及详细地址、联系方式、产地、净含量和包装日期等。

ICS 67.080.20
B 31

中华人民共和国农业行业标准

NY 5247—2004

无公害食品　茶树菇

2004-01-07 发布　　2004-03-01 实施

中华人民共和国农业部　发布

前　言

本标准由中华人民共和国农业部提出。

本标准起草单位:中国农业科学院土壤肥料研究所、中国微生物菌种保藏管理委员会农业微生物中心。

本标准主要起草人:张金霞、黄晨阳、左雪梅。

无公害食品　茶树菇

1　范围

本标准规定了无公害食品茶树菇的术语和定义、要求、试验方法、检验规则和标识。

本标准适用于无公害食品茶树菇的鲜品和干品。

2　规范性引用文件

下列文件中的条款通过本标准的引用而成为本标准的条款。凡是注日期的引用文件，其随后所有的修改单(不包括勘误的内容)或修订版均不适用于本标准，然而，鼓励根据本标准达成协议的各方研究是否可使用这些文件的最新版本。凡是不注日期的引用文件，其最新版本适用于本标准。

GB/T 5009.11　食品中总砷及无机砷的测定

GB/T 5009.12　食品中铅的测定

GB/T 5009.15　食品中镉的测定

GB/T 5009.17　食品中总汞及有机汞的测定

GB/T 5009.19　食品中六六六、滴滴涕残留量的测定方法

GB/T 5009.110　植物性食品中氯氰菊酯、氰戊菊酯和溴氰菊酯残留量测定

GB/T 8815　新鲜水果和蔬菜的抽样方法

GB/T 12530　食用菌取样方法

GB/T 12531　食用菌水分测定

3　术语和定义

3.1

一般杂质

茶树菇成品以外的植物性物质，如木屑、棉籽壳、稻草等。

3.2

有害杂质

有害、有毒及其他有碍食用安全卫生的物质，如金属碎屑、碎玻璃、沙石、泥土、霉菌、虫体、毛发等。

4　要求

4.1　感官指标

应符合表1规定。

表1　无公害食品茶树菇的感官指标

序号	项　目	指　标	
		鲜　品	干　品
1	颜色	菌盖乳白色(白色品种)或棕色至茶褐色	菌盖暗棕色至茶褐色
2	菌褶	无倒伏	较整齐
3	气味	具茶树菇特有的香味，无异味	具茶树菇特有的香味，无异味

表 1 (续)

序号	项　目	指　标	
		鲜　品	干　品
4	霉烂菇	无	无
5	有害杂质	无	无
6	虫蛀菇,%(质量分数)	≤1	≤1
7	一般杂质,%(质量分数)	≤0.3	≤0.3

4.2 水分

鲜品≤92%;干品≤13%。

4.3 安全指标

应符合表 2 规定。

表 2　无公害食品茶树菇的安全指标　　单位为毫克每千克

序号	项　目	指　标	
		鲜　品	干　品
1	砷(以 As 计)	≤0.5	≤1.0
2	铅(以 Pb 计)	≤1.0	≤2.0
3	汞(以 Hg 计)	≤0.1	≤0.2
4	镉(以 Cd 计)	≤0.5	≤1.0
5	六六六(BHC)	≤0.1	
6	滴滴涕(DDT)	≤0.1	
7	溴氰菊酯(deltamethrin)	≤0.01	
注:根据《中华人民共和国农药管理条例》,剧毒和高毒农药不得在蔬菜(包括食用菌)生产中使用。			

5 试验方法

5.1 感官指标

5.1.1 颜色、菌褶、霉烂菇、有害杂质

肉眼观察。

5.1.2 气味

鼻嗅。

5.1.3 虫蛀菇、一般杂质

随机抽取样品 500 g(精确至±0.1 g),分别拣出虫蛀菇、一般杂质,用感量为 0.1 g 的天平称其质量,分别计算其占样品的百分率,以 X(%)计,按式(1)计算,计算结果精确到小数点后一位。

$$X=\frac{m_1}{m}\times 100 \qquad (1)$$

式中:

m_1 ——虫蛀菇、一般杂质的质量,单位为克(g);

m ——样品的质量,单位为克(g)。

5.2 水分

按 GB/T 12531 规定执行。

5.3 安全指标

5.3.1 砷

按 GB/T 5009.11 规定执行。

5.3.2 铅

按 GB/T 5009.12 规定执行。

5.3.3 汞

按 GB/T 5009.17 规定执行。

5.3.4 镉

按 GB/T 5009.15 规定执行。

5.3.5 六六六和滴滴涕

按 GB/T 5009.19 规定执行。

5.3.6 溴氰菊酯

按 GB/T 5009.110 规定执行。

6 检验规则

6.1 检验分类

6.1.1 型式检验

型式检验是对产品进行全面考核，即对本标准规定的全部要求进行检验。有下列情形之一者应进行型式检验。

a) 申请无公害农产品标志；

b) 有关行政主管部门提出型式检验要求；

c) 前后两次抽样检验结果差异较大；

d) 人为或自然因素使生产环境发生较大变化。

6.1.2 交收检验

每批产品交收前，生产者均应进行交收检验。交收检验内容包括感官和标识。检验合格后附合格证方可交收。

6.2 组批

产地抽样以同一品种、同一产地、相同栽培条件、同时采收的茶树菇作为一个检验批次；市场抽样以同一产地的茶树菇作为一个检验批次。

6.3 抽样方法

茶树菇干品按 GB/T 12530 规定执行。茶树菇鲜品按 GB/T 8815 中的有关规定执行。

报验单填写的项目应与货物相符，凡与货物不符、包装容器严重损坏者，应由交货者重新整理后再行抽样。

6.4 判定规则

6.4.1 感官指标中颜色、气味、霉烂菇和有害杂质如有一项不符合要求，则判该批次产品不合格；感官指标中菌褶、虫蛀菇和一般杂质任何一项不符合要求，均允许使用副样复检；若复检结果符合要求，则判该批次产品合格；若复检结果仍不符合要求，则判该批次产品不合格。

6.4.2 水分、安全指标中任何一项不符合要求，即判该批次产品不合格。

7 标识

产品应有明确标识,内容包括产品名称、产品执行标准、生产者及详细地址、联系方式、产地、净含量和包装日期等。

ICS 11.120.10
B 38

中华人民共和国农业行业标准

NY 5248—2004

无公害食品　枸杞

2004-01-07 发布　　2004-03-01 实施

中华人民共和国农业部　发布

前　言

本标准由中华人民共和国农业部提出。

本标准起草单位:农业部枸杞产品质量监督检验测试中心。

本标准主要起草人:苟金萍、程淑华、张艳、王晓菁、单巧玲。

无公害食品　枸杞

1　范围

本标准规定了无公害食品枸杞的质量要求、试验方法、检验规则和标识。

本标准适用于无公害食品枸杞干果和鲜果。

2　规范性引用文件

下列文件中的条款通过本标准的引用而成为本标准的条款。凡是注日期的引用文件，其随后所有的修改单(不包括勘误的内容)或修订版均不适用于本标准，然而，鼓励根据本标准达成协议的各方研究是否可使用这些文件的最新版本。凡是不注日期的引用文件，其最新版本适用于本标准。

GB/T 5009.3　食品中水分的测定

GB/T 5009.12　食品中铅的测定

GB/T 5009.20　食品中有机磷农药残留量的测定

GB/T 5009.110　植物性食品中氯氰菊酯、氰戊菊酯和溴氰菊酯残留量的测定

GB/T 5009.145　植物性食品中有机磷和氨基甲酸酯类农药多种残留的测定

GB/T 8855　新鲜水果和蔬菜的取样方法

SN/T 0878　进出口枸杞子检验规程

3　要求

3.1　感官指标

感官指标应符合表1的规定。

表1　感官指标

项　　目	指　　标
形状	类纺锤形略扁
色泽	果皮红或枣红色
杂质	无
滋味、气味	具有枸杞应有的滋味、气味

3.2　理化指标

干果水分小于等于13.0%。

3.3　安全指标

安全指标应符合表2的规定。

表2　安全指标　　单位为毫克每千克

项　目	指　标	
	干果	鲜果
铅(以Pb计)	≤2.0	≤0.2
敌敌畏(dichlorvos)	≤0.2	≤0.2
乐果(dimethoate)	≤1.0	≤1.0

表 2（续）

项　目	指　标	
	干果	鲜果
溴氰菊酯(deltamethrin)	≤0.1	≤0.1
毒死蜱(chlorpyrifos)	≤1	≤1
注：根据《中华人民共和国农药管理条例》，剧毒、高毒农药不得用于蔬菜、瓜果、茶叶和中草药材。		

4 试验方法

4.1 感官指标

按 SN/T 0878 规定执行。

4.1.1 气味

打开盛样袋，嗅辨样品气味是否正常，有无异味，必要时，取 20 g～30 g 样品，置于有盖的杯中，注入 60℃～70℃温水，浸没样品，加盖放置 10 min 后，将水倾去，在杯口处嗅辨气味。

4.1.2 外观

将混匀样品平铺在样品盘或检验台上，厚度约 2 cm，在北向自然光线下，对照标样目视鉴定样品是否具有本品固有的正常颜色，以及颗粒的洁净度。

4.2 水分的测定

按 GB/T 5009.3 减压干燥法或蒸馏法规定执行。

4.3 铅的测定

按 GB/T 5009.12 规定执行。

4.4 敌敌畏、乐果的测定

按 GB/T 5009.20 规定执行。

4.5 溴氰菊酯的测定

按 GB/T 5009.110 规定执行。

4.6 毒死蜱的测定

按 GB/T 5009.145 规定执行。

5 检验规则

5.1 检验分类

5.1.1 型式检验

型式检验是对产品进行全面考核，即对本标准规定的全部要求进行检验。有下列情形之一者应进行型式检验：

a) 申请无公害农产品标志；

b) 有关行政主管部门提出型式检验要求；

c) 前后两次抽样检验结果差异较大时；

d) 人为或自然因素使生产环境发生较大变化。

5.1.2 交收(出厂)检验

每批产品交收(出厂)前，生产单位都应进行交收检验。交收检验内容包括感官、水分、标识。检验合格后附合格证的产品方可交收(出厂)。

5.2 组批

产地抽样以同一品种、同一产地、相同栽培条件、同期采收、相同加工方法的枸杞作为一个检验批次。批发市场、农贸市场和超市相同进货渠道的枸杞作为一个检验批次。

5.3 抽样方法

5.3.1 枸杞干果

从同批产品的不同部位随机抽取0.1%，每批至少抽2kg样品，分别做感官、水分检验，留样。报验单填写的项目应与货物相符，凡与货物单不符，包装容器严重损坏者，应由交货单位重新整理后再行抽样。

5.3.2 枸杞鲜果

按GB/T 8855有关规定执行。

5.4 判定规则

理化指标、安全指标有一项不合格，判该批次产品为不合格。

6 标识

产品应有明确标识，内容包括：产品名称、产品的执行标准、生产者及详细地址、产地、净含量和包装日期等，要求字迹清晰、完整、准确。

ICS 65.020.20
B 38

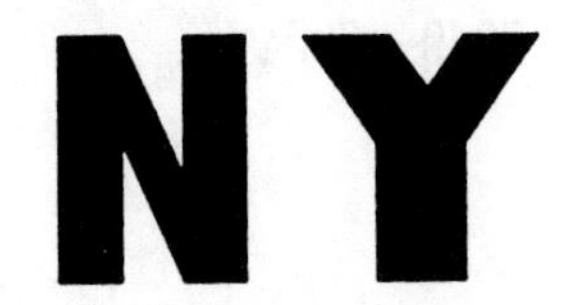

中华人民共和国农业行业标准

NY/T 5249—2004

无公害食品　枸杞生产技术规程

2004-01-07 发布　　2004-03-01 实施

中华人民共和国农业部 发布

前　言

本标准的附录A、附录B、附录C、附录D都是规范性附录。

本标准由中华人民共和国农业部提出。

本标准起草单位：宁夏农林科学院农副产品贮藏加工研究所、农业部枸杞产品质量监督检验测试中心。

本标准主要起草人：钟鉎元、苟金萍、秦垦、王晓菁、陈杭、洪凤英、单巧玲。

无公害食品　枸杞生产技术规程

1　范围

本标准规定了无公害食品枸杞的产地环境条件、品种选择与育苗、建园、土肥水管理、整形修剪、病虫害防治、鲜果采收和制干的生产技术。

本标准适用于我国西北、华北各省(区)无公害食品枸杞的生产。

2　规范性引用文件

下列文件中的条款通过本标准的引用而成为本标准的条款。凡是注日期的引用文件，其随后所有的修改单(不包括勘误的内容)或修订版均不适用于本标准，然而，鼓励根据本标准达成协议的各方研究是否可使用这些文件的最新版本。凡是不注日期的引用文件，其最新版本适用于本标准。

GB 8321　(所有部分)农药合理使用准则

NY/T 393　绿色食品　农药安全使用准则

NY/T 394　绿色食品　肥料使用准则

NY 5013　无公害食品　苹果产地环境条件

3　产地环境条件

3.1　气候条件

年平均气温4.4℃～12.7℃，大于等于10℃年有效积温2 000℃～4 400℃，年日照时数大于2 500 h。

3.2　大气质量

符合NY 5013中4.2的规定。

3.3　灌溉水质

符合NY 5013中4.3的规定

3.4　土壤条件

土壤疏松肥沃，有机质含量0.5%以上，土层深厚，活土层在30 cm以上，地下水位1.2 m以下，土壤含盐量0.5%以下，质地为轻壤、中壤或沙壤。土壤中各种污染物的含量限值按NY 5013中4.4规定执行。

4　品种选择与育苗

4.1　品种选择

选用优质、抗逆性强、适应性广、经济性好的枸杞优良品种。

4.2　育苗

4.2.1　苗圃地准备

4.2.1.1　苗圃地选择

苗圃地选择地势平坦、排灌方便、活土层深30 cm以上，土质为轻壤、中壤或沙壤，pH一般为7.5～8.5，含盐量0.2%以下。

4.2.1.2　整地

育苗前进行深耕、耙地，翻耕深度20 cm以上，清除石块、杂草，以达到土碎、地平。

4.2.1.3　土壤处理

用辛硫磷拌土撒施，防治以金龟子幼虫（蛴螬）为主要种群的地下害虫。

4.2.1.4 施肥

结合翻地每 667 m^2 施腐熟厩肥 3 000 kg～5 000 kg。

4.2.1.5 做床

硬枝扦插按 30 m^2～60 m^2 为一小畦。嫩枝扦插 1 m×5 m 规格做高床，上铺 3 cm 经过杀菌剂消毒的细河沙，在苗圃地上搭 2 m 高的遮荫棚，盖遮光率 75%的遮阳网。

4.3 育苗方法

4.3.1 硬枝扦插

4.3.1.1 扦插时间

3 月中旬～4 月上旬，日平均气温稳定通过 6℃以上即可进行，冬季和早春可以采用大棚育苗。

4.3.1.2 插条准备

剪取 0.4 cm～0.6 cm 粗的枝条，截成 10 cm～15 cm 长，用 15 mg/kg～20 mg/kg 的 α-萘乙酸水溶液浸插条下端 24 h，或用 100 mg/kg 的 α-萘乙酸溶液浸插条下端 2 h～3 h，浸深 3 cm。

4.3.1.3 插播方法

按 40 cm 行距开沟，沟深 10 cm～13 cm，将插条按 10 cm 株距摆在沟壁一侧，覆湿润土踏实，插条上端露出地面约 1 cm，插后覆地膜。

4.3.2 嫩枝扦插

4.3.2.1 扦插时间

日平均气温稳定在 18℃以上的 5 月～8 月可进行。

4.3.2.2 插条准备

剪取半木质化枝条，截成 5 cm～8 cm 的插条，去除下端 1 个～2 个节上的叶片。

4.3.2.3 扦插

将插条下端速沾 400 mg/kg 的 α-萘乙酸和滑石粉调制成的生根剂，按 5 cm×10 cm 的株行距，插入准备好的沙床上，插入深度 1.0 cm～1.5 cm，插后喷杀菌剂，盖塑料拱棚保湿。

4.4 苗期管理

4.4.1 揭膜放苗

凡覆盖地膜的硬枝插条 60%发芽后及时揭膜放苗。

4.4.2 灌溉和排水

硬枝扦插一般在插条生根后灌第一次水；嫩枝扦插在生根前保持棚内湿度在 90%以上。苗木生根后，前期灌水应少量多次，后期控制灌溉，并对积水及时排除。

4.4.3 锄草松土

锄草应掌握锄早、锄小、锄尽的原则，松土结合锄草进行。

4.4.4 炼苗

嫩枝扦插在 80%插条生根后，逐渐揭开拱棚和遮阳网，增加光照进行炼苗。

4.4.5 抹芽

插条新梢 10 cm～15 cm 时，留 1 健壮枝，苗高 50 cm～60 cm 时，摘心促发侧枝。

4.4.6 追肥

苗期追肥 2 次～3 次，每 667 m^2 每次追尿素 10 kg～15 kg，追肥后灌水。

4.5 苗木出圃

4.5.1 出圃时间

春季出圃时间在苗木萌芽前，秋季在落叶后至土壤封冻前。

4.5.2 苗木分级

一级：苗株高 60 cm 以上，根颈 0.8 cm 以上；二级：苗株高 50 cm～60 cm，根颈 0.6 cm～0.8 cm；三级：苗株高 40 cm 以下，根颈 0.4 cm～0.5 cm。

4.5.3 假植

秋季苗木起挖后，如暂不定植或外运，起出的苗应及时选地势高、排水良好、背风的地方假植越冬。假植时应掌握苗头向南，疏摆，分层，培湿土，踏实。

4.5.4 包装和运输

长途运输的苗木要用草袋包装，保持根部湿润，并用标签注明品种名称、起苗时间、等级、数量。

5 建园

5.1 园地规划

5.1.1 排灌系统和道路的设置

在建园前先规划出排灌系统，实行双灌双排，道路设置同渠、沟、埂结合进行。

5.1.2 防护林带设置

防护林带的设置应同园地的渠、沟、路结合起来统筹安排。主林带与主风向垂直，每条林带植树 5 行～7 行，行距 1.5 m～2.0 m，株距 1.0 m～2.0 m。副林带与主林带垂直，每条副林带植树 3 行～5 行，株行距同主林带。林带树种选择与枸杞无共生性病虫害的乔灌木。

5.1.3 园地小区划分

把园区划分成若干小区，一般 667 m^2 为一小区。

5.2 定植

5.2.1 定植时间

春季土地解冻至枸杞苗木萌动前；秋季在灌冬水前。

5.2.2 定植规格

株距 1.0 m～1.5 m；行距机耕作业 3.0 m～3.5 m，人工作业 2.0 m～2.5 m。

5.2.3 苗木质量

一、二级苗木。

5.2.4 定植技术

在栽植点挖坑，坑长 40 cm、宽 40 cm、深 30 cm，每坑施 1 kg 腐熟农家肥与土拌匀，填湿土，向上轻提苗木，再分层填土踏实。

6 土肥水管理

6.1 翻园、中耕、锄草

6.1.1 浅翻春园

3 月上旬～4 月上旬浅翻春园，耕翻深度 10 cm～15 cm。

6.1.2 中耕锄草

5 月、6 月、7 月、8 月灌水后各进行一次，中耕深度 8 cm～10 cm。

6.1.3 翻晒秋园

8 月下旬～10 月中旬进行，耕翻深度 20 cm～25 cm，树冠下稍浅，以免伤根。

6.2 施肥

6.2.1 肥料种类

6.2.1.1 允许使用的肥料种类

见表1。

表1 允许使用的肥料种类

肥料分类	肥料名称
农家肥料	NY/T 394中3.4允许使用的农家肥料，包括堆肥、沤肥、厩肥、沼气肥、绿肥、作物秸秆肥、泥肥、饼肥等
商品肥料	NY/T 394中3.5允许使用的商品肥料，包括商品有机肥、腐殖酸类肥、微生物肥、无机(矿质)叶面肥、复合肥等
其他肥料	NY/T 394中3.6允许使用的其他肥料，包括不含有害物质的食品、鱼渣、牛羊毛废料、骨粉、氨基酸残渣、骨胶废渣、家禽畜加工废料、糖厂废料等有机料制成的经农业部门登记允许使用的肥料

6.2.1.2 禁止使用的肥料种类

6.2.1.2.1 未经无害化处理的城市垃圾或含有重金属、橡胶和有害物的垃圾。

6.2.1.2.2 未腐熟的人粪尿及未经腐熟的饼肥。

6.2.2 施肥方法和数量

6.2.2.1 基肥

6.2.2.1.1 施肥时间

10月中旬～11月上旬灌冬水前，或春季解冻后。

6.2.2.1.2 施肥方法

沿树冠外缘下方开半环状或条状施肥沟，沟深20 cm～30 cm。成年树每667 m^2 施优质腐熟的农家肥3 000 kg～5 000 kg，1年～3年幼树施肥量为成年树的1/3～1/2。

6.2.2.2 追肥

6.2.2.2.1 土壤追肥

4月中旬～5月上旬，每667 m^2 追尿素20 kg，6月上旬～6月下旬追磷酸二铵20 kg～40 kg。若秋季花多，每667 m^2 再追复合肥20 kg。

6.2.2.2.2 叶面喷肥

在春枝生长期至花果期，每隔10 d～15 d喷叶面肥1次。

6.3 灌溉

6.3.1 灌水时期

采果前20 d～25 d灌水1次，采果期15 d～20 d灌水1次。

6.3.2 灌水量

头水和冬水量大，每667 m^2 灌水60 m^3～80 m^3，生长期灌水量40 m^3～50 m^3 为宜。

6.3.3 灌水方法

水源充足地方全园畦灌，缺水地区用沟灌或喷、滴灌。

7 整形修剪

7.1 适宜树型

7.1.1 自然半圆形树型

树冠直径较大，基层有主枝3个～5个，整个树冠由基层与顶层组成。下层冠幅200 cm左右，上层冠幅150 cm左右，树高170 cm，树冠成半圆形，适于稀植栽培。

7.1.2 圆锥形(塔形)树型

树冠窄而高,有主枝16个～20个,成4层～5层分布,下层冠幅直径100 cm～120 cm。树冠成圆锥形,适于密植栽培。

7.2 幼树整形

7.2.1 自然半圆形整形

第1年于苗高50 cm～60 cm处剪顶定干,在其顶部选留3个～5个分枝作主枝,第1年～第3年培育基层树冠,第4年～第5年放顶成型。

7.2.2 圆锥形整形

第一年于苗高50 cm～60 cm处截顶定干,在截口下选4个～5个在主干周围分布均匀的健壮枝做主枝,在主干上部选1个直立徒长枝,于高于冠面20 cm处摘心,待其发出分枝后选留4个～5个分枝,培养第2层树冠。第3年～第5年仿照第2年的做法,对徒长枝进行摘心利用,培养3层、4层、5层树冠,第5年整形结束。

7.3 成年树的修剪

7.3.1 春季修剪

一般在3月～4月进行。主要剪去越冬后风干的枝条或枝梢,也对秋季修剪的不足之处进行补充修剪。

7.3.2 夏季修剪

4月中旬～8月上旬进行。其主要任务是对徒长枝的清除和利用。生长在树冠顶上、根颈和主干上无用的徒长枝应清除;若树冠结果枝少,树冠高度不够、秃顶、偏冠及缺空时应利用徒长枝,对其摘心促发侧枝,增加结果枝。华北南部地区伏天落叶后及时修剪,修剪方法和春季修剪基本相同。

7.3.3 秋季修剪

在采完果后至翌年2月进行。其原则是剪横不剪顺,去旧要留新,密处要修剪,缺空留油条,清膛截底修剪好,树冠圆满产量高。修剪次序是:①清基,②剪顶,③清膛,④修围,⑤截底,使树冠枝条上下通顺,分布均匀。

8 病虫害防治

8.1 主要病虫害

8.1.1 苗床主要虫害

枸杞蚜虫、枸杞瘿螨、枸杞木虱。

8.1.2 枸杞园主要病虫害

枸杞蚜虫、枸杞木虱、枸杞瘿螨、枸杞锈螨、枸杞红瘿蚊、枸杞负泥虫、枸杞实蝇、枸杞黑果病(炭疽病)。

8.2 防治原则

以防为主,综合防治,优先采取农业措施、物理防治、生物防治,不使用国家禁止的剧毒、高毒、高残留或致癌、致畸、致突变农药,以及其混配农药。允许使用植物源、动物源、微生物源农药及矿物源农药,可选用高效、低毒、低残留化学农药和限量选用部分中等毒性的化学农药。农药使用要严格执行GB 8321的规定,并改进施用技术,降低农药用量,将病虫害控制在经济阈值以下。

8.3 防治方法

8.3.1 农业防治

8.3.1.1 加强中耕锄草,深翻晒土。

8.3.1.2 清洁枸杞园及周围,将枯枝烂叶、病虫枝、杂草集中烧毁。

8.3.1.3 枸杞园及时排灌,防止积水。

8.3.1.4 合理施肥、修剪,促进树体健康生长。

8.3.2 **物理防治**

采用灯光、色彩诱杀害虫,如用银灰膜避蚜或黄板(柱)诱杀蚜虫。

8.3.3 **生物防治**

8.3.3.1 保护天敌,创造有利于天敌繁衍生长的环境条件,投放寄生性、捕食性天敌,如赤眼蜂、龟纹瓢虫、中华草青蛉、七星瓢虫、捕食螨等。

8.3.3.2 使用昆虫性外激素诱杀或干扰成虫交配。

8.3.4 **药剂防治**

8.3.4.1 **农药种类选择**

8.3.4.1.1 禁止使用剧毒、高毒、高残留或致癌、致畸、致突变农药的药剂,见附录A。

8.3.4.1.2 限制使用中等毒性的药剂,见附录B。

8.3.4.1.3 允许使用低毒及生物源农药、矿物源农药,见附录C。

8.3.4.2 **农药使用准则**

8.3.4.2.1 不准使用附录A列出的农药种类和未登记的农药。

8.3.4.2.2 加强病虫害预测预报,做到有针对性地适时用药,选择附录B和附录C中列出的农药并按照要求控制用量。注意不同机理的农药交替使用和合理混配,避免害虫产生抗药性。

8.3.4.2.3 枸杞园主要病虫害综合防治历见附录D

9 果实采收和制干

9.1 采收

9.1.1 **采收时间**

5月中旬至10月中旬,夏果一般4 d～6 d采一次;秋果7 d～10 d采一次。

9.1.2 **采收标准**

果实成熟8成～9成,果色鲜红,果蒂松动即可采收。

9.1.3 **采摘方法**

要轻采、轻放。果筐一次盛果不超过10 kg。

9.2 制干

9.2.1 **脱蜡**

将采回的鲜果放入冷浸液中浸1 min捞出、控干,倒在制干用的果栈上。

9.2.2 **制干**

9.2.2.1 **晒干**

将经过脱蜡处理的鲜果铺放在果栈上,厚2 cm～3 cm,白天晾晒,晚间遮盖防雨及露水,果实未干前不要翻动,脱水至含水率13.0%以下。

9.2.2.2 **烘干**

将经过脱蜡处理的鲜果铺放在果栈上,推入烘干房烘干,脱水至含水率13.0%以下。

9.2.3 **除杂和包装**

制干后的果实及时脱去果柄和果叶及杂质,装入密封、防潮的包装袋内。

附 录 A
（规范性附录）
禁止使用农药

表 A.1

种　类	农药名称	禁用原因
有机氯杀虫（螨）剂	六六六、滴滴涕、林丹、硫丹、三氯杀螨醇、氯丹	高残毒
有机磷类杀虫剂	久效磷、对硫磷、甲基对硫磷、甲基异硫磷、甲胺磷、甲拌磷、乙拌磷、氧化乐果、磷胺、治螟磷、内吸磷	剧毒、高毒
氨基甲酸酯类杀虫剂	克百威、涕灭威、灭多威	高毒
二甲基甲脒类杀虫（螨）剂	杀虫脒	致癌
有机氟类杀虫剂	氟乙酰胺	剧毒
及所有 NY/T 393《绿色食品　农药安全使用准则》和中华人民共和国农业部 2002 年第 199 号公告中禁用的农药		

附 录 B
（规范性附录）
限制使用农药

表 B.1

农药名称	毒性	安全间隔期 d	防治对象
烟碱	中毒	15	蚜虫、木虱、负泥虫、实蝇
敌敌畏	中毒	7	蚜虫、木虱等
乐果	中毒	10	蚜虫、木虱、瘿螨、锈螨、红瘿蚊、负泥虫、实蝇
抗蚜威	中毒	11	蚜虫、木虱、负泥虫、实蝇
毒死蜱	中毒	10	蚜虫、木虱、瘿螨、锈螨、红瘿蚊、负泥虫、实蝇
溴氰菊酯	中毒	10	蚜虫、木虱、叶螨等

附 录 C
（规范性附录）
允许使用农药

表 C.1

农药名称	毒性	安全间隔期 d	主要防治对象
苦参碱	低毒	7	蚜虫、螨类
吡虫啉	低毒	7	蚜虫、木虱
辛硫磷	低毒	7	蚜虫、红瘿蚊、实蝇等
四螨嗪	低毒	5～7	蚜虫、木虱、瘿螨、锈螨、红瘿蚊、负泥虫、实蝇
啶虫脒	低毒	10	蚜虫、木虱、瘿螨、锈螨、红瘿蚊、负泥虫、实蝇
吡·氯氰	低毒	7	蚜虫、木虱、负泥虫、红瘿蚊
硫磺胶	低毒	5～7	蚜虫、木虱、螨类，黑果病
石硫合剂	低毒	15	蚜虫、木虱、螨类等
百菌清	低毒	10	黑果病
代森锰锌	低毒	10	黑果病

附 录 D
(规范性附录)
主要病虫害综合防治历

表 D.1

物候期	主要防治对象及指标	防治措施
萌芽期	越冬蚜虫、木虱、瘿螨、锈螨成虫或虫卵等 初春枝叶萌动前至鳞芽期	清园:将枯枝烂叶、杂草等集中烧毁,翻晒春园,树体喷石硫合剂
展叶至现蕾初期	蚜虫、木虱、瘿螨、红瘿蚊、实蝇 蚜虫:100 枝条平均每枝有成虫 5 头 木虱:平均每枝有成虫 3 头 瘿螨:老眼枝叶片平均每叶有虫瘿 3 个 红瘿蚊、实蝇:幼蕾危害率达 1%以上	农业防治、生物防治、物理防治 药剂防治采用 地面封闭:辛硫磷或乐果粉 树上喷施:吡虫啉＋四螨嗪;或吡・氯氰＋四螨嗪;或毒死蜱
果熟期(采收期)	蚜虫、木虱、负泥虫、实蝇、瘿螨、锈螨、红瘿蚊 黑果病(炭疽病) 日平均气温 17℃以上,旬降雨超过 48 h,雨后喷药防治黑果病	农业防治、生物防治、物理防治 药剂防治采用吡虫啉＋硫磺;或乐果＋四螨嗪＋百菌清;或吡虫啉＋百菌清;或烟碱;或吡・氯氰＋啶虫脒;或苦参碱
采果期后	木虱、螨类、蚜虫秋果采完后	农业防治、生物防治、物理防治 药剂防治采用乐果;或乐果＋硫磺;或烟碱;或吡虫啉＋四螨嗪

ICS 67.080.10
B 31

中华人民共和国农业行业标准

NY 5250—2004

无公害食品　番木瓜

2004-01-07 发布　　　　2004-03-01 实施

中华人民共和国农业部　发布

前　言

本标准由中华人民共和国农业部提出。

本标准起草单位:中国热带农业科学院农产品加工研究所。

本标准主要起草人:陈鹰、程雪梅、黄和、罗昭政。

无公害食品　番木瓜

1　范围

本标准规定了无公害食品鲜番木瓜(*Papaya*)的要求、试验方法、检验规则和标识。

本标准适用于无公害食品鲜番木瓜。

2　规范性引用文件

下列文件中的条款通过本标准的引用而成为本标准的条款。凡是注日期的引用文件,其随后所有的修改单(不包括勘误的内容)或修订版均不适用于本标准,然而,鼓励根据本标准达成协议的各方研究是否可使用这些文件的最新版本。凡是不注日期的引用文件,其最新版本适用于本标准。

GB/T 5009.12　食品中铅的测定

GB/T 5009.15　食品中镉的测定

GB/T 5009.20　食品中有机磷农药残留量的测定

GB/T 5009.146　植物性食品中有机氯和拟除虫菊酯类农药多种残留的测定

GB/T 5009.173　梨果、柑橘类水果中噻螨酮残留量的测定

GB/T 5009.188　蔬菜、水果中甲基托布津、多菌灵的测定

GB 7718　食品标签通用标准

GB/T 8855　新鲜水果和蔬菜的取样方法

3　要求

3.1　感官指标

番木瓜果实应符合下列基本要求:

——新鲜;

——产品无影响其食用的损害或腐烂;

——无可见异物;

——无寄生物损害;

——无明显沾污物;

——无低温造成的损害;

——果实表面无反常的湿气,但冷藏后取出造成的凝结水除外;

——无异味;

——带果柄时,长度不应超过 1 cm,且切口无污染;

——产品成熟适当、有光泽。

3.2　安全指标

应符合表 1 的规定。

表 1　无公害食品番木瓜安全指标　　单位为毫克每千克

序　号	项　目	指　标
1	铅(以 Pb 计)	≤0.2
2	镉(以 Cd 计)	≤0.03

表 1 (续)

序　　号	项　　目	指　　标
3	敌敌畏(dichlorvos)	≤0.2
4	乐果(dimethoate)	≤1
5	噻螨酮(hexythiazox)	≤0.5
6	溴氰菊酯(deltamethrin)	≤0.1
7	氯氟氰菊酯(cyhalothrin)	≤0.2
8	氰戊菊酯(fenvalerate)	≤0.2
9	多菌灵(carbendazim)	≤0.5
注:根据《中华人民共和国农药管理条例》,剧毒和高毒农药不得在水果生产中使用。其他农药参照国家有关农药残留限量标准。		

4 试验方法

4.1 感官指标

将样品置于自然光下,用目测法检验新鲜度、损害、腐烂、异物、沾污物、机械伤、果柄和病虫害等;用鼻嗅法和口尝法检验异味。

4.2 安全指标

4.2.1 铅

按 GB/T 5009.12 规定执行。

4.2.2 镉

按 GB/T 5009.15 规定执行。

4.2.3 乐果、敌敌畏

按 GB/T 5009.20 规定执行。

4.2.4 噻螨酮

按 GB/T 5009.173 规定执行。

4.2.5 溴氰菊酯、氰戊菊酯、氯氟氰菊酯

按 GB/T 5009.146 规定执行。

4.2.6 多菌灵

按 GB/T 5009.188 规定执行。

5 检验规则

5.1 组批规则

同一产地、同时采收的番木瓜作为一个检验批次。

5.2 抽样方法

按 GB/T 8855 规定执行。

5.3 检验分类

5.3.1 型式检验

型式检验是对产品进行全面考核,即对本标准规定的全部要求(指标)进行检验。有下列情形之一者应进行型式检验:

a) 申请无公害农产品标志；

b) 有关行政主管部门提出型式检验要求；

c) 前后两次抽样检验结果差异较大；

d) 人为或自然因素使生产环境发生较大变化。

5.3.2 交收检验

每批产品交收前，生产单位都应进行交收检验。交收检验内容包括感官和标识，安全指标由交易双方根据合同选择，检验合格方可交收。

5.4 判定规则

5.4.1 每批受检样品抽样检验时，对感官有缺陷的样品作记录，不合格百分率按有缺陷的果质量计算。每批受检样品的平均不合格率不应超过5％。

5.4.2 安全指标有一项不合格，该批样品判为不合格。

6 标识

产品标签应符合GB 7718的规定，包装箱上应有无公害食品专用标志。

ICS 67.080.20
B 31

中华人民共和国农业行业标准

NY 5251—2004

无公害食品　芋头

2004-01-07 发布　　2004-03-01 实施

中华人民共和国农业部　发布

前　言

本标准由中华人民共和国农业部提出。

本标准起草单位:农业部亚热带果品蔬菜质量监督检验测试中心。

本标准主要起草人:陈强、黄强、梁宏合、陈永森、莫丽红、李鸿。

无公害食品　芋头

1　范围

本标准规定了无公害食品芋头的要求、试验方法、检验规则和标识。

本标准适用于无公害食品芋头。

2　规范性引用文件

下列文件中的条款通过本标准的引用而成为本标准的条款。凡是注日期的引用文件，其随后所有的修改单(不包括勘误的内容)或修订版均不适用于本标准，然而，鼓励根据本标准达成协议的各方研究是否可使用这些文件的最新版本。凡是不注日期的引用文件，其最新版本适用于本标准。

GB/T 5009.12　食品中铅的测定

GB/T 5009.15　食品中镉的测定

GB/T 5009.20　食品中有机磷农药残留量的测定

GB/T 5009.102　植物性食品中辛硫磷农药残留量的测定

GB/T 5009.110　植物性食品中氯氰菊酯、氰戊菊酯和溴氰菊酯残留量的测定

GB/T 5009.126　植物性食品中三唑酮残留量的测定

GB/T 5009.188　蔬菜、水果中甲基托布津、多菌灵的测定

GB 7718　食品标签通用标准

GB/T 8855　新鲜水果和蔬菜的取样方法

中华人民共和国农药管理条例

3　要求

3.1　感官指标

芋形正常、大小基本均匀、表面尚清洁、滋味正常、无异味、腋芽未萌发、无明显裂痕、无腐烂(种芋残体除外)、无明显机械伤、母芋上的子芋遗痕平整并允许有不多于5个非子芋遗痕的小疤痕。

3.2　安全指标

应符合表1的规定。

表1　无公害食品芋头安全指标　　单位为毫克每千克

序　号	项　目	指　标
1	铅(以Pb计)	≤0.2
2	镉(以Cd计)	≤0.05
3	乐果(dimethoate)	≤1
4	敌百虫(trichlorphon)	≤0.1
5	辛硫磷(phoxim)	≤0.05
6	氰戊菊酯(fenvalerate)	≤0.05
7	三唑酮(triadimefon)	≤0.2

表 1（续）

序　号	项　目	指　标
8	多菌灵(carbendazim)	≤0.5
注：根据《中华人民共和国农药管理条例》，剧毒和高毒农药不得在水果生产中使用。其他农药参照国家有关农药残留限量标准。		

4 试验方法

4.1 感官指标

4.1.1 检测用具为不锈钢刀和感量不大于 2 g 的托盘天平。

4.1.2 芋形、清洁度、表皮色泽、裂痕、外部病虫害、外部腐烂、机械伤、子芋遗痕和疤痕用目测法检验；异味用嗅的方法检验。检验前将全部样品称重，检验后将不符合要求的样品称重并记录。

4.1.3 将经 4.1.2 检验过的合格母芋或子芋分个称重并做好标记后纵向剖切，母芋分成不少于 8 片梳状切片，子芋切成两半，然后检验内部病虫害和腐烂，按标记追溯不符合要求的样品质量并记录。

4.1.4 按每芋一片将经 4.1.3 检验后的芋头切片蒸熟后用口尝法检验滋味，按标记追溯不符合要求的样品质量并记录。

4.1.5 不合格率以 x 计，数值以%表示，按公式(1)计算：

$$x=\frac{m_1}{m_2}\times 100 \quad \cdots\cdots (1)$$

式中：

m_1——4.1.2、4.1.3 和 4.1.4 中检出的不符合要求的样品总质量的数值，单位为克(g)；

m_2——样品总质量的数值，单位为克(g)。

4.2 安全指标

4.2.1 铅

按 GB/T 5009.12 规定执行。

4.2.2 镉

按 GB/T 5009.15 规定执行。

4.2.3 乐果、敌百虫

按 GB/T 5009.20 规定执行。

4.2.4 辛硫磷

按 GB/T 5009.102 规定执行。

4.2.5 氰戊菊酯

按 GB/T 5009.110 规定执行。

4.2.6 三唑酮

按 GB/T 5009.126 规定执行。

4.2.7 多菌灵

按 GB/T 5009.188 规定执行。

5 检验规则

5.1 组批规则

同一产地、同一品种、同一规格和同时收购的芋头为一组批。

5.2 抽样方法

除实验室样品取样按母芋类不少于20个个体、子芋类3 kg外，其他按GB/T 8855规定执行。

5.3 交收检验

产品上市流通前，应进行交收检验，交收检验的项目为感官、净含量、标志和标签。检验合格并出具合格证书后方能交收。

5.4 型式检验

型式检验是对产品进行全面考核，即对本标准规定的全部要求进行检验。有下列情形之一者应进行型式检验：

a) 申请无公害农产品认证和标志、进行无公害食品监督检验或国家或行业抽查需要；

b) 前后两次抽样检验结果差异较大；

c) 人为或自然因素使生产环境发生较大变化；

d) 上级行政主管部门提出型式检验要求。

5.5 判定规则

按本标准规定的方法进行检验，受检样品中感官不符合3.1要求的产品质量≤5%，其余项目全部符合本标准要求的，判该批产品为合格产品。

5.6 复验

受检产品的标志、净含量和感官不合格者，允许交货单位进行整改后申请复验一次。

6 标识

产品的标签应符合GB 7718的规定，并有无公害农产品专用标志。

ICS 67.080.10
B 31

中华人民共和国农业行业标准

NY 5252—2004

无公害食品　冬枣

2004-01-07 发布　　　　2004-03-01 实施

中华人民共和国农业部　发布

前　言

本标准由中华人民共和国农业部提出。

本标准起草单位:河北省南大港农场。

本标准主要起草人:苏国华、苑振武、毛永民、周广芳、赵满振、伍建光、孔繁明。

无公害食品 冬枣

1 范围

本标准规定了无公害食品冬枣的要求、试验方法、检验规则和标识。

本标准适用于无公害食品冬枣。

2 规范性引用文件

下列文件中的条款通过本标准的引用而成为本标准的条款。凡是注日期的引用文件，其随后所有的修改单(不包括勘误的内容)或修订版均不适用于本标准，然而，鼓励根据本标准达成协议的各方研究是否可使用这些文件的最新版本。凡是不注日期的引用文件，其最新版本适用于本标准。

GB/T 5009.12 食品中铅的测定

GB/T 5009.15 食品中镉的测定

GB/T 5009.20 食品中有机磷农药残留量的测定

GB/T 5009.38 蔬菜、水果卫生标准的分析方法

GB/T 5009.145 植物性食品中有机磷和氨基甲酸酯类农药多种残留的测定

GB/T 5009.146 植物性食品中有机氯和拟除虫菊酯类农药多种残留的测定

GB/T 8855 新鲜水果和蔬菜的取样方法

3 要求

3.1 感官指标

大小均匀，果形端正，完整良好，新鲜洁净，果肉肥厚、松脆、甘甜可口，果实充分发育，达到市场、贮存或运输要求的成熟度。无浆烂，色泽鲜亮，无不正常外来水分，无机械损伤。无异味。

3.2 安全指标

应符合表1的规定。

表1 无公害食品冬枣的卫生指标

单位为毫克每千克

序号	项目	指标
1	敌敌畏(dichlorvos)	≤0.2
2	喹硫磷(quinalphos)	≤0.2
3	毒死蜱(chlorpyrifos)	≤1
4	多菌灵(carbendazim)	≤0.5
5	溴氰菊酯(deltamethrin)	≤0.1
6	铅(以Pb计)	≤0.2
7	镉(以Cd计)	≤0.03
注:根据《中华人民共和国农药管理条例》，高毒、剧毒农药不得在水果上使用。		

4 试验方法

4.1 感官指标

4.1.1 外观

从供试样品中随机抽取冬枣100个。大小，果形，完整，新鲜洁净，浆烂，成熟度，着色面积，光泽，不正常外来水分，机械损伤，裂口，病虫果。用肉眼观察检测。

当一个果实存在多项缺陷时，只记录其中最主要的一项。单项不合格果率以 X 计，数值以%表示，按式(1)计算。各单项不合格果的百分率之和即为总的不合格果百分率。

$$X=\frac{m_1}{m_2}\times 100 \quad \cdots\cdots (1)$$

式中：

m_1——单项不合格果的个数；

m_2——检验样本的总个数。

4.2 安全指标

4.2.1 敌敌畏、喹硫磷

按GB/T 5009.20规定执行。

4.2.2 毒死蜱

按GB/T 5009.145规定执行。

4.2.3 多菌灵

按GB/T 5009.38规定执行。

4.2.4 溴氰菊酯

按GB/T 5009.146规定执行。

4.2.5 铅

按GB/T 5009.12规定执行。

4.2.6 镉

按GB/T 5009.15规定执行。

5 检验规则

5.1 检验分类

5.1.1 型式检验

型式检验是对产品进行全面考核，即对本标准规定的全部要求进行检验。有下列情形之一者应进行型式检验：

a) 申请无公害农产品标志；

b) 有关行政主管部门提出型式检验时；

c) 前后两次抽样检验结果差异较大；

d) 人为或自然因素使生产环境发生较大变化。

5.1.2 交收检验

每批产品交收前，生产单位都应进行交收检验，交收检验内容包括感官、标识要求，检验合格后附合格证的产品方可交收。

5.2 组批

同一产地、同一品种、同一栽培技术、同时采收、同一贮存条件下的冬枣为一个检验批次。

5.3 抽样方法

按GB/T 8855规定执行。以一个检验批次为一个抽样批次。抽取的样品应具有代表性，应在全批货物的不同部位随机抽取，样品的检验结果适用于整个检验批次。

5.4 判定规则

5.4.1 感官指标

在整批样品总的不合格率不超过5%的前提下，单个包装件的不合格果百分率不得超过10%，否则即判定该样品不合格。

5.4.2 安全指标

有一个项目不合格，即判定该样品不合格。

6 标识

产品应有明确标识，内容包括：产品名称、产品执行标准、生产者及详细地址、联系方式、产地、净含量和包装日期等。

ICS 67.080.20
B 31

中华人民共和国农业行业标准

NY 5253—2004

无公害食品　四棱豆

2004-01-07 发布　　2004-03-01 实施

中华人民共和国农业部 发布

前　言

本标准由中华人民共和国农业部提出。

本标准起草单位:农业部热带农产品质量监督检验测试中心。

本标准主要起草人:吴莉宇、徐志、江俊、周永华。

无公害食品　四棱豆

1 范围

本标准规定了无公害食品四棱豆的要求、试验方法、检验规则、标识。

本标准适用于菜用无公害食品四棱豆豆荚的质量评定和贸易。

2 规范性引用文件

下列文件中的条款通过本标准的引用而成为本标准的条款。凡是注日期的引用文件，其随后所有的修改单(不包括勘误的内容)或修订版均不适用于本标准，然而，鼓励根据本标准达成协议的各方研究是否可使用这些文件的最新版本。凡是不注日期的引用文件，其最新版本适用于本标准。

GB/T 5009.12　食品中铅的测定

GB/T 5009.15　食品中镉的测定

GB 7718　食品标签通用标准

GB/T 8855　新鲜水果和蔬菜的取样方法

GB/T 5009.102　植物性食品中辛硫磷农药残留量的测定

GB/T 5009.105　黄瓜中百菌清残留量的测定

GB/T 5009.126　植物性食品中三唑酮残留量的测定

GB/T 5009.145　植物性食品中有机磷和氨基甲酸酯类农药多种残留的测定

GB/T 5009.146　植物性食品中有机氯和拟除虫菊酯类农药多种残留的测定

3 要求

3.1 感官指标

——无虫害；

——表面洁净，不得沾染泥土或被其他外物污染；

——无腐烂、变质豆荚。

每批豆荚中不符合基本要求的豆荚按质量计不超过3%。

3.2 安全指标

应符合表1的规定。

表1　无公害四棱豆卫生要求　　单位为毫克每千克

项　　目	指　　标
铅(以Pb计)	≤0.2
镉(以Cd计)	≤0.05
百菌清(chlorothalonil)	≤1
三唑酮(triadimefon)	≤0.2
溴氰菊酯(deltamethrin)	≤0.2
氯氟氰菊酯(cyhalothrin)	≤0.5
敌百虫(trichlorfon)	≤0.1
乐果(dimethoate)	≤1
辛硫磷(phoxim)	≤0.05
注：根据《中华人民共和国农药管理条例》，剧毒与高毒农药不得在四棱豆生产中使用。	

4 试验方法

4.1 感官指标

将样本置于自然光下，通过感官检验虫害、污染物、腐烂等，对不符合基本要求的样品做各项记录。如果一个样品同时出现多种缺陷，选择一种主要的缺陷，按一个缺陷计。总不合格率用 x 表示，数值以%表示，按式(1)计算：

$$x=\frac{m_1}{m_2}\times 100 \qquad (1)$$

式中：

m_1——不合格品的质量的数值，单位为千克(kg)；

m_2——检验样本的质量的数值，单位为千克(kg)。

计算结果精确到小数点后一位。

4.2 安全指标

4.2.1 铅的测定

按 GB/T 5009.12 规定执行。

4.2.2 镉的测定

按 GB/T 5009.15 规定执行。

4.2.3 百菌清的测定

按 GB/T 5009.105 规定执行。

4.2.4 辛硫磷的测定

按 GB/T 5009.102 规定执行。

4.2.5 三唑酮的测定

按 GB/T 5009.126 规定执行。

4.2.6 溴氰菊酯、氯氟氰菊酯的测定

按 GB/T 5009.145 规定执行。

4.2.7 乐果、马拉硫磷、敌百虫的测定

按 GB/T 5009.146 规定执行。

5 检验规则

5.1 组批

同产地、同时采收或同一批收购的四棱豆豆荚作为一个检验批次。

5.2 抽样方法

按 GB/T 8855 规定执行。

5.3 型式检验

型式检验是对产品进行全面考核，即对本标准规定的全部要求(指标)进行检验。有下列情形之一者应进行型式检验：

a) 申请无公害食品标志或无公害食品年度抽查检验；

b) 前后两次抽样检验结果差异较大；

c) 人为或自然因素使生产环境发生较大变化；

d) 有关行政主管部门提出型式检验要求。

5.4 交收检验

每批产品交收前，生产单位都应进行交收检验。交收检验内容包括基本要求、标识等，安全指标由

交易双方根据实际情况选测。检验合格并附合格证方可交收。

5.5 判定规则

5.5.1 按本标准进行测定,测定结果符合本标准技术要求的则该批产品为合格。

5.5.2 安全指标有一项不合格,则该批产品判为不合格。

6 标识

产品的标签应符合 GB 7718 规定,并有无公害农产品专用标志。

ICS 65.020.20
B 31

中华人民共和国农业行业标准

NY/T 5254—2004

无公害食品　四棱豆生产技术规程

2004-01-07 发布　　2004-03-01 实施

中华人民共和国农业部　发布

前　言

本标准附录 A 为资料性附录。

本标准由中华人民共和国农业部提出。

本标准起草单位：中国热带农业科学院热带作物品种资源研究所、农业部热带农产品质量监督检验测试中心。

本标准主要起草人：党选民、朱国鹏、曹振木、杨龚等。

无公害食品　四棱豆生产技术规程

1　范围

本标准规定了无公害四棱豆(*Psophocarpus tetragonolobus* DC.)生产的产地环境条件要求、种植园地的前处理、种子处理、育苗、田间管理、病虫害综合防治及采收等技术规程。本标准适用于全国无公害四棱豆生产。

2　规范性引用文件

下列文件中的条款通过本标准的引用而成为本标准的条款。凡是注日期的引用文件,其随后所有的修改单(不包括勘误的内容)或修订版均不适用于本标准,然而,鼓励根据本标准达成协议的各方研究是否可使用这些文件和最新版本。凡是不注日期的引用文件,其最新版本适用于本标准。

GB 4285　农药安全使用标准

GB 5084　农田灌溉水质标准

GB/T 8321(所有部分)　农药合理使用准则

NY 5010　无公害食品　蔬菜产地环境条件

3　术语和定义

下列术语和定义适用于本标准。

3.1

硬豆　hard seeds

指四棱豆种子中一些种皮较厚、质地坚硬、吸水较慢、发芽困难的种子。

4　产地环境

产地环境条件应符合 NY 5010 中的有关规定。

5　生产技术

5.1　保护设施

四棱豆生产上采用的保护设施和材料包括:加温温室、日光温室、塑料棚、温床和保温覆盖材料等。

5.2　栽培形式及播种期

5.2.1　露地栽培

当露地 5 cm 地温≥15℃以上,平均气温≥18℃可播种。

5.2.2　保护地栽培

加温温室、日光温室生产可周年播种。

5.3　品种(品系)选择

选择优质、早熟、符合当地市场消费习惯的品种(品系)。

5.4　精选种子

选择籽粒饱满、有光泽、无病虫害和无机械损伤的种子作为生产用种。

种子质量标准为:纯度≥95%,净度≥98%,发芽率≥75%,水分≤12%。以当年新生产的种子为佳。

5.5 种子处理

5.5.1 晒种

选择晴天晒种 2 d～3 d。

5.5.2 种子消毒

以 55℃热水浸泡种子 15 min，并不断搅拌使受热均匀，杀死种子表面所带病菌。

5.5.3 浸种

用 30℃左右的温水浸种 10 h～12 h，挑选出已完全吸胀的种子进行催芽或播种，将部分吸胀的种子冲洗后继续浸种，每 7 h～8 h 换水一次，经 24 小时可全部吸胀。挑出不吸水的硬豆另行处理(具体见 5.5.4)。

5.5.4 硬豆机械擦皮处理

将硬豆放入粗砂中摇动 15 min～20 min，使种皮破损后再进行浸种，以提高发芽率。

5.6 催芽

将浸种后的种子在 25℃～30℃条件下催芽，催芽过程中每天用清水冲洗种子 2 次～3 次，当种子胚根长 3 mm～5 mm 播种。

5.7 育苗

四棱豆一般采用直播，北方地区为提早上市可采用育苗移栽。

5.7.1 育苗设施

选用温室、塑料棚、温床等育苗设施，育苗前应对育苗设施进行消毒处理。

5.7.2 营养土配制

5.7.2.1 营养土要求

营养土要求养分全面、土壤疏松肥沃、无病虫害、保肥保水性能良好。配制好的营养土适用于营养钵和苗床育苗用土。

5.7.2.2 营养土配方

选取前茬非豆科作物的肥沃表土、炉灰渣(或腐熟马粪、或火烧土、或草炭土)、腐熟农家肥各 1/3，过筛混匀。不宜使用未腐熟的农家肥。

5.7.2.3 苗床土消毒

每平方米播种床用福尔马林 30 mL～50 mL，加水 3 L，喷洒床土，用塑料薄膜闷盖 3 d 后揭膜，待气体散尽后播种；或用 50％多菌灵可湿性粉剂 8 g～10 g 和 50％福美双可湿性粉剂等量混合剂，与15 kg～30 kg 细土混合均匀撒在床面消毒。

5.7.3 播种方式

点播，营养钵直径应≥6 cm，每营养钵播催芽种子 1 粒～2 粒，覆土 1.5 cm～2.0 cm。

5.7.4 苗期管理

5.7.4.1 温度管理

苗期各阶段温度管理指标见表 1。

表 1 四棱豆育苗苗期温度管理指标

阶 段	白天适宜温度℃	夜间适宜温度℃	最低夜温℃
播种至出土	26～30	16～20	16
出土后	20～28	15～18	15
定植前 4 d～5 d	20～23	12～15	12

5.7.4.2 肥水管理

移栽前 7 d～8 d 施尿素一次，每 667 m^2 施肥量为 15 kg，浇水送肥促发新根。

5.7.4.3 炼苗

定植前 5 d～6 d 适当通风降温，控水炼苗。

5.7.5 壮苗标准

幼苗子叶完好，真叶 3 片～4 片，叶色浓绿，苗龄 25 d～30 d，无病虫害。

5.8 栽培技术

5.8.1 定植(播种)前的准备

5.8.1.1 土地选择

选择有水源、地势较为平坦、土壤疏松的土地；忌选地势低洼、土壤黏重的地块。

5.8.1.2 整地施肥

种植地块经深耕耙耱整平，达到平、松、细的标准，每 667 m^2 施腐熟农家肥 2 000 kg～3 000 kg，配合施用过磷酸钙 50 kg，硫酸钾 30 kg，整地作畦。

5.8.2 种植密度

北方地区行株距一般早熟品种为 0.6 m×0.4 m～0.5 m，晚熟品种为 0.8 m×0.5 m～0.6 m；南方地区行株距一般为 0.8 m～1.0 m×0.6 m～0.8 m。

5.8.3 田间管理

5.8.3.1 查苗、补苗

直播后 8 d～12 d 进行查苗补苗，发现缺苗、弱苗的要及时补种(植)，保证全苗、壮苗。

5.8.3.2 中耕除草、培土

苗期中耕除草 2 次～3 次，中耕宜浅不宜深，结合中耕进行培土。

5.8.3.3 搭架引蔓和修蔓

5.8.3.3.1 搭架：植株 15 cm 时需及时搭架引蔓。架形有三角架、平棚架和人字架等，架高≥1.5 m。搭架材料以坚固材料为主，如用大麻竹、小竹、树枝等。

5.8.3.3.2 引蔓：植株伸蔓后，在晴天下午进行人工引蔓上架，要求小心操作，避免折断蔓茎。

5.8.3.3.3 修蔓：将距离地面 50 cm 以下的侧蔓及过密衰老的枝叶及时剪除掉，保留 50 cm 以上的壮蔓。

5.8.3.4 肥水管理

5.8.3.4.1 施肥：施肥原则，前期以氮肥、磷肥为主，后期氮肥、钾肥为主。苗期至初花期，每 667 m^2 施用速效氮 2.5 kg～5 kg；初花期后，每 667 m^2 施速效氮 3.5 kg，氧化钾磷 3.5 kg。结果期每采收 2 次～3 次后，每 667 m^2 可施氮磷钾三元复合肥(15∶15∶15)20 kg 或其他速效肥料。

5.8.3.4.2 水分管理：育苗移栽时需灌足定根水。苗期浇水以淋水为主，防止水分过多引起徒长。豆蔓上架后进行沟灌，保证水分均匀供应。结荚期应及时灌水，保持土壤湿润。雨季要及时排除田间积水，防止渍水烂根。灌溉用水水质应符合 GB 5084 农田灌溉水质标准要求。

5.8.3.5 保花保果

开花结荚期，应及时进行根外追肥和适当喷施植物生长调节剂保花保荚。每 667 m^2 可用磷酸二氢钾 0.1 kg 对水 54 kg 喷施叶面；也可选用叶面宝、喷施宝等药剂进行喷施，减少落花落荚，提高产量。

6 病虫害防治

6.1 主要病虫害

6.1.1 虫害

蚜虫、豆荚螟、红蜘蛛、白粉虱、茶黄螨、潜叶蝇等。

6.1.2 病害

锈病、病毒病、立枯病、细菌性疫病等。

6.2 防治方法

6.2.1 农业防治

实行与豆科作物3年以上的轮作，严格进行种子消毒，培育壮苗，合理施肥，氮磷钾配施，增施腐熟有机肥，及时排水防涝，摘除老叶、病叶和生长过旺叶片，改善田间通风条件，增强植株抗病能力。

6.2.2 物理防治

6.2.2.1 设置黄板诱杀蚜虫和潜叶蝇：在设施栽培条件下，按每667 m^2设置30块～40块的30 cm×20 cm黄色黏胶或黄板涂机油，挂于行间进行诱杀。

6.2.2.2 利用糖醋液诱杀鳞翅目成虫。

6.2.2.3 银灰膜避蚜：在田间铺银灰色地膜或张挂银灰膜膜条避蚜。

6.2.2.4 杀虫灯诱杀：利用黑光灯、高压汞灯、频振杀虫灯等诱杀害虫。

6.2.3 生物农药防治

提倡采用农抗120、Bt乳剂、印楝素、苦参碱、农用链霉素、新植霉素、浏阳霉素等农药防治。

6.2.4 化学药剂防治

6.2.4.1 使用化学农药时，应执行GB 4285和GB/T 8321（所有部分）相关标准。

6.2.4.2 针对相应的病虫害，对症下药（详见附录A）。应交替使用不同作用机理的农药，严格遵守农药安全间隔期原则，禁止使用剧毒、高毒农药。

7 采收

一般在开花后13 d～15 d（南方地区10 d～12 d），豆荚长宽定型、尚未鼓粒、嫩荚革质膜未出现，尚未木质化时采收。

附　录　A
（资料性附录）
四棱豆主要病虫害防治

病虫害名称	防治时期	防治推荐农药
蚜虫	苗期至开花坐果期	溴氰菊酯、抗蚜威、氰戊菊酯、吡虫啉等
白粉虱	苗期至开花坐果期	噻嗪酮、氯氟氰菊酯、甲氰菊酯等
潜叶蝇	苗期至开花坐果期	毒死蜱、阿维菌素、毒死蜱＋氯氰菊酯（农地乐）等
红蜘蛛	苗期至开花坐果期	炔螨特等
豆荚螟	开花坐果期	杀螟杆菌、氟啶脲、Bt 等
病毒病	苗期至坐果期	病毒 A、植病灵（甲基硫菌灵＋代森锰锌）等
锈病	开花坐果期	三唑铜、萎锈灵等
立枯病	幼苗期	多菌灵、甲基立枯磷等

ICS 67.080.10
B 31

中华人民共和国农业行业标准

NY 5255—2004

无公害食品　火龙果

2004-01-07 发布　　2004-03-01 实施

中华人民共和国农业部　发布

前　　言

本标准由中华人民共和国农业部提出。

本标准起草单位:农业部食品质量监督检验测试中心(湛江)。

本标准主要起草人:黄和、叶英、程雪梅、罗昭政。

无公害食品　火龙果

1　范围

本标准规定了无公害食品鲜火龙果(*Hylocereus undatus* Brit & Rose)的要求、试验方法、检验规则和标识。

本标准适用于无公害食品鲜火龙果。

2　规范性引用文件

下列文件中的条款通过本标准的引用而成为本标准的条款。凡是注日期的引用文件,其随后所有的修改单(不包括勘误的内容)或修订版均不适用于本标准,然而,鼓励根据本标准达成协议的各方研究是否可使用这些文件的最新版本。凡是不注日期的引用文件,其最新版本适用于本标准。

GB/T 5009.12　食品中铅的测定

GB/T 5009.15　食品中镉的测定

GB/T 5009.20　食品中有机磷农药残留量的测定

GB/T 5009.145　植物性食品中有机磷和氨基甲酸酯类农药多种残留的测定

GB/T 5009.146　植物性食品中有机氯和拟除虫菊酯类农药多种残留的测定

GB/T 5009.188　蔬菜、水果中甲基托布津、多菌灵的测定

GB 7718　食品标签通用标准

GB/T 8855　新鲜水果和蔬菜的取样方法

3　要求

3.1　感官

果皮光滑、着色均匀、有光泽、无机械伤、无腐烂、无异味、无病虫害。

3.2　安全指标

安全指标应符合表1规定。

表1　无公害食品火龙果安全指标　　单位为毫克每千克

序　号	项　目	指　标
1	铅(以Pb计)	≤0.2
2	镉(以Cd计)	≤0.03
3	敌敌畏(dichlorvos)	≤0.2
4	敌百虫(trichlorphon)	≤0.1
5	氯氟氰菊酯(cyhalothrin)	≤0.2
6	多菌灵(carbendazim)	≤0.5
注:根据《中华人民共和国农药管理条例》,剧毒和高毒农药不得在水果生产中使用,其他农药参照国家有关农药残留限量标准。		

4　试验方法

4.1　感官

4.1.1 将样品置于自然光下,用目测法检测果皮着色和光泽、机械伤、腐烂和病虫害等。

4.1.2 用鼻嗅或口尝法检测异味。

4.2 安全指标

4.2.1 铅的测定

按 GB/T 5009.12 的规定执行。

4.2.2 镉的测定

按 GB/T 5009.15 的规定执行。

4.2.3 敌敌畏的测定

按 GB/T 5009.20 的规定执行。

4.2.4 敌百虫的测定

按 GB/T 5009.145 的规定执行。

4.2.5 氯氟氰菊酯的测定

按 GB/T 5009.146 的规定执行。

4.2.6 多菌灵的测定

按 GB/T 5009.188 的规定执行。

5 检验规则

5.1 组批

同一产地同品种同时采收的火龙果作为一个检验批次。

5.2 抽样方法

按 GB/T 8855 的规定执行。

5.3 检验分类

5.3.1 型式检验

型式检验是对产品进行全面考核,即对本标准规定的全部要求(指标)进行检验。有下列情形之一者应进行型式检验:

a) 申请无公害农产品标志;

b) 前后两次抽样检验结果差异较大;

c) 因人为或自然因素使生产环境发生较大变化;

d) 有关行政主管部门提出型式检验要求。

5.3.2 交收检验

每批次产品交收前,生产单位都应进行交收检验,交收检验内容包括标签、标志和感官要求。卫生指标由交易双方根据合同选测,检验合格方可交收。

5.4 判定规则

5.4.1 每批受检样品抽样检验时,对感官有缺陷的样品做记录,不合格百分率按有缺陷果的质量计算。每批受检样品的平均不合格率不应超过5%。

5.4.2 安全指标有一项不合格,该批次产品判为不合格。

6 标识

产品标签应符合 GB 7718 的规定,包装箱上应有无公害农产品专用标识。

ICS 65.020.20
B 31

中华人民共和国农业行业标准

NY/T 5256—2004

无公害食品　火龙果生产技术规程

2004-01-07 发布　　2004-03-01 实施

中华人民共和国农业部　发布

前　言

本标准由中华人民共和国农业部提出。

本标准起草单位：中国热带农业科学院热带品种资源研究所、农业部食品质量监督检验测试中心（湛江）。

本标准主要起草人：陈业渊、贺军虎、邓穗生、魏守兴、黄和、高爱平、李松刚、彭家成、郑玉、李琼、程雪梅。

无公害食品 火龙果生产技术规程

1 范围

本标准规定了无公害食品火龙果生产的园地选择、园地规划、栽植、土壤管理、水分管理、整形修剪、施肥管理、花果管理、病虫害综合防治和采收等技术要求。

本标准适用于全国无公害火龙果的生产。

2 规范性引用文件

下列文件中的条款通过在本标准中的引用而成为本标准的条款。凡是注明日期的引用文件，其随后所有的修改单(不包括勘误的内容)或修订版均不适用于本标准。然而，鼓励根据本标准达成协议的各方研究是否可使用这些文件的最新版本。凡是不注明日期的引用文件，其最新版本适用于本标准。

GB 4284 农用污泥中污染物控制标准

GB 4285 农药安全使用标准

GB 8172 城镇垃圾农用控制标准

GB/T 8321(所有部分) 农药合理使用准则

NY/T 227 微生物肥料

NY/T 394 肥料合理使用准则 通则

NY 5023 无公害食品 热带水果产地环境条件

NY 5255 无公害食品 火龙果

3 园地选择

选择年均温在22℃～25℃，平均最低温度不低于5℃，光照充足、交通方便、周边无污染源的地区建园；园地土壤pH在5.5～7.5之间，且透气性良好，有机质丰富；园地地势平缓，坡度小于20°。

园地环境质量应符合NY 5023 的规定。

4 园地规划

根据当地的自然条件和生产条件，因地制宜地进行道路系统、栽植小区、排灌系统、水土保持工程等规划；一般生产用地占土地总面积80%～85%，水源林、防护林用地占5%～10%，道路用地占4%，居民点、采后商品处理用地及其他用地共占4%左右。

4.1 道路系统和作业区

道路主干道宽为6 m～7 m，干道宽4 m～6 m，作业道1 m～3 m；作业区依道路系统而规划，区内环境条件相对一致；山地建园以1 hm^2～2 hm^2 为一个作业区，平地建园以2 hm^2～4 hm^2 为一个作业区，作业区设计以长方形为宜。

4.2 排灌系统

火龙果耐旱不耐涝，对排水系统要求严格。一般建园多采用明沟排水，即行间浅沟，排水沟深度为0.3 m～0.4 m，周围深沟，排水沟深度为0.5 m～0.8 m，也可采用暗沟排水或明暗结合的方法；灌溉系统多采用沟渠灌溉，也可以用喷灌、滴灌等方法灌溉。

4.3 修筑梯田

坡度在6°～20°的坡地，应修筑梯田。梯面宽1.5 m，山顶必须保留或种植水源林。

4.4 品种规划

火龙果栽培类型有红皮白肉型和红皮红肉型，选用红皮红肉型的火龙果品种建园时，应该配置授粉品种，授粉品种与主栽品种的比例为1∶8。

5 栽植

5.1 园地准备

5.1.1 整地

清园后，园地机耕两犁两耙，犁地深度30 cm以上，用人工除净杂草。

5.1.2 定标　立柱

按水泥柱行间距为2.5 m～3 m，柱间距2.0 m～3.0 m定标，水泥柱规格为2.1 m～2.5 m×0.1 m×0.1 m，入土0.5 m。

5.2 支柱类型

生产上常用单柱式栽培法。单柱式栽培法是在水泥柱顶端设置盘架，使茎蔓依附于盘架的方式栽培；也可用棚架式栽培法、篱笆式栽培法。

5.3 种苗选择

要求品种纯正，茎肉肥厚，苗高30 cm以上，根系完整、发达，无病虫害。

5.4 栽植密度

4 000株/hm^2～8 000株/hm^2，即在每条水泥柱两边各种2株～4株火龙果苗。

5.5 栽植季节

一般在3月～11月。

5.6 栽植方法

定植时应浅种，定植深度为5 cm～7.5 cm，定植后覆盖薄土，淋透定根水。

5.7 栽后保苗

苗木高如超过30 cm时，应将苗茎绑缚在水泥柱上，3 d～5 d浇水一次，成活后，视需要调整浇水次数，待新芽抽出后3 d～7 d，可施一次水肥。

6 土壤管理

6.1 除草

新植园地，清除杂草，也可以间种短期作物；对种植行间及畦面杂草应人工拔除，可在果园套种花生、大豆、绿肥等。

6.2 培土

雨后应进行培土，覆盖裸露根系，新植园在冬季应培土护苗。

7 水分管理

遇干旱时应进行灌溉，雨季应及时排水；灌溉用水质量应符合NY 5023的规定。

8 整形修剪

8.1 幼树的整形与修剪

植株沿水泥柱攀缘生长，此时，只保留一个主茎，当植株长到超过水泥柱高时截顶，让其分生成三个以上的自然下垂枝，并培育结果枝。

8.2 结果树的整形修剪

每个植株可以安排2/3的分枝作为结果枝，其他1/3的分枝可抹除花蕾或花，缩小分枝的生长角度，促进营养生长，将其培养为强壮的后备结果茎蔓；每年产季结束后，剪去产果后衰老茎蔓及垂地遮荫的茎蔓,促发新茎生长。

9 施肥管理

提倡平衡施肥和配方施肥,选用肥料以有机肥为主,配合施用化肥和微生物肥,以保证不对环境和产品造成污染为原则。

9.1 允许使用的肥料种类

9.1.1 按 NY/T 394 中所规定的农家肥和商品肥料种类和处理方法执行。

9.1.2 按 NY/T 227 规定的微生物肥料种类和使用要求执行。

9.1.3 农家肥应堆放,经大于 50℃发酵 7 d 以上,充分腐熟后才能使用;沼气肥需经密封贮存 30 d 以上才使用。

9.1.4 城市生活垃圾、污泥,必须经过无害化处理后,达到 GB 8172 和 GB 4284 规定的标准后才可使用。

9.2 施肥方法及时期

9.2.1 基肥

在种植前 1 月～2 月,在水泥柱两面或四面挖浅穴、施肥。施入腐熟有机肥,推荐用量为猪、牛栏肥或土杂肥 30 000 kg/hm^2～45 000 kg/hm^2＋花生饼或菜籽饼 750 kg/hm^2＋过磷酸钙或钙镁磷肥 225 kg/hm^2,混合,经 50℃发酵 7 d 以上,腐熟后使用,并与种植穴的表土拌匀后回穴。

9.2.2 土壤追肥

攻梢肥,每柱施混合的有机肥 10 kg,促进植株的营养生长;攻花肥,每柱施有机肥 10 kg,复合肥 0.2 kg,促进花蕾的发育;壮花壮果肥,每柱施混合的有机肥 10 kg,复合肥 0.3 kg,促进花、果增大;施促果肥和恢复树势肥,每柱施混合的有机肥 10 kg,复合肥 0.1 kg,促进果实膨大,提高品质,恢复树势。

9.2.3 叶面追肥

花芽分化期、果实膨大期叶面追肥,喷施 0.3%的尿素或磷酸二氢钾溶液,每 15 d 一次,也可结合防治缺素症,加入镁、钙、钼等元素。

10 花果管理

10.1 人工授粉

火龙果自花授粉坐果率低,尤其是红皮红肉类型的自花不亲和,需要进行人工授粉。

10.2 疏花、疏果、套袋

疏花　在开花前 5 d～6 d,每节茎只留下 1～2 朵花。

疏果　在自然落果后,先剪除弱茎蔓及其果实,摘除病虫果、畸形果,以后,应对坐果偏多的枝蔓进行人工疏果,同一结果枝约 30 cm 留一果。

套袋　在果实发育约 25 d,果实开始转红、变软前套袋。套袋前 7 d～10 d,对果园喷施一次防治病虫的药剂,然后再套 0.02 mm～0.04 mm 厚、无色透明的聚乙烯塑料袋。

11 病虫害防治技术

11.1 主要病虫害种类

主要病害:霜霉病、叶斑病、线虫、炭疽病、软腐病、枯萎病等。

主要害虫:毛虫、果蝇、斜纹夜蛾、螟虫、金龟子、茶翅蝽、蛞蝓、蜗牛、蚧类、蟋蟀、蛴螬等。

11.2 防治原则

贯彻"预防为主,综合防治"的方针,提倡采用农业措施、生物防治和物理等方法防治,合理使用高效、低毒、低残留量化学农药,限制使用中等毒性农药,禁用高毒、高残留的化学农药。

11.3 防治方法

11.3.1 农业防治

选用健康种苗;加强田间管理,及时清除杂草;增施有机肥,提高植株的抗性;对更新园地进行深耕。

11.3.2 物理防治

使用诱虫灯,诱杀夜间活动的害虫;采用果实套袋技术,防止病虫危害果实;及时摘除病虫枝和病虫果。

11.3.3 生物防治

营造有利于天敌繁衍的生态环境;繁殖、释放和保护害虫天敌,如捕食性二星瓢虫、七星瓢虫等。

11.3.4 化学防治

禁用未经国家有关部门批准登记和许可生产的农药。农药的使用参照执行 GB 4285 和GB/T 8321(所有部分)中有关的农药使用准则和规定;选择不同类型、不同作用机理的农药交替使用;选择作用机制不同,混用后增效不增毒的药剂混合使用。根据病虫害的发生规律和不同农药的持效期,选择合适的农药种类、最佳防治时期、高效施药技术进行防治。同时了解农药毒性,使用选择性农药,减少对人、畜、天敌的毒害以及对产品和环境的污染。

推荐使用的化学农药,见表1。

表1 推荐使用的化学农药种类及方法

农药种类	毒　性	防治对象
松脂酸铜	低毒	叶斑病、枯萎病
氧氯化铜	低毒	叶斑病
甲基硫菌灵	低毒	炭疽病、叶斑病、霜霉病
百菌清	低毒	
多菌灵	低毒	
代森锰锌	低毒	软腐病
氢氧化铜(波尔多液)	低毒	叶斑病、霜霉病
敌百虫	低毒	金龟子、螟虫、斜纹夜蛾
敌敌畏	中毒	介壳虫、茶翅蝽

12 采收

12.1 果实由绿变红 5 d~7 d 后即可采收。采收后按大小分级,包装。

12.2 采收搬运过程中避免机械损伤、曝晒。

12.3 采收后及时清理果园。

ICS 67.080.10
B 31

中华人民共和国农业行业标准

NY 5257—2004

无公害食品　红毛丹

2004-01-07 发布　　2004-03-01 实施

中华人民共和国农业部 发布

前　言

本标准由中华人民共和国农业部提出。

本标准起草单位:农业部热带农产品质量监督检验测试中心。

本标准主要起草人:刘洪升、贺利民、谢德芳、何秀芬、王秀兰。

无公害食品　红毛丹

1　范围

本标准规定了无公害食品红毛丹鲜果的术语和定义、要求、试验方法、检验规则、标识。

本标准适用于红色果类和黄色果类的无公害食品红毛丹鲜果的质量评定和贸易。

2　规范性引用文件

下列文件中的条款通过本标准的引用而成为本标准的条款。凡是注日期的引用文件，其随后所有的修改单(不包括勘误的内容)或修订版均不适用于本标准，然而，鼓励根据本标准达成协议的各方研究是否可使用这些文件的最新版本。凡是不注日期的引用文件，其最新版本适用于本标准。

GB/T 5009.12　食品中铅的测定

GB/T 5009.15　食品中镉的测定

GB/T 5009.20　食品中有机磷农药残留量的测定

GB/T 5009.110　植物性食品中氯氰菊酯、氰戊菊酯和溴氰菊酯残留量的测定

GB/T 5009.118　蔬菜、水果甲基托布津、多菌灵的测定

GB/T 5009.145　植物性食品中有机磷和氨基甲酸类农药多种残留的测定

GB/T 5009.146　植物性食品中有机氯和拟除虫菊酯类农药多种残留的测定

GB 7718　食品标签通用标准

GB/T 8855　新鲜水果和蔬菜的取样方法

3　术语和定义

下列术语和定义适用于本标准。

3.1

肉刺 soft-thorn

红毛丹果皮上面刺状柔毛。

4　要求

4.1　感官

果实新鲜；果实大小均匀；无缺陷，无病虫害，外观洁净；成熟度适当，肉刺较直、不变黑。红色果类成熟时呈红色，黄色果类呈黄色。果肉半透明，颜色呈乳白色；果味正常。

4.2　安全指标

安全指标应符合表1规定。

表1　无公害食品红毛丹卫生指标　　单位为毫克每千克

项　　目	指　　标
铅(以 Pb 计)	≤0.2
镉(以 Cd 计)	≤0.03
敌敌畏(dichlorvos)	≤0.2
乐果(dimethoate)	≤1

表 1（续）

项　目	指　标
氯氟氰菊酯(cyhalothrin)	≤0.2
氯氰菊酯(cypermethrin)	≤2
氰戊菊酯(fenvalerate)	≤0.2
多菌灵(carbendazim)	≤0.5
毒死蜱(chlorpyrifos)	≤1
注:《根据中华人民共和国农药管理条例》,剧毒与高毒农药不得在水果生产中使用。	

5　试验方法

5.1　感官

将样品置于自然光下,用目测法检测果的肉刺、果实及外物污染、病虫害等情况;果肉状况可将果皮剥去用刀切开看果肉颜色,用口尝果肉检查果味是否正常。将有果皮腐烂、病虫害等缺陷果的质量比例按式(1)计算百分率,结果保留整数。

$$X=\frac{m_1}{m_2}\times 100 \qquad (1)$$

式中:

X——有果实腐烂、病虫害等缺陷果的质量所占百分数,单位为百分率(%);

m_1——有果实腐烂、病虫害等缺陷果的质量,单位为千克(kg);

m_2——检验样品的质量,单位为千克(kg)。

5.2　安全指标

5.2.1　铅

按照 GB/T 5009.12 规定执行。

5.2.2　镉

按照 GB/T 5009.15 规定执行。

5.2.3　敌敌畏、乐果

按照 GB/T 5009.20 规定执行。

5.2.4　多菌灵

按照 GB/T 5009.118 规定执行。

5.2.5　氯氟氰菊酯

按照 GB/T 5009.146 规定执行。

5.2.6　氰戊菊酯　氯氰菊酯

按照 GB/T 5009.110 规定执行。

5.2.7　毒死蜱

按照 GB/T 5009.145 规定执行。

6　检验规则

6.1　组批

同品种、同产地、同期采收的红毛丹为一抽样批次。

6.2　抽样方法

按 GB/T 8855 规定执行。

6.3 检验分类

6.3.1 型式检验

型式检验是对产品进行全面考核，即对本标准规定的全部要求（指标）进行检验。有下列情形之一者应进行型式检验：

a） 申请无公害农产品标志或无公害农产品年度抽查检验；

b） 前后两次抽样检验结果差异较大；

c） 因人为或自然因素使生产环境发生较大变化；

d） 有关行政主管部门提出型式检验要求。

6.3.2 交收检验

每批产品交收前，生产单位都应进行交收检验。交收检验内容包括感官要求、包装、标志等要求。

6.4 判定规则

6.4.1 每批受检样品有果实腐烂、病虫害等缺陷果质量的不合格率不超过5%，否则判定该产品为不合格。

6.4.2 安全指标有一项不合格则该批产品判为不合格。

7 标识

产品的标签应符合 GB 7718 规定，并有无公害专用标志。

ICS 65.020.20
B 31

中华人民共和国农业行业标准

NY/T 5258—2004

无公害食品　红毛丹生产技术规程

2004-01-07 发布　　2004-03-01 实施

中华人民共和国农业部　发布

前　言

本标准由中华人民共和国农业部提出。

本标准起草单位:中国热带农业科学院热带作物品种资源研究所、农业部热带农产品质量监督检验测试中心。

本标准主要起草人:陈业渊、魏守兴、高爱平、吴莉宇、邓穗生、贺军虎、李松刚、郑玉、李琼。

无公害食品　红毛丹生产技术规程

1　范围

本标准规定了红毛丹(*Nephelium lappaceum* L.)生产的园地选择与规划、品种选择、种植、土壤管理、水肥管理、树体管理、花果管理、病虫害防治以及采收等管理技术要求。

本标准适用于全国范围内的无公害红毛丹的生产。

2　规范性引用文件

下列文件中的条款通过本标准的引用而成为本标准的条款。凡是注日期的引用文件,其随后所有的修改单(不包括勘误的内容)或修订版均不适用于本标准,然而,鼓励根据本标准达成协议的各方研究是否可使用这些文件的最新版本。凡是不注日期的引用文件,其最新版本适用于本标准。

GB 4284　农用污泥中污染物控制标准

GB 4285　农药安全使用标准

GB 5084　果树种苗质量标准

GB 8172　城镇垃圾农用控制标准

GB/T 8321　(所有部分)　农药合理使用准则

NY/T 227　微生物肥料

NY/T 394　绿色食品肥料使用准则

NY 5023　无公害食品　热带水果产地环境条件

NY 5257　无公害食品　红毛丹

3　园地选择与规划

3.1　园地选择

选择最冷月均温≥15℃,绝对最低温≥7℃,年降雨量≥1 200 mm,相对湿度≥80%的地区建园。园地要求:开阔向阳、避风、坡度≤20°的平地或缓坡地;土壤要求:土层深厚、有机质丰富、排水和通气良好、pH5.5～7.0的冲积土或壤土。园地环境质量必须符合NY 5023的规定。

3.2　园地规划

根据园地地形,分成若干小区。小区面积1 hm^2～1.5 hm^2。同一小区应种植同一类型、品种。每小区四周宜营造防护林带。根据园地规模、地形地势建立排灌系统、道路系统。丘陵山地沿等高线种植。

4　品种选择

选择适应当地气候土壤条件,优质、高产、抗性强、商品性好的品种,宜配植授粉树,比例为8～10∶1。

5　种植

5.1　种苗质量按GB 5084的要求执行。

5.2　种植时间

推荐采用春植、秋植。

5.3　种植密度

可采用株距 4 m～5 m、行距 6 m～7 m 的种植密度，平地和土壤肥力较好的园地宜疏植，坡度较大的园地可适当缩小行间距。

5.4 种植方法

5.4.1 种植穴准备

植穴面宽 80 cm，深 70 cm，底宽 60 cm，挖穴时将表土和底土分开，曝晒 15 d～20 d。回穴时混以绿肥、秸秆、腐熟的人畜粪尿、饼肥等有机肥及磷肥，每穴施有机肥 15 kg～20 kg，磷肥 0.5 kg。有机肥及磷肥置于植穴的中下层，表土覆盖于植穴的上层，并培成土丘。植穴及基肥应于种植前 1 个～2 个月准备完毕。

5.4.2 种植方法

将红毛丹苗置于穴中间，根茎结合部与地面平齐，扶正、填土、压实，再覆土，在树苗周围做成直径 0.8 m～1.0 m 的树盘，浇足定根水，稻草等覆盖。

6 土壤管理

6.1 间种、覆盖

在幼龄红毛丹园，可间种花生、绿豆、大豆等作物或者在果园长期种植无刺含羞草、柱花草作活覆盖。在树盘覆盖树叶、青草、绿肥等，每年 2 次～3 次。

6.2 中耕除草

结合间作物管理同时进行，每年 4 次～6 次。开花期、果实着色期不宜松土。

6.3 果园化学除草

红毛丹果园化学除草主要是针对恶性宿根杂草。允许使用的除草剂有：草甘膦、百草枯、二甲四氯。果实发育期禁止使用任何除草剂。禁用未经国家有关部门批准登记和许可生产的除草剂。

7 水肥管理

7.1 允许使用的肥料种类及质量

7.1.1 按 NY/T 394 所规定的农家肥、商品肥料及处理方法执行。

7.1.2 按 NY/T 227 规定的微生物肥料种类和使用要求执行。

7.1.3 农家肥应堆放，经过 50℃以上高温发酵 7d 以上，沼气肥需经密封储存 30d 以上。

7.1.4 城市生活垃圾、污泥，按 GB 8172 和 GB 4284 规定执行。

7.2 施肥方法和数量

7.2.1 基肥施用

从种植后第一年开始，在 6 月～9 月，结合果园中耕除草作业，在树冠滴水线内侧对称挖 2 条施肥沟扩穴改土，规格长 80 cm×宽 40 cm×深 80 cm，压绿肥或杂草 40 kg～50 kg，或土杂肥 20 kg～30 kg。

7.2.2 幼龄树施肥

当植株抽生第二次新梢时开始施肥。全年施肥 3 次～5 次，以氮肥为主，适当混施磷肥、钾肥。施肥位置：第一年距离树基约 15 cm 处，第二年以后在树冠滴水线处。前 3 年施用氮、磷、钾三元复合肥(15 - 15 - 15)或相当的复合肥，第四年开始投产，改施硫酸镁三元复合肥(2 - 12 - 12 - 17)或相当的复合肥。一到四龄树推荐施肥量分别为 0.5 kg/年・株，1.0 kg/年・株，1.5 kg/年・株，2.0 kg/年・株。

7.2.3 结果树施肥

促花肥：在 11 月至次年 3 月中旬开花前施用，推荐施肥量为沤水肥或人畜粪水 15 kg＋三元复合肥 0.2 kg/株，溶解拌匀，沿树冠滴水线四周挖沟淋施，随后覆土。

壮果肥：氮肥、钾肥为主，开花后至第二次生理落果前施用，推荐施肥量为 0.3%磷酸二氢钾

＋0.5％尿素，叶面喷施2次～3次，于晴天16:00后至傍晚进行。

采果肥：早熟品种、长势旺盛或结果少的树在采果后1～2周施用，反之在采果前一个月施用。6～8月结合深沟压青进行，推荐施肥量为农家肥或垃圾肥25 kg～40 kg＋氮、磷、钾三元复合肥(15-15-15) 0.5 kg/株。

7.3 水分管理

干旱期、花果期及时灌水；雨季前修排水沟，以利排水。灌溉水质量符合NY 5023规定。

8 树体管理

8.1 修剪

幼龄树苗高1 m～1.5 m时摘顶，以促生侧枝，在离地50 cm以上，选留3～4条分布均匀、生长健壮的分枝作主枝，主枝长到30 cm～50 cm时摘顶，并分期逐次培养各级分枝，使形成一个枝序分布均匀合理、通风透光良好的矮化半球形树冠。结果树采收后清园，并剪去花序残枝、枯枝、徒长枝、重叠枝、病虫枝及所有不利于生长发育的枝条。

8.2 风后处理

斜倒植株，及时排除渍水，清理洞穴杂物，剪去断根后，用新干土填实洞穴，根圈培土，适当整修树冠。遇旱淋水，施1次～2次速效氮肥。

9 花果管理

9.1 促花

叶面喷施40％乙烯利300 mg/L或萘乙酸钠液15 mg/L～20 mg/L，促进开花，根据温度条件调整溶液浓度和喷施次数。

9.2 疏花

一般在花穗抽生10 cm～15 cm，花蕾未开放时进行。疏折花穗数量应视树的长势、树龄、品种、花穗数，施肥和管理不同而定。

9.3 授粉

适当配植授粉树、盛花期采用放蜂、人工辅助授粉、雨后摇花、高温干燥天气果园喷水、灌水等措施，创造良好授粉条件。

9.4 保花保果

推荐施用赤霉素50 mg/L～70 mg/L，叶面和果穗喷施，谢花后喷施第一次，20 d后喷施第二次，以保果壮果。

10 病虫害防治

10.1 防治原则

以“预防为主、综合防治”为原则，提倡采用农业防治、生物防治、物理防治等方法，合理使用高效、低毒、低残留化学农药，禁用高毒、高残留化学农药。

10.2 防治方法

10.2.1 农业防治

10.2.1.1 实行小区单一品种栽培，尽量控制小区栽种品种梢期和成熟期一致。

10.2.1.2 综合运用防护林带和天敌寄主植物，营造利于天敌繁衍的生态环境。

10.2.1.3 避免与交互寄主植物(荔枝、可可、咖啡等)间作或混作。

10.2.1.4 平衡施肥和科学灌水，提高作物抗性。

10.2.1.5 及时修剪、摇花，并搞好园地清洁卫生。

10.2.2 **生物防治**

10.2.2.1 人工释放平腹小蜂防治椿象，助迁捕食性瓢虫控制蚧类等。

10.2.2.2 保留或种植藿香蓟等杂草，营造适合天敌生存的果园生态环境。使用对天敌低毒或无毒的防治药剂，选择对天敌影响小的施药方法和时间。推荐使用阿维菌素、苏云金杆菌、链霉素等生物源农药。

10.2.3 **物理防治**

采用诱虫灯等诱杀害虫；利用金龟子的假死性，通过摇树进行人工捕杀。

10.2.4 **化学防治**

10.2.4.1 参照执行 GB 4285 和 GB/T 8321(所有部分)中有关的农药使用准则和规定。

10.2.4.2 禁用未经国家有关部门批准登记和许可生产的农药。

10.2.4.3 选择不同类型、不同作用机理的农药交替使用；选择作用机制不同，混用后增效不增毒的药剂混合使用。

10.2.4.4 根据病虫害的发生规律和不同农药的持效期，选择合适的农药种类、最佳防治时期、高效施药技术进行防治，减少对人、畜、天敌的毒害以及对产品和环境的污染。

10.2.4.5 **防治示例**

防治对象	盛发期	危害部位	使用药剂	防治方法
天杜蛾、蒂蛀虫、卷叶蛾等蛾类	3～4月，8～9月	嫩叶	敌百虫、溴氰菊酯、敌敌畏、氯氟氰菊酯、氰戊菊酯	幼虫孵化至三龄前，在叶片的正面和背面，全树喷施，间隔5～7 d喷一次，连续喷2～3次
蚜虫	旱季	嫩梢	乐果、敌敌畏、氯氰菊酯	在叶片的正面和背面，全树喷施，间隔5～7 d喷一次，连续喷2～3次
吹绵蚧	12月至次年3月	新梢和叶片	乐果、吡虫啉	幼蚧孵化高峰期，在叶片的正面和背面，全树喷施，间隔5～7 d喷一次，连续喷2～3次
椿象	果实膨大期、成熟期	果实	敌百虫、吡虫啉、氯氰菊酯	于越冬后开始交尾而未产卵和卵孵化高峰期防治，成虫羽化期进行人工捕杀，成虫卵期释放平腹小蜂
金龟子、28星瓢虫		嫩叶	敌百虫	成虫盛发期傍晚喷雾，摇树进行人工捕杀
天牛	果实成熟期	树体	敌敌畏	用棉花蘸上农药堵塞虫孔，成虫羽化季节人工捕杀
黑果病	坐果期、果实膨大期、成熟期	果实	甲基硫菌灵、多菌灵	防治吹绵蚧
炭疽病	坐果期、果实膨大期、成熟期	果实	氢氧化铜(波尔多液)、甲基硫菌灵、百菌清	结合冬季清园喷施，雨季前喷施
霜霉病	坐果期、果实膨大期、成熟期	果实	氢氧化铜(波尔多液)、甲霜灵、甲霜灵·锰锌	在发病初期喷施，间隔5～7 d喷一次，连续喷2～3次
藻斑病、叶枯病		叶片	氢氧化铜(波尔多液)、百菌清、甲基硫菌灵	在发病初期喷施，间隔5～7 d喷一次，连续喷2～3次，清除病叶集中烧毁

11 采收

一串果穗中有个别果变红(红果品种)或变黄(黄果品种)时,可全穗采取,树上大部分果穗有果变红(红果品种)或变黄(黄果品种)时可全株采收。一般于早晨或傍晚用收果剪或用锐利收果叉(钩)在花序与结果母枝交界处剪下果穗(单果带果柄),小心放入果筐内,并置于阴凉处。采果时防止损伤枝梢,影响次年结果。

采收后即时处理,依据品种、成熟度、果实大小进行分级,剔除病虫果、损伤果和畸形果,分级包装出售。

ICS 67.120.20
X 18

中华人民共和国农业行业标准

NY 5259—2004

无公害食品　鲜鸭蛋

2004-01-07 发布　　2004-03-01 实施

中华人民共和国农业部　发布

前　言

本标准由中华人民共和国农业部提出。

本标准起草单位:中国畜产品加工研究会、南京农业大学、湖南农业大学。

本标准主要起草人:徐幸莲、黄明、周光宏、马汉军、马美湖、彭增起、黄群。

无公害食品　鲜鸭蛋

1　范围

本标准规定了无公害鲜鸭蛋的定义、技术要求、检验方法、标志、包装、运输和贮存。

本标准适用于鲜鸭蛋及冷藏鲜鸭蛋的质量安全评定。

2　规范性引用文件

下列文件中的条款通过在本标准中引用而成为本标准的条款。凡是注明日期的引用文件，其随后所有的修改单(不包括勘误的内容)或修订版均不适用于本标准，然而，鼓励根据本标准达成协议的各方研究是否可以使用这些文件的最新版本。凡是不注明日期的引用文件，其最新版本适用于本标准。

GB 2748　蛋卫生标准

GB 4789.2　食品卫生微生物学检验　菌落总数测定

GB 4789.3　食品卫生微生物学检验　大肠菌群测定

GB 4789.4　食品卫生微生物学检验　沙门氏菌检验

GB 4789.5　食品卫生微生物学检验　志贺氏菌检验

GB 4789.10　食品卫生微生物学检验　金黄色葡萄球菌检验

GB 4789.11　食品卫生微生物学检验　溶血性链球菌检验

GB/T 5009.11　食品中总砷的测定方法

GB/T 5009.12　食品中铅的测定方法

GB/T 5009.15　食品中镉的测定方法

GB/T 5009.17　食品中总汞的测定方法

GB/T 5009.47　蛋与蛋制品卫生标准的分析方法

GB/T 5009.116　畜禽肉中土霉素、四环素、金霉素残留量的测定方法(高效液相色谱法)

GB/T 5009.162　动物性食品中有机氯农药和拟除虫菊酯农药多残留组份分析方法

GB 6543　瓦楞纸箱

GB 7718　食品标签通用标准

GB 8674　鲜蛋储运包装　塑料包装件的运输、储存、管理

GB 9687　食品包装用聚乙烯成型品卫生标准

GB 9693　食品包装用聚丙烯树脂卫生标准

GB/T 14962　食品中铬的测定方法

GB/T 18407.3　农产品安全质量　无公害畜禽肉产地环境要求

NY 5029　无公害食品　猪肉

NY 5039—2001　无公害食品　鸡蛋

NY/T 5261　无公害食品　蛋鸭饲养管理技术规范

3　术语和定义

下列术语和定义适用于本标准。

3.1

鲜鸭蛋　fresh duck egg

在符合无公害蛋产地环境评价要求的条件下生产的，其有毒有害物质含量在国家法律、法规及有关

强制标准规定的安全允许范围内，并符合本标准要求的鸭蛋。

3.2

冷藏鲜鸭蛋　refrigerated fresh duck egg

指经过－1℃～4℃冷藏的鲜鸭蛋。

4 技术要求

4.1 鸭蛋来自按 GB/T 18407.3 及 NY/T 5261 的要求组织生产的养鸭场(户)。

4.2 感官指标应符合 GB 2748 要求。

4.3 理化指标应符合表 1 的要求。

表 1 理化指标

项　目	指　标
汞(Hg),mg/kg	≤0.03
铅(Pb),mg/kg	≤0.1
砷(As),mg/kg	≤0.5
铬(Cr),mg/kg	≤1.0
镉(Cd),mg/kg	≤0.05
六六六(BHC),mg/kg	≤0.1
滴滴涕(DDT),mg/kg	≤0.1
金霉素(chlortetracycline),mg/kg	≤0.2
土霉素(oxytetracycline),mg/kg	≤0.2
磺胺类(以磺胺类总量计),mg/kg	≤0.1
呋喃唑酮,mg/kg	不得检出
四环素(tetracycline),mg/kg	≤0.1

4.4 微生物指标应符合表 2 的要求。

表 2 微生物指标

项　目	指　标
菌落总数,cfu/g	$\leq 5\times10^4$
大肠菌群,MPN/100 g	≤100
致病菌(沙门氏菌、志贺氏菌、葡萄球菌、溶血性链球菌)	不得检出

5 检验方法

5.1 感官检验

按 GB/T 5009.47 规定方法检验。

5.2 理化检验

5.2.1 汞

按 GB/T 5009.17 规定方法测定。

5.2.2 砷

按 GB/T 5009.11 规定方法测定。

5.2.3 铅

按 GB/T 5009.12 规定方法测定。

5.2.4 铬

按 GB/T 14962 规定方法测定。

5.2.5 镉

按 GB/T 5009.15 规定方法测定。

5.2.6 六六六、滴滴涕

按 GB/T 5009.162 规定方法测定。

5.2.7 土霉素、四环素、金霉素

按 GB/T 5009.116 规定方法测定。

5.2.8 磺胺类

按 NY 5029 规定方法测定。

5.2.9 呋喃唑酮

按 NY 5039—2001 附录 A 规定方法测定。

5.3 微生物检验

5.3.1 菌落总数

按 GB 4789.2 规定方法测定。

5.3.2 大肠菌群

按 GB 4789.3 规定方法测定。

5.3.3 致病菌

按 GB 4789.4、GB 4789.5、GB 4789.10、GB 4789.11 规定方法测定。

6 检验规则

6.1 检验批次

同一生产基地、同一品种、同一产蛋周期、同一包装日期的鲜鸭蛋作为一个检验批次。

6.2 抽样方法

按批次分别在货件不同部位随机抽样，抽样件数按式(1)计算。抽取每件总数的3%合并在一起进行检验。如果样品量过大，可随机抽样20枚再进行检验。

$$S = \sqrt{\frac{m}{4}} \quad \cdots\cdots (1)$$

式中：

S——为抽样件数；

m——同批货的总件数。

样品的检验结果适用于整个检验批次。

6.3 判定规则

检验结果符合本标准要求的则判定该批产品为合格品。检验结果中有任何一项不符合本标准的，即判该批产品为不合格品。

7 包装、标志、运输、贮存

7.1 包装

7.1.1 无公害鸭蛋包装用瓦楞纸箱应符合 GB 6543 的规定。

7.1.2 无公害鸭蛋包装用塑料包装件应符合 GB 8674、GB 9687、GB 9693 的规定。

7.2 标志

成品外包装应符合 GB 7718 的规定，并有无公害食品标志。

7.3 贮存

冷藏鲜鸭蛋贮存温度应为－1℃～4℃，相对湿度保持在 80％～90％。

7.4 运输

运输工具应清洁卫生，无异味，在运输搬运过程中应轻拿轻放，严防受潮、雨淋、曝晒和其他污染。

ICS 11.220
B 41

中华人民共和国农业行业标准

NY 5260—2004
代替 NY/T 5260—2004

无公害食品
蛋鸭饲养兽医防疫准则

2004-01-07 发布

2004-03-01 实施

中华人民共和国农业部 发布

前　言

本标准由中华人民共和国农业部提出。

本标准起草单位:农业部动物检疫所。

本标准主要起草人:曲志娜、张衍海、路平、刘爽、王玉东、生成选、郑增忍。

无公害食品　蛋鸭饲养兽医防疫准则

1　范围

本标准规定了生产无公害食品的蛋鸭饲养场在疫病预防、监测、控制和扑灭方面的兽医防疫准则。

本标准适用于生产无公害食品的蛋鸭饲养场的兽医防疫。

2　规范性引用文件

下列文件中的条款通过本标准的引用而成为本标准的条款。凡是注日期的引用文件，其随后所有的修改单（不包括勘误的内容）或修订版均不适用于本标准，然而，鼓励根据本标准达成协议的各方研究是否可使用这些文件的最新版本。凡是不注日期的引用文件，其最新版本适用于本标准。

GB 16548　畜禽病害肉尸及其产品无害化处理规程

GB/T 16569　畜禽产品消毒规范

NY/T 388　畜禽场环境质量标准

NY 5027　无公害食品　畜禽饮用水水质

NY/T 5261　无公害食品　蛋鸭饲养管理技术规范

中华人民共和国动物防疫法

中华人民共和国兽用生物制品质量标准

3　术语和定义

下列术语和定义适用于本标准。

3.1

动物疫病 animal epidemic diseases

动物的传染病和寄生虫病。

3.2

动物防疫 animal epidemic prevention

动物疫病的预防、控制、扑灭和动物、动物产品的检疫。

4　疫病预防

4.1　环境卫生条件

4.1.1　蛋鸭饲养场的环境卫生质量应符合 NY/T 388 的要求，污水、污物处理应符合国家环保要求。

4.1.2　蛋鸭饲养场的选址、建筑布局及设施设备应符合 NY/T 5261 的要求。

4.1.3　自繁自养的蛋鸭饲养场应严格执行种鸭场、孵化场和商品鸭场相对独立，防止疫病相互传播。

4.1.4　病害肉尸的无害化处理和消毒分别按 GB 16548 和 GB/T 16569 进行。

4.2　饲养管理

4.2.1　引进的蛋鸭应来自经畜牧兽医行政管理部门核准合格的种鸭场，并持有动物检疫合格证明。运输鸭只所用的车辆和器具必须彻底清洗消毒，并持有动物及动物产品运载工具消毒证明。引进鸭只后，应先隔离观察 7 d～14 d，确认健康后方可解除隔离。

4.2.2　蛋鸭的饲养管理、日常消毒措施、饲料及兽药、疫苗的使用应符合 NY/T 5261 的要求，并定期进行监督检查。

4.2.3 蛋鸭的饮用水应符合 NY 5027 的要求。

4.2.4 蛋鸭饲养场的工作人员应身体健康，并定期进行体检，在工作期间严格按照 NY/T 5261 的要求进行操作。

4.2.5 蛋鸭饲养场应谢绝参观。在特殊情况下，参观人员在消毒并穿戴洁净工作服后方可进入。

4.3 免疫接种

蛋鸭饲养场应根据《中华人民共和国动物防疫法》及其配套法规的要求，结合当地实际情况，有选择地进行疫病的预防接种工作。选用的疫苗应符合《中华人民共和国兽用生物制品质量标准》的要求，并注意选择科学的免疫程序和免疫方法。

5 疫病监测

5.1 蛋鸭饲养场应依照《中华人民共和国动物防疫法》及其配套法规的要求，结合当地实际情况，制定疫病监测方案并组织实施。监测结果应及时报告当地畜牧兽医行政管理部门。

5.2 蛋鸭饲养场常规监测的疫病至少应包括：高致病性禽流感、鸭瘟、鸭病毒性肝炎、禽衣原体病、禽结核病。除上述疫病外，还应根据当地实际情况，选择其他一些必要的疫病进行监测。

5.3 蛋鸭饲养场应配合当地动物防疫监督机构进行定期或不定期的疫病监督抽查。

6 疫病控制和扑灭

6.1 蛋鸭饲养场发生疫病或怀疑发生疫病时，应依据《中华人民共和国动物防疫法》，立即向当地畜牧兽医行政管理部门报告疫情。

6.2 确诊发生高致病性禽流感时，蛋鸭饲养场应积极配合当地畜牧兽医行政管理部门，对鸭群实施严格的隔离、扑杀措施。

6.3 发生鸭瘟、鸭病毒性肝炎、禽衣原体病、禽结核等疫病时，应对鸭群实施净化措施。

6.4 当发生 6.2、6.3 所述疫病时，全场进行清洗消毒，病死或淘汰鸭的尸体按 GB 16548 的要求进行无害化处理，消毒按 GB/T 16569 的规定进行，并且同群未发病蛋鸭生产的鸭蛋不得作为无公害食品销售。

7 记录

每群蛋鸭都应有相关的资料记录，其内容包括：蛋鸭品种及来源、生产性能、饲料来源及消耗情况、用药及免疫接种情况、日常消毒措施、发病情况、实验室检查及结果、死亡率及死亡原因、无害化处理情况等。所有记录应有相关负责人员签字并妥善保存 2 年以上。

ICS 65.020.30
B 43

中华人民共和国农业行业标准

NY/T 5261—2004

无公害食品
蛋鸭饲养管理技术规范

2004-01-07 发布　　2004-03-01 实施

中华人民共和国农业部 发布

前　言

本标准由中华人民共和国农业部提出。

本标准起草单位:浙江省农业科学院畜牧兽医研究所、浙江省象山县畜牧兽医技术推广中心、国家饲料质检中心、中国兽医药品监察所。

本标准主要起草人:卢立志、陈维虎、赵爱珍、陶争荣、沈军达、王得前、杨曙明、段文龙、俞照正、孙平丰、王德刚、徐坚。

无公害食品　蛋鸭饲养管理技术规范

1　范围

本标准规定了生产无公害鸭蛋过程中的环境与设施、引种、饲养管理、防疫、兽医使用、卫生消毒、鸭蛋包装运输、鸭场废弃物处理、生产记录等环节的控制。

本标准适用于无公害蛋鸭饲养场的饲养管理。

2　规范性引用文件

下列文件中的条款通过本标准的引用而成为本标准的条款。凡是注日期的引用文件，其随后所有的修改单(不包括勘误的内容)或修订版均不适用于本标准，然而，鼓励根据本标准达成协议的各方研究是否可使用这些文件的最新版本。凡是不注日期的引用文件，其最新版本适用于本标准。

GB 2748　蛋卫生标准

GB 7959　粪便无害化卫生标准

GB 8978　污水综合排放标准

GB 13078　饲料卫生标准

GB 14554　恶臭污染物排放标准

GB 16548　畜禽病害肉尸及其产品无害化处理规程

GB 16549　畜禽产地检疫规范

GB 16567　种畜禽调运检疫技术规范

NY/T 388　畜禽场环境质量标准

NY 5027　无公害食品　畜禽饮用水水质

NY 5040　无公害食品　蛋鸡饲养兽药使用准则

NY 5260　无公害食品　蛋鸭饲养兽医防疫准则

NY 5259　无公害食品　鲜鸭蛋

允许使用的饲料添加剂品种目录(中华人民共和国农业部公告第105号，1999年7月26日发布)

中华人民共和国动物防疫法(中华人民共和国第87号主席令发布，1998年1月1日起施行)

3　术语和定义

下列术语和定义适用于本标准。

3.1

蛋鸭　egg-laying duck

人工养殖用于生产供人类食用蛋的鸭。

3.2

雏鸭　chick duck

从孵化出雏到4周龄的蛋鸭。

3.3

饲料添加剂　feed additive

在饲料加工、制作、使用过程中添加的少量或者微量物质，包括营养性饲料添加剂和一般饲料添加剂。

3.4

应激 stress

不良的内外环境因素对动物的正常生理机能产生干扰，并引起生理上或行为上的适应性反应。

3.5

着色剂 pigmenter

在饲料中添加某种成分，能增加动物皮肤或蛋黄的色泽，这种成分称为着色剂。

3.6

鸭场废弃物 duck farm waste

包括鸭粪(尿)、死鸭和孵化场废弃物(蛋壳、死胚)。

4 环境与设施

4.1 鸭场环境

4.1.1 鸭场周围环境、空气质量

鸭场周围环境、空气质量应符合 NY/T 388 的规定。

4.1.2 选址

鸭场周围 3 km 应无工业“三废”污染或其他畜禽场等污染源。鸭场距离公路、村庄、学校 1 km 以上，不得建在饮用水水源、食品厂上游。

4.1.3 布局

场区地势高燥，生产区与生活区分开。

4.1.4 池塘水质

应符合 NY/T 388 的规定。

4.2 鸭舍环境

4.2.1 舍内干燥、通风

舍内干燥、通风，温度、湿度环境应满足不同阶段的蛋鸭需要，降低鸭群疫病的发生。

4.2.2 舍内空气中有害气体

应符合 NY/T 388 的规定要求。

4.2.3 舍内空气中尘埃、微生物

尘埃控制在 4 mg/m^3 以下，微生物数量控制在 $2.5\times10^5/m^3$ 个以下。

4.3 设施

养殖场设置防止渗漏、径流、飞扬且有一定容量的专用贮存设施和场所，设有粪便污水处理设施，粪便污水处理符合 GB 7959、GB 14554 和 GB 8978 的规定。

设有病鸭尸体的无害化处理设施、消毒设施、更衣室等。

5 引种

5.1 雏鸭来源

雏鸭必须来自非疫区的有种畜禽经营许可证的种鸭场或专业孵坊，雏鸭必须健康活泼。蛋鸭饲养品种应符合该品种特征、特性。

5.2 运输

引种运输前按 GB 16549 的规定进行检疫，取得《畜禽运输检疫证明》。运载工具按 GB 16567 的规定进行清洗消毒，办理《畜禽运载工具消毒证明》。

6 饲养管理

6.1 饲养条件

6.1.1 饮用水

饮用水符合 NY 5027 的规定。

饮水设备定期清洗消毒。

6.1.2 饲料和饲料添加剂

6.1.2.1 饲料营养标准

蛋鸭饲料建议参考使用该品种饲养手册提供的营养标准。

6.1.2.2 饲料感官要求

饲料应新鲜、流动性好，并具有应有的色、味、组织形态特征，无发霉、变质、结块及异味。

6.1.2.3 饲料中有害物质及微生物

应符合 GB 13078 的规定。

6.1.2.4 添加剂品种

饲料中使用的营养性饲料添加剂和一般性饲料添加剂产品应在农业部公布的《允许使用的饲料添加剂品种目录》内。

6.1.2.5 药物饲料添加剂

产蛋期及开产前 5 周蛋鸭饲料中不得使用药物饲料添加剂。

6.1.2.6 着色剂

产蛋期饲料中不得添加着色剂。

6.2 管理

6.2.1 日常管理要点

6.2.1.1 管理程序

应有日常管理程序，不得随意改变。

6.2.1.2 避免应激

应避免强光、惊群等应激。

6.2.1.3 营养充足

营养供给充足，维持适宜的体重，及时淘汰不良个体。

6.2.2 饲养员

饲养员应具有饲养管理技术和卫生意识，定期进行健康检查，传染病患者不得从事养殖工作。

6.2.3 喂料

6.2.3.1 喂食方式

采用自由采食或定餐饲喂，定餐饲喂时 1 昼夜饲喂 3 次～4 次。

6.2.3.2 喂食量

饲料每次添加量要适量，保持饲料新鲜，防止饲料霉变。

6.2.4 饲养密度

6.2.4.1 雏鸭饲养密度

1 日龄～14 日龄每平方米 35 只～25 只；15 日龄～28 日龄每平方米 25 只～15 只。

6.2.4.2 青年鸭饲养密度

饲养密度在每平方米 14 只～8 只，随着日龄的增加逐渐降低饲养密度。

6.2.4.3 产蛋鸭和种鸭饲养密度

饲养密度每平方米 7 只～8 只。

6.2.5 **鸭蛋收集**

6.2.5.1 **收集时间**

从鸭蛋产出到蛋库保存不得超过 5h。

6.2.5.2 **消毒**

消毒应包括下列内容：

a） 蛋箱或蛋托应经过消毒。

b） 集蛋人员在集蛋前要洗手消毒。

c） 鸭蛋收集后立即熏蒸消毒，然后送蛋库保存。

6.2.5.3 **异常蛋处理**

破蛋、砂壳蛋、软壳蛋、特大或特小蛋应单独存放，不作为鲜蛋销售，可用于蛋品加工。

6.2.5.4 **卫生指标**

鸭蛋卫生指标应符合 GB 2748 的要求。

6.2.6 **灭鼠**

定期投放灭鼠药，控制啮齿类动物。投放鼠药要定时、定点，及时收集死鼠和残余鼠药并作无害化处理。

6.2.7 **杀虫**

防止昆虫传播疫病，常用高效低毒化学药物杀虫。喷洒杀虫剂时，应避免喷洒到鸭蛋表面、饲料中和鸭体上。

7 防疫

遵照 NY 5260 执行。

8 兽药使用

8.1 育雏期、育成前期

育雏期、育成前期为预防和治疗疾病所使用的药物，应符合 NY 5040 的规定要求。

8.2 育成后期（产蛋前）

育成后期（产蛋前）停止用药，停药时间取决于所用药物，但应保证产蛋开始时药物残留量符合无公害食品的要求。

8.3 产蛋期

产蛋期正常情况下禁止使用任何药物，包括中草药和抗菌素。

产蛋阶段发生疾病应用药物治疗时，从用药开始到用药结束后一段时间内（取决于所用药物，执行 NY 5040 ）产的鸭蛋不得作为食品蛋出售。

9 卫生消毒

9.1 消毒剂

消毒剂要符合 NY 5040 的规定。

9.2 消毒制度

9.2.1 **环境消毒**

生产区和鸭舍门口应有消毒池，消毒液应定期更换。车辆进入鸭场应通过消毒池，并用消毒液对车身进行喷洒消毒。鸭舍周围环境每 2 周消毒 1 次。鸭场周围及场内污水池、排粪坑、下水道出口每月消毒 1 次。

9.2.2 鸭舍消毒

鸭舍在进鸭前进行彻底清栏、冲洗，通风干燥后用0.1%新洁尔灭或4%来苏儿或0.3%过氧乙酸或次氯酸钠等国家主管部门批准允许使用的消毒剂进行全面喷洒消毒。

9.2.3 用具消毒

定期对料槽、饮水器、蛋盘、蛋箱、推车等用具进行消毒。消毒前将用具清洗干净，然后选用国家主管部门批准允许使用的消毒剂进行消毒。

9.2.4 人员消毒

工作人员进入生产区要更换工作衣、紫外线消毒和脚踏消毒池。严格控制外来人员进入生产区，外来人员应严格遵守场内防疫制度，更换一次性防疫服和工作鞋，并经紫外线消毒和脚踏消毒池，按指定路线行走，并记录在案。

9.2.5 带鸭消毒

鸭场应定期进行带鸭消毒。在带鸭消毒时，宜选择刺激性相对较小的消毒剂，常用于带鸭消毒的消毒药有0.2%过氧乙酸、0.1%新洁尔灭、0.1%次氯酸钠等。场内无疫情时，每隔2周带鸭消毒1次。有疫情时，每隔1 d～2 d消毒1次。带鸭消毒要在鸭舍内无鸭蛋时进行，避免消毒剂喷洒到鸭蛋表面。

10 鸭蛋包装运输

鸭蛋包装运输遵照NY 5259《无公害食品　鲜鸭蛋》执行。

11 鸭场废弃物处理

鸭场废弃物经无害化处理后可作农业用肥。处理方法有生物热处理法、鸭粪干燥处理法。传染病致死的鸭及因病扑杀的死尸应按GB 16548的要求作无害化处理。鸭场废弃物经无害化处理后不得作为畜禽饲料。

12 生产记录

每批蛋鸭生产要有完整的生产记录，并建立生产记录档案。生产记录内容包括：引种、饲养管理、喂料量、防疫、发病、兽药使用、卫生消毒、产蛋等情况。生产记录档案保存2年以上。

ICS 67.120.10
X 32

中华人民共和国农业行业标准

NY 5262—2004

无公害食品　鸭肉

2004-01-07 发布　　2004-03-01 实施

中华人民共和国农业部 发布

前　言

本标准由中华人民共和国农业部提出。

本标准起草单位:农业部肉及肉制品质量监督检验测试中心。

本标准主要起草人:卢普滨、罗林广、戴廷灿、袁林峰、严寒、聂根新。

无公害食品　鸭肉

1　范围

本标准规定了无公害鸭肉产品的适用范围、要求、检验方法、检验规则、标志、包装、贮存和运输。

本标准适用于无公害鲜、冻整鸭和分割鸭肉。

2　规范性引用文件

下列文件中的条款通过本标准的引用而成为本标准的条款。凡是注明日期的引用文件，其随后所有的修改单(不包括勘误的内容)或修订版均不适用于本标准，然而，鼓励根据本标准达成协议的各方研究是否可以使用这些文件的最新版本。凡是不注明日期的引用文件，其最新版本适用于本标准。

GB 191　包装储运图示标志

GB 4789.2　食品卫生微生物学检验　菌落总数测定

GB 4789.3　食品卫生微生物学检验　大肠菌群测定

GB 4789.4　食品卫生微生物学检验　沙门氏菌检验

GB/T 5009.11　食品中总砷的测定方法

GB/T 5009.12　食品中铅的测定方法

GB/T 5009.17　食品中总汞的测定方法

GB/T 5009.19　食品中六六六、滴滴涕残留量的测定方法

GB/T 5009.44　肉与肉制品卫生标准的分析方法

GB/T 6388　运输包装收发货通用标准

GB 7718　食品标签通用标准

GB 9687　食品包装用聚乙烯成型品卫生标准

GB 11680　食品包装用原纸卫生标准

GB 12694　肉类加工厂卫生规范

GB/T 14931.1　畜禽肉中土霉素、四环素、金霉素残留量的测定方法(高效液相色谱法)

GB 16869　鲜、冻禽产品

GB 18394　畜禽肉水分限量

NY 467　畜禽屠宰卫生检疫规范

NY 5028　无公害食品　畜禽产品加工用水水质

NY 5029　无公害食品　猪肉

NY 5039　无公害食品　鸡蛋

SN/T 0212.2　出口禽肉中二氯二甲吡啶酚残留量检验方法　甲基化—气相色谱法

3　要求

3.1　原料

宰杀的活鸭应健康无病，其饲养过程应符合《肉鸭饲养兽医防疫准则》、《肉鸭饲养管理技术规范》的要求。

3.2　加工

活鸭宰杀加工场地卫生要求应符合 GB 12694 的规定。活鸭宰杀应按 NY 467 的规定，经检疫、检验合格后，再进行加工。加工用水应符合 NY 5028 的要求。在加工过程中不得使用任何有毒有害物质。

3.3 冷藏

冷冻产品在活鸭宰杀放血后应在 2 h 内放入冷库冷藏，其中心温度应在 12 h 内达到－15℃。

3.4 感官指标

应符合表 1 的规定。

表 1 感官指标

项 目	鲜禽产品	冻禽产品(解冻后)
组织状态	肌肉有弹性，经指压后凹陷部位立即恢复原位	肌肉经指压后凹陷部位恢复较慢，不能完全恢复原状
色泽	表皮和肌肉切面有光泽，具有鸭肉固有的色泽	
气味	具有鸭肉固有的气味，无异味	
煮沸后肉汤	透明澄清，脂肪团聚于液面，具有鸭肉汤固有香味	
肉眼可见异物	不得检出	

3.5 理化指标

应符合表 2 的规定。

表 2 理化指标

项 目	指 标
水分，%	≤77
解冻失水率，%	≤8(仅对冻鸭要求)
挥发性盐基氮，%	≤15
汞(Hg)，mg/kg	≤0.05
铅(Pb)，mg/kg	≤0.5
砷(As)，mg/kg	≤0.5
六六六，mg/kg	≤0.1
滴滴涕，mg/kg	≤0.1
四环素，mg/kg	≤0.1
金霉素，mg/kg	≤0.1
土霉素，mg/kg	≤0.1
磺胺类(以磺胺类总量计)，mg/kg	≤0.1
二氯二甲吡啶酚(克球酚)，mg/kg	≤0.01
呋喃唑酮	不得检出

其他兽药残留量应符合"农业部《动物性食品中兽药最高残留量》"要求。

3.6 微生物指标

应符合表 3 的规定。

表 3 微生物指标

项 目	指 标
菌落总数，cfu/g	$\leqslant 5\times10^{5}$
大肠菌群，MPN/100 g	$<5\times10^{5}$
沙门氏菌	不得检出

4 检验方法

4.1 感官

4.1.1 在自然光下，观察样品色泽、组织状态、肉眼可见异物，嗅其气味。

4.1.2 沸后肉汤的检测：取 20 g 样品的腿肉或胸脯肉，切碎置于 200 mL 烧杯中，加 100 mL 水，用表面皿盖上加热至 50℃～60℃，开盖检查气味，继续加热煮沸 20 min～30 min，检查肉汤的气味、滋味和透明度，以及脂肪的气味和滋味。

4.2 水分

按 GB 18394 规定方法测定。

4.3 解冻失水率

按 GB 16869 规定方法测定。

4.4 挥发性盐基氮

按 GB/T 5009.44 规定方法测定。

4.5 汞

按 GB/T 5009.17 规定方法测定。

4.6 铅

按 GB/T 5009.12 规定方法测定。

4.7 砷

按 GB/T 5009.11 规定方法测定。

4.8 六六六、滴滴涕

按 GB/T 5009.19 规定方法测定。

4.9 四环素、土霉素、金霉素

按 GB/T 14931.1 规定方法测定。

4.10 磺胺类

按 NY 5029 规定方法测定。

4.11 呋喃唑酮

按 NY 5039 规定方法测定。

4.12 二氯二甲吡啶酚(克球酚)

按 SN/T 0212.2 出口禽肉中二氯二甲吡啶酚残留量检验方法　甲基化—气相色谱法测定。

4.13 菌落总数

按 GB 4789.2 规定的方法测定。

4.14 大肠菌群

按 GB 4789.3 规定的方法测定。

4.15 沙门氏菌

按 GB 4789.4 规定的方法测定。

5 检验规则

5.1 抽样规则

5.1.1 批次规则：由同一班次同一生产线生产的产品为同一批次。

5.1.2 抽样方法：同批同质产品中随机从 3 件～5 件上抽取若干小块混合，总量不少于 1 500 g。冷冻样品在运输过程中应使用保温设备，以防止解冻流失水分。

5.2 检验规则

5.2.1 出厂检验：每批产品必须经生产单位质检部门对产品的感官指标、解冻失水率、净含量及包装标签检验合格后方可出厂销售。

5.2.2 型式检验：型式检验是根据本标准对产品规定的全部技术要求进行检验。在下列情况下应进行型式检验：

a) 产品申请使用无公害食品标志时和市场准入时；

b) 国家质量监督机构或主管部门对产品提出监督检验要求时；

c) 有关各方对产品质量有争议需仲裁时；

d) 产品正式投产或停产后重新生产，原料、生产环境有较大变化，可能影响产品质量时。

5.3 判定规则

5.3.1 产品的感官指标为缺陷项，理化指标和微生物指标为关键项。产品经检验关键项有一项指标不合格，判该产品不合格。缺陷项二项以上不合格，也判该产品不合格。

5.3.2 产品缺陷项目检验不合格时，允许重新加倍进行复检，以复检结果为最终结果。

6 标签、标志、包装、贮存和运输

6.1 标签、标志

内包装（销售包装）标签应符合 GB 7718 的规定；外包装标志应符合 GB 191 和 GB/T 6388 的规定。

6.2 包装

产品包装应采用清洁、无毒无害、无异味的食品用包装材料，并符合 GB 11680 和 GB 9687 的规定。

6.3 贮存和运输

冷冻产品应贮存在－18℃以下的环境中，鲜、冻产品贮存和运输过程中均不应与有毒有害、有异味、易产生污染的物质共同存放。

ICS 11.220
B 41

中华人民共和国农业行业标准

NY 5263—2004

无公害食品
肉鸭饲养兽医防疫准则

2004-01-07 发布　　　　2004-03-01 实施

中华人民共和国农业部 发布

前　言

本标准由中华人民共和国农业部提出。

本标准起草单位:农业部动物检疫所。

本标准主要起草人:孙淑芳、张衍海、郑增忍、李葳、王玉东。

无公害食品　肉鸭饲养兽医防疫准则

1　范围

本标准规定了生产无公害食品的肉鸭饲养场在疫病预防、监测、控制和扑灭方面的兽医防疫准则。

本标准适用于生产无公害食品的肉鸭饲养场的兽医防疫。

2　规范性引用文件

下列文件中的条款通过本标准的引用而成为本标准的条款。凡是注日期的引用文件，其随后所有的修改单(不包括勘误的内容)或修订版均不适用于本标准，然而，鼓励根据本标准达成协议的各方研究是否可使用这些文件的最新版本。凡是不注日期的引用文件，其最新版本适用于本标准。

GB 16548　畜禽病害肉尸及其产品无害化处理规程

GB/T 16569　畜禽产品消毒规范

NY/T 388　畜禽场环境质量标准

NY 5027　无公害食品　畜禽饮用水水质

NY/T 5264　无公害食品　肉鸭饲养管理技术规范

中华人民共和国动物防疫法

中华人民共和国兽用生物制品质量标准

3　术语和定义

下列术语和定义适用于本标准。

3.1

动物疫病 animal epidemic diseases

动物的传染病和寄生虫病。

3.2

动物防疫 animal epidemic prevention

动物疫病的预防、控制、扑灭和动物、动物产品的检疫。

4　疫病预防

4.1　环境卫生条件

4.1.1　肉鸭饲养场的环境卫生质量应符合 NY/T 388 的要求，污水、污物处理应符合国家环保要求。

4.1.2　肉鸭饲养场的选址、建筑布局及设施设备应符合 NY/T 5264 的要求。

4.1.3　自繁自养的肉鸭饲养场应严格执行种鸭场、孵化场和商品鸭场相对独立，防止疫病相互传播。

4.1.4　病害肉尸的无害化处理和消毒分别按 GB 16548 和 GB/T 16569 的要求进行。

4.2　饲养管理

4.2.1　肉鸭饲养场应坚持每栋鸭舍“全进全出”的原则。引进的鸭只应来自经畜牧兽医行政管理部门核准合格的种鸭场，并持有动物检疫合格证明。运输鸭只所用的车辆和器具必须彻底清洗消毒，并持有动物及动物产品运载工具消毒证明。引进鸭只后，应先隔离 7 d～14 d，确认健康后方可解除隔离。

4.2.2　肉鸭的饲养管理、日常消毒、饲料及兽药、疫苗的使用应符合 NY/T 5264 的要求，并定期进行监督检查。

4.2.3 肉鸭的饮用水应符合 NY 5027 的要求。

4.2.4 从事饲养管理的工作人员应身体健康并定期进行体检，在工作期间应严格按照 NY/T 5264 的要求进行操作。

4.2.5 肉鸭饲养场应谢绝参观。特殊情况下，参观人员在消毒后穿戴专用工作服方可进入。

4.3 免疫接种

肉鸭饲养场应根据《中华人民共和国动物防疫法》及其配套法规的要求，结合当地实际疫病流行情况，有选择地进行疫病的预防接种工作。选用的疫苗应符合《中华人民共和国兽用生物制品质量标准》的要求，并注意选择科学的免疫程序和免疫方法。

5 疫病监测

5.1 肉鸭饲养场应依照《中华人民共和国动物防疫法》及其配套法规的要求，结合当地实际情况，制定疫病监测方案并组织实施。监测结果应及时报告当地畜牧兽医行政管理部门。

5.2 肉鸭饲养场常规监测的疫病至少应包括：高致病性禽流感、鸭瘟、鸭病毒性肝炎、禽衣原体病、禽结核病。除上述疫病外，还应根据当地实际情况，选择其他一些必要的疫病进行监测。

5.3 肉鸭饲养场应配合当地动物防疫监督机构进行定期或不定期的疫病监督抽查。

6 疫病控制和扑灭

6.1 肉鸭饲养场发生疫病或怀疑发生疫病时，应依据《中华人民共和国动物防疫法》，立即向当地畜牧兽医行政管理部门报告疫情。

6.2 确诊发生高致病性禽流感时，肉鸭饲养场应积极配合当地畜牧兽医行政管理部门，对鸭群实施严格的隔离、扑杀措施。

6.3 发生鸭瘟、鸭病毒性肝炎、禽衣原体病、禽结核等疫病时，应对鸭群实施净化措施。

6.4 当发生 6.2、6.3 所述疫病时，全场进行清洗消毒，病死或淘汰鸭的尸体按 GB 16548 进行无害化处理，消毒按 GB/T 16569 进行，并且同群未发病的鸭只不得作为无公害食品销售。

7 记录

每群肉鸭都应有相关的资料记录，其内容包括：肉鸭品种及来源、生产性能、饲料来源及消耗情况、用药及免疫接种情况、日常消毒措施、发病情况、实验室检查及结果、死亡率及死亡原因、无害化处理情况等。所有记录应有相关负责人员签字并妥善保存 2 年以上。

ICS 65.020.30
B 43

中华人民共和国农业行业标准

NY/T 5267—2004

无公害食品
鹅饲养管理技术规范

2004-01-07 发布 2004-03-01 实施

中华人民共和国农业部 发布

前　言

本标准由中华人民共和国农业部提出。

本标准起草单位：中国农业科学院畜牧研究所、国家饲料质量监督检验中心（北京）、中国兽医药品监察所。

标准主要起草人：侯水生、田河山、冯忠武、黄苇、樊红平、谢明。

无公害食品　肉鸭饲养管理技术规范

1　范围

本标准规定了无公害食品肉鸭生产过程中引种、环境要求、饲养要求、兽药使用、卫生消毒、日常管理和生产记录各关键环节的管理技术指标要求。

本标准适用于生产无公害食品肉鸭的大型肉鸭饲养企业和中、小型肉鸭饲养场。

2　规范性引用文件

下列文件中的条款通过本标准的引用而成为本标准的条款。凡是注日期的引用文件，其随后所有的修改单（不包括勘误的内容）或修订版均不适用于本标准，然而，鼓励根据本标准达成协议的各方研究是否可使用这些文件的最新版本。凡是不注日期的引用文件，其最新版本适用于本标准。

GB 13078　饲料卫生标准

GB 16548　畜禽病害肉尸及其产品无害化处理规程

GB 16549　畜禽产地检疫规范

GB 18596　畜禽养殖业污染物排放标准

NY/T 388　畜禽场环境质量标准

NY 5027　无公害食品　畜禽饮用水水质

NY 5263　肉鸭饲养兽医防疫准则

《饲料药物添加剂使用规范》农业部(2001)通知

《食品动物禁用的兽药及其它化合物清单》农业部第193号(2002)公告

《兽药停药期规定》农业部第278号(2003)公告

《禁止在饲料和动物饮用水中使用的药物品种目录》农业部、卫生部、国家药品监督管理局第176号(2002)公告

3　术语和定义

下列术语和定义适用于本标准。

3.1

全进全出制　all-in and all-out system

同一鸭舍或同一鸭场只饲养同一批次的肉鸭，同时进、出场的管理制度。

3.2

净道　unpolluted road

供鸭群周转、人员进出、运送饲料和垫料的专用道路。

3.3

污道　polluted road

供鸭场粪便、其他废弃物及淘汰鸭出场的道路。

3.4

鸭场废弃物　duck farm waste

指鸭场在肉鸭生产过程中产生的鸭粪（尿）、病死鸭和孵化厂废弃物（蛋壳、死胚等）、过期兽药、残余疫苗和疫苗瓶等。

3.5

疫区 epidemic focus

在发生严重的或当地新发现的动物传染病时，由县以上农牧行政部门划定，并经同级人民政府发布命令，实行封锁的地区。

4 引种

4.1 生产肉鸭所用的商品代雏鸭应来自具有《种畜禽生产许可证》的父母代种鸭场或专业孵化厂，需经产地动物防疫检疫机构的检疫。应符合 GB 16549 的要求。

4.2 雏鸭不应携带沙门氏菌属的各类细菌。

4.3 雏鸭不应从疫区购买引进。

5 环境要求

5.1 鸭场选址

5.1.1 鸭场应建在地势较高、干燥、采光充分、易排水、隔离条件良好的区域。

5.1.2 鸭场周围 3 km 内无大型化工厂、矿厂，1 km 以内无屠宰场、肉品加工，或其他畜牧场等污染源。

5.1.3 鸭场距离干线公路、学校、医院、乡镇居民区等设施至少 1 km 以上，距离村庄至少 500 m 以上。鸭场周围有围墙或防疫沟，并建立绿化隔离带。

5.1.4 鸭场不允许建在饮用水源、食品厂上游。

5.2 鸭场或鸭舍建筑卫生质量要求

5.2.1 鸭场分为生活区(包括办公区)和生产区，生活区和生产区分离。生活区在生产区的上风向或侧风向处。养殖区应在生产区的上风向，污水、粪便处理设施和病死鸭处理区应在生产区的下风向或侧风向处。鸭场净道和污道分离。

5.2.2 鸭舍墙体坚固，内墙壁表面平整光滑，墙面不易脱落，耐磨损，耐腐蚀，不含有毒有害物质。舍内建筑结构应利于通风换气，并具有防鼠、防虫和防鸟设施。

5.3 鸭场周边环境、鸭舍内空气质量应符合 NY/T 388 标准提出的指标要求。

6 饲养要求

6.1 饮水

肉鸭自由饮水，水质应符合 NY 5027 畜禽饮用水水质标准的要求。每日清洗饮水设备，保证饮水设备清洁。

6.2 饲喂

肉鸭饲喂一般采用自由采食或定期饲喂。饲料每次添加应适量，保持饲料新鲜，防止发霉变质。饲料应保存在干燥的地方。不应将饲料放置在鸭舍内。

6.3 饲料和饲料添加剂

6.3.1 肉鸭饲料卫生指标应达到 GB 13078《饲料卫生标准》的要求。饲料配制应以肉鸭生长发育各阶段的营养需要量为依据进行配制。肉鸭饲料营养成分含量建议达到饲养品种《肉鸭饲养手册》提供的指标要求。

6.3.2 肉鸭饲料中不应使用未经国家主管部门批准使用的微生态制剂、酶制剂等。

6.3.3 不应使用被其他化学品污染的饲料、未经无害化处理的其他畜禽副产品。不应使用霉变饲料、抗生素滤渣。

6.4 温度与湿度

1日龄～3日龄雏鸭舍内温度宜保持在30℃以上，随后每周鸭舍内环境温度下降3℃～4℃，直至室温。肉鸭舍内地面、垫料应保持干燥、清洁。

6.5 饲养密度

饲养密度与肉鸭的生长发育、饲料转化率及健康水平紧密相关。表1给出了不同生长发育阶段、不同饲养方式肉鸭的适宜饲养密度。

表1 肉鸭饲养密度

品种类型	饲养方式		生长期(周龄)		
			1～2	3～5	6至上市
大型肉鸭品种(北京鸭系列)	网上平养	≤	25	10	5
	地面平养	≤	20	8	4
中小型肉鸭品种	网上平养	≤	30	20	10
	地面平养	≤	25	15	8

6.6 光照

肉鸭饲养过程中，宜提供24 h光照。夜间宜采用弱光照明，光照强度为10～15 lx(每1 m^2 面积2～3 W)。鸭舍内应备有应急灯。

7 防疫与兽药使用

7.1 防疫

遵照NY 5263执行。

7.2 兽药使用

7.2.1 药物性饲料添加剂

肉鸭饲料中使用药物性饲料添加剂应符合2001年农业部《饲料药物添加剂使用规范》的规定。不应在饲料中添加各种镇静剂、兴奋剂、激素、砷制剂(包括有机砷制剂)等化学品或生化制剂等违禁药物。

7.2.2 治疗性药物

肉鸭禁用药物应严格遵守农业部第193号公告、农业部第278号公告和农业部、卫生部、国家药品监督管理局第176号公告的规定。政府部门在本标准发布之后公布的其他禁用兽(禽)药品种同样适用于本标准。

7.2.3 休药期

肉鸭在出栏前应停止使用一切药物及药物性饲料添加剂。休药期长短取决于所用药物品种，应符合农业部第278号公告的规定。

8 卫生消毒

8.1 消毒剂

消毒剂应选择经国家主管部门批准、有生产许可证和批准文号、允许使用的产品，应选择对人和鸭安全，对设备腐蚀性小、环境污染小，在自然界中能分解为无毒、无害产物的消毒剂。消毒剂及其分解产物在动物体内无积累作用。

8.2 消毒制度

8.2.1 环境消毒

生产区和鸭舍门口应有消毒池，消毒液应定期更换。车辆进入鸭场应通过消毒池，并用消毒液对车身进行喷洒消毒。鸭舍周围环境宜每2周消毒1次。鸭场周围及场内污水池、排粪坑、下水道出口宜每月消毒1次。

8.2.2 人员消毒

工作人员进入生产区要更换工作衣。严格控制外来人员进入生产区。进入生产区的外来人员应严格遵守场内防疫制度，更换一次性防疫服和工作鞋，脚踏消毒池，按指定路线行走，并记录在案。

8.2.3 鸭舍消毒

在进鸭或转群前，将鸭舍彻底清扫干净，应采用0.1%的新洁尔灭或4%来苏儿或0.3%过氧乙酸或次氯酸钠等国家主管部门批准允许使用的消毒剂类型进行全面喷洒消毒。

8.2.4 用具消毒

定期对喂料器、饮水器等用具进行清洗、消毒。消毒剂应采用国家主管部门批准允许使用的消毒剂类型。

8.2.5 带鸭消毒

鸭场应定期进行带鸭消毒。在带鸭消毒时，宜选择刺激性相对较小的消毒剂，常用于带鸭消毒的消毒药有0.2%过氧乙酸、0.1%新洁尔灭、0.1%次氯酸钠等。场内无疫情时，每隔2周带鸭消毒1次。有疫情时，每隔1 d～2 d消毒1次。

9 日常管理要求

9.1 肉鸭饲养宜实行全进全出制度。至少每栋鸭舍饲养同一日龄的肉鸭，同时出栏。

9.2 饲养员应定期进行健康检查，传染病患者不应从事养殖工作。饲养员不应互相串舍。

9.3 技术管理人员、兽医师在检查不同日龄鸭群的生长、健康与管理情况时，应在进入鸭舍时严格消毒，先走访年轻的鸭群，后走访老龄鸭群。

9.4 鸭舍内工具应固定，不得互相串用，进鸭舍的所有用具必须消毒。

9.5 饮水系统不应漏水，要定期清洗消毒饮水设备。

9.6 弱鸭应隔离饲养，病鸭、残鸭应由兽医进行诊治，并及时淘汰无经济价值的鸭。不允许在场内剖检病鸭。应及时捡出死鸭，并装袋密封后焚烧或深埋，切忌随意丢弃。使之符合GB 16548的规定。鸭场不应出售病鸭、死鸭。

9.7 鸭场内不得饲养其他畜禽。

9.8 废弃物处理

使用垫料的饲养场，采取鸭出栏后一次性清理垫料，饲养过程中垫料潮湿要及时清出、更换，网上饲养时应及时清理粪便。清出的垫料和粪便在固定地点进行堆放，充分发酵处理，作为农用肥料。堆肥池地面应为混凝土结构。鸭场产生的污水应进行2级沉淀后排放或作为液体肥料。污水排放标准应达到GB 18596的要求。

9.9 灭鼠

定期投放灭鼠药，控制啮齿类动物。投放鼠药要定时、定点，及时收集死鼠和残余鼠药并做无害处理。

9.10 暴发大规模传染病的肉鸭不应做为无公害产品。

9.11 杀虫

防止昆虫传播传染病，用高效低毒化学药物杀虫。喷洒杀虫剂时避免喷洒到鸭体上，避免污染饲料和饮用水。

10 生产记录

鸭场饲养出栏的每批肉鸭应有完整的记录。记录内容应包括饲养的肉鸭品种、进雏日期与数量、饲料来源、饲喂量、鸭舍温度、饲养密度、免疫、卫生消毒、发病、兽药使用等情况。记录档案保存期2年。

ICS 67.120.10
X 22

中华人民共和国农业行业标准

NY 5265—2004

无公害食品　鹅肉

2004-01-07 发布　　　2004-03-01 实施

中华人民共和国农业部 发布

前　言

本标准的附录A为规范性附录。

本标准由中华人民共和国农业部提出。

本标准由农业部畜禽产品质量监督检验测试中心、北京国农工贸发展中心负责起草。

本标准主要起草人:徐百万、刘勇军、尤华、侯东军、李艳华、王慧云、蔡英华。

无公害食品　鹅肉

1　范围

本标准规定了无公害鹅肉的生产技术要求、检验方法和标志、包装、贮存、运输要求。

本标准适用于无公害鲜、冻鹅肉和分割鹅肉。

2　规范性引用文件

下列文件中的条款通过本标准的引用而成为本标准的条款。凡是注日期的引用文件，其随后所有修改单(不包括勘误的内容)或修订版均不适用于本标准，然而，鼓励根据本标准达成协议的各方研究是否可使用这些文件的最新版本。凡是不注日期的引用文件，其最新版本适用于本标准。

GB 191　包装储运图示标志

GB 4789.2　食品卫生微生物学检验　菌落总数测定

GB 4789.3　食品卫生微生物学检验　大肠菌群测定

GB 4789.4　食品卫生微生物学检验　沙门氏菌检验

GB/T 5009.11　食品中总砷的测定方法

GB/T 5009.12　食品中铅的测定方法

GB/T 5009.17　食品中总汞的测定方法

GB/T 5009.19　食品中六六六、滴滴涕残留量的测定方法

GB/T 5009.44　肉与肉制品卫生标准的分析方法

GB/T 6388　运输包装收发货标志

GB 7718　食品标签通用标准

GB 9687　食品包装用聚乙烯成型品卫生标准

GB 9695.15　肉与肉制品　水分含量测定

GB 9695.19　肉与肉制品　取样方法

GB 11680　食品包装用原纸卫生标准

GB 12694　肉类加工厂卫生规范

GB/T 14931.1　畜禽肉中土霉素、四环素、金霉素残留量测定方法(高效液相色谱法)

GB 16869　鲜、冻禽产品

GB/T 18407.3　农产品安全质量　无公害畜禽肉产地环境要求

NY 467　畜禽屠宰卫生检疫规范

NY 5028　无公害食品　畜禽产品加工用水水质

NY 5029—2001　无公害食品　猪肉

NY 5039　无公害食品　鸡蛋

NY 5266　无公害食品　鹅饲养兽医防疫准则

NY 5267　无公害食品　鹅饲养管理技术规范

3　技术要求

3.1　原料

宰杀用鹅应来自非疫区，饲养环境符合 GB/T 18407.3 的要求，饲养过程符合 NY 5266 和 NY 5267 的要求，并经检疫、检验，取得合格证明。

3.2 宰杀加工

鹅宰杀时应按 NY 467 的要求，经法定机构检疫、检验，取得动物产品检疫合格证明，再进行加工。加工企业卫生要求符合 GB 12694 的要求，加工用水应符合 NY 5028 的要求。

3.2.1 分割

分割鹅体时，应预冷后分割。从活鹅放血到产品包装入冷库时间不得超过 2h。

3.2.2 整修

分割后的鹅体各部位应修除外伤、血点、血污和羽毛根等。

3.3 冷加工

3.3.1 冷却

鹅宰杀后 45 min 内，肉的中心温度应降到 10℃以下。

3.3.2 冷冻

需冷冻的产品，应在－35℃以下急冻，其中心温度应在 12 h 内达到－15℃以下。

3.4 感官指标

应符合 GB 16869 的规定。

3.5 理化指标

应符合表 1 的规定。

表 1 理化指标

项　　目	指　　标
解冻失水率，%	≤8
挥发性盐基氮，mg/100 g	≤15
水分，%	≤77
汞(Hg)，mg/kg	≤0.05
铅(Pb)，mg/kg	≤0.50
砷(As)，mg/kg	≤0.50
六六六(BHC)，mg/kg	≤0.10
滴滴涕(DDT)，mg/kg	≤0.10
金霉素，mg/kg	≤0.10
土霉素，mg/kg	≤0.10
磺胺类(以磺胺类总量计)，mg/kg	≤0.10
呋喃唑酮，mg/kg	≤不得检出

3.6 微生物指标

应符合表 2 的规定。

表 2 微生物指标

项　　目	指　　标
菌落总数，cfu/g	$\leq 5\times10^5$
大肠菌群，MPN/100 g	$<5\times10^5$
沙门氏菌	不得检出

4 检验方法

4.1 感官特性

按 GB/T 5009.44 规定的方法检验。

4.2 解冻失水率

按 NY 5029—2001 中附录 A 执行。

4.3 挥发性盐基氮

按 GB/T 5009.44 规定的方法测定。

4.4 水分含量测定

按 GB 9695.15 规定的方法检验。

4.5 汞

按 GB/T 5009.17 规定的方法测定。

4.6 铅

按 GB/T 5009.12 规定的方法测定。

4.7 砷

按 GB/T 5009.11 规定的方法测定。

4.8 六六六、滴滴涕

按 GB/T 5009.19 规定的方法测定。

4.9 土霉素、金霉素

按 GB/T 14931.1 规定的方法测定。

4.10 磺胺类

按 NY 5029 规定的方法检验。

4.11 呋喃唑酮

按 NY 5039 规定的方法检验。

4.12 菌落总数

按 GB 4789.2 规定的方法检验。

4.13 大肠菌群

按 GB 4789.3 规定的方法检验。

4.14 沙门氏菌

按 GB 4789.4 规定的方法检验。

5 抽样检验规则

抽样检验规则按附录 A 中的要求执行。

6 判定规则

6.1 产品的感官指标不符合本标准为缺陷项，其他指标不符合标准为关键项。缺陷项两项或关键项一项，判为不合格产品。

6.2 受检样品的缺陷项目检验不合格时，允许重新加倍抽取样品进行复检，以复检结果为最终检验结果。

7 标志、包装、运输、贮存

7.1 标志

内包装(销售包装)标志应符合 GB 7718 的规定；外包装标志应符合 GB 191 和 GB/T 6388 的规定。

7.2 包装

包装材料应全新、清洁、无毒无害、无异味，符合 GB 11680 和 GB 9687 的规定。

7.3 贮存

鲜鹅肉应贮存在－1℃～4℃的环境中，冻鹅产品应贮存在－18℃以下的冷冻库，库温最高不得超过－15℃。

7.4 运输

应使用符合卫生要求的冷藏车(船)或保温车，不应与有毒、有害、有气味的物品共同存放。

附 录 A
(规范性附录)
无公害食品鹅肉的抽样检验规则

A.1 抽样方法

A.1.1 批次

由同一班次同一生产线生产的产品为同一批次。

A.1.2 抽样

抽样按GB 9695.19的规定执行。

A.2 检验类型

A.2.1 出厂检验

每批产品出厂前,均应取得法定机构的动物产品检疫合格证明,生产企业应进行出厂检验,出厂检验内容包括包装、标签、标志、净含量、感官指标等方面的检验,经检验合格并附合格证后方可出厂。

A.2.2 型式检验

型式检验是对产品进行全面考核,即对本标准规定的全部技术要求进行检验。有下列情况之一者应进行型式检验:

a) 申请使用无公害食品标志时;

b) 正式生产后,原料、生产环境有较大变化,可能影响产品质量时;

c) 有关行政主管部门提出进行型式检验要求时;

d) 有关各方对产品质量有争议需仲裁时;

e) 市场准入。

ICS 11.220
B 41

中华人民共和国农业行业标准

NY 5266—2004

无公害食品
鹅饲养兽医防疫准则

2004-01-07 发布　　2004-03-01 实施

中华人民共和国农业部　发布

前　言

本标准由中华人民共和国农业部提出。

本标准起草单位:农业部动物检疫所。

本标准主要起草人:龚振华、刘俊辉、胡永浩、司宏伟、张衍海、陈书琨、郑增忍。

无公害食品　鹅饲养兽医防疫准则

1　范围

本标准规定了生产无公害食品的鹅饲养场在疫病预防、监测、控制和扑灭方面的兽医防疫准则。

本标准适用于生产无公害食品的鹅饲养场的兽医防疫。

2　规范性引用文件

下列文件中的条款通过本标准的引用而成为本标准的条款。凡是注日期的引用文件，其随后所有的修改单(不包括勘误的内容)或修订版均不适用于本标准，然而，鼓励根据本标准达成协议的各方研究是否可使用这些文件的最新版本。凡是不注日期的引用文件，其最新版本适用于本标准。

GB 16548　畜禽病害肉尸及其产品无害化处理规程

GB/T 16569　畜禽产品消毒规范

NY/T 388　畜禽场环境质量标准

NY 5027　无公害食品　畜禽饮用水水质

NY/T 5267　无公害食品　鹅饲养管理技术规范

中华人民共和国动物防疫法

中华人民共和国兽用生物制品质量标准

3　术语和定义

下列术语和定义适用于本标准。

3.1

动物疫病　animal epidemic diseases

动物的传染病和寄生虫病。

3.2

动物防疫　animal epidemic prevention

动物疫病的预防、控制、扑灭和动物、动物产品的检疫。

4　疫病预防

4.1　环境卫生条件

4.1.1　鹅饲养场的环境卫生质量应符合 NY/T 388 的要求，污水、污物处理应符合国家环保要求。

4.1.2　鹅饲养场的选址、建筑布局及设施设备应符合 NY/T 5267 的要求。

4.1.3　自繁自养的鹅饲养场应严格执行种鹅场、孵化场和商品鹅场相对独立，防止疫病相互传播。

4.1.4　病害肉尸的无害化处理和消毒分别按 GB 16548 和 GB/T 16569 进行。

4.2　饲养管理

4.2.1　鹅饲养场应坚持“全进全出”的原则。引进的鹅只应来自经畜牧兽医行政管理部门核准合格的种鹅场，并持有动物检疫合格证明。运输鹅只所用的车辆和器具必须彻底清洗消毒，并持有动物及动物产品运载工具消毒证明。引进鹅只后，应先隔离观察 7 d～14 d，确认健康后方可解除隔离。

4.2.2　鹅的饲养管理、日常消毒措施、饲料及兽药、疫苗的使用应符合 NY/T 5267 的要求，并定期进行监督检查。

4.2.3 鹅的饮用水应符合 NY 5027 的要求。

4.2.4 鹅饲养场的工作人员应身体健康，并定期进行体检，在工作期间严格按照 NY/T 5267 的要求进行操作。

4.2.5 鹅饲养场应谢绝参观。特殊情况下，参观人员在消毒并穿戴专用工作服后方可进入。

4.3 免疫接种

鹅饲养场应根据《中华人民共和国动物防疫法》及其配套法规的要求，结合当地实际情况，有选择地进行疫病的预防接种工作。选用的疫苗应符合《中华人民共和国兽用生物制品质量标准》的要求，并注意选择科学的免疫程序和免疫方法。

5 疫病监测

5.1 鹅饲养场应依照《中华人民共和国动物防疫法》及其配套法规的要求，结合当地实际情况，制定疫病监测方案并组织实施。监测结果应及时报告当地畜牧兽医行政管理部门。

5.2 鹅饲养场常规监测的疫病至少应包括禽流感、鹅副黏病毒病、小鹅瘟。除上述疫病外，还应根据当地实际情况，选择其他一些必要的疫病进行监测。

5.3 鹅饲养场应配合当地动物防疫监督机构进行定期或不定期的疫病监督抽查。

6 疫病控制和扑灭

6.1 鹅饲养场发生疫病或怀疑发生疫病时，应依据《中华人民共和国动物防疫法》，立即向当地畜牧兽医行政管理部门报告疫情。

6.2 确认发生高致病性禽流感时，鹅饲养场应积极配合当地畜牧兽医行政管理部门，对鹅群实施严格的隔离、扑杀措施。

6.3 发生小鹅瘟、鹅副黏病毒病、禽霍乱、鹅白痢与伤寒等疫病时，应对鹅群实施净化措施。

6.4 当发生 6.2、6.3 所述疫病时，全场进行清洗消毒，病死鹅或淘汰鹅的尸体按 GB 16548 进行无害化处理，消毒按 GB/T 16569 进行，并且同群未发病的鹅只不得作为无公害食品销售。

7 记录

每群鹅都应有相关的资料记录，其内容包括鹅种及来源、生产性能、饲料来源及消耗情况、用药及免疫接种情况、日常消毒措施、发病情况、实验室检查及结果、死亡率及死亡原因、无害化处理情况等。所有记录应有相关负责人员签字并妥善保存 2 年以上。

ICS 65.020.30
B 43

中华人民共和国农业行业标准

NY 5267—2004

无公害食品
鹅饲养管理技术规范

2004-01-07 发布

2004-03-01 实施

中华人民共和国农业部 发布

前　言

本标准由中华人民共和国农业部提出。

本标准起草单位:上海市农业科学院畜牧兽医研究所、国家饲料质量监督检验中心(北京)和中国兽医药品监察所。

本标准主要起草人员:何大乾、卢永红、杨曙明、冯忠武、田河山、朱祖明、孙国荣。

无公害食品　鹅饲养管理技术规范

1　范围

本标准规定了无公害食品鹅的饲养管理条件，包括产地环境、引种来源、大气环境质量、水质量、鹅舍环境、饲料、兽药、免疫、消毒、饲养管理、饲养技术、疾病防治、废弃物处理、生产记录、出栏和检验。

本标准适用于无公害肉用仔鹅饲养，种鹅相应时间段的饲养可参考本标准执行。

2　规范性引用文件

下列文件中的条款通过本标准的引用而成为本标准的条款。凡是注日期的引用文件，其随后所有的修改单(不包括勘误的内容)或修订版均不适用于本标准，然而，鼓励根据本标准达成协议的各方研究是否可使用这些文件的最新版本。凡是不注日期的引用文件，其最新版本适用于本标准。

GB 3095　大气环境质量标准
GB 4285　农药安全使用标准
GB 13078　饲料卫生标准
GB 14554　恶臭污染物排放标准
GB 16548　畜禽病害肉尸及其产品无害化处理规程
GB 16549　畜禽产地检疫规范
GB/T 16569　畜禽产品消毒规范
NY/T 388　畜禽场环境质量标准
NY 5027　无公害食品　畜禽饮用水水质
NY 5035　无公害食品　肉鸡饲养兽药使用准则
NY 5037　无公害食品　肉鸡饲养饲料使用准则
NY 5266　无公害食品　鹅饲养兽医防疫准则
《中华人民共和国动物防疫法》
《青贮饲料质量评定标准》
《中华人民共和国兽药典》

3　术语和定义

下列术语和定义适用于本标准。

3.1

全进全出制　all-in and all-out system

同一鹅舍或同一鹅场的同一段时期内只饲养同一批次的鹅，同时进场、同时出场的管理制度。

3.2

净道　unpolluted road

供鹅群周转、人员进出、运送饲料的专用道路。

3.3

污道　polluted road

粪便和病死、淘汰鹅出场的道路。

3.4

鹅场废弃物　goose farm waste

主要包括鹅粪(尿)、垫料、病死鹅和孵化厂废弃物(蛋壳、死胚等)、过期兽药、残余疫苗和疫苗瓶等。

3.5

病原体　pathogen

能引起疾病的生物体,包括寄生虫和致病微生物。

3.6

动物防疫　animal epidemic prevention

动物疫病的预防、控制、扑灭和动物、动物产品的检疫。

3.7

小型鹅种　light-sized breed

公、母鹅成年体重在5.0 kg以下者为小型品种。

3.8

中型鹅种　medium-sized breed

公、母鹅成年体重在5.0 kg～8.0 kg者为中型鹅种。

3.9

大型鹅种　big-sized breed

公、母鹅成年体重8.0 kg以上者为大型鹅种。

3.10

育雏温度　brooding temperature

育雏舍内,雏鹅背部高度空间的温度。

4　总体要求

4.1　产地环境

大气质量应符合GB 3095标准的要求。

4.2　引种来源

雏鹅应来自有种鹅生产经营许可证,而且无小鹅瘟、禽流感、鹅副黏病毒病的种鹅场,或由该类场提供种蛋所生产的经过产地检疫的健康雏鹅,或经有关部门验收合格的专业孵化场提供的健康雏鹅。同一栋鹅舍饲养群体或全场的所有鹅只在同一段时期内应来源于同一种鹅场。不得从禽病疫区引进雏鹅。

4.3　饮水质量

鹅的饮用水水质应符合NY 5027的要求。

4.4　饲料质量

鹅饲料应符合NY 5037的要求。人工栽培牧草的农药使用按GB 4285规定执行。青贮饲料的制作、贮存按《青贮饲料质量评定标准》规定执行。

4.5　兽药使用

鹅以饮水或拌料方式添加兽药应符合NY 5035的要求。

4.6　防疫

疫病预防应符合NY 5266的要求。

4.6.1　环境卫生条件

4.6.1.1　鹅饲养场的环境质量应符合NY/T 388的要求,污水、污物处理应符合GB 14554的要求。

4.6.1.2　建筑布局:应严格执行生产区和生活区相隔离的原则。场内人员、动物和物品运转应采取单一流向,净道和污道不交叉,防止污染和疫病传播。

4.6.1.3　鹅饲养场的消毒和病害肉尸的无害化处理:应按照GB/T 16569和GB 16548进行。

4.6.2 饲养管理制度

鹅饲养应坚持“全进全出”原则。即全群雏鹅同时进场,同期出场,全场消毒。至少每一栋鹅舍饲养同批同日龄的肉鹅并同时出场。

4.6.3 免疫接种

鹅场应根据《中华人民共和国动物防疫法》及其配套法规的要求,结合当地实际情况,有选择地进行疫病的预防接种工作,并注意选择适宜的疫苗、免疫程序和免疫方法,并应符合 NY 5266 的要求。

4.6.4 疫病监测

应符合 NY 5266 的要求。

4.6.5 疫病控制和扑灭

鹅场发生疫病或怀疑发生疫病时,应依据《中华人民共和国动物防疫法》及时采取以下措施:

a) 驻场兽医应尽快向当地畜牧兽医行政管理部门报告疫情。

b) 确诊发生高致病性禽流感时,鹅场应配合当地畜牧兽医管理部门,对鹅群实施严格的隔离、扑杀措施;发生鹅副黏病毒、禽结核病等疫病时,应对鹅群实施清群和净化措施;全场进行彻底的清洗消毒,病死或淘汰鹅的尸体按 GB 16548 进行无害化处理,消毒按 GB/T 16569 进行。

4.7 病害肉尸的无害化处理

应符合 GB 16548 标准的要求。

4.8 环境质量

鹅舍内环境卫生应符合 NY/T 388 标准的要求。

5 鹅舍设备卫生条件

5.1 鹅舍选址

5.1.1 鹅舍选址应在地势高燥、采光充足和排水良好、有充足和卫生的水源。

5.1.2 鹅场周围 3 km 内无大型化工厂、矿厂、屠宰场等污染源,距离其他畜牧场至少 1 km 以上。

5.1.3 鹅场距离交通主干线、城市、村和镇居民点至少 1 km 以上。

5.1.4 鹅场不应建在水源保护区上游和食品加工厂上风方向。

5.1.5 新建鹅饲养场不可位于传统的鹅副黏病毒和高致病性禽流感疫区内。

5.2 工艺要求

5.2.1 鹅场应执行生产区和生活区严格分开隔离的原则,并布局合理。

5.2.2 鹅舍建筑应符合防疫卫生要求,育雏室内墙表面、地面应光滑平整,并耐酸或耐碱消毒液,墙面不易脱落,耐磨损,不含有毒有害物质。

5.2.3 应具备良好的防鼠、防虫和防鸟设施。

5.3 设备

5.3.1 应具备良好的卫生条件。

5.3.2 适合清洗、消毒处理,且卫生易于检测。

6 饲养管理卫生要求

6.1 消毒

应制定合理的鹅舍消毒程序和制度,并认真执行;每批鹅出栏后应实施清洗、消毒措施。清洗消毒宜按以下顺序进行:首先清除粪便,并立即喷洒杀虫剂;其次,搬出所有可以移动的杂物;再次,鹅舍和舍内设备清洗,特别是引水和喂料设备;最后,对墙壁、地面、用具进行消毒,并准备好围栏、工作服等。消毒剂应选择符合《中华人民共和国兽药典》规定的高效、低毒和低残留消毒剂。

6.2 鹅舍空置

鹅舍清洗、消毒完毕后到进鹅前空舍时间至少2周，关闭并密封鹅舍，防止野鸟和鼠类进入。

6.3 对外隔离

鹅场所有入口处应加锁并设有"谢绝参观"标志。鹅场门口设消毒池和消毒间，进出车辆经过消毒池，所有进场人员必须经消毒池进入，消毒池可选用2%～3%漂白粉澄清溶液或2%氢氧化钠溶液，消毒液应定期更换，保持其有效性。进场车辆建议用表面活性剂消毒液进行喷雾，进场人员经过紫外线照射的消毒间。外来人员不能随意进出生产区；特殊情况下，参观人员在淋浴和消毒后穿戴保护服方可进入。

6.4 工作人员

工作人员经健康检查，取得健康合格证方可上岗，并应定期进行体检。工作人员进鹅舍前必须更换干净的工作服和工作鞋。

6.5 养鹅场不能同时饲养其他禽类。

7 饲养管理技术

7.1 饮水

雏鹅出生后24 h左右第一次饮水。确保饮水器不漏水，防止垫料和饲料霉变。饮水中可以添加葡萄糖、电解质和多种维生素类添加剂。

7.2 喂料

第一次饮水后0.5 h～1.0 h可以喂食。饲料应符合GB 13078的要求。饲料中可以根据所饲养肉鹅品种推荐的饲养标准拌入多种维生素类添加剂。每次添料根据需要确定，尽量保持饲料新鲜，防止饲料发生霉变。随时清除散落的饲料和喂料系统中的垫料。饲料存放在通风、干燥的地方，不应饲喂超过保质期或发霉、变质和生虫的饲料。

7.3 温度

育雏温度应符合表1。

表1 雏鹅适宜的温度

日 龄 d	温 度 ℃
1～7	32～28
8～14	28～24
15～21	24～20
22～28	20～16
29～上市	15

7.4 通风和光照

在保暖的同时，一定要使鹅舍保持适宜的通风，但要防止贼风和过堂风。舍内氨气浓度宜保持在10 mg/L以下，二氧化碳0.2%以下。光照时间和光照强度要求见表2。

表2 光照时间和强度安排

日 龄 d	光照时间 h	光照强度 lx
0～7	24	25
8～14	18	25
15～21	16	25
22	自然光照，晚上加夜宵灯（100 m^2 1只20 W灯，灯泡高度2 m）。	

7.5 密度

适宜的饲养密度见表3。

表3 肉鹅适宜饲养密度

单位为只/m^2

类　型	1周龄	2周龄	3周龄	4周龄～6周龄	7周龄～上市
小型鹅种	12～15	9～11	6～8	5～6	4.5
中型鹅种	8～10	6～7	5～6	4	3
大型鹅种	6～8	6	4	3	2.5

7.6 分群

根据出雏时的强弱大小进行分群饲养，每群100羽左右；3周龄后可以并群饲养，每群300羽～400羽；饲养中还要注意根据鹅只的生长发育和大小强弱不断整理鹅群，使每群鹅大小、强弱尽量一致，以便饲养管理。

7.7 育肥

上市前2周左右，视鹅的体况决定是否驱虫一次。驱虫药物使用应符合NY 5035的要求。

7.8 防止鸟和鼠害

控制鸟和鼠进入鹅舍，饲养场院内和鹅舍经常投放诱饵灭鼠和灭蝇。鹅舍内诱饵注意严格控制，或在空舍时投放，使鹅群不能接触。

7.9 病、死鹅处理

对病情较轻、可以治疗的鹅应隔离饲养进行治疗，所用药物应符合NY 5035的要求。传染病致死及因其他病扑杀的尸体应按GB 16548的要求进行处理。

7.10 鹅场废弃物处理

使用垫料的饲养场，采取鹅出栏后一次性清理垫料，饲养过程中垫料潮湿、污染后要及时清出、更换，网上饲养时应及时清理粪便。运动场上的粪便也要每日清除，清出的垫料和粪便在固定地点进行堆放，充分发酵处理，堆肥池应为混凝土结构，并有房顶。

7.11 生产记录

建立生产记录档案，包括进雏日期、进雏数量、雏鹅来源、饲养员；每日的生产记录包括：日期、鹅日龄、死亡数、死亡原因、存栏数、温度、湿度、免疫记录、消毒记录、治疗用药记录、喂料量、主要添加剂使用记录、药物性添加剂使用记录、鹅群健康状况、出售日期、数量和购买单位。记录应在鹅出售后保存2年以上。

7.12 鹅出栏

鹅出栏前6 h～8 h停喂饲料，自由饮水。

8 检疫

鹅出售前按GB 16549标准进行产地检疫。

9 运输

运输设备应洁净，符合食品卫生要求。

ICS 67.120.10
X 22

中华人民共和国农业行业标准

NY 5268—2004

无公害食品　毛肚

2004-01-07 发布　　　　2004-03-01 实施

中华人民共和国农业部 发布

前　言

本标准附录 A 为规范性附录。

本标准由中华人民共和国农业部提出。

本标准起草单位:农业部畜禽产品质量监督检验测试中心、北京国农工贸发展中心。

本标准主要起草人:刘素英、侯东军、尤华、刘勇军、李艳华、王慧云、蔡英华。

无公害食品　毛肚

1　范围

本标准规定了无公害毛肚(牛、羊)的生产技术要求、检验方法、标志、包装、贮存及运输。

本标准适用于新鲜毛肚、干毛肚、盐渍毛肚、冷冻毛肚和胀发毛肚。

2　规范性引用文件

下列文件中的条款通过本标准的引用而成为本标准的条款。凡是注明日期的引用文件，其随后所有的修改单(不包括勘误的内容)或修订版均不适用于本标准，然而，鼓励根据本标准达成协议的各方研究是否可以使用这些文件的最新版本。凡是不注明日期的引用文件，其最新版本适用于本标准。

GB 191　包装储运图示标志
GB 4789.2　食品卫生微生物学检验　菌落总数测定
GB 4789.3　食品卫生微生物学检验　大肠菌群测定
GB 4789.4　食品卫生微生物学检验　沙门氏菌检验
GB/T 5009.11　食品中总砷的测定方法
GB/T 5009.12　食品中铅的测定方法
GB/T 5009.17　食品中总汞的测定方法
GB/T 5009.29　食品中山梨酸、苯甲酸的测定方法
GB/T 5009.44　肉与肉制品卫生标准的分析方法
GB/T 6388　运输包装收发货标志
GB 7718　食品标签通用标准
GB/T 9695.5　肉与肉制品 pH 值的检测方法
GB/T 9695.19　肉与肉制品　取样方法
GB 12694　肉类加工厂卫生规范
GB 18393　牛羊屠宰产品品质检验规程
NY 5028　无公害食品　畜禽产品加工用水水质
NY 5029—2001　无公害食品　猪肉
NY 5125　无公害食品　肉牛饲养兽药使用准则
NY 5126　无公害食品　肉牛饲养兽医防疫准则
NY/T 5127　无公害食品　肉牛饲养饲料使用准则
NY/T 5128　无公害食品　肉牛饲养管理准则
NY 5148　无公害食品　肉羊饲养兽药使用准则
NY 5149　无公害食品　肉羊饲养兽医防疫准则
NY 5150　无公害食品　肉羊饲养饲料使用准则
NY/T 5151　无公害食品　肉羊饲养管理准则
NY 5172—2002　食品中甲醛的检测方法

3　术语和定义

下列术语和定义适用于本标准

3.1

鲜毛肚 fresh ruminate forestomach

以屠宰牛、羊的新鲜胃为原料，经整理，清洗加工后制成的毛肚。

3.2

干毛肚 dry ruminate forestomach

将鲜毛肚去掉部分水分制成的毛肚。

3.3

盐渍毛肚 salted ruminate forestomach

在新鲜毛肚中加入一定比例的食用盐经盐渍后制成的毛肚。

3.4

胀发毛肚 puffy ruminate forestomach

通过清洗、浸泡等工艺将鲜毛肚、干毛肚、盐渍毛肚或冷冻毛肚泡发后制成的毛肚。

3.5

冷冻毛肚 frozen ruminate forestomach

在－35℃以下环境中，使中心温度在12 h内达到－15℃以下制成的毛肚。

3.6

肉眼可见异物 visible foreign matter

有碍人食用的杂物或污染物，如粪便、塑料、金属及残留饲料等。

4 技术要求

4.1 原料

屠宰前的牛羊应来自非疫区，牛羊分别按照NY 5125、NY 5126、NY/T 5127、NY 5128和NY 5148、NY 5149、NY 5150、NY/T 5151要求进行饲养，并检验、检疫，取得合格证明。屠宰时，应按GB 18393的要求，经法定机构检疫、检验，取得动物产品检疫合格证明。屠宰加工企业的卫生要求应按GB 12694的规定执行，加工用水符合NY 5028的要求。

4.2 感官要求

感官要求应符合表1规定。

表1 感官要求

项　目	指　标
色泽	具有毛肚的固有色泽
组织状态	致密有弹性，不腐碎，不僵硬
气味	气味正常，无异味，无腐臭味
肉眼可见异物	不得检出
注：本表中“组织状态”对冷冻毛肚不做要求。	

4.3 理化要求

理化要求应符合表2规定。

表2　理化指标

项　　目	指　　标
pH	≤9.5
甲醛，mg/kg	不得检出
挥发性盐基氮，mg/100 g	≤15
苯甲酸，g/kg	≤2
山梨酸，g/kg	≤0.50
铅，mg/kg	≤0.50
汞(以Hg计)，mg/kg	≤0.05
砷，mg/kg	≤0.50
土霉素，mg/kg	≤0.10
磺胺类(以磺胺类总量计)，mg/kg	≤0.10

4.4 微生物指标

微生物要求应符合表3规定

表3　微生物指标

项　　目	指　　标
菌落总数，cfu/g	≤ 1.0×10^6
大肠菌群，MPN/100 g	≤ 1.0×10^4
沙门氏菌	不得检出

5 检验方法

5.1 感官检验

5.1.1 色泽：目测。

5.1.2 组织状态：手触，目测。

5.1.3 气味：嗅觉检验。

5.1.4 肉眼可见异物：目测。

5.2 理化检验

5.2.1 pH

按GB/T 9695.5规定方法测定。

5.2.2 甲醛

按NT 5172—2002中附录A规定方法测定。

5.2.3 挥发性盐基氮

按GB/T 5009.44规定方法测定。

5.2.4 山梨酸、苯甲酸

按GB/T 5009.29规定方法测定。

5.2.5 铅

按 GB/T 5009.12 规定方法测定。

5.2.6 汞

按 GB/T 5009.17 规定方法测定。

5.2.7 砷

按 GB/T 5009.11 规定方法测定。

5.2.8 土霉素

按 NY 5029—2001 中附录 C 规定方法测定。

5.2.9 磺胺类

按 NY 5029—2001 中附录 E 规定方法测定。

5.3 微生物检验

5.3.1 菌落总数

按 GB 4789.2 规定方法检验。

5.3.2 大肠菌群

按 GB 4789.3 规定方法检验。

5.3.3 沙门氏菌

按 GB 4789.4 规定方法检验。

6 抽样检验规则

按附录 A 中的规定执行。

7 判定规则

7.1 产品的感官指标为缺陷项，理化指标和微生物指标为关键项，经产品检验缺陷项两项或关键项一项不合格，判该产品为不合格产品。

7.2 受检样品的缺陷项目检验不合格时，允许按本标准 7.1 的规定重新加倍抽取样品进行复检，以复检结果为最终检验结果。

8 标志、包装、贮存、运输

8.1 标志

内包装(销售包装)标志应符合 GB 7718 的规定；外包装标志应符合 GB 191 和 GB/T 6388 的规定。

8.2 包装

包装材料应符合相应的国家食品卫生标准。

8.3 贮存

产品不应与有毒、有害、有异味、易挥发、易腐蚀的物品同处贮存。新鲜毛肚、胀发毛肚在−1℃～4℃下保鲜贮存；冷冻毛肚在−18℃以下贮存，库温最高温度不得超过−15℃；干毛肚和盐渍毛肚在常温下贮存。

8.4 运输

产品运输时应使用符合卫生要求的运输工具，不应与有毒、有害、有气味的物品混放。

附 录 A
(规范性附录)
无公害食品毛肚的抽样检验规则

A.1 抽样方法

A.1.1 批次:由同一班次同一生产线生产的产品为同一批次。

A.1.2 抽样:抽样按 GB/T 9695.19 规定执行。

A.2 检验类型

A.2.1 出厂检验:每批产品出厂前,均应取得法定机构的动物产品检疫合格证明,生产企业均应进行出厂检验,出厂检验内容包括包装、标签、标志、净含量、感官指标等方面的检验,经检验合格并附合格证的产品方可出厂。

A.2.2 型式检验:型式检验是对产品进行全面考核,即对本标准规定的全部技术要求进行检验。有下列情况之一者应进行型式检验:

a) 申请使用无公害食品标志时;

b) 正式生产后,原料、生产环境有较大变化,可能影响产品质量时;

c) 国家质量监督机构或主管部门提出进行型式检验要求时;

d) 有关各方对产品质量有争议需仲裁时;

e) 市场准入时。

ICS 67.120.10
X 22

中华人民共和国农业行业标准

NY 5269—2004

无公害食品　鸽肉

2004-01-07 发布　　　　2004-03-01 实施

中华人民共和国农业部 发布

前　言

本标准附录 A 为规范性附录。

本标准由中华人民共和国农业部提出。

本标准起草单位:农业部畜禽产品质量监督检验测试中心、北京国农工贸发展中心。

本标准主要起草人:杨清峰、尤华、刘勇军、侯东军、李艳华、王慧云、蔡英华。

无公害食品　鸽肉

1　范围

本标准规定了无公害鲜、冻鸽肉的技术要求、检验方法和标志、包装、贮存、运输要求。

本标准适用于无公害鲜、冻鸽肉。

2　规范性引用文件

下列文件中的条款通过本标准的引用而成为本标准的条款。凡是注明日期的引用文件，其随后所有的修改单(不包括勘误的内容)或修订版均不适用于本标准，然而，鼓励根据本标准达成协议的各方研究是否可以使用这些文件的最新版本。凡是不注明日期的引用文件，其最新版本适用于本标准。

GB 191　包装储运图示标志

GB 4789.2　食品卫生微生物学检验　菌落总数测定

GB 4789.3　食品卫生微生物学检验　大肠菌群测定

GB 4789.4　食品卫生微生物学检验　沙门氏菌检验

GB/T 5009.11　食品中总砷的测定方法

GB/T 5009.12　食品中铅的测定方法

GB/T 5009.13　食品中铜的测定方法

GB/T 5009.17　食品中总汞的测定方法

GB/T 5009.19　食品中六六六、滴滴涕残留量的测定方法

GB/T 5009.44　肉与肉制品卫生标准的分析方法

GB/T 6388 运输包装收发货标志

GB/T 7718　食品标签通用标准

GB 9695.15　肉与肉制品　水分含量测定

GB 9695.19　肉与肉制品　取样方法

GB 12694　肉类加工厂卫生规范

GB/T 14931.1　畜禽肉中土霉素、四环素、金霉素残留量测定方法(高效液相色谱法)

GB 18407.3　农产品安全质量　无公害畜禽肉产地环境要求

NY 467　畜禽屠宰卫生检疫规范

NY 5028　无公害食品　畜禽产品加工用水水质

NY 5029　无公害食品　猪肉

NY 5034　无公害食品　鸡肉

第236号《中华人民共和国农业部公告》中《动物源食品中恩诺沙星和环丙沙星残留检测方法——高效液相色谱法》

3　术语和定义

下列术语和定义适用于本标准

3.1

可见异物　visible foreign matter

有碍人食用的杂物或污染物，如绒毛、粪便、胆汁污染物、塑料、金属、残留饲料等。

4 技术要求

4.1 原料

供宰杀的肉鸽应来自非疫区，健康无病，饲养场环境符合 GB 18407.3 的规定，并经检疫、检验，取得合格证明。

4.2 宰杀加工

4.2.1 肉鸽宰杀时，应参照 NY 467 的要求，经法定机构检疫、检验合格，并取得动物产品检疫合格证明。加工企业卫生要求符合 GB 12694 的要求，加工用水应符合 NY 5028 的要求。

4.2.2 肉鸽宰杀放血后，应除去羽毛、喙壳、脚皮、爪甲等，保持鸽胴体形态完整。从肉鸽放血至加工产品包装入冷库时间不得超过 2 h。

4.3 冷加工

4.3.1 冷却

肉鸽宰杀后 45 min 内，肉的中心温度应降到 10℃以下。

4.3.2 冷冻

需冷冻的产品，应在－35℃以下急冻，其中心温度应在 12 h 内降到－15℃以下。

4.4 感官指标

应符合表 1 的规定。

表 1 感官指标

项　目	鲜 鸽 肉	冻鸽肉(解冻后)
外观	无鸽痘，皮肤无红色充血痕迹	
组织状态	肌肉有弹性，经指压后凹陷部位立即恢复原位	肌肉经指压后凹陷部位可缓慢恢复
色泽	表皮和肌肉切面有光泽，具有鸽肉固有色泽	
气味	具有鸽肉固有气味，无异味	
煮沸后的肉汤	透明澄清、脂肪团聚于液面，具固有香味	
可见异物	不得检出	

4.5 理化指标

应符合表 2 规定。

表 2 理化指标

项　目	指　标
解冻失水率，%	≤8
水分，%	≤77
挥发性盐基氮，mg/100 g	≤15
汞(以 Hg 计)，mg/kg	≤0.05
铅(以 Pb 计)，mg/kg	≤0.50
砷(以 As 计)，mg/kg	≤0.50
铜(以 Cu 计)，mg/kg	≤10
六六六(BHC)，mg/kg	≤0.10

表 2（续）

项　目	指　标
滴滴涕(DDT),mg/kg	≤0.10
金霉素,mg/kg	≤0.10
土霉素,mg/kg	≤0.10
恩诺沙星,mg/kg	≤0.10
磺胺类(以磺胺类总量计),mg/kg	≤0.10

4.6 微生物指标

应符合表 3 规定

表 3 微生物指标

项　目	指　标
菌落总数,cfu/g	$\leq 5\times10^5$
大肠菌群,MPN/100 g	$<5\times10^5$
沙门氏菌	不得检出

5 检验方法

5.1 感官检验

按 GB/T 5009.44 规定方法检验。

5.2 理化检验

5.2.1 解冻失水率

按 NY 5034 规定方法测定。

5.2.2 水分

按 GB 9695.15 规定方法测定。

5.2.3 挥发性盐基氮

按 GB/T 5009.44 规定方法测定。

5.2.4 汞

按 GB/T 5009.17 规定方法测定。

5.2.5 铅

按 GB/T 5009.12 规定方法测定。

5.2.6 砷

按 GB/T 5009.11 规定方法测定。

5.2.7 铜

按 GB/T 5009.13 规定方法测定。

5.2.8 六六六、滴滴涕

按 GB/T 5009.19 规定方法测定。

5.2.9 金霉素、土霉素

按 GB/T 14931.1 规定方法测定。

5.2.10 恩诺沙星

按第 236 号《中华人民共和国农业部公告》中规定的方法测定。

5.2.11 磺胺类

按 NY 5029 规定方法测定。

5.3 微生物检验

5.3.1 菌落总数

按 GB 4789.2 规定方法测定。

5.3.2 大肠菌群

按 GB 4789.3 规定方法测定。

5.3.3 沙门氏菌

按 GB 4789.4 规定方法测定。

5.4 产品中心温度

按 NY 5034 规定方法测定。

6 抽样检验规则

抽样检验规则按附录 A 中的要求执行。

7 判定规则

7.1 产品的感官指标为缺陷项，理化指标和微生物指标为关键项，产品经检验缺陷项两项或关键项一项不合格，判该产品为不合格产品。

7.2 受检样品的缺陷项目检验不合格时，允许按本标准 6 的规定重新加倍抽取样品进行复检，以复检结果为最终检验结果。

8 标志、包装、贮存、运输

8.1 标志

内包装(销售包装)标志应符合 GB 7718 的规定；外包装标志应符合 GB 191 和 GB/T 6388 的规定。

8.2 包装

包装材料应全新、清洁、无毒无害、无异味。

8.3 运输

应使用符合卫生要求的工具运输。产品运输时，不得与有毒、有害、有气味的物品共同存放。

8.4 贮存

冷却鸽肉应贮存在－1℃～4℃的环境中；冷冻鸽肉应贮存在－18℃以下的冷冻库，库温最高不得超过－15℃。

附 录 A
(规范性附录)
无公害食品鸽肉的抽样检验规则

A.1 抽样方法

A.1.1 批次:由同一班次同一生产线生产的产品为同一批次。

A.1.2 抽样:抽样按 GB 9695.19 规定执行。

A.2 检验类型

A.2.1 出厂检验:每批产品出厂前,均应取得法定机构动物产品检疫合格证明,生产企业应进行出厂检验,出厂检验内容包括包装、标签、标志、净含量、感官等方面,经检验合格并附合格证后的产品方可出厂。

A.2.2 型式检验:型式检验是对产品进行全面考核,即对本标准规定的全部技术要求进行检验。有下列情况之一者应进行型式检验:

a) 申请使用无公害食品标志时;

b) 正式生产后,原料、生产环境有较大变化,可能影响产品质量时;

c) 有关行政主管部门提出进行型式检验要求时;

d) 有关各方对产品质量有争议需仲裁时。

e) 市场准入时。

ICS 67.120.20
X 18

中华人民共和国农业行业标准

NY 5270—2004

无公害食品　鹌鹑蛋

2004-01-07 发布　　2004-03-01 实施

2005

中华人民共和国农业部 发布

前　言

本标准由中华人民共和国农业部提出。

本标准起草单位:中国畜产品加工研究会、南京农业大学、湖南农业大学。

本标准主要起草人:马美湖、彭增起、黄明、陈力力、娄爱华、马汉军、聂乾忠、周光宏。

无公害食品　鹌鹑蛋

1　范围

本标准规定了无公害食品　鹌鹑蛋的定义、技术要求、检验方法、检验规则及标志、标签、包装、运输和贮存要求。

本标准适用于无公害食品　鲜鹌鹑蛋及冷藏鹌鹑蛋的质量安全评定。

2　规范性引用文件

下列文件中的条款通过本标准的引用而成为本标准的条款。凡是注明日期的引用文件，其随后所有的修改单(不包括勘误的内容)或修订版均不适用于本标准，然而，鼓励根据本标准达成协议的各方研究是否可使用这些文件的最新版本。凡是不注明日期的引用文件，其最新版本适用于本部分。

GB 4789.2　食品卫生微生物学检验　菌落总数测定
GB 4789.3　食品卫生微生物学检验　大肠菌群测定
GB 4789.4　食品卫生微生物学检验　沙门氏菌检验
GB 6543　瓦楞纸箱
GB 7718　食品标签通用标准
GB 8674　鲜蛋储运包装　塑料包装件的运输、储存、管理
GB 9687　食品包装用聚乙烯成型品卫生标准
GB 9693　食品包装用聚丙烯树脂卫生标准
GB 11680　食品包装用原纸卫生标准
GB/T 5009.11　食品中总砷的测定方法
GB/T 5009.12　食品中铅的测定方法
GB/T 5009.15　食品中镉的测定方法
GB/T 5009.17　食品中总汞的测定方法
GB/T 5009.116　畜禽肉中土霉素、四环素、金霉素残留量的测定方法(高效液相色谱法)
GB/T 5009.162　动物性食品中有机氯农药和拟除虫菊酯农药多残留组份分析方法
GB/T 14962　食品中铬的测定方法
GB/T 18407.3　农产品安全质量　无公害畜禽肉产地环境要求
NY 5039　无公害食品　鸡蛋
NY 5029　无公害食品　猪肉
NY 5043　无公害食品　蛋鸡饲养管理准则
SN/T 0341　出口肉及肉制品中氯霉素残留量检验方法

3　术语和定义

下列术语和定义适用于本标准。

3.1

冷藏鹌鹑蛋　refrigerated quail egg

指经过0℃～4℃冷藏的鹌鹑蛋。

4　技术要求

4.1　无公害食品　鹌鹑蛋应来自于参照NY/T 5043要求组织生产的鹌鹑养殖场。

4.2 理化指标应符合表1的规定。

表1 理化指标

项　目	指　标
砷(以As计),mg/kg	≤0.5
汞(以Hg计),mg/kg	≤0.03
铅(以Pb计),mg/kg	≤0.1
铬(以Cr计),mg/kg	≤1.0
镉(以Cd计),mg/kg	≤0.05
六六六,mg/kg	≤0.1
滴滴涕,mg/kg	≤0.1
土霉素,mg/kg	≤0.1
金霉素,mg/kg	≤0.2
四环素,mg/kg	≤0.1
磺胺类(以磺胺类总量计),mg/kg	≤0.1
氯霉素,mg/kg	不得检出
呋喃唑酮,mg/kg	不得检出

4.3 微生物指标应符合表2的规定。

表2 微生物指标

项　目	指　标
菌落总数,cfu/g	$\leqslant 5\times10^4$
大肠菌群,MPN/g	≤100
沙门氏菌	不得检出

5 检验方法

5.1 理化检验

5.1.1 砷的测定

按GB/T 5009.11执行。

5.1.2 汞的测定

按GB/T 5009.17执行。

5.1.3 铅的测定

按GB/T 5009.12执行。

5.1.4 铬的测定

按GB/T 14962执行。

5.1.5 镉的测定

按GB/T 5009.15执行。

5.1.6 六六六、滴滴涕的测定

按GB/T 5009.162执行。

5.1.7 土霉素、金霉素、四环素的测定

按 GB/T 5009.116 执行。

5.1.8 氯霉素的测定

按 SN/T 0341 执行。

5.1.9 呋喃唑酮的测定

按 NY 5039 附录 A 执行。

5.1.10 磺胺类的测定

按 NY 5029 执行。

5.2 微生物检验

5.2.1 菌落总数的检测

按 GB/T 4789.2 执行。

5.2.2 大肠菌群的测定

按 GB 4789.3 测定。

5.2.3 沙门氏菌的检测

按 GB/T 4789.4 执行。

6 检验规则

6.1 检验批次

以同一产地、同一品种、同一产蛋周期、同一包装日期的产品为一个批次。应分批编号，500 kg 以下抽取 5 个样点，500 kg 以上每增加 200 kg 增加一个样点。

6.2 抽样方法

每一批次采取按编号随机多点抽样，混匀后分成两份，一份检验，一份留样备检，抽样量为2 kg～3 kg。

6.3 判定规则

检验结果符合本标准要求的，则判定该批产品为合格品。检验结果中任何一项不符合标准要求的，则判定该批产品为不合格品。

7 包装、标签、贮存、运输

7.1 包装

7.1.1 外包装

采用特制木箱、纸箱、塑料箱等。

7.1.2 内包装

采用蛋托或纸格，将蛋的大头朝上，装入蛋托或纸格内，不得空格漏装。

7.1.3 瓦楞纸箱

应符合 GB 6543 的规定。

7.1.4 原纸

应符合 GB 11680 的规定。

7.1.5 聚乙烯成型品

应符合 GB 9687 的规定。

7.1.6 聚丙烯树脂

应符合 GB 9693 的规定。

7.2 标签

应符合 GB 7718 的规定。

7.3 贮存、运输

应符合 GB 8674 的规定，冷库贮存温度为 0℃～4℃，相对湿度保持在 80％～90％。

运输工具应清洁卫生，无异味，在运输搬运过程中，应轻拿轻放，防潮、防曝晒、防雨淋、防污染和防冻。

ICS 67.120.10
X 22

中华人民共和国农业行业标准

NY 5271—2004

无公害食品　驴肉

2004-01-07 发布　　2004-03-01 实施

中华人民共和国农业部 发布

前　言

本标准的附录 A 是规范性附录。

本标准由中华人民共和国农业部提出。

本标准起草单位:农业部食品质量监督检验测试中心(杨凌)。

本标准主要起草人:赵锁劳、彭玉魁、刘拉平、孙新涛、张晓荣。

无公害食品　驴肉

1　范围

本标准规定了无公害驴肉的技术要求、检验方法、检验规则和标志、包装、运输及贮存。

本标准适用于无公害鲜、冻驴肉。

2　规范性引用文件

下列文件中的条款通过本标准的引用而成为本标准的条款。凡是注日期的引用文件，其随后所有的修改单(不包括勘误的内容)或修订版均不适用于本标准，然而，鼓励根据本标准达成协议的各方研究是否可使用这些文件的最新版本。凡是不注日期的引用文件，其最新版本适用于本标准。

GB 191　包装储运图示标志

GB 4789.2　食品卫生微生物学检验　菌落总数测定

GB 4789.3　食品卫生微生物学检验　大肠菌群测定

GB 4789.4　食品卫生微生物学检验　沙门氏菌检验

GB 4789.17　食品卫生微生物学检验　肉与肉制品检验

GB/T 5009.11　食品中总砷的测定方法

GB/T 5009.12　食品中铅的测定方法

GB/T 5009.15　食品中镉的测定方法

GB/T 5009.17　食品中总汞的测定方法

GB/T 5009.44　肉与肉制品卫生标准的分析方法

GB/T 6388　运输包装收发货标志

GB 7718　食品标签通用标准

GB 9687　食品包装用聚乙烯成型品卫生标准

GB 9695.19　肉与肉制品　取样方法

GB 11680　食品包装用原纸卫生标准

GB 12694　肉类加工厂卫生规范

GB/T 14962　食品中铬的测定方法

GB 18406.3　农产品安全质量　无公害畜禽肉安全要求

NY/T 398　农、畜、水产品污染监测技术规范

NY 5028　无公害食品　畜禽产品加工用水水质

NY 5029　无公害食品　牛肉

3　技术要求

3.1　原料

3.1.1　屠宰前的活驴应来自非疫区，经当地动物防疫检验机构检验合格。

3.1.2　进口驴肉应有中华人民共和国出入境检验检疫部门出具的检疫合格证明，未通过检疫或检疫不合格的驴肉不得进口。

3.2　屠宰加工

驴屠宰过程应严格按照 NY 467 的要求，经法定机构检疫检验，取得动物检疫合格证明。屠宰加工企业卫生符合 GB 12694 的要求，加工用水应符合 NY 45028 的要求。

3.3 冷却加工

3.3.1 需冷却的产品，应在 24 h 内将驴肉中心温度降至 4℃以下，并在−1℃～4℃保存。

3.3.2 需冷冻的产品，应在−35℃以下冷库内急冻，中心温度应在 24 h 内降至−15℃以下。

3.4 感官指标

感官指标应符合表 1 规定。

表 1 无公害驴肉感官指标

项　目	指　标
色泽	肌肉呈暗红色，有光泽，脂肪呈白色或淡黄色
组织状态	肌肉致密，有弹性，表面微干，不黏手
气味	具有驴肉固有气味，无异味
煮沸后肉汤	澄清透明，脂肪团聚于表面，具驴肉固有的香味
肉眼可见异物	不应检出

3.5 理化指标

理化指标应符合表 2 规定。

表 2 无公害驴肉理化指标

项　目	指　标
解冻失水率，%	≤8
挥发性盐基氮，mg/100 g	≤15
汞(以 Hg 计)，mg/kg	≤0.05
铅(以 Pb 计)，mg/kg	≤0.40
砷(以 As 计)，mg/kg	≤0.50
铬(以 Cr 计)，mg/kg	≤1.0
镉(以 Cd 计)，mg/kg	≤0.10

3.6 微生物指标

微生物指标应符合表 3 规定。

表 3 无公害驴肉微生物指标

项　目	指　标
菌落总数，cfu/g	$\leq 5\times10^6$
大肠菌群，MPN/100 g	$\leq 5\times10^5$
沙门氏菌	不应检出

4 检验方法

4.1 感官检验

按 GB/T 5009.44 规定方法检验。

4.2 理化检验

4.2.1 解冻失水率：按 NY 5029 中附录 A 执行。

4.2.2 挥发性盐基氮：按 GB/T 5009.44 规定方法测定。

4.2.3 汞:按 GB/T 5009.17 规定方法测定。

4.2.4 铅:按 GB/T 5009.12 规定方法测定。

4.2.5 砷:按 GB/T 5009.11 规定方法测定。

4.2.6 铬:按 GB/T 14962 规定方法测定。

4.2.7 镉:按 GB/T 5009.15 规定方法测定。

4.3 微生物检验

4.3.1 菌落总数:按 GB 4789.2 规定方法检验。

4.3.2 大肠菌群:按 GB 4789.3 规定方法检验。

4.3.3 沙门氏菌:按 GB 4789.4 规定方法检验。

5 抽样规则

抽样规则按附录 A 中要求执行。

6 判定规则

检验结果符合本标准要求的,则判定该批产品为合格品。检验结果中感官指标有 2 项或其他指标有 1 项不符合本标准要求的,则判定该批产品为不合格品。

7 标志、包装、贮存、运输

7.1 标志

内包装(销售包装)标志应符合 GB 7718 的规定,外包装箱标志应符合 GB 191 和 GB/T 6388 的规定。

7.2 包装

包装材料应全新、清洁、无毒无害、无异味,符合 GB 11680 和 GB 9687 的规定。

7.3 贮存

冷却驴肉在－1℃～4℃下贮存,冷冻驴肉在－18℃以下贮存,库温最高不超过－15℃。各类驴肉均不应与有毒、有害、有异味、易挥发、易腐蚀的物品同处贮存。

7.4 运输

产品运输时应使用符合食品卫生要求的冷藏车(船)或保温车,不应与有毒、有害、有气味的物品混装。

附 录 A
（规范性附录）
无公害食品 驴肉抽样规则

A.1 抽样方法

A.1.1 批次：以同班次、同一生产线的同种产品为同一批次。

A.1.2 抽样：抽样按 GB 9695.19 规定执行。

A.2 检验类型

A.2.1 出厂检验：每批产品出厂前，均应取得法定机构的动物产品检疫合格证明，生产企业应进行出厂检验。出厂检验内容包括：包装、标签、标志、感官指标等方面的检验，经检验合格并附合格证的产品方可出厂。

A.2.2 型式检验：型式检验是对产品进行全面考核，即对本标准规定的全部技术要求进行检验，有下列情况之一者应进行型式检验。

a） 申请使用无公害食品标志时；

b） 正式生产后，原料、生产环境有较大变化，可能影响产品质量时；

c） 有关行政主管部门提出进行型式检验要求时；

d） 有关各方对产品质量有争议需仲裁时；

e） 市场准入。

ICS 67.120.30
B 51

中华人民共和国农业行业标准

NY 5272—2004

无公害食品　鲈鱼

2004-01-07 发布　　2004-03-01 实施

中华人民共和国农业部　发布

前　言

本标准由中华人民共和国农业部提出。

本标准起草单位：福建省水产研究所、福建省水产品质量监督检验站。

本标准主要起草人：吴成业、叶玫、庄宛、蔡良候、刘智禹、苏碰皮、贺学荣。

无公害食品　鲈鱼

1　范围

本标准规定了无公害食品鲈鱼的要求、试验方法、检验规则及标志、包装、运输与贮存。

本标准适用于鲈鱼(*Lateolabrax japonicus*)活、鲜品。

2　规范性引用文件

下列文件中的条款通过本标准的引用而成为本标准的条款。凡是注日期的引用文件，其随后所有的修改单(不包括勘误的内容)或修订版均不适用于本标准，然而，鼓励根据本标准达成协议的各方研究是否可使用这些文件的最新版本。凡是不注日期的引用文件，其最新版本适用于本标准。

GB/T 5009.11　食品中总砷及无机砷的测定

GB/T 5009.12　食品中铅的测定

GB/T 5009.15　食品中镉的测定

GB/T 5009.17　食品中总汞及有机汞的测定

NY 5052　无公害食品　海水养殖用水水质

SC/T 3015　水产品中土霉素、四环素、金霉素残留量的测定

SC/T 3016　水产品抽样方法

SC/T 3018　水产品中氯霉素残留量的测定　气相色谱法

SC/T 3022　水产品中呋喃唑酮残留量的测定　液相色谱法

3　要求

3.1　感官要求

3.1.1　活鲈鱼

鱼体健康，游动活泼，不得有鱼病症状。鱼体具有鲈鱼所固有的色泽和光泽；体态匀称，无畸形；鳞被完整，鳞片紧密。具有鲈鱼固有气味，无油污等异味。

3.1.2　鲜鲈鱼

鲜鲈鱼的感官要求见表1。

表1　感官要求

项　目		要　　求
外观	体表	体态匀称、无畸形，鳞被完整、鳞片紧密，不得有疾病症状；背部及体侧为银灰色，腹面为银白色，从侧线至背鳍散布黑色斑点，腹鳍及尾鳍呈淡灰色，有光泽
	鳃	鳃丝清晰，呈鲜红色，黏液透明
	眼球	眼球饱满，角膜清晰
气味		具有鲈鱼固有气味，无油污等异味
组织		肌肉组织紧密、富有弹性，内脏清晰、无腐败变质

3.2　安全指标

鲈鱼安全指标见表2。

表 2　安全指标

项　　目	要　　求
无机砷(以 As 计),mg/kg	≤0.5
铅(以 Pb 计),mg/kg	≤0.5
镉(以 Cd 计),mg/kg	≤0.1
汞(以 Hg 计),mg/kg	≤0.5
土霉素,μg/kg	≤100
氯霉素	不得检出
呋喃唑酮	不得检出

4　试验方法

4.1　感官检验

4.1.1　在光线充足、无异味或其他干扰的环境下,将样品置于清洁的白瓷盘上,按 3.1 感官指标进行逐项检验。当感官检验难以判定产品质量时,用水煮试验判定。

4.1.2　水煮试验:在容器中加入 500 mL 饮用水,将水烧开后,取约 100 g 用清水洗净的鱼,切块(不大于 3 cm～3 cm),放于容器中,加盖,煮 5 min 后,打开容器盖,闻气味,品尝肉质。.

4.2　无机砷的测定

按 GB/T 5009.11 的规定执行。

4.3　铅的测定

按 GB/T 5009.12 的规定进行。

4.4　镉的测定

按 GB/T 5009.15 的规定执行。

4.5　汞的测定

按 GB/T 5009.17 的规定执行。

4.6　土霉素的测定

按 SC/T 3015 的规定执行。

4.7　氯霉素的测定

按 SC/T 3018 的规定执行。

4.8　呋喃唑酮的测定

按 SC/T 3022 的规定执行。

5　检验规则

5.1　组批规则与抽样方法

5.1.1　组批规则

按同一时间、同一来源(同一鱼池或同一养殖场)的鲈鱼归类为同一检验批。

5.1.2　抽样方法

按 SC/T 3016 的规定执行。

5.1.3　试样制备

用于安全指标检验的样品鱼,清洗后,去头、骨、内脏,取肌肉等可食部分绞碎混合均匀后备用。试样量为 400 g,分为两份,其中一份用于检验,另一份作为留样。

5.2 检验分类

产品检验分为出场检验和型式检验。

5.2.1 出场检验

每批产品必须进行出场检验。出场检验由生产单位质量检验部门执行，检验项目为感官检验。

5.2.2 型式检验

有下列情况之一时应进行型式检验。型式检验的项目为本标准中规定的全部项目。

a) 新建鲈鱼养殖场养成的鲈鱼；

b) 养殖环境发生变化，可能影响产品质量时；

c) 有关行政主管部门提出进行型式检验要求时；

d) 出场检验与上次型式检验有较大差异时；

e) 正常生产时，每一个养殖周期至少一次周期性检验。

5.3 判定规则

5.3.1 感官检验所检项目应全部符合3.1条规定；检验结果中有两项以上指标不合格，则判为产品不合格；有一项指标不合格，允许重新抽样复检，如仍有不合格项则判为产品不合格。

5.3.2 安全指标的检验结果中有一项指标不合格，则判本批产品不合格，不得复检。

6 标志、包装、运输、贮存

6.1 标志

应标注产品名称、数量、产地、生产单位或销售单位、生产日期。

6.2 包装

6.2.1 包装材料

所用包装材料应坚固、洁净、无毒、无异味，符合卫生要求。

6.2.2 包装要求

活鱼包装中应保证所需氧气充足；鲜鱼应装于洁净的保温鱼箱中，确保鱼的鲜度及鱼体的完好。

6.3 运输

6.3.1 活鱼运输中应保证所需氧气充足；鲜鱼用冷藏或保温车船运输，保持鱼体温度在0℃～4℃。运输过程中应避免挤压与碰撞。

6.3.2 运输工具应清洁、无毒、无异味、无污染，符合卫生要求。

6.4 贮存

6.4.1 活鱼可在洁净、无毒、无异味的水体中充氧暂养，暂养水质应符合NY 5052的规定，活鱼暂养中应保证所需氧气充足。

6.4.2 鲜鱼贮存时保持鱼体温度在0℃～4℃，贮存环境应清洁、无毒、无异味、无污染，符合卫生要求。

ICS 65.150
B 51

中华人民共和国农业行业标准

NY/T 5273—2004

无公害食品　鲈鱼养殖技术规范

2004-01-07 发布　　2004-03-01 实施

2023

中华人民共和国农业部　发布

前　言

本标准由中华人民共和国农业部提出。

本标准起草单位:中国水产科学研究院珠江水产研究所。

本标准主要起草人:卢迈新、黄樟翰、肖学铮、陆小萏。

无公害食品　鲈鱼养殖技术规范

1　范围

本标准规定了鲈鱼(*Lateolabrax japonicus*)无公害养殖的环境条件、苗种培育、食用鱼饲养和病害防治技术。

本标准适用于无公害鲈鱼的养殖。

2　规范性引用文件

下列文件中的条款通过本标准的引用而成为本标准的条款。凡是注日期的引用文件，其随后所有的修改单(不包括勘误的内容)或修订版均不适用于本标准，然而，鼓励根据本标准达成协议的各方研究是否可使用这些文件的最新版本。凡是不注日期的引用文件，其最新版本适用于本标准。

GB 13078　饲料卫生标准

GB/T 18407.4　农产品安全质量　无公害水产品产地环境要求

NY 5051　无公害食品　淡水养殖用水水质

NY 5052　无公害食品　海水养殖用水水质

NY 5071　无公害食品　渔用药物使用准则

NY 5072　无公害食品　渔用配合饲料安全限量

SC/T 1006　淡水网箱养鱼　通用技术要求

SC/T 1007　淡水网箱养鱼　操作技术规程

SC/T 1008　池塘常规培育鱼苗鱼种技术规范

《水产养殖质量安全管理规定》中华人民共和国农业部令(2003)第[31]号

3　环境条件

3.1　水源

水源应符合 GB/T 18407.4 的要求，排灌方便，进排水设计合理。

3.2　水质

养殖用水应分别符合 NY 5052 和 NY 5051 的规定，水体溶解氧应在 5 mg/L 以上。

3.3　池塘条件

池塘土壤应符合 GB/T 18407.4 的要求，底部平坦，底质为沙泥底，不渗水。其他要求见表 1。

表 1　池塘要求

类　别	面积 m^2	水深 m	淤泥厚度 cm
鱼苗培育池	300～1 500	1.0～1.5	≤10
鱼种培育池	660～1 500	1.2～1.8	
食用鱼养殖池	4 000～8 000	1.8～2.2	

4　苗种培育

4.1　鱼苗培育

4.1.1 鱼苗来源

鱼苗应来源于国家级、省级良种场或专业性鱼类繁育场。外购鱼苗应检疫合格。

4.1.2 培育方法

4.1.2.1 清池与肥水

按 SC/T 1008 的规定执行。

4.1.2.2 放养密度

5 日龄～8 日龄的鱼苗，放养密度为 60×10^4 尾/hm^2～90×10^4 尾/hm^2。

4.1.2.3 饲料投喂

前 5 d～7 d，每天分上、下午全池泼洒黄豆浆或鲜杂鱼浆 15.0 kg/hm^2～22.5 kg/hm^2；鱼苗全长约 1.0 cm 时开始驯食杂鱼虾肉糜，日投喂 3 次～5 次，日投饲量为鱼体重的 20%～50%，并根据鱼苗的摄食情况及池水中浮游动物的密度及时调整。

4.1.2.4 日常管理

培苗前期应经常添加新水；鱼苗全长 1.0 cm 以上时，逐渐增大换水量或采用流水培育；育苗中后期逐步添加淡水降低海水盐度。鱼苗全长 1.3 cm 时，进行规格分池操作。

4.1.2.5 出池规格与质量

鱼苗全长 3.0 cm 以上、鳞片基本齐全、侧线已可辨认、鳍基本形成时，经检疫合格，即可出池。

4.2 鱼种培育

4.2.1 鱼种来源

人工培育或天然采捕获得。

4.2.2 鱼种质量

鱼种应规格整齐，体质健壮，无病、无伤、无畸形。外购鱼种应检疫合格。

4.2.3 放养密度

全长为 2.5 cm～3.0 cm 的鱼苗，放养密度为 15×10^4 尾/hm^2～30×10^4 尾/hm^2。

4.2.4 培育方法

4.2.4.1 盐度调整

采苗海区或原鱼苗培育池与鱼种培育池盐度差大于 3 的，应逐渐向鱼苗暂养容器中加入培育池水，24 h～48 h 内使盐度差调整一致。

4.2.4.2 日常管理

日常管理有：

——定时、定点驯食：将鲜杂鱼、虾肉糜或配合饲料按少量多次、逐步减少投饲次数和投饲点数量的原则进行驯食。经 1 周～2 周驯食后，每天可定点投喂配合饲料 2 次～3 次；

——日投饲量：投喂鲜活动物性饲料时，日投饲量占鱼体重的 10%～15%；配合饲料的日投饲量占鱼体重的 5%～8%；

——分选：每隔 20 d 按不同规格进行分池培育；

——水质管理：及时清污，加、换水，保持水体透明度为 30 cm～35 cm、溶氧量 5 mg/L 以上。

5 食用鱼饲养

5.1 池塘饲养

5.1.1 鱼种来源

人工培育获得。

5.1.2 鱼种质量

见4.2.2。

5.1.3 放养规格和密度

全长8 cm以上的鱼种，池塘饲养的放养密度为1.5×10^4尾/hm^2～2.0×10^4尾/hm^2。

5.1.4 饲养方法

5.1.4.1 盐度调整

见4.2.4.1。

5.1.4.2 日常管理

日常管理有：

——投喂：每天投喂两次，上、下午各一次。投喂鲜活动物性饲料时，日投饲量占鱼体重的6%～10%；投喂配合饲料时，日投饲量占鱼体重的3%～5%，并添加少量小杂鱼、虾混合投喂。水温低于15℃或高于29℃时应减少投饲次数和投饲量；

——水质管理：每隔10 d～15 d换水一次，每次换水量为50%～100%；高温季节加大换水次数和换水量；鲈鱼摄食差时，可停饲一次，并加大换水量及开动增氧机，保持溶氧量5mg/L以上；

——巡塘：早晚巡视，观察塘中水质、水位、水色变化情况和鱼群的摄食、活动情况；检查进出水口设施和塘埂，防止逃鱼。

5.2 网箱饲养

5.2.1 网箱养殖水域的选择

淡水网箱养殖水域应符合SC/T 1006的规定，水质符合NY 5071的规定。海水网箱养殖水域应选择低潮期水深5 m以上、流速0.07 m/s～0.7 m/s、海流流向平直而稳定、避开大风浪和航道的海区，水质符合NY 5072的规定，透明度0.5 m～3.0 m，溶氧量6 mg/L以上。

5.2.2 网箱的选择

淡水网箱应符合SC/T 1006的规定。海水网箱一般为(3.0～5.0) m×(3.0～5.0) m×(3.0～5.0) m浮动式网箱。网衣为无结节网片，网目大小以不逃鱼为原则。

5.2.3 网箱的设置

以串联设置方式每排串联6个～18个箱，箱距0.5 m，排距15 m。

5.2.4 鱼种质量

见4.2.2。淡水网箱饲养的，进箱前应做淡化处理，方法是向鱼苗暂养容器中注入淡水，逐步降低暂养水的盐度，在24 h～48 h内完成淡化过程。

5.2.5 放养规格和密度

不同规格的鲈鱼种网箱饲养的放养密度见表2。

表2 网箱饲养鲈鱼放养密度

鱼种规格(全长) cm	放养密度 尾/m^3	放养密度 kg/m^3
8～10	200	3.6
10～15	120	8.0
15～20	70	10.5
20～30	30	15.0

5.2.6 日常管理

日常管理主要有：

——投饲管理：每天投饲2次～3次。投喂动物性饲料时，日投饲量占鱼体重的6%～10%；投喂配合饲料时，日投饲量占鱼体重的3%～4%；

——网箱管理：应每隔10 d～15 d清洗一次、20 d～30 d更换一次网箱。每天巡视检查网箱有无破损，发现破损应及时修补或更换；水温高于28℃时避免倒箱、搬动；技术操作按SC/T 1007执行；

——防灾管理：做好防风、防雨工作，防止吹翻或压沉网箱，必要时应将网箱移到避风的地方。

6 生产记录

在养殖全过程中，养殖、药物使用应填写记录表，表格按《水产养殖质量安全管理规定》中附件1和附件3要求填写。

7 病害防治

7.1 预防

7.1.1 池塘清整

苗种放养前应清塘、消毒。清塘方法及清塘药物用量应符合SC/T 1008和NY 5071的规定。

7.1.2 鱼种消毒

鱼种放养、分箱或换箱时，应用3%～5%的食盐溶液（淡水饲养）浸泡5 min～10 min，或5 mg/L的高锰酸钾溶液（海水饲养）或1%的聚维酮碘（PVP-I）浸泡10 min～15 min消毒。

7.1.3 水体消毒

饲养期间，每隔30 d用生石灰全池泼洒一次，每次用量为150 kg/hm^2～375 kg/hm^2；或每隔15 d全池或全箱泼洒漂白粉，使水体药物浓度为1 mg/L。

7.1.4 饲料

饲料的营养应满足鲈鱼生长的需要，饲料的质量应符合GB 13078和NY 5072的规定，并定期添加适量的维生素E和维生素C。日投饲量应根据水温、水质和鲈鱼生长情况及时调整。

7.2 常见病害的防治

鲈鱼常见病害防治方法见表3。

表3 鲈鱼常见病害防治方法

鱼病名称	症　状	防治方法	休药期 d	注意事项
肠炎病	病鱼食欲不振，散游，继而消瘦，腹部、肛门红肿，有黄色黏液流出。解剖肠壁充血呈暗红色	预防：高温季节减少投饲量，喂优质饲料；避免倒箱。治疗：每千克体重用10 g～30 g大蒜拌饲投喂，连续4 d～6 d；或每千克体重用0.2 g大蒜素粉（含大蒜素10%）拌饲投喂，连续4 d～6 d，同时全池泼洒二氯异氰尿酸钠0.3 mg/L～0.6 mg/L	二氯异氰尿酸钠≥10	勿用金属容器盛装

表 3（续）

鱼病名称	症　　状	防治方法	休药期 d	注意事项
皮肤溃烂病	鳞片脱落部位皮肤充血、红肿、溃烂	20 mg/L 土霉素药浴 3 h～4 h,连续 2 d;每千克体重用 50 mg 土霉素拌饲投喂,连续 5 d～10 d	土霉素≥30	勿与铝、镁离子及卤素、碳酸氢钠、凝胶合用
类结节病	病鱼无食欲,体色稍变黑,离群散游或静止于池底,不久即死。解剖病鱼可见脾脏、肾脏上有很多小白点	每千克体重用 50 mg 土霉素拌饲投喂,连续 5 d～10 d		
隐核虫病	寄生于皮肤、鳃、鳍等体表外露处。寄生部位分泌大量黏液和表皮细胞增生,包裹虫体,形成白色囊孢。病鱼体色变黑、消瘦,反应迟钝或群集狂游,不断与其他物体或池壁摩擦。终因鳃组织被破坏,3 d～5 d 内大量死亡	预防:用含氯消毒剂或高锰酸钾清塘消毒;降低放养密度。治疗:淡水浸泡 3 min～10 min 后换池;硫酸铜、硫酸亚铁合剂(5∶2)0.7 mg/L～1.0 mg/L 全池泼洒或 8.0 mg/L 药浴 30 min～60 min 后进行大换水	含氯消毒剂≥10	1. 含氯消毒剂勿用金属容器盛装;勿与其他消毒剂混用; 2. 高锰酸钾避免在强烈阳光下使用; 3. 硫酸铜、硫酸亚铁合剂勿用金属容器盛装;勿与其他消毒剂混用;使用后注意增氧
车轮虫病	病鱼组织发炎,体表、鳃部形成黏液层,鱼体消瘦、发黑,游动缓慢,呼吸困难	预防:保证饲料充足;保持水质良好;降低放养密度。治疗:硫酸铜、硫酸亚铁合剂(5∶2)0.7 mg/L～1.0 mg/L 全池泼洒		

病害防治中渔用药物的使用与休药期应符合 NY 5071 的规定。

ICS 67.120.30
B 51

中华人民共和国农业行业标准

NY 5274—2004

无公害食品　牙鲆

2004-01-07 发布　　2004-03-01 实施

中华人民共和国农业部 发布

前　言

本标准由中华人民共和国农业部提出。

本标准起草单位:国家水产品质量监督检验中心。

本标准主要起草人:王联珠、陈远惠、李晓川、李兆新、冷凯良。

无公害食品　牙鲆

1　范围

本标准规定了无公害食品牙鲆的要求、试验方法、检验规则、标志、包装、运输与贮存。

本标准适用于牙鲆(*Paralichthys olivaceus*)活鱼和鲜鱼。

2　规范性引用文件

下列文件中的条款通过本标准的引用而成为本标准的条款。凡是注日期的引用文件，其随后所有的修改单(不包括勘误的内容)或修订版均不适用于本标准，然而，鼓励根据本标准达成协议的各方研究是否可使用这些文件的最新版本。凡是不注日期的引用文件，其最新版本适用于本标准。

GB/T 5009.11　食品中总砷及无机砷的测定

GB/T 5009.12　食品中铅的测定

GB/T 5009.15　食品中镉的测定

GB/T 5009.17　食品中总汞及有机汞的测定

NY 5052　无公害食品　海水养殖用水水质

SC/T 3015　水产品中土霉素、四环素、金霉素残留量的测定

SC/T 3016　水产品抽样方法

SC/T 3018　水产品中氯霉素残留量的测定　气相色谱法

SC/T 3022　水产品中呋喃唑酮残留量的测定　液相色谱法

3　要求

3.1　感官要求

3.1.1　活牙鲆

身体侧长扁平，双眼位于身体的左侧，有眼侧体呈深褐色并具暗色斑点；无眼侧体呈白色，允许背部略有白斑。体形正常，无畸形，无病态。平时不动，遇外界刺激时运动。

3.1.2　鲜牙鲆

鲜牙鲆的感官要求见表1。

表1　感官要求

项　目	要　求
体表	体态匀称，体形正常，体色正常，有光泽，允许略有白斑，无畸形
鳃	鳃丝清晰，呈鲜红或紫红色，黏液透明
眼球	眼球饱满，角膜清晰
气味	具有鲜鱼固有鲜腥气味，无异味
组织	富有弹性

3.2　安全指标

牙鲆安全指标见表2。

表2 安全指标

项 目	指 标
无机砷(以 As 计),mg/kg	≤0.5
汞(以 Hg 计),mg/kg	≤0.5
铅(以 Pb 计),mg/kg	≤0.5
镉(以 Cd 计),mg/kg	≤0.1
土霉素,μg/kg	≤100
氯霉素	不得检出
呋喃唑酮	不得检出

4 试验方法

4.1 感官检验

4.1.1 在光线充足、无异味的环境中,将试样置于白色搪瓷盘或不锈钢工作台上进行感官检验,当不能判定产品质量时,进行水煮试验。

4.1.2 水煮试验:在容器中加入 500 mL 饮用水,将水烧开后,取约 100 g 用清水洗净的鱼,切块(不大于 3 cm×3 cm),放于容器中,加盖,煮 5 min 后,打开盖,闻气味,品尝肉质。

4.2 无机砷的测定

按 GB/T 5009.11 的规定执行。

4.3 汞的测定

按 GB/T 5009.17 的规定执行。

4.4 铅的测定

按 GB/T 5009.12 的规定执行。

4.5 镉的测定

按 GB/T 5009.15 的规定执行。

4.6 土霉素的测定

按 SC/T 3015 的规定执行。

4.7 氯霉素的测定

按 SC/T 3018 的规定执行。

4.8 呋喃唑酮的测定

按 SC/T 3022 的规定进行。

5 检验规则

5.1 组批规则与抽样方法

按 SC/T 3016 中的规定进行。

5.1.1 组批规则

活牙鲆以同一鱼池或同一养殖场中养殖条件相同的产品为一检验批;鲜牙鲆以来源及大小相同的产品为一检验批。

5.1.2 抽样方法

每批产品随机抽取 5 尾~10 尾,用于感官检验。

每批产品随机抽取至少 3 尾,用于安全指标检验。

5.1.3 试样制备

用于安全指标检验的样品:至少取 3 尾牙鲆清洗后,去头、骨、内脏,取肌肉等可食部分绞碎混合均匀后备用；试样量为 400 g，分为两份，其中一份用于检验，另一份作为留样。

5.2 检验分类

产品检验分为出场检验和型式检验。

5.2.1 出场检验

每批产品必须进行出场检验。出场检验由生产者执行，检验项目为感官检验。

5.2.2 型式检验

有下列情况之一时应进行型式检验。检验项目为本标准中规定的全部项目。

a) 新建养殖场的养殖牙鲆；

b) 牙鲆养殖条件发生变化，如水质、饲料等发生变化，可能影响牙鲆产品质量时；

c) 有关行政主管部门提出进行型式检验要求时；

d) 出场检验与上次型式检验有较大差异时；

e) 正常生产时，生产单位为主体进行的，每年至少一次的周期性检验。

5.3 判定规则

5.3.1 活、鲜品的感官检验所检项目应全部符合 3.1 条规定；检验结果中有两项及两项以上指标不合格，则判为不合格；有一项指标不合格，允许重新抽样复检，如仍有不合格项则判为不合格。

5.3.2 安全指标的检验结果中有一项指标不合格，则判本批产品不合格，不得复检。

6 标志、包装、运输、贮存

6.1 标志

应标明产品的名称、生产单位名称、地址、产品种类、规格及出场日期。

6.2 包装

6.2.1 包装材料

所用包装材料应坚固、洁净、无毒、无异味。

6.2.2 包装要求

6.2.2.1 活牙鲆

活牙鲆暂养的水质应符合 NY 5052 的规定，保证所需氧气充足。

6.2.2.2 鲜牙鲆

鲜牙鲆应装于洁净的鱼箱或保温鱼箱中；保持鱼体温度在 0℃～4℃；确保鱼的鲜度及鱼体的完好。

6.3 运输

6.3.1 活牙鲆运输中应保证所需氧气充足，或达到保活运输需要的相关条件。

6.3.2 鲜牙鲆用冷藏或保温车船运输，保持鱼体温度在 0℃～4℃。

6.3.3 运输工具应清洁卫生，无异味，运输中防止日晒、虫害、有害物质的污染，不得靠近或接触腐蚀性物质。

6.4 贮存

6.4.1 活牙鲆贮存中应保证所需氧气充足，避免贮存于高温。

6.4.2 鲜牙鲆贮存时保持鱼体温度在 0℃～4℃。

6.4.3 产品贮藏于清洁、卫生、无异味、有防鼠防虫设备的库内，防止虫害和有害物质的污染及其他损害。

ICS 65.150
B 51

中华人民共和国农业行业标准

NY/T 5275—2004

无公害食品　牙鲆养殖技术规范

2004-01-07 发布　　2004-03-01 实施

中华人民共和国农业部 发布

前　言

本标准由中华人民共和国农业部提出。

本标准起草单位：青岛市渔业技术推广站、中国水产科学研究院黄海水产研究所。

本标准主要起草人：林治术、柳学周、郑炯、孙庆霞、孙中之。

无公害食品　牙鲆养殖技术规范

1　范围

本标准规定了牙鲆(*Paralichthys olivaceus*)无公害养殖的环境条件、苗种培育、食用鱼养殖和病害防治技术。

本标准适用于无公害牙鲆工厂化室内养殖和池塘养殖。

2　规范性引用文件

下列文件中的条款通过本标准的引用而成为本标准的条款。凡是注日期的引用文件,其随后所有的修改单(不包括勘误的内容)或修订版均不适用于本标准。然而,鼓励根据本标准达成协议的各方研究是否可使用这些文件的最新版本。凡是不注日期的引用文件,其最新版本适用于本标准。

GB 11607　渔业水质标准

GB/T 18407.4　农产品安全质量　无公害水产品产地环境要求

NY 5052　无公害食品　海水养殖用水水质

NY 5070　无公害食品　水产品中渔药残留限量

NY 5071　无公害食品　渔用药物使用准则

NY 5072　无公害食品　渔用配合饲料安全限量

NY 5073　无公害食品　水产品中有毒有害物质限量

《水产养殖质量安全管理规定》中华人民共和国农业部令(2003)第[31]号

3　环境条件

3.1　产地环境

产地环境应符合 GB/T 18407.4 的要求。

养殖场应选择海流畅通,水源充足,无污染,进排水方便,通讯、交通便利,电力充足的地方。

3.2　水质要求

水源水质应符合 GB 11607 的规定;养殖用水水质应符合 NY 5052 的要求。

4　苗种培育

4.1　苗种来源

选用天然亲鱼或经优选的人工培育亲鱼繁育获得的鱼苗。

4.2　苗种质量

苗种色泽正常,规则整齐,健康无损伤、无病害、无畸形,游动活泼,摄食良好。外购苗种应检疫合格。

4.3　培育密度

鱼苗布池密度为 2.5×10^4 尾/m^3～3×10^4 尾/m^3,鱼苗全长在 8 mm～10 mm 时分苗一次,密度为 1×10^4 尾/m^3,鱼苗全长在 13 mm～15 mm 时,再分苗一次,密度为 0.5×10^4 尾/m^3～0.6×10^4 尾/m^3。

4.4　苗种培育

4.4.1　培育设施

配备苗种培育池、生物饵料培育池、水处理系统、给排水设施、充气设施、调温设施、控光设施等。

4.4.2 培育条件

培育条件为：

——光照强度：200 lx～1 000 lx，光线均匀；

——水温：18℃～20℃；

——盐度：28～32；

——pH：7.8～8.6；

——溶解氧含量：6 mg/L 以上；

——NH_4^+-N 含量：≤0.2mg/L。

4.4.3 饲料投喂

苗种培育的饵料可用轮虫、卤虫无节幼体、配合饲料。

投喂时期：轮虫 3 日龄～22 日龄、卤虫无节幼体 12 日龄～40 日龄。轮虫、卤虫无节幼体应冲洗干净，无病原，每日投喂 2 次～3 次，轮虫按培育水体 5 个/mL～10 个/mL 投喂、卤虫按培育水体 0.5 个/mL～2 个/mL 投喂。轮虫、卤虫无节幼体投喂前需进行营养强化，强化时间为 6 h～12 h。

配合饲料 18 日龄以后按鱼体重 5%～10%投喂，配合饲料的安全卫生指标应符合 NY 5072 的规定。

4.4.4 日常管理

主要包括：水质按 4.4.2 的指标进行调控；换水量按表 1 的要求进行；30 日龄前每 3 d 吸底一次，鱼苗伏底后每天吸底一次；投喂卤虫后，设置环流培育。

表 1 牙鲆苗种培育期的换水率

日 龄 d	全 长 mm	换水率 %
0～5		0
6～10	4.2～6.0	15～40
10～15	6.0～7.5	40～60
15～25	7.5～12.5	60～120
26～30	13.0～14.0	120～180
31～55	14.0～30.0	200～350

4.4.5 苗种出池

全长 25 mm～30 mm 时，采用排水集苗法出池或排水手抄网捞苗出池。出池后称重计数。

4.5 苗种中间培育

4.5.1 培育密度

全长 25 mm～30 mm 的苗种出池后，按 1 000 尾/m^2 的密度进行培育，以后按表 2 所示密度培养。

表 2 牙鲆苗种中间培育的放养密度

平均全长 mm	放养密度 尾/m^2
25～30	1 000
45	700
60	500
75	300

4.5.2 培育条件

苗种培育条件为：

——光照强度：500 lx～2 000 lx；

——水温：18℃～22℃；

——盐度：25～32；

——pH：7.8～8.6；

——溶解氧含量：6 mg/L 以上；

——NH_4^+-N 含量：≤0.2 mg/L；

——换水量：每天换水量 5 倍～6 倍。

4.5.3 日常管理

分选：每 15 d 分选一次并按表 2 的密度培养。

饲养：配合饲料的粒径和投喂量按表 3 而定，每天投喂 4 次～5 次。

表 3 牙鲆苗种中间培育配合饲料投喂基准

全长，mm	30～40	40～50	50～60	60～70	70～90
饲料粒径，mm	1～2	2	2～3	2～3	3～5
投饵率，%	4～3	4～3	3	3	2.5～3

其他管理：定期清底，清除粪便、残饵、死鱼和伤残鱼；每天监测水质；随时观察鱼的活动和摄食情况。

4.6 鱼种运输

4.6.1 运输可采用活鱼车、活鱼船、密封充氧等方式。

4.6.2 运输用水可根据养殖用水的要求提前进行调节。

4.6.3 苗种运输前应停食 1 d。

4.6.4 高温期长途运输时，运输用水应降温。

5 食用鱼饲养

5.1 鱼种来源

经人工培育获得的全长≥8 cm 的健康苗种。

5.2 鱼种质量

鱼种质量同 4.2。

5.3 鱼种放养

5.3.1 入池条件

当水温稳定在 12℃以上时，即可放养鱼种。鱼种入池水温和运输水温温差应在±2℃以内，盐度差应在 5 以内。

5.3.2 工厂化室内养殖

5.3.2.1 放养密度

放养密度见表 4。

表 4 工厂化室内养殖牙鲆放养密度

全 长 cm	体 重 g	放养密度 尾/m^2
10	10	200

表 4（续）

全　长 cm	体　重 g	放养密度 尾/m^2
15	40	100
20	70	70
25	140	60
30	320	50
33	400	40

5.3.2.2　养殖条件

养殖池形为圆形、抹角方形、椭圆形等，面积一般在 40 m^2～80 m^2，池深 0.6 m～1 m，进排水设计合理。

5.3.2.3　养殖用水

水温：12℃～26℃；盐度：20～32；pH 为 7.8～8.6；溶解氧含量为 5 mg/L 以上；NH_4^+-N 含量：≤0.2mg/L；换水量：当水温 20℃以下时每天换水量 4 倍～8 倍，20℃以上时每天换水量 8 倍～10 倍；光照强度：500 lx～2 000 lx，光照均匀。

5.3.2.4　饲料与投喂

5.3.2.4.1　饲料

饲料种类：包括硬颗粒饲料、软颗粒饲料、鲜杂鱼。

饲料安全要求：配合饲料应符合 NY 5072 的规定，鲜杂鱼应新鲜、无病原、无污染。

5.3.2.4.2　投喂

配合饲料日投喂量为鱼体重的 1%～2%，鲜杂鱼日投喂量为鱼体重的 3%～5%，日投喂 2 次。水温高于 26℃时应减少投喂量。

5.3.2.5　日常管理

日常管理为：

——定期清底；

——根据鱼种大小调整养殖密度；

——每日监测水质；

——观察鱼的摄食及活动状态；

——做好养殖的生产记录和用药记录。

5.3.3　池塘养殖

5.3.3.1　鱼种规格与密度

池塘养殖用的鱼种规格应≥10 cm，放养密度应控制在 15 000 尾/hm^2～30 000 尾/hm^2。

5.3.3.2　养殖池塘条件

池塘为潮间带护坡建成，要求水源充足无污染，具有进排水设施，底质为沙或沙泥，池塘面积 0.3 hm^2～1.0 hm^2 为宜，平均水深 2 m 以上，合理配备增氧设备。

5.3.3.3　养殖用水

养殖用水指标同 5.3.2.3；透明度 1 m～2 m；换水率 20%～50%。

5.3.3.4　饲料与投喂

饲料与投喂同 5.3.2.4。

5.3.3.5　日常管理

5.3.3.5.1　巡池

上、下午各巡池一次，观察水色变化、摄食状况、有无浮头现象、有无死鱼等。

5.3.3.5.2 水质调节

每天监测水质；高温期（水温 24℃以上）或阴雨天时，可延长增养机使用时间；大潮汛时加大换水量；做好养殖的生产记录，生产记录应符合中华人民共和国农业部令（2003）第[31]号《水产养殖质量安全管理规定》中附件 1 的要求，用药记录应符合中华人民共和国农业部令（2003）第[31]号《水产养殖质量安全管理规定》中附件 3 的要求。

6 常见病害防治

6.1 观察检测

定期观察、检测鱼的摄食和生长发育情况，发现病鱼或死鱼时，及时进行解剖观察，分析原因。

6.2 病害预防原则

病害预防原则为：

——鱼苗、鱼种入池前，严格进行消毒；

——禁止过度的环境刺激（光照、水温、振动等）；

——加强饵料的营养强化，确保饵料的质量；

——培育池及培育用具使用前后要消毒，各种工具专池专用；

——操作人员要随时消毒手足，定期消毒车间的各个通道；

——死鱼、病鱼要及时清除、焚烧或深埋，防止病原的传播；

——外来者及工作人员避免在池上行走、站立；

——其他生物及饵料不要随意从外部带进养殖场。

6.3 药物使用

鱼药的使用和休药期按 NY 5071 中的规定执行。

6.4 常见病害及防治

牙鲆常见病害及防治见表 5。

表 5 牙鲆养殖常见病害及防治

疾病名称	流行及诊断	防治措施	注意事项
淋巴囊肿病	养成期 15℃～17℃时多发；病鱼头、躯干、尾和鳍等部位的皮肤表面散布着水疱状异物，或多水疱挤压在一起，形成外观呈水疱状囊肿物	目前尚无有效的治疗措施	对病鱼切除囊肿物应避免伤口的感染
病毒性神经坏死症	多发生在变态以后的稚鱼；病鱼摄饵不良，肥满度低，体色黑，逃避行动缓慢，有刺激就呈痉挛状	目前尚无有效的治疗措施	
肠道白浊病	多发生在孵化后到 30 日龄左右的变态前仔鱼；主要症状为消化道白浊、萎缩，鱼体色黑化，停止摄食	育苗用水经紫外线或臭氧消毒；控制合理的培育温度和密度；加强饵料的营养强化和药浴；尽快转换配合饵料	

表5（续）

疾病名称	流行及诊断	防治措施	注意事项
气单胞菌病	11月至翌年4月低水温期的牙鲆多发;无眼侧的鳃盖发红,肝脏出血和褪色,肾脏肿大,脑周围出血;腹部腹水,有时溃疡	投喂抗生素:每千克鱼体重投喂土霉素50 mg,投喂时间5 d~7 d,休药期30 d	土霉素勿与铝、镁离子及卤素、碳酸氢钠合用
滑走细菌症	全长3 cm～15 cm左右稚鱼多发,3月～6月水温上升期是流行季节;尾鳍、背鳍等散开、缺损,体表和尾部腐烂和坏死,头部发红等	保持水质清新,降低放养密度;苗种放养时进行体外药浴;口服土霉素,每千克鱼体重100 mg,连续5 d,休药期30 d	
链球菌症	苗种养殖期均可发生;体色黑化,眼球突出、充血和白浊,鳃盖软条骨间膜充血和发红,上、下颚充血等	减少放养密度,减少投饵,加大换水量和保持养殖环境清洁	
爱德华氏菌症	苗种养殖期均可发生;体色黑化,游泳无力,腹部膨胀、脱肠,腹腔内有腹水,肝、脾、肾肿大、褪色,肠道炎症严重,眼球白浊等	高水温期降低养殖密度;加大换水量;增加饵料营养成分	
弧菌病	苗种养殖期均可发生;体色黑化,肝褪色	饵料中添加维生素C和复合维生素;及时清底和清理病鱼和死鱼	
车轮虫病	5月～6月和9月～10月多发;患病鱼体色黑化,无光泽,不摄食,游泳无力,体表黏液分泌过多、白浊	倒池、清洗水池;加大换水量;投喂维生素C;低密度养殖等	
盾纤毛虫症	多发于5 cm～6 cm的稚鱼;稚鱼大量死亡,体表变白,形成溃疡,在水底下无力游动	彻底清除水池和排管;低密度养殖,增加换水率;将鱼改用网箱养殖1个月	
鱼波豆虫病	天然和人工种苗养殖过程中都可能发生;有眼侧体表溃疡	用淡水浸泡鱼体20 min;池底铺沙可以自然治愈	
白点病	夏季高温期易发;体色发黑,鳃丝上有白色点状物	降低饲育密度,提高换水率;投喂维生素C和复合维生素等	
本尼登虫病	300 g～650 g的鱼易发,多在11月;寄生部位白浊、腐烂,鱼有擦网箱壁的游动	淡水浸洗10 min～15 min,浸40 min杀死虫卵	

ICS 67.120.30
B 51

中华人民共和国农业行业标准

NY 5276—2004

无公害食品　锯缘青蟹

2004-01-07 发布　　　　2004-03-01 实施

中华人民共和国农业部　发布

前　言

本标准的附录 A 为资料性附录。

本标准由中华人民共和国农业部提出。

本标准起草单位:农业部水产品质量监督检验测试中心(上海)、中国水产科学研究院东海水产研究所。

本标准主要起草人:蔡友琼、于慧娟、乔振国、毕士川、李庆、高丹枫。

无公害食品　锯缘青蟹

1　范围

本标准规定了无公害食品锯缘青蟹的要求、试验方法、检验规则及标志、包装、运输、贮存。

本标准适用于锯缘青蟹(*Scylla serrata*)活体。

2　规范性引用文件

下列文件中的条款通过本标准的引用而成为本标准的条款。凡是注日期的引用文件，其随后所有的修改单(不包括勘误的内容)或修订版均不适用于本标准，然而，鼓励根据本标准达成协议的各方研究是否可使用这些文件的最新版本。凡是不注日期的引用文件，其最新版本适用于本标准。

GB/T 5009.11　食品中总砷及无机砷的测定

GB/T 5009.12　食品中铅的测定

GB/T 5009.15　食品中镉的测定

GB/T 5009.17　食品中总汞及有机汞的测定

NY 5052　无公害食品　海水养殖用水水质

SC/T 3015　水产品中土霉素、四环素、金霉素残留量的测定

3　要求

3.1　鉴别

锯缘青蟹的鉴别，其外部形态应符合锯缘青蟹的分类形态特征，参见附录A。

3.2　感官要求

锯缘青蟹感官要求见表1。

表1　感官要求

项　目	要　　求
体色	背部呈青绿色等固有光泽，腹部白色或微黄色
甲壳	坚硬，有光泽，头胸甲隆起
体表	体表纹理清晰，有光泽，脐上部无胃印
步足	关节处肌肉应饱满，呈肉白色
蟹体动作	反应灵敏、活动能力强，步足与躯体连接紧密，提起蟹体时步足不松弛下垂
鳃	鳃丝清晰，白色或微褐色
寄生虫(蟹奴)	不得检出

3.3　安全指标

锯缘青蟹安全指标见表2。

表2　安全指标

项　　目	指　　标
无机砷(以 As 计),mg/kg	≤1.0
铅(以 Pb 计),mg/kg	≤0.5
镉(以 Cd 计),mg/kg	≤0.5
汞(以 Hg 计),mg/kg	≤0.5
土霉素,μg/kg	≤100

4　试验方法

4.1　感官检验

4.1.1　在光线充足、无异味环境条件下,将试样放于清洁的白色搪瓷盘或不锈钢操作台上,进行感官检验。当感官检验难以判定产品质量时,进行水煮试验。

4.1.2　水煮试验:在容器中加入 500 mL～1 000 mL 饮用水,将水烧开后,将 2 只～3 只整蟹用清水洗净,放于容器中,盖上盖,蒸 7 min～10 min 后,打开盖,闻气味,品尝肉质。

4.2　无机砷的测定

按 GB/T 5009.11 的规定执行。

4.3　铅的测定

按 GB/T 5009.12 的规定执行。

4.4　镉的测定

按 GB/T 5009.15 的规定执行。

4.5　汞的测定

按 GB/T 5009.17 的规定执行。

4.6　土霉素的测定

按 SC/T 3015 的规定执行。

5　检验规则

5.1　组批规则与抽样方法

5.1.1　组批规则

养殖锯缘青蟹按同一养殖场、同时收获的、养殖条件相同的为一个检验批次。

5.1.2　抽样方法

每批产品随机抽取 5 只～10 只,用于感官检验。

每批产品随机抽取至少 3 只,用于安全指标检验。

5.1.3　试样制备

至少取 3 只锯缘青蟹清洗后,取可食部分(肉及性腺),绞碎混合均匀后备用;试样量不少于 400 g,分为两份,其中一份用于检验,另一份作为留样。

5.2　检验分类

产品检验分为出场检验和型式检验。

5.2.1　出场检验

每批产品应进行出场检验。出场检验由生产者执行,检验项目为感官检验。

5.2.2　型式检验

有下列情况之一时应进行型式检验，检验项目为本标准中规定的全部项目。

a)新建养殖场养殖的或首次从事锯缘青蟹养殖的养殖场养殖的锯缘青蟹；

b)锯缘青蟹饲养环境条件发生变化，可能影响产品质量时；

c)有关行政主管部门提出检验要求时；

d)出场检验与上次型式检验有大差异时；

e)正常生产时，每年至少进行一次型式检验。

5.3 判定规则

5.3.1 感官检验所检项目应全部符合3.1条规定；检验结果中有两项及两项以上指标不合格，则判为不合格；有一项指标不合格，允许重新抽样复检，如仍有不合格项则判为不合格。

5.3.2 安全指标的检验结果中有一项指标不合格，则判本批产品不合格，不得复检。

6 标志、包装、运输和贮存

6.1 标志

产品标志应注明产品名称、生产者名称及地址和出场日期。

6.2 包装

6.2.1 包装材料

所用包装材料应坚固、洁净、无毒、无异味。

6.2.2 包装要求

蟹足扎紧，将活蟹腹部向下，整齐排列于容器中。

6.3 运输

在低温清洁的环境中装运，保证鲜活。运输工具应清洁卫生、无毒、无异味，不得与有害物质混运，严防运输污染

6.4 贮存

活体锯缘青蟹应贮存或暂养于洁净环境中，防止有害物质的污染及其他损害；暂养用水的水质应符合NY 5052

附 录 A
（资料性附录）
锯缘青蟹的形态特征

头胸甲呈横椭圆形，一般长约 9 cm～10 cm，宽 13 cm～14 cm。背面隆起而光滑，呈青绿色。胃区与心区间有明显的“H”形凹痕。胃区具一条微细而中断的横行颗粒线，鳃区亦各有一条同样的横线。额分 4 个突出的三角形齿。眼窝背缘具 2 缝，内缘较深。前侧缘有 9 枚等大的三角形齿。前两侧的最后 1 刺不向左右特别伸出。螯足不对称，长节前缘具 3 刺，腕节内末角具 1 壮刺，外末缘具 2 钝刺，掌节在雄性成体甚壮大，两指间的空隙大，内缘具强大的钝齿。前 3 对步足指节的前、后缘具刷状短毛，第 4 对前节与指节扁平，呈桨状，适于游泳。雄性腹部呈宽三角形，雌性腹部呈宽圆形。

ICS 65.150
B 51

中华人民共和国农业行业标准

NY/T 5277—2004

无公害食品
锯缘青蟹养殖技术规范

2004-01-07 发布　　　　2004-03-01 实施

中华人民共和国农业部　发布

前　言

本标准的附录 A 为资料性附录。

本标准由中华人民共和国农业部提出。

本标准起草单位:中国水产科学研究院东海水产研究所、农业部水产品质量监督检验测试中心(上海)。

本标准主要起草人:乔振国、蔡友琼、于忠利、顾润润、于慧娟、毕士川、陆建学、高丹枫。

无公害食品　锯缘青蟹养殖技术规范

1　范围

本标准规定了锯缘青蟹[*Scylla serrata*(FORSKåL)]无公害养殖的环境条件、苗种培育、食用蟹饲养、病害防治技术。

本标准适用于无公害锯缘青蟹苗种繁育和池塘养殖,其他养殖方式可参照执行。

2　规范性引用文件

下列文件中的条款通过本标准的引用而成为本标准的条款。凡是注日期的引用文件,其随后所有的修改单(不包括勘误的内容)或修订版均不适用于本标准,然而,鼓励根据本标准达成协议的各方研究是否可使用这些文件的最新版本。凡是不注日期的引用文件,其最新版本适用于本标准。

GB 11607　渔业水质标准

GB 13078　饲料卫生标准

NY 5052　无公害食品　海水养殖用水水质

NY 5071　无公害食品　渔用药物使用准则

NY 5072　无公害食品　渔用配合饲料安全限量

《水产养殖质量安全管理规定》中华人民共和国农业部令(2003)第[31]号

3　环境条件

3.1　产地环境

选择远离污染源,进排水方便,通讯、交通便利,有淡水水源,沙泥底或泥沙底质。

3.2　水源水质

潮流畅通,水源水质应符合 GB 11607 的要求。养殖用水水质应符合 NY 5052 的要求。育苗用水盐度 28～30,养殖用水盐度 5～22,pH7.5～8.9,溶解氧 5 mg/L 以上,氨氮 0.5 mg/L 以下,硫化氢 0.1 mg/L以下,透明度 30 cm～40 cm。

3.3　池塘条件

3.3.1　亲蟹培育池

以室内水泥池为宜,规格 15 m^2～30 m^2,三分之二池底铺细沙 10 cm～15 cm 厚,沙上方用砖瓦搭建蟹窠,水深 0.5 m～0.8 m;土池规格 600 m^2～1 000 m^2,沙泥底质,池底向闸门方向倾斜,池底坡度为 3%～5%,保持有一定面积的露空浅滩,塘埂四周具防逃设施。

3.3.2　中间培育池

从大眼幼体至仔蟹Ⅰ、Ⅱ期培育用室内水泥池,池子规格 15 m^2～30 m^2,池中悬挂网片,仔蟹Ⅰ、Ⅱ期至Ⅴ、Ⅵ期培育使用面积 500 m^2～800 m^2 沙泥底质土池,水深 0.6 m～0.8 m,除去池底部污泥,在排水口处挖一集蟹槽,大小为 2 m^2,槽底部低于池底 20 cm,塘埂四周具防逃设施。

3.3.3　精养、混养池

面积 0.3 hm^2～3.0 hm^2,水深 1.2 m～1.5 m,设进排水闸门和防逃网。

3.3.4　低坝高网围养池

面积 0.3 hm^2～1 hm^2,有排水闸门,堤上四周围网高于当地最高潮位 0.8 m～1 m,网片下沿深埋泥下 30 cm～50 cm，退潮后能蓄水 0.6 m～1 m。

4 苗种培育

4.1 设施

应有控温、充气、控光、进排水和水处理设施。

4.2 亲蟹培育

4.2.1 亲蟹选择

选择自然海区或亲蟹专养池健壮活泼、肢体完整，无外伤，体表无附着物，经交配后个体重 300 g 以上，卵巢成熟，并充满甲壳的母蟹，抱卵蟹要求卵块轮廓完整，人工养成的种蟹控制在三代以内。

4.2.2 强化培育

视生产需求确定升温促熟时机，每天升温 0.5℃，至 27℃～28℃恒温，按体重的 5%～8%足量投喂活体贝类或新鲜贝肉、沙蚕等优质鲜活饲料；隔天排干池水干露 1 h，及时清除残饵，换水，充氧，保持水质清新，此方法同样适用于繁殖季节捕获的成熟亲蟹的强化培育。

4.3 苗种培育和管理

4.3.1 布幼方法和布幼密度

将卵色呈灰黑色、胚体心跳达 150 次/min 以上的抱卵亲蟹，经消毒处理后，放入网笼或塑料网格箱中直接移入育苗池内孵幼，也可采用在 0.5 m^3～1 m^3 玻璃钢桶或小型水泥池中集中孵幼，幼体孵出后停气，移幼，幼体密度以 8×10^4 尾/m^3～15×10^4 尾/m^3 为宜。

4.3.2 水温控制

溞状Ⅰ期至大眼幼体期培育水温 28℃～29℃，日温差不超过 1℃，发育至仔蟹Ⅰ期后逐渐降低温度至放养水温。

4.3.3 饲料投喂

海水小球藻、微绿球藻等单细胞藻类应全过程投喂，密度维持在 20×10^4 个/mL～30×10^4 个/mL；溞状Ⅰ期、Ⅱ期阶段投喂轮虫，密度维持在 20 个/mL～30 个/mL，溞状Ⅲ期至Ⅴ期阶段投喂卤虫无节幼体，密度维持在 5 个/mL～10 个/mL，大眼幼体和仔蟹投喂卤虫成体和贝肉碎片，卤虫成体密度维持在 2 个/mL～3 个/mL，贝肉碎片日投饲量按苗体重 100%分 4 次投喂。

4.3.4 水质管理

视水质情况更换池水，充气增氧，使溶解氧含量保持在 5 mg/L 以上，溞状Ⅴ期后，可酌情实行换池和分池。

5 食用蟹饲养

5.1 蟹种来源

人工培育蟹苗和天然捕捞蟹苗，外购苗种需进行检疫。

5.2 蟹种质量

选体质健壮、肢体完整、爬行迅速、反应灵敏、无病无伤的青壳蟹苗。

5.3 放养密度

大眼幼体培育至仔蟹Ⅰ、Ⅱ期 3 000 只/m^2～3 500 只/m^2；仔蟹Ⅰ、Ⅱ期培育至Ⅴ、Ⅵ期蟹种 45 只/m^2～60 只/m^2；养成池：以放养Ⅴ、Ⅵ期蟹种计，精养池 10 000 只/hm^2～12 000 只/hm^2；作为辅养品种，2 250 只/hm^2～5 500 只/hm^2。

5.4 饲养管理

5.4.1 水质控制

视水质情况，适时换水。仔蟹中间培育期间，应保证每天 10 cm 的换水量；食用蟹养殖前期以添水为主，中后期在大潮期间换水 2 次～3 次，日换水量 20%～30%。高温或低温季节应提高塘内水位，暴雨后及时排去上层淡水。不定期投放微生态制剂和水质改良剂，改善水质和底质

5.4.2 饲料投喂

为低值贝类和海捕小杂鱼虾及专用配合饲料，配合饲料质量应符合 GB 13078 和 NY 5072 的要求。中间培育期间，日投饲量以放养蟹苗重的 100%～200%投喂，每次蜕壳后增加 50%。养成阶段投喂鲜杂鱼虾、低值贝类的推荐量见表 1，并通过放置池内的饲料观察网随时调整投饲量，水温低于 18℃、高于 32℃时减少投饲量，12℃以下停止投喂。投饲地点选择在池塘四周的固定滩面上。中间培育期间，每天投喂 3 次～4 次，养成期间，早晚各投喂一次，傍晚占总投饲量的 60%～70%。

表 1　锯缘青蟹养成期不同生长阶段投饲率表

生长阶段	规　格 只/kg	日投饲率 %
Ⅴ～Ⅶ	600～300	100～50
Ⅶ～Ⅷ	300～170	50～30
Ⅷ～Ⅹ	170～80	30～15
Ⅹ以上		15～10
注 1：日投饲率为每天投喂的饲料数量占池内蟹总重的百分比。 注 2：低值贝类应以实际出肉率计算。		

5.4.3 日常管理记录

养成期间，按《水产养殖质量安全管理规定》的格式做好养殖生产记录和用药记录。

6 病害防治

6.1 苗种培育期

对培养用水进行沉淀、过滤、消毒，可用紫外线、臭氧等物理方法消毒处理，合理选择微生态制剂和水质改良剂，预防药物可使用 0.5 mg/L～1 mg/L 土霉素、新诺明，在变态前交替使用。

6.2 养成期

可采取以下措施：

a) 干塘清淤消毒，清塘药物及使用方法参见附录 A；

b) 放养优质苗种；

c) 投喂优质饲料；

d) 定期使用微生态制剂和水质改良剂，通过换水、增氧等手段改善水质并保持温度、盐度的相对稳定。蜕壳前交替使用生石灰 15 mg/L、二氧化氯 0.2 mg/L～0.3 mg/L 消毒水体；

e) 发现患病死蟹应及时捞出，查找原因，采取相应措施，传染性病害死蟹应做深埋处理。

常见病害治疗方法见表 2。

表 2　锯缘青蟹常见病害治疗方法

病　名	发病季节	主要症状	防治方法
蟹　奴	5 月～8 月	寄生虫病，主要寄生在蟹的腹部，使蟹的腹节不能包被，患病雌蟹性腺发育不良，雄蟹躯体瘦弱	1. 选种苗和检查蟹时，剔除蟹奴； 2. 0.7 mg/L 硫酸铜和硫酸亚铁合剂(5∶2)全池泼洒，一般 1 次，病重者 15 d 后再用 1 次

表 2（续）

病　名	发病季节	主要症状	防治方法
白芒病	多雨季节，盐度突降	病蟹基节的肌肉呈乳白色，折断步足会流出白色黏液	加大换水量，提高盐度，发病时，土霉素拌饲投喂：每千克配合饲料 0.5 g～1.0 g，连续投喂 5 d
红芒病	高温干旱季节，盐度突然升高	病蟹步足基节肌肉呈红色，步足流出红色黏液	加注淡水，调节池水盐度
蜕壳不遂症	越冬后及养殖后期	病蟹头胸甲后缘与腹部交界处已出现裂口，但不能蜕去旧壳	适当调节盐度，加大换水量，投放生石灰 15 mg/L～25 mg/L，投喂小型甲壳类和贝类
注：渔药的休药期按 NY 5071 执行，蟹、贝混养池应慎用硫酸铜或用其他药物替代。			

7　食用蟹起捕与吐沙

用流网、蟹笼、排水、干塘等方法起捕，捆绑后青蟹应在洁净海水中流水吐沙 0.5 h。

附 录 A
(资料性附录)
锯缘青蟹常用清塘药物及使用方法

表 A.1 锯缘青解常用清塘药物及使用方法

渔药名称	用量 mg/L	休药期 d	注意事项
氧化钙(生石灰)	350～400	≥10	不能与漂白粉、有机氯、重金属盐、有机络合物混用
漂白粉(有效氯≥25%)	50～80	≥1	1. 勿用金属物品盛装; 2. 勿与酸、铵盐、生石灰混用
二氧化氯	1	≥10	1. 勿用金属物品盛装; 2. 勿与其他消毒剂混用
茶籽饼	15～20	≥3	粉碎后用水浸泡一昼夜,稀释后连渣全池泼洒
注:清塘用药后的废水排放应注意对周围环境的影响。			

ICS 67.120.30
B 52

中华人民共和国农业行业标准

NY 5278—2004

无公害食品　团头鲂

2004-01-07 发布　　2004-03-01 实施

中华人民共和国农业部　发布

前　言

本标准由中华人民共和国农业部提出。

本标准起草单位:农业部渔业环境及水产品质量监督检验测试中心(武汉)。

本标准主要起草人:朱江、汪亮、李威、侯海瑛、易慕荣、高立方、刘敏。

无公害食品　团头鲂

1　范围

本标准规定了无公害食品团头鲂的要求、试验方法、检验规则、标志、运输及贮存。

本标准适用于团头鲂(*Megalobrama amblycephala* Yih)的活鱼、鲜鱼,鲂(*Megalobrama skolkovii* Dybowsky,原名三角鲂)可参照执行。

2　规范性引用文件

下列文件中的条款通过本标准的引用而成为本标准的条款。凡是注日期的引用文件,其随后所有的修改单(不包括勘误的内容)或修订版均不适用于本标准,然而,鼓励根据本标准达成协议的各方研究是否可使用这些文件的最新版本。凡是不注日期的引用文件,其最新版本适用于本标准。

GB/T 5009.11　食品中总砷及无机砷的测定

GB/T 5009.12　食品中铅的测定

GB/T 5009.15　食品中镉的测定

GB/T 5009.17　食品中总汞及有机汞的测定

NY 5051　淡水养殖用水水质

SC/T 3015　水产品中土霉素、四环素、金霉素残留量的测定

SC/T 3018　水产品中氯霉素残留量的测定　气相色谱法

3　要求

3.1　感官要求

3.1.1　活团头鲂

应具有固有色泽和光泽,体态匀称,无畸形,活动敏捷,无病态。

3.1.2　鲜团头鲂

鲜团头鲂感官应符合表1的要求。

表1　感官要求

项　目	要　　求
形态	体态匀称,无病灶,无畸形;鱼体具固有的体色和光泽;鳞片完整紧密,不易脱落
鳃	色鲜红或紫红,鳃丝清晰,无黏液或有少量透明黏液,无异味
肛门	紧缩不外凸,不红肿(繁殖期除外)
气味	鱼体无异味

3.2　安全指标

团头鲂安全指标应符合表2中的要求。

表2 安全指标

项目	指标
汞(以 Hg 计),mg/kg	≤0.5
砷(以 As 计),mg/kg	≤0.5
铅(以 Pb 计),mg/kg	≤0.5
镉(以 Cd 计),mg/kg	≤0.1
氯霉素,μg/kg	不得检出
土霉素,μg/kg	≤100

4 试验方法

4.1 感官检验

4.1.1 外观检验

在光线充足、无异味环境条件下,将试样置于白搪瓷盘或不锈钢工作台上,对样品进行鱼体外观检验。

4.1.2 水煮试验

在玻璃器皿、陶瓷或不锈钢容器中加入 500 mL 饮用水,将水烧开,取 100 g 用清水洗净的鱼,切块(不大于 3 cm×3 cm),放入容器中,加盖煮 5 min 后,打开盖,嗅蒸汽气味,观察原汁,品尝肉质。

4.2 汞的测定

按 GB/T 5009.17 的规定执行。

4.3 砷的测定

按 GB/T 5009.11 的规定执行。

4.4 铅的测定

按 GB/T 5009.12 的规定执行。

4.5 镉的测定

按 GB/T 5009.15 的规定执行。

4.6 土霉素的测定

按 SC/T 3015 的规定执行。

4.7 氯霉素的测定

按 SC/T 3018 的规定执行。

5 检验规则

5.1 组批规则与抽样方法

5.1.1 组批规则

活鱼以同一水产养殖场内,养殖时间、养殖条件相同的产品为一个检验批次;鲜鱼以同一时间、同一来源及大小相似的产品为一个检验批。

5.1.2 抽样方法

每批产品随机抽取 5 尾～10 尾,用于感官检验。

每批产品随机至少抽取 3 尾(肉样不少于 400 g),用于安全指标的检验。

5.1.3 试样制备

将同一检验批所采的活鱼或鲜鱼体表洗净,取背部肌肉、腹部肌肉,绞碎混合均匀,总量不得少于

400 g,分为两份,其中一份用于检验,另一份作为留样。

5.2 检验分类

鲜、活产品分为出场检验和型式检验。

5.2.1 出场检验

每批产品应进行出场检验。出场检验由生产单位质检部门执行,检验项目为感官要求。

5.2.2 型式检验

检验项目为本标准中规定的全部项目。有下列情况之一时应进行型式检验:

a) 新建养殖场养殖的首批产品;

b) 养殖条件发生变化,可能影响产品质量时;

c) 有关行政主管部门提出要求时;

d) 每年至少有一次的周期性型式检验;

e) 出场检验与上次型式检验有较大差异时。

5.3 判定规则

5.3.1 安全指标的检验结果中有一项指标不合格,则判本批产品不合格,不得复检。

5.3.2 感官检验应全部符合相关规定。检验结果中有一项不合格,允许加倍抽样,将此项指标复检一次,按复检结果判定本批产品是否合格。

6 标志、运输和贮存

6.1 标志

标明产品的名称、生产者(单位)、产地及出场日期。

6.2 运输

6.2.1 活鱼运输中,应给活鱼供足氧气。运输用水应符合 NY 5051 的规定。

6.2.2 鲜鱼运输,应用冷藏或保温车船,保持鱼体温度在 0℃～4℃。

6.2.3 运输包装容器应坚固、洁净、无毒、无异味。运输工具应洁净、无毒、无异味,严防运输污染。

6.3 贮存

6.3.1 活鱼贮存,可在洁净、无异味的水泥池、水族箱等水体中充氧暂养,暂养用水应符合 NY 5051 的规定。活体贮存环境应洁净、无毒、无异味、无污染。

6.3.2 鲜鱼贮存,应保持鱼体温度在 0℃～4℃。贮存地应清洁、卫生、无异味、防鼠防虫。

ICS 65.150
B 52

中华人民共和国农业行业标准

NY/T 5279—2004

无公害食品　团头鲂养殖技术规范

2004-01-07 发布　　　　2004-03-01 实施

中华人民共和国农业部　发布

前　言

本标准由中华人民共和国农业部提出。

本标准起草单位:湖北省水产科学研究所。

本标准主要起草人:黄畛、张汉华、张扬、温周瑞、陈霞。

无公害食品　团头鲂养殖技术规范

1　范围

本标准规定了团头鲂(*Megalobrama amblycephala* Yih)无公害养殖的环境条件、苗种培育、食用鱼饲养和病害防治技术。

本标准适用于无公害团头鲂的养殖。鲂(*Megalobrama skolkovii* Dybowsky)(三角鲂)的养殖可参照执行。

2　规范性引用文件

下列文件中的条款通过本标准的引用而成为本标准的条款。凡是注日期的引用文件,其随后所有的修改单(不包括勘误的内容)或修订版均不适用于本标准,然而,鼓励根据本标准达成协议的各方研究是否可使用这些文件的最新版本。凡是不注日期的引用文件,其最新版本适用于本标准。

GB 10029　团头鲂

GB/T 10030　团头鲂鱼苗、鱼种质量标准

GB/T 11777　鲢鱼鱼苗、鱼种质量标准

GB/T 11778　鳙鱼鱼苗、鱼种质量标准

GB 13078　饲料卫生标准

GB/T 18407.4　农产品安全质量　无公害水产品产地环境要求

NY 5051　无公害食品　淡水养殖用水水质

NY 5071　无公害食品　渔用药物使用准则

NY 5072　无公害食品　渔用配合饲料安全限量

NY 5278　无公害食品　团头鲂

SC/T 1006　淡水网箱养鱼　通用技术要求

SC/T 1008　池塘常规培育鱼苗鱼种技术规范

《水产养殖安全质量管理规定》　中华人民共和国农业部令(2003)第[31]号

3　环境条件

3.1　水源

水源充足,水质清新,排灌方便,进排水分开,应符合 GB/T 18407.4 的要求。

3.2　水质

养殖用水应符合 NY 5051 的规定。

3.3　池塘条件

池塘以长方形、东西向为宜,池塘底部要求平坦,不渗水。

池塘要求见表 1。

表 1　池塘要求

类　别	面积 m^2	水深 m	淤泥厚度 cm
鱼苗培育池	≥300	≥1.5	10～15

表 1（续）

类 别	面积 m^2	水深 m	淤泥厚度 cm
鱼种养殖池	≥660	≥1.8	15～20
食用鱼养殖池	≥1 300	≥2.0	15～25

4 苗种培育

4.1 苗种来源

苗种来源于自繁或国家级、省级团头鲂良种场和专业性鱼类繁育场。

4.2 苗种质量

鱼种要求规格均匀，体格健壮，无外伤，团头鲂的苗种种质要符合 GB 10029 的要求。团头鲂鱼苗、鱼种质量应符合 GB/T 10030 的规定。购入鱼种应有检疫合格证明。

4.3 苗种培育

按 SC/T 1008 的规定执行。

5 食用鱼的饲养

5.1 池塘养殖

5.1.1 鱼种来源

应符合 4.1 的要求。

5.1.2 鱼种质量

应符合 4.2 的要求。

5.1.3 鱼种放养

5.1.3.1 鱼种消毒

鱼种放养前应用 20 mg/L 高锰酸钾溶液浸泡 10 min 或用 3%食盐溶液浸泡 5 min～10 min。

5.1.3.2 放养时间

放养时间一般在 12 月至翌年 1 月，放养时先放主养鱼，15 d～30 d 后再放混养鱼。

5.1.3.3 放养密度

以单养为主，可适量混养鲢鱼、鳙鱼和鲫鱼。每 667 m^2 放养尾重 100 g～150 g 的团头鲂 800 尾或尾重约 40 g 的团头鲂 1 000 尾；混养尾重 40 g～50 g 的鲢、鳙鱼种 250 尾，尾重约 20 g 的鲫鱼种 500 尾。

混养的鲢鱼鱼种应符合 GB/T 11777 的规定；混养的鳙鱼鱼种应符合 GB/T 11778 的规定。

5.1.4 饲养管理

5.1.4.1 水质管理

注意调节水质，7 月～9 月每半个月注水 1 次，每次注水量为 20 cm～30 cm，做到肥、活、嫩、爽。应配有排灌、增氧等机械，每 667 m^2 池塘渔机动力应在 0.5 kW 以上。

要适时开机增氧。一般为：

——晴天时中午开机 2 h；

——阴天时次日凌晨 2:00～4:00 开机，直到解除浮头；

——阴雨连绵有浮头现象时，要开机，直到不浮头为止。

5.1.4.2 饲料管理

5.1.4.2.1 质量要求

饲料的营养成分应满足团头鲂生长的需要，饲料粗蛋白含量要求在26%～30%。饲料的质量要求符合GB 13078和NY 5072的规定。并应适当补充部分新鲜的青饲料。

5.1.4.2.2 颗粒饲料的粒径

粒径的大小必须适合鱼种口径，易于吞食，随鱼体长大逐步加大，鱼种投喂粒径0.5 mm～1.5 mm；食用鱼投喂粒径2.5 mm～4.0 mm。

5.1.4.3 投喂

投喂坚持定质、定位、定时、定量的"四定"原则，配合饲料5月～9月每天投喂2次～3次，其他月份每天投喂1次～2次，并适当补充青饲料。投喂量控制每次1 h内吃完为宜，一般投饲量为鱼体重的3%～5%。

5.1.5 日常管理

5.1.5.1 巡塘

早晚巡视，观察鱼群的摄食、活动，水质、水位变化情况。

5.1.5.2 防逃

检查进出水口设施和池埂，防止逃鱼，发现破漏应及时修整。

5.2 网箱饲养

5.2.1 网箱选择

应符合SC/T 1006的要求。

5.2.2 网箱设置

应符合SC/T 1006的要求。

5.2.3 鱼种质量

按4.2的要求执行。

5.2.4 放养规格和密度

放养尾重50 g以上的鱼种6 kg/m^2～8 kg/m^2，如中后期进行分养，密度可适当增加。

5.2.5 饲料的投喂

5.2.5.1 饲料质量要求

饲料质量要求要符合GB 13078和NY 5072的规定，饲料中粗蛋白含量达到26%～30%。

5.2.5.2 投饲量

养殖初期，投喂幼鱼料，日投料量为鱼体重的5%～7%；养殖中后期，投喂成鱼料，日投饲量为鱼体重的3%～5%，日投喂3次～4次。根据天气、水温、摄食状况灵活调整。一般每次投饲量掌握在约1 h吃完为宜。

5.2.6 日常管理

随时观察鱼群活动，每天清洗饲料台。当网眼堵塞1/6～1/8时应及时洗刷网箱，一般7 d清洗一次。检查网箱是否破损、滑结，防止逃鱼。

5.3 生产记录

池塘食用鱼饲养和网箱食用鱼饲养中，应认真做好养殖记录，养殖记录应符合中华人民共和国农业部令(2003)第[31]号《水产养殖安全质量管理规定》中附件1的要求。

池塘食用鱼饲养和网箱食用鱼饲养中，使用药物后应填写用药记录，用药记录应符合中华人民共和国农业部令(2003)第[31]号《水产养殖安全质量管理规定》中附件3的要求。

6 常见病害防治

6.1 预防

病害的防治应坚持“以防为主，防重于治，防治结合”的原则。

6.2 消毒

鱼种下塘前 7 d～10 d 用生石灰 200 mg/L～250 mg/L 或漂白粉 20 mg/L 带水清塘，以杀灭病菌和敌害。

饲养期间每 15 d～30 d 用 20 mg/L～25 mg/L 的生石灰或 1.0 mg/L～1.5 mg/L 漂白粉全池泼洒，进行池塘消毒。

网箱中每 15 d 用 20 mg/L 的生石灰或 1 mg/L 二氧化氯对水泼洒。用编织小袋，每袋装含氯 30% 的漂白粉 100 g～150 g，悬挂于饲料台上方，每箱挂 1 袋，药溶完后再添加，以预防疾病。

6.3 常见病害及防治

常见病害及防治方法见表 2。

表 2 团头鲂常见病害及防治方法

病　名	主要病状	防治方法	休药期 d	注意事项
出血病	鱼体表两侧充血，内脏器官损害，腹腔内有黄色腹水，肠壁充血	0.2 mg/L～0.3 mg/L 的二氧化氯全池泼洒，连续 2 d～3 d	二氧化氯≥10	1. 勿用金属容器盛装； 2. 勿与其他消毒剂混用
烂鳃病	鳃丝充血，略显肿胀，鳃盖内表皮充血发炎，中间部位腐蚀，形成不规则的透明小窗	1. 用 2.5% 食盐水浸泡 10 min～20 min； 2. 用二氯异氰尿酸钠 0.3 mg/L～0.6 mg/L，全池泼洒，每天一次，连续 3 d	二氯异氰尿酸钠≥10	勿用金属容器盛装
细菌性肠炎	肛门红肿，轻压腹部有黄色黏液流出，肠壁充血发炎	1. 用 0.2 mg/L～0.3 mg/L 的二氧化氯全池泼洒，每天一次，连续 2 d～3 d； 2. 大黄拌饲投喂，每千克体重 5 g～10 g，连用 4 d～6 d	二氧化氯≥10	1. 勿用金属容器盛装； 2. 勿与其他消毒剂混用
水霉病	鱼体表有大量絮状菌丝，寄生部位充血	用 0.4% 的小苏打和食盐（1：1）溶液浸泡 20 min～30 min 或全池泼洒		
赤皮病	鱼体表出血，鳞片松动脱落，鳍条间组织破坏，有蛀鳍现象	用五倍子 2 mg/L～4 mg/L 全池泼洒，每天一次，连续 3 d		
小瓜虫病	体表和鳃部布满白色点状的虫体和胞囊，肉眼可见	1. 用 0.4 mg/L 干辣椒粉与 0.15 mg/L 生姜片混合加水煮沸后泼洒； 2. 用 3.5% 食盐浸泡 5 min～10 min		
车轮虫病	鳃组织损坏，鱼体消瘦、发黑	硫酸铜 0.5 mg/L 加硫酸亚铁 0.2 mg/L 全池泼洒		1. 勿用金属容器盛装； 2. 使用后注意池塘增氧； 3. 广东鲂慎用

药物使用与休药期应符合 NY 5071 的规定。

ICS 67.120.30
B 52

中华人民共和国农业行业标准

NY 5280—2004

无公害食品　鲤鱼

2004-01-07 发布　　　　2004-03-01 实施

中华人民共和国农业部　发布

前　言

本标准由中华人民共和国农业部提出。

本标准起草单位:农业部淡水鱼类种质监督检验测试中心、中国水产科学研究院长江水产研究所。

本标准主要起草人:文华、邹世平、艾晓辉、伍刚、周运涛、李荣、杨红。

无公害食品　鲤鱼

1　范围

本标准规定了无公害食品鲤鱼的要求、试验方法、检验规则、标志、包装、运输及贮存。

本标准适用于鲤(*Cyprinus carpio* Linnaeus)、建鲤(*Cyprinus carpio* var. Jian)、黑龙江鲤(*Cyprinus carpio haematopterus* Temm. et Sch.)、黄河鲤(*Cyprinus carpio*)、荷包红鲤(*Cyprinus carpio* var. Wuyuanensis)、兴国红鲤(*Cyprinus carpio* var. Xingguonensis)的活鱼、鲜鱼,其他食用鲤鱼品种可参照执行。

2　规范性引用文件

下列文件中的条款通过本标准的引用而成为本标准的条款。凡是注日期的引用文件,其随后所有的修改单(不包括勘误的内容)或修订版均不适用于本标准,然而,鼓励根据本标准达成协议的各方研究是否可使用这些文件的最新版本。凡是不注日期的引用文件,其最新版本适用于本标准。

GB/T 5009.11　食品中总砷及无机砷的测定

GB/T 5009.12　食品中铅的测定

GB/T 5009.15　食品中镉的测定

GB/T 5009.17　食品中总汞及有机汞的测定

NY 5051　无公害食品　淡水养殖用水水质

NY 5070　无公害食品　水产品中渔药残留限量

SC/T 3015　水产品中土霉素、四环素、金霉素残留量的测定

SC/T 3016　水产品抽样方法

SC/T 3018　水产品中氯霉素残留量的测定　气相色谱法

SC/T 3019　水产品中喹乙醇残留量的测定　液相色谱法

SC/T 3022　水产品中呋喃唑酮残留量的测定　液相色谱法

SN 0208　出口肉中十种磺胺残留量检验方法

3　要求

3.1　感官要求

3.1.1　活鲤鱼

鱼体健康,体表无病灶,游动活泼;鱼体呈鲤鱼固有体形、体色,有光泽,鳞片紧密。

3.1.2　鲜鲤鱼

鲜鲤鱼的感官要求见表1。

表1　感官要求

项　目	要　　求
体表	鱼体呈固有体色和光泽;鳞片完整;体形匀称,无畸形,无病灶
鳃	鳃丝清晰,色鲜红或紫红,无黏液或有少量透明黏液;无异味
眼	眼球饱满、微突,角膜透明
气味	具有鲤鱼固有的正常气味,无异味
组织	肌肉结实,有弹性;内脏清晰,色泽正常,无腐败变质

3.2 安全指标

鲤鱼安全指标见表2。

表2 安全指标

项　目	指　标
总汞(以Hg计),mg/kg	≤0.5
总砷(以As计),mg/kg	≤0.5
铅(以Pb计),mg/kg	≤0.5
镉(以Cd计),mg/kg	≤0.1
土霉素,μg/kg	≤100
磺胺类(以总量计),μg/kg	≤100
氯霉素	不得检出
呋喃唑酮	不得检出
喹乙醇	不得检出

4 试验方法

4.1 感官检验

4.1.1 在光线充足、无异味或无其他干扰的环境中,在白瓷盘中对样品按3.1条进行逐项感官检验。当感官检验难以判定产品质量时,用水煮试验判定。

4.1.2 水煮试验:在容器中加入500 mL饮用水,将水烧开后,取约100 g用清水洗净的鱼,切块(不大于3 cm×3 cm),放于容器中,加盖,煮5 min后,打开盖,闻气味,品尝肉质。

4.2 总汞的测定

按GB/T 5009.17的规定执行。

4.3 总砷的测定

按GB/T 5009.11的规定执行。

4.4 铅的测定

按GB/T 5009.12的规定执行。

4.5 镉的测定

按GB/T 5009.15的规定执行。

4.6 土霉素的测定

按SC/T 3015的规定执行。

4.7 磺胺类的测定

按SN 0208的规定执行。

4.8 氯霉素的测定

按SC/T 3018的规定执行。

4.9 呋喃唑酮的测定

按SC/T 3022的规定执行。

4.10 喹乙醇的测定

按SC/T 3019的规定执行。

5 检验规则

5.1 组批规则与抽样方法

5.1.1 组批规则

活鱼以同一养殖水体或同一养殖场中养殖条件相同的产品为一检验批；鲜鱼以来源及规格相同的产品为一检验批。

5.1.2 抽样方法

按 SC/T 3016 的规定执行。

5.1.3 试样制备

至少取 3 尾鱼清洗后，取肌肉等可食部分绞碎混合均匀后备用；试样量至少为 400 g，分为两份，其中一份用于检验，另一份作为留样。

5.2 检验分类

产品检验分为出场检验和型式检验。

5.2.1 出场检验

每批产品应进行出场检验。出场检验由生产者执行，检验项目为感官要求。

5.2.2 型式检验

检验项目为本标准中规定的全部项目。有下列情况之一时应进行型式检验。

a) 新建养殖场养殖的鲤鱼；

b) 正常生产时，每年至少一次的周期性检验；

c) 鲤鱼的养殖条件发生变化，可能影响产品质量时；

d) 出场检验与上次型式检验有较大差异时；

e) 有关行政主管部门提出型式检验要求时。

5.3 判定规则

5.3.1 感官指标的检验结果中有两项及两项以上指标不合格，则判为不合格；有一项指标不合格，允许加倍抽样进行复检，如仍有不合格项则判为不合格。

5.3.2 安全指标的检验结果中有一项指标不合格，则判该批产品不合格，不得复检。各项指标中的极限值采用修约值比较法。

6 标志、包装、运输、贮存

6.1 标志

应标明品名、规格、产地、生产者、出场日期。

6.2 包装

6.2.1 包装材料

所用包装材料应牢固、洁净、无毒、无异味。

6.2.2 包装要求

6.2.2.1 活鱼

活鱼在包装起运前应以清水除去口腔、鳃、体表污泥和黏液等污物。活鱼包装中应保证鲤鱼所需氧气充足；包装用水水质应符合 NY 5051 的要求。

6.2.2.2 鲜鱼

鲜鱼在装箱前应以清水洗去口腔、鳃、体表污泥和黏液等污物。鲜鱼装箱时应保持鱼体温度在 0℃～4℃。

6.3 运输

6.3.1 活鱼运输宜用活鱼运输车或其他有充氧装置的运输设备；装运活鱼用水水质应符合 NY 5051 的规定。

6.3.2　鲜鱼运输应采取保温保鲜措施，保持鱼体温度在0℃～4℃，避免挤压与碰撞。

6.3.3　运输工具应保持洁净、无污染、无异味。

6.4　贮存

6.4.1　活鱼贮存可在洁净、无毒、无异味的水泥池、水族箱等水体中进行；贮存用水应符合NY 5051的规定。

6.4.2　鲜鱼贮存时保持鱼体温度在0℃～4℃。

ICS 65.150
B 52

中华人民共和国农业行业标准

NY/T 5281—2004

无公害食品　鲤鱼养殖技术规范

2004-01-07 发布　　2004-03-01 实施

中华人民共和国农业部　发布

前　言

本标准由中华人民共和国农业部提出。

本标准起草单位:中国水产科学研究院长江水产研究所、农业部淡水鱼类种质监督检验测试中心、华中农业大学。

本标准主要起草人:文华、雍文岳、罗晓松、蒋明、袁科平、黄峰。

无公害食品　鲤鱼养殖技术规范

1　范围

本标准规定了鲤(*Cyprinus carpio* Linnaeus)无公害养殖的环境条件、苗种培育、食用鱼饲养、饲料与投饲和病害防治的技术。

本标准适用于无公害鲤的池塘和网箱养殖，其他品种、品系的鲤鱼和杂交鲤鱼的无公害养殖可参照执行。

2　规范性引用文件

下列文件中的条款通过本标准的引用而成为本标准的条款。凡是注日期的引用文件，其随后所有的修改单(不包括勘误的内容)或修订版均不适用于本标准，然而，鼓励根据本标准达成协议的各方研究是否可使用这些文件的最新版本。凡是不注日期的引用文件，其最新版本适用于本标准。

GB 11607　渔业水质标准

GB/T 18407.4　农产品安全质量　无公害水产品产地环境要求

NY 5051　无公害食品　淡水养殖用水水质

NY 5071　无公害食品　渔用药物使用准则

NY 5072　无公害食品　渔用配合饲料安全限量

NY 5280　无公害食品　鲤鱼

SC/T 1006—1992　淡水网箱养鱼　通用技术要求

SC/T 1007—1992　淡水网箱养鱼　操作技术规程

SC/T 1008—1994　池塘常规培育鱼苗鱼种技术规范

SC/T 1016.1　中国池塘养鱼技术规范　东北地区食用鱼饲养技术

SC/T 1016.2　中国池塘养鱼技术规范　华北地区食用鱼饲养技术

SC/T 1016.3　中国池塘养鱼技术规范　西北地区食用鱼饲养技术

SC/T 1016.4　中国池塘养鱼技术规范　西南地区食用鱼饲养技术

SC/T 1016.5　中国池塘养鱼技术规范　长江下游地区食用鱼饲养技术

SC/T 1016.6　中国池塘养鱼技术规范　长江中上游地区食用鱼饲养技术

SC/T 1016.7　中国池塘养鱼技术规范　珠江三角洲地区食用鱼饲养技术

SC/T 1026　鲤鱼配合饲料

SC/T 1048.3—2001　颖鲤养殖技术规范　苗种

SC/T 1048.4—2001　颖鲤养殖技术规范　苗种培育技术

《水产养殖质量安全管理规定》　中华人民共和国农业部令(2003)第[31]号

3　环境条件

3.1　产地要求

养殖场地的环境应符合 GB/T 18407.4 的规定。

3.2　养殖用水

3.2.1　水源水质

水源水质应符合 GB 11607 的规定。

3.2.2　养殖池水质

养殖池水质应符合 NY 5051 的规定。

3.3 池塘和网箱条件

3.3.1 池塘条件

池塘以符合表 1 条件为宜。

表 1 池塘条件

<table>
<tr><th>池塘类别</th><th>面积
m^2</th><th>水深
m</th><th>底 质</th><th>池水透明度
cm</th><th>淤泥厚度
cm</th><th>清池消毒</th></tr>
<tr><td>鱼苗培育池</td><td rowspan="2">500～1 500</td><td>0.5～1.0</td><td rowspan="3">池底平坦，壤土、黏土或沙壤土</td><td>25～30</td><td rowspan="2">10～20</td><td rowspan="3">鱼入池前 15 d 左右用生石灰 200 mg/ L 或漂白粉(含有效氯 30%)10 mg/L 泼洒</td></tr>
<tr><td>鱼种培育池</td><td>1.0～1.5</td><td>30～35</td></tr>
<tr><td>食用鱼饲养池</td><td>1 000～10 000</td><td>2.0～2.5</td><td>20～40</td><td>15～25</td></tr>
</table>

3.3.2 网箱条件

网箱选择和网箱设置应符合 SC/ T 1006—1992 中第 4 章和第 5 章的规定。

4 苗种培育

4.1 鱼苗培育

4.1.1 鱼苗来源

从鲤鱼良种场引进亲鱼繁殖或直接引进鱼苗。外购鱼苗应经检疫合格。

4.1.2 鱼苗质量要求

按 SC/ T 1048.3—2001 中第 5 章的规定执行。

4.1.3 鱼苗下塘时注意事项

鱼苗下塘时应注意：

——鱼苗卵黄囊消失、鳔充气、能平游后方可下塘；

——鱼苗下塘时水温差应控制在 3℃以内；

——应选择在晴天进行，下塘地点选择在池塘的上风处。

4.1.4 鱼苗放养

鱼苗培育应采取池塘单养方式。放养时准确计数，一次放足。放养密度为 120 尾/ m^2～450 尾/ m^2。

4.1.5 饲养管理

按 SC/ T 1048.3—2001 中 4.3 的规定执行。

4.2 鱼种培育

4.2.1 鱼种来源

由符合 4.1.1 的鱼苗培育而成，或从鲤鱼良种场直接引进鱼种。外购鱼种应经检疫合格。

4.2.2 鱼种质量要求

按 SC/ T 1048.3—2001 中 6.1 和 6.2 的规定执行。

4.2.3 鱼种消毒

放养前鱼种应进行消毒，常用消毒方法有：

——1%食盐加 1%小苏打水溶液或 3%食盐水溶液，浸浴 5 min～8 min；

——20 mg/ L～30 mg/ L 聚维酮碘(含有效碘 1%)，浸浴 10 min～20 min；

——5 mg/ L～10 mg/ L 高锰酸钾，浸浴 5 min～10 min。

三者可任选一种使用，同时剔除病鱼、伤残鱼。操作时水温温差应控制在 3℃以内。

4.2.4 鱼种放养

鱼种培育可采取池塘培育或网箱培育方式。池塘培育的鱼种放养按 SC/T 1048.4—2001 中 5.3 的规定执行；网箱培育放养的鱼种规格宜为 5 g/尾～10 g/尾，放养密度为 2 000 尾/m^2～4 000 尾/m^2。

4.2.5 日常管理

池塘培育的日常管理按 SC/T 1008—1994 中 7.4 的规定执行；网箱培育的日常管理按 SC/T 1007—1992 中 6.1～6.5 的规定执行。

5 食用鱼饲养

5.1 鱼种来源

按 4.2.1 执行。

5.2 鱼种质量要求

按 SC/T 1048.3—2001 中 6.1 和 6.2 的规定执行。

5.3 鱼种消毒

按 4.2.3 执行。

5.4 鱼种放养

食用鱼饲养可采取池塘养殖或网箱养殖方式。池塘养殖可采用套养、主养或单养三种放养类型，各地区各品种的放养比例分别按 SC/T 1016.1～1016.7 的规定执行；网箱养殖的鱼种放养规格宜为 50 g/尾～150 g/尾，放养密度为 200 尾/m^2～400 尾/m^2。

5.5 日常管理

除按 4.2.5 执行外，还应填写“水产养殖生产记录”（格式见《水产养殖质量安全管理规定》附件 1）。

6 饲料与投饲

6.1 饲料

6.1.1 以投饲配合饲料为主，不宜直接投饲各种饲料原料、冰鲜动物饲料和动物下脚料。

6.1.2 配合饲料应符合 NY 5072 和 SC/T 1026 的规定；饲料原料应符合相应的质量安全标准；动物饲料和动物下脚料应来源清楚，新鲜无污染，投饲前应洗净后用沸水浸泡 3 min～5 min，或高锰酸钾 20 mg/L浸泡 15 min～20 min，或食盐 5%浸泡 5 min～10 min，再用淡水漂洗后投饲。

6.2 投饲

6.2.1 日投饲量

投饲量的多少应根据季节、天气、水质和鱼的摄食强度进行调整。鱼种配合饲料的日投饲量一般为鱼体重的 3%～6%，食用鱼配合饲料的日投饲量一般为鱼体重的 1%～3%。

6.2.2 日投饲次数

池塘饲养的日投饲次数 2 次～4 次，网箱饲养的日投饲次数 3 次～6 次，每次投饲持续时间 20 min～40 min。

7 病害防治

7.1 病害预防

坚持预防为主、防治结合的原则。一般措施为：

——操作仔细，尽量避免鱼体受伤；

——生产工具使用前或使用后进行消毒或暴晒。用于消毒的药物有：高锰酸钾 100 mg/L，浸洗 30 min；食盐 5%，浸洗 30 min；漂白粉 5%，浸洗 20 min。发病池的用具应单独使用，或经严格消毒后再使用；

——鱼苗、鱼种下池前按4.2.3进行消毒；

——间隔10 d～15 d交替使用含氯制剂或生石灰泼洒养殖水体，用量按NY 5071的规定执行；或采用食台药物挂袋，池塘挂袋的用药量为全池泼洒量的20%～30%，网箱挂袋的用药量为全网箱泼洒量的5倍～10倍；

——间隔10 d～15 d用硫酸铜0.5 mg/L加硫酸亚铁0.2 mg/L全池泼洒。

7.2 常见鱼病及其药物治疗

常见鱼病及其药物治疗见表2。其他鱼病的药物使用应符合NY 5071的规定。

表2 常见鱼病及其药物治疗

鱼病名称	主要症状	治疗方法	休药期 d	注意事项
细菌性败血症	病鱼厌食、停食，在水中不动或阵发性狂游；上下颌、口腔、鳃盖、眼睛、鳍基及皮肤充血、出血，眼球突出，鳃丝肿胀出血，腹部膨大，剖开后可见腹水，肝脏、脾脏、肾脏肿大，肠系膜、肠壁充血、出血	1. 全池泼洒二氧化氯0.3 mg/L～0.5 mg/L，每天一次，连用3 d～6 d； 2. 每千克体重口服磺胺间甲氧嘧啶(与甲氧苄氨嘧啶以4：1比例同用)50 mg，每天一次(首次药量加倍)，连用4 d～6 d；每千克体重口服维生素K 5 mg～8 mg	二氧化氯≥10，磺胺间甲氧嘧啶≥30	二氧化氯勿用金属容器盛装；勿与其他消毒剂混用
烂鳃病	病鱼体色发黑，厌食，鳃丝红肿或腐烂、缺损，鳃表面有较多的黏液黏附和白色增生物	1. 全池泼洒含氯制剂，用法用量按NY 5071的规定执行； 2. 每千克体重口服土霉素50 mg～100 mg，每天一次，连用4 d～6 d	土霉素≥30	土霉素勿与铝、镁离子及卤素、碳酸氢钠、凝胶合用
细菌性肠炎	病鱼离群独游，厌食、停食；体色发黑，肛门红肿，腹部膨大；剖开鱼腹、肠，可见腹腔中有腹水、肠壁充血发炎、肠内无食物而有大量的黏液，肠壁弹性差	1. 全池泼洒聚维酮碘(有效碘1.0%)0.2 mg/L～2 mg/L，每天一次，连用3 d～5 d； 2. 每千克体重口服大蒜素0.1 mg～0.2 mg，每天一次，连用4 d～6 d		聚维酮碘勿与金属物品接触；勿与季铵盐类消毒剂直接混合使用
赤皮病	鳞片脱落，体表出血并发炎，伴有鳍基充血，鳍条腐烂	1. 全池泼洒二溴海因0.2 mg/L～0.3 mg/L，每天一次，连用3 d～4 d； 2. 每千克体重口服磺胺嘧啶(与甲氧苄氨嘧啶以4：1比例同用)50 mg～100 mg，每天一次(首次药量加倍)，连用4 d～5 d；每千克体重口服维生素B_1 2 mg～4 mg，每天一次，连用4 d～5 d	磺胺嘧啶≥20	
鲤春病毒病	眼球突出，腹部膨胀，肛门发红、肿胀；鳃、皮肤、肌肉、心脏、肝、肾、肠等组织器官出血；肠、腹膜等发炎，高度贫血	采取隔离措施，及时捞出病鱼、死鱼后深埋		

表 2 （续）

鱼病名称	主要症状	治疗方法	休药期 d	注意事项
水霉病	初期病灶不明显，数天后病灶部位长出棉絮状菌丝，在体表迅速繁殖扩散，形成肉眼可见的白毛	1. 用食盐 10 g/L～30 g/L 浸浴 5 min～10 min 2. 全池泼洒食盐 400 mg/L 加 400 mg/L 小苏打		
小瓜虫	病鱼体表、鳍条上有白色点状胞囊；鳃丝贫血呈白色，黏液多，鳃瓣上有白色的胞囊，部分鳃丝末端腐烂	1. 用食盐 10 g/L～30 g/L 浸浴 5 min～10 min； 2. 0.4 mg/L 干辣椒粉与 0.15 mg/L 生姜片混合加水煮沸后全池泼洒		

使用药物后应填写“水产养殖用药记录”（格式见《水产养殖质量安全管理规定》附件 3）。

ICS 67.120.30
B 31

中华人民共和国农业行业标准

NY 5282—2004

无公害食品　裙带菜

2004-01-07 发布　　　　2004-03-01 实施

中华人民共和国农业部　发布

前　言

本标准由中华人民共和国农业部提出。

本标准起草单位：中国海洋大学、中国水产科学研究院黄海水产研究所。

本标准主要起草人：林洪、曹立民、王联珠、江洁、张瑾。

无公害食品　裙带菜

1　范围

本标准规定了无公害食品裙带菜的要求、试验方法、检验规则以及标志、包装、运输及贮存方法。

本标准适用于裙带菜(*Undaria pinnatifida*)的鲜品。

2　规范性引用文件

下列文件中的条款通过本标准的引用而成为本标准的条款。凡是注日期的引用文件,其随后所有的修改单(不包括勘误的内容)或修订版均不适用于本标准,然而,鼓励根据本标准达成协议的各方研究是否可使用这些文件的最新版本。凡是不注日期的引用文件,其最新版本适用于本标准。

GB/T 5009.11　食品中总砷及无机砷的测定

GB/T 5009.12　食品中铅的测定

GB/T 5009.17　食品中总汞及有机汞的测定

3　要求

3.1　感官要求

裙带菜的感官要求见表1。

表1　感官要求

项　目	要　　求
色泽	菜体深褐色、褐色、绿褐色,有光泽
外形	早期叶片完整,梢部无腐烂;晚期叶体较厚,无明显丛生毛,无腐烂
气味	具有鲜裙带菜特有的气味,无异味
杂质	无泥沙等可见杂质

3.2　安全指标

裙带菜的安全指标见表2。

表2　安全指标

项　目	指　标
总汞(以 Hg 计),mg/kg	≤1.0
无机砷(以 As 计),mg/kg	≤1.0
铅(以 Pb 计),mg/kg	≤0.5

4　试验方法

4.1　感官检验

在光线充足、无异味的环境中,将样品平摊于白色搪瓷盘中,按3.1要求逐项进行检验。

4.2　总汞的测定

按 GB/T 5009.17 的规定执行。

4.3　无机砷的测定

按 GB/T 5009.11 的规定执行。

4.4 铅的测定

按 GB/T 5009.12 的规定执行。

5 检验规则

5.1 组批规则与抽样方法

5.1.1 组批规则

同一养殖场、同一天收获的裙带菜归为同一检验批。

5.1.2 抽样方法

同一检验批的裙带菜应随机抽样，抽样量至少 10 棵，感官检验后，去掉假根，洗净，绞碎混匀，取样至少 400 g，分为两份，其中一份用于检验，另一份作为留样。

5.2 检验分类

检验分为出场检验和型式检验。

5.2.1 出场检验

每批产品必须进行出场检验。出场检验由生产单位的质检部门执行，检验项目为感官检验。

5.2.2 型式检验

有下列情况之一时应进行型式检验。检验项目为本标准中规定的全部项目。

a) 新建养殖场的养殖裙带菜；

b) 收割期间养殖水质有较大变化，可能影响产品质量时；

c) 正常生产时，每年至少一次的周期性检验；

d) 有关行政主管部门提出进行型式检验要求时；

e) 出场检验与上次型式检验有较大差异时。

5.3 判定规则

5.3.1 检验项目全部符合本标准的要求时，则判该批产品为合格。

5.3.2 感官检验所检项目应全部符合 3.1 条规定；检验结果中有两项及两项以上指标不合格，则判为不合格；有一项指标不合格，允许重新抽样复检，如仍有不合格项则判为不合格。

5.3.3 安全指标的检验结果中有一项指标不合格，则判本批产品不合格，不得复检。

6 标志、包装、运输和贮存

6.1 标志

每批产品应有标签，标示产品名称、生产单位或销售单位、净含量、产地、收割或加工日期。

6.2 包装

以清洁无毒的食品用塑料箱盛装。

6.3 运输

运输过程中使用保温车(船)为宜，保持温度在 4℃～10℃，如无保温车(船)应做到快装快运，运输工具应清洁卫生、无毒、无异味、防晒，不得与有害物品混装，防止运输污染。

6.4 贮存

产品应贮存在 4℃～10℃冷库中，不得与有害物质混放或接触，防止污染。

ICS 65.150
B 51

中华人民共和国农业行业标准

NY/T 5283—2004

无公害食品
裙带菜养殖技术规范

2004-01-07 发布　　　　2004-03-01 实施

中华人民共和国农业部　发布

前　　言

本标准由中华人民共和国农业部提出。

本标准起草单位:大连水产养殖集团有限公司。

本标准主要起草人:李建军、王素杰、史平、张鹏刚、毕丛斌、侯万江、丛韶春、杜忆幽、赵升志、刘培灵、曲于红。

无公害食品　裙带菜养殖技术规范

1　范围

本标准规定了裙带菜(*Undaria pinnatifida*)无公害养殖的养殖原则与环境条件、半人工育苗、全人工育苗和养成技术。

本标准适用于无公害裙带菜的养殖。

2　规范性引用文件

下列文件中的条款通过本标准的引用而成为本标准的条款。凡是注日期的引用文件,其随后所有的修改单(不包括勘误的内容)或修订版均不适用于本标准,然而,鼓励根据本标准达成协议的各方研究是否可使用这些文件的最新版本。凡是不注日期的引用文件,其最新版本适用于本标准。

NY 5052 无公害食品　海水养殖用水水质

3　术语和定义

下列术语和定义适用于本标准。

3.1

半人工育苗　semi-artificial seeding

用人工方法将裙带菜的成熟孢子附着于养殖苗绳上,然后挂于海区浮筏上,经人工调节水层、施肥、清除附着物、平置等工序最终培育成幼苗的过程。

3.2

全人工育苗　artificial seeding

用人工方法将裙带菜的孢子附着于维尼纶苗绳上,在室内培育及海区暂养使幼苗密度、长度达到分苗标准的过程。

3.3

孢子叶　fertile frond

裙带菜的生殖器官,位于裙带菜茎的基部,假根的上端,产生孢子囊并可放散游孢子。

3.4

养成　cultivation

将长有幼苗的苗绳进行海上定位筏养,经调光、施肥等技术措施使裙带菜达到商品标准并收获。

4　养殖原则与环境条件

4.1　养殖原则

养殖过程中应遵循以下原则:

——养殖全过程不受污染;

——养殖全过程安全可靠;

——总体设置合理,通光、通流;

——浮筏结构符合 7.2 的内容。

4.2　环境条件

养殖区应设在无城市污水、工业污水和大量河流淡水排放的海域。水质条件应符合 NY 5052 的规定。

5 半人工育苗

5.1 采苗前的准备

5.1.1 苗绳

采用直径为16 mm～20 mm、长度为7.5 m～8 m的聚乙烯或聚乙烯混纺绳，并将苗绳折成4折，中间扎两道，每10绳一捆，采苗前进行海水浸泡处理，采苗时再次用海水进行冲洗。

5.1.2 浮筏、坠石及吊绳的准备

提前整理好筏距、浮力，清理好筏身，按绳准备坠石，一般每绳用坠石0.25 kg～1.25 kg，吊绳为直径3 mm～6 mm的聚乙烯绳，长度为3.5 m。

5.1.3 采苗设施的准备

采苗池(或船舱)在采苗前要彻底洗刷干净，其中采苗池要注海水浸泡7 d以上，采苗时用新鲜、清洁的海水冲洗1次。

水泵、管道、生产船只等在采苗前检修调试好，并洗刷干净。

5.2 种菜的准备

选择生长在水深流大海区的裙带菜做种菜。要求藻体大而厚实，色泽浓褐，性状特征明显。孢子叶面有显著隆起并富有黏液，无病烂和病态现象的裙带菜。

一般留养种菜每绳数量为150棵，在中、高排水流畅通，营养丰富的海区，按第7章裙带菜养成的规定进行养殖。采用吊浮控制水层，吊浮水层50 cm左右。

5.3 采苗

5.3.1 采苗时间

在6月末至7月初，水温在17℃～20℃。

5.3.2 种菜的采选

一般在清晨或傍晚采收，种菜在运输途中要用润湿的草包皮或编织袋片盖好，防止风干。

5.3.3 阴干刺激

将孢子叶置于遮阳通风、干净的水泥地面上，阴干刺激30 min～60 min。在刺激过程中应翻动，使孢子叶表面干燥。阴干刺激约10 min～30 min后，选择有代表性的种菜进行滴水检查，镜检(120倍)一个视野有20个～30个活泼游孢子时，即可停止刺激。

5.3.4 采苗方法

采苗时苗绳密度为每立方米200绳，种菜用量视种菜的质量，每立方米用种菜100棵～200棵。

5.3.5 采苗操作

先将采苗池注入1/3的海水，再将刺激好的种菜的1/2置于池水中放散，并不断搅动海水，然后将泡好的苗绳平铺在池中，一层苗绳，一层种菜，边铺边注海水，最后上压重物，使苗绳淹没。同时放置载玻片，以观察附着密度。附着时间一般为2 h，当玻璃片镜检每视野(120倍)附着10个～30个孢子时即可出池。

5.4 出池运输

运输中用湿草包或编织袋片盖好。

5.5 海区培育

5.5.1 海区选择

选择风浪小、水流通畅、浮泥杂藻少、无污染、水质肥沃的内湾近岸海区。

5.5.2 日常管理

苗绳四折垂挂，每吊挂两绳，在下端系坠石。吊距 50 cm。挂苗后至平置前，应 10 d 为一个周期采用捶打和摆洗的方式来清除杂藻和敌害生物。

初挂水层 1.5 m 左右，采苗 10 d 后降水层至透明度的 2/3 处深度。当水温下降到 22℃以下时，分两次将水层提起。第一次水层提至吊绳长的 1/2，隔 3 d～4 d 提第二次，吊绳水层提到 80 cm～100 cm。

6 全人工育苗

6.1 育苗

6.1.1 水质处理

育苗用水要先经过沉淀，在无光密闭的状态下沉淀 24 h 以上，池底要根据海况进行刷洗，每 10 d 左右洗刷一次。沉淀后的海水要经过过滤。过滤塔(罐)每次用水前反冲一次。

6.1.2 采苗的准备

6.1.2.1 孢子叶

选用色泽浓褐、性状优良、大而厚实的藻体上的孢子叶，孢子叶表面应富有黏液。

6.1.2.2 育苗帘

苗帘架使用聚乙烯塑料管制作，长 75 cm～80 cm，高 60 cm。育苗绳采用直径为 2.0 mm～3.0 mm 的白色维尼纶绳。将育苗绳往返缠于苗帘架上，每帘绳长 110 m～120 m，烤掉绳上的细毛，在苗帘上、下各绑一根吊绳。

6.1.3 采苗时间及方法

采苗时间一般在 6 月末，海水温度在 16℃～19℃。孢子叶的用量为每万米绳 20 kg 孢子叶，将孢子叶放置于遮阳通风处阴干刺激 1 h～2 h。当水温为 18℃～19℃时，将纱网制作的网袋架于池水中，再将阴干的孢子叶置于网袋内，搅拌，当池水呈黄褐色时镜检，在 100 倍显微镜下每视野有 100 个～200 个活泼的游孢子时，将网袋取出，同时将苗帘放于水中。在池子的不同部位放玻璃片，在 100 倍显微镜下检查玻璃片每视野有 60 个～100 个胚孢子，3 h～4 h 后方可将苗帘分放到各育苗池中。

6.1.4 室内培育

6.1.4.1 配子体生长阶段

在配子体生长阶段，要保持池内的水温不超过 23℃。初期光照控制在 300 lx～500 lx，4 d～5 d 后上调，但不要超过 2 000 lx。采苗 7 d 后全量换水一次，以后 7 d 半量换水一次，再 7 d 全量换水一次，如此循环。每次全量换水时倒帘、洗刷。施肥量 $NaNO_3$ 浓度为 20 g/m³，KH_2PO_4 浓度为 5 g/m³。

6.1.4.2 配子体渡夏阶段

当培育水温升至 23℃以上时，进入配子体渡夏阶段，此时光照控制在 300 lx～500 lx。采取 7 d 半量换水一次，不倒帘，不洗刷。施肥量 $NaNO_3$ 浓度为 20 g/m³，KH_2PO_4 浓度为 5 g/m³。

6.1.4.3 配子体成熟阶段

当水温下降到 23℃以下时，配子体进入成熟阶段，光照由 300 lx～500 lx 逐渐上升到 2 000 lx～2 500 lx。采取 7 d 半量换水一次，再 7 d 全量换水一次，如此循环。每次全量换水时倒帘、洗刷。施肥量 $NaNO_3$ 浓度为 20 g/m³，KH_2PO_4 浓度为 10 g/m³。

6.1.4.4 幼孢子体生长阶段

此阶段水温在 20℃～21℃，光照控制在 2 000 lx～2 500 lx。采取 7 d 半量换水一次，再 7 d 全量换水一次，如此循环。每次全量换水时倒帘、洗刷。施肥量 $NaNO_3$ 浓度为 20 g/m³，KH_2PO_4 浓度为 10 g/m³。

6.1.4.5 幼苗出池

当自然海水温度稳定达到 21℃以下时，出池，移到海上浮筏培育。

6.2 幼苗暂养

6.2.1 暂养海区及浮筏

选择风浪小、水流畅通、浮泥杂藻少的横流浮筏。

6.2.2 暂养方法

将苗帘架拆开后垂挂于浮筏上，吊距 50 cm 左右。初挂水层为 2 m 左右，逐渐上调至 1 m。要经常洗刷浮泥和摘除杂藻。

6.3 分苗

分苗规格为苗长 0.3 cm 以上，苗绳上苗种密度不低于 10 棵/cm。将苗种绳剪成 2.5 cm～3 cm 左右的段，夹到苗绳上，间距 30 cm，将夹好的苗绳及时挂到浮筏上。

7 裙带菜养成

7.1 养成区环境条件

海流的速度在 0.17 m/s～1.0 m/s，以 0.6 m/s～0.8 m/s 为好。透明度应在 3 m 以上。水深 10 m～40 m，其中以 25 m～35 m 深的海区是高产区。

7.2 养殖筏结构

7.2.1 单式筏结构

单式筏结构如下：

——筏身材料为聚乙烯等化学纤维绳缆，一般直径为 22 mm～30 mm，筏身长度 60 m～120 m；

——橛缆材料规格与浮绠同，长度随水深而异，一般是水深的 2 倍（橛缆：水深＝2：1），风浪、海流较大的海区为 2.5 倍～3 倍（橛缆：水深＝2.5～3：1）；

——木橛采用刺槐、榆木等硬质木材，水浅流缓的海区用直径 100 mm～150 mm，长度 0.7 m～1.2 m 的木橛；水深流急的海区用直径为 150 mm～200 mm，长度为 1.0 m～1.8 m 的木橛；

——砣子为水泥砣子，重量为 2 000 kg～6 000 kg，砣子的高度要偏低，砣子高为砣子底边的 1/2～1/3，砣子环直径为 10 cm；

——沙袋为编织袋等内装石子、矿砂等制成，一般 1 个沙袋重量为 100 kg，下沙袋时 10 个为一组，每根橛缆下 5 组（5 000 kg）；

——浮子分塑料和玻璃浮子两种。塑料浮子直径为 28 cm～30 cm，重量为 1.6 kg 左右，浮力为 12.5 kg；玻璃浮子直径为 30 cm～32 cm，重量为 2.0 kg 左右，浮力为 15 kg；

——绑浮子绳材料为聚乙烯绳，直径为 3 mm～6 mm；

——吊绳材料为聚乙烯绳，直径为 3 mm～6 mm。

7.2.2 单筏

单筏长 60 m～120 m，行间距 8 m，水深小于 20 m 的海区每排筏挂苗 40 吊～80 吊，水深大于 20 m 的海区每排挂苗 30 吊～60 吊。

7.2.3 单筏设置

单筏间距 8 m，每小区设单筏 50 台～100 台，筏区之间留出航道 40 m～50 m。根据海流的流向和流速确定方向。若流速不快，则顺流设筏；若流速快，则横流设筏。确定筏身的方向和长度后，根据海区的底质在筏身两端打木橛和下砣子固定筏身。

7.2.4 安全措施

主要采取以下安全措施：

——筏身设施的松紧程度应使筏身在高潮时保持较松弛的状态，筏身能够随风浪有一定的浮动幅度；

——绑缚浮子的绳扣要结紧结死，绳索与浮绠的衔接处要绑紧；

——吊绳绑缚在浮绠上一定要牢固，不能使其左右滑动，防止吊绳和苗绳相互绞缠磨损；

——橛缆要绑在木橛的下端 3/5～1/2 处，以防拔木橛；

——在水流大或水深的海区，如砣子或木橛不牢固，应加压沙袋，确保浮筏的安全。

7.3 养成管理

7.3.1 平挂苗绳

当水温降到 21.5℃以下，即 9 月上中旬，将垂挂苗绳拆开双挂或单挂到浮筏上，吊距 1 m，初次平挂水层 1.5 m。

7.3.2 养成方法

采取延绳式养殖和水平式养殖相结合的形式。

7.3.3 养成密度

每根苗绳 300 棵～350 棵苗。

7.3.4 养成水层调节

初挂水层 1.5 m，随着裙带菜的生长分两次提起。第一次在 11 月上旬，第二次在 12 月上旬，各上提 0.5 m。

7.3.5 间、补苗

当苗绳上的苗密度过大时，应采取刮苗的方法间苗。当全人工育苗的苗绳分苗后有苗脱落或半人工出苗不好时，应补苗。

7.3.6 浮筏管理

筏子要做到勤管理，保持筏距、排距整齐，浮子均匀，及时整理绞缠苗绳，随时清除大型贝藻。

7.4 养成期的病害与防治

裙带菜养成期的病害和防治方法见表 1。

表 1　裙带菜养成期的病害和防治方法

病害名称	病　　因	病　　状	防治方法
绿烂病	营养差、密度大、光照差	先于叶顶端出现绿烂，逐渐扩大到中肋。中肋溃烂后，整个叶片烂，并且蔓延至生长部	降低密度，增加施肥量，浅水层养殖
孔烂病	细菌等的感染	先从藻体的裂叶尖端出现一些小的孔洞。随着病情的发展，孔洞增大、数量增多，藻体变软、褪色，形成软腐性病烂，最后使全藻体腐烂流失	目前没有好的防治方法，只能通过降低密度的方法预防

8 收获

收获标准为菜体长 80 cm 以上，棵重 0.2 kg 以上，茎宽 2.5 cm 以上。收获时间 1 月上旬开始，4 月上中旬结束。收获采取间收的方法，摆洗，切去老化梢，应做到边收边管。

ICS 67.120.30
B 52

中华人民共和国农业行业标准

NY 5284—2004

无公害食品　青虾

2004-01-07 发布　　2004-03-01 实施

中华人民共和国农业部　发布

前　言

本标准由中华人民共和国农业部提出。

本标准起草单位:江苏省水产质量检测中心、江苏省淡水水产研究所。

本标准主要起草人:费志良、吴光红、葛家春、朱晓华、沈美芳、唐建清。

无公害食品 青虾

1 范围

本标准规定了无公害食品青虾的要求、试验方法、检验规则、标志、包装、运输、贮存。

本标准适用于日本沼虾(*Macrobrachium nipponensis*)活、鲜品。海南沼虾(*Macrobrachiumrosenberqii*)、台湾沼虾(*Macrobrachium formosense*)、细额沼虾(*Macrobrachium gracilirostre*)可参照执行。

2 规范性引用文件

下列文件中的条款通过本标准的引用而成为本标准的条款。凡是注日期的引用文件,其随后所有的修改单(不包括勘误的内容)或修订版均不适用于本标准,然而,鼓励根据本标准达成协议的各方研究是否可使用这些文件的最新版本。凡是不注日期的引用文件,其最新版本适用于本标准。

GB/T 5009.11 食品中总砷及无机砷的测定

GB/T 5009.12 食品中铅的测定

GB/T 5009.15 食品中镉的测定

GB/T 5009.17 食品中总汞及有机汞的测定

NY 5051 无公害食品 淡水养殖用水水质

SC/T 3015 水产品中土霉素、四环素、金霉素残留量的测定

SC/T 3018 水产品中氯霉素残留量的测定 气相色谱法

SC/T 3022 水产品中呋喃唑酮残留量的测定 液相色谱法

SN 0208 出口肉中十种磺胺残留量检验方法

3 要求

3.1 感官要求

3.1.1 活青虾

活青虾具有固有色泽和光泽,体态匀称,体形正常,无畸形,无病态,活动敏捷。

3.1.2 鲜青虾

鲜青虾感官应符合表1要求。

表1 鲜青虾感官要求

项 目	要 求
色泽	虾体色泽正常、无黑变,甲壳光亮;卵黄按不同产期呈现自然色泽,允许在正常冷藏中变色
形态	虾体完整、清洁,允许节间松弛,联结膜不应有破裂
气味	气味正常,无异味
肌肉组织	肉质紧密有弹性

3.2 安全指标

青虾安全指标应符合表2要求。

表 2　安全指标

项　　目	指　　标
汞(以总 Hg 计),mg/kg	≤0.5
砷(以总 As 计),mg/kg	≤0.5
铅(以 Pb 计),mg/kg	≤0.5
镉(以 Cd 计),mg/kg	≤0.5
土霉素,μg/kg	≤100
磺胺类(以总量计),μg/kg	≤100
氯霉素	不得检出
呋喃唑酮	不得检出

4　试验方法

4.1　感官检验

4.1.1　在光线充足、空气良好、无异味的环境下,将试样倒在白色搪瓷盘或不锈钢工作台上,按本标准 3.1 条的规定逐项进行感官检验。当不能确定产品质量时,进行水煮试验。

4.1.2　水煮试验

在容器中加入 500 mL 饮用水,将水烧开后,取约 100 g 用清水洗净的青虾置于容器中,加盖,煮 5 min 后,打开盖,嗅蒸汽气味,再品尝肉质。

4.2　样品制备

取青虾清洗后,去虾头、虾壳,得到整条虾肉,将所取得的虾肉绞碎混匀。

4.3　总汞的测定

按 GB/T 5009.17 的规定执行。

4.4　总砷的测定

按 GB/T 5009.11 的规定执行。

4.5　铅的测定

按 GB/T 5009.12 的规定执行。

4.6　镉的测定

按 GB/T 5009.15 的规定执行。

4.7　土霉素的测定

按 SC/T 3015 的规定执行。

4.8　磺胺类的测定

按 SN 0208 的规定执行。

4.9　氯霉素的测定

按 SC/T 3018 的规定执行。

4.10　呋喃唑酮的测定

按 SC/T 3022 的规定执行。

5　检验规则

5.1　检验规则与抽样

5.1.1　检验批

养殖青虾以同一养殖场中养殖条件相同的、同时收获的青虾为一个批次,捕捞青虾以同一条船上未经分拣或已按规格分拣的青虾为一个批次。

5.1.2 感官检验抽样

同一检验批次的青虾应随机抽样。批量在 500 kg 以内(含 500 kg)时,取样尾数 50 尾;每增加 500 kg,增抽 10 尾;增加数量不足 500 kg,时按 500 kg 计。

5.1.3 安全检验抽样

同一检验批次的青虾应随机抽样。批量在 500 kg 以内(含 500 kg)时,取样不低于 3 kg;每增加 500 kg,增抽 0.5 kg;增加数量不足 500 kg 时,按 500 kg 计。

5.2 检验分类

产品分为出场检验和型式检验。

5.2.1 出场检验

每批产品应进行出场检验。出场检验由生产单位质量检验部门执行,检验项目为感官要求。

5.2.2 型式检验

有下列情况之一时应进行型式检验。检验项目为本标准中规定的全部项目。

a) 新建养殖场的养殖青虾;

b) 青虾养殖条件发生变化,可能影响产品质量时;

c) 有关行政主管部门提出进行型式检验要求时;

d) 出场检验与上次型式检验有较大差异时;

e) 正常生产时,每年至少一次的周期性检验。

5.3 判定规则

5.3.1 活、鲜青虾的感官检验所检项目应全部符合 3.1 条规定;检验结果中有两项及两项以上指标不合格,则判为不合格;有一项指标不合格,允许重新抽样复检,如仍有不合格项则判为不合格。

5.3.2 若感官检验判定鲜虾质量困难时,应进行水煮试验,结果作为综合判定依据。

5.3.3 安全指标检验结果有一项指标不合格,则判本批产品不合格,不得复检。

6 标志、包装、运输、贮存

6.1 标志

应注明单位名称、地址、产品种类、规格、捕捞或出池日期。

6.2 包装

6.2.1 包装材料

包装材料应坚固、洁净、无毒、无异味。

6.2.2 包装要求

6.2.2.1 活青虾

活青虾包装中应保证氧气充足;水质应符合 NY 5051 的要求。

6.2.2.2 鲜青虾

鲜青虾应装于便于冲洗的鱼箱或保温鱼箱中,不应放得太满,保持虾体温度在 0℃～4℃,避免外力损伤虾体。

6.3 运输

6.3.1 活青虾运输中应供足青虾所需氧气。

6.3.2 鲜青虾用冷藏或保温车船运输,保持虾体温度在 0℃～4℃。

6.3.3 运输工具应清洁卫生,无异味,运输中防止日晒、虫害、有毒有害物质的污染,不得靠近或接触有腐蚀性物质。

6.4 贮存

6.4.1 活青虾暂养应保证青虾所需氧气充足。

6.4.2 鲜青虾贮存时保持虾体温度在0℃～4℃。

6.4.3 产品应贮藏于清洁、卫生、无异味、有防鼠防虫设备的库内。

ICS 65.150
B 52

中华人民共和国农业行业标准

NY/T 5285—2004

无公害食品　青虾养殖技术规范

2004-01-07 发布

2004-03-01 实施

中华人民共和国农业部　发布

前　言

本标准由中华人民共和国农业部提出。

本标准起草单位:江苏省淡水水产研究所。

本标准起草人:费志良、唐建清、潘建林、边文冀、韩飞、陈校辉、郝忱。

无公害食品　青虾养殖技术规范

1　范围

本标准规定了青虾(学名:日本沼虾 *Macrobrachium nipponensis*)无公害养殖的环境条件、苗种繁殖、苗种培育、食用虾饲养和虾病防治技术。

本标准适用于无公害青虾池塘养殖,稻田养殖可参照执行。

2　规范性引用文件

下列文件中的条款通过本标准的引用而成为本标准的条款。凡是注日期的引用文件,其随后所有的修改单(不包括勘误的内容)或修订版均不适用于本标准,然而,鼓励根据本标准达成协议的各方研究是否可使用这些文件的最新版本。凡是不注日期的引用文件,其最新版本适用于本标准。

GB 13078　饲料卫生标准

GB 18407.4—2001　农产品安全质量　无公害水产品产地环境

NY 5051　无公害食品　淡水养殖用水水质

NY 5071　无公害食品　渔用药物使用准则

NY 5072　无公害食品　渔用配合饲料安全限量

SC/T 1008　池塘常规培育鱼苗鱼种技术规范

《水产养殖质量安全管理规定》中华人民共和国农业部令(2003)第[31]号

3　环境条件

3.1　场址选择

水源充足,排灌方便,进排水分开,养殖场周围 3km 内无任何污染源。

3.2　水源、水质

水质清新,应符合 NY 5051 的规定,其中溶解氧应在 5 mg/L 以上,pH7.0～8.5。

3.3　虾池条件

虾池为长方形,东西向,土质为壤土或黏土,主要条件见表 1;并有完整相互独立的进水和排水系统。

表 1　虾池条件

池塘类别	面积 m^2	水深 m	池埂内坡比	水草种植面积 m^2
青虾培育池	1 000～3 000	约 1.5	1∶3～4	1/5～1/3
苗种培育池	1 000～3 000	1.0～1.5		
食用虾培育池	2 000～6 700	约 1.5	1∶3～4	1/5～1/3

3.4　虾池底质

虾池池底平坦,淤泥小于 15 cm,底质符合 GB 18407.4—2001 中 3.3 的规定。

4　苗种繁殖

4.1　亲虾来源

选择从江河、湖泊、沟渠等水质良好水域捕捞的野生青虾作为亲虾，要求无病无伤、体格健壮、规格在 4 cm 以上、已达性成熟；或在繁殖季节直接选购规格大于 5 cm 的青虾抱卵虾作为亲虾；亲虾在繁殖前应经检疫。

4.2 放养密度

每 1 000 m^2 放养亲虾 45 kg～60 kg，雌、雄比为 3～4∶1。

4.3 饲料及投喂

亲虾饲料投喂以配合饲料为主，投喂量为亲虾体重的 2%～5%，饲料安全限量应符合 NY 5072 的规定，并适当加喂优质无毒、无害、无污染的鲜活动物性饲料，投喂量为亲虾体重的 5%～10%。

4.4 亲虾产卵

当水温上升至 18℃以上时，亲虾开始交配产卵，抱卵虾用地笼捕出后在苗种培育池进行培育孵化，也可选购野生抱卵虾移入苗种培育池培育孵化。

4.5 抱卵虾孵化

抱卵虾放养量为每 1 000 m^2 放养 12 kg～15 kg，根据虾卵的颜色，选择胚胎发育期相近的抱卵虾放入同一池中孵化；虾孵化过程中，需每天冲水保持水质清新，一般青虾卵孵化需要 20 d～25 d。当虾卵成透明状、胚胎出现眼点时，每 1 000 m^2 施腐熟的无污染有机肥 150 kg～450 kg。当抱卵虾孵出幼体 80%以上时，用地笼捕出亲虾。

5 苗种培育

5.1 幼体密度

池塘培育幼体的放养密度应控制在 2 000 尾/m^2 以下。

5.2 饲料投喂

5.2.1 第一阶段

当孵化池发现有幼体出现，需及时投喂豆浆，投喂量为每 1 000 m^2 每天投喂豆浆 2.5 kg，以后逐步增加到每天 6.0 kg。投喂方法：每天 8:00～9:00、16:00～17:00 各投喂 1 次。

5.2.2 第二阶段

幼体孵出 3 周后，逐步减少豆浆的投喂量，增加青虾苗种配合饲料的投喂，配合饲料的安全限量应符合 NY 5072 的规定，配合饲料投喂 1 周后，每天投喂量为 30 kg/hm^2～45 kg/hm^2，投喂时间每天 17:00～18:00。

5.3 施肥

幼体孵出后，视水中浮游生物量和幼体摄食情况，约 15 d 应及时施腐熟的有机肥。每次施肥量为每 1 000 m^2 施 75 kg～150 kg。

5.4 疏苗

当幼虾生长到 0.8 cm～1.0 cm 时，根据培育池密度要及时稀疏，幼虾培育密度控制在 1 000 尾/m^2 以下。

5.5 水质要求

培育池水质要求：透明度约 30 cm，pH7.5～8.5，溶解氧≥5 mg/L。

5.6 虾苗捕捞

经过 20 d～30 d 培育，幼虾体长大于 1.0 cm 时，可进行虾苗捕捞，进入食用青虾养殖阶段。虾苗捕捞可用密网进行拉网捕捞、抄网捕捞或放水集苗捕捞。

6 食用虾饲养

6.1 池塘条件

6.1.1 进水要求

进水口用网孔尺寸 0.177 mm～0.250 mm 筛绢制成过滤网袋过滤。

6.1.2 配套设施

主养青虾的池塘应配备水泵、增氧机等机械设备，每公顷水面要配置 4.5 kW 以上的动力增氧设备。

6.2 放养前准备

6.2.1 清塘消毒

按 SC/T 1008 的规定执行。

6.2.2 水草种植

水草种植面积按本标准 4.2 执行；水草种植品种可选择苦草、轮叶黑藻、马来眼子菜和伊乐藻等沉水植物，也可用水花生或水蕹菜(空心菜)等水生植物。

6.2.3 注水施肥

虾苗放养前 5 d～7 d，池塘注水 50 cm～60 cm；同时施经腐熟的有机肥 2 250 kg/hm^2～4 500 kg/hm^2，以培育浮游生物。

6.3 虾苗放养

6.3.1 放养方法

选择晴好的天气放养，放养前先取池水试养虾苗，在证实池水对虾苗无不利影响时，才开始正式放养虾苗；虾苗放养时温差应小于±2℃。虾苗捕捞、运输及放养要带水操作。

6.3.2 养殖模式与放养密度

6.3.2.1 单季主养

虾苗采取一次放足、全年捕大留小的养殖模式。放养密度：1 月～3 月放养越冬虾苗(2 000 尾/kg 左右)60 万尾/hm^2～75 万尾/hm^2；或 7 月～8 月放养全长为 1.5cm～2cm 虾苗 90 万尾/hm^2～120 万尾/hm^2。虾苗放养 15d 后，池中混养规格为体长 15cm 的鲢、鳙鱼种 1 500 尾/hm^2～3 000 尾/hm^2 或夏花鲢、鳙鱼种22 500尾/hm^2。食用虾捕捞工具主要采用地笼捕捞。

6.3.2.2 多季主养

长江流域为双季养殖，珠江流域可三季养殖。

放养密度：青虾越冬苗规格 2 000 尾/kg，放养量为 45 万尾/hm^2～60 万尾/hm^2，规格为 1.5 cm～2 cm 虾苗，放养量为 60 万尾/hm^2～80 万尾/hm^2。放养时间：一般为 7 月～8 月和 12 月至翌年 3 月。虾苗放养 15d 后，池中混养规格为 15 cm 的鲢、鳙鱼种 1 500 尾/hm^2～3 000 尾/hm^2 或夏花鲢、鳙鱼种 22 500尾/hm^2。

6.3.2.3 鱼虾混养

单位产量 7 500 kg/hm^2 的无肉食性鱼类的食用鱼类养殖池塘或鱼种养殖池塘中混养青虾，一般虾苗放养量为 15 万尾/hm^2～30 万尾/hm^2。鱼种养殖池可以适当增加青虾苗的放养量，放养时间一般在冬、春季进行。

6.3.2.4 虾鱼蟹混养

放养模式与放养量见表 2。

表 2 虾鱼蟹混养放养表

品 种	规 格	放养量	放养时间
青 虾	全长 2 cm～3 cm	45 万尾/hm^2	1 月～3 月
河 蟹	100 只/kg～200 只/kg	4 500 只/hm^2	1 月～3 月
鳜	体长 5 cm～10 cm	225 尾/hm^2～300 尾/hm^2	7 月
鳙	0.5kg/尾～0.75kg/尾	150 尾/hm^2～225 尾/hm^2	1 月～3 月

6.4 饲养管理

6.4.1 饲料投喂

饲料投喂应遵循“四定”投饲原则，做到定质、定量、定位、定时。

6.4.1.1 饲料要求

提倡使用青虾配合饲料，配合饲料应无发霉变质、无污染，其安全限量要求符合 NY 5072 的规定；单一饲料应适口、无发霉变质、无污染，其卫生指标符合 GB 13078 的规定；鲜活饲料应新鲜、适口、无腐败变质、无毒、无污染。

6.4.1.2 投喂方法

日投 2 次，每天 8:00～9:00、18:00～19:00 各 1 次，上午投喂量为日投喂总量的 1/3，余下 2/3 傍晚投喂；饲料投喂在离池边 1.5 m 的水下，可多点式，也可一线式。

6.4.1.3 投饲量

青虾饲养期间各月配合饲料日投饲量参见表 3，实际投饲量应结合天气、水质、水温、摄食及蜕壳情况等灵活掌握，适当增减投喂量。

表 3 青虾饲养期间各月配合饲料日投饲率

月 份	3	4	5	6	7	8	9	10	11	12
日投饲率 %	1.5～2	2～3	3～4	4～5	5	5	5	5～4	4～3	2

6.4.2 水质管理

6.4.2.1 养殖池水

养殖前期（3 月～5 月）透明度控制在 25 cm～30 cm，中期（6 月～7 月）透明度控制在 30 cm，后期（8 月～10 月）透明度控制在 30 cm～35 cm。溶解氧保持在 4 mg/L 以上。pH 7.0～8.5。

6.4.2.2 施肥调水

根据养殖水质透明度变化，适时施肥，一般在养殖前期每 10 d～15 d 施腐熟的有机肥 1 次，中后期每 15 d～20 d 施腐熟的有机肥 1 次，每次施肥量为 750 kg/hm^2～1 500 kg/hm^2。

6.4.2.3 注换新水

养殖前期不换水，每 7 d～10 d 注新水 1 次，每次 10 cm～20 cm；中期每 15 d～20 d 注换水 1 次；后期每周 1 次，每次换水量为 15 cm～20 cm。

6.4.2.4 生石灰使用

青虾饲养期间，每 15 d～20 d 使用 1 次生石灰，每次用量为 150 kg/ hm^2，化成浆液后全池均匀泼洒。

6.4.3 日常管理

6.4.3.1 巡塘

每天早、晚各巡塘 1 次，观察水色变化、虾活动和摄食情况；检查塘基有无渗漏，防逃设施是否完好。

6.4.3.2 增氧

生长期间，一般每天凌晨和中午各开增氧机 1 次，每次 1.0 h～2.0 h；雨天或气压低时，延长开机时间。

6.4.3.3 生长与病害检查

每 7 d～10 d 抽样 1 次，抽样数量大于 50 尾，检查虾的生长、摄食情况，检查有无病害，以此作为调整投饲量和药物使用的依据。

6.4.3.4 记录

按中华人民共和国农业部令（2003）第[31]号《水产养殖质量安全管理规定》要求的格式做好养殖生

产记录。

7 病害防治

7.1 虾病防治原则

无公害青虾养殖生产过程中对病害的防治，坚持以防为主、综合防治的原则。使用防治药物应符合NY 5071的要求，具备兽药登记证、生产批准证和执行批准号。并按中华人民共和国农业部令(2003)第[31]号《水产养殖质量安全管理规定》要求的格式做好用药记录。

7.2 常见虾病防治

青虾养殖中常见疾病主要为红体病、黑鳃病、黑斑病、寄生性原虫病等，具体防治方法见表4。

表4 青虾常见病害治疗方法

虾病名称	症状	治疗方法	休药期	注意事项
红体病	发病初期青虾尾部变红，继而扩展至泳足和整个腹部，最后头胸部步足均变为红色。病虾行动呆滞，食欲下降或停食，严重时可引起大批死亡	1. 用二氧化氯全池泼洒，用量：0.1 mg/L～0.2 mg/L，严重时0.3～0.6 mg/L 2. 用磺胺甲恶唑100 mg/kg体重或氟苯尼考10 mg/kg体重拌饵投喂，连用5 d～7 d，第1 d药量加倍。预防减半，连用3 d～5 d 3. 用聚维酮碘全池泼洒(幼虾：0.2 mg/L～0.5 mg/L，成虾：1 mg/L～2 mg/L)	二氧化氯≥10 d 磺胺甲恶唑≥30 d 氟苯尼考≥7 d	1. 二氧化氯勿用金属容器盛装。勿与其他消毒剂混用 2. 磺胺甲恶唑不能与酸性药物同用 3. 聚维酮碘勿与金属物品接触。勿与季铵盐类消毒剂直接混合使用
黑鳃病	病虾鳃丝发黑，局部霉烂，部分病虾伴有头胸甲和腹甲侧面黑斑。患病幼虾活力减弱，在底层缓慢游动，趋光性变弱，变态期延长或不能变态，腹部蜷曲，体色发白，不摄食。成虾患病时，常浮于水面，行动迟缓	1. 由细菌引起的黑鳃病：用土霉素80 mg/kg体重或氟苯尼考10 mg/kg体重拌饵投喂，连用5 d～7 d，第1 d药量加倍。预防减半，连用3 d～5 d 2. 由水中悬浮有机质过多引起的黑鳃病：定期用生石灰15 mg/L～20 mg/L全池泼洒	漂白粉≥5 d 土霉素≥21 d 氟苯尼考≥7 d	1. 土霉素勿与铝、镁离子及卤素、碳酸氢钠、凝胶合用 2. 生石灰不能与漂白粉、有机氯、重金属盐、有机络合物混用
黑斑病	病虾的甲壳上出现黑色溃疡斑点，严重时活力大减，或卧于池边处于濒死状态	保持水质清爽，捕捞、运输、放苗带水操作，防止亲虾甲壳受损；发病后用聚维酮碘全池泼洒(幼虾：0.2 mg/L～0.5 mg/L，成虾：1 mg/L～2 mg/L)		聚维酮碘勿与金属物品接触。勿与季铵盐类消毒剂直接混合使用
寄生性原虫病	镜检可见累枝虫、聚缩虫、钟形虫、壳吸管虫等寄生于虾体表及鳃上，严重时，肉眼可看到一层绒毛物	1. 用1 mg/L～3 mg/L硫酸锌全池泼洒 2. 用1 mg/L高锰酸钾全池泼洒	硫酸锌≥7 d	1. 硫酸锌勿用金属容器盛装。使用后注意池塘增氧； 2. 高锰酸钾不宜在强烈的阳光下使用

ICS 67.120.30
B 52

中华人民共和国农业行业标准

NY 5286—2004

无公害食品　斑点叉尾鮰

2004-01-07 发布　　2004-03-01 实施

中华人民共和国农业部 发布

前　言

本标准由中华人民共和国农业部提出。

本标准起草单位:农业部渔业环境及水产品质量监督检验测试中心(天津)。

本标准主要起草人:李宝华、孙广明、叶红梅、李连庆、白明。

无公害食品 斑点叉尾鮰

1 范围

本标准规定了无公害食品斑点叉尾鮰的要求、试验方法、检验规则、标志、包装、运输与贮存。

本标准适用于斑点叉尾鮰(*Ictalurus punctatus*)的活鱼和鲜鱼。

2 规范性引用文件

下列文件中的条款通过本标准的引用而成为本标准的条款。凡是注日期的引用文件,其随后所有的修改单(不包括勘误的内容)或修订版均不适用于本标准,然而,鼓励根据本标准达成协议的各方研究是否可使用这些文件的最新版本。凡是不注日期的引用文件,其最新版本适用于本标准。

GB/T 5009.11 食品中总砷及无机砷的测定
GB/T 5009.12 食品中铅的测定
GB/T 5009.15 食品中镉的测定
GB/T 5009.17 食品中总汞及有机汞的测定
NY 5051 无公害食品 淡水养殖用水水质
SC/T 3015 水产品中土霉素、四环素、金霉素残留量的测定
SC/T 3018 水产品中氯霉素残留量的测定 气相色谱法
SC/T 3022 水产品中呋喃唑酮残留量的测定 液相色谱法

3 要求

3.1 感官要求

3.1.1 活斑点叉尾鮰

鱼体健康,游动活泼;鱼体呈斑点叉尾鮰固有的形状,体表有光泽,黏液透明。

3.1.2 鲜斑点叉尾鮰

感官要求见表1。

表1 感官要求

项 目	指 标
形态	体型较长,完整、匀称,无畸形
体表	体表光滑柔软,无鳞,富黏液;背部灰褐色,腹部乳白色,体侧有不规则的灰黑色斑点 ,无病理特征
鳃	鳃丝清晰,呈鲜红色,无黏液或少量黏液,无异味
眼	眼球饱满,角膜清晰
组织	肉质紧密,富有弹性,内脏清晰
气味	具有鲜鱼固有气味,无异味

3.2 安全指标

安全指标见表2。

表2 安全指标

项目	指标
砷,mg/kg	≤0.5
铅,mg/kg	≤0.5
镉,mg/kg	≤0.1
汞,mg/kg	≤0.5
土霉素,μg/kg	≤100
氯霉素,μg/kg	不得检出
呋喃唑酮,μg/kg	不得检出

4 试验方法

4.1 感官检验

将样品放在清洁白瓷盘中,在光线充足无异味的环境条件下进行感官检验。

4.2 砷的测定

按 GB/T 5009.11 的规定执行。

4.3 铅的测定

按 GB/T 5009.12 的规定执行。

4.4 镉的测定

按 GB/T 5009.15 的规定执行。

4.5 汞的测定

按 GB/T 5009.17 的规定执行。

4.6 土霉素的测定

按 SC/T 3015 的规定执行。

4.7 氯霉素的测定

按 SC/T 3018 的规定执行。

4.8 呋喃唑酮的检验

按 SC/T 3022 规定执行。

5 检验规则

5.1 组批规则与抽样方法

5.1.1 组批规则

活鱼以同一养殖场,养殖时间、养殖模式、饲养管理相同的产品为一个检验批次;鲜鱼以来源规格一致的产品为一检验批。

5.1.2 抽样方法

每批产品随机抽取 5 尾~10 尾,用于感官检验。

每批产品随机抽取不少于 3 尾,用于安全指标检验。

5.1.3 样品制备

将用于安全指标检验的样品鱼清洗拭干后,取背部肌肉绞碎、混合均匀后备用。试样量为 400 g ,分为两份,一份用于检验,另一份作为备样。若 3 尾鱼试样量不足 400 g,增加取样数量。

5.2 检验分类

鲜、活产品分为出场检验和型式检验。

5.2.1 出场检验

每批产品应进行出场检验。出场检验由生产单位质检部门进行，检验项目为感官指标。

5.2.2 型式检验

检验项目为本标准中规定的全部项目，有下列情况之一时进行型式检验。

a) 新建养殖场的首批产品；

b) 养殖条件发生变化，可能影响产品质量时；

c) 有关行政主管部门提出检验要求时；

d) 出场检验与上次型式检验有较大差别时；

e) 正常生产时，每年至少1次周期性检验。

5.3 判定规则

5.3.1 活、鲜品感官指标的检验项目全部符合3.1规定。检验结果中有两项及两项以上指标不合格，则判为不合格；有一项指标不合格，允许重新抽样复验，如仍有不合格项则判定为不合格。

5.3.2 安全指标检验结果中有一项指标不合格，则判本批产品不合格，不得复验。

6 标志、包装、运输、贮存

6.1 标志

标明产品的名称、生产者(单位)、产地及出场日期。

6.2 包装

6.2.1 包装材料

所用包装材料要求坚固、洁净、无毒、无异味，符合卫生标准。

6.2.2 包装要求

6.2.2.1 活斑点叉尾鮰

包装容器内用水水质符合NY 5051的规定，并保证充足的溶解氧。

6.2.2.2 鲜斑点叉尾鮰

鲜斑点叉尾鮰装于洁净的包装箱或保温鱼箱中。

6.3 运输

6.3.1 运输工具在装鱼货前清洗、消毒，做到无毒、无异味。

6.3.2 活鱼运输采用活鱼运输车或其他运输设备。鲜鱼运输采用保温保鲜措施，鱼体温度保持在0℃～4℃条件下。

6.4 贮存

6.4.1 活斑点叉尾鮰在洁净、无毒、无异味的容器或水池中暂养。水质符合NY 5051的规定，并保证充足的溶解氧。

6.4.2 鲜鱼存放环境洁净、无毒、无异味、无污染，符合卫生要求，存放容器应采用保温保鲜措施，鱼体温度保持在0℃～4℃条件下。

ICS 65.150
B 52

中华人民共和国农业行业标准

NY/T 5287—2004

无公害食品
斑点叉尾鮰养殖技术规范

2004-01-07 发布

2004-03-01 实施

中华人民共和国农业部 发布

前　言

本标准由中华人民共和国农业部提出。

本标准起草单位:湖北省水产科学研究所、全国水产技术推广总站。

本标准主要起草人:蔡焰值、黄畛、陶建军、周晓华、陈学洲。

无公害食品　斑点叉尾鮰养殖技术规范

1　范围

本标准规定了斑点叉尾鮰(*Ictalurus punctatus* Rafinesque)无公害养殖的环境条件、苗种培育、食用鱼饲养、鱼病防治技术。

本标准适用于无公害斑点叉尾鮰池塘、网箱养殖。

2　规范性引用文件

下列文件中的条款通过本标准的引用而成为本标准的条款。凡是注日期的引用文件，其随后所有的修改单(不包括勘误的内容)或修订版均不适用于本标准，然而，鼓励根据本标准达成协议的各方研究是否可使用这些文件的最新版本。凡是不注日期的引用文件，其最新版本适用于本标准。

GB 11607　渔业水质标准

GB 13078　饲料卫生标准

GB/T 18407.4—2001　农产品安全质量　无公害水产品产地环境要求

GB 3838—1988　地表水环境质量标准

NY 5051　无公害食品　淡水养殖用水水质

NY 5071　无公害食品　渔用药物使用准则

NY 5072　无公害食品　渔用配合饲料安全限量

SC/T 1006　淡水网箱养鱼　通用技术要求

SC/T 1007　淡水网箱养鱼　操作技术规程

SC/T 1008　池塘常规培育鱼苗鱼种技术规范

SC 1031　斑点叉尾鮰

《饲料药物添加剂使用规范》　中华人民共和国农业部公告(2001)第[168]号

《水产养殖安全管理规定》　中华人民共和国农业部令(2003)第[31]号

3　环境条件

3.1　水源充足，水质清新，进排水分开，排灌方便，交通便利，养殖用水不得有污染源，水源水质应符合GB 11607的规定。

3.2　养殖池塘水质应符合NY 5051的规定，其中水体的溶氧量应在4.5 mg/L以上，pH为6.8～8.5，适宜透明度为35 cm～40 cm。网箱饲养水体水质应符合NY 5051与GB 3838—1988中Ⅱ类水质标准的规定，水体溶氧量应在6 mg/L以上。

3.3　斑点叉尾鮰鱼池条件为土质池，其要求应符合表1。

表1　池塘条件

池塘类别	形　状	面　积 m^2	池　深 m	池水深 m	池底淤泥厚度 cm
亲鱼池	长方形	2 500～3 500	1.8～2.0	1.5～1.8	≤10
苗种池	长方形	1 000～1 500	1.5～1.8	1.2～1.5	≤10
食用鱼饲养池	长方形	3 500～4 500	2.0～2.5	1.6～2.0	≤20

池塘底质应符合 GB/T 18407.4—2001 中 3.3 的规定。

4 鱼种培育

4.1 苗种来源

符合 SC 1031 规定的亲鱼繁殖获得的鱼苗，或外购苗种经检疫消毒后可作为苗种的来源。

4.2 鱼苗暂养

4.2.1 暂养池

流水水泥池，其规格长方形面积为 5 m^2～8 m^2，水深为 65 cm～70 cm；进排水口用网孔尺寸为 0.4 mm 的网布纱窗拦住。

4.2.2 暂养环境条件

水质应按 3.1 与 3.2 的规定，适宜水温为 20℃～30℃，孵化槽中的鱼苗放入暂养池时温差不超过±2℃。

4.2.3 放养密度

每立方米水体约放 2×10^4 尾～3×10^4 尾，待鱼苗上浮集群自由游动且鱼体布满黑色素，卵黄囊吸收 65%～70%(出膜后第 3 天至第 4 天)，开始摄食外界营养 2 d～3 d 后，再转入鱼苗池中培育，并可直接在暂养池中投喂活体浮游动物或微型颗粒饲料，培育成全长 1.0 cm～1.5 cm 的鱼苗。

4.2.4 暂养管理

4.2.4.1 流水池需保持不间断流水，适宜流量为 1.0 m^3/h～1.5 m^3/h，可用增氧设备向水体增氧。

4.2.4.2 待鱼苗开始自由活动时投喂活体浮游生物。

4.3 苗种培育

4.3.1 池塘环境条件

池塘应按 3.2 与 3.3 的规定执行外，池形整齐，池底平坦，淤泥小于 10 cm，水源充足，进排水方便，无污染源。水温为 23℃～30℃，水体透明度为 30 cm～40 cm，溶解氧为 6mg/L 以上。

4.3.2 池塘消毒与施肥

除苗种培育消毒与培育水质应按 SC/T 1008 与 NY 5071 规定的执行外，还应培育出浮游动物后再投放鱼苗，放养的鱼苗全长不小于 1.2 cm。

4.3.3 放养密度与出池规格

鱼苗的放养密度与出池规格见表 2。

表 2 斑点叉尾鮰放养与出池规格

苗种规格(全长) cm	鱼池面积 m^2	放养密度 尾/667m^2	苗种出池规格(全长) cm
1.2	1 000～1 400	25 000～30 000	5～6
	1 700～2 700	20 000～25 000	
3.0～3.5	1 000～1 400	15 000～20 000	10～12
	1 700～2 700	12 000～15 000	
5.0～6.0	1 000～1 400	8 000～10 000	12～15
	1 700～2 700	6 500～8 000	

表 2（续）

苗种规格(全长) cm	鱼池面积 m^2	放养密度 尾/667m^2	苗种出池规格(全长) cm
10～12	1 000～1 400	6 000～8 000	18～20
	1 700～2 700	5 000～6 000	

4.3.4 投饲

4.3.4.1 饲料质量与种类

配合饲料安全卫生要求应符合 GB 13078 与 NY 5072 的规定，以及《饲料药物添加剂使用规范》，饲料粗蛋白含量不低于 36%～38%，粒径应与不同规格鱼种的口径相适应。

动物性饲料(浮游动物、水蚯蚓、小鱼虾肉浆等)要求新鲜，未腐败变质，无污染。

4.3.4.2 投饲量

日投饲量见表 3。

表 3 苗种日投饲率

水温，℃	8～15	15～20	20～25	25～32
日投饲率，%	1.0～1.5	2.0～2.5	3.0～3.5	3.5～4.5
注：日投饲率为每天投喂饲料数量占苗种池中鱼体总重的百分比。				

4.3.4.3 投饲时间

鱼体全长在 5 cm～6 cm 以前日投喂 3 次，以后日投喂 2 次，7:00～8:00、17:00～18:00 各投喂 1 次。

4.3.4.4 投喂方法

池塘内应设置投食台(点)，定点投喂饲料，采用边摄食、边投喂的投饲方法。

4.3.5 日常管理

定期筛选，分规格饲养，注意随苗种生长规格的加大和摄食强度的增长而增加池水深度，以水深 1.3 m～1.5 m 为宜。其他按 SC/T 1008 的规定执行外，还应填写“水产养殖生产记录”。

5 食用鱼饲养

5.1 池塘饲养

5.1.1 环境条件

食用鱼饲养的环境条件按 3.2 与 3.3 执行。

5.1.2 清塘消毒

鱼种放养前应对池塘进行清塘、消毒。清塘方法和清塘药物用量应符合 SC/T 1008 规定。

5.1.3 鱼种放养

5.1.3.1 鱼种质量

鱼种游动活泼，体质健壮，体呈灰色，体表光滑，黏液丰富，体两侧有不规则的斑点，无损伤、无疾病、无畸形，鱼种规格要整齐，外购鱼种种质应符合 SC 1031 的规定，并经检疫消毒。鱼种全长为 10 cm～20 cm。

5.1.3.2 放养方法

鱼种投放宜在 2 月～3 月进行，鱼种投放前必须用 2.5%～3% 的食盐水溶液浸泡 7 min～10 min 鱼体消毒,放养密度每 667 m^2 放养 1 000 尾～1 300 尾。

5.1.4 投饲

5.1.4.1 饲料种类

提倡以全价营养配合饲料为主。

5.1.4.2 饲料质量

配合饲料安全卫生要求应按 4.3.3.1,其中饲料粗蛋白含量不低于 32%,粒径应与不同规格鱼的口径相适应。

5.1.4.3 投饲量

日投饲量见表 4。

表 4 食用鱼日投饲率

水温,℃	8～15	15～20	20～25	25～32
日投饲率,%	1.0～1.5	2.0～2.5	3.0～3.5	4.0～4.5
注:日投饲率为每天投喂饲料数量占池中鱼体总重的百分比。				

5.1.4.4 投喂时间

鱼体重在 50 g 以下日投饲 3 次,体重 50 g 以上日投饲 2 次:6:00～8:00、18:00～19:00 各投喂 1 次。

5.1.4.5 投喂方法

按 4.3.4.4 的执行。

5.1.5 日常管理

5.1.5.1 投饲管理

日常喂养管理必须将饲料投匀、投足、投好,不得投喂腐败变质的饲料。

5.1.5.2 水质管理

按 SC/T 1008 的规定执行外,每 15 d 换水 1 次,换水量约为池水总量的 1/3,保持饲养水体的溶解氧在 4.5 mg/L 以上,pH 6.8～8.5,透明度为 35 cm～40 cm,池塘水色为茶褐色,保持池塘的清洁卫生。

每 667 m^2 鱼池搭配放养规格为 0.1 kg/尾～0.15 kg/尾的鲢、鳙 150 尾～200 尾,控制浮游生物的繁殖,调节水质。

5.1.5.3 日常管理

按 4.3.5 外,每天早、晚各巡塘 1 次,清晨观察池塘水色、水位变化、鱼的活动及摄食情况,还应填写"水产养殖生产记录"。

5.1.6 病害防治

5.1.6.1 饲养期间,每月用生石灰全池泼洒 1 次,每次用量为 15 mg/L～25 mg/L;每半月全池泼洒二氧化氯消毒剂,使池水药物浓度为 0.3 mg/L～0.5 mg/L。

5.1.6.2 发现鱼病,正确诊断,及时治疗。防治鮰鱼病害的药物使用方法按 NY 5071 的规定执行。

5.2 网箱饲养

5.2.1 环境条件

放置网箱水体面积应常年稳定在 150 000 m^2 以上,水深在 7 m 以上;网箱面积不得超过养殖水面面积的 1/400～500;水质应符合 3.1 与 3.2 的规定。

5.2.2 网箱的选择与设置

按 SC/T 1006 和 SC/T 1007 的规定执行,适合于斑点叉尾鮰饲养的网箱规格为 4.0 m×3.0 m×

3.5 m,5.0 m×3.0 m×3.5 m。

5.2.3 鱼种放养

5.2.3.1 鱼种质量

种质应符合 SC 1031 的规定,并按 5.1.3.1 的规定执行。

5.2.3.2 鱼种消毒

放养鱼种宜在水温 8℃~10℃进行,鱼种进箱时必须严格消毒。进箱鱼种消毒药物及用量见表 5。

表 5 鱼种消毒药物及用量

药物名称	浓　　度	方　　法	浸泡时间 min	次　　数
食　　盐	2.5%~3%	浸泡鱼体	7~10	1 次/d,连续 3 d~4 d
高锰酸钾	10 mg/L		5~10	
二溴海因	2 mg/L~3 mg/L		15~20	

5.2.3.3 放养密度

不同规格的鱼种放养密度见表 6。

表 6 鱼种放养密度

鱼种规格 g/尾	饲养密度 尾/m²
15~50	450~480
50~150	350~400
150~250	250~300
>250	160~200

5.2.3.4 分级饲养

网箱饲养食用鱼整个过程中,每次分规格饲养时按 5.2.3.2 的方法进行鱼种消毒。

5.2.4 饲养管理

5.2.4.1 饲料要求

见 5.1.4.2。

5.2.4.2 投饲量

日投饲量见表 7。

表 7 网箱食用鱼日投饲率

水温,℃	8~15	15~20	20~25	25~32
日投饲率,%	1.0~1.5	2.0~2.5	3.0~4.0	4.5~5.0
注:日投饲率为每天投喂饲料数量占网箱中鱼体总重的百分比。				

5.2.4.3 投饲方法

采用边摄食、边投喂的方法(慢—快—慢),日投饲 2 次,7:00~8:00、18:00~19:00 各投喂 1 次。

5.2.4.4 日常管理

按 SC/T 1006 与 SC/T 1007 的规定执行外,还应填写“水产养殖生产记录”。

5.2.4.5 病害防治

饲养期间，每月用生石灰网箱内泼洒1次，每次用量为15 mg/L～25 mg/L；每半月网箱内泼洒二氧化氯消毒剂，使网箱内药物浓度为0.3 mg/L～0.5 mg/L或挂袋预防。

发现鱼病，正确诊断，及时治疗。防治病害的药物使用方法按NY 5071的规定执行。

6 病害防治

6.1 预防

6.1.1 贯彻预防为主、防治结合的原则。

6.1.2 鱼苗、鱼种和亲鱼的引进要严格进行检疫和消毒。

6.1.3 池塘、网箱和工具应严格消毒。

6.1.4 鱼苗、鱼种和亲鱼在操作后必须严格用药物消毒处理。

6.1.5 根据斑点叉尾鮰的生活习性和发病规律，应创造良好的饲养条件，实行生物预防和健康养殖。

6.2 防治

6.2.1 渔药的使用和休药期按NY 5071的规定执行。

6.2.2 斑点叉尾鮰常见病的防治方法见表8，使用药物后应填写“水产养殖用药记录”。

表8 斑点叉尾鮰常见鱼病防治方法

疾病类别	症 状	防治方法	休药期	注意事项
出血性败血病	发病初期斑点叉尾鮰各鳍条基部充血，病情严重时腐烂；活动呆滞，食欲下降至停食，可导致死亡	1. 用生石灰全池泼洒，用量：25 mg/L，连续3 d～5 d； 2. 磺胺间甲氧嘧啶加土霉素加维生素C投喂，用量：(20＋200＋20)mg/kg与饲料混喂，每天1次，连续5 d～7 d	土霉素≥21 d 磺胺间甲氧嘧啶≥30 d	1. 土霉素勿与铝、镁离子及卤素、碳酸氢钠、凝胶合用； 2. 生石灰不能与漂白粉、有机氯、重金属盐、有机物络合物混用
细菌性肠炎病	肛门红肿外突，轻压腹部有黄色液体外流，基本上处于停食	1. 盐酸土霉素投喂，用量：(55～70)mg/kg鱼体重，每天1次，连续7 d～10 d； 2. 大黄、黄芩、黄柏三种中草药与饲料混合投喂，用量：(5＋2＋3)g/kg鱼体重，每天1次，连续5 d～6 d	盐酸土霉素≥21 d	土霉素勿与铝、镁离子及卤素、碳酸氢钠、凝胶合用
烂尾病	病鱼的尾鳍部位腐烂，严重时尾鳍骨外露，并导致其他鳍条同时出现腐烂	1. 大黄、黄芩、黄柏混合煮水全池泼洒、网箱挂袋两种，用量：(150＋90＋60)mg/L，每天1次，连续3次； 2. 用磺胺甲恶唑投喂，用量：100 mg/kg～200 mg/kg混合饲料投喂，连续5 d～7 d	磺胺甲恶唑≥30 d	磺胺甲恶唑不能与酸性药物混用

表 8(续)

疾病类别	症　状	防治方法	休药期	注意事项
小瓜虫病	病鱼的鳍条布满白点，严重时全身布满，引起批量死亡	干辣椒 10 g、干姜 70 g 煎煮水全池泼洒		
车轮虫病	寄生于鱼鳃上，鳃丝充血，严重时鱼的鳃丝腐烂	硫酸铜与硫酸亚铁合剂(0.5＋0.2)mg/L 全池泼洒		

ICS 67.120.30
B 51

中华人民共和国农业行业标准

NY 5288—2004

无公害食品　菲律宾蛤仔

2004-01-07 发布　　2004-03-01 实施

中华人民共和国农业部　发布

前　言

本标准由中华人民共和国农业部提出。

本标准起草单位:山东省水产品质量检验中心。

本标准主要起草人:张利民、王春生、朱日进、王茂剑、张秀珍。

无公害食品　菲律宾蛤仔

1　范围

本标准规定了无公害食品菲律宾蛤仔的要求、试验方法、检验规则、标志、包装、运输和贮存。

本标准适用于菲律宾蛤仔(*Ruditapes philippinarum*)活体,杂色蛤仔、巴非蛤仔活体可参照执行。

2　规范性引用文件

下列文件中的条款通过本标准的引用而成为本标准的条款。凡是注日期的引用文件,其随后所有的修改单(不包括勘误的内容)或修订版均不适用于本标准,然而,鼓励根据本标准达成协议的各方研究是否可使用这些文件的最新版本。凡是不注日期的引用文件,其最新版本适用于本标准。

GB/T 5009.11　食品中总砷及无机砷的测定

GB/T 5009.12　食品中铅的测定

GB/T 5009.15　食品中镉的测定

GB/T 5009.17　食品中总汞及有机汞的测定

GB/T 5009.190　海产食品中多氯联苯的测定

NY 5052　无公害食品　海水养殖用水水质

SC/T 3016　水产品抽样方法

SC/T 3023　麻痹性贝类毒素的测定　生物法

SC/T 3024　腹泻性贝类毒素的测定　生物法

3　要求

3.1　感官要求

感官要求见表1。

表1　感官要求

项　　目	要　　求
外　观	表面干净无泥污,外壳完整
活　力	离水时双壳闭合有力
气　味	具有菲律宾蛤仔特有的气味,无油味及其他异味
组　织	蛤肉呈淡黄色,有弹性
杂　质	无外来杂质,无空壳,贝壳内无泥沙

3.2　安全指标

安全指标见表2。

表2 安全指标

项 目	指 标
铅(以Pb计),mg/kg	≤1.0
镉(以Cd计),mg/kg	≤1.0
汞(以Hg计),mg/kg	≤1.0
无机砷(以As计),mg/kg	≤1.0
麻痹性贝类毒素(PSP),μg/100 g	≤80
腹泻性贝类毒素(DSP)	不得检出
多氯联苯(PCBs),mg/kg	≤0.2

4 试验方法

4.1 感官检验

4.1.1 在光线充足、无异味的条件下,将样品置于白色搪瓷盘内,对感官项目逐项进行检验。当感官检验难以判定产品质量时,做水煮试验。

4.1.2 水煮试验:在带有笼屉的洁净容器中加入饮用水250 mL～500 mL,将水烧开后,将样品放到笼屉上,盖上盖,蒸3 min～5 min后,打开盖,闻气味,品尝肉质。

4.2 铅的测定

按GB/T 5009.12的规定执行。

4.3 镉的测定

按GB/T 5009.15的规定执行。

4.4 汞的测定

按GB/T 5009.17的规定执行。

4.5 无机砷的测定

按GB/T 5009.11的规定执行。

4.6 麻痹性贝类毒素的测定

按SC/T 3023的规定执行。

4.7 腹泻性贝类毒素的测定

按SC/T 3024的规定执行。

4.8 多氯联苯的测定

按GB/T 5009.190的规定执行。

5 检验规则

5.1 组批规则与抽样方法

5.1.1 组批规则

以同一海域增养殖滩涂中环境条件相同、同时收获的产品为一检验批。

5.1.2 抽样方法

按SC/T 3016的规定执行。

5.1.3 试样制备

按SC/T 3016中附录C的规定执行。

5.2 检验分类

产品检验分为出场检验和型式检验。

5.2.1 出场检验

每批产品应进行出场检验。出场检验由生产者执行,检验项目为感官指标。

5.2.2 型式检验

有下列情况之一时应进行型式检验,检验项目为本标准中规定的全部项目。

a) 新建菲律宾蛤仔增养殖场或首次发现菲律宾蛤仔资源的滩涂;

b) 养殖条件或海域环境发生变化,可能影响产品质量时 ;

c) 有关行政主管部门提出进行型式检验要求时;

d) 出场检验与上次型式检验有较大差异时;

e) 正常生产时,每年至少进行一次周期性检验。

5.3 判定规则

5.3.1 感官检验所检项目应全部符合本标准 3.1 的规定,结果的判定按 SC/T 3016 表 1 的规定执行。

5.3.2 安全指标的检验结果中有一项指标不合格,则判本批产品不合格,不得复检。

6 标志、包装、运输和贮存

6.1 标志

应标明菲律宾蛤仔的品名、生产者、捕捞日期、捕捞地点。

6.2 包装

包装容器要求坚固、通气、洁净、无毒、无异味。

6.3 运输

运输工具要求清洁卫生、无异味,运输中要避免日晒、雨淋,不得靠近或接触有毒有害物质。

6.4 贮存

应在阴凉、通风、卫生的环境下,置于清洁的容器中临时贮存;暂养及净化时,所用海水应符合 NY 5052 的要求。

ICS 65.150
B 51

中华人民共和国农业行业标准

NY/T 5289—2004

无公害食品
菲律宾蛤仔养殖技术规范

2004-01-07 发布

2004-03-01 实施

中华人民共和国农业部 发布

前　言

本标准由中华人民共和国农业部提出。

本标准起草单位:辽宁省海洋水产研究所、庄河市水产技术推广站。

本标准主要起草人:李文姬、李国平、刘忠颖、姜忠聃、李大成、陈光凤。

无公害食品　菲律宾蛤仔养殖技术规范

1　范围

本标准规定了菲律宾蛤仔(*Ruditapes philippinarum* Adams & Reeve,1850)无公害养殖的环境条件、工厂化育苗、土池人工育苗、半人工采苗、滩涂养殖技术和防病措施。

本标准适用于无公害菲律宾蛤仔的养殖技术。

2　规范性引用文件

下列文件中的条款通过本标准的引用而成为本标准的条款。凡是注日期的引用文件,其随后所有的修改单(不包括勘误的内容)或修订版均不适用于本标准,然而,鼓励根据本标准达成协议的各方研究是否可使用这些文件的最新版本。凡是不注日期的引用文件,其最新版本适用于本标准。

GB/T 18407.4　农产品安全质量　无公害水产品产地环境要求

NY 5052　无公害食品　海水养殖用水水质

NY 5071　无公害食品　渔用药物使用准则

3　环境条件

3.1　场地选择

苗种培育场、养殖场应选择远离污染源、交通方便的地方。环境应符合 GB/T 18407.4 的规定。

3.2　水质条件

养殖用水应符合 NY 5052 的规定。

4　工厂化育苗

4.1　培育池消毒

培育池为长方形或方形水泥池,容量 30 m^3～40 m^3,水深 1.3 m～1.5 m。育苗前用 300 mg/L～500 mg/L 次氯酸钠溶液(含有效氯 10%以上)浸泡 24 h～48 h,然后放掉,用砂滤水冲洗干净。

4.2　亲贝

4.2.1　亲贝来源

亲贝产地环境应符合 GB/T 18407.4 的规定。

4.2.2　亲贝选择

外形特征应符合贝类分类学中有关菲律宾蛤仔的特征描述;贝体无破损,洁净,活力强;生殖腺饱满、覆盖整个内脏团,壳高在 3.5 cm 以上。

4.2.3　入池时间

繁殖季节将自然成熟的亲贝采捕入池。北方 5 月～10 月、南方 9 月～11 月为繁殖季节。

4.3　采卵与孵化

4.3.1　采卵方法

——自然产卵法　生殖腺成熟度好的亲贝,入池当天或第二天换水后便可自然排精、产卵。

——诱导产卵法　阴干 6 h～12 h,流水 2 h～3 h,然后放入自然海水中等待排放。

4.3.2　受精与受精卵处理

精子和卵子在海水中自行受精。若精液过大,应采取洗卵等方法除掉多余精液,并在胚胎上浮前完成。

4.3.3 孵化密度

孵化密度应低于50个/mL。

4.3.4 孵化条件

水温24℃～27℃,盐度20～31,光照1 000 lx～2 000 lx,连续微量充气。

4.4 选育

胚胎发育形成"D"形幼虫时,应及时选育,选育方法可采用拖选法或虹吸法。要求"D"形幼虫壳缘光滑,铰合部直,活力强。

4.5 幼虫培育技术

4.5.1 培育条件

同4.3.4。

4.5.2 密度

"D"形幼虫投放密度10个/mL～15个/mL。

4.5.3 日常管理

4.5.3.1 投饵

幼虫的开口饵料为叉鞭金藻或等鞭金藻,随着个体生长混合投喂扁藻、小新月菱形藻、角毛藻、小球藻等单细胞藻。每天投饵4次～5次;开口饵料投喂量为金藻0.5×10^4个/mL,随着个体生长逐渐增加投饵量,并通过镜检幼虫胃含物、查看水色等调节投饵量。杜绝投喂老化和被污染的饵料。

4.5.3.2 换水

每天2次,每次1/2。

4.5.3.3 倒池

4d～5d一次。

4.5.3.4 充气与搅池

用100目或120目散气石连续微量充气,同时每隔1h人工搅动池水1次,上下提水,避免旋转式搅动。

4.5.3.5 病害防治

为了防止有害细菌繁殖,倒池后连续3d投施青霉素1 mg/L,也可用大蒜汁预防细菌性疾病,用量6 mg/L～8 mg/L(以大蒜鲜重计),连用4 d～5 d,其他药物的使用按NY 5071的规定执行。

4.6 采苗

4.6.1 附着基处理

附着基为细沙,粒径300 μm～500 μm。使用前可采用以下两种方法进行消毒,一是用300 mg/L～500 mg/L次氯酸钠溶液(含有效氯10%以上)消毒,然后用硫代硫酸钠中和;二是加热煮沸消毒。

4.6.2 附着基投放

成熟的壳顶幼虫比例达40%以上时,应倒池投放附着基,铺设沙层0.5 cm左右。

4.6.3 采苗后管理

幼虫全部着底附着后,水位保持40 cm～50 cm,每天全量换水2次;根据水色适量投饵。当稚贝壳长达到500 μm～800 μm以上时,移到室外土池进行中间暂养和越冬保苗。

4.7 中间暂养及越冬

4.7.1 暂养池与越冬池

由土池改造而成,每个土池3 hm^2～4 hm^2,冬季水深能保持1.2 m～1.5 m,进排水方便。

4.7.2 土池改造

土池首先应进行清淤、整平池面,然后铺沙,沙粒直径 2 mm 左右,厚度约 5 cm～10 cm。

4.7.3 清池消毒

改造后的土池,需经 15 d～20 d 曝晒,然后用漂白粉全池泼洒消毒,用量 225 kg/ hm^2 ～300 kg/ hm^2 。

4.7.4 投苗密度

每平方米 3×10^4 枚～5×10^4 枚。

4.7.5 越冬管理

经常添加水,使水位保持 1.2 m～1.5 m,遇到大潮汛时及时换水。

5 土池人工育苗

5.1 场地选择

不受洪水威胁,无工业污染,大小潮都能进排水的内湾高、中潮区。

5.2 土池结构

大小应便于操作和管理,通常 1.5 hm^2～3.0 hm^2。以石块砌坡,堤高高出最大潮水位线约 1 m,池内水位能保持 1.2 m～1.8 m,设进出水闸门。闸门内侧进水处,用石板架设成两条桥形催产架,长 14 m,高 1.0 m～1.2 m,两石条间距 5 m～6 m,用于张挂网片、铺放亲贝进行流水刺激催产。

5.3 清淤铺沙

土池建成后,应将池底淤泥全部清除,然后整平,铺上粒径 1 mm～2 mm 细沙一层,厚 10 cm～15 cm。

5.4 附属设施

5.4.1 亲贝暂养池

在土池一角隔建一个亲贝暂养池,保证有足够的亲贝用于催产。

5.4.2 露天饵料池

在土池较高的一侧修建饵料培育池,面积约为土池面积的 2%,深度约 0.7 m,需要饵料时能自流至土池中。

5.5 育苗前的准备

5.5.1 清池

育苗前一个月,放干池水,连续曝晒池底 15 d～20 d,然后用漂白粉全池均匀泼洒消毒,用量 225 kg/ hm^2 ～300 kg/ hm^2 。消毒后纳入经网目尺寸 0.144 mm 的筛网过滤的海水,浸泡 2 d～3 d,排干池水,并重复浸泡 2～3 次。

5.5.2 培养基础饵料

亲贝催产前 4 d～5 d ,纳入 30 cm～40 cm(水位)经网目尺寸 0.144 mm 的筛网过滤的海水,然后把露天饵料池中的饵料引入土池中扩大培养。育苗开始时,使土池内单细胞藻等饵料生物密度达到 0.3×10^4 个/mL～1.0×10^4 个/mL。

5.5.3 亲贝选择

亲贝产地环境应符合 GB/T 18407.4 的规定。最好 2 龄～3 龄,壳长 3.5 cm 以上,80%～90%的个体生殖腺成熟度达到Ⅲ期(软体部表面完全被生殖腺覆盖,见不到胃肠,生殖腺饱满,呈豆状鼓起)。用量 600 kg/ hm^2 ～750 kg/ hm^2 。

5.6 催产、受精与孵化

选择大潮汛期催产。催产方法:阴干 6 h～12 h ,然后铺放于催产架网片上,流水刺激 4 h～5 h,流速保持 20 cm/ s～30 cm/ s 以上。排出的精卵在水中自行受精、孵化。

5.7 浮游幼虫培育

5.7.1 环境条件

——水质：应符合 NY 5052 的规定。

——水温：18℃～24℃。

——盐度：21～31。

——pH：7.8～8.4 。

——透明度：95 cm～130 cm。

5.7.2 密度

视催产效果，一般 2 个/mL～8 个/mL。

5.7.3 日常管理

5.7.3.1 添水

浮游幼虫培育期间，只能添水，不能换水。每天涨潮时补充经网目尺寸 0.172 mm～0.198 mm 筛网过滤的海水 5 cm～10 cm，至最高水位后静水培养。

5.7.3.2 培养饵料生物

晴天时，每隔 2 d～3 d 施尿素和过磷酸钙，单位水体用量分别为 0.5 g/m³～1.0 g/m³ 和0.1 g/m³～0.5 g/m³。饵料密度不够时，需将露天饵料池中培养的单细胞藻引入土池中培养，使水色呈浅褐色。

5.7.3.3 防除敌害

育苗用水采用网目尺寸 0.172 mm～0.198 mm 筛网过滤，水中的桡足类和虾类等敌害生物，可利用夜间灯光诱捕。

5.8 附苗后管理

5.8.1 换水

附苗初期每天换水量应在 20 cm(水位)以上；稚贝壳长达 0.5 mm 以上时，采用网目尺寸 0.5 mm 筛网过滤海水；稚贝壳长 1 mm 以上则用网目尺寸 1 mm 筛网过滤换水。大潮期间每天加大换水量，保持水质新鲜，同时增加天然饵料生物。

5.8.2 繁殖饵料生物

晴天时每隔 2 d～3 d 施尿素 0.5 g/m³～1.0 g/m³，使水色保持浅褐色。若水色变清、饵料不足时，可投喂豆浆作为代用饵料，单位水体用量为 1 g/m³(以干豆重计)。

5.8.3 防除敌害生物

严防滤水网破损，并定期排干池水驱赶抓捕敌害。杀除浒苔方法：水位降至 20 cm～30 cm，然后用漂白粉全池泼洒，经 6 h～10 h，引入过滤海水冲稀，然后把水排干，经 2 个～3 个潮水反复冲洗，即可。漂白粉用量见表 1。

表 1 漂白粉用量表

温度 ℃	用量 kg/m³
10～15	1.0～1.5
15～20	0.6～1.0
20～25	0.5～0.6
漂白粉含氯量 25%～28%	

5.8.4 疏苗

若土池中稚贝附着密度过大，则需要疏苗。壳长 0.1 cm～0.2 cm 的幼苗适宜培育密度为 5×10^4

个/m² 以下。多余的幼苗应进行疏散，壳长 0.2 cm 左右的沙粒苗，播苗密度约为 0.5×10^4 个/m²。

5.9 收苗

5.9.1 苗种规格

壳长 0.5 cm～1.0 cm 以上。

5.9.2 收苗方法

采用浅水收苗法，即将土池分成若干小块，插上标志，水深掌握在 80 cm 以下，人在小船上用带刮板的操网或长柄的蛤荡随船前进刮苗，洗去沙泥后将蛤苗装入船舱。

6 半人工采苗

6.1 场地选择

有丰富的菲律宾蛤仔亲贝资源和适量淡水注入，且潮流畅通、水质肥沃、地势平坦的中低潮区，最好是有涡流的海区，有利于附苗。

6.2 采苗环境

水质应符合 NY 5052 的规定；底质无异色、异臭；含沙量为 70%～80%；盐度 15～26；流速 20 cm/s～40 cm/s。

6.3 苗埕的建造与整埕

6.3.1 苗埕的建造

——外堤采用松木打桩，垒以石块，夹上芒草，堤底宽约 1 m～1.5 m，堤高 0.6 m～1.0 m。外堤应顺着水流修建，以减少洪水的冲击。

——内堤只用芒草埋在土里，露出埕面 20 cm～30 cm，堤宽 30 cm～40 cm，内外堤多呈垂直，把大片苗埕隔成若干块。

——无洪水威胁的地方，无需筑堤。

6.3.2 整埕

捡去石块、贝壳等；高低不平的埕面，整平耙松，以利附苗。

6.4 管理

日常管理主要有以下几方面：

——五防：防洪、防暑、防冻、防人践踏、防敌害。

——五勤：勤巡逻、勤查苗、勤修堤、勤清沟、勤除害。

6.5 收苗

6.5.1 苗种规格

白苗壳长 0.5 cm；中苗壳长 1 cm；大苗壳长 2 cm。

6.5.2 苗种质量

每一规格的苗种，大小应均匀，无破损，健壮，活力强。

6.6 苗种运输

6.6.1 运输方法

车运时以竹篓装苗，每篓 20 kg 左右，以不满出篓面为宜。篓与篓之间紧密相靠，上下重叠时，中间隔以木板，防止重压死亡。船运时舱内放置竹篾编制成的“通气筒”(高 70 cm～80 cm，直径 30 cm)，苗种围着“通气筒”倒入舱中，以利于空气流通，防止舱底的苗种窒息死亡。

6.6.2 注意事项

当天采收、当天运输；遵守“通风、保湿、低温”三原则；防晒、防雨淋。

7 滩涂养殖

7.1 养殖场地选择

风浪平静，潮流畅通，地势平坦，无工业污染，退潮时干露时间不超过4 h，底质无污染，含沙量为70%～90%的中、低潮区。

7.2 养殖场环境条件

水质应符合NY 5052的规定；盐度15～33；流速40 cm/s～100 cm/s。

7.3 滩涂改良

——连续多年养殖的滩涂，底质老化需进行翻滩改良。翻出的泥沙经过潮水多次冲洗和太阳曝晒使腐殖质分解，同时整平滩面，捡去敌害生物及杂物。

——受洪水冲击淤泥过大的滩涂，采用投沙等方法，使淤滩变稳定。

7.4 播苗季节

——根据苗种规格不同而不同。白苗一般在4月～5月；中苗在12月或翌年春天播苗；大苗在产卵之前播苗。

——根据地理位置不同而不同。北方沿海4月～5月播苗，南方沿海3月或9月～10月播苗。

——高温期和寒冷季节不播苗。

7.5 播苗密度

播苗密度与苗种规格、底质、场地条件的关系见表2。

表2 播苗密度与苗种规格、底质、场地条件的关系

苗种类别	规格		每公顷播苗量 kg			
	壳长 mm	个体重 mg	泥沙底质		沙质底	
			中潮区	低潮区	中潮区	低潮区
白苗	5～10	50～100	1 875	2 625	2 250	3 000
中苗	14	400	5 250	6 000	6 000	6 750
大苗	20	700	7 500	7 500	9 000	10 500

7.6 养成管理

7.6.1 移植

小苗一般撒播的潮区较高，经6个月～7个月养殖后，个体增大，应移到较低潮区养殖。

7.6.2 防灾、防敌害

养成期间经常检查，若发现危害严重的敌害生物，应及时清除；防止漂油污染和其他染物流入养殖区。

7.6.3 生产记录

整个养殖期间，应认真做好生产记录。

8 防病措施

8.1 应从改善水质、加强海水净化方面加以预防。工厂化育苗时，应及时清洗沉淀池，定时反冲砂滤罐或更换砂滤池表层砂子。提倡使用臭氧发生器或紫外线灭菌器等设备来处理育苗用水，可有效控制海水中有害细菌，达到防病的目的。

8.2 应使用高效、低毒、低残留药物，建议使用微生态制剂、中药制剂。

8.3　培育池和育苗器具，使用前应用次氯酸钠或漂白粉消毒。

8.4　亲贝应采自渔业环境达标的养殖海区，采卵时生殖腺应充分成熟，以保证受精卵质量。

8.5　幼虫培育过程中，应及时倒池清池。

8.6　提倡生态养殖，合理控制养殖密度。

9　收获

9.1　收获季节

繁殖季节前收获。北方在春末夏初，南方从3月～4月开始，9月结束。

9.2　规格

收获时壳长不小于3 cm。

ICS 65.150
B 52

中华人民共和国农业行业标准

NY/T 5290—2004

无公害食品
欧洲鳗鲡精养池塘养殖技术规范

2004-01-07 发布　　2004-03-01 实施

中华人民共和国农业部　发布

前　言

本标准由中华人民共和国农业部提出。

本标准起草单位:福建省淡水水产研究所、福建省鳗鱼协会、福建省莆田市水产技术推广站。

本标准主要起草人:黄种持、李金秋、樊海平、袁定清、朱红、黄建辉。

无公害食品　欧洲鳗鲡精养池塘养殖技术规范

1　范围

本标准规定了欧洲鳗鲡[*Anguilla anguilla* (Linnaeus)]无公害精养池塘养殖的环境条件、鳗苗和鳗种培育、食用鳗饲养、饲料使用、养殖病害防治及用药规范的要求。

本标准适用于无公害欧洲鳗鲡的精养池塘养殖。

2　规范性引用文件

下列文件中的条款通过本标准的引用而成为本标准的条款。凡是注日期的引用文件，其随后所有的修改单(不包括勘误的内容)或修订版均不适用于本标准，然而，鼓励根据本标准达成协议的各方研究是否可使用这些文件的最新版本。凡是不注日期的引用文件，其最新版本适用于本标准。

GB/T 18407.4　农产品安全质量　无公害水产品产地环境要求

GB 11607　渔业水质标准

NY 5051　无公害食品　淡水养殖用水水质

NY 5068　无公害食品　鳗鲡

NY 5071　无公害食品　渔用药物使用准则

NY 5072　无公害食品　渔用配合饲料安全限量

SC 1004　鳗鲡配合饲料

《水产养殖质量安全管理规定》　中华人民共和国农业部令(2003)第[31]号

3　环境条件

3.1　产地环境

养殖场地应符合 GB/T 18407.4 的规定，交通便利，电力充足。

3.2　水源水质

3.2.1　水源：水源充足，排灌方便。

3.2.2　水质：水源水质应符合 GB 11607 的规定，养殖池塘水质应符合 NY 5051 的规定。养殖期间池塘水中溶氧量需保持在 5.0 mg/L 以上。

3.3　池塘条件

3.3.1　精养池塘

精养池塘要求见表 1。

表 1　精养池塘要求

池塘类别	面　积 m^2	水　深 m	底质要求
鳗苗池	60～100	1.0～1.1	水泥底、三合土底
鳗种池	120～200	1.1～1.2	水泥底、三合土底
成鳗池	200～400	1.2～1.5	水泥底、三合土底、沙石底

3.3.2 主要配套设施

3.3.2.1 房屋配套：应包括办公室、值班房、职工宿舍、食堂、药品房及实验室、饲料加工房及仓库、工具房、电房、锅炉房等，要求生活区与养殖区隔离。

3.3.2.2 实验室：应配备生物显微镜、解剖镜、解剖工具、水质分析仪、电子秤(0.1 g感量)等仪器设备。

3.3.2.3 选别池：面积 200 m^2～300 m^2，池深 1.1 m～1.2 m，池底为水泥底，内设选别架及网箱固定装置，顶部架设遮荫防雨设施，应有独立进排水系统。

3.3.2.4 净化池：各池排水系统排出水集中排入净化池，一般采用土池结构，蓄水容量应为养殖用水量30%以上，池深 1.5 m～2.5 m，用于沉淀净化污水。

3.3.2.5 增氧机：鳗苗池每口池设 0.75 kW 水车式增氧机 1 台，鳗种池设 0.75 kW 水车式增氧机 2 台，成鳗池设 1.5 kW 水车式增氧机 2 台。

3.3.2.6 保温遮荫措施：在鳗苗池及鳗种池上搭盖保温棚架并覆盖聚氯乙烯薄膜。无保温棚的池子，应搭遮荫架(帘)，高温季节时，在保温棚和遮荫架(帘)上盖遮荫网。

4 鳗苗培育

4.1 培育阶段

从鳗苗培育至 200 尾/kg～500 尾/kg。

4.2 鳗苗质量

鳗苗应体质健壮、规格整齐，并通过国家动植物检疫部门的检疫。

4.3 放养前的准备

4.3.1 鳗苗池清整

清除池内杂物，旧池使用前要维修完好。

4.3.2 鳗苗池设施安装

应安装好排污板、饵料台、诱食灯，检修并安装增氧机、抽水设施、保温设施等。

4.3.3 鳗苗池消毒

4.3.3.1 新池：使用前充分浸泡，并用 1.0 mg/L～1.5 mg/L 草酸全池泼洒，蓄水浸泡 20 d 以上。投苗前 7 d，用 20 mg/L 高锰酸钾全池泼洒消毒 3 d，洗净排干水待用。

4.3.3.2 旧池：旧池应充分曝晒。使用前 20 d，采用 200 mg/L 生石灰或 20 mg/L 漂白粉全池泼洒消毒，浸泡 10 d 后，洗刷干净。在投苗前 7 d，用 20 mg/L 高锰酸钾消毒 3 d，然后洗净排干待用。

4.3.3.3 工具消毒：在消毒时，必须将所使用的工具一并消毒。

4.4 鳗苗放养

4.4.1 放养时间：每年 12 月至翌年的 3 月为最佳投苗时间。

4.4.2 放养量：400 尾/ m^2～600 尾/ m^2。

4.4.3 水深：30 cm～35 cm。

4.4.4 盐度：3～8。

4.4.5 调温与放苗：投苗时池内适宜水温为 10℃～20℃。苗种入池前，应进行调温。当苗袋内水温与池内水温相同时，即可解袋放苗。

4.5 鳗苗消毒

投苗完毕 24 h 后，可使用符合 NY 5071 规定的药物进行消毒。

4.6 鳗苗驯养

4.6.1 丝蚯蚓准备

4.6.1.1 漂洗:丝蚯蚓暂养应保持微流水进行漂洗,使丝蚯蚓体表脏物、体内食物及粪便等得到清除。

4.6.1.2 爬活:丝蚯蚓经 3 d～5 d 的漂洗后,就可进行爬活。将规格为 0.8 m×1.0 m,底部为筛绢的木框置于丝蚯蚓上。经 3 次以上爬活后,即可用来投喂。

4.6.1.3 丝蚯蚓消毒处理:投喂前,丝蚯蚓用 5～10 的食盐水浸泡 0.5 h,然后换水漂洗干净即可投喂。

4.6.2 诱食驯化

4.6.2.1 升温:鳗苗在入池 24 h 后,即可开始升温,每 4 h～5 h 升 0.5℃,水温升至 26℃～28℃后,保持恒温,进行诱食驯化。

4.6.2.2 诱食:在夜间开始。前 2 d～3 d,先将丝蚯蚓碾碎后全池泼洒引食;第四天,关停增氧机,放下底部铺有筛绢的饵料台至池底,将经消毒处理过的丝蚯蚓放入饵料台内,并点亮饵料台上方的电灯,利用灯光引诱鳗苗上饵料台摄食。经 3 d～5 d 诱食,有 85%以上的鳗苗上台摄食,诱食即获成功,可进行正常投喂。

4.6.2.3 投饵量:诱食期,日投喂量为鳗苗体重的 15%～20%,正常投喂后可达到 30%～40%,以后,每 2 d～3 d 可按苗体增重的 20%～25%增加,原则上掌握在 0.5 h 以内吃完为宜。

4.6.2.4 投喂次数:每天 3 次～4 次,每次间隔 6 h～8 h。

4.6.3 饵料转换

4.6.3.1 转料时间:待苗种平均规格已达到 300 尾/kg～500 尾/kg 时,可进行饵料转换。转料前应停食 1 d,在夜晚开始。

4.6.3.2 饵料转换:将鳗苗料(白仔料)掺入丝蚯蚓中混合进行投喂,转料时,采取逐步调整丝蚯蚓与鳗苗料比例。转料第一天,丝蚯蚓与鳗苗料的比例为 3∶1,逐日依次为 2∶1、1∶1、1∶2、1∶3,直至全部投喂鳗苗料为止。使用的鳗苗料应符合 SC 1004 和 NY 5072 的规定。

4.6.3.3 投喂量:饲料转换后,日投饲率应控制在鳗苗重量的 5%～8%。

4.6.3.4 投喂次数及时间:日投 2 次,时间为 6:00～18:00。

4.7 鳗苗筛选

4.7.1 准备工作

4.7.1.1 筛选前应根据饲养天数、投饲量等估计待选池塘中鳗苗的总重量、规格和尾数,并在选别池中挂好网箱备用。

4.7.1.2 待用的池塘,在筛选前应曝晒、消毒和清洗。按 4.3.3 执行。

4.7.1.3 筛选前要停食 1 d。

4.7.2 捕捞

在闸门外槽安装网袋,将闸门打开,鳗苗随水流出,集中于网中,一边收集,一边装筐。

4.7.3 筛选

4.7.3.1 捕捞的鳗苗采用竹制或木制选别器进行筛选。

4.7.3.2 将筛选所获得的不同规格鳗种,放入相应的池塘中。个体规格小于 500 尾/kg 的鳗苗可重新投喂丝蚯蚓驯养。

4.8 饲养管理

4.8.1 水温控制

4.8.1.1 升温管理:鳗苗入池后,应及时捞除死苗、伤苗,做好升温计划。在升温的第二天,每天可换排水 5 cm～10 cm,分多次进行,每次 2 cm～3 cm。

4.8.1.2 恒温管理:升到预定的水温应保持恒温,温差不得超过±0.5℃;在进、排水期间,注意减少温差。

4.8.2 投饲管理

4.8.2.1 刚开始诱食时，应多点投放丝蚯蚓，以后逐渐减少投放点，直到剩下饵料台一处。

4.8.2.2 投喂丝蚯蚓时，关停增氧机。

4.8.2.3 摄食残饵应及时捞除，并洗净饵料台。

4.8.2.4 投饲后，可逐渐提高饵料台，直至饵料台露出水面 5 cm～10 cm 为止。

4.8.2.5 转料时，为避免饲料流失，可在饵料台前用木板挡住水流。

4.8.3 水质管理

4.8.3.1 在诱食期间，每次投饵 2 h 后，要彻底捞除残饵并增加吸污次数，每天换水量可控制在 80%～100%。换水时，应同时进水，尽量保持水位水温不变。

4.8.3.2 每次投喂后 2 h 应排污 1 次，日换水量可控制在 60%～80%。

4.8.3.3 正常投喂丝蚯蚓后，即可逐渐提高水位，每 2 d 可加高 5 cm，加至 80 cm～100 cm 为止。同时提高饵料台。

4.8.3.4 定期进行水质理化指标的测定，做好水质预报工作。

4.8.4 巡池

4.8.4.1 观察增氧机是否正常运转。

4.8.4.2 观察鳗苗活动情况及是否出现浮头和逃逸。

4.8.4.3 观察鳗苗是否有病害发生。

4.9 鳗苗病害防治

4.9.1 预防：鳗苗在驯饵及转料前后，应按 4.5 要求进行消毒。在鳗苗培育期间，加强镜检，做好疾病预防工作。

4.9.2 治疗：按 7.2 执行。

5 鳗种培育

5.1 培育阶段

从 200 尾/kg～500 尾/kg 培育至 30 尾/kg～50 尾/kg。

5.2 放养前的准备

按 4.3 执行。

5.3 鳗种放养

放养规格及密度见表 2。

表 2 不同规格鳗种放养密度

规格 尾/kg	数量 尾/m^2		重量 kg/m^2	
	水泥底	三合土底	水泥底	三合土底
300～500	200～250	250～300	0.5～0.7	0.6～0.8
150～300	150～200	200～250	0.7～1.0	0.8～1.3
30～150	100～150	150～200	1.0～2.0	1.3～3.0

5.4 鳗种消毒

放养后的当天傍晚，立即进行药浴。按 4.5 执行。

5.5 饲养管理

5.5.1 投饲管理

5.5.1.1 饲料:使用的饲料应符合 SC 1004 和 NY 5072 的规定。饲料可通过鳗苗料转换为鳗种料(转换方法见 4.6.3.2)投喂。

5.5.1.2 饲料加工:饲料加工需加一定比例的水,饲料加工搅拌成柔软而膨胀、黏性强、不易流散的团状后方可投喂。

5.5.1.3 投喂次数和时间:鳗池饲料台放在紧靠通道的一侧,规格为 1.5 m×1 m,日投喂 2 次,5:00～6:00、17:00～18:00,每天投饲量以 0.5 h 内吃完为宜。

5.5.1.4 投饲量:不同规格鳗种日投饲率见表 3。

表 3 不同规格鳗种日投饲率

规 格 尾/kg	投饲率 %
300～500	5～7
150～300	4～5
30～150	3～4

5.5.2 水质管理

5.5.2.1 每次摄食后捞除残饵,并将饲料框洗刷干净并晾干。

5.5.2.2 每天投饲后 2 h 进行排污工作,每天刷洗池子 2 次,每 15 d 彻底刷洗池底及池壁 1 次。

5.5.2.3 经常加注新水,每天换水量达到 100%以上。

5.5.2.4 定期做好水质检测工作。

5.5.3 鳗种分养

5.5.3.1 分养前准备:经过 30 d～45 d 饲养后,进行分养。分养前取样检查,求出平均规格和各档大小比例,作出相应的工作准备和放养安排。

5.5.3.2 选别工具:个体体重小于 5 g 的鳗种可使用竹制选别筛,规格大的可使用木制槽式选别器。

5.5.3.3 停食:选别分养前需停食 1 d。

6 食用鳗养殖

6.1 饲养阶段

30 尾/kg～50 尾/kg 饲养至出池规格。

6.2 放养前的准备

按 4.3 执行。

6.3 鳗种放养

鳗种放养规格及密度见表 4。

表 4 不同规格鳗种放养密度

规 格 尾/kg		50～30	30～10	<10
放养密度 尾/m^2	水源充足	80～60	60～40	40～30
	水源一般	60～40	40～30	30～20

6.4 鳗种消毒

按4.5执行。

6.5 饲料管理

6.5.1 投饲管理

投饲需做到“四定”:

a) 定质:使用的饲料应符合SC 1004和NY 5072的规定。

b) 定量:投饲量控制在鳗鱼0.5 h内吃完为宜。夏季高水温期可适量减少投喂量,不同规格鳗种日投饲率见表5。

表5 不同规格鳗种日投饲率

规格,尾/kg	50～30	30～10	<10
饲料种类	成鳗料		
投饲率,%	3～4	3～2	2～1.5

c) 定时:日投喂2次,6:00～7:00、17:00～18:00。

d) 定位:设置饲料台,培养欧洲鳗鲡定位吃食的习惯。

6.5.2 水质管理

6.5.2.1 换排水:每天洗池排污2次,在每次投饵后2 h进行。换排水量控制在100%以上,夏季白天少换,晚间多换。

6.5.2.2 水位控制:随着养殖季节变化调整水位。

6.5.2.3 水质调控:通过放水排污方式控制池水的透明度保持在50 cm以上,定期做好水质检测工作。

6.5.3 成鳗分养

6.5.3.1 分养前准备:根据池鳗规格和数量,确定分养池的数量,并做好池塘消毒工作,注水待用。

6.5.3.2 分养工具:包括网箱、网兜、捞网及槽式选别器。

6.5.3.3 停食、清污:选别分养前停食1 d(夏季停食2 d),并同时清除池底的污泥。

6.5.3.4 分养条件:池内鳗鱼经45 d～60 d的养殖必须选别分养1次。

6.5.3.5 分养时间:分养在清早温度较低时操作,以免鳗体受伤,同时保证分养池的水体环境(包括水温)与原池相近。

6.5.3.6 分养方法:让池鳗不断通过直径30 cm～40 cm的鳗鱼收集管进入网兜,送入选别池中的网箱,并开动增氧机,然后用捞网送入槽式选别器,根据不同规格分别放入相应池里继续饲养,直至达到出池规格为止。

6.6 养殖日志

从鳗苗培育至食用鳗养殖全过程,应按中华人民共和国农业部令(2003)第[31]号文的规定,做好水产养殖生产记录和用药记录。

7 病害防治

7.1 预防

7.1.1 坚持“以防为主,防重于治,防、治结合”的原则。

7.1.2 彻底做好放养池塘以及清池、分养后的池塘消毒工作。

7.1.3 鱼种放养、分养时,细心操作,避免鱼体受伤,做好鱼体消毒工作。

7.1.4 定期对饲料台及渔具进行浸洗消毒,一般每周1次。用于消毒的药物有高锰酸钾100 mg/L,浸洗0.5 h;漂白粉5%,浸洗0.5 h。

7.2 **治疗**

7.2.1 **常见鳗病及其治疗方法**

常见鳗病及其治疗方法见表6。

7.2.2 **用药规范**

7.2.2.1 鱼病防治所使用的药物严格按 NY 5071 的规定执行。

7.2.2.2 鳗用药物的使用方法及停药期见表7。

8 食用鳗的出池要求

食用鳗出池前40 d内禁止使用任何药物，上市前应进行质检，凡不符合 NY 5068 的规定要求，应当进行净化处理。

表6 养殖鳗病害治疗方法

名　称	症　　状	治　疗　方　法
赤鳍病	胸鳍、尾鳍及躯干腹侧明显发红，肠道充血发炎，肛门红肿，病鱼乏力，往往在水面缓慢游动	a. 恶喹酸：每千克饲料添加 20 mg，连喂 5 d； b. 磺胺间甲氧嘧啶及其钠盐：每千克饲料添加 200 mg，连喂 5 d
爱德华氏病	肛门红肿，严重时可见肝部溃烂并穿孔，俗称烂肚	a. 氟苯尼考：每千克饲料添加 10 mg，连喂 5 d～7 d； b. 磺胺间甲氧嘧啶和 2,4 二氧基-5-嘧啶的配合剂：每千克饲料添加 20 mg，连喂 5 d～7 d； c. 盐酸土霉素：每千克饲料添加 50 mg，连喂 5 d～7 d； d. 米诺沙星：每千克饲料添加 50 mg，连喂 5 d～7 d
肠炎	肛门红肿，在池内水面，可见漂浮外包黄白色黏液的鳗粪便	大蒜素：每千克饲料添加 1 g，连喂 5 d～7 d
赤点病	病鳗的皮肤、下颚、腹部或肛门周围等体表点状出血，往往成片状分布	恶喹酸：每千克饲料添加 20 mg，连喂 5 d～7 d
小瓜虫病	体表肉眼可见白色小点状的囊泡，严重时，体表覆盖着一层白色薄膜，病鱼游泳迟钝，漂浮水面，反应迟钝	全池泼洒辣椒粉 1.5 mg/L 加生姜 1 mg/L(使用前煎煮 30 min)

表7 鳗用药物的使用方法和停药期

类　别	名　称	用　法	用　量	停药期 d
饲料添加剂	盐酸土霉素	口服	50 mg/kg・d	30
	恶喹酸	口服	20 mg/kg・d	25
	磺胺间甲氧嘧啶及其钠盐	口服	200 mg/kg・d	30
	磺胺间甲氧嘧啶和 2,4 二氧基－5－嘧啶的配合剂	口服	20 mg/kg・d	37
	米诺沙星	口服	30 mg/kg・d	20
	氟苯尼考	口服	10 mg/kg・d	7
药浴剂	恶喹酸	药浴	5 mg/L	25

表7（续）

类 别	名 称	用 法	用 量	停药期 d
泼洒剂	敌百虫	泼洒	0.2 mg/L～0.5mg/L	5
	生石灰	泼洒	30 mg/L	3
	漂白粉	泼洒	1 mg/L	7
	高锰酸钾	泼洒	3 mg/L	7

ICS 67.120.30
B 51

中华人民共和国农业行业标准

NY 5291—2004

无公害食品　咸鱼

2004-01-07 发布　　2004-03-01 实施

中华人民共和国农业部 发布

前　　言

本标准由中华人民共和国农业部提出。

本标准起草单位:中国水产科学研究院南海水产研究所。

本标准主要起草人:李刘冬、李来好、杨贤庆、石红、陈培基、吴燕燕、刁石强。

无公害食品　咸鱼

1　范围

本标准规定了无公害食品咸鱼的要求、试验方法、检验规则、包装、标签、标志、运输、贮藏。

本标准适用于以海水鱼类为原料，经盐腌、晒干(烘干)后的制品，以淡水鱼为原料生产的咸鱼可参考本标准。

2　规范性引用文件

下列文件中的条款通过本标准的引用而成为本标准的条款。凡是注日期的引用文件，其随后所有的修改单(不包括勘误的内容)或修订版均不适用于本标准，然而，鼓励根据本标准达成协议的各方研究是否可使用这些文件的最新版本。凡是不注日期的引用文件，其最新版本适用于本标准。

GB 2733　海水鱼类卫生标准

GB 2760　食品添加剂使用卫生标准

GB/T 5009.11　食品中总砷及无机砷的测定

GB/T 5009.12　食品中铅的测定

GB/T 5009.15　食品中镉的测定

GB/T 5009.17　食品中总汞及有机汞的测定

GB/T 5009.20　食品中有机磷农药残留量的测定

GB/T 5009.37　食用植物油卫生标准的分析方法

GB 5461　食用盐

GB 7718　食品标签通用标准

GB 14881　食品企业通用卫生规范

GB/T 18108　鲜海水鱼

GB/T 18109　冻海水鱼

NY 5172—2002　无公害食品　水发水产品

SC/T 3016　水产品抽样方法

SN 0125　出口肉及肉制品中敌百虫残留量的检验方法

3　要求

3.1　原辅材料和加工要求

3.1.1　鱼类

原料鱼不得有腐败变质或被污染的现象，其质量应符合 GB 2733、GB/T 18108 和 GB/T 18109 中的相关规定。

3.1.2　生产条件

符合 GB 14881 中的有关要求。

3.1.3　食盐

咸鱼腌制用盐，应符合 GB 5461 中的规定。

3.1.4　食品添加剂

咸鱼生产中使用食品添加剂的品种及用量应符合 GB 2760 的规定，不得使用甲醛、农药等违禁化学品。

3.2 感官要求

感官要求见表1。

表1 感官要求

项　目	要　求
外观	体表不发黏、无霉斑、无虫蛀，具咸鱼应有的自然色泽，无红变、黄变(油烧)现象
肌肉	肌肉纤维清晰，不离骨
气味	具咸鱼特有的香味，无油脂酸败味及异臭味
其他	鳃部和腹腔无寄生虫

3.3 安全指标

安全指标见表2。

表2 安全指标

项　目	指　标	方法检出限
酸价，mg KOH/g 脂肪	≤20	
无机砷(以 As 计)，mg/kg	≤0.5	
汞(以 Hg 计)，mg/kg	≤0.5	
铅(以 Pb 计)，mg/kg	≤0.5	
镉(以 Cd 计)，mg/kg	≤0.1	
甲醛，mg/kg	≤10.0	
敌敌畏，mg/kg	不得检出	0.01
敌百虫，mg/kg	不得检出	0.01

4 试验方法

4.1 感官检验

在光线充足、无异味、清洁卫生的环境中，将试样置于白色搪瓷盘或不锈钢工作台上按表1逐项进行检验。在解剖显微镜下观察平摊在白瓷板上的鱼体、鳃及内脏中是否有寄生虫。

4.2 酸价的测定

咸鱼可食部分切碎匀浆，称取200 g，放入1 000 mL 的分液漏斗中，加入200 mL 甲醇和60 mL 水，摇动混合，再加入氯仿400 mL，上下振摇，使之充分混合，在避光室温下放置12 h，放出氯仿层，并通过无水硫酸钠柱，以除去残余水分，流入500 mL 的圆底烧瓶中，在真空旋转蒸发器中，水浴蒸发除去氯仿，留下的油脂，再按 GB 5009.37 规定的方法测定油脂中的酸价。

4.3 无机砷的测定

按 GB/T 5009.11 的规定执行。

4.4 汞的测定

按 GB/T 5009.17 的规定执行。

4.5 铅的测定

按 GB/T 5009.12 的规定执行。

4.6 镉的测定

按 GB/T 5009.15 的规定执行。

4.7 甲醛的测定

按 NY 5172—2002 附录 A 的规定执行。

4.8 敌敌畏的测定

按 GB/T 5009.20 的规定执行。

4.9 敌百虫的测定

按 SN 0125 的规定执行。

5 检验规则

5.1 组批规则与抽样方法

5.1.1 组批规则

同一鱼种、同一天生产、加工条件基本相同的产品为一批,按批号抽样。

5.1.2 抽样方法

产品抽样方法按 SC/T 3016 的规定执行。每批产品至少抽取五个最小包装件,样品总量不得少于 500 g。

5.2 判定规则

5.2.1 感官检验结果的合格判定按 SC/T 3016 的规定执行。企业生产检查时,感官检验结果的不合格样本数应小于或等于 SC/T 3016 中附录 A 中的合格判定数;监督抽查检验时,感官检验结果的不合格样本数应小于或等于 SC/T 3016 中附录 B 中的合格判定数;若不合格样本数大于合格判定数,则判该批产品为不合格品批。

5.2.2 安全指标的检验结果中有一项指标不合格,则判该批产品不合格,不得复检。

6 包装、标签、标志、运输、贮藏

6.1 包装

6.1.1 包装材料

所用包装材料应洁净、无毒、无异味、坚固。

6.1.2 包装要求

要求产品排列整齐,有产品合格证;包装过程必须保证产品不受到二次污染。

6.2 标签、标志

6.2.1 销售包装的标签

标签应符合 GB 7718 的规定。标签内容应包括:产品名称、商标、原料、产品标准号、生产者或经销者的名称、地址、生产日期、贮藏条件、保质期等。

6.2.2 标志

运输包装上应有牢固清晰的标志,注明商标、产品名称、厂名、厂址、生产日期、生产批号、保质期、运输要求、贮存条件等。

6.3 运输

运输工具应清洁卫生,无异味,运输中应防潮、防日晒、防虫害和有害物质的污染,不得靠近或接触有腐蚀性物质,不得与气味浓郁物品混运。

6.4 贮藏

产品贮藏于干燥、清洁、卫生、无异味、有防鼠防虫设备的仓库内,防止虫害和有害物质的污染及其他损害。不同品种、不同批次的产品应分别堆垛,并用木板垫起,堆放高度以纸箱受压不变形为宜。常温保藏,保质期 3 个月。

ICS 67.120.30
B 52

中华人民共和国农业行业标准

NY 5292—2004

无公害食品　鲫鱼

2004-01-07 发布　　2004-03-01 实施

中华人民共和国农业部　发布

前言

本标准由中华人民共和国农业部提出。

本标准起草单位:农业部水产品质量监督检验测试中心(上海)。

本标准主要起草人:于慧娟、蔡友琼、顾润润、黄冬梅、沈晓盛。

无公害食品　鲫鱼

1　范围

本标准规定了无公害食品鲫鱼的要求、试验方法、检验规则、标志、包装、运输与贮存。

本标准适用于异育银鲫(Allogynogenetic crucian carp)、彭泽鲫(*Carassius auratus* var.)、方正银鲫(*Carassius auratus gibelio*)的活鱼和鲜鱼,其他鲫鱼品种可参照执行。

2　规范性引用文件

下列文件中的条款通过本标准的引用而成为本标准的条款。凡是注日期的引用文件,其随后所有的修改单(不包括勘误的内容)或修订版均不适用于本标准,然而,鼓励根据本标准达成协议的各方研究是否可使用这些文件的最新版本。凡是不注日期的引用文件,其最新版本适用于本标准。

GB/T 5009.11　食品中总砷及无机砷的测定

GB/T 5009.12　食品中铅的测定

GB/T 5009.15　食品中镉的测定

GB/T 5009.17　食品中总汞及有机汞的测定

NY 5051　无公害食品　淡水养殖用水水质

SC/T 3015　水产品中土霉素、四环素、金霉素残留量的测定

SC/T 3018　水产品中氯霉素残留量的测定　气相色谱法

SC/T 3019　水产品中喹乙醇残留量的测定　液相色谱法

SC/T 3022　水产品中呋喃唑酮残留量的测定　液相色谱法

SN 0208　出口肉中十种磺胺残留量检验方法

3　要求

3.1　感官要求

3.1.1　活鲫鱼

鱼体健康,游动活泼;鱼体呈鲫鱼固有的形状和体色、有光泽;无口须;鳞片完整无损伤。

3.1.2　鲜鲫鱼

鲜鲫鱼感官要求见表1。

表1　感官要求

项　目	要　　求
形态	形态正常,无畸形
体表	具固有的体色和光泽,鳞片完整紧密,不易脱落,无病灶
鳃	鳃丝清晰,呈鲜红或紫红色,无异味
眼球	眼球饱满,角膜清晰
气味	具有鲜鱼固有的腥气味,无异味
组织	肌肉紧密,有弹性

3.2　安全指标

鲫鱼安全指标见表2。

表2 安全指标

项　目	指　标
砷(以 As 计),mg/kg	≤0.5
汞(以 Hg 计),mg/kg	≤0.5
铅(以 Pb 计),mg/kg	≤0.5
镉(以 Cd 计),mg/kg	≤0.1
土霉素,μg/kg	≤100
磺胺类(以总量计),μg/kg	≤100
氯霉素	不得检出
呋喃唑酮	不得检出
喹乙醇	不得检出

4 试验方法

4.1 感官检验

4.1.1 在光线充足、无异味环境条件下,将试样放于清洁的白色搪瓷盘或不锈钢工作台上进行感官检验。当感官检验难以判定产品质量时,做水煮试验。

4.1.2 水煮试验:在容器中加入 500 mL 饮用水,将水烧开后,取约 100 g 用清水洗净的鱼,切块(不大于 3 cm×3 cm),放入容器中,加盖,煮 5 min 后,打开盖,闻气味,品尝肉质。

4.2 砷的测定

按 GB/T 5009.11 的规定执行。

4.3 汞的测定

按 GB/T 5009.17 的规定执行。

4.4 铅的测定

按 GB/T 5009.12 的规定执行。

4.5 镉的测定

按 GB/T 5009.15 的规定执行。

4.6 土霉素的测定

按 SC/T 3015 的规定执行。

4.7 磺胺类的测定

按 SN 0208 的规定执行。

4.8 氯霉素的测定

按 SC/T 3018 的规定执行。

4.9 呋喃唑酮的测定

按 SC/T 3022 的规定执行。

4.10 喹乙醇的测定

按 SC/T 3019 的规定执行。

5 检验规则

5.1 组批规则与抽样方法

5.1.1 组批规则

活鲫鱼以同一鱼池或同一养殖场中养殖条件相同的产品为一个检验批；鲜鲫鱼以来源及大小相同的产品为一个检验批。

5.1.2 抽样方法

每批产品随机抽取至少10尾，用于感官检验。

每批产品随机抽取至少5尾，用于安全指标检验。

5.1.3 试样制备

至少取5尾鱼清洗后，去头、鳞、骨、内脏，取肌肉绞碎混合均匀后备用；试样量为400 g，分为两份，其中一份用于检验，另一份作为留样。

5.2 检验分类

产品检验分为出场检验和型式检验。

5.2.1 出场检验

每批产品应进行出场检验。出场检验由生产单位质量检验部门执行，检验项目为感官要求。

5.2.2 型式检验

有下列情况之一时应进行型式检验。检验项目为本标准中规定的全部项目。

a) 新建养殖场饲养的鲫鱼；

b) 鲫鱼饲养环境条件发生变化，可能影响产品质量时；

c) 有关行政主管部门提出检验要求时；

d) 正常生产时，每年至少进行一次周期性检验；

e) 出场检验与上次型式检验有较大差异时。

5.3 判定规则

5.3.1 活、鲜品的感官检验所检项目应全部符合3.1条规定；检验结果中有两项及两项以上指标不合格，则判为不合格；有一项指标不合格，允许重新抽样复检，如仍有不合格项则判为不合格。

5.3.2 安全指标的检验结果中有一项指标不合格，则判本批产品不合格，不得复检。

6 标志、包装、运输和贮存

6.1 标志

应标明产品的名称、种类、规格、生产单位和出场日期。

6.2 包装

6.2.1 包装材料

所用包装材料应坚固、洁净、无毒、无异味，符合卫生要求。

6.2.2 包装要求

6.2.2.1 活鲫鱼

活鲫鱼包装中应保证所需氧气充足，用水水质应符合NY 5051的规定。

6.2.2.2 鲜鲫鱼

鲜鲫鱼应装于洁净的鱼箱或保温鱼箱中；保持鱼体温度在0℃～4℃，避免践踏或用锐器损伤鱼体，确保鱼的鲜度及鱼体的完好。

6.3 运输

6.3.1 活鲫鱼运输中应保证所需氧气充足，或保活运输相关的条件。

6.3.2 鲜鲫鱼运输用冷藏或保温车、船运输，保持鱼体温度在0℃～4℃。

6.3.3 运输工具应清洁卫生、无毒、无异味，不得与有害物质混运，严防运输污染。

6.4 贮存

6.4.1 活鲫鱼暂养应保证所需氧气充足,用水水质应符合 NY 5051 的规定。

6.4.2 鲜鲫鱼贮存时保持鱼体温度在 0℃～4℃。

6.4.3 产品应贮存于洁净、无毒、无异味、无污染,符合卫生要求的环境内。

ICS 65.150
B 52

中华人民共和国农业行业标准

NY/T 5293—2004

无公害食品　鲫鱼养殖技术规范

2004-01-07 发布　　2004-03-01 实施

中华人民共和国农业部　发布

前　言

本标准由中华人民共和国农业部提出。

本标准起草单位:中国水产科学研究院长江水产研究所。

本标准主要起草人:周瑞琼、何力、徐忠法、魏开金。

无公害食品　鲫鱼养殖技术规范

1　范围

本标准规定了鲫(*Carassius auratus*)无公害养殖的环境条件、苗种培育、食用鱼饲养及病害防治技术。

本标准适用于无公害鲫鱼的池塘主养和网箱养殖,其他品种、品系的鲫鱼和杂交鲫鱼的无公害养殖可参照执行。

2　规范性引用文件

下列文件中的条款通过本标准的引用而成为本标准的条款。凡是注日期的引用文件,其随后所有的修改单(不包括勘误的内容)或修订版均不适用于本标准,然而,鼓励根据本标准达成协议的各方研究是否可使用这些文件的最新版本。凡是不注日期的引用文件,其最新版本适用于本标准。

GB/T 18407.4—2001　农产品安全质量　无公害水产品产地环境要求

NY 5051　无公害食品　淡水养殖用水水质

NY 5071　无公害食品　渔用药物使用准则

NY 5072　无公害食品　渔用配合饲料安全限量

SC/T 1006　淡水网箱养鱼　通用技术要求

SC/T 1008—1994　池塘常规培育鱼苗鱼种技术规范

《水产养殖质量安全管理规定》中华人民共和国农业部令(2003)第[31]号

3　环境条件

3.1　场地选择

养殖场地的选择符合 GB/T 18407.4—2001 中 3.1 和 3.3 的规定。

3.2　养殖用水

养殖用水除符合 NY5051 规定外,鱼苗池池水透明度为 25 cm～30 cm,鱼种池及食用鱼池池水透明度为 35 cm～40 cm。

3.3　池塘条件

池塘条件见表 1。

表 1　池塘条件

鱼池类别	面积 m^2	水深 m	淤泥厚度 m	其他要求	清池消毒
鱼苗池	600～2 500	1.2～1.5	≤0.2	池塘背风向阳,不渗漏,注排水方便,池底平坦;在池塘上风处设置食台	鲫鱼苗种入池前 15 d 左右进行。用生石灰 200 mg/L～250 mg/L 或漂白粉 20 mg/L 带水清池
鱼种池	1 300～5 300	1.5～2.0			
食用鱼饲养池[a]	2 000～14 000	2.0～3.0			

[a] 每 2 000 m^2～3 000 m^2 水面配备 3 kW 的增氧机 1 台。

4　苗种培育

4.1　苗种来源

来源于自繁或持有种苗生产许可证的鲫鱼良种场或原产地天然水域捕捞的苗种。

4.2 苗种质量

4.2.1 鱼苗质量

外观:肉眼观察95%以上的鱼苗卵黄囊基本消失,鳔充气,能平游,有逆水游动能力;鱼体不呈黑色。

可数指标:畸形率小于3%,损伤率小于1%。

4.2.2 鱼种质量

外观:体形正常,鳍条、鳞被完整,体表光滑,体质健壮,游动活泼。

可数指标:畸形率和损伤率小于1%;规格整齐。

4.2.3 检疫

对外购的苗种应检疫合格,不得带有传染性疾病和寄生虫。

4.3 苗种培育及管理

苗种培育按SC/T 1008—1994中第5章、第6章和第7章的规定执行。培育至约50 g/尾时,可作为食用鱼饲养的放养鱼种。

5 食用鱼饲养

5.1 池塘主养

5.1.1 鱼种来源

来源于自繁自育或持有种苗生产许可证的鲫鱼良种场或原产地天然水域捕捞的鱼种。

5.1.2 鱼种质量

符合4.2.2和4.2.3的规定,且符合鲫鱼的形态特征。

5.1.3 鱼种放养

5.1.3.1 放养时间

水温稳定在10℃以上时放养鲫鱼鱼种,驯食成功后再放养鲢、鳙鱼种。

5.1.3.2 放养量

池塘主养鲫鱼的放养规格及密度见表2。

表2 池塘主养鲫鱼放养规格及密度

品 种	规 格 g/尾	密 度	
		数 量 尾/667 m²	重 量 kg/667 m²
鲫 鱼	40～60	1 500～2 000	75～100
	>60	1 000～1 500	75～100
鲢、鳙	20～60	150～200	3～12

5.1.3.3 鱼种消毒

鱼种放养前应进行消毒处理,消毒方法见6.1b)。

5.1.4 饲料及投喂

5.1.4.1 饲料要求

所投配合饲料粗蛋白质含量在30%左右,配合饲料安全限量应符合NY 5072的规定。限制使用配合饲料原料投喂。

5.1.4.2 驯食

鱼种放养后即开始驯食。每次投喂前先用固定器皿敲击一种特定声响,再向食台投饵,以形成条件反射,日投喂7次～8次,每次30 min,经7 d左右驯食,使鱼形成在水面聚群抢食习性后转入正常投喂。

5.1.4.3 投饲量

根据天气、水温和鱼摄食情况合理调节投饲量及投喂次数。水温低于18℃时，日投饲量为鱼体重的1%～3%，日投喂2次；水温18℃以上时，日投饲量为鱼体重的3%～5%，日投喂3次～5次。

5.1.4.4 投喂方法

撒投饲料的速度应根据鱼的抢食状况来确定，如摄食激烈，应加大投喂面积，且加快速度，按“慢—快—慢”的节律，每次投喂30 min～40 min。

5.1.5 日常管理

5.1.5.1 巡池

鱼种投放后，每天早晚各巡池一次，观察水质变化、鱼的活动和摄食情况，及时调整饲料投喂量；清除池内杂物，保持池内清洁卫生；发现死鱼、病鱼，及时捞起掩埋，按《水产养殖质量安全管理规定》中附件1的要求填写生产记录。

5.1.5.2 水质管理

随季节和水温不同加注新水调节水位，一般每半月一次，高温季节每周一次，每次加水15 cm～30 cm。高温季节晴天中午开增氧机1 h～2 h。

5.1.5.3 疾病预防

定期消毒池水，一般每半月一次。常用池水消毒药物及方法见表3。

表3 常用池水消毒药物及方法

药物名称	用法用量 mg/L	休药期 d	注 意 事 项
氧化钙(生石灰)	全池泼洒:20～25		不能与漂白粉、有机氯、重金属盐、有机络合物混用
漂白粉(有效氯25%)	全池泼洒:1.0～1.5	≥5	1. 勿用金属容器盛装； 2. 勿与酸、铵盐、生石灰混用
二氯异氰尿酸钠	全池泼洒:0.3～0.6	≥10	勿用金属容器盛装
三氯异氰尿酸	全池泼洒:0.2～0.5	≥10	勿用金属容器盛装
二氧化氯	全池泼洒:0.1～0.2	≥10	1. 勿用金属容器盛装； 2. 勿与其他消毒剂混用
二溴海因	全池泼洒:0.2～0.3		
聚维酮碘(有效碘1.0%)	全池泼洒:1.0～2.0		1. 勿与金属物品接触； 2. 勿与季铵盐类消毒剂直接混合使用

5.2 网箱饲养

5.2.1 网箱规格、设置

按SC/T 1006的规定执行。

5.2.2 鱼种放养

5.2.2.1 放养时间

冬、春季水温10℃以上时放养，一次放足。

5.2.2.2 放养规格及密度

鱼种放养规格及密度见表4。

表4 鱼种放养规格及密度

鱼种规格,g/尾	50～100	101～150	151～200
放养密度,kg/m²	25	30	34

5.2.2.3 **鱼种消毒**

鱼种放养前的消毒按6.1b)的规定。

5.2.3 **饲料及投喂**

按5.1.4的规定。

5.2.4 **日常管理**

根据水温和网目堵塞情况，及时刷洗箱体，检查箱体破损情况，捞出网箱内的病鱼、死鱼和网箱周围的污物。每天观察鱼的活动、摄食、病害与死亡情况，并按《水产养殖质量安全管理规定》中附件1的要求填写生产记录。发现问题及时采取措施。定期消毒防病，消毒方法见5.1.5.3。

6 病害防治

6.1 预防

鱼病预防一般有以下措施：

a) 生产操作细心，避免鱼体受伤；

b) 鱼苗、鱼种入池（网箱）前严格消毒。常用鱼体消毒药物和方法有：

1) 食盐1%～3%，浸浴5 min～20 min；

2) 高锰酸钾10 mg/L～20 mg/L，浸浴15 min～30 min；

3) 聚维酮碘30 mg/L，浸浴15 min～20 min。

生产使用时以上三种药物可任选一种；

c) 定期对池水消毒，消毒方法见5.1.5.3；

d) 及时捞出死鱼，深埋；

e) 病鱼池（网箱）中使用过的渔具应浸洗消毒，消毒方法按6.1b)的规定进行。

6.2 治疗

鲫鱼常见病及其治疗方法见表5。

表5 鲫鱼常见病及其治疗方法

病 名	发病季节	症 状	治疗方法
出血病（细菌性败血症）	水温15℃～35℃发病，22℃～32℃发病高峰	口腔、鳃盖及鳍条均充血，鳃丝灰白，肌肉微红，肠充血，肛门红肿，腹部膨胀，轻压腹部即有淡黄色积水流出	全池泼洒三氯异氰尿酸0.3 mg/L～0.5 mg/L，隔天用药1次，连用3次，每千克体重口服磺胺间甲氧嘧啶[与甲氧苄氨嘧啶(TMP)以4∶1比例同用]50 mg，首次药量加倍，连用5 d～7 d
腐皮病	常年	鱼体表局部充血发炎，病灶鳞片脱落，背鳍、尾鳍不同程度的蛀蚀	全池泼洒漂白粉1.5 mg/L，或在病灶处涂抹高锰酸钾
烂鳃病	4月～10月	鳃丝腐烂带有污泥，鳃盖骨内表皮充血，严重时鳃盖骨中央腐蚀成透明小窗	全池泼洒漂白粉1.5 mg/L，或五倍子2 mg～4 mg/L，口服大黄、黄芩、黄柏（三者比例为5∶2∶3），每千克体重5 g～10 g，连用4 d～6 d
水霉病	春、秋季水温在18℃左右	被寄生的鱼卵菌丝呈放射状；菌丝向鱼体外生长似灰白色棉毛，患处肌肉腐烂，病鱼焦躁不安	食盐水1%～3%浸浴20 min，或400 mg/L的食盐加400 mg/L的小苏打长期浸浴
竖鳞病	4月～7月	病鱼体表粗糙，鳞片向外张开竖起，鳞囊内积聚半透明或带血的渗出液	外用食盐3%加小苏打3%浸浴10 min～15 min，每千克体重口服土霉素50 mg，连用4 d～6 d

表 5（续）

病　名	发病季节	症　状	治疗方法
锚头鳋病	水温 12℃～33℃	肉眼可见针状虫体寄生于体表、鳍及眼上，寄生部位有充血红斑，病灶鳞片松动或脱落，黏液增多，有的形成明显溃疡	全池泼洒敌百虫 0.3 mg/L～0.5 mg/L，隔周一次，连用 2 次；高锰酸钾 20 mg/L 浸浴 15 min～30 min
车轮虫病	4 月～7 月	鱼体发黑，体表或鳃黏液增多，严重时鳍、头部和体表出现一层白翳，病鱼成群沿池边狂游，鱼体消瘦	全池泼洒硫酸铜 0.5 mg/L 加硫酸亚铁 0.2 mg/L

使用药物应符合 NY 5071 的规定，并按《水产养殖质量安全管理规定》中附件 3 的要求填写用药记录。

ICS 13.020.50
Z 51

中华人民共和国农业行业标准

NY 5294—2004

无公害食品
设施蔬菜产地环境条件

2004-01-07 发布　　　　2004-03-01 实施

中华人民共和国农业部 发布

前　言

本标准由中华人民共和国农业部提出。

本标准起草单位：农业部环境质量监督检验测试中心（天津）、农业部环境保护科研监测所、天津市园艺工程研究所。

本标准主要起草人：高怀友、王德荣、但汉斌、刘萧威、刘凤枝、赵玉杰。

无公害食品　设施蔬菜产地环境条件

1　范围

本标准规定了无公害食品设施蔬菜产地的选择、设施条件、环境空气质量、灌溉水质量、土壤环境质量、采样及分析方法。

本标准适用于以土壤为基质的无公害食品设施蔬菜生产。

2　规范性引用文件

下列文件中的条款通过本标准的引用而成为本标准的条款。凡是注日期的引用文件，其随后所有的修改单(不包括勘误的内容)或修订版均不适用于本标准，然而，鼓励根据本标准达成协议的各方研究是否可使用这些文件的最新版本。凡是不注日期的引用文件，其最新版本适用于本标准。

GB/T 6920　水质　pH值的测定　玻璃电极法

GB/T 7467　水质　铬(六价)的测定　二苯碳酰二肼分光光度法

GB/T 7468　水质　总汞的测定　冷原子吸收分光光度法

GB/T 7475　水质　铅、镉的测定　原子吸收分光光度法

GB/T 7485　水质　总砷的测定　二乙基二硫代氨基甲酸银分光光度法

GB/T 7490　水质　挥发酚的测定　蒸馏后4-氨基安替比林分光光度法

GB/T 11900　水质　总砷的测定　硼氢化钾—硝酸银分光光度法

GB/T 11914　水质　化学需氧量的测定　重铬酸盐法

GB/T 15262　环境空气　二氧化硫的测定　甲醛吸收—副玫瑰苯胺分光光度法

GB/T 15435　环境空气　二氧化氮的测定　Saltzman法

GB/T 16488　水质　石油类的测定　红外光度法

GB/T 17134　土壤质量　总砷的测定　二乙基二硫代氨基甲酸银分光光度法

GB/T 17135　土壤质量　总砷的测定　硼氢化钾—硝酸银分光光度法

GB/T 17136　土壤质量　总汞的测定　冷原子吸收分光光度法

GB/T 17137　土壤质量　总铬的测定　火焰原子吸收分光光度法

GB/T 17140　土壤质量　铅、镉的测定　KI-MIBK萃取火焰—原子吸收分光光度法

GB/T 17141　土壤质量　铅、镉的测定　石墨炉原子吸收分光光度法

HJ/T 51　水质　全盐量的测定　重量法

NY/T 395　农田土壤环境质量监测技术规范

NY/T 396　农用水源环境质量监测技术规范

NY/T 397　农区环境空气质量监测技术规范

卫生部卫法监发[2001]161号文　生活饮用水卫生规范

《农业环境监测实用手册》，中国标准出版社，2001年

《水和废水监测分析方法》(第四版)，中国环境科学出版社，2002年

3　要求

3.1　产地选择

设施蔬菜产地应选择在生态环境良好，排灌条件有保证，并具有可持续生产能力的农业生产区域。

3.2　设施条件

3.2.1 设施的结构与性能应满足蔬菜生产的要求。

3.2.2 所选用的建筑材料、构件制品及配套机电设备等不应对环境和蔬菜造成污染。

3.3 环境空气质量

无公害食品设施蔬菜产地设施内空气质量应符合表1的规定。

表1 环境空气质量要求

单位为毫克每立方米

项　　目	限　　值
二氧化硫(标准状态,1h均值)	≤0.50
二氧化氮(标准状态,1h均值)	≤0.24

3.4 灌溉水质量

医药、生物制品、化学试剂、农药、石化、焦化和有机化工等行业的废水(包括处理后的废水)不可作为无公害食品设施蔬菜产地的灌溉水。

无公害食品设施蔬菜产地灌溉水质量应符合表2的规定。

表2 灌溉水质量要求

项　　目	限　　值	
肉眼可见物	无	
异臭	无	
pH	6～8.5	
化学需氧量,mg/L	≤40	
总汞,mg/L	≤0.001	
总镉,mg/L	≤0.005[a]	0.01
总砷,mg/L	≤0.05	
总铅,mg/L	≤0.05[b]	0.10
铬(六价),mg/L	≤0.10	
石油类,mg/L	≤1.0	
挥发酚,mg/L	≤0.1	
全盐量,mg/L	≤1 000	
每100 mL粪大肠菌群,个	≤1 000	

注1:a白菜、莴苣、茄子、蕹菜、芥菜、苋菜、芜菁、菠菜产地。
注2:b萝卜产地。

3.5 土壤环境质量要求

无公害食品设施蔬菜产地土壤环境质量应符合表3的规定。

表 3　土壤环境质量要求

单位为毫克每千克

项　目	限　值					
	pH＜6.5		pH6.5～7.5		pH＞7.5	
镉	≤0.30		≤0.30		≤0.40[a]	0.60
汞	≤0.25[b]	0.30	≤0.30[b]	0.50	≤0.35[b]	1.0
砷	≤30[c]	40	≤25[c]	30	≤20[c]	25
铅	≤50[d]	250	≤50[d]	300	≤50[d]	350
铬	≤150		≤200		≤250	
注 1:本表所列含量限值适用于阳离子交换量＞5 cmol(+)/kg 的土壤,若≤5 cmol(+)/kg,其标准值为表内数值的半数。 注 2:a 白菜、莴苣、茄子、蕹菜、芥菜、苋菜、芜菁、菠菜产地。 注 3:b 菠菜、韭菜、胡萝卜、白菜、菜豆、青椒产地。 注 4:c 菠菜、胡萝卜产地。 注 5:d 萝卜产地。						

4　采样方法

4.1　环境空气质量

按 NY/T 397 规定执行。

4.2　灌溉水质量

按 NY/T 396 规定执行。

4.3　土壤环境质量

按 NY/T 395 规定执行。

5　分析方法

无公害食品设施蔬菜产地环境空气、灌溉水、土壤中各项目指标的分析方法见表 4。

表 4　分析方法

类别	项　目	方法名称	方法来源
空气	二氧化硫	甲醛吸收—副玫瑰苯胺分光光度法	GB/T 15262
	二氧化氮	Saltzman 法	GB/T 15435
灌溉水	肉眼可见物	文字描述法	(1)
	异臭	文字描述法	(1)
	pH 值	玻璃电极法	GB/T 6920
	化学需氧量	重铬酸盐法	GB/T 11914
	总汞	冷原子吸收分光光度法	GB/T 7468
		原子荧光法	(2)
	总砷	硼氢化钾—硝酸银分光光度法	GB/T 11900
		二乙基二硫代氨基甲酸银分光光度法	GB/T 7485
		原子荧光法	(2)
	铬(六价)	二苯碳酰二肼分光光度法	GB/T 7467
	铅、镉	原子吸收分光光度法	GB/T 7475
		石墨炉原子吸收法	(2)
		氢化物—原子荧光光谱法	(3)
	石油类	红外光度法	GB/T 16488
	挥发酚	蒸馏后 4-氨基安替比林分光光度法	GB/T 7490
	全盐量	重量法	HJ/T 51
	粪大肠菌群	多管发酵法	(2)
		滤膜法	(2)

表 4（续）

类别	项　目	方法名称	方法来源
土壤	总砷	二乙基二硫代氨基甲酸银分光光度法	GB/T 17134
		硼氢化钾—硝酸银分光光度法	GB/T 17135
		氢化物—非色散原子荧光法	(3)
	总汞	冷原子吸收分光光度法	GB/T 17136
		原子荧光法	(3)
	总铬	火焰原子吸收分光光度法	GB/T 17137
		二苯碳酰二肼分光光度法	(3)
	铅、镉	石墨炉原子吸收分光光度法	GB/T 17141
		KI-MIBK 萃取火焰原子吸收分光光度法	GB/T 17140
		氢化物—原子荧光光谱法	(3)

注：暂采用下列分析方法，待国家方法标准发布后，执行国家标准。

(1)《生活饮用水卫生规范》，卫生部卫法监发[2001]161 号文，2001 年。

(2)《水和废水监测分析方法》(第四版)，中国环境科学出版社，2002 年。

(3)《农业环境监测实用手册》，中国标准出版社，2001 年。

ICS 13.020.50
Z 51

中华人民共和国农业行业标准

NY/T 5295—2004

无公害食品　产地环境评价准则

2004-01-07 发布　　　　2004-03-01 实施

中华人民共和国农业部　发布

前　言

本标准由中华人民共和国农业部提出。

本标准起草单位：农业部农业环境质量监督检验测试中心（天津）、农业部畜牧环境质量监督检验测试中心（北京）、农业部渔业环境及水产品质量监督检验测试中心（天津）。

本标准主要起草人：周其文、刘凤枝、刘潇威、刘成国、李宝华。

无公害食品　产地环境评价准则

1　范围

本标准规定了无公害食品产地环境质量评价程序、评价方法和报告编制。

本标准适用于种植业、畜禽养殖业、水产养殖业无公害食品产地环境质量现状评价。

2　规范性引用文件

下列文件中的条款通过本标准的引用而成为本标准的条款。凡是注日期的引用文件，其随后所有的修改单（不包括勘误的内容）或修订版均不适用于本标准，然而，鼓励根据本标准达成协议的各方研究是否可使用这些文件的最新版本。凡是不注日期的引用文件，其最新版本适用于本标准。

NY/T 395　农田土壤环境质量监测技术规范

NY/T 396　农用水源环境质量监测技术规范

NY/T 397　农区环境空气质量监测技术规范

3　工作程序

3.1　现状调查

3.1.1　调查原则与方法

3.1.1.1　调查原则

调查产地环境质量现状、发展趋势及区域污染控制措施，兼顾产地自然环境、社会经济及工农业生产对产地环境质量的影响。

3.1.1.2　调查方法

采用收集资料法和现场调查法。首先通过收集资料法获取有关资料，当这些资料不能满足要求时，再进行现场调查。

3.1.2　调查内容

3.1.2.1　自然环境特征，包括自然地理、气候与气象（年均风速、主导风向、年均气温、年均相对湿度、年均降水量等）、水文状况（河流、水系、水文特征，地面、地下水源及利用等）、土壤状况（成土母质、土壤类型、环境背景值等）、植被及自然灾害等。

3.1.2.2　社会环境概况，包括工业布局和农田水利，农、林、牧、渔业发展情况，农村能源结构情况等。

3.1.2.3　工农业污染及其影响，包括工矿污染源分布、“三废”排放情况及其影响，农业副产物（畜禽粪便等）处置与综合利用、农业投入品使用情况及对农业环境的影响和危害，地面水、地下水、农田土壤、大气质量现状等。

3.1.2.4　农业生态环境保护措施，主要包括资源合理利用、清洁生产情况与污染防治措施等。

3.2　环境监测

3.2.1　布点与采样

3.2.1.1　水环境

3.2.1.1.1　布点数量

——对于水资源丰富，水质相对稳定的同一水源（系），布设1～3个采样点；若不同水源（系）则依次叠加。

——水资源相对贫乏，水质稳定性较差的水源，则应根据实际情况适当增设采样点数。

——对水质要求较高的作物产地,应适当增加采样点数。

——对水质要求较低的作物产地,可适当减少采样点数,同一水源(系)一般布设1～2个采样点。

——对于以天然降雨为灌溉水的地区,可以不采灌溉水样。

——食用菌生产用水,每个水源(系)各布设1个采样点。

——深海渔业养殖用水可不设采样点;近海(滩涂)渔业养殖用水布设1～3个采样点;淡水养殖用水,水源(系)单一的,一般布设1～3个采样点,水源(系)分散的,应适当增加采样点数。

——畜禽养殖用水,属圈养且相对集中的,一般每个水源(系)布设1个采样点;反之,应适当增加采样点数。

——加工用水,一般每个水源布设1个采样点。

3.2.1.1.2 采样时间与频率

——种植业用水,一般在农作物生长过程中的主要灌期采样一次。

——水产养殖业用水,一般在生长期采样一次。

——畜禽养殖业用水,可根据监测需要采集。

3.2.1.1.3 布点方法及其他采样要求,除相应标准中另有规定的外,按NY/T 396的规定执行。

3.2.1.2 土壤环境

3.2.1.2.1 布点数量

——蔬菜栽培区域,产地面积在300 hm^{2}以内,一般布设3～5个采样点;面积在300 hm^{2}以上,面积每增加300 hm^2,增加1～2个采样点。如果栽培品种较多,管理措施和水平差异较大,应适当增加采样点数。其他作物产地,面积在1 000 hm^{2}以内,布设5～6个采样点;面积在1 000 hm^{2}以上,面积每增加500 hm^2,增加1～2个采样点。如果种植区相对分散,则应适当增加采样点数。

——食用菌栽培,只测基质,每种基质采集1个混合样。

——野生产品生产区域,地形变化不大、土质均一、面积在2 000 hm^{2}以内的产区,一般布设3个采样点。面积在2 000 hm^{2}以上的,面积每增加1 000 hm^2,增设1～2个采样点。土壤本底元素含量较高、土壤差异大、特殊地质的区域可适当增加采样点。

——畜禽、水产养殖,可以不采土壤(底泥)样品。

3.2.1.2.2 采样时间

土壤样品一般应安排在作物生长期内或播种前采集。

3.2.1.2.3 布点方法及其他采样要求,按NY/T 395的规定执行。

3.2.1.3 环境空气

3.2.1.3.1 点位设置

地势平坦区域,空气监测点设置在沿主导风走向45°～90°夹角内,各测点间距一般不超过5 km。山沟地貌区域,空气监测点设置在沿山沟走向45°～90°夹角内。

3.2.1.3.2 可不测空气的区域

——种植业产地周围5 km,主导风向20 km以内没有工矿企业污染源的区域可免测空气。

——畜禽、水产养殖区,可不测空气。

3.2.1.3.3 布点数量

——产地布局相对集中,面积较小,无工矿污染源的区域,布设1～3个采样点。

——产地布局较为分散,面积较大,无工矿污染源的区域,布设3～4个采样点;对有工矿污染源的区域,应适当增加采样点数。

——样点的设置数量可根据空气质量稳定性以及污染物的影响程度适当增减。

3.2.1.3.4 采样时间及频率

在采样时间安排上，应选择在空气污染对产品质量影响较大时期进行，一般安排在作物生长期进行。在正常天气条件下采样，每天4次，上下午各2次，连采2 d。

上午时间为：8:00—9:00，11:00—12:00；

下午时间为：14:00—15:00，17:00—18:00。

遇异常天气(如雨、雪、风雹等)应当顺延，待天气转好后重新安排采样。

3.2.1.3.5 布点方法及其他采样要求，按NY/T 397的规定执行。

3.2.2 分析与测试

3.2.2.1 监测项目

根据评价的目的和需要确定。

3.2.2.2 分析方法

按照相应产地环境标准的规定执行。

3.3 环境评价

汇总、分析现状调查和监测所取得的各种资料、数据，作出结论，编制完成评价报告。

4 评价方法

4.1 指标分类

根据污染因子的毒理学特征和生物吸收、富集能力，将无公害食品产地环境条件标准(不包括淡水养殖用水、海水养殖用水、畜禽产品加工用水，其结果判定按标准的规定执行)中的项目分为严格控制指标和一般控制指标两类，表1所列项目为严格控制指标，其他项目为一般控制指标。

表1 严格控制指标

类别		指标
水质	农田灌溉水	铅(Pb)、镉(Cd)、汞(Hg)、砷(As)、氰化物(CN^-)、六价铬(Cr^{6+})
	畜禽饮用水	铅(Pb)、镉(Cd)、汞(Hg)、砷(As)、六价铬(Cr^{6+})、氰化物(CN^-)、硝酸盐
土壤		铅(Pb)、镉(Cd)、汞(Hg)、砷(As)、铬(Cr)
空气		二氧化硫(SO_2)、二氧化氮(NO_2)

4.2 评价依据

根据申报产品种类选择对应的产地环境条件标准作为评价依据。

4.3 评价步骤

评价采用单项污染指数与综合污染指数相结合的方法，分三步进行。

4.3.1 严格控制指标评价

严格控制指标的评价采用单项污染指数法，按式(1)计算。

$$P_i = C_i / S_i \quad \cdots\cdots (1)$$

式中：

P_i——环境中污染物i的单项污染指数；

C_i——环境中污染物i的实测值；

S_i——污染物i的评价标准。

$P_i > 1$，严格控制指标有超标，判定为不合格，不再进行一般控制指标评价；

$P_i \leqslant 1$，严格控制指标未超标，继续进行一般控制指标评价。

4.3.2 一般控制指标评价

一般控制指标评价采用单项污染指数法，按式(1)计算。

$P_i \leqslant 1$，一般控制指标未超标，判定为合格，不再进行综合污染指数法评价；

$P_i > 1$，一般控制指标有超标，则需进行综合污染指数法评价。

4.3.3 综合污染指数法评价

在没有严格控制指标超标，而只有一般控制指标超标的情况下，采用单项污染指数平均值和单项污染指数最大值相结合的综合污染指数法，土壤（水）综合污染指数按式（2）计算，空气综合污染指数按式（3）计算。

$$P = \sqrt{[(C_i/S_i)_{\max}^2 + (C_i/S_i)_{\text{avr}}^2]/2} \quad \cdots\cdots (2)$$

式中：

P ——土壤（水）综合污染指数；

$(C_i/S_i)_{\max}$ ——单项污染指数最大值；

$(C_i/S_i)_{\text{avr}}$ ——单项污染指数平均值。

$$I = \sqrt{\left(\max\left|\frac{C_1}{S_1},\frac{C_2}{S_2},\cdots\cdots,\frac{C_k}{S_k}\right|\right) \cdot \frac{1}{n} \cdot \sum_{i=1}^{n}\frac{C_i}{S_i}} \quad \cdots\cdots (3)$$

式中：

I ——空气综合污染指数；

C_i/S_i ——单项污染指数。

$P(I) \leqslant 1$，判定为合格；

$P(I) > 1$，判定为不合格。

5 报告编制

5.1 评价报告应全面、概括地反映环境质量评价的全部工作，文字应简洁、准确，并尽量采用图表。原始数据、全部计算过程等不必在报告书中列出，必要时可编入附录。所参考的主要文献应按其发表的时间次序由近至远列出目录。

5.2 评价报告应根据实际情况选择下列全部或部分内容进行编制。

5.2.1 前言

评价任务来源、产品种类和生产规模。

5.2.2 现状调查

产地位置、区域范围（应附平面图）、自然环境状况、主要工业污染源、生产过程中质量控制措施和产地环境现状初步分析。

5.2.3 环境监测

布点原则与方法、采样方法、监测项目与方法和监测结果。

5.2.4 现状评价

评价所采用的方法及评价依据，评价结果与结论。

5.2.5 对策与建议

5.3 评价报告应同时附采样点位图和监测结果报告。

ICS 67.120.20
X 18

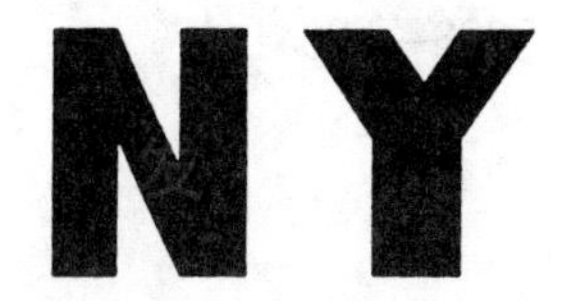

中华人民共和国农业行业标准

NY/T 5296—2004

无公害食品　皮蛋加工技术规程

2004-01-07 发布　　2004-03-01 实施

中华人民共和国农业部 发布

前　言

本标准由中华人民共和国农业部提出。

本标准起草单位:江苏省畜产品质量检验测试中心、扬州大学。

本标准主要起草人:贡玉清、岑宁、时勇、霍金富。

无公害食品　皮蛋加工技术规程

1　范围

本标准规定了无公害食品皮蛋加工的术语和定义、基本条件及加工卫生控制要点、生产过程的监控、管理制度、产品质量和标志、包装、运输、贮存。

本标准适用于无公害食品皮蛋的加工。

2　规范性引用文件

下列文件中的条款通过本标准的引用而成为本标准的条款。凡是注日期的引用文件，其随后所有的修改单(不包括勘误的内容)或修订版均不适用于本标准，然而，鼓励根据本标准达成协议的各方研究是否可使用这些文件的最新版本。凡是不注日期的引用文件，其最新版本适用于本标准。

GB 2748　蛋卫生标准

GB 2760　食品添加剂使用卫生标准

GB 5461　食用盐

GB 5749　生活饮用水卫生标准

GB 7718　食品标签通用标准

NY 5143　无公害食品　皮蛋

3　术语和定义

下列术语和定义适用于本标准。

3.1

皮蛋　alkaline-preserved egg

又称松花蛋、变蛋、彩蛋。以鲜鸭蛋或其他禽蛋为原料经纯碱和生石灰或烧碱、食盐、茶叶等辅料配制而成的料液或料泥加工而成的蛋。

3.2

无铅皮蛋　un-lead alkaline-preserved egg

以无铅的替代物取代传统配料中的氧化铅而加工出的皮蛋。

3.3

裂纹蛋　flaw egg

壳有明显或不明显裂纹的蛋。

3.4

黏壳蛋　yolk-adhesive egg

又称停黄蛋。蛋黄离开中心而贴在蛋壳上的蛋。

3.5

钢壳蛋　hard-shell egg

壳特别厚，气孔小而少的蛋。敲检时能发出轻脆的响声。

3.6

硌窝蛋　sunken egg

壳局部破损向里凹陷，但内容物尚未暴露的蛋。

3.7

畸形蛋 abnormal-shape egg

非椭圆形蛋。有梭形、球形、筒形等。

3.8

水响蛋 water sound egg

蛋白呈液体状，蛋黄凝固层较薄，手摇时有水响声的蛋。

3.9

异味蛋 peculiar smell egg

产生了不正常气味的蛋。

3.10

碱伤蛋 alkali-dissolved egg

进入蛋内的碱过量，使已凝固的蛋白凝胶体发生不同程度的黏壳或液化的蛋。

4 基本条件及加工卫生控制要点

4.1 原料蛋要求

4.1.1 原料蛋应符合 GB 2748 的规定。

4.1.2 敲检和照蛋时应剔除裂纹蛋、钢壳蛋、水响蛋、黏壳蛋、硌窝蛋、畸形蛋、异味蛋。

4.1.3 应按蛋重或大小进行分级，并按级进行投料加工，保证其成熟期一致。

4.2 加工用水

加工用水应符合 GB 5749 的要求。

4.3 辅料要求

4.3.1 纯碱：色白、粉细，含碳酸钠在 96%以上的食品级纯碱。

4.3.2 生石灰：色白、块大、体轻、无杂质，有效氧化钙的含量在 75%以上。

4.3.3 烧碱：选用块状或片状、白色的纯净制品，含氢氧化钠在 95%以上的食品级烧碱。

4.3.4 食用盐：符合 GB 5461 的规定。

4.3.5 茶叶：选用质纯、干燥、无霉变的红茶（末）或绿茶（末）。

4.3.6 草木灰：纯净、均匀、干燥，新鲜，不应有异味。

4.3.7 稻谷壳：金黄色、清洁、干燥，无霉味或异味。

4.3.8 黄泥：无异味、无污染、无杂质、黏性好的干燥黄泥。

4.3.9 其他辅料：传统工艺加工皮蛋时严格限量使用氧化铅（黄丹粉，又称密佗僧或金生粉），皮蛋成品中铅的含量应符合 NY 5143 的规定。无铅皮蛋加工过程中不得使用氧化铅，所使用的无铅替代物应该符合食品添加剂 GB 2760 的规定。

4.4 生产设施

4.4.1 厂区环境

4.4.1.1 厂区主要道路和进入厂区的道路应铺设适于车辆通行的坚硬路面（如混凝土或沥青路面），路面应平整、不起尘。

4.4.1.2 厂区应无有毒有害气体、烟尘及危害产品卫生的设施。

4.4.1.3 厂区禁止饲养畜禽及其他动物。

4.4.1.4 生产过程中废水废料的排放或处理应达到国家环保总局规定的二级排放标准。

4.4.2 厂房及设施

4.4.2.1 厂房宽敞，地面平整，场地清洁、阴凉、干燥；既要避免阳光直射，又要通风透气。

4.4.2.2 车间按工艺流程要求布局合理，无交叉污染环节。

4.4.2.3 车间墙壁要用浅色、不吸水、不渗水、无毒材料覆涂，并用防腐材料装修高度不低于1.50 m的墙裙。

4.4.2.4 车间屋顶或天花板应选用无毒、不易脱落的材料，屋顶结构要有适当的坡度，避免积水。

4.4.2.5 车间门窗应完整密封，并设有防蚊蝇装置。

4.4.2.6 车间内生产线上方的照明设施应有防爆灯罩或采用其他安全照明设施。

4.4.2.7 泡制车间应装有换气或空气调节设备，进、排气口应有防止害虫侵入的装置。

4.4.3 绿化

4.4.3.1 厂房之间，厂房与外缘公路或道路应保持一定距离，中间宜设绿化带。

4.4.3.2 厂区内各车间间的裸露地面应进行绿化。

4.4.4 卫生设施

4.4.4.1 车间出入口处应设有消毒设施。

4.4.4.2 更衣室应与车间相连，且宽敞整洁。更衣室内应配备足够的更衣柜及鞋柜。

4.4.4.3 与车间相连的卫生间内应设有冲水装置和洗手消毒设施，并配有洗涤用品和干手器。卫生间要保持清洁卫生，门窗不得直接开向车间。

4.4.5 生产设备

4.4.5.1 皮蛋加工设备应按工艺流程合理布局。

4.4.5.2 与料液或料泥接触的加工设备、器具要由耐腐蚀材料制成。

4.4.5.3 设备、器具与物料的接触面要具有非吸收性，无毒、平滑，要耐反复清洗。

4.4.6 人员要求

4.4.6.1 生产人员每年至少进行一次健康检查，必要时进行临时健康检查；新进厂人员应经体检合格后方可上岗。

4.4.6.2 凡患有活动性肺结核、传染性肝炎、肠道传染病、化脓性或渗出性皮肤病以及其他有碍食品卫生等疾病的人员，应调离蛋品生产岗位。

4.4.6.3 车间禁止吸烟，严禁随地吐痰；与生产无关的物品不得带入车间；工作之前和使用厕所之后，或手部受污染时，应及时洗手消毒。

4.4.6.4 车间工作人员应保持个人卫生，不得留长指甲、涂指甲油或在肌肤上涂抹化妆品。进入车间应穿整洁的浅色工作服，戴工作帽或发网。

5 生产过程的监控

5.1 工艺要求

5.1.1 浸泡法

5.1.1.1 料液的配制：各种辅料都要按配料标准预先准确称量。配制好的料液应保持清洁，冷却后备用。

5.1.1.2 验料：料液中氢氧化钠浓度的测定采用滴定法。

5.1.1.3 浸泡：原料蛋应轻拿轻放，一层一层地横放摆实。在浸泡过程中若发现蛋壳外露，应及时补加料液。在浸泡的最初2周内，不得移动浸泡容器，以免影响蛋的凝固。

5.1.1.4 成熟期的管理：应控制室温在20℃～25℃，要求勤观察、勤检查，防止碱伤蛋。浸泡结束后应洗净蛋表面的碱液和污物，然后晾干。

5.1.1.5 品质检验:晾干后的皮蛋必须及时进行质量检验。检验方法主要以感官检验为主,即采用"一看、二掂、三摇、四照"的方法进行检验。

5.1.1.6 涂泥包糠或涂膜:检验合格的皮蛋要及时涂泥包糠或涂膜保鲜。

5.1.2 包泥法

5.1.2.1 料泥的制备:各种辅料都要按配料标准预先准确称量。配制好的料泥必须保持清洁,冷却后备用。

5.1.2.2 验料:同5.1.1.2。

5.1.2.3 包泥:用料泥包蛋时要戴上乳胶手套,防止料泥灼伤皮肤。在使用料泥时,每隔1h左右应翻动一次,以使料泥均匀,碱性一致。蛋周身应均匀黏满料泥并滚上一层糠壳后,整齐平放于容器中。

5.1.2.4 密封:用塑料膜将容器的口扎紧密封。密封后的容器上应粘贴标签,注明生产的日期、加工的批次、产品的数量和级别等内容。

5.1.2.5 成熟:成熟的场所(库房)要求高大、凉爽,防止日光暴晒,温度为15℃~25℃。成熟过程中的质量检验方法与浸泡法相同。

5.1.2.6 品质检验:同5.1.2.5。

5.2 检验控制

5.2.1 应有检验(化验)室和检验设备。

5.2.2 检验人员应对原料进厂、加工及成品出厂全过程进行监督检查,重点做好原料验收、半成品和成品检验工作。

5.3 记录控制

5.3.1 各项检验控制应有原始记录。

5.3.2 各项原始记录按规定保存。

5.3.3 原始记录格式应规范。

6 管理制度

6.1 企业应制定质量方针,各个岗位应有完善的管理制度,应有从原料购入到皮蛋出厂的质量管理制度,并有措施保证各项制度运行有效。

6.2 应有人员健康、培训、原料验收、检验、发放等记录。

6.3 企业每年应对管理制度的实施情况进行评审,对生产车间每3个月进行一次制度实施情况检查,对成品库每月进行一次制度实施检查。以上检查应有记录并存档。

7 产品质量

皮蛋的产品质量应符合NY 5143的规定。

8 标志、包装、运输、贮存

8.1 标志

皮蛋的销售和运输包装应按GB 7718的规定标明产品名称、数量、产地、包装日期、生产单位、执行标准编号及保质期等。

8.2 包装

皮蛋包装材料应符合相应的国家有关卫生标准要求。

8.3 运输

运输工具应清洁卫生,无异味。运输过程中应轻拿轻放,防止颠簸,严禁和易污染的物质一同运输。

严防受潮、雨淋、暴晒。

8.4 贮存

应在通风良好、干燥、阴凉、无异味的场所贮存。不得同有毒、有害、有异味的物品混存。

ICS 67.120.20
X 18

中华人民共和国农业行业标准

NY/T 5297—2004

无公害食品　咸蛋加工技术规程

2004-01-07 发布　　2004-03-01 实施

中华人民共和国农业部　发布

前　言

本标准由中华人民共和国农业部提出。

本标准起草单位:山东省畜产品质量检测中心。

本标准主要起草人:高迎春、杨林。

无公害食品　咸蛋加工技术规程

1　范围

本标准规定了无公害食品咸蛋加工技术的术语和定义、加工厂条件、加工人员要求、收蛋、净化、配料、腌制、加工、包装、标签、运输和贮存。

本标准适用于无公害食品咸蛋的加工。

2　规范性引用文件

下列文件中的条款通过本标准的引用而成为本标准的条款。凡是注明日期的引用文件，其随后所有的修改单(不包括勘误的内容)或修订版均不适用于本标准，然而，鼓励根据本标准达成协议的各方研究是否可以使用这些文件的最新版本。凡是不注明日期的引用文件，其最新版本适用于本标准。

GB 191　包装储运图示标志

GB 2478　蛋卫生标准

GB 3095　环境空气质量标准

GB 5461　食用盐

GB 6388　运输包装收发货标志

GB 7718　食品标签通用标准

GB 9683　复合食品包装袋卫生标准

GB 15691　香辛料调味品通用技术条件

NY 5028　无公害食品　畜禽产品加工用水水质

NY 5039　无公害食品　鸡蛋

NY 5144　无公害食品　咸鸭蛋

NY 5259　无公害食品　鲜鸭蛋

中华人民共和国食品卫生法

3　术语和定义

下列术语和定义适用于本标准。

3.1

咸蛋　salted egg

以鲜鸭、鸡等禽蛋，经用盐水或含盐的纯净黄泥、红泥、草木灰等腌制而成的再生蛋。

3.2

裂纹蛋　flaw egg

壳有明显或不明显裂纹的蛋。

3.3

粘壳蛋　yolk - adhesive egg

又称停黄蛋。蛋黄离开蛋的中心而贴在蛋壳上的蛋。

3.4

钢壳蛋　hard - shell egg

壳特别厚，气孔小而少的蛋。敲检时能发出轻脆的响声。

3.5

硌窝蛋　sunken egg

壳局部破损向里凹陷,但内容物尚未暴露的蛋。

3.6

异味蛋　peculiar smell egg

产生了不正常气味的蛋

3.7

畸形蛋　abnormal - shape egg

非椭圆形蛋。有梭形、球形、筒形等。

3.8

水响蛋　watery sound egg

蛋白呈液体状,蛋黄凝固层较薄,手摇时有水响声的蛋。

3.9

包泥蛋　egg wrapped with mud

按传统方法在成品蛋外包一层料泥并裹一层稻壳或草木灰的蛋。

3.10

光身蛋　bare egg

不包涂任何物质而直接出售的成品蛋。

3.11

包膜蛋　egg packed with film

用塑料薄膜(厚度 0.015 mm～0.025 mm)包裹的成品蛋。

3.12

真空包装蛋　vacuum - packed egg

用塑料真空袋包装的成品蛋。

3.13

高温灭菌真空包装蛋　vacuum - packed egg through high temperature

用塑料袋真空包装经 121℃高温灭菌的成品蛋。

4　加工厂条件

4.1　咸蛋加工厂所处的大气环境应符合 GB 3095 中规定的三级标准要求。

4.2　加工厂离开垃圾场、畜牧场、医院、粪池 500 m 以上。

4.3　咸蛋加工用水、厂房用水应符合 NY 5028 的要求。

4.4　加工厂的设计应遵循《中华人民共和国食品卫生法》的规定。

4.5　根据加工要求布局厂房和设备。加工区应与生活区和办公区隔离,无关人员不应进入生产区。

4.6　加工厂应有与加工产品、数量相适应的加工、包装厂房、场地和仓库。

4.7　加工厂应有适当的检验(化验)室和检验设备。应对原料进厂、加工及成品出厂进行监督检查。

4.8　加工厂环境应整洁、干净、无异味。道路应铺设硬质路面,排水系统通畅。

4.9　加工厂应有卫生行政部门发放的卫生许可证。配有相应的更衣、盥洗、照明、防蝇、防鼠、污水排放、存放垃圾和废弃物的设施。

4.10　加工厂应制定质量方针,各个岗位应有完善的管理制度,并有措施保证各项制度的运行有效。建立各类记录控制程序,保证加工过程中的质量追溯。

5 加工人员要求

5.1 加工人员上岗前应经过生产培训，掌握加工技术和操作技能。

5.2 加工人员上岗前和每年度均应进行健康检查，取得健康合格证后方能上岗。

5.3 加工人员应保持个人卫生，进入工作场所应洗手、更衣、换鞋、带帽。离开车间时应换下工作衣、鞋和帽，存放在更衣室内，并定期清洗消毒。加工、包装场所不得吸烟和随地吐痰，不得在加工和包装场所用餐和进食食物。

6 收蛋

6.1 鲜蛋质量要求

鲜蛋质量应符合 GB 2478、NY 5039、NY 5259 的要求。

6.2 收蛋方式

禽蛋运输车辆和器具应每车次清洗、消毒。收购禽蛋应为 5 d 内产的新鲜蛋。

6.3 检蛋

通过旋转轻敲、灯照，剔除不合格蛋(裂纹蛋、粘壳蛋、钢壳蛋、硌窝蛋、异味蛋、畸形蛋、水响蛋等)。

7 净化

7.1 净化要求

应除去禽蛋蛋壳表面的羽毛、粪便等污物。

7.2 净化工艺

7.2.1 清洗

洗掉蛋壳表面的羽毛、粪便等污物，使蛋壳表面清洁。

7.2.2 晾干

蛋在清洗洁净后，晾干表面。

8 配料

8.1 食用盐应符合 GB 5461 的要求，调味料应符合 GB 15691 的要求。

8.2 按照配方将食用盐和调味料混合，熬制沸腾，冷却至常温作为腌制液备用。

9 腌制

9.1 盐水腌制

9.1.1 将净化晾干后的蛋逐层放入腌制容器中，最上层蛋用竹制篦子或其他物品加以固定，以防加入腌制液后，蛋漂浮在上面。

9.1.2 将备用的腌制液加入已码放蛋的腌制容器中，进行腌制。

9.1.3 腌制时间夏天在 20 d～30 d，冬天在 30 d～40 d，室温控制在 20℃左右。

9.1.4 腌制后期(夏天 18 d，冬天 28 d)，抽检腌制蛋，每天 1 次～2 次，其内在质量符合 NY 5144 咸蛋特征时，及时停止腌制。

9.2 料泥腌制

9.2.1 将配制好的腌制液与纯净黄泥、红泥等按一定比例混合均匀，制成料泥。

9.2.2 将净化晾干后的蛋均匀粘满料泥，表面撒一层草木灰或稻壳等进行腌制。

9.2.3 腌制过程控制同 9.1.3 和 9.1.4。

10 加工

10.1 包泥蛋

料泥腌制后,可直接进入下一道工序。

10.2 生咸蛋

10.2.1 清洗

咸蛋腌制完成后,清洗咸蛋表面附着物。

10.2.2 检蛋

剔除裂纹蛋、硌窝蛋、变质蛋。

10.2.3 晾干

咸蛋清洗洁净后,晾干表面。

10.3 熟咸蛋

10.3.1 清洗

同10.2.1。

10.3.2 煮制

将咸蛋放入蒸煮设备中,煮熟。

10.3.3 检蛋、晾干

同10.2.2和10.2.3。

11 包装

11.1 包装工艺

包装车间清洁、无污染。熟咸蛋包装完毕后应121℃高温灭菌20 min。

11.2 包装材料

包装材料适用于食品,应坚固、卫生,符合环保要求,不产生有毒有害物质和气体,单一材质的包装容器应符合相应国家标准;复合包装袋应符合GB 9683的规定。包装材料仓库应保持清洁,防尘、防污染。

11.3 包装容器消毒

包装容器使用前应消毒,内外表面保持清洁。

11.4 包装要求

包装应严密,不发生渗漏或破裂,防止二次污染。

12 标签

内包装应符合GB 7718的规定;外包装标志应符合GB 191和GB 6388的规定。

13 运输

运输工具必须清洁卫生,无异味,在运输过程中应轻拿轻放,严防受潮、雨淋、暴晒和其他污染。寒冷地区要防冻,高温地区要防过热。

14 贮存

咸蛋贮存温度2℃～8℃;贮存场所通风,相对湿度控制在50%～60%;不得与有毒、有害、有异味或对产品产生不良影响的物品同处贮存。

ICS 67.100.10
X 16

中华人民共和国农业行业标准

NY/T 5298—2004

无公害食品　乳粉加工技术规范

2004-01-07 发布　　2004-03-01 实施

中华人民共和国农业部　发布

前　言

本标准由农业部农业机械化管理司提出。

本标准起草单位:天津市农业机械试验鉴定站、天津市海河乳业有限公司。

本标准主要起草人:贾军、王金华、相俊红、杨宁、李纪周、丁润进、陈杉。

无公害食品　乳粉加工技术规范

1　范围

本标准规定了无公害乳粉加工的基本条件、原料乳、清洗消毒、净乳、标准化、均质、杀(灭)菌、浓缩和干燥、包装、标签、贮存、运输的要求。

本标准适用于以无公害牛乳或羊乳为原料的无公害乳粉的生产。

2　规范性引用文件

下列文件中的条款通过本标准的引用而成为本标准的条款。凡是注日期的引用文件,其随后所有的修改单(不包括勘误的内容)或修订版均不适用于本标准,然而,鼓励根据本标准达成协议的各方研究是否可使用这些文件的最新版本。凡是不注日期的引用文件,其最新版本适用于本标准。

GB/T 191　包装贮运图示标志

GB 2760　食品添加剂使用卫生标准

GB 5410　全脂乳粉、脱脂乳粉、全脂加糖乳粉和调味乳粉

GB 5415　奶油

GB 7718　食品标签通用标准

GB 9683　复合食品包装袋卫生标准

GB 12073　乳品设备安全卫生

GB 12693　乳品厂卫生规范

GB 14880　食品营养强化剂使用卫生标准

GB 14930.2　食品工具、设备用洗涤剂卫生标准

NY 5045　无公害食品　生鲜牛乳

3　基本条件

3.1　加工厂的卫生应符合 GB 12693 的要求。

3.2　乳品设备安全卫生应符合 GB 12073 的要求。

4　原料乳

4.1　收乳

4.1.1　原料乳应符合 NY 5045 的要求。

4.1.2　原料乳应由机械采集,不应掺入任何外来物质。

4.1.3　产前 15 d 的胎乳、使用抗菌素药物期间和停药后 5 d 以内的乳汁、乳房炎乳等非正常乳均不应作为原料乳。

4.2　原料乳的运输

使用专用不锈钢贮奶罐盛装原料乳,运输保温槽车应密闭、洁净,并经消毒。

4.3　原料乳的贮存

原料乳应及时做降温处理,使其温度保持在 0℃～6℃。原料乳从挤出到加工前贮存时间应不超过 24 h。

5 清洗消毒

生产前应对贮奶罐和生产设备进行全面检查,并清洗消毒。使用的洗涤剂应符合 GB 14930.2 的要求,清洗后无残留。

6 净乳

应脱除原料乳中毛、泥土等杂质及其表面微生物,脱除一部分体细胞及气体。

7 标准化

7.1 添加的奶油应符合 GB 5415 的规定,添加的脱脂乳粉应符合 GB 5410 的规定。

7.2 食品添加剂和食品营养强化剂的使用应符合 GB 2760 和 GB 14880 的要求。

8 均质

均质温度为 55℃～68℃,均质压力为 15 MPa～22 MPa。

9 杀(灭)菌

均质后应立即杀(灭)菌。杀(灭)菌后乳的微生物指标应符合表 1 的规定。

表 1 微生物指标

项　　目	要　　求
菌落总数,cfu/g	≤50 000
酵母和霉菌,cfu/g	≤50
大肠菌群,MPN/100 g	≤90
致病菌(指肠道致病菌和致病性球菌)	不得检出

10 浓缩和干燥

浓缩和干燥按照设备工艺要求操作。

11 包装、标签、贮存和运输

11.1 包装

11.1.1 乳粉温度降到 25℃以下时,方可进行包装。

11.1.2 包装车间应有恒湿设备,空气相对湿度不大于 60%。

11.1.3 所有包装材料应符合食品卫生要求,复合包装袋应符合 GB 9683 的规定。

11.1.4 包装应密封良好。

11.2 标签

11.2.1 产品标签按 GB 7718 的规定标示。

11.2.2 应标明蛋白质、脂肪、蔗糖(只限全脂加糖乳粉)的含量。

11.2.3 产品的外包装箱标志应符合 GB/T 191 的规定。

11.3 贮存

11.3.1 成品应在成品仓库贮存。

11.3.2 成品仓库应清洁、干燥、通风良好,不应贮存有毒、有害、有异味、易挥发、易腐蚀物品。

11.3.3 成品应放置在架子上,距地面 10 cm 以上,与墙面间隔 20 cm 以上。

11.4 运输

11.4.1 应采用专用车辆运输。

11.4.2 避免日晒、雨淋。

11.4.3 不应与有毒、有害、有异味或影响产品质量的物品混装运输。